U0350015

中国科学技术大学精品教材

高分子化学

GAOFENZI HUAXUE

第 2 版

潘才元　主编

中国科学技术大学出版社

内 容 简 介

高分子化学是制备各种不同高分子材料的基础，主要论述聚合反应机理、动力学和热力学、单体结构与聚合活性、分子量及其分布以及聚合物的结构等，是高等院校有关专业的重要基础课程。本书是参阅国内外已出版的高分子化学教科书以及有关文献综述，并结合多年的教学实践编写而成的。

本书可作为高等院校高分子化学相关专业学生的教材或参考书，也可作为参与高分子材料研究的科技人员的参阅资料。

图书在版编目(CIP)数据

高分子化学/潘才元主编．—2版．—合肥：中国科学技术大学出版社，2012.7(2024.7重印)

(中国科学技术大学精品教材)

普通高等教育“十一五”国家级规划教材

中国科学院指定考研参考书

ISBN 978-7-312-03065-9

Ⅰ．高…　Ⅱ．潘…　Ⅲ．高分子化学—高等学校—教材　Ⅳ．O63

中国版本图书馆CIP数据核字(2012)第149004号

中国科学技术大学出版社出版发行

安徽省合肥市金寨路96号，230026

http://press.ustc.edu.cn

https://zgkxjsdxcbs.tmall.com

安徽国文彩印有限公司印刷

全国新华书店经销

开本：710 mm×960 mm　1/16　印张：31　插页：2　字数：573千

1997年7月第1版　2012年7月第2版　2024年7月第7次印刷

定价：70.00元

总　　序

2008年，为庆祝中国科学技术大学建校五十周年，反映建校以来的办学理念和特色，集中展示教材建设的成果，学校决定组织编写出版代表中国科学技术大学教学水平的精品教材系列。在各方的共同努力下，共组织选题281种，经过多轮、严格的评审，最后确定50种入选精品教材系列。

五十周年校庆精品教材系列于2008年9月纪念建校五十周年之际陆续出版，共出书50种，在学生、教师、校友以及高校同行中引起了很好的反响，并整体进入国家新闻出版总署的"十一五"国家重点图书出版规划。为继续鼓励教师积极开展教学研究与教学建设，结合自己的教学与科研积累编写高水平的教材，学校决定，将精品教材出版作为常规工作，以《中国科学技术大学精品教材》系列的形式长期出版，并设立专项基金给予支持。国家新闻出版总署也将该精品教材系列继续列入"十二五"国家重点图书出版规划。

1958年学校成立之时，教员大部分来自中国科学院的各个研究所。作为各个研究所的科研人员，他们到学校后保持了教学的同时又作研究的传统。同时，根据"全院办校，所系结合"的原则，科学院各个研究所在科研第一线工作的杰出科学家也参与学校的教学，为本科生授课，将最新的科研成果融入到教学中。虽然现在外界环境和内在条件都发生了很大变化，但学校以教学为主、教学与科研相结合的方针没有变。正因为坚持了科学与技术相结合、理论与实践相结合、教学与科研相结合的方针，并形成了优良的传统，才培养出了一批又一批高质量的人才。

学校非常重视基础课和专业基础课教学的传统，也是她特别成功的原因之一。当今社会，科技发展突飞猛进、科技成果日新月异，没有扎实的基础知识，很难在科学技术研究中作出重大贡献。建校之初，华罗庚、吴有训、严济慈等老一辈科学家、教育家就身体力行，亲自为本科生讲授基础课。他们以渊博的学识、精湛的讲课艺术、高尚的师德，带出一批又一批杰出的年轻教员，培养了一届又一届优秀学生。入选精品教材系列的绝大部分是基础课或专业基础课的教材，其作者大多直接或间接受到过这些老一辈科学家、教育家的教诲和影响，因此在教材中也贯穿着这些先辈的教育教学理念与科学探索精神。

改革开放之初，学校最先选派青年骨干教师赴西方国家交流、学习，他们在带回先进科学技术的同时，也把西方先进的教育理念、教学方法、教学内容等带回到中国科学技术大学，并以极大的热情进行教学实践，使“科学与技术相结合、理论与实践相结合、教学与科研相结合”的方针得到进一步深化，取得了非常好的效果，培养的学生得到全社会的认可。这些教学改革影响深远，直到今天仍然受到学生的欢迎，并辐射到其他高校。在入选的精品教材中，这种理念与尝试也都有充分的体现。

中国科学技术大学自建校以来就形成的又一传统是根据学生的特点，用创新的精神编写教材。进入我校学习的都是基础扎实、学业优秀、求知欲强、勇于探索和追求的学生，针对他们的具体情况编写教材，才能更加有利于培养他们的创新精神。教师们坚持教学与科研的结合，根据自己的科研体会，借鉴目前国外相关专业有关课程的经验，注意理论与实际应用的结合，基础知识与最新发展的结合，课堂教学与课外实践的结合，精心组织材料、认真编写教材，使学生在掌握扎实的理论基础的同时，了解最新的研究方法，掌握实际应用的技术。

入选的这些精品教材，既是教学一线教师长期教学积累的成果，也是学校教学传统的体现，反映了中国科学技术大学的教学理念、教学特色和教学改革成果。希望该精品教材系列的出版，能对我们继续探索科教紧密结合培养拔尖创新人才，进一步提高教育教学质量有所帮助，为高等教育事业作出我们的贡献。

侯建国

中国科学技术大学校长
中国科学院院士
第三世界科学院院士

第2版前言

本书是为高等院校高分子化学相关专业的学生编写的教科书，自1997年第一次出版以来，已经历了十几年。为适应21世纪课程教学体系和课程内容的改革，也为了反映近二十年来高分子化学的研究成果，我们对《高分子化学》教科书作了比较大的修改。本版教科书与前版相比，更系统、更完整，让学生在学习过程中不仅能掌握聚合反应的基本原理、合成预定聚合物的基本方法，而且能了解高分子合成化学的最新研究成果。所以，本书也可以作为在高分子科学与工程领域学习和研究的硕士生、博士生及科技人员的参考书。

在修改这本教科书的过程中，参阅了国内外相关教科书以及综述性论文，分析这些资料，吸收了它们的长处，例如添加了相应的思考题等。在撰写时，紧紧围绕了高分子化学的主题：聚合反应机理，包括反应和聚合机理；聚合反应动力学和热力学；单体结构与反应活性；聚合物分子量和分布；聚合反应与聚合物结构，尤其着重论述了聚合反应的基本原理和概念。书中列举的数据和图表有助于读者更准确地理解基本原理。此书的目的在于让学生了解高分子化学的基本原理，为进一步学习和研究高分子化合物打下良好的基础，并提高解决实际问题的能力。

本书共分9章，第1章绪论，主要介绍高分子化学中的基本概念，高分子与小分子化合物在合成、结构和性能上的区别，以及高分子化合物的命名，增加了聚合物拓扑结构的内容。第2、3、5、7和8章分别讨论了逐步聚合、自由基链式聚合、离子型链式聚合、开环聚合和配位聚合的基本原理。其中第2章按照线形、支化、超支化和交联聚合反应作了重新编排，补充了相关内容。第4章讨论了自由基聚合的实施方法，包括本体、溶液、悬浮和乳液聚合方法，对分散聚合也作了适当的讨论。共聚反应是增加聚合物品种和对聚合物改性的主要方法，所以在第6章中介绍了链式共聚反应的原理、动力学、单体结构与反应活性、共聚物组成与反应的关系等；对活性自由基聚合对共聚物组成和序列结构的影响也作了讨论。第9章讨论了高分子反应和聚合物的改性，增加了采用活性聚合制备各种拓朴结构聚合物的方法。对最近二十年来，高分子化学领域研究最广泛、最深入的茂金属和过渡金属络合引发剂，活性自由基聚合反应以及其他活性聚合反应，在有关的章节中作了较为系统的介绍和讨论，删去了有些过时的理论和内容。为了帮助读者理解和巩固所学的内容，本书除第1章外，每一章后有习题，而且在相应知识点处配有思考题。

本书由潘才元教授编写第1、7章，白如科教授编写第2、4章，何卫东副教授编写第3、6、8章，王艳梅教授编写第5、9章，最后由潘才元教授修改统稿。中国科学院化学研究所孙文华研究员对有关茂金属和过渡金属络合物引发剂的内容作了修改，在此表示感谢。由于水平有限，本书在内容的选择和文字的表达上均可能出现不妥和不足，敬请读者和同行指出。

编　者

2011年12月1日

前　言

本书是为高等院校的高分子化学与物理、高分子材料、复合材料和聚合物加工专业学生学习高分子化学而编写的教科书，对于在高分子科学与工程领域学习和研究的硕士生、博士生来说，它也是一本很好的参考书。随着我国石油化工的发展，各行各业的工程技术人员在研究工作中可能会涉及高分子材料的制备、加工和应用，懂得高分子制备的一般原理，对做好本职工作无疑是有益的。这本书可以作为学习高分子化学基本原理的随时阅读的参考书。

国内外已经出版了一些高分子化学的教科书，我们在教学和编写这本书的过程中，阅读和分析了这些书籍，尽可能吸取它们的长处。为获得所需分子量和结构的高分子材料，就必须充分理解聚合反应的机理、聚合反应热力学和动力学、聚合物分子量以及聚合物的结构，所以这本书的特点是：第一，在论述每一类聚合反应时，紧紧围绕这几个方面；第二，聚合反应的基本原理和概念论述准确、清晰，所用数据和图表都是为了使读者更易准确理解基本概念；第三，本书虽着重论述聚合反应的基本原理，但也反映了高分子化学的最新研究成果。对于不断发展的新聚合反应，研究尚不成熟，还没有形成系统的理论体系，本书就这类聚合反应中人们普遍承认的现象和规律作了简明的论述。此书的目的在于让学生了解高分子合成的基本原理，为进一步的学习和研究打下良好的基础，并提高解决实际问题的能力。

本书共分 9 章。第 1 章绪论，主要介绍高分子化合物和小分子化合物在合成、结构和性能上的区别以及高分子化合物的命名。第 2、3、5、7 和 8 章分别介绍逐步聚合、自由基聚合、离子型链式聚合、开环聚合和立体定向聚合反应的基本原理。烯类单体可以进行悬浮聚合和乳液聚合，其基本原理和规律已经研究得比较透彻，所以作为自由基聚合方法在第 4 章中叙述。共聚反应是增加聚合物品种、聚合物改性的主要方法，所以在第 6 章中介绍几种单体之间进行链式共聚反应时影响聚合物组成和结构的因素，其他共聚反应在有关的章节中分别介绍。对于已经形成的高分子化合物，可以通过高分子反应对它进行改性，提高它的性能，所以在第9章中论述了高分子反应的基本原理和方法。为了使读者巩固学到的知识，每章后均有习题。

本书各章节分别由高分子化学教研室的老师们编写。具体为：第1章由潘才元教授编写；第2、4章由白如科副教授编写；第3章由宗惠娟教授编写；第5、9章由罗筱烈教授编写；第6章由张瑞云副教授编写；第7、8章由吴承佩副教授编写。全书由潘才元教授定稿。何卫东老师打印了全书的反应式，特表示感谢。由于水平有限，本书难免有不妥和错误之处，衷心地希望广大读者批评指正。

编　者

目　次

第 1 章　绪　　论

高分子化学的主要内容为研究聚合反应机理和动力学、聚合反应与聚合物结构、分子量和分子量分布之间的关系。聚合反应包括逐步聚合、自由基和离子型链式聚合、开环聚合和配位聚合等，是制备不同种类聚合物的基础。要合成预定结构和性能的聚合物，对聚合反应的控制十分重要，这就要熟悉聚合反应机理，掌握聚合反应动力学。聚合物的化学反应，包括侧基的化学修饰、接枝聚合、交联反应和聚合物降解等，其目的是赋予聚合物新的功能、改进聚合物的性能以及延长聚合物的使用寿命。

1.1　基本概念

为了便于深入理解聚合反应原理，首先对高分子化学的常用术语、高分子链的常见形态和物理量给予定义和解释。

1.1.1　常用术语

1. 聚合物和单体

许多小分子化合物由共价键连而形成的大分子称为**聚合物**(polymer)。组成聚合物的小分子化合物可以是相同的，也可以是不同的。能够互相键连形成大分子的这种小分子化合物称为**单体**(monomer)。例如，反应(1.1)中的聚氯乙烯是由氯乙烯经自由基聚合得到的，氯乙烯称为单体，聚氯乙烯称为聚合物。

$$CH_2{=}\underset{\displaystyle Cl}{\underset{|}{CH}} \longrightarrow \left(CH_2-\underset{\displaystyle Cl}{\underset{|}{CH}}\right)_n \tag{1.1}$$

通常，聚合物由几百甚至更多的单体组成，分子量一般在 $10^4 \sim 10^6\ g \cdot mol^{-1}$ 范围，也有更大的。如果产物中含有几个或十几个单体，则不能称为聚合物，只能称为齐聚物（oligomer）。

2. 单体单元、结构单元和重复单元

聚合物中组成和结构相同的单元称为**重复单元**（repeating unit），又称为链节。如聚氯乙烯中重复单元和单体结构相同，又可称为单体单元或结构单元（structure unit）。但是在某些情况下，这三个名称的含义是不一样的。例如，尼龙-6,6 是由己二酸和己二胺缩合而成的（式(1.2)）。

$$H_2N\text{-}(CH_2)_6\text{-}NH_2 + HOC(=O)\text{-}(CH_2)_4\text{-}C(=O)OH \longrightarrow \text{-}[NH\text{-}(CH_2)_6\text{-}NHC(=O)\text{-}(CH_2)_4\text{-}C(=O)]_n\text{-} \tag{1.2}$$

式中，$-NH(CH_2)_6NH-$ 和 $-(O)C(CH_2)_4C(O)-$ 称为结构单元，不能称为单体单元，因为它们与单体的组成不相同。而 $-NH(CH_2)_6NH-(O)C(CH_2)_4C(O)-$ 称为重复单元。

1.1.2 聚合度、分子量和分布

1. 聚合度和分子量

聚合度是指聚合物中重复单元的数目，如反应(1.1)中的 n 值。与有机化合物不同，每一聚合物是由不同分子量的大分子所组成的。所以，某一聚合物的聚合度指它的数均聚合度（$\overline{X}_n$），即平均每一聚合物分子中含有重复单元的数目。同样，聚合物的分子量为平均分子量，即是聚合度（$\overline{X}_n$）与重复单元分子量（M_0）的乘积。

$$\overline{M} = \overline{X}_n \cdot M_0 \tag{1.3}$$

2. 分子量的表示方法

正如上节所说，聚合物的分子量实际上是指它的平均分子量。测定分子量的方法有渗透压、光散射、黏度法、超离心法、沉淀法和凝胶色谱法等。由于计算方法不同，不同方法对同一聚合物样品所测得的平均分子量是不同的，有些方法偏向于分子量较大的聚合物分子，有的方法偏向于分子量较小的聚合物分子。通常有以下几种平均分子量。

(1) 数均分子量（$\overline{M}_n$）

采用冰点降低、沸点升高、渗透压和蒸气压降低等方法测定的是数均分子量，其定义为样品总质量除以样品中所含的分子数。

$$\overline{M}_n = \frac{w}{\sum N_x} = \frac{\sum N_x M_x}{\sum N_x} = \sum \underline{N}_x M_x \tag{1.4}$$

式中，N_x和$\underline{N}_x$分别是分子量为M_x的聚合物克分子数和克分子分数。

(2) **重均分子量**($\overline{M}_w$)

采用光散射等方法测得的是重均分子量，其定义为

$$\overline{M}_w = \sum w_x M_x = \frac{\sum C_x M_x}{\sum C_x} = \frac{\sum C_x M_x}{C} = \frac{\sum N_x M_x^2}{\sum N_x M_x} \tag{1.5}$$

式中，w_x是分子量为M_x的聚合物质量分数，C_x是分子量为M_x的聚合物质量浓度，C为聚合物的总质量浓度。光散射方法对测定高分子量聚合物时是可靠的，当聚合物的分子量低于5 000～10 000 g·mol^{-1}时，测试结果就不可靠了。

(3) **黏均分子量**($\overline{M}_\eta$)

采用黏度法测得的分子量称为黏均分子量，它的定义为

$$\overline{M}_\eta = \left[\sum W_x \sum M_x^\alpha\right]^{1/\alpha} = \left[\frac{\sum N_x M_x^{\alpha+1}}{\sum N_x M_x}\right]^{1/\alpha} \tag{1.6}$$

式中，α为常数，当$\alpha=1$时，$\overline{M}_\eta=\overline{M}_w$。通常，$\alpha$在0.5～0.9之间，对于大多数聚合物，黏均分子量小于重均分子量。对于多分散聚合物，$\overline{M}_n<\overline{M}_\eta<\overline{M}_w$。

3. 分子量分布

正如上节所说，聚合物由不同分子量的大分子组成。采用分级沉淀或凝胶渗透色谱分离，测定每个组分的分子量和相对质量分数，可以作出如图1.1所示的分子量分布曲线。由数均、黏均和重均分子量的定义，计算出$\overline{M}_n$、$\overline{M}_\eta$和$\overline{M}_w$，并标在图上。可见，$\overline{M}_n$偏向于低分子量级分，$\overline{M}_w$偏向于高分子量级分，$\overline{M}_\eta$与$\overline{M}_w$十分接近，一般相差10%～20%。

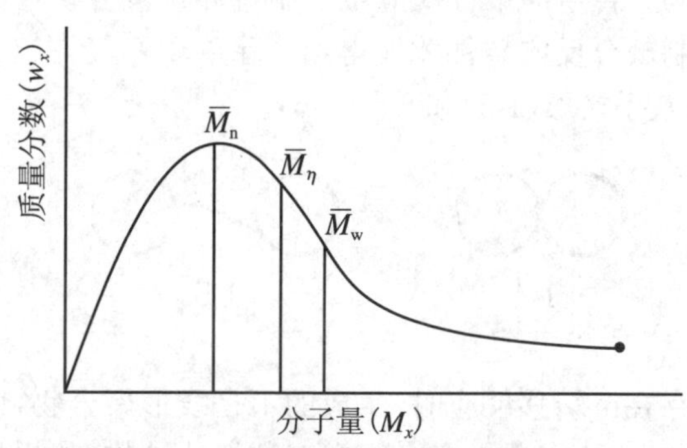

图1.1 聚合物的分子量分布曲线

通常采用 $D = \overline{M}_w / \overline{M}_n = \overline{X}_w / \overline{X}_n$ 表示分子量分布宽度。对于完全单分散性的聚合物，$D = 1$；实际上聚合物的 D 值均大于 1；随 D 值增加，聚合物的分散性增加。

聚合物的性能不仅与分子量有关，而且与分子量的分布有关。通常，聚合物的性能，如强度和熔体黏度主要取决于分子量较大的分子。所以对于某一特定用途，不仅要求聚合物有一定的分子量，而且要有一确定的分子量分布。

1.1.3 高分子的拓扑结构

聚合物的结构，为拓扑结构，与它的性质密切相关。至今，已合成了各种不同拓扑结构的聚合物，可以把他们归纳为五类拓扑结构。它们的有机组合，可演变成多种多样的高分子形态。下面分别叙述这五类拓扑结构。

1. 线形聚合物

线形聚合物是许多重复单元在一个连续长度上连接而成的高分子，如 1-1 所示。通常，苯乙烯、氯乙烯（反应(1.1)）、丙烯酸甲酯等单体的自由基聚合；以及己二酸和己二胺的逐步聚合反应，生成的尼龙-6,6（反应(1.2)）等均生成线形聚合物。线形聚合物既可以是由相同的重复单元构成的均聚物(1-1)，也可以是由不同高分子链连接形成的嵌段共聚物(1-2)等。

1-1　　1-2

2. 环状聚合物

形状呈环的聚合物称为**环状聚合物**，如 1-3 所示。在结构上，与线形聚合物明显不同的是没有端基。所以，它的某些性能，如耐热性、表面性能、溶液行为等与相应的线形聚合物不同。普通的聚合反应难以制备环状聚合物，一般要用特殊的催化剂或引发剂并控制聚合反应条件才能得到。除单环外，还有双环及其他环状聚合物，如 8 字形(1-4)、手拷形(1-5)和 θ 形(1-6)。

1-3　　1-4　　1-5　　1-6

3. 支化聚合物

当聚合反应中存在链转移反应时，生成的不是线形聚合物，而是支化聚合物，如 1-7 所示。根据支化程度，支化聚合物有多种拓扑结构，如蜈蚣形、梳形和哑铃形等。最简单的支化聚合物是高分子链上有两个支链,形成 π-形(1-8)和 H-形(1-9)聚合物。合成这一类聚合物,需要将不同聚合反应机理,甚至需要与高效的有机反应有机相结合才能实现。**超支化聚合物**(1-10)也是通过相应的聚合反应原理制备的。其结构不规整,分子量具有多分散性。而**树状聚合物**不同,它有规整的化学结构。理论上,所有的聚合物都具有相同的分子量,不存在分子量分布。

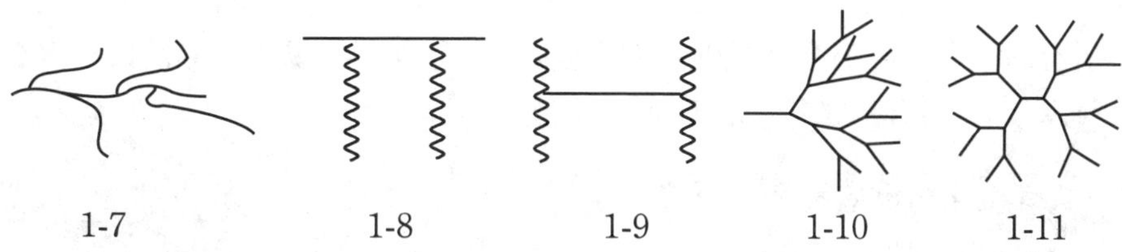

1-7　1-8　1-9　1-10　1-11

4. 星形聚合物

星形聚合物是指三条或三条以上,甚至数百条高分子链的一端接到同一点上的高分子,如 1-12 所示。这些高分子链可以是相同的,也可以是不同的。不同的高分子链组成的星形聚合物称为杂臂星形聚合物。通常,臂数多的星形聚合物是通过聚合反应制备的,所以臂数难以确切控制,分子量分布较宽。采用多官能团引发剂法,可以制备臂数一定,分子量分布窄的星形聚合物。杂臂星聚合物,如 *ABC* 三杂臂星形聚合物(1-13),是通过不同聚合反应或与有机反应有机相结合制备的。

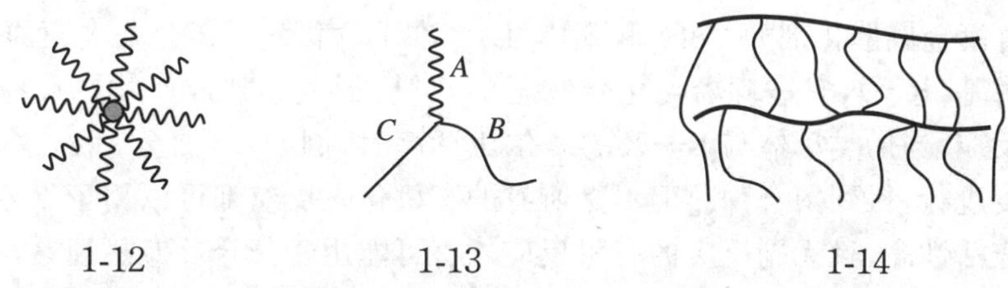

1-12　1-13　1-14

5. 交联聚合物

高分子链间通过化学键连接形成网状高分子,称为**交联聚合物**,如 1-14 所示。交联反应可以发生在聚合反应过程中,也可以在高分子形成后,采用不同的化学反应使线形聚合物交联。交联点之间的链长、交联密度的不同,聚合物的性质不同。轻度交联即交联密度小,如橡胶的硫化,则聚合物具有高弹性;若高度交联,则聚合物的尺寸稳定性好,如酚醛树脂和脲醛树脂。

以上讨论的聚合物拓扑结构,绝大部分是通过不同聚合反应机理,甚至与有机反应相结合制备的,属于高分子合成化学内容。本书讨论的主要为线形、支化和交联聚合物的合成。合成环状和星形聚合物的聚合反应原理有待进一步研究。

1.2 聚合反应和有机化学反应

所有的聚合反应都源自有机化学反应,但又有自己的规律。下面讨论聚合反应的特点,以及与有机化学反应的不同点。

1.2.1 有机化学反应和聚合反应

聚合反应的发展离不开有机化学反应的研究成果,例如原子转移自由基聚合反应,源自原子转移自由基加成反应(ATRA),又称 **Kharasch 加成反应**(反应(1.7)和反应(1.8))。

$$R—X + M^{n}X_{n}L_{m} \rightleftharpoons R\cdot M^{n+1}X_{n+1}L_{m} \tag{1.7}$$

$$R\cdot M^{n+1}X_{n+1}L_{m} + CH_2{=}\underset{\substack{|\\R_2}}{\overset{\substack{R_1\\|}}{C}} \rightleftharpoons R—CH_2—\underset{\substack{|\\R_2}}{\overset{\substack{R_1\\|}}{C}}—X + M^{n}X_{n}L_{m} \tag{1.8}$$

在过渡金属催化剂如 CuBr 和配体(L)存在下,卤代烷(RX)失去卤原子(X)生成自由基(R·),它进攻烯类化合物上的双键,形成一加成产物。反应(1.8)是可逆反应,当烯类单体与 R—X 的摩尔比调高时,例如,增加至 100,这个反应可以反复进行,得到聚合物。但不是所有的有机化学反应都可以用于聚合反应。只有反应活性高,且无副反应的有机反应才有可能用于聚合反应。通常,在有机合成中,只经过一步有机化学反应(1.8)就可得到目标产物。而聚合反应中,这一步反应要反复进行几百、甚至几千次才能得到满足应用要求的聚合物。如果反应活性低,则很难得到预定分子量的聚合物。例如,大分子单体 1-15 进行酯化反应,得到超支化聚合物。改变催化剂的种类和用量,尽可能提高真空度,以及尽量延长反应时间,产品中就始终存在单体和一系列缩聚物。这是因为体系中—OH 和—COOH浓度太低,反应难以进行。而 N_3 和乙炔基进行的 Click 反应活性高、无副反应,对溶剂要求也不高,在 Cu(Ⅰ)和配体存在下,大分子单体 1-16进行聚合反应,可以制得分子量分布较窄,且无大分子单体的超支化聚合物。

$HOOC\sim\sim CH_2—CH(C_6H_5)\sim\sim(OH)_2$　　　$N_3\sim\sim CH_2—CH(C_6H_5)\sim\sim(C≡CH)_2$

1-15　　　1-16

与有机化学反应不同，在聚合反应中，高分子链的增长反应是反复进行的，聚合反应行为受反应的类型、反应介质和反应温度等影响，呈现不同的规律。

1.2.2　聚合反应机理

本书涉及的聚合反应有逐步聚合，自由基聚合，阴、阳离子聚合和配位聚合反应，它们遵从不同的聚合反应机理。但是，按高分子链的增长过程，可以将聚合反应分为三类，它们有不同的机理和动力学。下面分别讨论。

1. 逐步聚合反应

逐步聚合反应的过程是单体，如 A—B(A 和 B 是能相互反应的官能团)首先反应，生成二聚体$(A—B)_2$。二聚体自缩聚反应，或与单体反应，分别生成四聚体$(A—B)_4$或三聚体$(A—B)_3$。接着四聚体、三聚体、二聚体、单体自己反应，或相互反应，分别生成八至二聚体。反应照此进行下去，直至形成一定分子量的聚合物。逐步聚合反应的特点是单体的消失速率很快，但反应初期的分子量增加缓慢，因为是单体与单体、单体与齐聚体的反应。只有在反应后期，较高分子量的聚合物之间发生反应，分子量才会迅速增加；当转化率接近 100% 时，才能形成高分子量聚合物，如图 1.2(a)所示。

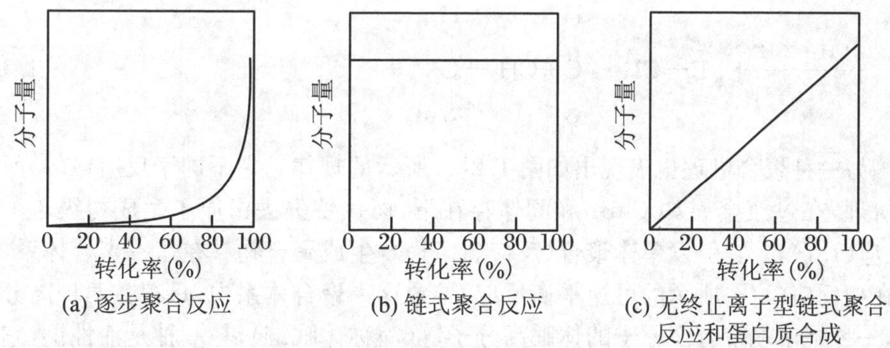

(a) 逐步聚合反应　(b) 链式聚合反应　(c) 无终止离子型链式聚合反应和蛋白质合成

图 1.2　分子量随转化率的变化

2. 链式聚合反应

在链式聚合反应中，引发剂形成的活性中心引发单体聚合，并迅速、连续进行链增长反应，直到活性中心失活，形成一个大分子(反应(1.9))。一般形成一个大分子只需大约 1 s,或更短的时间。所以,即使单体的转化率很低,也能形成高分子量的聚合物。随着聚合反应进行,聚合物的量越积越多,而其分子量基本上是不变的(图 1.2(b))。这并不说明链式聚合反应比逐步聚合反应速率快,实际上逐步聚合反应中单体的消失速率可以等于或大于链式聚合反应。

$$\mathrm{R\cdot} \xrightarrow{\mathrm{CH_2{=}CHY}} \mathrm{R{-}CH_2{-}}\underset{\mathrm{Y}}{\overset{\mathrm{H}}{\mathrm{C}}}\cdot \xrightarrow{\mathrm{CH_2{=}CHY}} \mathrm{R{-}CH_2{-}}\underset{\mathrm{Y}}{\overset{\mathrm{H}}{\mathrm{C}}}\mathrm{{-}CH_2{-}}\underset{\mathrm{Y}}{\overset{\mathrm{H}}{\mathrm{C}}}\cdot \dashrightarrow^{\mathrm{CH_2{=}CHY}}$$

$$\mathrm{R}{+}\mathrm{CH_2{-}}\underset{\mathrm{Y}}{\overset{\mathrm{H}}{\mathrm{C}}}{+}_m\mathrm{CH_2{-}}\underset{\mathrm{Y}}{\overset{\mathrm{H}}{\mathrm{C}}}\cdot \xrightarrow{\text{终止反应}} {+}\mathrm{CH_2{-}}\underset{\mathrm{Y}}{\overset{\mathrm{H}}{\mathrm{C}}}{+}_n \tag{1.9}$$

3. 活性聚合反应

在活性聚合体系中,引发速率很快,且无终止反应。聚合反应时,首先引发剂引发单体聚合,形成的活性链进攻单体上的双键,形成新的活性链。如此反复,直到单体全部消失(反应(1.10))。在这样的聚合体系中,链活性基的浓度恒定。随着单体转化率的增加,聚合物的分子量或聚合度线性增加,如图 1.2(c)所示。

$$\mathrm{R^-} \xrightarrow{\mathrm{CH_2{=}CHY}} \mathrm{R{-}CH_2{-}}\underset{\mathrm{Y}}{\overset{\mathrm{H}}{\mathrm{C}^-}} \xrightarrow{\mathrm{CH_2{=}CHY}} \mathrm{R{-}CH_2{-}}\underset{\mathrm{Y}}{\overset{\mathrm{H}}{\mathrm{C}}}\mathrm{{-}CH_2{-}}\underset{\mathrm{Y}}{\overset{\mathrm{H}}{\mathrm{C}^-}}$$

$$\dashrightarrow^{\mathrm{CH_2{=}CHY}} \mathrm{R}{+}\mathrm{CH_2{-}}\underset{\mathrm{Y}}{\overset{\mathrm{H}}{\mathrm{C}}}{+}_n\mathrm{CH_2{-}}\underset{\mathrm{Y}}{\overset{\mathrm{H}}{\mathrm{C}^-}} \tag{1.10}$$

另一种聚合机理也表现出如图 1.2(c)所示的规律。它不同于反应(1.9)所示的机理,在过渡金属如 CuBr 和配体存在下,卤代烷失去卤原子生成初级自由基(反应(1.7))。它引发单体聚合(反应(1.11)),生成聚合物。在这一聚合体系中,存在如反应(1.8)所示的可逆平衡反应,导致这一聚合体系中,只存在两种高分子链,一种是末端带有卤原子的休眠高分子链(简称休眠链),另一种是活性链,它进行增长反应。在 CuBr 和配体存在下,所有休眠链都有相同机会变成活性链,进行增长反应,也就是说所有高分子链进行增长反应的时间是几乎相等的。因此,生成高分子的分子量分布较窄;又由于体系中链自由基浓度恒定,所以聚合物的分子量随转化率提高且呈线性增加。

$$R\cdot M^{n+1}X_{n+1}L_m + nCH_2{=}\underset{R_2}{\overset{R_1}{C}} \longrightarrow \sim\sim CH_2{-}\underset{R_2}{\overset{R_1}{C}}\cdot M^{n+1}X_{n+1}L_m \quad (1.11)$$

以上是根据高分子链的增长模式划分的。逐步聚合反应、自由基聚合、离子型聚合和配位聚合是根据活性基团的性质划分的,而开环聚合是使环状单体聚合,所以分别讨论。它们的链增长模式取决于链增长反应、单体、引发剂和反应条件。

1.3 聚合物的类型

迄今为止,尚没有简单而又严格的聚合物分类方法,根据聚合物的特点不同进行分类是常用的方法。下面作以介绍。

1.3.1 按主链的组成分类

常见的聚合物是以碳原子为主链,除此以外,其他原子如氮、氧、硅和磷也可以组成主链。根据主链的组成,可将聚合物分为如下三类:

(1) 碳链聚合物:高分子主链全部由碳原子组成。如

$$\text{-}\!\!(CH_2{-}\underset{CH_3}{CH})_n \qquad \text{-}\!\!(CH_2{-}CH_2)_n \qquad \text{-}\!\!(CH_2{-}\underset{Cl}{CH})_n \qquad \text{-}\!\!(CH_2{-}\underset{COOCH_3}{CH})_n$$

(2) 杂链聚合物:高分子主链除了碳原子外,还含有 N、O 和 S 等杂原子。如

$$\text{-}\!\!(O{-}CH_2{-}CH_2)_n \qquad \text{-}\!\!(S{-}CH_2{-}CH_2)_n \qquad \text{-}\!\![NH{-}\!\!(CH_2)_5\overset{O}{\overset{\|}{C}}]_n$$

(3) 元素有机聚合物:高分子主链没有碳原子,完全由 Si、O、N、B 和 S 等组成,但是 Si 和 N 等原子上的取代基可为有机基团,如 CH_3—、C_2H_5—等。这一类聚合物通常称为元素有机聚合物。

$$\text{-}\!\!(O{-}\underset{CH_3}{\overset{CH_3}{Si}})_n \qquad \text{-}\!\!(S{-}S)_n \qquad \text{-}\!\!(N{=}\underset{Cl}{\overset{Cl}{P}})_n$$

1.3.2 按聚合物的性能和用途分类

(1) 橡胶:这一类聚合物在外力作用下会产生较大的可逆形变(形变范围通常为500%~1 000%),这就要求聚合物完全无定形,且有轻微的交联,例如聚(顺-异戊二烯)。

(2) 纤维:具有高的抗拉断强度和小的形变,这就要求聚合物高度结晶,分子间有强的相互作用力,如氢键和偶极力等。用作纤维的聚合物有聚(己二酰己二胺)和聚(对苯二甲酸乙二醇酯)等。

(3)塑料:其力学性能和行为在橡胶和纤维之间,可分为硬塑料和软塑料。硬塑料具有较高的抗形变能力。

表1.1列出不同聚合物的用途,可见有的聚合物如聚异戊二烯只能作橡胶,聚丙烯腈只能作纤维,但是有的聚合物如聚氯乙烯既可作塑料又可作橡胶。

表1.1 不同聚合物的用途

橡胶	橡胶或塑料	塑料	塑料或纤维	纤维
聚异戊二烯	←聚苯乙烯→	聚乙烯	←聚酰胺→	聚丙烯腈
聚异丁烯	←聚氯乙烯→	聚四氟乙烯	←聚脂→	
	←聚氨酯→	聚甲基丙烯酸甲酯	←聚丙烯→	
	←聚硅氧烷→	酚醛树脂		
		脲醛树脂		
		三聚氰胺-甲醛树脂		

1.3.3 按聚合物的组成和结构分类

Carothers根据聚合物和单体组成上的差别,将聚合物分为缩聚物和加成聚合物。

(1) 缩聚物:通常,双官能团单体,如二元胺和二元酸进行缩聚反应,会失去小分子,例如H_2O,得到聚合物,如反应(1.12)所示。

$$
\begin{aligned}
&n\mathrm{H_2N{-}R{-}NH_2} + n\mathrm{HOOC{-}R'{-}COOH} \longrightarrow \\
&\mathrm{H{+}NH{-}R{-}NHCO{-}R'{-}CO{+}_{\mathit{n}}OH} + (2n-1)\mathrm{H_2O} \qquad (1.12)
\end{aligned}
$$

式中R和R′可为脂肪或芳香族基团,聚合物中结构单元和单体二元胺、二元酸的组成是有差别的。某些天然高分子,如纤维、淀粉、羊毛和丝等划归为缩聚物。

(2) 加成聚合物:烯类单体经自由基聚合、离子型聚合和配位聚合形成聚合物的过程中,没有失去小分子(反应(1.13)),得到的聚合物为加成聚合物。它的重复结构单元与单体的组成是一致的。

$$\underset{\displaystyle X}{CH_2{=}\underset{|}{CH}} \longrightarrow \left[CH_2{-}\underset{\underset{\displaystyle X}{|}}{CH}\right]_n \tag{1.13}$$

式中 X 可为 H、烷基、芳基、酯基或腈基等。

随着高分子学科的发展,这一分类方法显现很多局限性,例如,二元醇与二异氰酸酯反应生成聚氨酯的过程中没有失去小分子(反应(1.14))。

$$nHO{-}R{-}OH + nOCN{-}R'{-}HCO \longrightarrow$$
$$HO\left[R{-}O{-}\underset{\underset{\displaystyle O}{\|}}{C}NH{-}R'{-}NH\underset{\underset{\displaystyle O}{\|}}{C}{-}O\right]_n R{-}O{-}\underset{\underset{\displaystyle O}{\|}}{C}NH{-}R'{-}NCO \tag{1.14}$$

反应(1.14)显然不服从链式聚合反应规律,而遵循逐步聚合反应。所以,本书中不再用缩聚反应,而用逐步聚合反应。把涉及不同官能团之间反应的所有聚合反应,都归属于逐步聚合反应,因为这类聚合反应,除极少数外,都服从逐步聚合反应规律。

1.4 聚合物的命名

长期以来聚合物没有统一的命名法,直到 1972 年国际纯粹化学和应用化学联合会(International Union of Pule and Applied Chemistry,IUPAC)提出线形聚合物的命名方法。我国化学会高分子专业组也提出一个"高分子化合物的命名规则"。下面介绍几种高分子化合物的命名方法。

1.4.1 按聚合物的来源命名

聚合物最简单的命名方法是在单体或假想单体前加一个"聚"。如聚乙烯、聚丙烯、聚氯乙烯、聚甲基丙烯酸甲酯和聚苯乙烯等(表 1.2)。聚乙烯醇是经醋酸乙烯酯聚合、水解而成的,人们仍然假设它为乙烯醇聚合而得到的。这种命名方法方便、直观,且表明了所用单体,所以使用广泛。

表 1.2 按聚合物的来源命名

结构式	中文	英文	结构式	中文	英文
$\text{-}[CH_2-CH_2]_n\text{-}$	聚乙烯	Poly (ethylene)	$\text{-}[CH_2-CH(CH_3)]_n\text{-}$	聚丙烯	Poly (propylene)
$\text{-}[CH_2-CH(Cl)]_n\text{-}$	聚氯乙烯	Poly(vinyl chloride)	$\text{-}[CH_2-CH(OH)]_n\text{-}$	聚乙烯醇	Poly(vinyl alcohol)
$\text{-}[CH_2-CH(C_6H_5)]_n\text{-}$	聚苯乙烯	Poly (styrene)	$\text{-}[CH_2-C(CH_3)(COOCH_3)]_n\text{-}$	聚甲基丙烯酸甲酯	Poly(methyl methacrylate)
$\text{-}[CH_2-CH(COOH)]_n\text{-}$	聚丙烯酸	Poly(acrylic acid)	$\text{-}[CH_2-CH(COOCH_3)]_n\text{-}$	聚丙烯酸甲酯	Poly(methyl acrylate)
$\text{-}[CH_2CH_2O]_n\text{-}$	聚乙二醇	Poly(ethylene glycol)	$[HN\text{-}(CH_2)_5\text{-}CO]_n$	聚(6-胺基己酸)	Poly (6-aminocaproic acid)

1.4.2 按聚合物的结构命名

对两种不同单体经缩聚反应而生成的聚合物命名时，在结构单元的名称前加前缀“聚”。例如，癸二酸与己二胺聚合生成的聚合物命名为聚癸二酰己二胺(表 1.3)。

表 1.3 按聚合物的结构命名

结构式	中文	英文
$[HN\text{-}(CH_2)_6\text{-}NHCO\text{-}(CH_2)_8\text{-}CO]_n$	聚(癸二酰己二胺)	Poly(hexamethylene sebacamide)
$[O\text{-}(CH_2)_3\text{-}OCONH-CH_2CH_2-NHCO]_n$	聚(乙基脲酰丙二醇酯)	Poly(trimethylene ethylene-urethane)
$\text{-}[OCH_2CH_2OCO-C_6H_4-CO]_n\text{-}$	聚(对苯二甲酰乙二醇酯)	Poly(ethylene terephthalate)

1.4.3 根据商品名称命名

在生产流通中，人们习惯使用简单明了的商品名称，其优点是能与其应用相联系。

1. 用后缀“纶”命名合成纤维

我国对于合成纤维命名的方法是“单体名+纶”。例如，由聚丙烯腈、聚氯乙烯和聚丙烯纺成的纤维分别称为腈纶、氯纶和丙纶，聚对-苯二甲酸乙二醇酯纤维称为涤纶，聚己内酰胺纤维称为锦纶，聚乙烯醇缩甲醛称为维尼纶等等。

2. 用后缀“橡胶”命名合成橡胶

合成橡胶命名方法是“单体名+橡胶”。由丁二烯/苯乙烯共聚物制成的橡胶称为丁苯橡胶；丁二烯/乙烯基吡啶共聚物制成的橡胶称为丁吡橡胶；乙烯/丙烯共聚物称为乙丙橡胶等等。

3. 用后缀“树脂”命名能制成塑料制品的聚合物

能制成塑料制品的聚合物命名方法是“单体名+树脂”。由苯酚和甲醛、尿素和甲醛、甘油和邻苯二甲酸缩合得到的高分子分别称为酚醛树脂、脲醛树脂和醇酸树脂等。

4. 直接引用国外商品名称的译音

有一些聚合物，常用国外商品名称的译音来命名。例如，聚酰胺称为尼龙(nylon)。若由一个单体聚合而成的，则在尼龙后加一数字，例如由己内酰胺聚合得到的产物称为尼龙-6。若由两种单体聚合而成，则第一个数字表示二元胺的碳原子数，第二个数字表示二元酸的碳原子数。对于聚合物1-17，可称为尼龙-6,10。

$$\left[HN\!\left(CH_2\right)_6 NHCO\!\left(CH_2\right)_8 CO \right]_n$$

1-17

1.4.4 IUPAC命名

以上三种命名法已被普遍接受，但是在科学上不够严格，有时会引起混乱，因此在1972年提出了系统命名法。

1. 适用性

该命名法只适用于重复单元以单键相连的线形聚合物，如1-18。对于重复单元上两个原子相连接的线形聚合物，如1-19尚无系统命名方法。

$$\left(OCH_2 - CH_2 \right)_n$$

1-18

1-19

2. 命名原则

这个命名原则非常简单，包括以下四步：

(1) 找出聚合物中最小重复单元。例如，聚乙烯的重复单元是—CH_2CH_2—，按照这一规定，最小重复单元应是亚甲基—CH_2—。

(2) 按照次级单元的排序规则排列重复单元中次级单元的顺序。例如，聚乙二醇的最小重复单元通常写成—CH_2CH_2O—。但按照次级单元的排序规则(下面讨论)，该重复单元排列为—OCH_2CH_2—。

(3) 根据IUPAC有机化合物的命名规则，命名最小重复单元的名称。例如，最小重复单元—OCH_2CH_2—的名称应是oxyethylene，即氧亚乙基。

(4) 在该名称前加“聚”。例如，聚乙二醇的名称应为poly(oxyethylene)，即聚(氧化亚乙基)。

关于重复单元中，次级单元的排序有如下规则：

① 任何杂原子都在碳原子之前，如1-18的次级单元氧排在亚乙基之前。

② 若最小重复单元中有几个杂原子，则杂原子的排列顺序为：O、S、Se、Te、N、P、As、Sb、Bi、Si、Ge、Sn、Pb、B、Hg，其他杂原子按元素周期表中的位置确定。

③ 对于不同类型的次级单元的排列顺序为：杂环＞杂原子或含杂原子的非环次级单元＞含碳原子的环＞只含碳原子的非环次级单元。不在主链上而在取代基上的杂原子、环、基团不影响这一排列顺序。

④ 对于重复单元中含有几种不同的杂环，其排列顺序为：含氮环＞含氮及一个其他杂原子的环(其原子在规则②中的排列尽可能在前面)＞环数最多的环＞最大的单环＞含杂原子最多的环，若两环相同，仅不饱和度不同，则优先排不饱和度高的环。

⑤ 对于碳环的优先顺序为：环数目最多的环＞有最大的单环＞含原子数最多的环＞不饱和度最大的环。

⑥ 在排次级单元时，要使取代基的位数最小。例如1-20应命名为poly[oxy(1-fluoroethylene)]，即聚氧(1-氟亚乙基)。

1-20　　　　1-21

⑦ 以上优先顺序首先要保证重复单元以最少的价键连接。例如1-21中，重复结构单元的连接方式应是—CH═CH—，而不是═CH—CH═。

根据以上命名规则,对一些聚合物作了命名(表1.4)。

表1.4　根据IUPAC命名规则对一些聚合物的命名

分子式	名　称
$\lbrack CH_2-CH_2 \rbrack_n$	Poly(methylene)聚(亚甲基)
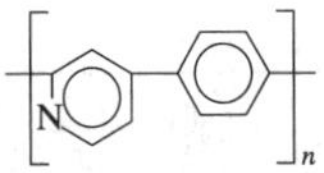 N	Poly(2,4-pyridinediyl-1,4-phenylene) 聚(2,4-亚吡啶基-1,4-亚苯基)
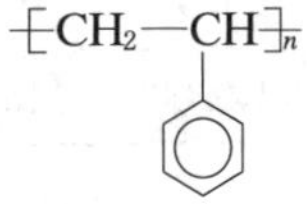 $\lbrack CH_2-CH \rbrack_n$	Poly(1-phenylethylene)聚(1-苯基亚乙基)
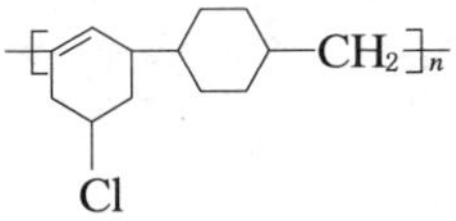 $CH_2 \rbrack_n$ Cl	Poly(5-chloro-1-cyclohexen-1,3-ylene-1,4-cyclohexylene-methylene)聚(5-氯-1,3-亚环己基-1,4-亚环己基亚甲基)
$\lbrack CH_2-O \rbrack_n$	Poly(oxymethylene)聚(氧化亚甲基)
$\lbrack HNCO(CH_2)_5 \rbrack_n$	Poly(imino(1-oxohexamethylene))聚(亚胺基(1-氧代亚己基))
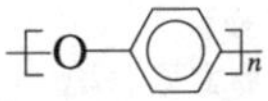 $\lbrack O \rbrack_n$	Poly(oxy-1,4-phenylene)聚(氧化-1,4-亚苯基)

习　题

1. 写出下列单体形成聚合物的反应,注明聚合物的结构单元、重复单元,指出是何种聚合反应。

(1) $CH_2=CHCOOCH_3$;　　(2) $H_2N(CH_2)_6NH_2 + HOOC(CH_2)_4COOH$;

(3) $HO(CH_2)_5COOH$;　　(4) $HOCH_2CH_2OH + OCN(CH_2)_6NCO$;

(5)  O 。

2. 用IUPAC系统命名法命名以下聚合物:

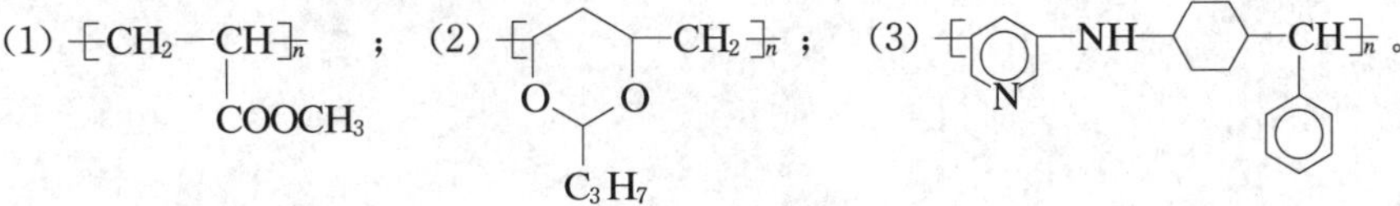

3. 解释下列名词和术语:

(1) 结构单元,重复单元和单体单元;

(2) 逐步聚合，链式聚合和活性聚合；

(3) 缩聚物，加成聚合物；

(4) 聚合度，分子量分布。

4. 如何用实验方法确定单体 X 的聚合是按逐步聚合、链式聚合还是活性聚合机理进行的？

5. 一个聚苯乙烯样品经分级沉淀，测定每一级分的质量分数和分子量，实验结果列于下表中，试计算出数均分子量和重均分子量，并画出分子量分布曲线。

级　分	A	B	C	D	E	F	G	H
质量分数	0.10	0.19	0.24	0.18	0.11	0.08	0.06	0.04
分 子 量	12 000	21 000	35 000	49 000	73 000	102 000	122 000	146 000

6. 试说明进行活性聚合的两种不同高分子链增长模式。

第 2 章　逐步聚合反应

逐步聚合反应是合成高分子材料的重要方法之一，在高分子工业中占有重要地位。人们熟知的涤纶、尼龙、聚氨酯、酚醛和尿醛等均是用逐步聚合反应方法制备的。该方法还制备了高强度、高模量和耐高温等综合性能优异的高分子材料，如聚酰亚胺、聚苯并咪唑等。在聚合反应方法学上，逐步聚合反应也是高分子化学中一类重要的聚合反应。根据单体的结构特征，通过逐步聚合反应可生成线形、支化和超支化、交联等不同拓扑结构的聚合物。尽管链增长模式相同，聚合机理和动力学仍有差别，因此以下分节叙述它们的聚合反应。

2.1 概　　述

在深入讨论不同逐步聚合反应前，先介绍和讨论聚合反应机理、链增长模式、适用的单体和结构、聚合反应类型及官能团活性。

2.1.1　逐步聚合反应机理

前一章中曾提及，把涉及不同官能团之间反应的聚合反应都归属为逐步聚合反应。能进行这一聚合反应的单体有一共同特征，就是单体上有两个或两个以上能够相互反应的官能团。例如，A—B、A—A 和 B—B、AB_2 等。其中，A 和 B 是能够相互反应的官能团，例如，COOH 和 OH、COOH 和 NH_2、NCO 和 OH 或 NH_2、Br 和 CH═CH_2、N_3 和C≡CH等等。它们进行如(2.1)、(2.2)和(2.3)所示的反应，分别得到线形聚合物和超支化聚合物。

$$n\text{A—B} \longrightarrow \text{A}\left(\text{BA}\right)_{n-1}\text{B} \tag{2.1}$$

$$nA\text{—}A + nB\text{—}B \longrightarrow A\text{⁅}AB\text{⁆}_{2n-1}B \tag{2.2}$$

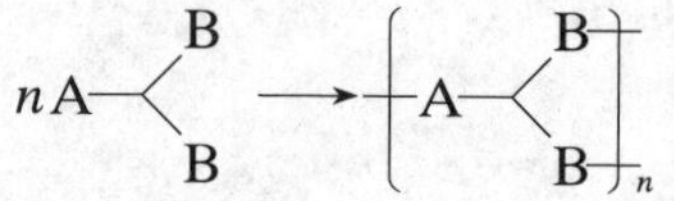

$$nA\text{—}\langle^{B}_{B} \longrightarrow \left[A\text{—}\langle^{B}_{B} \right]_n \tag{2.3}$$

1. 两种反应机理

尽管聚合反应很多，但大致可分为两类：一是缩聚反应；二是加成聚合反应。前一聚合反应过程中有小分子生成；后者没有。

(1) 缩聚反应。具有代表性的这类反应有酯化反应、酰胺化反应等。例如酯化反应过程中，会失去小分子 H_2O(反应(2.4))。

$$nHO\text{—}R\text{—}OH + nHOOC\text{—}R'\text{—}COOH \longrightarrow$$
$$H\text{⁅}O\text{—}R\text{—}OCO\text{—}R'\text{—}CO\text{⁆}_nOH + (2n-1)H_2O \tag{2.4}$$

(2) 加成聚合反应。属于这类反应的有 NCO 与 OH、NCO 与 NH_2、N_3 与 C≡CH的点击(click)反应等。在反应过程中，无小分子副产物生成(反应(2.5))。

$$nHO\text{—}R\text{—}OH + nOCN\text{—}R'\text{—}NCO \longrightarrow \text{⁅}R\text{—}O\underset{\underset{O}{\|}}{C}NH\text{—}R'\text{—}NH\underset{\underset{O}{\|}}{C}O\text{⁆}_n \tag{2.5}$$

无论是缩合聚合反应，还是加成聚合反应，其高分子链增长的模式是相同的。

2. 链增长模式

尽管不同官能团 A 和 B 的反应机理和活性不同，但它们的链增长模式却是相同的。以双官能团单体 A—A 和 B—B 进行聚合反应为例，不同单体分子上官能团 A 和 B 之间反应是随机的。聚合反应开始时，首先形成二聚体 A—AB—B。它再与单体 A—A 或 B—B 反应，或它自身反应，分别形成三聚体(A—AB—BA—A 和 B—BA—AB—B)或四聚体(A—AB—BA—AB—B)。三聚体和四聚体自身反应，或它们相互反应，或与单体和二聚体反应，分别生成八、七、六、五、四和三聚体。反应如此反复进行，直至生成高分子量的聚合物。最终在聚合体系中可以发现聚合度不同的聚合物，甚至低聚物，如图 2.1 所示。可见逐步聚合得到聚合物的分子量分布较宽。

$$A\text{—}A + B\text{—}B \longrightarrow A\text{—}AB\text{—}B \xrightarrow[B\text{—}B]{A\text{—}A} A\text{—}AB\text{—}BA\text{—}A + B\text{—}BA\text{—}AB\text{—}B$$

$$2A\text{—}AB\text{—}B \longrightarrow (A\text{—}AB\text{—}B)_2 \xrightarrow[B\text{—}B]{A\text{—}A} \text{⁅}A\text{—}AB\text{—}B\text{⁆}_2A\text{—}A + B\text{—}B\text{⁅}A\text{—}AB\text{—}B)_2$$

$$\dashrightarrow B\text{—}B\text{⁅}A\text{—}AB\text{—}B\text{⁆}_xA\text{—}A + B\text{—}B\text{⁅}A\text{—}AB\text{—}B\text{⁆}_yA\text{—}A \dashrightarrow$$

$$\text{⁅}A\text{—}AB\text{—}B\text{⁆}_n A\text{—}A + B\text{—}B\text{⁅}A\text{—}AB\text{—}B\text{⁆}_nA\text{—}A + B\text{—}B\text{⁅}A\text{—}AB\text{—}B)_n$$

图 2.1 双官能团单体 A—A 和 B—B 聚合反应中高分子链增长模式示意图

按图2.1所示的高分子链增长模式，逐步聚合反应不同于链式聚合反应和活性聚合反应，具有自己的特点。

2.1.2　逐步聚合反应特点

1. 官能团的反应程度与单体转化率

在逐步聚合反应中，官能团的反应程度与单体转化率是不同的概念。例如，在单体A—A和B—B的聚合反应中，1 mol的A—A与1 mol的B—B反应，生成1 mol的二聚体。2 mol单体消失了，但官能团只消耗了1 mol。由于A和B官能团的起始浓度大，反应速率快，体系中单体分子很快就消失了，但反应并没有终止，因为在齐聚物分子上仍存在可相互反应的官能团A和B。所以，考虑聚合反应机理和动力学时，不能从单体的转化率来判断聚合反应是否结束，而应考虑体系中A和B官能团的浓度。

由图2.1可知，当等摩尔的A—A和B—B进行聚合反应时，体系中始终存在着可以相互反应的A和B官能团。理论上，只要反应时间足够长，齐聚物和齐聚物、齐聚物和大分子、大分子和大分子之间都会发生反应，体系中最终形成一个两端官能团分别为A和B的巨大分子。实际上，这种情况不可能发生。通常，当体系中未反应的官能团到达一定浓度时，反应就不再进行了，或者反应十分缓慢。原因是有些聚合反应存在可逆平衡，只有把小分子副产物除去，反应才能顺利进行。例如聚酯反应(2.4)，由于真空度、体系黏度等原因，要从体系中完全除去小分子水实际上很困难。逆反应的活性决定了体系中残留的官能团浓度和聚合物分子量和分布。对于没有可逆反应的聚合体系，当反应活性非常高时，体系中官能团浓度很稀也能相互反应。例如，N_3和C≡CH的Click反应，当官能团浓度低于10^{-5} mol·L^{-1}时仍能观察到反应。这样的聚合反应生成的聚合物分子量比较高，分子量分布相对较窄。在这样的体系中，虽然未反应的官能团非常非常少，但仍有一定浓度。从以上讨论可以看出，最终官能团的反应程度决定于反应的类型和活性。反应条件对反应程度也是有影响的。

2. 聚合反应动力学特点

逐步聚合反应的链增长模式不同于链式聚合反应和活性聚合反应，反映到反应动力学特点是：单体的消失速率非常快；随转化率增加，聚合物的分子量起始增加缓慢；只有到反应后期，分子量才迅速增加；只有达到高转化率时，才能得到高分子量聚合物(图1.2(a))。

2.1.3 单体结构与聚合反应活性

讨论了官能团 A 和 B 对聚合反应的影响以后，这一节讨论单体的结构对反应的影响。通常，单体中除了 A 和 B 官能团外，还有烷基、芳基或其他基团。这些基团从两个方面影响聚合反应，一是影响官能团的反应活性；二是影响聚合反应机理。这里，主要讨论烷基对聚合反应的影响。

1. 环化反应和链增长反应

双官能团单体 A—B 能进行分子间的逐步聚合反应生成线形聚合物，但也不能排除分子内官能团 A 和 B 之间反应生成环状化合物。例如，氨基酸或羟基酸可以通过分子内反应生成环内酰胺或环内酯，如反应(2.6)和反应(2.7)所示。

$$H_2N{-}R{-}COOH \longrightarrow \underset{HN{-}R}{\overset{\overset{\displaystyle O}{\|}}{C}} + H_2O \tag{2.6}$$

$$HO{-}R{-}COOH \longrightarrow \underset{O{-}R}{\overset{\overset{\displaystyle O}{\|}}{C}} + H_2O \tag{2.7}$$

这两种单体也可以先二聚，再进行分子内反应生成环内酯(反应(2.8))或环内酰胺(反应(2.9))。

$$2HO{-}R{-}COOH \longrightarrow \begin{array}{c} R{-}O \\ O{=}C \qquad C{=}O \\ O{-}R \end{array} \tag{2.8}$$

$$2H_2N{-}R{-}COOH \longrightarrow \begin{array}{c} R{-}NH \\ O{=}C \qquad C{=}O \\ HN{-}R \end{array} \tag{2.9}$$

对于 A—A 和 B—B 单体的聚合反应，当它们二聚或多聚后，分子内的官能团 A 和 B 反应，也会形成环状聚合物，如反应(2.10)所示。

$$H{\left(O{-}R{-}O\overset{\overset{\displaystyle O}{\|}}{C}{-}R'{-}\overset{\overset{\displaystyle O}{\|}}{C}\right)_n}OH \longrightarrow \overbrace{\left(O{-}R{-}O\overset{\overset{\displaystyle O}{\|}}{C}{-}R'{-}\overset{\overset{\displaystyle O}{\|}}{C}\right)_n} \tag{2.10}$$

所以，在逐步聚合反应中，存在着成环和链增长一对竞争反应，它们会影响高分子量聚合物的生成。例如羟基乙酸或 2-羟基丙酸进行的缩聚反应，主要进行分子内的环化反应，生成乙交酯或丙交酯。要得到高分子量的聚合物是十分困难的。

下面要讨论单体结构对链增长反应的影响。

2. 单体结构与成环反应

对于成环和链增长一对竞争反应来说，单体结构越有利于成环反应，则生成高分子量线形聚合物越困难。判断单体进行环化反应，还是进行线形聚合反应，取决于环的热力学和成环动力学。首先考虑不同大小环结构的热力学稳定性。比较环烷烃与开链烷烃的每一个亚甲基的燃烧热，以衡量不同大小环的热力学稳定性，见表2.1，结果说明热力学稳定性随环张力增加而下降。三元环和四元环的环张力非常大，环不稳定；五元环、六元环和七元环的环张力显著下降，环比较稳定；八元环至十一元环的环张力又有所增加，而更大的环又下降。

表2.1　环烷烃中每个亚甲基的燃烧热和张力

$\overline{(CH_2)_n}$	每个亚甲基的燃烧热 $(kJ\cdot mol^{-1})$	每个亚甲基的张力* $(kJ\cdot mol^{-1})$
3	697.6	38.6
4	686.7	27.7
5	664.5	5.5
6	659.0	0.0
7	662.8	3.8
8	664.1	5.1
9	664.9	5.9
10	664.1	5.1
11	663.2	4.2
12	660.3	1.3
13	660.7	1.7
14	659.0	0.0
15	659.5	0.5
16	659.5	0.5
17	658.2	−0.8
正-链烷	659.0	0.0

* 由每个亚甲基的燃烧热减去正-链烷的每个亚甲基的燃烧热(659.0 $kJ\cdot mol^{-1}$)而得到的。

环张力有两种，即角张力和构象张力。三元环和四元环具有较高的角张力。因为环比较小，它们的键角与正四面体键角相比，有很大的变形，从而产生张力。五元及更大的环实际不存在键角变形，因为五元以上的环以更稳定的非平面折叠式存在。因此，五元及五元以上环的张力主要来自构象张力。与六元环相比，五元和七元环张力稍大些，这是由环中相邻原子的重叠构象引起的（扭转张力造成的）。八元及八元以上的环存在着跨环张力，它是由环内部处于拥挤状态的氢原子或其他基团之间的相互排斥力引起的。十一元以上的环尺寸已足够大，可以调节取代基的空间位置，消除互相排斥力，所以不存在跨环张力。

不同大小环的热力学稳定性次序如下：

三，四≪五，七～十一＜十二和十二元以上，六

对于除了含亚甲基外，还含其他原子或基团的环，如环醚、环内酯、环内酰胺等，一般也具有与含亚甲基环相同的稳定性次序。这是因为氧、羰基和氮取代亚甲基后不会明显地改变环的键角。与线形结构不同，环上的取代基会增加环的稳定性，因为环上取代基之间的相互排斥作用比线形结构的小。

除了考虑热力学因素以外，动力学因素对于决定环化和聚合反应的竞争也是很重要的。环化反应的动力学因素是反应物两端官能团相互接近的可能性。当生成的环比较大时，两个端基相互靠近，并且相互碰撞的概率小，成环的概率也随之减小。

在聚合反应中，考虑成环对聚合反应影响时，要从两方面考虑。从动力学因素考虑，随环的增大，成环的可能性减小；从环的热力学稳定性考虑，三元至六元环，随环的增大而增加；随环继续增大到十一元环则下降；环继续增大，又有所增加。这两种因素共同作用的结果是：三元环难以生成，四元环更难生成。因为生成三元环的动力学因素比四元环更有利些。五元环发生突变，很容易生成，因为热力学因素很有利。生成六元环比五元环稍差一些。因为有利的热力学因素被不利的动力学因素抵消了。生成七元环的可能性显著下降，八元至十元环则更加困难。因为热力学和动力学都变得不利。十一元和十二元环的热力学稳定性有所增加，生成环状物又稍容易些。比十二元更大的环，越大越不易生成。因为他们的热力学稳定性彼此相差无几，但动力学因素却随环的增大而变得更为不利。

对于单体 A—B，单体 A—A 和 B—B 的聚合反应，只有当单体 A—B 可以形成五元、六元或七元环时，即反应(2.6) 和反应(2.7)中，R 为 3～5 个碳原子，反应(2.8)和反应(2.9)中，R 为 1 个碳原子时，成环反应的问题才会出现，要避免使用这类单体进行逐步聚合反应。在 A—A 和 B—B 型聚合反应中，当二聚体分子内反应生成五元、六元或七元环时，才会影响聚合反应生成线形聚合物。多聚体分子内

的成环反应(反应(2.10))的可能性较小。但这并不是说,二聚体、三聚体及多聚体的成环反应不会发生。在一些聚合物中常常发现含量为1%～3%的环状化合物。尽管含量不高,但影响聚合物的应用。工业生产过程中,都要通过抽提(如聚酰胺生产中用蒸气)或热挥发(如聚硅氧烷生产中)进行脱除。

对于R为芳香族化合物,例如,1,4-对苯二胺和1,4-对苯二酰氯进行的聚合反应,发生环化反应的可能性很小。官能团处的位置不同,对聚合反应的影响会不同。例如,与二元醇的聚酯反应的初始阶段,邻苯二甲酸比对苯二甲酸更容易发生环化反应。

在成环和聚合反应这一对竞争反应中,高反应物浓度有利于线形聚合反应。因为成环是单分子反应,而线形聚合则是双分子反应。

思考题

1. 在逐步聚合反应中,存在哪两种反应机理?
2. 简述逐步聚合反应的链增长模式。
3. 反应程度和单体转化率的有什么差别?又有什么联系?
4. 单体结构怎样影响聚合反应?

2.2　线形聚合反应

这一节讨论的是形成线形聚合物的聚合反应,包括线形聚合反应机理、动力学、聚合物分子量和分布、单体的结构和反应活性。聚合反应机理应包括反应机理和聚合机理两部分。

2.2.1　线形聚合反应的类型

这一节主要讨论逐步聚合反应中生成线形聚合物的常见反应类型。生成支化、超支化和交联聚合物的聚合反应在相关章节中讨论。前面举的例子多为聚酯和聚酰胺反应,但能使A—B型,或A—A/B—B型单体反应的不局限于这两个聚合反应,下面所示的反应也属于逐步聚合反应。

1. Williamson 缩聚反应

烷氧金属盐与卤代烷反应称为 Williamson 反应，该反应也可以用于聚合反应。典型的例子是通过二卤代芳烃与双酚盐之间的亲核取代反应，制备聚醚酮和聚醚砜(反应(2.11))。

$$X-C_6H_4-Z-C_6H_4-X + M^+\ {}^-O-C_6H_4-O^-\ M^+ \longrightarrow \left(C_6H_4-Z-C_6H_4-O-C_6H_4-O\right)_n \qquad (2.11)$$

$$X = Cl, Br, F;\ Z = C{=}O, SO_2$$

其机理如反应(2.12)所示。首先，苯酚阴离子发生亲核进攻，生成了络合物(2-1)，这是决定速率的一步。氟苯比氯苯、溴苯具有更高的活性。这可能是因为氟原子较小，具有高的电负性的原因。但在极性溶剂中，缩合产物氟离子会断裂醚键，影响高分子量聚合物的生成。

$$X-C_6H_4-Z + {}^-O-C_6H_4 \longrightarrow \left[Z{=}C_6H_4(OAr)(X)\right]\ (\text{2-1}) \longrightarrow Z-C_6H_4-O-C_6H_4 + X^- \qquad (2.12)$$

氯或溴代芳烃通常是不活泼的，但在吸电子基团 SO_2 或羰基的作用下，氯或溴被活化，与酚盐发生缩合反应。生成聚砜的反应是在非质子极性溶剂(如 N-甲基-2-吡咯烷酮或二甲基亚砜)中进行的。由于双酚盐的溶解性差，聚合反应要在较高的温度(130～160 ℃)下进行。要获得高分子量聚合物，体系必须保持干燥。因为水会使酚盐水解，产生的 NaOH 与卤代芳烃反应，引起当量比变化。加入单官能团酚盐或卤代芳烃，可以控制聚合物分子量。为了防止酚被氧化，反应要在无氧条件下进行。

聚酮是由二氟代芳烃与双酚盐在二苯基砜中，200～350 ℃下合成的。采取高温反应是为了防止聚合物过早沉淀，影响聚合物的分子量。

2. Heck 聚合反应

在钯和碱存在下，卤代芳烃或卤代烯烃与烯烃的反应称为 Heck 反应(反应(2.13))。

$$R-X + CH_2{=}CH-R' \xrightarrow[\text{碱}]{Pd(0)} R-CH{=}CH-R' \qquad (2.13)$$

该反应可用于聚合反应，以制备苯乙烯基或芳杂环乙烯基聚合物。例如，在 Pd - 石墨(Pd - Gr)催化作用下，二烯烃(2-2)和二卤代物(2-3)在二甲基甲酰胺溶剂中进行缩聚反应(反应(2.14)),在 20 h 内,聚合物的分子量逐渐增加到 $9\times10^4\ g\cdot mol^{-1}$。

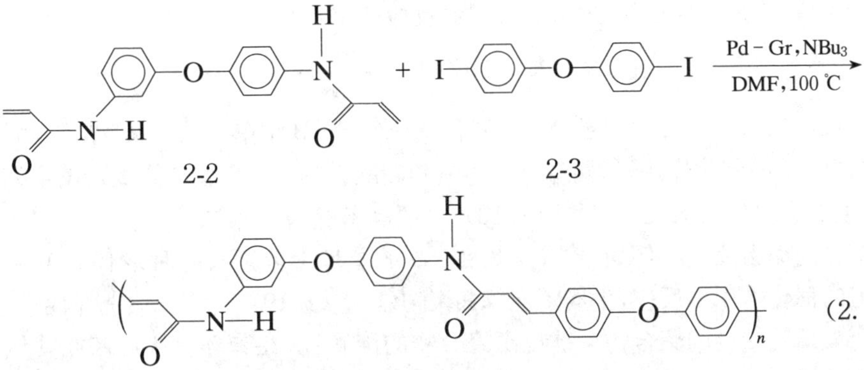

2-2　　2-3

Pd - Gr, NBu_3 / DMF, 100 ℃

(2.14)

除了 A—A/B—B 型单体进行聚合反应外,对于 A—B 型单体也可以进行 Heck 聚合反应。例如在钯和碱存在下,单体 2-4 进行如反应(2.15)所示的缩聚反应,得到苯乙烯基聚合物。若单体 2-4 上无取代基,由于聚合物在溶剂中溶解度差,分子量不可能很高。因此为了得到高分子量聚合物,可以将不同取代基如烷基、环氧乙烷齐聚物接到苯环上。此方法也可用于制备芳杂环乙烯基聚合物。

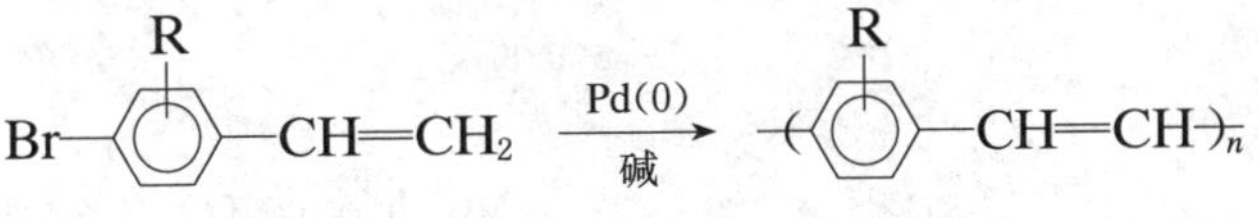

$$Br-C_6H_3(R)-CH=CH_2 \xrightarrow[\text{碱}]{Pd(0)} -\!\!(C_6H_3(R)-CH=CH)_n- \quad (2.15)$$

2-4

$R = H, CH_3, CF_3, -\!\!(OCH_2CH_2)_n OCH_3$

3. 炔烃的缩聚反应

在 $PdCl_2(PPh_3)_2$ 催化作用下,1,4-二炔苯或其衍生物与二卤代芳烃进行缩聚反应,可以制备共轭聚合物。例如 1,4-二炔苯(2-5)和 1,4-二溴苯(2-6)进行缩聚反应,生成了聚乙炔苯(反应(2.16))。为了改善共轭聚合物的溶解性,通常在苯环上接有不同的取代基。

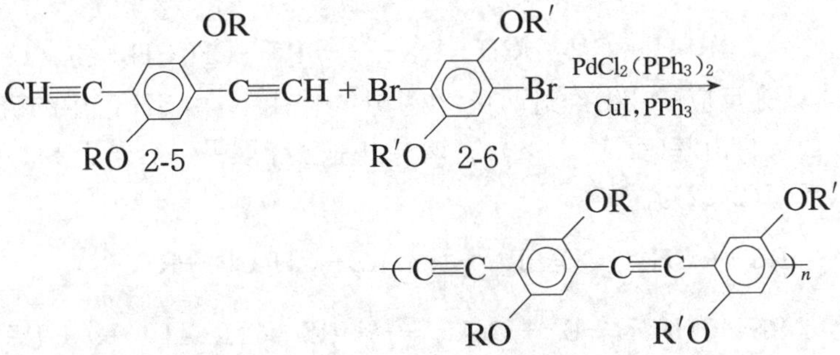

$$CH\equiv C-C_6H_2(OR)_2-C\equiv CH + Br-C_6H_2(OR')_2-Br \xrightarrow[CuI, PPh_3]{PdCl_2(PPh_3)_2} -\!\!(C\equiv C-C_6H_2(OR)_2-C\equiv C-C_6H_2(OR')_2)_n- \quad (2.16)$$

2-5　　2-6

4. Suzuki 聚合反应

Suzuki 反应是指在碱存在下，Pd 催化卤代芳烃或烯烃与有机硼化合物进行的偶合反应，生成芳烃或烯烃的偶联产物（反应(2.17)）。

$$\mathrm{R{-}X + R'{-}B(OH)_2 \xrightarrow[\text{碱}]{Pd(0)} R{-}R'} \tag{2.17}$$

反应(2.17)成功地用于 A—B 型和 A—A/B—B 型单体的缩聚反应。例如，在 $Pd(PPh_3)_4$ 的催化作用下，两端分别为溴和硼酸基的 A—B 型单体 2-7，发生缩聚反应，生成了取代共轭聚苯（反应(2.18)）。欲制备交替共聚物，可通过 A—A/B—B 型单体的缩聚反应。例如，单体 2-8 和 2-9 的苯环上分别有一种取代基 R 和 R′。在钯的催化作用下反应，生成了交替共聚物（反应(2.19)）。该反应选择性很好，可以合成预定结构的聚合物。欲提高聚合物的溶解性，在苯环上接烷基或其他取代基。此反应的另一优点是，苯环上的取代基包括羧基、磺酸酯基等均不会影响聚合反应的进行，所以可利用该反应制备水溶性聚苯。

R R
Br—⟨苯环⟩—B(OH)$_2$ $\xrightarrow[\text{甲苯，回流}]{Pd(PPh_3)_4,\ Na_2CO_3}$ —(⟨苯环⟩)$_n$— (2.18)
R R
2-7

R R′ R R′
Br—⟨苯环⟩—Br + (HO)$_2$B—⟨苯环⟩—B(OH)$_2$ $\xrightarrow[\text{甲苯，回流}]{Pd(PPh_3)_4,\ Na_2CO_3}$ —(⟨苯环⟩—⟨苯环⟩)$_n$—
R R′ R R′
2-8 2-9

(2.19)

5. 硫醇/烯基加成聚合反应

以上四个聚合反应为缩聚反应，下面讨论加成聚合反应。在有机化学中，硫醇和烯基在紫外光作用下，会发生如反应(2.20)所示的加成反应。

$$\mathrm{RSH + CH_2{=}CH{-}R' \xrightarrow{h\nu} RS{-}CH_2CH_2{-}R'} \tag{2.20}$$

通常认为反应(2.20)经过两步：在紫外光作用下，由 SH 产生的硫自由基进攻双键，生成碳自由基（反应(2.21)）。该自由基会夺取另一分子上 SH 的氢，再生成加成物（反应(2.22)）。

$$\mathrm{RS\cdot + CH_2{=}CH{-}R' \longrightarrow RS{-}CH_2\dot{C}H{-}R'} \tag{2.21}$$

$$\mathrm{RS{-}CH_2\dot{C}H{-}R' + RSH \longrightarrow RS{-}CH_2CH_2{-}R' + RS\cdot} \tag{2.22}$$

反应(2.22)广泛用于合成线形、超支化和交联聚合物。例如，A—A/B—B 型单体，已二硫醇与二丙烯基醚(2-10)，在紫外光作用下进行如反应(2.23)所示的加成聚合反应，生成线形聚合物。

$$HS\text{+}CH_2\text{+}_6SH + CH_2{=}CHCH_2OCH_2{-}\underset{\underset{CH_2OH}{|}}{\overset{\overset{C_2H_5}{|}}{C}}{-}CH_2OCH_2CH{=}CH_2 \xrightarrow{h\nu}$$

2-10

$$\left[SCH_2CH_2CH_2OCH_2{-}\underset{\underset{CH_2OH}{|}}{\overset{\overset{C_2H_5}{|}}{C}}{-}CH_2OCH_2CH_2CH_2S\text{+}CH_2\text{+}_6\right]_n \tag{2.23}$$

烯烃的结构对反应的活性是有影响的，通常，取代基为给电子的烯类单体，如二乙烯醚、乙烯酯、烯烃和二丙烯醚的活性要大于丙烯酸酯、丙烯腈和甲基丙烯酸酯。共轭烯(如苯乙烯、丁二烯等双烯烃)的活性最小。硫醇化合物的结构对聚合反应活性也是有影响的。$HSCH_2COOR$ 的活性比 $CH_3(CH_2)_nSH$ 的活性高。

2.2.2　官能团的反应活性

1. 官能团的等活性概念

从前面讨论的逐步聚合反应机理可知，A—B 或 A—A/B—B 进行聚合反应，单体首先发生二聚生成二聚体；二聚体与单体，或与另一个二聚体反应，分别生成三聚体和四聚体；如此进行，最终得到高分子量聚合物(反应(2.24))。形成高分子量聚合物是经许多步反应才能得到的。如果分子量不同的高分子链上的官能团 A 和 B 的反应活性不一样，即每步反应的速率常数 k_{x+y} 各不相同，其动力学分析是极其困难的。

$$(A{-}B)_x + (A{-}B)_y \xrightarrow{k_{x+y}} (A{-}B\text{+}_x\text{+}A{-}B)_y \tag{2.24}$$

$$x = 1,2,3,4,\cdots;\quad y = 1,2,3,4,\cdots$$

为方便动力学分析，需要作如下假设：① 对于同一分子中的两个相同官能团，它们的活性是相等的。其中一个官能团活性不受另一官能团是否反应的影响；② 对于不同分子中的相同官能团，它们的活性也是相等的，与链长无关。这就是官能团等活性概念。有了这一假设，就可以认为每一步反应的速率常数是相同的，这就大大方便了逐步聚合反应动力学的研究。提出这一假设是有理论根据的，而且也得到实验数据的支持。

2. 理论考虑

逐步聚合反应是官能团之间的反应，它与官能团的碰撞频率，即单位时间内的碰撞次数有关，与整个大分子的扩散速率关系不大。平均来说，两个官能团碰撞10^{13}次，才反应一次。影响碰撞频率的因素是链端官能团的淌度，即活动性。由于聚合物链段不断发生构象重排，使末端的官能团具有较大的淌度。所以，这种链端官能团与邻近官能团的碰撞频率几乎与小分子是一样的。具体来讲，两个官能团经扩散会形成碰撞对，也会由于扩散而使其分开，成为游离官能团。分子量增加，体系黏度增大，降低了官能团的扩散速率，同时增加了形成碰撞对和成为游离官能团的时间，即降低了单位时间内形成碰撞对的次数，增加了它们在分开之前的碰撞次数。所以，分子量增加会改变某一官能团形成碰撞对和游离官能团的时间分布，不会影响碰撞频率。因为碰撞频率等于单位时间内官能团处于碰撞对的时间乘以每次形成碰撞对的碰撞次数。从理论上，官能团的反应活性是与它所连结的分子大小无关的。例外的情况是，当官能团的反应活性非常高，或聚合物的分子量非常大时，聚合反应为扩散所控制，体系中碰撞对的平衡浓度，不随分子量增加而保持恒定，显示出分子量对官能团的反应活性有影响。

同一反应物分子内的两个官能团的反应活性是相等的，这一概念通常是正确的。因为两个官能团分别处在高分子链的两端，一个端官能团反应了，由于较长的间隔基，不会影响另一个端官能团的活性。只有在个别特殊情况下，例如乙二醇与酰氯反应（反应(2.26)），由于两个羟基只间隔两个 CH_2，当一个羟基反应了，另一羟基的活性就降低，即同一分子内的两个羟基活性不相同。

3. 实验证据

如果能证明聚合反应的速率常数与聚合物的分子量是无关的，也就证明了官能团的等活性假设是成立的。研究不同分子量的饱和脂肪酸或二元羧酸与乙醇进行酯化反应（反应(2.25)）的反应速率，由表 2.2 可以知道，对于饱和脂肪酸同系物，当 $x=1\sim3$ 时，随着分子量的增大，反应活性有明显下降。但当 $x=3$ 以后，反应速率常数基本为恒定值。对于乙醇与不同分子量的二元羧酸的酯化反应，其反应速率常数基本不变。这说明官能团的反应活性确实与分子大小无关。

$$H\text{-}(CH_2)_x\text{-}COOH + C_2H_5OH \longrightarrow H\text{-}(CH_2)_x\text{-}COOC_2H_5 + H_2O \quad (2.25)$$

表 2.2　羧酸同系物的酯化速率常数(25 ℃)

分子大小(x)	$H(CH_2)_xCOOH$ $k(\times10^4, L\cdot mol^{-1}\cdot s^{-1})$	$(CH_2)_x(COOH)_2$ $k(\times10^4, L\cdot mol^{-1}\cdot s^{-1})$
1	22.1	—
2	15.3	6.0
3	7.5	8.7

续表

分子大小(x)	$H(CH_2)_xCOOH$ $k(\times 10^4, L \cdot mol^{-1} \cdot s^{-1})$	$(CH_2)_x(COOH)_2$ $k(\times 10^4, L \cdot mol^{-1} \cdot s^{-1})$
4	7.5	8.4
5	7.4	7.8
6	—	7.3
8	7.5	—
9	7.4	—
11	7.6	—
13	7.5	—
15	7.7	—
17	7.7	—

研究聚合反应,也得到类似的结果。例如,由癸二酰氯与不同分子量的二醇进行聚合反应(反应(2.26)),测定聚合反应速率常数。表2.3的结果说明,改变二元醇的分子量(x),尽管不同聚合反应得到的聚合度 n 值不同,但所有聚合反应速率基本为恒定值。这为官能团的等活性概念提供了直接的实验证据。

$$nHO\!\left(CH_2\right)_x OH + nClOC\!\left(CH_2\right)_8 COCl \longrightarrow \left[O\!\left(CH_2\right)_x O\overset{\overset{\displaystyle O}{\|}}{C}\!\left(CH_2\right)_8 \overset{\overset{\displaystyle O}{\|}}{C}\right]_n + (2n-1)HCl \tag{2.26}$$

表2.3 癸二酰氯与二醇在二氧六环中的聚合反应速率常数(26.9 ℃)

分子大小(x)	5	6	7	8	9	10
$HO(CH_2)_xOH$ $k(\times 10^3, L \cdot mol^{-1} \cdot s^{-1})$	0.60	0.63	0.65	0.62	0.65	0.62

2.2.3 逐步聚合反应动力学

对于A—B和A—A/B—B型单体的聚合反应,通常需要加酸作催化剂。由于催化机理不同,动力学表达式稍有不同,但推导逐步聚合反应的动力学方程式的思路是一样的。为了讨论方便,我们以二元酸和二元醇的聚酯化反应为例。在推导动力学方程时,要作官能团的活性假定。有了这个假定,可以将聚酯反应动力学按照小分子酯化反应动力学处理。在酸催化作用下,羧酸质子化(反应(2.27))。

$$\sim\!\sim\!\sim \overset{\overset{\displaystyle O}{\|}}{C}-OH + HA \underset{k_2}{\overset{k_1}{\rightleftharpoons}} \sim\!\sim\!\sim \overset{\overset{\displaystyle OH}{|}}{C^+}-OH(A^-) \tag{2.27}$$

2-11

接着与醇反应生成酯(反应(2.28))。

$$\sim\!\sim\!\sim \overset{\overset{\displaystyle OH}{|}}{C^+}-OH(A^-) + HO\!\sim\!\sim\!\sim \underset{k_4}{\overset{k_3}{\rightleftharpoons}} \sim\!\sim\!\sim \overset{\overset{\displaystyle OH}{|}}{\underset{\underset{\displaystyle \sim\!\sim\!\sim \overset{+}{O}H(A^-)}{|}}{C}}-OH \tag{2.28}$$

2-12

$$\sim\!\sim\!\sim \overset{\overset{\displaystyle OH}{|}}{\underset{\underset{\displaystyle \sim\!\sim\!\sim \overset{+}{O}H(A^-)}{|}}{C}}-OH \overset{k_5}{\rightleftharpoons} \sim\!\sim\!\sim \overset{\overset{\displaystyle O}{\|}}{C}-O\!\sim\!\sim\!\sim + H_2O + HA \tag{2.29}$$

在反应(2.27)、反应(2.28)和反应(2.29)中,—COOH和—OH分别表示在反应体系中所有分子上(即单体,二聚体,n 聚体)的羧酸和羟基。聚合反应通常在有机介质中进行,所以活性物种 2-11 和 2-12 以缔合离子对来表示。像其他逐步聚合反应一样,聚酯化反应是一个平衡反应。要获得高分子量的聚合物,必须不断地除去反应生成的水,以利于反应向生成聚合物的方向移动。这样,我们就可以把反应(2.28)和反应(2.29)当作不可逆反应来处理。

逐步聚合反应速率通常以官能团的消失速率来表示。对于聚酯反应,聚合速率 R_p用羧基消失速率 $-d[COOH]/dt$ 来表示,也可以用活性物种 2-12 生成速率来表示。若反应在非平衡条件下进行,k_4 可以忽略,k_1、k_2 和 k_5都比 k_3 大,因此,聚酯反应速率可以用式(2.30)表示为

$$R_p = \frac{d[COOH]}{dt} = k_3[C^+(OH)_2][OH] \tag{2.30}$$

式中的[COOH]、[OH]和[$C^+(OH)_2$]分别表示羧基、羟基和质子化羧基的浓度,浓度用每升溶液中官能团的摩尔数表示。由于质子化羧基的浓度在实验中测定比较困难,所以利用质子化反应平衡表达式(2.31)求得[$C^+(OH)_2$]。

$$K = \frac{k_1}{k_2} = \frac{[C^+(OH)_2]}{[COOH][HA]} \tag{2.31}$$

由式(2.31)消去式(2.30)中的质子化羧基浓度,就得到了聚合反应速率表达式(2.32)。

$$-\frac{d[COOH]}{dt} = k_3K[COOH][OH][HA] \tag{2.32}$$

其中，K 是质子化反应平衡常数。可用已知浓度的碱液滴定未反应的羧基来跟踪聚酯反应的进行。根据催化剂 HA 是 COOH 本身，还是外加的强酸，式(2.32)有两种不同的动力学表达式。

1. 自催化聚合反应

当没有外加强酸，单体二元羧酸本身作为酯化反应的催化剂。在这种情况下，用[COOH]代替[HA]后，式(2.32)可以写成式(2.33)。

$$-\frac{d[COOH]}{dt} = k[COOH]^2[OH] \tag{2.33}$$

式中，k 值是速率常数，可由实验测得。式(2.33)说明自催化聚合反应是三级反应。通常线形聚合反应中，两种官能团的浓度是等当量的，只要无副反应，反应过程中，COOH 和 OH 浓度始终相等。因此，式(2.33)可以改写成式(2.34)

$$-\frac{d[M]}{dt} = k[M]^3 \tag{2.34}$$

或

$$-\frac{d[M]}{[M]^3} = k\,dt \tag{2.35}$$

将式(2.35)积分后，得到式(2.36)。

$$2kt = \frac{1}{[M]^2} - \frac{1}{[M]_0^2} \tag{2.36}$$

式中$[M]_0$和[M]分别是羟基或羧基的反应初始和 t 时刻的浓度。

定义反应程度 p 为在 t 时刻，已经反应了的羟基或羧基的分数，也可以指转化率（p 值由测定未反应的羧基量计算得到）。那么，在 t 时刻羟基或羧基的浓度[M]为

$$[M] = [M]_0 - [M]_0 p = (1-p)[M]_0 \tag{2.37}$$

将方程式(2.37)中的[M]代入式(2.36)，可得到式(2.38)。

$$\frac{1}{(1-p)^2} = 2[M]_0^2 kt + 1 \tag{2.38}$$

由式(2.38)可知，$1/(1-p)^2$ 对 t 作图是一条直线，这可以在聚酯反应中观察到。图 2.2 是一缩乙二醇和已二酸聚合反应的结果。由图 2.2 可以发现转化率在 80%和 93%之间是一直线；低于 80%和高于 93%时，实验点偏离了直线关系。自催化聚酯反应的三级反应动力学方程式，不能使转化率在 0～100%的范围内与实验数据完全符合，但这不能说明官能团等活性假定有问题，它是由多种原因造成的。在低转化率时，体系中羟基和羧基浓度高，它们会发生缔合，游离的羟基和羧基浓度降低，导致聚合反应速率降低。在转化率高时，由于可逆反应速率增加，反

应物流失或反应官能团损失等因素导致动力学曲线发生偏离。对于催化机理,通常认为低转化率时为质子催化,高转化率时为未电离羧酸催化。反应起始时,体系中质子浓度相对较高,它是比未电离的羧酸更有效的催化剂。随聚合反应进行,反应体系的极性大大降低,导致了反应速率常数或反应级数的变化。

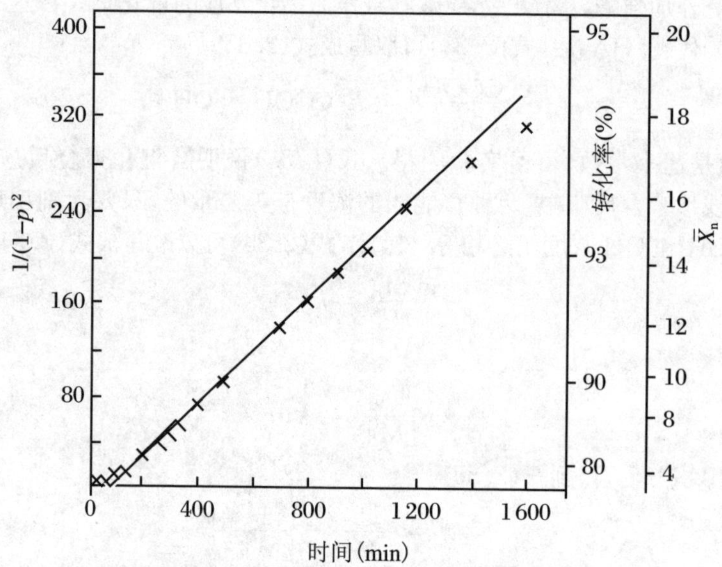

图 2.2　一缩乙二醇和己二酸在 166 ℃下自催化聚酯反应动力学曲线

2. 聚合物的分子量

因为用途不同,对聚合物分子量大小的要求是不一样的。因此,研究聚合物分子量与聚合反应时间的关系,对于聚合物分子量的控制是十分重要的。在等当量的二元醇和二元酸反应至 t 时刻时,未反应的羧基数 N 等于体系中的分子总数。因为二元酸与二元醇反应,生成了一端为羧基,另一端为羟基的分子,所以羧基总数与分子总数应相等。

聚合物链中每一个二元醇和每一个二元酸的残基叫做结构单元。聚合物的重复单元由两个结构单元组成。在任何一个特定的体系内,结构单元的总数等于起始双官能团单体的总数。定义数均聚合度 $\overline{X}_n$ 为每个聚合物链所含有结构单元的平均数(也可用 $\overline{DP}$ 来表示数均聚合度)。因此,$\overline{X}_n$ 可由起始单体分子总数 N_0 除以反应至 t 时刻的分子总数 N 求得(式(2.39))。

$$\overline{X}_n = \frac{N_0}{N} = \frac{[M_0]}{[M]} \tag{2.39}$$

因为[M]=[M]$_0$(1−p)(式(2.37)),将其代入式(2.39),得式(2.40)。

$$\overline{X}_n = 1/(1-p) \tag{2.40}$$

关系式(2.40)将聚合度与反应程度联系在一起,由于最初是Carothers建立的,所以也叫Carothers方程。

定义数均分子量 $\overline{M}_n$ 为聚合物样品的总质量除以分子总数,则 $\overline{M}_n$ 可由式(2.41)求得。

$$\overline{M}_n = M_0\overline{X}_n + M_{eg} = \frac{M_0}{1-p} + M_{eg} \tag{2.41}$$

式中,M_0为两种结构单元的平均分子量,M_{eg}为端基分子量。例如,己二酸和乙二醇的聚酯反应,聚合物的重复单元是—$OCH_2CH_2OCO(CH_2)_4CO$—,那么 M_0是重复单元分子量的一半,即86;而端基是—H 和 —OH,即 M_{eg}为18。由此可知,即使对于中等分子量的聚合物,M_{eg}对 $\overline{M}_n$ 的贡献也可以忽略不计,于是式(2.41)可简化为式(2.42)。

$$\overline{M}_n = M_0\overline{X}_n = \frac{M_0}{1-p} \tag{2.42}$$

如果将式(2.40)代入式(2.38),就得到式(2.43)。

$$\overline{X}_n^2 = 1 + 2kt[M]_0^2 \tag{2.43}$$

式(2.43)表明,聚合物的分子量随反应时间的增加缓慢地增大。这就意味着要获得高分子量聚合物需要很长的反应时间。图2.2是$\overline{X}_n^2$ 随反应时间的变化情况。显而易见,聚合物的分子量随反应时间的增大是极其缓慢的,这对实际生产来说是不经济的。下面讨论外加催化剂的聚合反应。

3. 外加酸催化剂的聚合反应

自催化聚酯反应中,分子量的增长是十分缓慢的。为了在较短时间内得到高分子量聚合物,可以加少量的强酸,如硫酸或对甲苯磺酸作为聚酯反应的催化剂。在外加酸催化条件下,方程式(2.32)中的[HA]就是催化剂的浓度。催化剂的浓度在反应过程中是不变的,对于等当量二元羧酸和二元醇的反应,式(2.32)可写成式(2.44)。

$$-\frac{d[M]}{dt} = k'[M]^2 \tag{2.44}$$

式中 k'是反应速率常数,可由实验测得。它包含了式(2.32)中的各种常数。将式(2.44)积分后得式(2.45)。

$$k't = \frac{1}{[M]} - \frac{1}{[M]_0} \tag{2.45}$$

把式(2.37)、式(2.40)和式(2.45)联立,就可以得到聚合度与反应时间的关系式(2.46)。

$$\overline{X}_n = 1 + [M]_0 k' t \tag{2.46}$$

用对甲基苯磺酸催化一缩乙二醇与己二酸聚合反应的动力学曲线如图 2.3 所示。

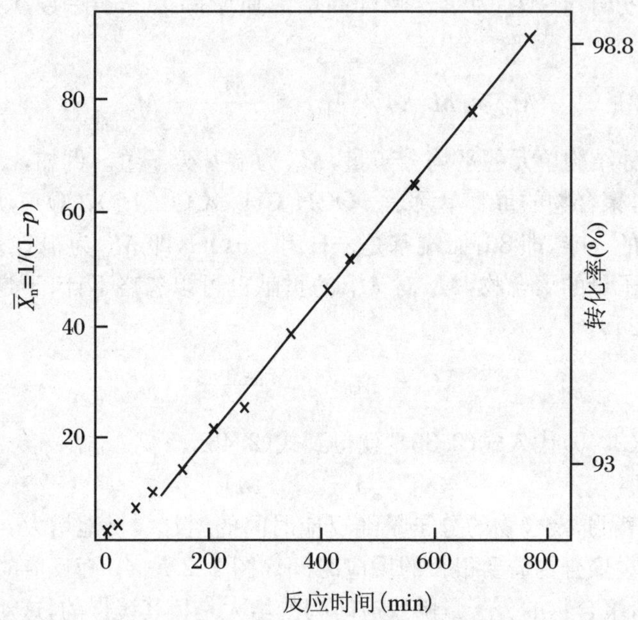

图 2.3　一缩乙二醇和己二酸在 109 ℃下,0.4%(摩尔分数)对甲基苯磺酸催化的聚酯反应

图 2.3 的实验结果显示,聚合度随反应时间线性增大,这与方程式(2.46)相符,说明官能团反应活性与分子大小无关。在外加酸催化剂的聚酯反应中,聚合度的增长速率(图 2.3)比自催化聚酯反应(图 2.2)要快得多。从实用观点看,外加酸催化聚酯化反应更加经济可行,而自催化聚酯反应则没有多大用处。与图 2.2 比较,图 2.3 的结果显示,反应初期阶段也存在非线性现象。这是酯化反应中常常可以观察到的现象,不是聚合反应特有的。

2.2.4　可逆聚合反应

前一节讨论聚合反应动力学时,有一个重要假定,即聚合反应是不可逆的。但是许多逐步聚合反应存在着可逆反应,通常称为**可逆聚合反应**。所以,分析可逆反应对转化率和聚合物分子量产生的影响是十分必要。

1. 封闭体系的平衡反应

逐步聚合反应中存在可逆反应，并生成低分子副产物，例如聚合反应(2.47)。如果聚合反应在封闭体系中进行，由于生成的副产物无法被移走，逆反应速率，即解聚反应速率会随体系中小分子副产物(如水)的浓度增大而不断增加。当逆反应速率与聚合反应速率相等时，宏观上，就观察不到聚合物分子量的变化。这时，聚合反应达到了动态平衡状态。在封闭体系中，有哪些因素决定所生成的聚合分子量呢？以外加酸催化的聚酯化反应(2.47)为例进行讨论。

$$\sim\sim COOH + \sim\sim OH \underset{}{\overset{K}{\rightleftharpoons}} \sim\sim COO \sim\sim + H_2O \tag{2.47}$$

如果羟基和羧基的起始浓度均为$[M]_0$，那么，反应达到平衡时的酯基浓度[COO]应为$p_e[M]_0$，p_e是平衡时的反应程度。这时，水的浓度也是$p_e[M]_0$，而平衡时羟基和羧基的浓度均应为$[M]_0 - p_e[M]_0$。聚合反应的平衡常数K可由式(2.48)求出。

$$K = \frac{[COO][H_2O]}{[COOH][OH]} = \frac{(p_e[M]_0)^2}{([M]_0 - p_e[M]_0)^2} \tag{2.48}$$

将上式简化为式(2.49)。

$$K = p_e^2/(1 - p_e)^2 \tag{2.49}$$

可将式(2.49)改为式(2.50)。

$$p_e = K^{1/2}/(1 + K^{1/2}) \tag{2.50}$$

由式(2.50)可知，反应程度p_e是平衡常数K的函数。将式(2.50)与式(2.40)联立后，可得到聚合度与平衡常数K的函数关系式(2.51)。

$$\overline{X}_n = 1 + K^{1/2} \tag{2.51}$$

由式(2.51)可见，在封闭体系中的聚合反应，聚合物的分子量是由平衡常数K决定的。表2.4列举了根据K值计算出来的p_e和$\overline{X}_n$值。在封闭体系中，要想得到聚合度为100（相当于分子量为10^4的聚合物)，平衡常数必须接近10^4。聚酯反应的平衡常数一般为1～10，酯交换反应平衡常数为0.1～1，聚酰胺平衡常数为10^2～10^3。所以，在封闭体系中进行的聚合反应，难以合成具有实用意义的聚合物。

表2.4 封闭体系中平衡常数对反应程度和聚合度的影响

平衡常数K	p_e	$\overline{X}_n$
0.000 1	0.010	1.01
0.01	0.10	1.10
1	0.500	2
16	0.800	5

续表

平衡常数 K	p_e	$\overline{X}_n$
81	0.900	5
361	0.950	20
2 401	0.980	50
9 800	0.990	100
39 600	0.995	200
249 000	0.998	500

2. 开放体系的聚合反应

为了得到高分子量的聚合物，必须将小分子副产物不断从聚合反应体系中移走，这就需要让聚合反应在开放体系中进行。当小分子副产物是水时，可以通过提高温度，降低压力或通入惰性气体等方法把它移走。如果小分子副产物是氯化氢时，可以采用和除水相同的方法或加碱中和除掉。要完全除掉小分子副产物，使平衡朝生成高分子量聚合物方向移动是很不容易的。因为在高转化率下，反应体系的黏度很大，这些小分子副产物经扩散，逸出体系比较困难。也就是说，最后的聚合反应速率将受小分子副产物扩散速率所控制。

要合成某一特定分子量的聚合物，就要建立分子量与体系中小分子副产物浓度的关系。以式(2.47)所示的聚合反应为例，可以将方程式(2.48)写成式(2.52)。

$$K = \frac{p_e[H_2O]}{[M]_0(1-p_e)^2} \tag{2.52}$$

把 $\overline{X}_n = 1/(1-p)$ 代入式(2.52)，得式(2.53)。

$$K = \frac{p_e[H_2O]\overline{X}_n^2}{[M_0]} \tag{2.53}$$

再将式(2.53)与式(2.40)联立，得式(2.54)。

$$[H_2O] = \frac{K[M]_0}{\overline{X}_n(\overline{X}_n - 1)} \tag{2.54}$$

式(2.54)表明，要得到高的 $\overline{X}_n$ 值，就必须使反应体系的$[H_2O]$大大降低。当 $\overline{X}_n$ 值较大时，$\overline{X}_n - 1$ 可以近似成 $\overline{X}_n$，此时$[H_2O]$与 $\overline{X}_n$ 的平方成反比。当聚合度一定时，体系中允许存在水的浓度将随 K 值和反应物起始浓度的增加而增大。表 2.5 中列举的是当$[M]_0 = 5\ mol \cdot L^{-1}$时，不同的 K 和 $\overline{X}_n$ 值计算得到的$[H_2O]$值。典型的逐步聚合反应的反应物浓度(没有溶剂)通常为 $5\ mol \cdot L^{-1}$。由表 2.5 所列数据可知，合成聚酰胺比合成同样分子量的聚酯容易的多，因为聚酰胺反应的

K 值(>10^2)比聚酯化反应的 K 值(0.1～1)大，这就要求聚酯化反应比聚酰胺化反应除去更多的水。

表 2.5　开放驱动体系中水浓度对聚合度的影响([M]$_0$ = 5 mol · L^{-1})

K	$\overline{X}_n$	$[H_2O]$①(mol · L^{-1})
0.1	1.32②	1.18②
	20	1.32×10^{-3}
	50	2.04×10^{-4}
	100	5.05×10^{-5}
	200	1.26×10^{-5}
	500	2.00×10^{-6}
1	2②	2.50②
	20	1.32×10^{-2}
	50	2.04×10^{-3}
	100	5.05×10^{-4}
	200	1.26×10^{-4}
	500	2.01×10^{-5}
16	5②	4.00②
	20	0.211
	50	3.27×10^{-2}
	100	8.10×10^{-3}
	200	2.01×10^{-3}
	500	3.21×10^{-4}
81	10②	4.50②
	20	1.07
	50	0.166
	100	4.09×10^{-2}
	200	1.02×10^{-2}
	500	1.63×10^{-3}
361	20②	4.75②
	50	0.735
	100	0.183
	200	4.54×10^{-2}
	500	7.25×10^{-3}

注：① $[H_2O]$值是根据$[M]_0$ = 5 mol · L^{-1}条件下的计算值。

② 根据封闭反应体系，平衡条件下的计算值。

3. 可逆聚合反应动力学

欲制备高分子量聚合物,就要尽量使聚合反应在不可逆的条件下进行。但是在聚合反应后期,可逆反应不可避免的,所以研究可逆聚合反应动力学仍然是很有意义的。下面以反应(2.47)所代表的聚酯反应为例,讨论等当量官能团反应的可逆聚合反应动力学。设 k_1 和 k_2 分别为正和逆反应的速率常数,$[M]_0$ 为羧基和羟基的初始浓度。反应进行到 t 时刻时,体系中的羧基或羟基浓度应为 $[M]_0(1-p)$。每生成一分子酯基,会生成一分子水,所以,生成物浓度[COO]和 $[H_2O]$ 均为 $p[M]_0$。聚合反应速率 R_p 为单位时间内羧基或羟基的消失速率,是正和逆反应速率之差,因此得方程式(2.55)。

$$-\mathrm{d}[M]/\mathrm{d}t=-[M]_0\mathrm{d}(1-p)/\mathrm{d}t=k_1(1-p)^2[M]_0^2-k_2p^2[M]_0^2 \tag{2.55}$$

将式(2.55)简化为式(2.56)。

$$\mathrm{d}p/\mathrm{d}t=[M]_0[k_1(1-p)^2-k_2p^2] \tag{2.56}$$

对式(2.56)积分得式(2.57)。

$$\ln[\{p_e—p(2p_e-1)\}/(p_e-p)]=2k_1(1/p_e-1)[M]_0t \tag{2.57}$$

如果 k_1 和 p_e 已知,反应程度 p 就可以通过(2.57)式求得。p_e 是反应达到平衡时的反应程度,可以通过实验测得。如果平衡常数 K 已知,也可以通过式(2.50)计算得到。由方程式左边对时间 t 作图,得到一条直线,从斜率计算出速率常数 k_1。

思考题

1. 除了酯化和酰胺化聚合反应外,举 4~5 个逐步聚合反应的例子。
2. 什么是官能团等活性概念?为什么要提出这一概念?有什么根据?
3. 自催化和外加酸催化聚酯反应动力学有什么差别?它们的动力学表达式各有什么缺陷?
4. 平衡反应是怎样影响聚合物的分子量的?
5. 分子量与残留在体系中的小分子副产物之间有什么样的关系式?

2.2.5 线形聚合反应中的分子量控制

在高分子合成化学中,聚合物的分子量控制是十分重要的。首先讨论逐步聚合反应中,控制聚合物分子量的基本原理和方法。

1. 分子量的控制原理

(1) 控制反应程度。根据聚合度与反应时间的关系式(2.45),在适当的反应时间内,通过冷却降温使反应停止,就可以得到所要求分子量的聚合物。但是用这种方法得到的聚合物,由于链端存在着可以相互反应的基团,在加热过程中仍会反应,进而导致分子量发生改变。

(2) 控制反应官能团的当量比。对于A—A/B—B型单体的逐步聚合反应,如果让A—A单体过量,聚合反应到一定的程度时,所有的链端基都成了同一种官能团A,它们之间不能再进一步反应,聚合反应就停止了。例如,用过量的二元胺与二元酸进行聚合反应,最终得到的是末端全部为胺基的聚酰胺(反应(2.58)),所以聚合反应不再进行。

$$H_2N—R—NH_2(\text{过量}) + HOOC—R'—COOH \longrightarrow$$

$$H\!\left(HN—R—NH\overset{\overset{O}{\|}}{C}—R'—\overset{\overset{O}{\|}}{C}\right)_{\!n}NH—R—NH_2 \qquad (2.58)$$

用这种方法控制分子量,得到的聚合物分子量比较稳定,在存放或在以后的加热过程中,分子量不会发生明显变化。

(3) 加入少量单官能团单体。对于A—B或A—A/B—B型单体的聚合反应,在聚合反应中加入一定量的单官能团化合物如A或B,它参与反应后,就将高分子链的一端封死了,增长反应只能在另一端进行。当聚合反应达到一定的程度时,生成的聚合物链的一端被单官能团封死,另一端则为官能团A或B,反应就停止了。例如,在合成聚酰胺反应时,往往加入少量的乙酸或月桂酸以控制聚合物的分子量(反应(2.59))。

$$H_2N—R—NH_2 + HOOC—R'—COOH + CH_3COOH \longrightarrow$$

$$CH_3\overset{\overset{O}{\|}}{C}\!\left(HN—R—NH\overset{\overset{O}{\|}}{C}—R'—\overset{\overset{O}{\|}}{C}\right)_{\!n}NH—R—NH\overset{\overset{O}{\|}}{C}CH_3 \qquad (2.59)$$

加入单官能团化合物以控制分子量的方法,得到的聚合物分子量稳定,在存放和加热加工过程中不会变化。所以,常把加入的单官能团单体称为分子量稳定剂。

2. 定量关系

要想有效地控制聚合物的分子量,准确地控制反应物的当量比是十分重要的。如果一种双官能团单体或单官能团化合物过量太多,就会使聚合物的分子量很小。另外,单体的纯度对于制备高分子量聚合物也很重要。如果聚合体系中有反应性杂质,这杂质可能是单体中存在的,或加料过程中引入的,或反应过程中产生的,都会对聚合物分子量产生影响。为深入理解反应物的当量比对分子量的影响,必须定量地研究反应物的当量比与聚合物分子量的关系。下面讨论不同的聚合反应体系中，当量比与分子量的关系。

类型1　先考虑双官能团单体A—A和B—B，在B—B过量的情况下的聚合反应。例如，二元醇和二元酸，或二元胺和二元酸的反应体系。

N_a和N_b分别表示A和B官能团的摩尔数。显然，N_a和N_b是其单体分子数的两倍。定义r为两种官能团A和B的当量系数，即

$$r = N_a/N_b (r \leqslant 1) \tag{2.60}$$

单体的总数为：$(N_a + N_b)/2$或$N_a[1+(1/r)]/2$。

这里需要引入**反应程度**p，它被定义为某一时间内，已反应的A官能团的摩尔分数。那么已反应的B官能团的分数就是rp。未反应的A和B官能团的摩尔分数分别为$(1-p)$和$(1-rp)$。于是，未反应的A和B官能团的总数分别为$N_a(1-p)$和$N_b(1-rp)$。聚合物链端基的总数应等于未反应的A和B官能团数的总和，因为每一个聚合物链有两个端基。聚合物分子总数等于它的链端基总数的一半，即$[N_a(1-p)+N_b(1-rp)]/2$。

数均聚合度$\overline{X}_n$等于起始的A—A和B—B分子的总数除以聚合物分子总数(式(2.61))。

$$\overline{X}_n = \frac{N_a[1+(1/r)]}{[N_a(1-p)+N_b(1-rp)]} = \frac{1+r}{1+r-2rp} \tag{2.61}$$

式(2.61)表达了数均聚合度$\overline{X}_n$与当量系数r和反应程度p的关系。此式有以下两个重要的极限形式：

(1) 两种官能团等当量时，即$r=1.000$，式(2.61)可以简化成

$$\overline{X}_n = 1/(1-p)$$

(2) 当聚合反应100%完成时，即$p=1.000$，式(2.61)就变成

$$\overline{X}_n = (1+r)/(1-r) \tag{2.62}$$

实际上，p可以趋近于1，但永远不等于1。

图2.4是在一些p值下，用式(2.61)计算得到的$\overline{X}_n$随当量系数r的变化曲线。这些不同的曲线表明，控制r和p值，可以制备某一特定聚合度的聚合物。但是在聚合反应中，r和p的值通常不允许完全自由地选择。例如，考虑经济效益和反应物纯化上的困难，往往很难做到r值非常接近1。同样，考虑经济效益，聚合反应时间不能太长，往往在反应程度低于100%，即$p<1.00$时就结束了反应。因为，在聚合反应的最终阶段，要想使反应程度提高百分之一所花的时间，等于将反应程度从0提高到97%～98%所用的时间。例如，由图2.4的曲线可以看到，要把反应程度从$p=0.97$提高到$p=0.98$，相应的聚合度从33.3增加到50所需的时

间，几乎等于反应程度从 $p=0$ 提高到 $p=0.97$ 时所需要的时间。

由图 2.4 可以看出，逐步聚合反应的反应程度至少要超过 98% 才能得到聚合度为 50 的聚合物。例如，当摩尔分数过量 0.1，即 $r=0.999$ 时，反应程度达到 98%，生成聚合物的聚合度为 51。

类型 2　这一类型是等当量双官能团单体 A—A/B—B，加入少量单官能团单体以控制聚合物分子量的聚合反应体系。当加入的单官能团单体为 B 时，类型 1 中使用的方程式(2.61)在这里仍然适用。只是要将 r 值重新定义为

$$r = N_a/(N_b + 2N_b') \qquad (2.63)$$

式中，N_b'是加入 B 的摩尔数，N_a和N_b的意义不变，且 $N_a = N_b$。N_b'前面的系数 2 是因为在控制聚合物链增长上，一个 B 分子和一个 B—B分子的作用是相同的。

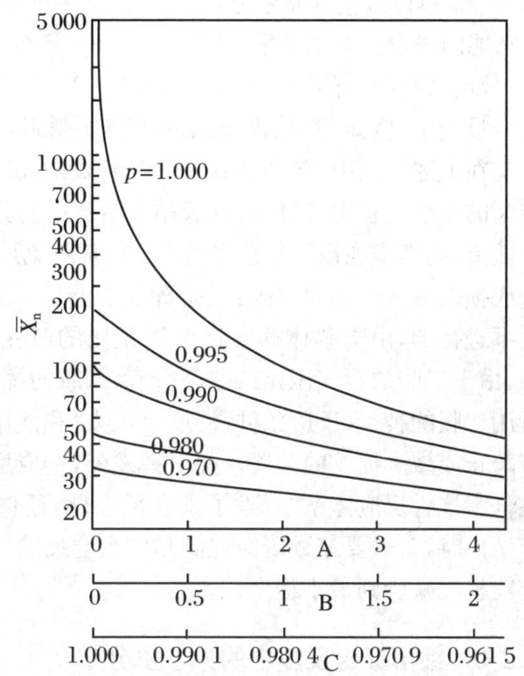

图 2.4　聚合度与反应程度和当量系数的关系

A：B—B 过量摩尔分数；B：当 $N_a = N_b$时，B 过量摩尔分数；C：当量系数 r

类型 3　适用于 A—B 型单体的聚合反应。对于这种聚合反应，其官能团 A 和 B 总是以等当量存在，即 $r=1$。我们可以加入单官能团单体，以达到控制和稳定聚合物分子量的目的。例如，当加入单官能团单体 B 时，r 的定义与聚合反应类型 2 中基本相同，所以有方程式(2.64)。

$$r = N_a/(N_a + 2N_b') \qquad (2.64)$$

式(2.64)中 $2N_b'$的意义与聚合反应类型 2 中相同；$N_a = N_b$ = A—B 型单体分子数。在这种类型的聚合反应中，也可以加入 A—A 或 B—B 双官能团单体来控制分子量。毫无疑问，只要有了 r 值，就可以将它代入方程 2.60 来计算在不同反应程度 p 时的数均聚合度$\overline{X}_n$。

图 2.4 的曲线对于聚合反应类型 1、2 和 3 的应用是相同的，只是 x 轴的标度不同。当 x 轴表示当量系数 r 时、对三种类型的聚合反应，其标度完全相同。当 x 轴表示反应物过量摩尔分数时，其标度则不同。例如，对于聚合反应类型 1，x 轴表

示 B—B 单体过量的摩尔分数。对于 $N_a = N_b$ 的聚合反应类型 2 和 3，x 轴则表示 B 官能团过量的摩尔分数。因为一个 B—B 分子的作用只与一个 B 分子的作用相同，故两种情况下的 x 轴相差一个因子 2。聚合度和当量比的关系，在大多数逐步聚合反应中，例如，聚酰胺、聚酯和聚苯并咪唑等聚合反应中已得到了验证。

在上述讨论中，包括从式(2.60)到式(2.63)的推导，都假设从聚合反应开始到结束的整个过程中，反应物的起始当量比一直是不变的。研究聚合反应时，若发现有偏差，则考虑在设计反应条件时，如何避免反应物在反应过程中的损失。通常，造成损失有两个方面原因：一是挥发引起的。逐步聚合反应一般是在比较高的温度下进行的，由于单体挥发造成当量比的改变会经常发生。例如，在聚酰胺反应中，由于二胺的蒸气压比二酸高得多，二胺的挥发损失相应较严重。其损失程度与所用二胺的种类、反应条件(温度及压力)和使用的反应器有关。例如，反应器是否有防止或减少挥发的装置。除了挥发外，造成反应物损失的另一个原因是副反应。在许多聚合反应体系中，除了聚合反应外，还伴随着副反应。因此，在选择聚合反应条件时，一般要兼顾既能得到高的聚合反应速率，又能使挥发和副反应引起的反应物损失减少到最小程度。

2.2.6 线形聚合反应中的分子量分布

聚合反应产物是各种不同分子量聚合物的混合体。所以要研究聚合物分子量的分布，以便设计聚合反应，有效控制它。Flory 根据官能团等活性概念，用统计方法推导出了分子量分布函数关系式。对于 A—B 型单体和等当量的 A—A 与B—B 型单体的聚合反应体系都是同样适用的。

1. 分子量分布函数的推导

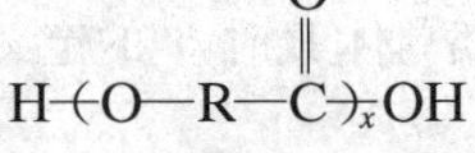

$$\mathrm{H{+}O{-}R{-}\overset{\overset{\large O}{\|}}{C}{+}_{x}OH} \qquad \mathrm{H}\left[\mathrm{O{-}R{-}O\overset{\overset{\large O}{\|}}{C}{+}(CH_2){+}_8\overset{\overset{\large O}{\|}}{C}}\right]_{x/2}\mathrm{OH}$$

2-13 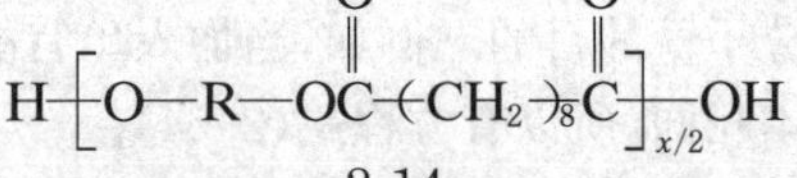 2-14

无论是 A—B 型，还是 A—A/B—B 型单体的聚合反应，形成含 x 个结构单元的聚合物分子，例如，聚酯 2-13 和 2-14。它们经 $x-1$ 次酯化反应，生成了 $x-1$个酯键，和一个未反应羧基的 x-聚合体。在反应时间 t 内，羧基的反应概率为它们的反应程度 p，$x-1$ 个羧基反应的概率为 $p^{(x-1)}$。一个未反应的羧基概率为 $(1-p)$。所以，含 x 个结构单元的聚合物分子的生成概率 $\underline{N}_x$ 为

$$\underline{N}_x = p^{x-1}(1-p) \tag{2.65}$$

式中，$\underline{N}_x$ 是指聚合物体系中，x-聚体(含 x 个结构单元)的摩尔分数或数量分数，

因此

$$N_x = Np^{x-1}(1-p) \tag{2.66a}$$

式(2.66a)中，N 是聚合物分子总数，N_x 是 x-聚体的数目。如果起始结构单元的总数是 N_0，那么 $N=N_0(1-p)$。式(2.66a)可改变成式(2.66b)。

$$N_x = N_0 p^{x-1}(1-p)^2 \tag{2.66b}$$

如果端基的质量忽略不计，那么 x-聚体的质量分数 w_x（即含 x 个结构单元聚合物分子的质量分数）为：$w_x = xN_x/N_0$，因此式(2.66)又可变成式(2.67)。

$$w_x = xp^{x-1}(1-p)^2 \tag{2.67}$$

式(2.66b)是线形聚合反应，在反应程度为 p 时的数量分布函数；而式(2.67)则是其质量分布函数。它们通常称作最可几分布，或 Flory 分布，或 Flory-Schulz 分布。选择 $p=0.960\,0$，$0.987\,5$ 和 $0.995\,0$，根据式(2.66b)和式(2.67)，分别计算出一系列 N_x 和 w_x 值，分别得到数量和质量分布曲线图 2.5 和图 2.6。

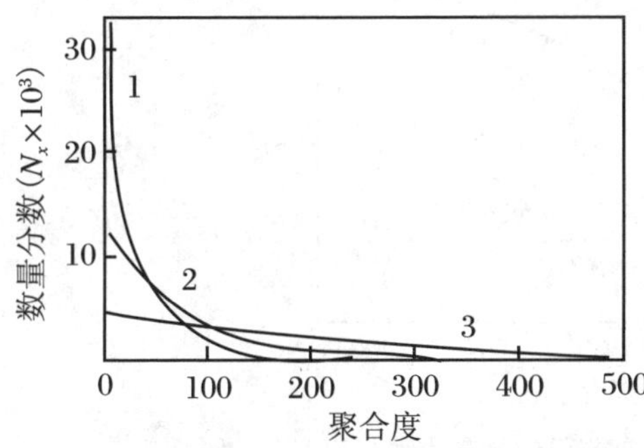

图 2.5　线形聚合反应的数量分数分布曲线

1：$p=0.960\,0$；2：$p=0.987\,5$；3：$p=0.995\,0$

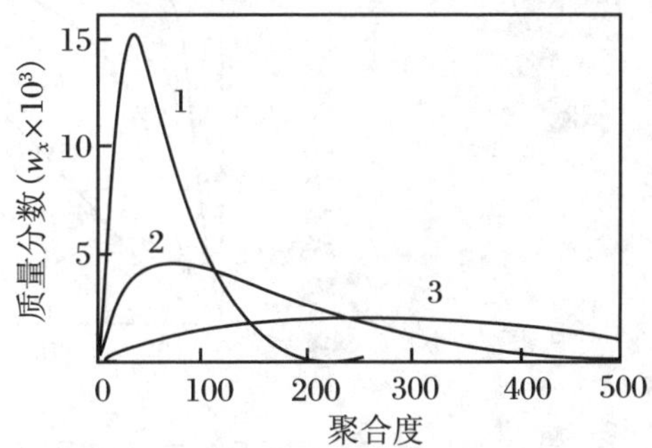

图 2.6　线形聚合反应的质量分数分布曲线

1：$p=0.960\,0$；2：$p=0.987\,5$；3：$p=0.995\,0$

由图 2.5 可以看出，随反应程度的增加，单体分子的数量反而下降；但无论反应程度多高，聚合反应体系中，单体的数量始终是最多的。且只有在高转化率时，才能生成高分子量的聚合物。图 2.6 的结果也证明了这一点。而分子量的质量分布函数的情况则完全不同，当反应程度超过一定值后，单体的质量分数始终是最小的，且随反应程度的增加而下降。每一反应程度，曲线上均存在一个最大值，随反应程度增加，最大值向高分子量方向移动。将式(2.67)微分，便可求得每一反应程度所得聚合物中，含最多的 x-聚体的 x 值。它非常接近于由式(2.40)得到的数均聚合度。

$$\frac{\mathrm{d}}{\mathrm{d}t}\left[xp^{x-1}(1-p)^2\right] = p^{x-1}(1-p)^2 + xp^{x-1}(1-p)^2\ln p = 0 \tag{2.68}$$

$$x_{极值} = -1/\ln p \tag{2.69}$$

当

$$p \to 1, -\ln p = 1 - p \tag{2.70}$$

所以

$$x_{极值} \approx 1/(1-p) \tag{2.71}$$

在实验研究时,得到聚合度为 x 的聚合物累积质量分数 I_x 相对较为容易。所以,对式(2.68)积分,得到式(2.72)。

$$I_x = (1/p) - [1 + (1-p)x]p^{x-1} \tag{2.72}$$

设定反应程度 $p = 0.960\,0$, $0.987\,5$ 和 $0.995\,0$,分别计算出每个 x 值,相对应的 I_x。将 I_x 对聚合度 x 作出图 2.7。由该图可以看出,反应程度低时,高分子量聚合物难以生成;随着反应程度增加,可以生成更高分子量的聚合物。

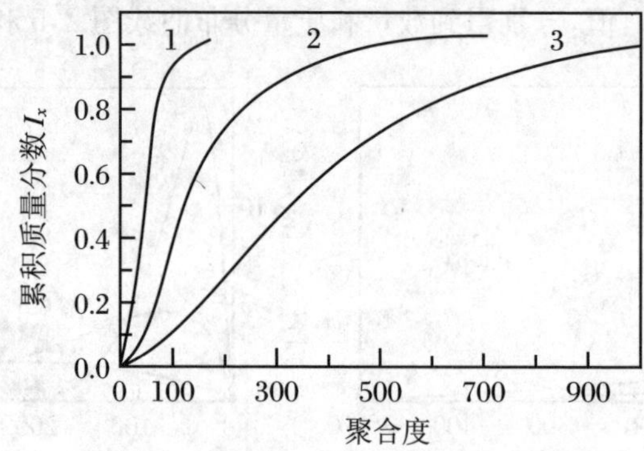

图 2.7　线形聚合反应的积分分布曲线

1:$p = 0.960\,0$;2:$p = 0.987\,5$;3:$p = 0.995\,0$

2. 分子量分布宽度

前面曾提过,聚合物的另一重要参数是分子量分布。通常用重均和数均聚合度 $\overline{X}_w$ 和 $\overline{X}_n$ 比值来衡量。它们的值分别由数量分布函数和质量分布函数导出。数均和重均分子量在第 1 章的式(1.4)和式(1.5)中已做了定义。用式(1.4)除以结构单元的质量 M_0,就得到数均聚合度,即式(2.73)。

$$\overline{X}_n = \frac{\sum xN_x}{\sum N_x} = \sum x\underline{N}_x \tag{2.73}$$

将式(2.65)的 $\underline{N}_x$ 代入式(2.73),得式(2.74)。

$$\overline{X}_n = \sum xp^{x-1}(1-p) \tag{2.74}$$

对所有的 x 值求和,得出式(2.40)。

$$\overline{X}_n = 1/(1-p)$$

采用求数均聚合度相似的方法,求重均聚合度。把式(1.5)除以 M_0 后得式(2.75)。

$$\overline{X}_w = \sum x w_x \tag{2.75}$$

将式(2.67)中的 w_x 代入式(2.75),得到式(2.76)。

$$\overline{X}_w = \sum x^2 p^{x-1} (1-p)^2 \tag{2.76}$$

对所有的 x 值求和,得出式(2.77)。

$$\overline{X}_w = (1+p)/(1-p) \tag{2.77}$$

所以,分子量分布的宽度为

$$\overline{X}_w/\overline{X}_n = 1+p \tag{2.78}$$

$\overline{X}_w/\overline{X}_n$ 的比值称作分子量分布宽度,也叫做**多分散指数(PDI)**,是衡量聚合物样品多分散性的一个尺度,该值随反应程度增加而增大。当反应程度达到100% 时,该值就趋近于2。对于这一推论,在逐步聚合反应体系,例如,聚酰胺和聚酯反应,已从实验上得到了验证,也就是 Flory 最可几分布,即式(2.78)得到了实验验证。

2.2.7　线形共聚物的合成

共聚反应机理与均聚反应十分相似,其动力学和分子量控制和分子量分布前面已经讨论过,这一小节讨论共聚物的合成。**共聚物**是指含有两个或两个以上重复结构单元的聚合物。合成共聚物的反应称为**共聚反应**。

1. 共聚物的类型

线形共聚物有如下几种:

(1) 交替共聚物。不同重复结构单元交替排列的称为交替共聚物。例如

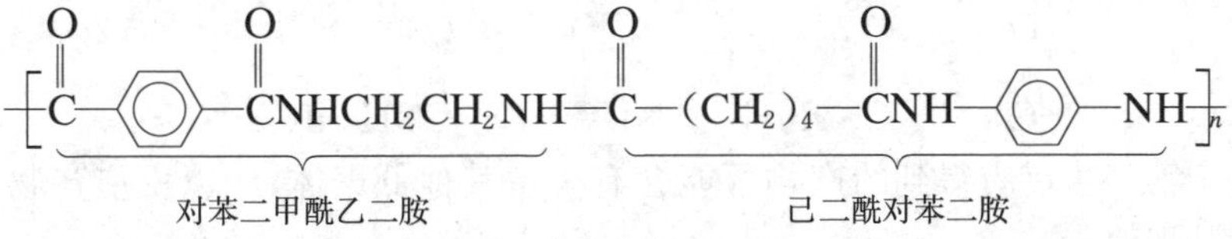

$$\left[\underbrace{\overset{O}{\overset{\|}{C}}-\langle\bigcirc\rangle-\overset{O}{\overset{\|}{C}}NHCH_2CH_2NH}_{\text{对苯二甲酰乙二胺}}-\underbrace{\overset{O}{\overset{\|}{C}}-(CH_2)_4-\overset{O}{\overset{\|}{C}}NH-\langle\bigcirc\rangle-NH}_{\text{己二酰对苯二胺}}\right]_n$$

(2) 无规共聚物。重复结构单元如 R1 和 R2 随机分布在主链上。

—R1—R2—R2—R2—R1—R1—R2—

(3) 嵌段共聚物。两个或两个以上均聚物链段,例如,A_m,B_p 和 A_n 连接起来形成的聚合物,可以是两嵌段 A_m—B_p;三嵌段 A_m—B_p—A_n;四嵌段 A_m—B_p—A_n—B_p 和多嵌段$(A_m—B_p)_x$。

(4) 接枝共聚物。多个均聚物链段作为支链接枝到同一主链上。仅用逐步聚合反应制备接枝共聚物较为困难,极少有文献报道。

2. 共聚物的合成

(1) 无规共聚物,通常指将多种单体混合均匀再进行的聚合反应。例如,反应(2.79)。

$$\mathrm{HO\overset{O}{\overset{\|}{C}}{-}(CH_2)_4{-}\overset{O}{\overset{\|}{C}}OH + HO\overset{O}{\overset{\|}{C}}{-}(CH_2)_8{-}\overset{O}{\overset{\|}{C}}OH + H_2NCH_2CH_2NH_2 + H_2N(CH_2)_{10}NH_2 \longrightarrow}$$
$$\mathrm{\sim\sim NHCH_2CH_2NH{-}\overset{O}{\overset{\|}{C}}{+}(CH_2)_4{-}\overset{O}{\overset{\|}{C}}NH(CH_2)_{10}NH{-}\overset{O}{\overset{\|}{C}}{+}_2(CH_2)_8{-}\overset{O}{\overset{\|}{C}}\sim\sim} \tag{2.79}$$

通常,逐步聚合反应的转化率较高,得到的共聚物组成与反应物配比相似。欲得到无规共聚物,要求单体的反应活性应相差不大,如果相差很大,则会生成嵌段共聚物。

(2) 交替共聚物。通常,交替共聚物的制备不能一步完成,需要两步反应。例如,第一步,二元酸和二元胺以 2∶1 的摩尔比进行缩聚反应,生成以羧酸为端基的三聚体(反应(2.80))。

$$\mathrm{2HO\overset{O}{\overset{\|}{C}}{-}R{-}\overset{O}{\overset{\|}{C}}OH + 1H_2N{-}R'{-}NH_2 \longrightarrow HO\overset{O}{\overset{\|}{C}}{-}R{-}\overset{O}{\overset{\|}{C}}NH{-}R'{-}NH\overset{O}{\overset{\|}{C}}{-}R{-}\overset{O}{\overset{\|}{C}}OH} \tag{2.80}$$

第二步,三聚体与另一二元胺反应,生成交替共聚物(反应(2.81))。

$$\mathrm{HO\overset{O}{\overset{\|}{C}}{-}R{-}\overset{O}{\overset{\|}{C}}NH{-}R'{-}NH\overset{O}{\overset{\|}{C}}{-}R{-}\overset{O}{\overset{\|}{C}}OH + H_2N{-}R''{-}NH_2 \longrightarrow}$$
$$\mathrm{{+}\overset{O}{\overset{\|}{C}}{-}R{-}\overset{O}{\overset{\|}{C}}NH{-}R'{-}NH\overset{O}{\overset{\|}{C}}{-}R{-}\overset{O}{\overset{\|}{C}}NH{-}R''{-}NH{+}_n} \tag{2.81}$$

由于第一步反应得到的产物可能含有少量其他低聚体,所以反应产物基本都为交替共聚物。

(3) 嵌段共聚物。通常有两种方法合成嵌段共聚物。一是单预聚物法,即先合成一预聚物,它再与其他单体共聚,制备嵌段共聚物(反应(2.82))。

$$p\mathrm{HO{+}R'{-}O\overset{O}{\overset{\|}{C}}{-}R{-}\overset{O}{\overset{\|}{C}}O{+}_nR'{-}OH} + mp\mathrm{HO{-}R''{-}OH} + m(p+1)\mathrm{OCN{-}R'''{-}NCO}$$

$$\longrightarrow \left[\!\left(\mathrm{R'-O\overset{\overset{O}{\|}}{C}-R-\overset{\overset{O}{\|}}{C}O} \right)_n \mathrm{R'-O\overset{\overset{O}{\|}}{C}NH} \left(\mathrm{R'''-NH\overset{\overset{O}{\|}}{C}O-R''-O\overset{\overset{O}{\|}}{C}NH} \right)_m \mathrm{R'''-NH\overset{\overset{O}{\|}}{C}O} \right]_p \tag{2.82}$$

二是双预聚物法，先合成两种不同的预聚物，分别为端羟基的聚酯和端基为异腈酸酯的聚胺酯，再将这两个预聚物共聚，生成多嵌段共聚物（反应(2.83)）。

$$p\mathrm{HO}\left(\mathrm{R'-O\overset{\overset{O}{\|}}{C}-R-\overset{\overset{O}{\|}}{C}O} \right)_n \mathrm{R'-OH} + p\mathrm{OCN}\left(\mathrm{R'''-NH\overset{\overset{O}{\|}}{C}O-R''-O\overset{\overset{O}{\|}}{C}NH} \right)_m \mathrm{R'''-NCO}$$

$$\longrightarrow \left[\!\left(\mathrm{R'-O\overset{\overset{O}{\|}}{C}-R-\overset{\overset{O}{\|}}{C}O} \right)_n \mathrm{R'-O\overset{\overset{O}{\|}}{C}NH} \left(\mathrm{R'''-NH\overset{\overset{O}{\|}}{C}O-R''-O\overset{\overset{O}{\|}}{C}NH} \right)_m \mathrm{R'''-NH\overset{\overset{O}{\|}}{C}O} \right]_p \tag{2.83}$$

每一段链长和共聚物的分子量取决于预聚物的合成以及共聚反应。通常，如果原料一样，一步法和二步法得到的聚合物的结构是一样的，只是两步法得到的聚合物中，嵌段长度分布较窄。

思考题

1. 讨论控制聚合物分子量的方法。
2. 什么是当量系数？它是怎样影响聚合物的分子量？
3. 如何理解聚合反应体系中，单体的数量总是最多的，但质量比却最小？
4. 为什么只有在高反应程度时才能得到高分子量的聚合物？
5. 是不是所有逐步聚合反应都能得几乎相同的聚合度？并说明理由。
6. 如何采用逐步聚合反应制备交替、嵌段和接枝共聚物？

2.3 支化聚合反应

这一节主要讨论生成星形聚合物的支化聚合反应，它具有与线形聚合反应不同的机理和规律。在 A—B 两个官能团单体中，加入三官能团或三个以上官能团单体 A_n 或 B_n（$n \geqslant 3$）时，得到的聚合物就不再是线形聚合物，而是星形聚合物。

在第1章中曾提过，星形聚合物是指三条或三条以上，甚至数百条高分子链的一端接到同一基团上的高分子。

2.3.1 支化聚合反应机理

首先讨论在A—B型单体中，加入少量多官能团单体A_f的支化聚合反应（也可以是B_f）。为了讨论方便，设定的多官能团单体为A_3。一旦A—B单体与A_3反应，生成的聚合物链末端官能团一定为A（反应(2.84)）。生成的三臂星形聚合物之间是不能反应的，因为它们的末端均为A官能团。但可以与单体，或两端分别为官能团A和B的线形聚合物反应，最终形成星形聚合物，而不会发生交联反应。

$$n\text{A—B} + \text{A—}\!\!\left\langle\begin{matrix}\text{A}\\ \\ \text{A}\end{matrix}\right. \longrightarrow \text{A—BA—BA—BA—}\!\!\left\langle\begin{matrix}\text{AB—AB—AB—A}\\ \\ \text{AB—AB—AB—A}\end{matrix}\right. \tag{2.84}$$

聚合体系中存在的另个一反应是单体A—B的自聚反应，生成一端为官能团A，另一端为B的聚合物（反应(2.85)）。它也会与星形聚合物反应，形成分子量更大的星形聚合物。理论上，所有自聚反应生成的线形聚合物，都应接到星形聚合物上。因为只有所有的线形聚合物接到星形聚合物上，聚合反应才会停止。多官能团单体A_f上官能团的数目就是生成星形聚合物的臂数；根据单体与支化单体的比例，可以计算出星形聚合物的分子量。所以，控制A—B单体与支化单体的配比，就能制备预定支化度和分子量的星形聚合物。

$$n\text{A—B} \longrightarrow \text{A—B}\sim\sim\text{A—BA—BA—BA—B}\sim\sim\text{A—B} \tag{2.85}$$

但用此方法制备星形聚合物时，要考虑一种情况。反应(2.84)与反应(2.85)是一对竞争反应。为了制备一定分子量的星形聚合物，通常多官能团单体的加入量相对较少，例如，可以是双官能团单体A—B摩尔数的1%，或更少。所以，在聚合反应初期，单体的自聚反应速率，远大于它与三臂星形聚合物的反应速率，生成大量的线形聚合物和低分子量的星形聚合物。随着聚合反应的进行，体系中A和B官能团浓度减少，自聚反应速率相对减小，越来越多的单体和线形聚合物接枝到星形聚合物上，体系中线形聚合物的量逐渐减少。最终它们全部接枝到星形聚合物上，形成了单一的星形聚合物。

这一制备方法能否得到单一的星形聚合物，取决于所用反应体系和单体的活性。支化聚合反应仍然是官能团之间的反应。体系中，A官能团是过量的，它随聚合反应进行而减少，最终剩余A官能团的量，是多官能团单体A_f上官能团的数目。

而B官能团随聚合反应程度增加而减少，直到为零。体系中，只有单体和线形聚合物上有B官能团。当它降低到一定浓度时，如果反应活性不高，其反应不再进行，得到的是星形和线形聚合物的混合物。B官能团的最终浓度，即体系中存在的线形聚合物的量，随聚合反应活性增加而降低。例如，聚酯和聚酰胺反应，由于逆反应存在，很难制得单一的星形聚合物。在Cu(Ⅰ)的催化作用下，N_3和炔基的反应活性很高，可以制备几乎单一的星形聚合物。

对于在等摩尔A—A/B—B混合物中加入A_f的聚合反应，通常会发生交联反应。与A—B/A_f支化聚合反应一样，体系中存在两种聚合反应，一是A—A和B—B的聚合反应，生成两端官能团分别为A和B的线形聚合物；另一是单体和低聚物与多官能团单体的反应，生成了端基官能团为A和B的星形聚合物。后者会相互反应，生成交联产物(反应(2.86))。

$$n\text{A—A} + n\text{B—B} + \text{A—}\!\!\begin{smallmatrix}\text{A}\\ \diagup\\ \diagdown\\ \text{A}\end{smallmatrix} \longrightarrow \text{A—AB—BA—}\!\!\begin{smallmatrix}\text{AB—BA—AB—B}\\ \diagup\\ \diagdown\\ \text{AB—B}\end{smallmatrix} \longrightarrow$$

A—AB—BA—┬—AB—BA—AB—B
　　　　　　AB—BA—AB—B—BA—┬—AB—BA—AB—B
　　　　　　　　　　　　　　　AB—BA—AB—BA—┬—AB—BA—AB—B
　　　　　　　　　　　　　　　　　　　　　　　AB—B

(2.86)

为了避免交联反应，可以先使单体A—A和B—B进行聚合反应，生成一端官能团为A，另一端为B的低聚物(反应(2.2))。当单体转化率较高(注意：不是官能团的反应程度)时，例如95%，体系中绝大部分为不同分子量的线形聚合物，再加多官能团单体继续反应，可以得到星形聚合物。与A—B/A_f支化聚合反应一样，能否得到纯度较高的星形聚合物，取决于官能团的反应活性。

2.3.2 支化聚合反应举例

1. 聚酰胺反应

与通常的酰氯或羧酸与伯胺的酰胺化反应不同，这里讨论的是A—B型单体2-15在催化剂2-16的催化作用下，进行聚合反应，生成聚酰胺(反应(2.87))。其分子量可以通过加入单官能团单体进行控制。例如，加入对硝基苯甲酸苯酯，可以获得分子量分布窄的聚合物。聚合物的分子量和转化率呈线性关系，认为是可控逐步聚合反应。

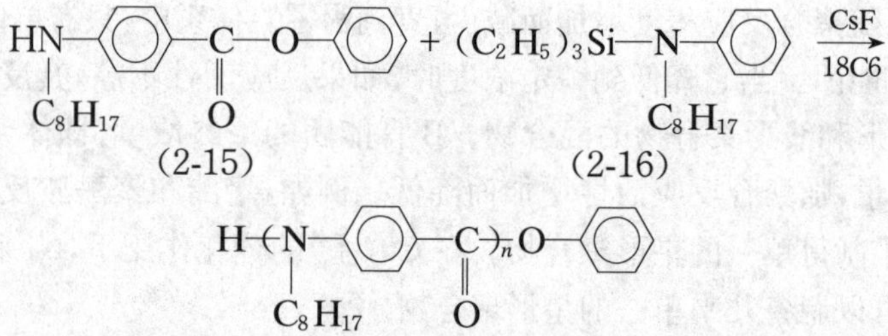

$$\underset{(2\text{-}15)}{HN(C_8H_{17})\text{—}C_6H_4\text{—}C(=O)\text{—}O\text{—}C_6H_5} + \underset{(2\text{-}16)}{(C_2H_5)_3Si\text{—}N(C_8H_{17})\text{—}C_6H_5} \xrightarrow[18C6]{CsF}$$

$$H\text{—}[N(C_8H_{17})\text{—}C_6H_4\text{—}C(=O)]_n\text{—}O\text{—}C_6H_5 \qquad (2.87)$$

如果在反应(2.87)中加入多官能团单体 2-17,在催化剂和 2-16 存在下进行支化聚合反应,就会生成多臂星形聚合物(反应(2.88))。

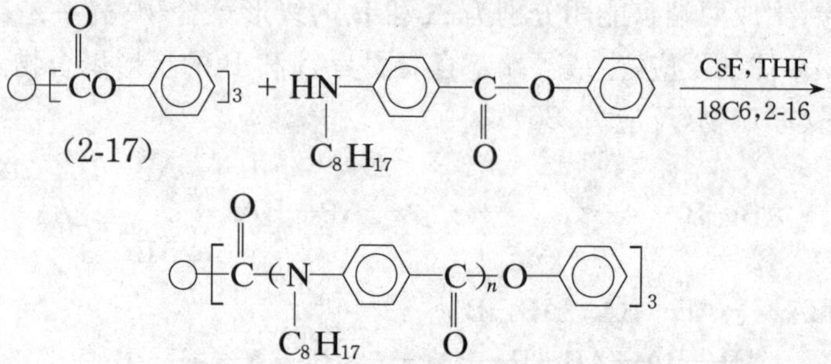

$$\underset{(2\text{-}17)}{\bigcirc\text{—}[C(=O)O\text{—}C_6H_5]_3} + HN(C_8H_{17})\text{—}C_6H_4\text{—}C(=O)\text{—}O\text{—}C_6H_5 \xrightarrow[18C6,2\text{-}16]{CsF,THF}$$

$$\bigcirc\text{—}[C(=O)\text{—}[N(C_8H_{17})\text{—}C_6H_4\text{—}C(=O)]_n\text{—}O\text{—}C_6H_5]_3 \qquad (2.88)$$

实验测试结果表明,如果 2-17 为三官能团单体,生成的三臂星形聚合物上,三个臂的分子量分布约为 1.12,说明三个臂有相似的增长速率。不过聚合产物中仍含有一定量的线形聚合物。随着聚合反应的进行,均聚物含量减少。当1,3,5-间苯三甲酸三苯酯和 1,2,4,5-苯四甲酸四苯酯用作多官能团单体,得到的三和四臂星形聚合物的各个臂的分子量不尽相同,其原因是苯环上的各个苯酯基的活性不同,可能是位阻,也可能是第一个酯基反应后,会降低其余苯酯基的活性。而多官能团单体 2-17 则无此现象。

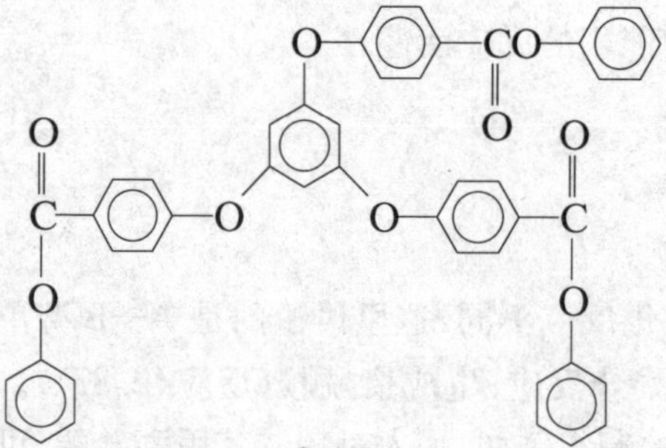

2-17 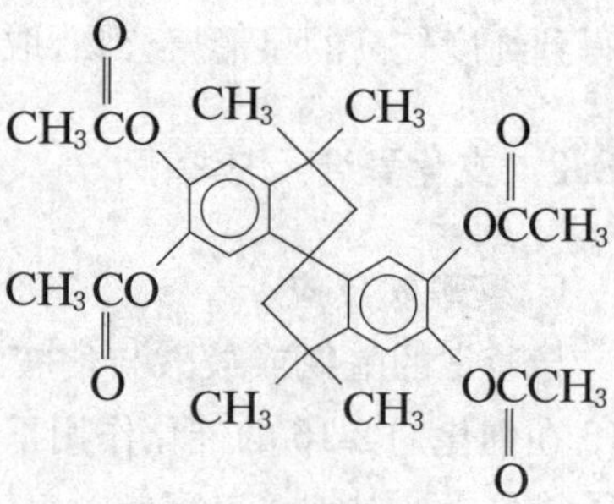　　　　2-19

2. 聚酯反应

以乙酰苯酚酯与三甲基硅酯的聚合反应为例讨论聚酯化反应。对于 A—B 型单体(2-18)，当加热到270 ℃时，会发生聚合反应(反应(2.89))。在高真空条件下，不断移去反应体系中生成的副产物乙酸三甲基硅酯，就生成了高分子量聚合物。加入单官能团化合物，例如对-特丁基苯甲酸三甲基硅酯，可以控制所得聚合物的分子量。

$$CH_3\overset{O}{\overset{\|}{C}}O-\langle\bigcirc\rangle-CH_2CH_2\overset{O}{\overset{\|}{C}}-OSi(CH_3)_3 \xrightarrow{270\ ℃}$$

2-18

$$\left(-O-\langle\bigcirc\rangle-CH_2CH_2\overset{O}{\overset{\|}{C}}\right) + CH_3\overset{O}{\overset{\|}{C}}OSi(CH_3)_3 \qquad (2.89)$$

在反应体系(2.89)中加入四官能团化合物，例如2-19，在相同条件下聚合，可以得到四臂星形聚合物(反应(2.90))。

$$\bigcirc\left(O\overset{O}{\overset{\|}{C}}CH_3\right)_4 + CH_3\overset{O}{\overset{\|}{C}}O-\langle\bigcirc\rangle-CH_2CH_2\overset{O}{\overset{\|}{C}}-OSi(CH_3)_3 \xrightarrow{270\ ℃}$$

2-19

$$\bigcirc\left[\left(O-\langle\bigcirc\rangle-CH_2CH_2\overset{O}{\overset{\|}{C}}\right)_n\right]_4 \qquad (2.90)$$

3. 迈克尔(Michael)加成聚合反应

这里讨论的迈克尔加成反应，是一级或二级胺与丙烯酰基的反应，如反应(2.91)所示。该反应无需催化剂；可在极性溶剂，如水、醇等溶剂中进行。反应温度可选择在10 ℃以上。能进行这一反应的双键要有酯基、氰基和SO_2等吸电子基团活化；烯烃，如烯丙基不会发生这样的加成反应。除了一、二级胺外，—SH和—PH_2等基团也会与丙烯酰基发生迈克尔加成反应。

$$CH_2{=}CH\overset{O}{\overset{\|}{C}}NH-R_1-NH\overset{O}{\overset{\|}{C}}CH{=}CH_2 + H-\underset{R_3}{\underset{|}{N}}-R_2-\underset{R_3}{\underset{|}{N}}-H \longrightarrow$$

$$H-\underset{R_3}{\underset{|}{N}}-R_2-\underset{R_3}{\underset{|}{N}}\left(CH_2CH_2-\overset{O}{\overset{\|}{C}}NH-R_1-HN\overset{O}{\overset{\|}{C}}-CH_2CH_2-\underset{R_3}{\underset{|}{N}}-R_2-\underset{R_3}{\underset{|}{N}}\right)_n CH_2CH_2\overset{O}{\overset{\|}{C}}NH-R_1-NH\overset{O}{\overset{\|}{C}}CH{=}CH_2$$

(2.91)

反应(2.91)中所用的单体为 A—A/B—B 型,反应后得到的是线形聚合物。如果是等摩尔反应,生成聚合物的一端为—NH;另一端为丙烯酰基。在这一反应体系中加入多官能团单体,就会发生交联反应。如果先预聚制备 A—B 型低聚物,再加入多官能团单体,如 2-20,就可得到星形聚合物(反应(2.92))。

$$\text{1,3,5-三(丙烯酰基)六氢-s-三嗪: } (CH_2{=}CH{-}C({=}O){-})_3\text{N}_3$$

2-20

$$CH_2{=}CH\overset{O}{\overset{\|}{C}}NH{-}CH_2{-}HN\overset{O}{\overset{\|}{C}}CH{=}CH_2 + HN\langle\ \rangle NH \xrightarrow[\text{2-20}]{\bigcirc\!\!-\!(\overset{O}{\overset{\|}{C}}CH{=}CH_2)_3} \bigcirc\!\!-\!\!\left[\overset{O}{\overset{\|}{C}}CH_2CH_2{-}N\langle\ \rangle N{-}\left(CH_2CH_2{-}\overset{O}{\overset{\|}{C}}NH{-}CH_2{-}HN\overset{O}{\overset{\|}{C}}{-}CH_2CH_2{-}N\langle\ \rangle N\right)_n\right]_3 \tag{2.92}$$

2.3.3 支化聚合反应动力学

对于 A—B/B_f 聚合反应也是官能团之间的反应。与线形聚合反应一样,它的聚合反应动力学,可以用简单的方法来处理。通常,B_f 的加入量是很少的,在这一反应体系中,B 官能团是过量的,定义 $N_a/N_b=r$。在这 $r<1$ 时的聚合反应中,聚合反应速率用体系中含量较少的 A 官能团的消失速率来表示,即

$$-d[A]/dt = k[A][B] \tag{2.93}$$

反应体系中的反应物有如下当量关系

$$[A]_0-[A]=[B]_0-[B] \tag{2.94}$$

式中$[A]_0$和$[B]_0$分别是 A 和 B 官能团的起始浓度。联立式(2.93)和式(2.94),并积分,得式(2.95)。

$$\frac{1}{[B]_0-[A]_0}\ln\frac{[A]_0[B]}{[A][B]_0} = kt \tag{2.95}$$

将 $r=[A]_0/[B]_0$代入式(2.95),得式(2.96)。

$$\ln([B]/[A]) = -\ln r + [B]_0(1-r)kt \tag{2.96}$$

如果可以测定不同反应时刻，体系中A和B官能团的浓度，将$\ln([B]/[A])$对t作图，可得到一条直线，斜率为$[B]_0(1-r)$，截距为$-\ln r$。

2.3.4　支化聚合反应中的分子量和分子量分布

对于$A—B/A_f$的聚合反应体系（$A—B/B_f$有相似的结果），生成的星形聚合物结构式为

$$R[—A(B—A)_n]_f$$

这个星形聚合物含有f个链，每个链的数均聚合度为n。星形聚合物的末端官能团均为A，是不会相互反应的。每个聚合物的**支化度**（即臂数）为多官能团单体的官能团数f。高分子链的数均聚合度与投料摩尔比、$A—B/A_f$和反应程度有关。

（1）数均和重均分布函数。在作以下推导之前，首先要作官能团等活性假定；相同官能团之间不能反应。假定A官能团的反应概率为p（注意：对于$A—B/A_f$体系，p为过量官能团A的反应概率，对于$(N_b)_0/(N_a)_0=r$，则$P_a=rP_b$），对于含有n个单体单元的线形聚合链的生成概率为$p^n(1-p)$。设定含有x个单体单元的星形聚合物，具有f个线形链，它们分别含有$n_1, n_2, \cdots, n_f$个单体单元，形成这一星形聚合物的概率为

$$p^{n_1}p^{n_2}p^{n_3}\cdots p^{n_f}(1-p)^f \tag{2.97}$$

因为

$$n_1+n_2+\cdots+n_f = x-1$$

将上式代入(2.97)，可以写成式(2.98)。

$$p^{(x-1)}(1-p)^f \tag{2.98}$$

式(2.98)表示$x-1$个单体A—B以某一种方式分布在f个线形链上，形成一种星形聚合物的概率。$x-1$个A—B单体在$f-1$个链上无规排列的可能性为$(x+f-2)!/[(x-1)!(f-1)!]$。因此形成x-聚体的星形聚合物的摩尔分数$N_{x,f}$为

$$N_{x,f} = \frac{(x+f-2)!}{(x-1)!(f-1)!}p^{(x-1)}(1-p)^f \tag{2.99}$$

因为

$$w_{x,f} = \frac{xN_{x,f}}{\sum xN_{x,f}}$$

所以，它的质量分数，即质量分布函数$w_{x,f}$如式(2.100)所示。

$$w_{x,f} = \left[\frac{x(x+f-2)!}{(x-1)!(f-1)!}\right]\left[\frac{(1-p)^{f+1}}{fp+1-p}\right]p^{(x-1)} \tag{2.100}$$

设定一个f值，计算每一个x值的聚合物质量分数。将$w_{x,f}$对x作出质量分

布曲线,如图 2.8 所示。在单体 A—B 中加入单官能团化合物,即 $f=1$ 时,没有改变线形聚合物的分子量分布。但当 $f=2$,即在 A—B 单体中加入双官能团单体,A—A(或 B—B),生成的线形聚合物分子量比 A—B,或 A—A/B—B 型聚合反应形成的聚合物分子量明显变窄。在前一聚合反应体系中,一旦 A—B 与 A—A 反应,生成的聚合物分子 A—BA—A 不能进行自聚反应,只能与体系中的单体,或 A—$(BA)_n$—B反应,改变了分子之间的无规聚合行为。当 f 大于 2 时,生成的是支化,即星形聚合物。由图 2.8 可见,随多官能团单体 A_f 的官能度 f 增加,分子量分布逐渐变窄。

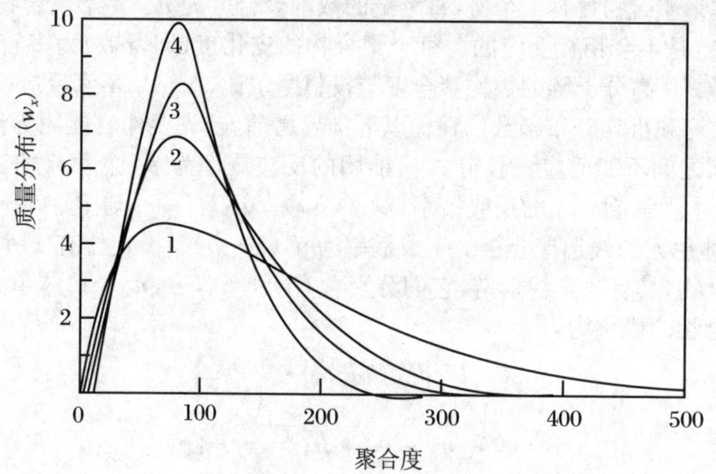

图 2.8　支化聚合反应中,聚合物的质量分布曲线

1: $f=1$;　2: $f=2$;　3: $f=3$;　4: $f=4$

(2) 数均和重均聚合度。根据第 1 章关于数均聚合度 $\overline{X}_n$ 的定义,即 $\overline{X}_n=\sum xN_{x,f}/\sum N_{x,f}$,式中,$\sum xN_x$ 和 $\sum N_{x,f}$ 分别为已聚合的单体单元数和形成聚合物的分子数。因此,数均聚合度 $\overline{X}_n$ 为

$$\overline{X}_n=\frac{(fp+1-p)}{(1-p)} \tag{2.101}$$

因为 $\overline{X}_w=\sum x^2N_{x,f}/\sum xN_{x,f}$,所以重均聚合度 $\overline{X}_w$ 为

$$\overline{X}_w=\frac{(f-1)^2p^2+(3f-2)p+1}{(fp+1-p)(1-p)} \tag{2.102}$$

分子量分布宽度为

$$\overline{X}_w/\overline{X}_n=1+\frac{fp}{(fp+1-p)^2} \tag{2.103}$$

在 $p=1$ 的极限值时,上式简化成

$$\overline{X}_w/\overline{X}_n = 1 + 1/f \tag{2.104}$$

当 $f=2$,即在单体 A—B 中,加入双官能团单体 A—A(或 B—B)时,分子量分布为1.5。当 $f=4$ 时,分子量分布为1.25。说明了随 f 值增加,分子量分布变窄。

思考题

1. 简单陈述用逐步聚合反应合成星形聚合物的基本原理。合成单分布的星形聚合物时存在什么问题?如何避免?

2. 设计合成四臂星形聚酰胺和聚酯,说明选择所用反应的理由。

3. 什么是迈克尔加成反应?什么是硫醇-烯烃加成反应?比较它们的异同点。

4. 比较支化聚合反应和线形聚合反应中分子量分布,并解释为什么 A—B 聚合反应所得聚合物的分子量分布比 A—B/A—A 的宽?

2.4　超支化聚合反应

在 A—B 单体中加入少量的多官能团单体,形成星形聚合物。而 AB_2 单体聚合,形成高度支化的聚合物,称为超支化聚合物,该反应称为超支化聚合反应。在聚合物中,如果 AB_2 单元上的官能团都反应了,这样的单元称为**支化单元**,否则为线形单元。支化单元又称为支化点;两个支化点之间可以是小分子基团,也可以是高分子链。这一小节,着重讨论超支化聚合反应类型、聚合反应机理和聚合物的分子量及分子量分布。

2.4.1　单体和聚合反应的类型

1. 均聚反应

能进行超支化均聚合反应,又不发生交联反应的单体类型为 A—R—B_f($f \geqslant 2$,通常以 AB_f 表示)。其中,R 可以为小分子基团,也可以是高分子链。后一种称为大分子单体。当 $f=2$,即 AB_2 单体进行超支化聚合反应时,每反应一次,消耗掉一个 A 和一个 B 官能团,生成的聚合物上比前体多一个 B 官能团。经过 $x-1$ 步反应后，生成的 x-聚的聚合物表面有 $x+1$ 个未反应的 B 官能团，和一个未反应的 A 官能团(反应(2.105))。由反应(2.105)可以看出，在整个聚合反应中，始终只有一个未反应的 A 官能团，所以，高分子链之间的反应不会交联。与 AB_2 单体的超支化聚合反应相同，AB_f单体的聚合反应也生成超支化聚合物，而不会交联，是生成超支化聚合物的典型单体。

$$\text{A}\!-\!\!<^{\text{B}}_{\text{B}} \xrightarrow{AB_2} \text{A}\!-\!\!<^{\text{BA}-<^{\text{B}}_{\text{B}}}_{\text{B}} \xrightarrow{AB_2} \text{A}\!-\!\!<^{\text{BA}-<^{\text{B}}_{\text{BA}-<^{\text{B}}_{\text{B}}}}_{\text{B}} \xrightarrow{AB_2} \text{A}\!-\!\!<^{\text{BA}-<^{\text{B}}_{\text{BA}-<^{\text{B}}_{\text{B}}}}_{\text{BA}-<^{\text{B}}_{\text{B}}} \qquad (2.105)$$

2. 共聚反应

与单体 AB_f进行共聚反应的单体类型有：A—B，A—A/B—B 和 B_f。在 AB_f单体中加入 A—B 时，它们进行的共聚反应不会进行交联反应，因为 AB_2 与 A—B 间的反应和 A—B 自聚反应，不能改变生成物分子的端官能团 AB_f模式，即一个端基为 A，其他 f 个端基均为 B。与均聚反应不同的是，生成的超支化聚合物上，支化点之间不是小分子，而是高分子链(A—B)_n(反应(2.106))。

$$\text{A}\!-\!\!<^{\text{B}}_{\text{B}} + \text{A—B} \longrightarrow \text{A}\!-\!\!<^{\text{BA—B(A—BA—B)}_n\text{A—BA}-<^{\text{B}}_{\text{B}}}_{\text{B}} \qquad (2.106)$$

在单体 AB_f中加入双官能团单体 A—A，则会发生交联反应。单体 A—A 不仅把 AB_2 分子连接起来，形成高分子链，而且使高分子链之间发生反应，生成交联聚合物(反应(2.107))。

$$\text{A}\!-\!\!<^{\text{B}}_{\text{B}} + \text{A—A} \longrightarrow \text{A}\underset{\text{BA}}{\text{—}\!\!\!\perp\!\!\!\text{—}}\text{BA—AB}\underset{\text{A}}{\text{—}\!\!\!\perp\!\!\!\text{—}}\text{BA—AB}\underset{\text{A}}{\text{—}\!\!\!\perp\!\!\!\text{—}}\text{BA—AB}\underset{\text{B}}{\text{—}\!\!\!\perp\!\!\!\text{—}}\text{A} \qquad (2.107)$$

$$\text{(BA | AB)} \quad \text{A}\overset{\text{AB}}{\text{—}\!\!\!\top\!\!\!\text{—}}\text{BA}\underset{\text{B}}{\text{—}\!\!\!\perp\!\!\!\text{—}}\text{BA—AB}\underset{\text{A}}{\text{—}\!\!\!\perp\!\!\!\text{—}}\text{BA—AB}\underset{\text{B}}{\text{—}\!\!\!\perp\!\!\!\text{—}}\text{A}$$

对于 AB_f/A—A/B—B 共聚反应体系，极容易发生交联反应。因为 A—A 与

AB_2 单体反应，形成带有未反应官能团 A 和 B 的线形高分子链。双官能团单体 A—A和 B—B，或它们反应生成带有端官能团 A 和 B 的线形聚合链，可以与高分子链上，未反应的 A 和 B 官能团反应，形成交联结构（反应(2.108)）。但是，在未交联之前的生成物是超支化聚合物。可以在交联反应发生之前停止反应，就能得到超支化聚合物。该产物是不稳定的，在放置过程中会交联。所以，要把未反应的官能团 A 处理掉，以得到稳定的产物。

A—BA—(AB)$_n$BA—BA—AB—B
BA BA—(AB)$_m$ A
AB BA
A—BA—BA—AB—BA—AB—A
B B

$$A\!<\!{}^{B}_{B} + B\!-\!\underset{B}{\overset{B}{|}}\!-\!B \longrightarrow \text{交联结构} \tag{2.108}$$

与 AB_f/A—A 和 AB_f/A—A/B—B 聚合反应体系不同，AB_f 和 B_f 发生聚合反应时，加少量的 B_f 单体不会影响聚合反应的进行，也不会发生交联反应。因为它们之间反应时，减少了 A 官能团，使分子间反应十分困难。通常 AB_f 的超支化聚合反应，生成的是扇形聚合物。加入多官能团单体 B_f 后，可以改变生成物的形状，例如，生成球形聚合物（反应(2.109)）。B_f 中最简单的是双官能团单体 B—B，加入量少时，会形成双哑铃形聚合物。但加入量过大时，例如，超过 AB_f 的加入量时，只能生成低聚合度的支化聚合物，难以生成高分子量的超支化聚合物。因为 AB_f 与 B—B反应，减少了与 B 反应的 A 官能团的量，使生成物的官能团均为 B，不能进一步反应。

B B B B
AB BA
B BA B
B AB BA BA
B AB—AB—BA BA B
B AB BA B
B BA B
AB BA
B B B B

$$A\!<\!{}^{B}_{B} + B\!-\!\underset{B}{\overset{B}{|}}\!-\!B \longrightarrow \text{球形超支化聚合物} \tag{2.109}$$

3. A_2/B_3 聚合反应

对于 A—A（简称为 A_2）和 R$\leftarrow$B)$_3$（简称为 B_3）的聚合反应，通常生成交联聚合物。但是在反应中，若一个基团反应后，另一个基团或新生成的基团活性降低。这时,可以控制反应条件,使 A_2 和 B_3 先反应生成 A—AB—BB′(B′的活性较低),即 AB_2 单体,再继续反应时,就可以生成超支化聚合物,而不发生交联反应。例如,N-(2-胺乙基)哌嗪与双丙烯酰胺(2-21)反应,生成的二级胺很不活泼,在常温下,如 20 ℃,几乎不与丙烯酰基发生迈克尔加成反应。可以控制反应条件,先生成 AB_2 型单体(反应(2.110)),再升高温度进行聚合反应,以得到超支化聚合物,而不发生交联反应。

$$\text{HN(piperazine)N—CH}_2\text{CH}_2\text{—NH}_2 + \underset{\text{2-21}}{CH_2{=}CH{-}\overset{O}{\overset{\|}{C}}NH{-}CH_2{-}HN\overset{O}{\overset{\|}{C}}{-}CH{=}CH_2} \longrightarrow$$

$$\underset{\text{AB}_2\text{型单体}}{(CH_2{=}CH){-}\overset{O}{\overset{\|}{C}}NH{-}CH_2{-}HN\overset{O}{\overset{\|}{C}}{-}CH_2CH_2\text{N(piperazine)N—CH}_2\text{CH}_2\text{—NHCH}_2CH_2{-}\overset{O}{\overset{\|}{C}}NH{-}CH_2{-}HN\overset{O}{\overset{\|}{C}}{-}(CH{=}CH_2)} \tag{2.110}$$

2.4.2 超支化聚合反应机理

聚合反应机理应包括反应机理和聚合机理。在聚合反应中所用的反应,通常在有机化学中能找到,其机理一般都很清楚,用于超支化聚合反应的种类较多,只能在下一小节中讨论一部分。下面讨论的是聚合机理。

与线形聚合和支化聚合反应一样,AB_{f-1}型单体的超支化聚合反应也是官能团之间的反应,也遵循统计学规律。两个单体每反应一次,生成产物的端基就多 $f-2$个 B 官能团,而 A 官能团为 1。含有 x-聚体的超支化聚合物,则有 $(f-2)x+1$个 B 表面官能团,一个 A 官能团。与线形和支化聚合反应不一样的是,一旦单体 AB_{f-1}发生反应,生成物与其他反应物反应的概率增加了 $f-2$ 倍。所以先反应单体的分子量增长会越来越快,造成聚合体系中,产物的分子量分布随反应程度增加而变宽。

另一个不同点是超支化聚合物中存在缺陷,即支化单元上,存在没有反应的官能团,使聚合物的结构不规整。以 AB_2 单体聚合为例,它聚合后,生成物具有 2-22 所示的结构。可以看到,不是所有 AB_2 支化单元上的 B 官能团都能反应的,只有一个 B 官能团反应的称为线形单元(以 L 表示);两个 B 官能团都反应了,称为支化单元(以 D 表示);两个 B 官能团都没有反应的称为表面或端官能团(以 T 表示)。

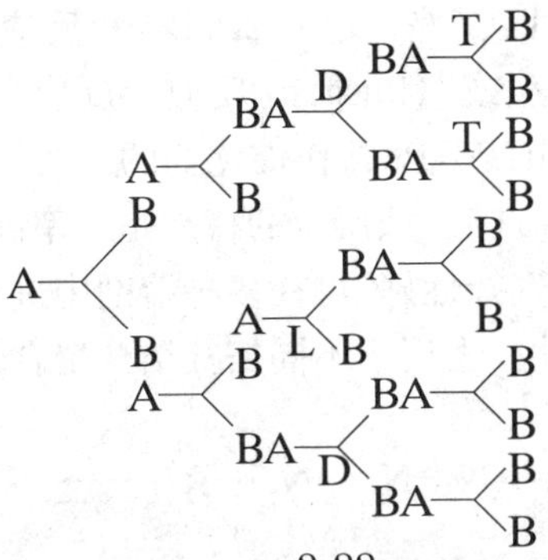

2-22

由于所用的反应和反应条件不同，生成的超支化聚合物上的缺陷有多有少，即支化单元的含量不同。通常用支化度(degree of branching, *DB*)来描述聚合物中的缺陷，支化度(*DB*)越高，聚合物结构越规整，缺陷越少。式(2.111)为计算支化度普遍接受的公式，即用支化和末端单元之和与聚合物中，总的结构单元的摩尔比来衡量。

$$DB = \frac{\mathrm{D + T}}{\mathrm{D + T + L}} \tag{2.111}$$

在 AB_{f-1} 中加入较多的共聚单体 A—B，当 A—B 进行线形聚合反应，形成的线形链与 AB_{f-1} 反应，生成的支化链再与 A—B 型反应物反应。这会减缓分子量分布变宽的趋势，增加了支化单元间的链长。随 A—B/AB_{f-1} 的比例增加，支化单元间的链长增加，分子量相应变窄。

通常认为，在 AB_{f-1} 单体中加入少量的多官能团化合物 $B_{f'}$，可以使聚合物分子量变窄。事实上，在 AB_{f-1} 与 $B_{f'}$ 反应的同时，AB_{f-1} 还进自聚反应，这是一对竞争反应。由于单体 AB_{f-1} 上，B 官能团多于 B_f，所以 AB_{f-1} 自聚反应速率比它与 $B_{f'}$ 交替反应快。当 AB_{f-1} 形成的超支化聚合物与 $B_{f'}$ 反应，生成的聚合物上不再有 A 官能团，只有 B 官能团。如果所用反应活性不够高，由于 A 官能度过低，不能与 $B_{f'}$ 上的 B 官能团反应，得到的将是不同结构聚合物的混合物，分子量分布会变宽。如果反应活性很高，即使 A 官能团浓度很低，也能反应，使所有超支化聚合物接到 $B_{f'}$ 上，得到分子量分布较窄的聚合物。

2.4.3　超支化聚合反应举例

许多有机反应可用于超支化聚合反应，下面仅举几例。

1. Click 反应

这一反应是指—C≡CH，或—C≡N与—N_3 的环化加成反应，分别生成化合物

1,2,3-三氮唑和 1,2,3,4-四氮唑(反应(2.112)和反应(2.113))。这一反应又称“sharpless-type click”反应,或“Huisgen”反应。反应所用的催化剂,通常为 Cu^{+} 盐,如 CuBr,也有用 Ru、Ni、Pd、Pt 盐作催化剂的。为了增加盐在有机溶剂中的溶解度,通常要用配体,如联吡啶。该反应的特点是收率高,反应条件简单温和,可在室温下进行,反应速率快,选择性好,可在多种溶剂中进行。已广泛用于固体表面、聚合物、生物大分子的改性。也用于不同拓扑结构聚合物的合成。

$$R—C≡CH + N≡N^{+}—N^{-}—R' \longrightarrow \text{(1,2,3-三氮唑: R, N—R', N=N)} \quad (2.112)$$

$$R—C≡N + N≡N^{+}—N^{-}—R' \longrightarrow \text{(四氮唑: R, N—R', N=N)} \quad (2.113)$$

采用 Click 反应合成超支化聚合物时,首先要合成一端为两个炔基(或N_3 基),另一端为一个 N_3 基(或炔基)的单体。例如反应(2.114)中,反应物2-23的 R 基可以是小分子基团,也可以为高分子链,如聚苯乙烯。当它在 CuBr 和配体 N,N,N′,N′,N″-五甲基二乙基三胺的作用下,x 个单体进行聚合反应时,就可以得到含有 1 个未反应的 N_3,$x+1$ 个未反应的—C≡CH,和$(x-1)$个 1, 2, 3-三氮唑的超支化聚合物。

$$(CH≡C)_2R—N_3 \xrightarrow[60\ ℃]{CuBr/PMDETA} N_3—R\text{(超支化聚合物,末端 C≡CH)} \quad (2.114)$$

2-23

如果 R 为聚合物链,可以得到分子量分布小于 1.5 的超支化聚合物。采用一端为两个羟基和另一端羧基的大分子单体聚合，无论聚合多长时间，只能得到包括大分子单体与不同分子量聚合物的混合物。因为酯化反应的活性不够高，当反应官能团浓度稀时，反应难以进行。所以，合成预定结构超支化聚合物时，选择反应十分重要。

2. 傅氏(Friedel-Craft)反应

在有机化学中，傅氏反应是一重要的烷基取代反应。在无水 $AlCl_3$ 的催化作用下，烷基卤代烷与芳环发生烷基取代反应(反应(2.115))。

$$RCl + C_6H_6 \xrightarrow{AlCl_3} R—C_6H_5 \qquad (2.115)$$

傅氏反应是最早用于超支化聚合反应，并合成超支化聚亚甲基苯。在单体苄基氯上，有一反应性 A 官能团 Cl，苯环上有多个活性点，即 B 官能团，是 AB_f 型单体。在无水 $AlCl_3$ 催化作用下，它发生聚合反应，生成超支化聚合物(反应(2.116))。

$$ClCH_2—C_6H_5 \xrightarrow{AlCl_3} ClCH_2—C_6H_3(CH_2—C_6H_4—CH_2—C_6H_5)—CH_2—C_6H_3(CH_2—C_6H_5)(CH_2—C_6H_4—CH_2—C_6H_5) \qquad (2.116)$$

该聚合物可溶并且可熔，不能结晶，其结构存在缺陷，即有线形结构单元。

3. 氯甲酸酯基反应

这是合成高分子量超支化聚碳酸酯的一个重要反应。它依据的反应是—OCOCl与 t-Bu$(CH_3)_2$SiO—之间的缩合反应。在 AgF 作用下，氯甲酸苯酯与特-丁基二甲基硅苯醚(2-24)反应，生成了碳酸二苯酯(反应(2.117))。

$$C_6H_5—OC(=O)Cl + CH_3—Si(C(CH_3)_3)(CH_3)—O—C_6H_5 \xrightarrow{AgF} C_6H_5—OC(=O)O—C_6H_5 \qquad (2.117)$$

2-24

首先合成带有两个端基 B 为氯甲酸酯(或为特-丁基二甲基硅烷)，另一端基 A 为特-丁基二甲基硅烷(或为氯甲酸酯)的 AB_2(或为 A_2B)单体，如 2-25。在 AgF 的作用下进行聚合反应，得到一个为特-丁基二甲基硅基，端基为 $x+1$ 个氯甲酸酯基的超支化聚合物。如果 A_2B 单体进行聚合反应，生成物的端基官能团则为特-丁基二甲基硅。

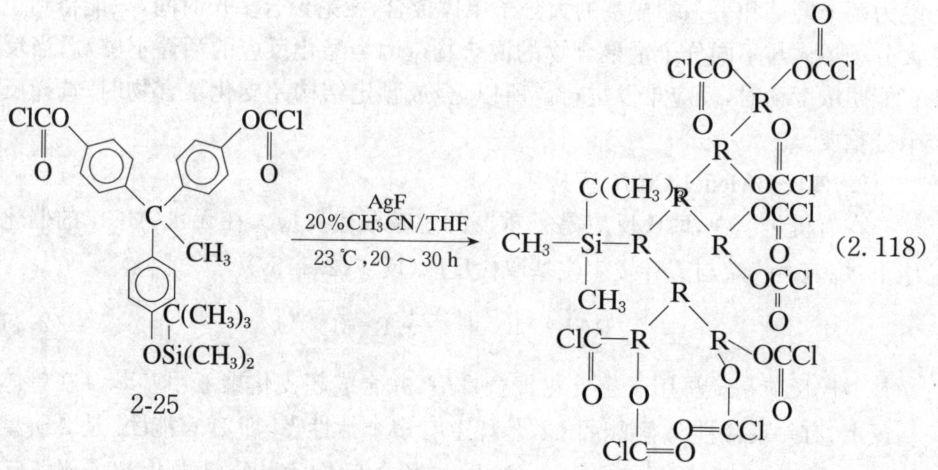

$$\text{2-25} \xrightarrow[23\,^\circ\text{C},\,20\sim30\text{ h}]{\text{AgF},\ 20\%\,CH_3CN/THF} \text{超支化聚碳酸酯（以 } CH_3\text{—Si 为核、端基为 —OC(O)Cl）} \tag{2.118}$$

其中 R = 。

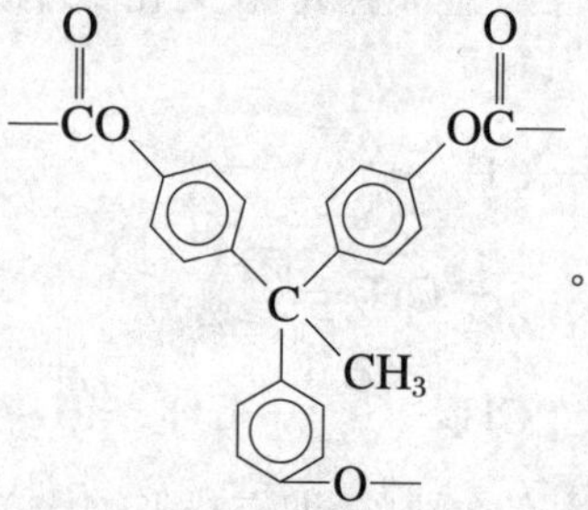

AgF 对生成高分子量超支化聚碳酸酯十分重要，因为生成的 AgCl 沉淀，能防止酯交换等副反应，有利于提高聚合反应程度，得到重均分子量超过 10^5 $g \cdot mol^{-1}$、分子量分布为 2～3 的超支化聚碳酸酯。而用 CsF 作催化剂时，由于酯交换副反应，很难得到高分子量的聚碳酸酯。

4. 异氰酸酯反应

异氰酸酯(NCO)是非常活泼的基团，可与羟基、胺基等发生加成反应，分别生成氨基甲酸酯和尿基。若要通过 AB_2 单体聚合反应，制备超支化聚合物，就要合成在同一分子内含有 NCO 和 OH 的单体，这是十分困难的。一个解决方案是，先保护 NCO，然后在聚合条件下释放出 NCO，使其与羟基发生加成聚合。例如，化合物 2-26，加热时，会分解释放出异氰酸酯基(反应(2.119))。通常，胺基甲酸的酯基为脂肪族烷基，其分解温度接近 250 ℃；若为芳基，则为 120 ℃左右。依据溶剂、催化剂以及芳环上取代基为吸电子或给电子的不同，分解温度也有所不同。

$$R\text{-}C_6H_4\text{-}O\text{-}\overset{O}{\overset{\|}{C}}\text{-}NH\text{-}C_6H_3(CH_2OH)\text{-}NH\text{-}\overset{O}{\overset{\|}{C}}\text{-}O\text{-}C_6H_4\text{-}R \overset{\triangle}{\rightleftharpoons} OCN\text{-}C_6H_3(CH_2OH)\text{-}NCO + 2\,R\text{-}C_6H_4\text{-}OH \tag{2.119}$$

根据反应(2.119),设计的 AB_2 单体有一个羟基(A),两个胺基甲酸苯酯(B)。在四氢呋喃的回流温度及二丁基月桂酸锡酯的催化作用下,进行聚合反应,得到分子量为 14 000 ～ 42 000 g · mol^{-1}的超支化聚氨酯(反应(2.120))。反应必须在无水条件进行,因为水会使异氰酸酯基分解,生成胺和 CO_2。生成的胺又会与 NCO 反应,生成二脲而交联。除此以外,控制低的反应物浓度对生成可溶性超支化聚合物也十分重要。当反应物浓度超过 2 mol · L^{-1}时,为 NCO 之间可以发生二聚或三聚,容易发生交联反应。另外,产物端氨基甲酸苯酯是活泼的,可以进一步与羟基反应,这有利于聚合物的表面改性。

$$C_6H_5\text{-}O\text{-}\overset{O}{\overset{\|}{C}}\text{-}NH\text{-}C_6H_3(CH_2OH)\text{-}NH\text{-}\overset{O}{\overset{\|}{C}}\text{-}O\text{-}C_6H_5 \ (\text{2-26}) \xrightarrow[(Bu)_2Sn(Laurate)_2]{THF}$$

$$HOCH_2\text{-}C_6H_3[\text{-}NHCO\text{-}CH_2\text{-}C_6H_3(\text{-}NHCO\text{-}CH_2\text{-}C_6H_3\sim)_2]_2 \tag{2.120}$$

5. 靛红与芳烃的缩合反应

在酸的催化作用下，靛红(2-27)上的羰基与芳烃发生缩合反应(反应(2.121))。

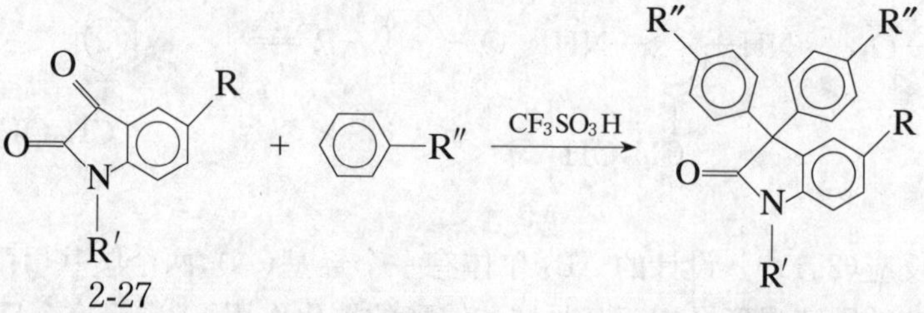

(2.121)

当 R′ = R″ = H 时，缩合反应几乎是定量进行的；R″为烷基和氯时，反应的收率也很高。但是当 R″为强吸电子基团，如硝基，反应就不能进行。当 N 上有取代基，如 R′为甲基和苯基时，对反应活性影响不大。利用这一反应，可以对单体进行结构设计，例如化合物 2-28。在该单体上，有一个 A 官能团为苯基；两个 B 官能团为靛红基团上的羰基。在室温下，以三氟甲基磺酸催化 AB_2 单体 2-28 进行缩聚反应，得到分子量可达 $M_n = 48\,600\ g\cdot mol^{-1}$、分子量分布为 2.14、支化度为 1 的超支化聚合物(反应(2.122))。

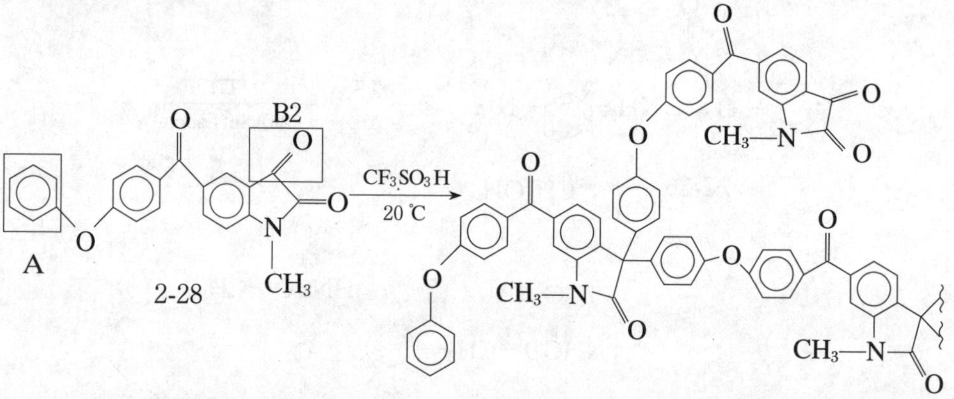

(2.122)

聚合物的表面基团上有两个活性点可用于进一步化学反应改性：一是羰基，二是内酰胺。例如，在聚合反应中，加入十二烷基苯，最终聚合物的表面基团为十二烷基苯。也可以将聚合物上的内酰胺与溴乙酸甲酯反应，再用 CF_3COOH 处理，得到水溶性超支化聚合物。

2.4.4 超支化聚合反应中的分子量和分子量分布

本节讨论的是具有 f 个官能团的单体 AB_{f-1}，进行超支化聚合反应，生成超支化聚合物的分子量和分子量分布。设B官能团的反应概率 $p_B=\alpha$（α 为支化概率），为已经反应的B官能团的摩尔分数，即B官能团的反应程度。$p_A=p$ 为A官能团的反应概率，即已经反应的A官能团的摩尔分数。α 与 p 有关系式(2.123)。

$$\alpha = p/(f-1) \tag{2.123}$$

在推导 x-聚体的超支化聚合物的分子量和分子量分布时，假定分子内反应可以忽略，且一个分子上的 $(f-1)$ 个B官能团的反应活性相等，但A官能团与 B_1，B_2，…，B_{f-1} 反应，生成的聚合物是有区别的。例如，AB_2 单体反应，生成的二聚体有如下两种不同方式：

$$\text{A}-\!\!\!\begin{array}{l}\text{B}_1\text{A}-\!\!\!\begin{array}{l}\text{B}_1\\ \text{B}_2\end{array}\\ \text{B}_2\end{array} \qquad \text{A}-\!\!\!\begin{array}{l}\text{B}_1\\ \text{B}_2\text{A}-\!\!\!\begin{array}{l}\text{B}_1\\ \text{B}_2\end{array}\end{array}$$

首先考虑 x 个 AB_{f-1} 单体以某一特定连接方式，形成 x-聚体超支化高分子的概率。在这样的分子上，有 $(x-1)$ 个A官能团反应了，只有一个A官能团没有反应。已经反应的B官能团有 $x-1$ 个；$[(f-2)x+1]$ 个B官能团没有反应。所以，形成这一大分子的概率为

$$\alpha^{(x-1)}(1-\alpha)^{(fx-2x+1)} \tag{2.124}$$

形成 x-聚体的构筑方式总共有：$(fx-x)!/(fx-2x+1)!\,x!$ 种。所以，形成 x-聚体的概率，即在超支化聚合物中，x-聚体的摩尔分数 N_x 可由式(2.125)计算。

$$N_x = \frac{(fx-x)!}{(fx-2x+1)!\,x!}\alpha^{(x-1)}(1-\alpha)^{(fx-2x+1)} \tag{2.125}$$

而 x-聚体的质量分数 w_x 有关系式：$w_x = xN_x/\sum xN_x$，所以，w_x 可由式(2.126)计算。

$$w_x = \frac{(fx-x)!}{(fx-2x+1)!\,x!}[1-\alpha(f-1)]x\alpha^{(x-1)}(1-\alpha)^{(fx-2x+1)} \tag{2.126}$$

根据数均聚合度 $\overline{X}_n = \sum xN_x$，所以，$\overline{X}_n$ 可由式(2.127)计算得到。

$$\overline{X}_n = \frac{1}{[1-\alpha(f-1)]} \tag{2.127}$$

重均聚合度 $X_w = \sum x^2N_x/\sum xN_x$，所以，$X_w$ 可由式(2.128)计算得到。

$$\overline{X}_w = \frac{[1-\alpha^2(f-1)]}{[1-\alpha(f-1)]^2} \tag{2.128}$$

所以，分子量分布可由式(2.129)计算。

$$\overline{X}_w/\overline{X}_n = \frac{[1-\alpha^2(f-1)]}{[1-\alpha(f-1)]} \tag{2.129}$$

这里要强调的是，公式中所用的 α 为单体 AB_{f-1} 中，B 官能团的反应程度。x-聚体的聚合物中，表面有 $fx-2x+1$ 个未反应的 B 官能团，所以 B 官能团的最高反应程度 α_c 为：$\alpha_c=1/(f-1)-1/[(f-1)x]$。当 x 值很大时，$\alpha_c=1/(f-1)$。对于 AB_4 单体，$f=5$，α_c 接近 0.25。A 官能团的反应程度 p_A 反映了单体的转化率。p_A 与 α 的关系为：$p_A=\alpha(f-1)$。

对于 AB_2 单体的超支化聚合反应，可将 $f=3$ 代入式(2.126)。再选定 α 值，例如 $\alpha=0.25$ 和 0.40，改变 x 值，计算每个 x 对应的 w_x 值。从而得到一系列聚合度的聚合物质量分数。将 x 与 w_x 作图，得到如图 2.9 所示的质量分布曲线。由图 2.9 可以看到，随 B 官能团的反应程度的增加，逐渐生成更高分子量的超支化聚合物，低分子量聚合物的含量逐渐降低，分子量分布变宽。图 2.10 显示了分子量分布与反应程度的关系。由图 2.10 可以看到，随 B 官能团的反应程度增加，分子量分布变宽。当 $\alpha=p_B$ 快接到 0.5 时，分子量分布宽度迅速增加。这与线形和支化聚合反应不同，说明了超支化聚合反应有着与它们不同的聚合机理。当 $\alpha=0.5$ 时，分子量分布无限大。这时形成的聚合物分子量非常非常大。理论上，当 A 官能团的反应程度几乎为 100% 时，可以形成一个只含有一个未反应 A 官能团的巨大分子。实际上，这种情况是不可能到达的，因为即使是活性非常高的反应，在官能团浓度低到一定程度时，反应就不再进行了。支化聚合反应中，A 官能团的反应程度 p_A 取决于所用的反应。例如，聚酯反应活性低，又存在逆反应，在较低的 p_A 时，表观反应就停止了，即观察不到生成物分子量的变化。若反应活性高的反应，例如，Click 反应，反应可以进行到较高的 p_A 才终止，可以得到分子量高的聚合物。

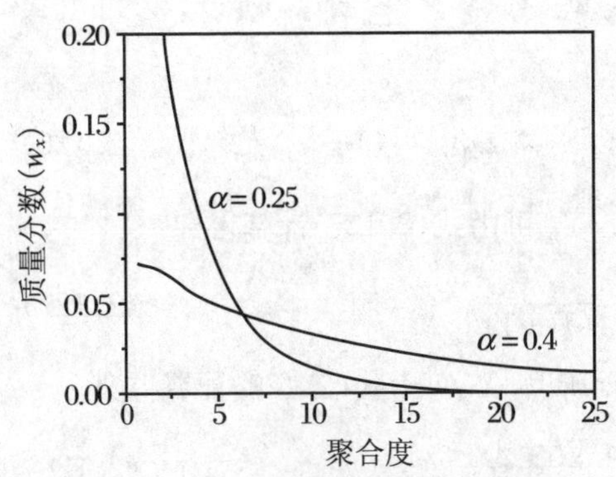

图 2.9　AB_2 单体聚合得到的超支化聚合物的质量分布

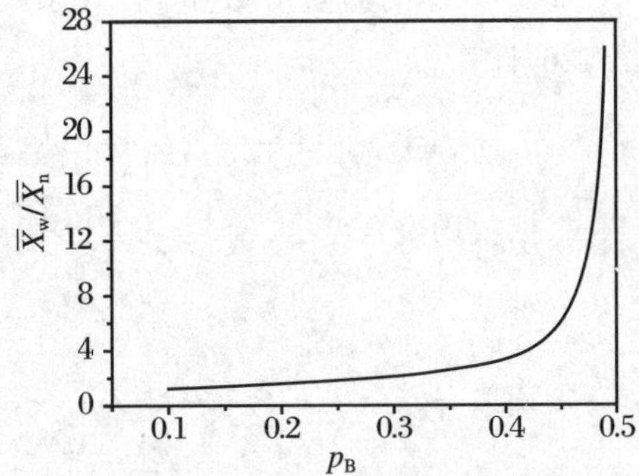

图 2.10　AB_2 单体聚合得到的超支化聚合物的分子量分布与官能团反应程度(p_B)的关系

与线形和支化聚合反应一样，当反应程度低时，生成聚合物的分子量很小，例如，对于 AB_2 的聚合反应，当 $p_A = 0.8$ 时，$\overline{X}_n = 5$。只有在反应程度高时，分子量才会快速增长。例如，对于 AB_2 的聚合反应，当 p_A 分别为 0.96、0.98、0.99 和 0.998 时，生成产物的数均聚合度分别为 25、50、100 和 500。所以，AB_{f-1} 遵循逐步聚合反应的机理。

思考题

1. 判断下列反应体系，AB_f、A_2/B_3、AB_f/AB、AB_2/A_2、AB_2/B_4 和 $AB_2/A_2/B_2$ 哪一些能生成超支化聚合物？如果不能，又能生成什么聚合物？为什么？

2. 什么是支化度？

3. 在理论上，往 AB_f 中加入 B_f 可以使分子量分布变窄，实验却发现，加了 B_f 后，生成聚合物的分子量并不变窄，是何原因？

4. 设计几种单体，并用其制备超支化聚合物。

5. 对于 AB_3 进行超支化聚合反应，画出 $\overline{X}_w/\overline{X}_n$ 与 p_B 的关系图。

2.5 交联聚合反应

在讨论超支化聚合反应时，曾提到了交联聚合反应。与线形、支化和超支化聚合反应，生成可溶和可熔的聚合物不同，交联聚合反应生成的聚合物，不溶于任何溶剂，加热也不会熔融，这是因为高分子链之间互相键合，形成**体型结构**，如结构式(2-29)所示。能形成这种交联聚合物的反应称作**交联聚合反应**。

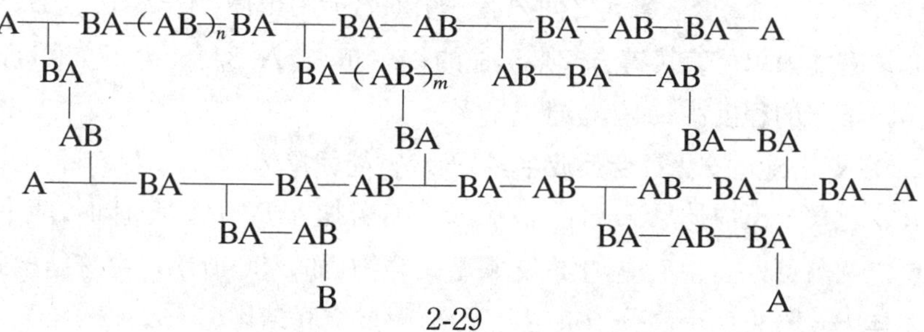

2-29

在交联结构 2-29 中，多官能团单体 AB_2 把双官能团单体 A—A，或 A—A/B—B 形成的线形聚合物键连起来。这种多官能团单体称为**交联点**，或**交联单元**。通常用**交联度**，或**交联密度**来衡量聚合物的交联程度。它是指单位质量或克分子的单体单元中含有交联单元(不包括仅反应一个 B 官能团的 AB_f 单元)的质量分数或摩尔分数。

从实用的观点来看，交联反应是极为重要。因为交联反应可以使高分子链相互键连，形成一个大网状结构，生成了不溶不熔性聚合物(体型聚合物)，从而大大地提高了聚合物的耐热性、尺寸稳定性和力学强度。交联反应对于橡胶工业是十分重要的，适当的交联反应可以使橡胶具有良好的弹性。

2.5.1 单体和聚合反应的类型

根据参与反应的单体，交联反应大致可分为两类。下面分别叙述这两类聚合反应。

1. 交联剂存在下的交联反应

所谓**交联剂**，就是具有两个以上官能团的多官能团单体。在 A—A/B—B 线形聚合反应中，加入多官能团单体 A_f 或 B_f 时，会发生交联聚合反应形成交联结构。在这类交联反应中，生成聚合物的交联度以及交联点之间的链长，可由加入的多官能团单体 A_f 和 A—A/B—B 的比例来控制。嵌入高分子链中的多官能团单体 A_f，未必都能参与交联反应，但从统计学来说，该比例大的聚合反应，形成聚合物的交联程度相对较高。

除了 A_f 和 A—A/B—B 聚合反应体系外，还有 A—A 和 B_f ($f>2$)，B—B 和 A_f ($f>2$)，A_f 和 B_f ($f>2$)，以及 $A_fB_{f'}$ ($f\geqslant2$; $f'\geqslant2$)的反应体系，也能进行交联聚合反应。与 A_f/A—A/B—B 聚合反应体系不同的是，后几类聚合反应生成的聚合物，交联密度大，因为交联单元之间只有一个双官能团单体(A—A/B_f 或 B—B/A_f)；或者是多官能团单体直接键合起来形成的(A_f/ B_f 或 $A_fB_{f'}$)。由于交联度高，聚合物被溶剂溶胀的程度小；加热也难以熔融。

2. 在支化或超支化聚合反应中，加入双官能团单体

在支化聚合反应体系 A—B/A_f ($f>2$)中，若加入 B—B 型单体时，两个聚合物分子链之间就可以发生反应，生成交联型聚合物，如 2-30 所示。由该结构式可见，通过单体 B—B，将两个高分子链键合起来，形成交联结构。

```
                              AB—AB—AB—B
                                  |
A—┬—AB—AB—AB—BA——┴——AB—AB—AB—BA—┬—AB—B
  |                                 |
  AB—AB—BA                          AB
          |                         |
          BA                  AB—AB—AB
          |                         |
B—BA—BA—BA——┴——AB—AB—AB—BA——┴——AB—BA—B
```

2-30

在超支化聚合反应体系 AB_f 中，加入 A—A 或 A—A/B—B 单体时，也会发生交联聚合反应，生成如结构式 2-29 所示的交联聚合物。因为单体 A—A 可以将两个超支化链中未反应的 B 官能团键合起来，形成交联结构。

由以上讨论可见，两类不同的聚合体系均可发生交联聚合反应。第一类为在线形聚合反应中，加入了多官能团化合物 A_f（或 B_f），第二类为在支化和超支化聚合反应中，加了双官能团单体 A—A。比较结构 2-29 和 2-30 可知，尽管聚合体系不同，但形成交联聚合物的结构差别不大。

2.5.2　交联聚合反应机理

无论哪一类交联聚合反应，都是官能团 A 和 B 之间的反应。讨论聚合机理时，要考虑单体分子在高分子链上的增长反应。对于 A_f/A—A/B—B 聚合反应体系，其聚合机理见示意图 2.11。反应开始时，每一单体上的所有官能团活性是相等的，它们有相同概率进行聚合反应。但就 A_f 单体分子而言，它比 A—A 与 B—B 单体反应有更高的概率。一旦某一分子与多官能单体 A_f 反应，形成了低聚物，其 A 官能团数就会增加，从而反应概率就会提高。与超支化聚合反应机理相似，体系中，总有一些分子增长速率快，形成了高分子量的聚合物；另一部分增长速率慢的分子形成低聚物。所以，产物的分子量分布很宽（图 2.11(b)）。由于 A_f 有 f 个 A 官能团，它键连在高分子链上的概率要比单体 A—A 高。因此，在高分子量聚合物

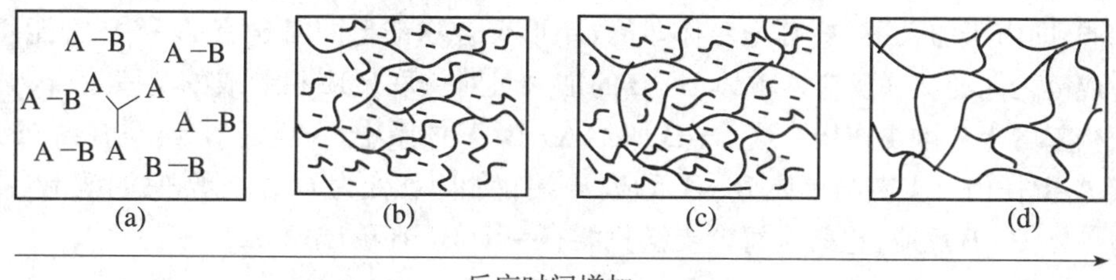

图 2.11　A_f/A—A/B—B 体系进行聚合反应聚合机理示意图

链上含有较多的多官能单体 A_f。它们易进行高分子链之间的交联反应，形成交联网络，即被认为是一个巨大的分子(图 2.11(c))，这部分聚合物不再溶解在溶剂中，也不能加热熔融，称为凝胶。当聚合反应进行到刚出现凝胶时的反应程度叫做**凝胶点**。而这时聚合体系中仍有许多线形聚合物溶解在溶剂中，充满在高分子网络里，这部分聚合物称为**溶胶**。随着聚合反应进行，溶胶分子逐渐反应到高分子网络上，使溶胶减少，凝胶增加。在理论上，最终溶胶分子应全部连接到高分子网络上，形成完整的交联结构(图 2.11(d))。实际上，随着所用的反应不同，最终交联聚合物内含有溶胶量也不一样。

与 A_f/A—A/B—B 聚合体系不同的是，B_f/A—A 和 A_f/B_f 进行聚合反应时，会在较低的凝胶点出现凝胶化现象。考虑 B_f/A—A 的聚合反应，两个 B_f 单元之间只有一个双官能团单体 A—A。在线形聚合链上含有非常多的 B_f 单元，导致两个高分子链之间反应概率增大，很容易发生交联反应。同样，A_f/B_f 的交联反应更容易进行。

在超支化聚合单体 AB_f 中，加入少量双官能团单体 A—A 时，首先进行超支化聚合反应。形成的超支化高分子链上，除了有未反应的 B 官能团，还有一定量的 A 官能团。前面讨论过，单体 AB_f 进行超支化聚合反应，形成的超支化聚合物的分子量分布较宽。其中，高分子量的超支化高分子链之间的 A 和 B 官能团相互反应，形成的交联结构如图 2.11(c)所示。与 A_f/A—A/B—B 聚合反应体系相同的机理完成交联反应。随 A—A 单体用量增加，凝胶点减小，即易发生凝胶。但是，过量的 A—A，反而使凝胶不易发生。对于 AB_f/A—A/B—B 的聚合反应机理，与 AB_f/A—A聚合反应相似。若在 A—A/B—B 中，加少量的 AB_f，则聚合反应机理与 A_f/A—A/B—B 聚合反应相同。

在支化聚合反应体系 A—B/A_f($f>2$)中，加入一定量 B—B 型单体的交联聚合反应机理，与 A_f/A—A/B—B 聚合反应十分相似。因为要制备星形聚合物，通常多官能团单体 A_f 的加入量较少。但影响交联反应的原因却与 AB_f/A—A 体系相同，即由于加入了 B—B 型单体，导致星形聚合物链上同时含有 A 和 B 官能团，造成链之间的交联反应。单体 B—B 的加入量对交联反应和形成的交联聚合物的结构起着十分重要作用。当 B—B 加入 A—B/A_f 体系中，一旦线形聚合物$(A—B)_n$ 或 A_f 上任何一支链与单体 B—B 反应，末端官能团就变为 B 官能团，它们就不会再与单体 B—B 反应，也就是每个支链只能有一个 B—B 单体(2-31)。

$$A\text{-}(B—AB—AB—AB—BA—BA—B)_f$$

2-31

当 B—B 加入量为 fA_f 时，由于末端官能团均为 B，交联反应就不会发生。所以，若要发生交联反应，B—B 加入量应在 0～fA_f 摩尔之间。在理论上，交联度的最大值应为 $fA_f/2$。

2.5.3 交联聚合反应举例

1. 酚醛缩聚反应

酚醛缩聚反应是 A_2/B_3 反应，苯酚和甲醛的官能度分别为 3 和 2。聚合反应是在酸或碱的催化作用下进行的，反应速率与 pH 值有关，在低和高的 pH 值时，反应速率都大。下面分别讨论在碱和酸催化作用下的聚合反应。

(1) 碱催化的聚合反应。反应通常分两步进行，先生成预聚物，再发生交联反应。聚合反应条件一般为：甲醛与苯酚的摩尔比为 1.2～3.0∶1；催化剂为 NaOH、$Ca(OH)_2$ 或 $Ba(OH)_2$（用量为反应物的 1%～5%），在 80～95 ℃下加热反应 3 h，就得到了预聚物。为了防止凝胶化，要真空快速脱水。预聚物由不同结构的化合物组成，主要有以下几种：

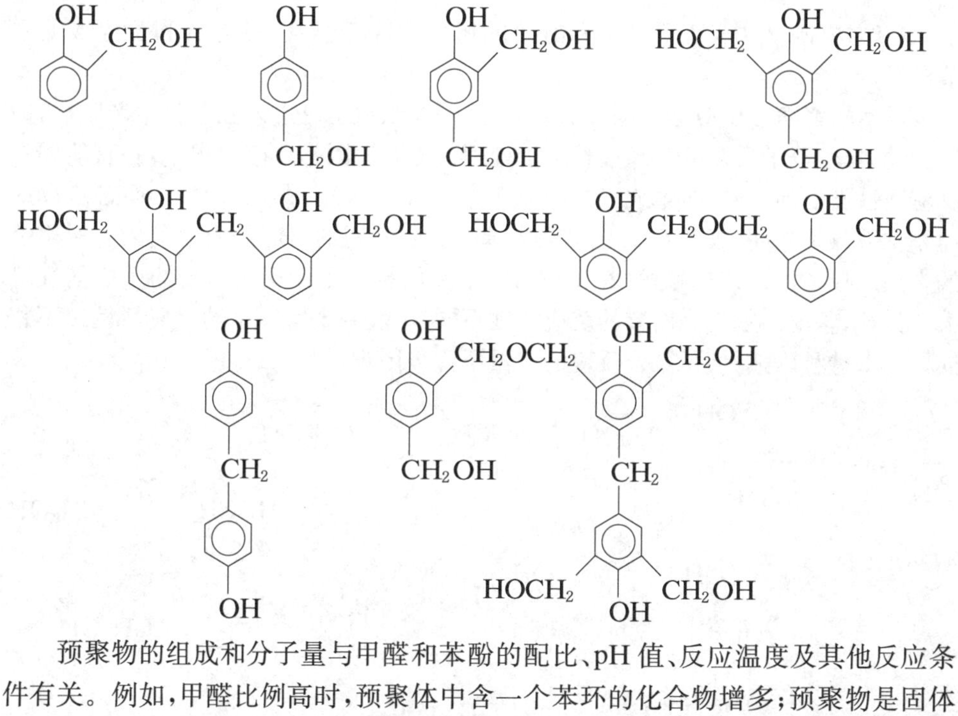

预聚物的组成和分子量与甲醛和苯酚的配比、pH 值、反应温度及其他反应条件有关。例如，甲醛比例高时，预聚体中含一个苯环的化合物增多；预聚物是固体或液体，分子量一般为 500～5 000，其水溶性与分子量和组成有关；pH 值和组成决定着交联反应的速率。交联反应常在 180 ℃下进行，得到的交联产物是苯环通过

亚甲基或二甲醚键连接而成的。

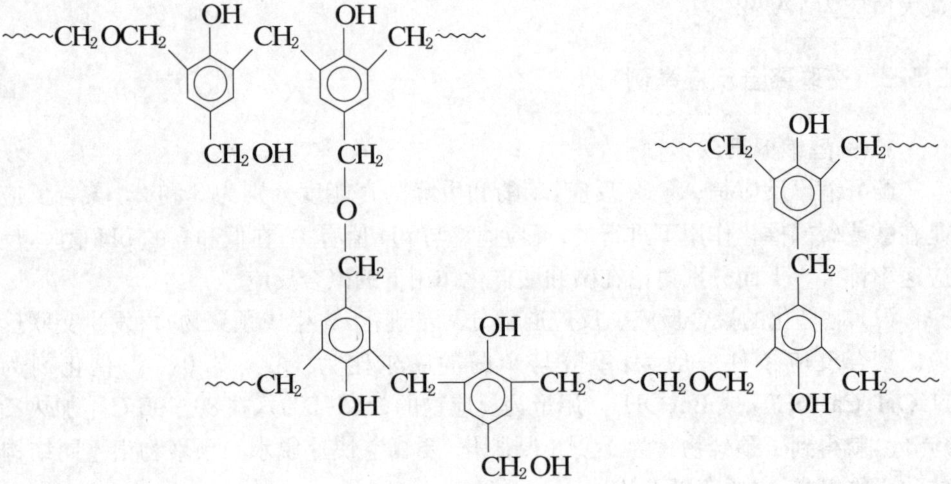

2-32

在结构(2-32)中，亚甲基桥和醚桥的形成取决于温度，高温有利于生成亚甲基桥。

虽然酚醛缩合反应已有深入的研究，酚醛树脂也早已进入工业化生产阶段，但它的动力学、分子量及分布却很难定量处理。主要原因是反应过程中，各官能团的反应活性不等同。例如，生成三羟甲基苯酚有几条途径(式(2.130))，而各步反应速率常数却不相同(表2.6)。这是因为苯酚和甲醛间的反应是由酚负离子对甲醛的亲核进攻(式(2.131)和式(2.132))，羟甲基的推电子作用使苯酚的反应活性增大。另外，苯酚环上三个位置的反应活性不同，甲醛两个官能团的反应活性也不相同。以上种种因素，使得聚合反应的定量研究很困难。

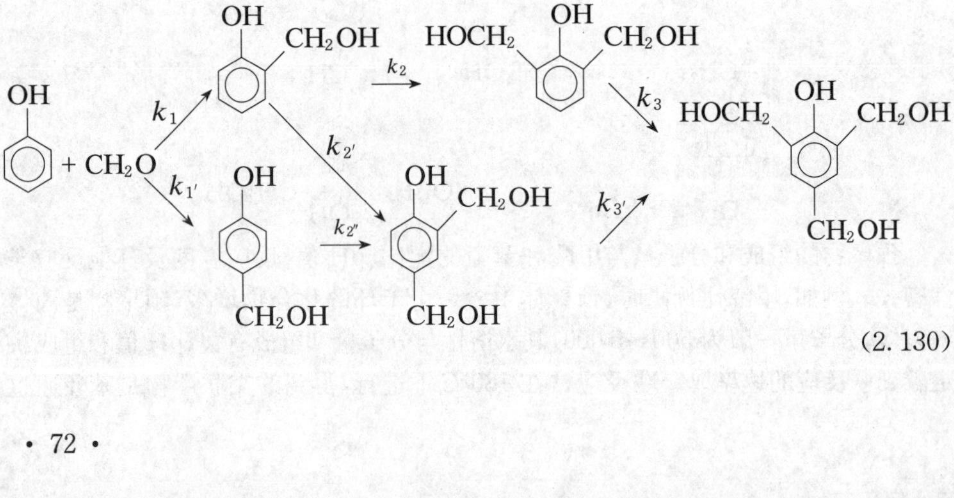

(2.130)

表 2.6 在碱催化作用下,苯酚与甲醛的反应(pH=8.3,$T=57$ ℃)

反应常数	k_1	$k_{1'}$	k_2	$k_{2'}$	$k_{2''}$	k_3	$k_{3'}$
速率常数×10^4 ($L\cdot mol^{-1}\cdot s^{-1}$)	14.63	7.81	13.50	10.21	13.45	21.34	8.43

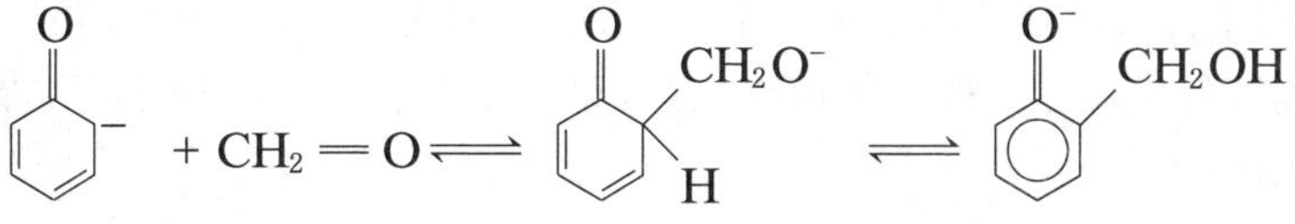

$$\text{(2-位负离子环己二烯酮)} + CH_2{=}O \rightleftharpoons \text{(2-H-2-}CH_2O^-\text{环己二烯酮)} \rightleftharpoons \text{(}O^-\text{, 邻-}CH_2OH\text{苯)} \tag{2.131}$$

$$\text{(4-位负离子环己二烯酮)} + CH_2{=}O \rightleftharpoons \text{(4-H-4-}CH_2O^-\text{环己二烯酮)} \rightleftharpoons \text{(}O^-\text{, 对-}CH_2OH\text{苯)} \tag{2.132}$$

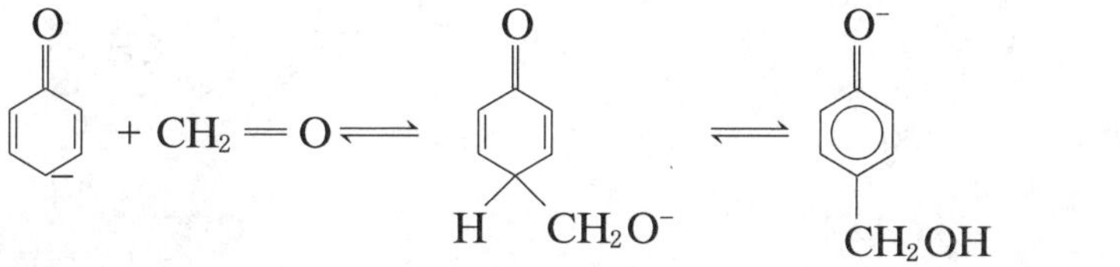

(2) 酸催化的聚合反应。在酸催化作用下,苯酚和甲醛进行缩聚反应,得到的是线形预聚物。用作催化剂的酸可以是草酸、盐酸、硫酸和对甲苯磺酸等。用量是每100份苯酚加1~2份草酸或不足1份的硫酸。甲醛和苯酚的摩尔比一般为0.75~0.85∶1,加热回流2~4 h,聚合反应就完成了。聚合反应是通过亚甲基阳离子的亲电取代反应进行的(反应(2.133))。

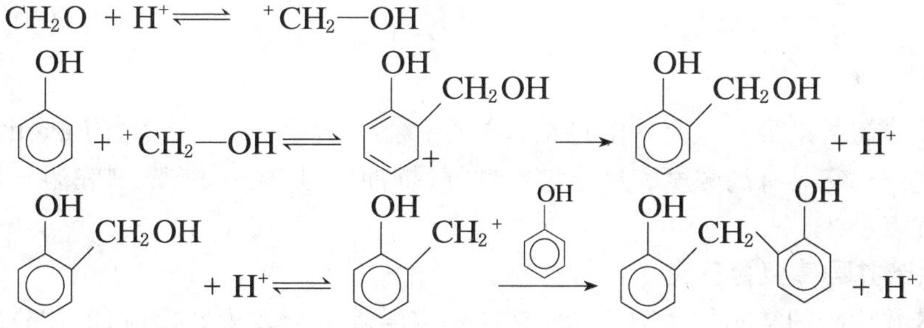

$$CH_2O + H^+ \rightleftharpoons {}^+CH_2{-}OH$$

$$\text{(苯酚)} + {}^+CH_2{-}OH \rightleftharpoons \text{(OH, }CH_2OH\text{, +)} \longrightarrow \text{(邻羟甲基苯酚)} + H^+$$

$$\text{(邻羟甲基苯酚)} + H^+ \rightleftharpoons \text{(OH, }CH_2^+\text{)} \xrightarrow{\text{苯酚}} \text{(OH-苯-}CH_2\text{-苯-OH)} + H^+ \tag{2.133}$$

通常,甲醛与苯酚的摩尔比小于1,目的是防止交联反应,生成低分子量的线形聚合物。得到的预聚物的分子量一般小于1 000 $g\cdot mol^{-1}$,含有4%~6%(质量分数)的苯酚。

欲得到高邻位的线形酚醛树脂,可在聚合反应体系中,加入能与酚羟基络合的金属离子,例如,Fe、Cu、Ni、Co、Mn、Zn和硼酸等,反应液的pH值在4~6之间。因为在反应过程中,金属离子能与酚氧、亚甲基氧存在络合效应(反应(2.134)),这种效应越强,邻位反应的程度就越高。

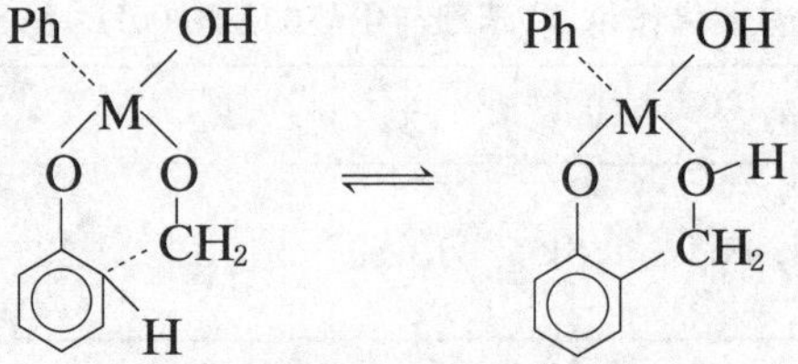

(2.134)

预聚物中含有可反应的羟甲基极少，所以要加入交联剂，例如，5%～15%的六亚甲基四胺，混合均匀。将该预聚物加热，迅速发生交联，由亚甲基和苄胺桥连成一个网状结构 2-33。

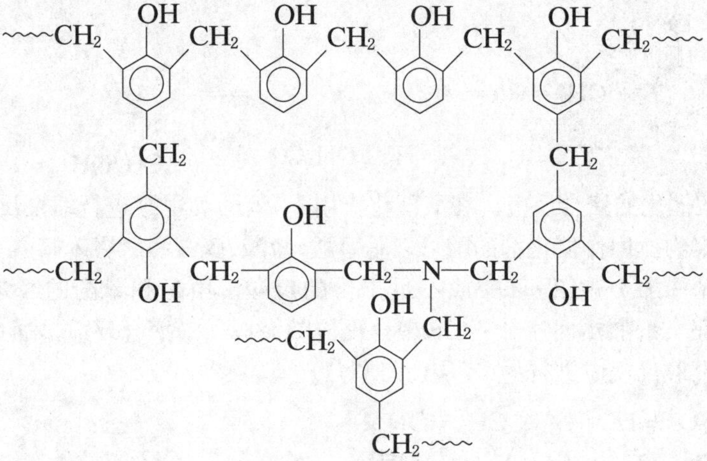

2-33

酚醛塑料是第一个商品化的人工合成聚合物，早在 1909 年就由 Bakelite 公司开始生产。它具有高强度和尺寸稳定性好、抗冲击、抗蠕变、抗溶剂和湿气性能良好等优点。

2 苯并噁嗪聚合反应

苯并噁唑的结构如 2-34 所示，它在一定温度下会发生如反应(2.135)所示的聚合反应，得到线形聚合物。通常，这一聚合反应难以得到高分子量的线形聚合物。这一反应用于制备热固性树脂，即从含双噁嗪的单体出发，经热交联聚合反应，得到的产物具有很好的尺寸稳定性和阻燃性、低的吸水性和介电常数、高的热稳定性和热机械力学性质等。该反应已被广泛用于复合材料、涂料和黏合剂等各个生产领域。

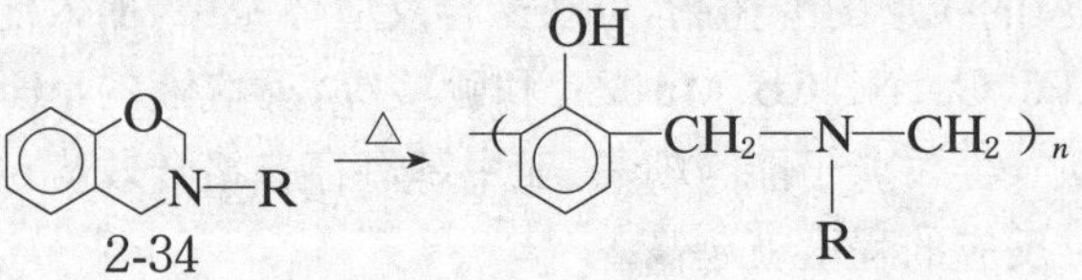

2-34

(2.135)

最常用的双噁嗪官能团单体如式2-35所示，是由双酚-A、甲醛和与胺（如苯胺）反应生成。经过加热聚合（例如，150～240 ℃），得到热固性树脂（反应(2.136)）。这是典型的A_2B_2单体的交联聚合反应，两个官能团分别为酚氧基的邻位和两个噁嗪官能团(2-35)。

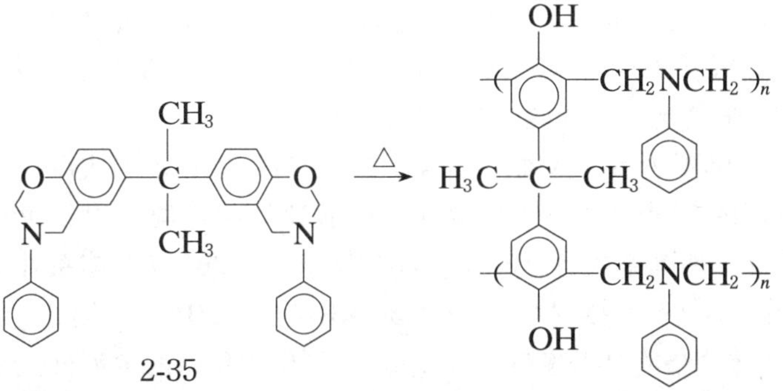

$$\text{2-35} \xrightarrow{\triangle} \text{交联聚合物} \quad (2.136)$$

为了满足应用需要，往往要对这类树脂进行改性，其方法有两种：一种是与高性能聚合物，或者填料和纤维进行共混；另一方法是设计和合成新的单体。例如，在苯胺的对位引入丙烯醚基团，由于在高温下，丙烯基会参与反应，生成的交联聚合物具有更好的耐温性，更低的吸湿性能。

3. 环氧树脂的固化反应

常见的环氧树脂是双酚A与环氧氯丙烷反应的产物，结构式如2-36所示。当n值小于1时，预聚物为液体。n值一般为2～30时，预聚物为固体。环氧预聚物含有环氧基和羟基，可以与交联剂反应使其形成交联结构。当交联剂为二元胺时，可视作A_2/B_4类型单体的聚合反应，生成交联结构的聚合物如反应(2.137)所示。

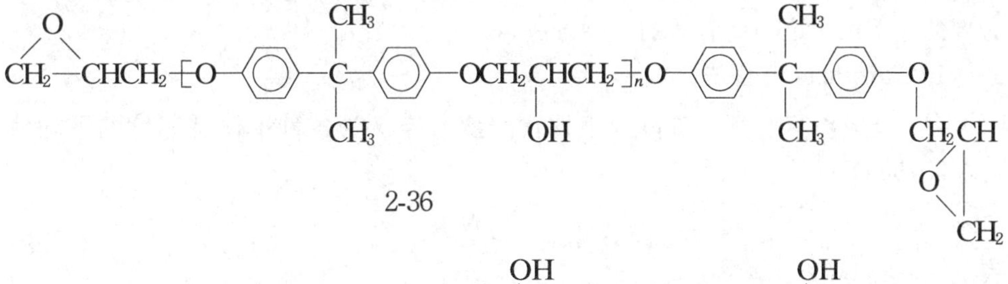

2-36

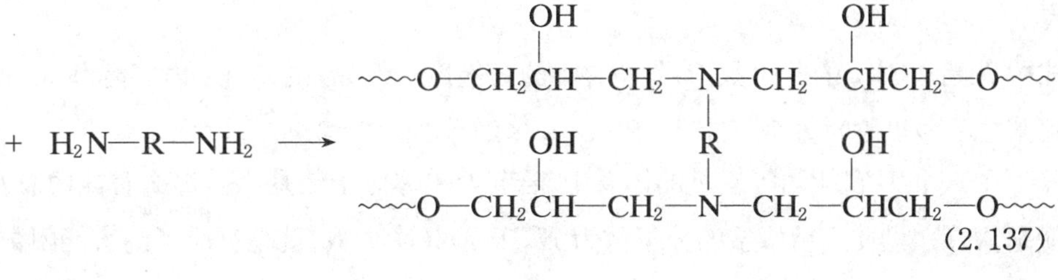

$$+ \ H_2N—R—NH_2 \longrightarrow \quad (2.137)$$

交联剂(或称固化剂)上的胺基可以与环氧反应,生成的仲胺,它能继续与环氧反应,使聚合物发生交联。伯胺比仲胺反应活性高,当化合物中有伯胺和仲胺时,伯胺先与环氧基团反应。能用作交联剂的胺类化合物有,二亚乙基三胺($f=5$)、三亚乙基四胺($f=6$)、4,4′-二胺基二苯基甲烷($f=4$)以及多元胺,三级胺常用作固化反应的促进剂。交联剂除了胺类外,还有多元硫醇、氰基胍、二异氰酸酯和酚醛预聚物等。环氧预聚物中含有羟基,所以酸酐,如邻苯二甲酸酐和邻苯四甲酸酐等也可用作固化剂,使环氧预聚物发生交联反应。

除了以上的反应可用于交联聚合反应外,还有如迈克尔加成反应、异氰酸酯反应、炔基与叠氮的 Click 反应、酯化反应和酰胺化反应等均能用于交联聚合反应。单体的类型,除了所列举的 A_2/B_3、A_2/B_f($f>2$)和 A_2B_2 反应体系外,还有其他的类型,如 $A_2/B_2/A_f$($f>2$),AB_f/A—A 或 AB_f/A—A/B—B 等,也会发生交联反应。判断一个体系最终是否发生交联反应,除了所用单体的类型外,还要考虑官能团配比、反应条件和官能团之间的反应活性等。例如,对 A_2/B_2B' 类型的反应体系,当 A 与 B′官能团的反应活性大于与 B 官能团的反应活性时,则可通过控制反应条件,使该反应先生成 AB_2 中间体,然后进行 AB_2 单体的聚合反应,生成了超支化聚合物,而不是交联聚合物。

2.5.4 凝胶点的理论预测和实验测定

当一个聚合反应体系出现交联反应时,体系黏度会突然变大而失去流动性。这时,聚合体系中的气泡不能上升,此时的反应程度即为**凝胶点**。为了进一步理解凝胶化过程,并能有效地控制交联反应,建立凝胶点与聚合体系组成之间的关系是必要的。下面讨论与此有关的两种方法。

1. Carothers 方程法:$\overline{X}_n \to \infty$

(1) 反应物等当量。单体的**平均官能度** $\bar{f}$ 定义为各种单体官能度的平均值(式(2.138))。

$$\bar{f} = \frac{\sum N_i f_i}{\sum N_i} \tag{2.138}$$

式中 N_i 是单体 i 的分子数,f_i 是单体 i 的官能度。例如,由 2 mol 丙三醇和 3 mol 邻苯二甲酸组成的体系,$\bar{f}$ 就是$(2\times3+3\times2)/(2+3)=2.4$。

在 A 和 B 官能团等当量的体系中,若起始单体分子数是 N_0,那么官能团总数就是 $N_0\bar{f}$。设反应后体系的分子数为 N,于是 $2(N_0-N)$就是反应了的官能团数。

反应了的官能团的分数就是此时的反应程度 p。

$$p = \frac{2(N_0 - N)}{N_0 \bar{f}} \tag{2.139}$$

此时的聚合度为

$$\bar{X}_n = \frac{N_0}{N} \tag{2.140}$$

将式(2.140)和式(2.139)联立，得

$$\bar{X}_n = \frac{2}{2 - p\bar{f}} \tag{2.141}$$

或

$$p = \frac{2}{\bar{f}} - \frac{2}{\bar{X}_n \bar{f}} \tag{2.142}$$

式(2.142)常称为 Carothers 方程，它表达了反应程度、聚合度和平均官能度之间的定量关系。在凝胶点时，数均聚合度趋于无穷大，此时的反应程度称临界反应程度 p_c。

$$p_c = \frac{2}{\bar{f}} \tag{2.143}$$

由式(2.143)从单体的平均官能度可以计算出发生凝胶化时的反应程度 p_c。例如上面提到的丙三醇与邻苯二甲酸(摩尔比 2：3)的聚合反应体系，临界反应程度 p_c的计算值为 0.833。

(2) 反应物不等当量。式(2.139)和式(2.140)只适用于反应官能团等当量的反应体系，而用于官能团不等当量的体系时，会产生很大误差。例如，考虑一个极端情况，1 mol 丙三醇和 5 mol 邻苯二甲酸反应时，从式(2.138)计算得 $\bar{f}$ 为 13/6，即 2.17，这表明能生成高分子量聚合物。从式(2.143)计算可知 $p_c = 0.922$ 时出现凝胶化。从 2.2.4 节的讨论可知，这个反应体系由于 A 和 B 官能团不等当量($r = 0.3$)，二元酸过量太多，链端都被羧基封锁，无法进一步反应生成高分子量聚合物。

两种单体非等当量时，可以简单地认为，聚合反应程度与量少的单体有关。另一单体的过量部分对分子量增长不起作用。因此平均官能度定义为：用等当量部分的官能团总数除以所有的单体分子数。例如，对一个三元混合物体系，单体 A_{f_a}、A_{f_b}和 A_{f_c}的摩尔数分别为 N_a、N_b和 N_c，官能度分别为 f_a、f_b和 f_c。单体 A_{f_a}和 A_{f_c}含有相同的 A 官能团，并且 B 官能团过量。即$(N_a f_a + N_c f_c) < N_b f_b$，则平均官能度为

$$\bar{f} = \frac{2(N_a f_a + N_c f_c)}{N_a + N_b + N_c} \tag{2.144}$$

或

$$\bar{f} = \frac{2rf_a f_b f_c}{f_a f_c + r\rho f_a f_b + r(1-\rho) f_b f_c} \tag{2.145}$$

式中

$$r = (N_a f_a + N_c f_c)/N_b f_b \tag{2.146}$$

$$\rho = \frac{N_c f_c}{N_a f_a + N_c f_c} \tag{2.147}$$

r 是A和B官能团的当量系数，它等于或小于1，ρ 是 $f>2$ 的单体所含官能团占总的A官能团的分数。从式(2.143)到式(2.147)，我们可以看出，对于 r 趋近于1的反应体系，多官能团单体含量高(ρ 接近于1)的体系和含高官能度单体的体系(f_a，f_b和 f_c的值大时)，都更容易发生交联反应(p_c值变小)。

必须记住，凝胶点的反应程度 p_c是对A官能团而言的，对于B官能团，其反应程度应是 rp_c。

2. 统计学方法：$\overline{X}_w \to \infty$

Flory 和 Stockmayer 在官能团等活性和无分子内反应两个假定的基础上，应用统计学方法，推导出当 $\overline{M}_w$ 趋于无穷大时，预测凝胶点的表达式。推导时引入支化系数 α，定义为高分子链的支化单元上一给定的官能团连接到另一高分子链的支化单元的概率。对于A—A/B—B/A_f的聚合反应，可以生成如下结构

$$A{-}A + B{-}B + A_f \longrightarrow A_{f-1}{-}A{+}B{-}BA{-}A{\rangle}_n B{-}BA{-}A_{f-1} \tag{2.148}$$

式中的 n 是从零到无限大的任何值。多官能团单体 A_f看作是一个支化单元，两个支化单元之间的高分子链称为支链。凝胶化发生的条件是，从支化点长出的$(f-1)$条链中，至少有一条能与另高分子链的一支化点相连结。发生这种情况的概率是$1/(f-1)$，那么产生凝胶时的临界支化系数 α_c为

$$\alpha_c = \frac{1}{f-1} \tag{2.149}$$

式中 f 是支化单元 A_f的官能度($f>2$)。如果体系中有几种多官能团单体时，f 应取平均值。当 $\alpha(f-1)\geqslant 1$ 时，说明聚合反应形成交联，或形成>1 的支链，产生了凝胶。相反，$\alpha(f-1)<1$，不形成支链，所以，不发生凝胶化。

让我们计算一下反应(2.148)生成支链的概率。A和B官能团的反应程度分别是 p_A和 p_B，支化点上A官能团的数目与A官能团总数之比为 ρ，B官能团与支化点上A官能团的反应概率为 $p_B\rho$，B官能团与非支化点A官能团的反应概率为 $p_B(1-\rho)$。因此，生成支链的概率是 $p_A[p_B(1-\rho)\ p_A]^n\ p_B\rho$，对所有的 n 值求和后得式(2.150)。

$$\alpha = \frac{p_A p_B \rho}{1 - p_A p_B (1 - \rho)} \tag{2.150}$$

A官能团与B官能团的当量比为 r，把 $p_B = rp_A$ 代入式(2.150)中，消去 p_A 或 p_B 得到式(2.151)。

$$\alpha = \frac{rp_A^2 \rho}{1 - rp_A^2(1 - \rho)} = \frac{p_B^2 \rho}{r - p_B^2(1 - \rho)} \tag{2.151}$$

把式(2.149)与式(2.151)联立后，得到了凝胶化时，A官能团的反应程度表达式(2.152)。

$$p_c = \frac{1}{\{r[1 + \rho(f - 2)]\}^{1/2}} \tag{2.152}$$

当两种官能团等当量时，$r = 1$，且 $p_A = p_B = p$，式(2.151)和式(2.152)分别改写成式(2.153)和式(2.154)。

$$\alpha = \frac{p^2 \rho}{1 - p^2(1 - \rho)} \tag{2.153}$$

$$p_c = \frac{1}{[1 + \rho(f - 2)]^{1/2}} \tag{2.154}$$

若体系中没有双官能团单体A—A，即为 A_f/B—B体系($\rho = 1$)时，且 $r < 1$，式(2.151)和式(2.152)又可简化成式(2.155)和式(2.156)。

$$\alpha = rp_A^2 = p_B^2/r \tag{2.155}$$

$$p_c = \frac{1}{[r(f - 1)]^{1/2}} \tag{2.156}$$

当 $r = p = 1$，即 A_f/B—B，且 $r = 1$ 的聚合体系，式(2.151)和式(2.152)可以简化成式(2.157)和式(2.158)。

$$\alpha = p^2 \tag{2.157}$$

$$p_c = \frac{1}{(f - 1)^{1/2}} \tag{2.158}$$

以上方程式对于有单官能团反应物和有A和B两种支化单元存在的聚合反应体系不适用。因此，需要考虑更普遍适用的表达式，例如，反应(2.159)所示的聚合体系。

$$A_1 + A_2 + A_3 + \cdots + A_i + B_1 + B_2 + B_3 + \cdots + B_j \longrightarrow \text{交联聚合物} \tag{2.159}$$

单体上A、B官能团的数目分别从1到 i 和从1到 j 都有时，凝胶点的反应程度可由式(2.160)计算。

$$p_c = \frac{1}{[r(f_{w,A} - 1)(f_{w,B} - 1)]^{1/2}} \tag{2.160}$$

式中 r 是当量系数，$f_{w,A}$ 和 $f_{w,B}$ 分别为A和B官能团的重均官能度，分别定义为

$$f_{w,A}=\frac{\sum f_{Ai}^2 N_{Ai}}{\sum f_{Ai} N_{Ai}} \tag{2.161}$$

$$f_{w,B}=\frac{\sum f_{Bj}^2 N_{Bj}}{\sum f_{Bj} N_{Bj}} \tag{2.162}$$

式中，N_{A_i} 和 N_{B_j} 分别是单体 A_i 和 B_j 的分子数，f_{A_i} 和 f_{B_j} 分别是它们的官能度。下面举例说明式(2.160)的应用。若聚合反应体系中，含有 A_1、A_2、A_3、A_4、B_1、B_2、B_3 和 B_5 八个单体，它们的用量为

A 官能团单体：A_1：4 mol；A_2：51 mol；A_3：2 mol；A_4：3 mol

B 官能团单体：B_1：2 mol；B_2：50 mol；B_3：3 mol；B_5：3 mol

可用式(2.160)、式(2.161)和式(2.162)分别计算 f、$f_{w,A}$、$f_{w,B}$ 和 p_c。

$$r=\frac{1\times4+2\times51+3\times2+4\times3}{1\times2+2\times50+3\times3+5\times3}=0.984\,1$$

$$f_{w,A}=\frac{1^2\times4+2^2\times51+3^2\times2+4^2\times3}{1\times4+2\times51+3\times2+4\times3}=2.209\,7$$

$$f_{w,B}=\frac{1^2\times2+2^2\times50+3^2\times3+5^2\times3}{1\times2+2\times50+3\times3+5\times3}=2.412\,7$$

$$p_c=\frac{1}{(0.9841\times1.2097\times2.4127)^{1/2}}=0.771\,1$$

3. 凝胶点的实验测定

凝胶点的测定方法是测定聚合反应过程中，体系失去流动性(以气泡不能上升为标志)时的反应程度。例如，甘油与等当量的己二酸聚合，测得凝胶点的反应程度为 0.765。而用 Carothers 方程和统计学方法计算得到的 p_c 分别为 0.833 和 0.709。很明显，实测值在两者之间。对一缩乙二醇与 1,2,3-丙三羧酸，己二酸或丁二酸聚合体系的凝胶点进行测定，其实测值和根据 Carothers 方程和统计学方法的理论预测值列于表 2.7。表 2.7 结果显示了实测值在两种理论预测值之间。

表 2.7　一缩乙二醇与 1,2,3-丙三羧酸，己二酸或丁二酸聚合体系的凝胶点预测值及测定值

$r=\frac{[COOH]}{[OH]}$	ρ	凝胶点的反应程度(p_c)		
		根据式(2.143)计算值	根据式(2.152)计算值	实验测定值
1.000	0.293	0.951	0.879	0.911
1.000	0.194	0.968	0.916	0.939
1.002	0.404	0.933	0.843	0.894
0.800	0.375	1.063	0.955	0.991

Carothers 方程的计算值之所以大于实验测定值，可能的原因是，该方程推导中，假定数均聚合度趋于无穷大，导致求得的反应程度 p_c 偏大。实际上，反应体系中存在着各种聚合度的聚合物，数均分子量还没有达到所要求的值时就已凝胶化了。统计学方法算出的凝胶点与实验测定值比较接近，但总是偏小。可能的原因有两个，即分子内的环化反应和官能团不等活性。因为分子内环化反应消耗了反应官能团，对交联反应没有贡献，导致凝胶点的反应程度比预测值高。在有些聚合反应体系中，官能团等活性的假设也存在问题。例如上述的甘油和邻苯二甲酸反应，甘油的仲羟基活性较低。

虽然 Carothers 方法和统计学方法都能预测凝胶点，但统计学方法使用更为普遍。因为用 Carothers 方法预测的 p_c 总是比实际值高，这就意味着在聚合反应釜中会发生凝胶化，这是工业生产不希望的。统计学方法不存在这个问题，所以能得到广泛的应用。

2.5.5 交联聚合反应中的分子量和分子量分布

用统计学方法推导交联聚合反应中，聚合物的分子量和分子量分布函数时，要作两个假定：官能团的等活性和分子内没有反应。最简单的交联反应是多官能团单体 A_f 的自缩聚反应（这里，假定 A 官能团之间能反应）。例如，A_3 自聚反应（反应(2.163)），得到的产物具有 2-37 所示的结构。

(2.163)

2-37

结构(2-37)中的支化系数 $\alpha = p_A = p$，可以是 0～1 之间的任何值，不限于小于临界支化系数 α_c 的值。下面推导得到的公式，对于 $A_f/B_{f'}$ 和 A_f/B—B 也是适用的。只是在后一聚合反应体系，等摩尔反应时，$\alpha = p^2$；不等摩尔反应时，$\alpha = p_A p_B$。

首先考虑单体 A_f 的交联聚合反应，当支化系数 $\alpha = p$ 时，生成聚合物的分子数为 $N = N_0(1 - \alpha f/2)$。所以，数均聚合度可由式(2.164)计算得到。

$$\overline{X}_n = \frac{1}{1-(\alpha f/2)} \tag{2.164}$$

分子量分布可用单体 A—R—B_{f-1} 进行超支聚合反应相似的方法推导。$(x-1)$个单体，以某一相同方式连结到 A^* 单体上，反应了 $2(x-1)$个 A 官能团；$[(f-2)\ x+1]$个未反应的 A 官能团。所以，以这一方式形成 x-聚体的概率为

$$\alpha^{(x-1)}(1-\alpha)^{[(f-2)x+1]} \tag{2.165}$$

与 A—R—B_{f-1} 聚合反应形成超支化聚合物不同的是，在超支化聚合物上，A 和 B 是有区别的；而结构式 2-37 中，所有 A 和 B 是没有区别的。每指定一个未反应的 A 官能团，就随它有一种形成方式，所以它形成 x-聚体的概率与 A—R—B_{f-1} 聚合反应形成超支化聚合物是相同的，即式(2.125)。

$$P_x = \frac{(fx-x)!}{(fx-2x+1)!x!}\alpha^{(x-1)}(1-\alpha)^{(fx-2x+1)}$$

与式(2.125)含义不同的是，它不是形成 x-聚体的数量或摩尔分数，而是指定未反应 A 官能团时，形成 x-聚体的概率，即 P_x 为

$$P_x = \frac{x\text{-聚体未反应的 A 官能团数}}{\text{未反应 A 官能团总数}}$$

所以

$$P_x = \frac{[(f-2)x+2]N_x}{N_0 f(1-\alpha)} \tag{2.166}$$

将 P_x 代入式(2.165)，可得式(2.167)。

$$N_x = \frac{N_0(fx-x)!f}{(fx-2x+2)!x!}\alpha^{(x-1)}(1-\alpha)^{(fx-2x+2)} \tag{2.167}$$

因为 $N = N_0(1-\alpha f/2)$，N 和 N_0 分别为形成的分子数和聚合物上总的单元数。所以数量或摩尔分数为

$$\underline{N}_x = \frac{N_x}{N} = \frac{(fx-x)!f}{(fx-2x+2)!x!(1-\alpha f/2)}\alpha^{(x-1)}(1-\alpha)^{(fx-x+2)} \tag{2.168}$$

质量分数 $w_x = N_x x/N_0$，所以

$$w_x = \left[\frac{(fx-x)!f}{(x-1)!(fx-2x+2)!}\right]\alpha^{x-1}(1-\alpha)^{(fx-2x+2)} \tag{2.169}$$

数均和重均聚合度为

$$\overline{X}_n = \frac{1}{1-(\alpha f/2)} \tag{2.170a}$$

$$\overline{X}_w = \frac{1+\alpha}{1-(f-1)\alpha} \tag{2.170b}$$

因此，分子量分布如式(2.171)所示。

$$\overline{X}_w/\overline{X}_n = \frac{(1+\alpha)(1-\alpha f/2)}{1-(f-1)\alpha} \tag{2.171}$$

以下讨论的是等当量三官能团单体的聚合反应，此时 $\alpha = p$。设定官能度 f 为3，支化系数 α 分别为0.25，0.40和0.50，由式(2.169)计算出 w_x。将 w_x 对聚合度 x 作出图2.12。随着 α 值的增大，体系中单体量减少，高分子量的聚合物增加，分子量分布变宽。与其他聚合反应比较，可以发现，其质量分数与线形聚合(图2.6)和支化聚合反应(图2.8)完全不同；却与超支化聚合反应(图2.9)有些相似。实际上，在未交联之前的聚合物，也是超支化聚合物。

在讨论聚合机理时曾介绍过，一旦发生交联反应，其产物由溶胶和凝胶两部分组成。溶胶的质量分数 w_s 计算式为：$w_s = \sum w_x$，即对式(2.169)右边加和。凝胶的质量分数 w_{gel} 计算式为：$w_{gel} = 1 - w_s = 1 - \sum w_x$。在三官能团单体聚合反应中，溶胶 x-聚体的质量分数与聚合度的关系由图2.12可见，图2.13则描述了 w_x 和凝胶的质量分数 w_{gel} 随支化系数 α 的变化。从图2.12和2.13可以看出，在曲线 w_1 和 w_{gel} 的交点以前，单体的质量分数总是大于其他任何一种分子的质量分数。在 α 小于0.5时，任何聚合度的分子都会出现一个最大值，分子越大，其最大值越偏向 α 值大的方向。随反应程度增加，逐渐形成高分子量聚合物。而且支化分子的分子量越高，所占质量分数越小。在凝胶点($\alpha = 0.5$)处，分子量分布加宽，达到了最大的不均一性。此时，高分子量支化分子的质量分数虽然很小，但它对凝胶化起了

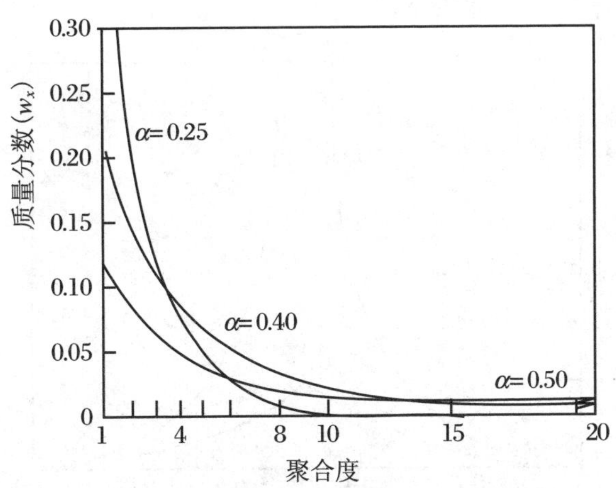

图2.12　三官能团单体聚合反应形成聚合物的质量分数与聚合度的关系($\alpha = p$)

关键作用。在凝胶点后，凝胶的质量分数迅速增大。此时较大的支化分子优先连结到了凝胶上，溶胶分子(除了凝胶外的所有分子)的平均尺寸下降。过了 w_1 和 w_{gel} 两条曲线的交点后，凝胶成为体系中质量分数最大的组分。

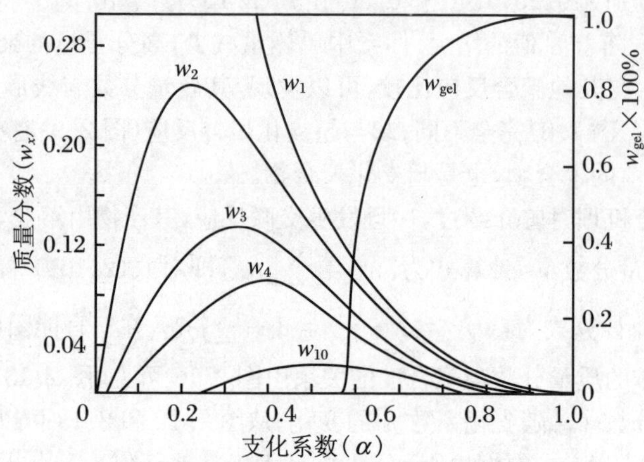

图 2.13　三官能团单体聚合反应中，x-聚体和凝胶的质量分数与支化系数的关系($\alpha=p$)

为了进一步理解聚合反应机理，以三官能团单体聚合为例，即当 $f=3$ 时，将不同的 α 值代入式(2.170a)和式(2.170b)，计算出相应的 $\overline{X}_n$ 和 $\overline{X}_w$，并用数均聚合度对支化系数 α 作图，可得图 2.14。

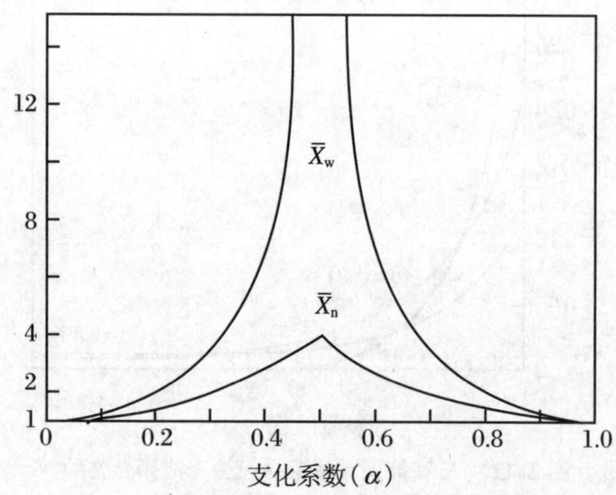

图 2.14　三官能团单体聚合反应中，数均和重均聚合度随 α 的变化凝胶点($\alpha=0.5$)以后只有溶胶部分数均聚合度

很明显，随着 α 的增大，$\overline{X}_w$ 比 $\overline{X}_n$ 增加更快，分子量分布变宽。在凝胶点上，$\overline{X}_w$ 为无穷大，而 $\overline{X}_n$ 只有 4。因此，分子量分布宽度也是无穷大(图 2.14)。说明有少量分子的分子量很大，大部分为单体和低聚物。过了凝胶点，溶胶部分的 $\overline{X}_w$ 和 $\overline{X}_n$ 值均下降，分子量分布变窄。这是由于分子量大的支化分子首先反应到交联分子上，导致重均度聚合迅速下降，数均聚合度下降相对较慢。这些结果支持了 2.5.2 小节对交联机理的描述。最终在 $\alpha = p = 1$ 时，整个体系都变为凝胶，成为一个巨大的分子，此时分子量分布等于 1。

思考题

1. 什么是交联聚合物？
2. 什么是交联度？
3. 交联反应有哪两类？
4. 交联反应是怎样进行的？
5. 苯酚和甲醛聚合反应为什么会交联？酸和碱催化聚合反应机理有什么不同？
6. 讨论苯并噁嗪和环氧树脂的固化反应机理。
7. 什么是凝胶点？如何预测凝胶点？Carothers 方法和统计学方法预测凝胶点有什么差别？为什么？
8. 由公式(2.164)计算得到的分子量是指哪一部分聚合物的分子量？当 $\alpha = 0.5$ 时分子量分布很宽，当 $\alpha = 1$ 时，分子量分布为 1，为什么？

2.6　逐步聚合反应实施方法

2.6.1　逐步聚合的热力学和动力学特征

对于逐步聚合反应，在某种程度上说，控制分子量比聚合反应速率更重要。为了提高聚合物的分子量，应考虑共同的问题是尽可能避免或减少副反应，使聚合达到较高的反应程度；提高反应物的纯度，以确保准确计量反应物的当量比；加入单官能团或让一种双官能团单体过量，以控制聚合物分子量。对于平衡聚合反应，应采取措施使平衡朝有利于生成聚合物的方向移动。例如，适当提高反应温度或减压等方法去除小分子副产物；为防止单体的挥发和聚合物可能发生的氧化降解，可以通入 N_2、CO_2 等惰性气体。

表 2.8 列出了几个典型逐步聚合反应的一些动力学和热力学参数。大部分逐步聚合反应须在比较高的温度（如 150～200 ℃）下进行，以获得合理的反应速率。如表 2.8 所示，即使在较高的反应温度下，聚合反应速率常数也不大，典型值约为 10^{-3} L·mol^{-1}·s^{-1}。而链式聚合反应的速率常数一般在 10^2～10^4 L·mol^{-1}·s^{-1}之间。不过，也有个别逐步聚合反应的速率常数相当大，例如，二酰氯和二醇或二胺之间的聚合反应可以在常温下进行，而且速率常数很大。

表 2.8　几个典型逐步聚合反应的反应参数值

反应物①	T（℃）	$k\times10^3$（L·mol^{-1}·s^{-1}）	E_a（kJ·mol^{-1}）	ΔH（kJ·mol^{-1}）
聚酯				
$HO(CH_2)_{10}OH + HOOC(CH_2)_4COOH$	161	7.5×10^{-2}	59.4	
$HO(CH_2)_{10}OH + HOOC(CH_2)_4COOH$②	161	1.6		
$HO(CH_2)_2OH$ + *p*-HOOC—Ph—COOH	150			−10.9
$HO(CH_2)_6OH + ClOC(CH_2)_8COCl$	58.8	2.9	41	
p-$HOCH_2CH_2OOC$—Ph—$COOCH_2CH_2OH$	275	0.5	188	
p-$HOCH_2CH_2OOC$—Ph—$COOCH_2CH_2OH$③	275	10	58.6	
聚酰胺				
$H_2N(CH_2)_6NH_2 + HOOC(CH_2)_8COOH$	185	1.0	100.4	
哌嗪 + *p*-ClOC—Ph—COCl		10^7～10^8		
$H_2N(CH_2)_5COOH$	235			−24
聚氨酯				
m—OCN—Ph—NCO + $HOCH_2CH_2OOC(CH_2)_4$—$COOCH_2CH_2OH$	60	0.40④	31.4	
m—OCN—Ph—NCO + $HOCH_2CH_2OOC(CH_2)_4$—$COOCH_2CH_2OH$	60	0.23⑤	35.0	
苯酚/甲醛聚合物				
Ph—OH + CH_2O②	75	1.1⑥	77.4	
Ph—OH + CH_2O⑦	75	0.048⑤	76.6	

注：① 除另外注者，均为非催化；② 酸催化；③ Sb_2O_3 催化；④ k_1 值；⑤ k_2 值；⑥ 所有官能团的平均 k；⑦ 碱催化。

在本体链式聚合反应中，由于放热多、黏度大，所以热量控制和搅拌是很棘手的问题。而逐步聚合反应却不同,它的反应热控制和搅拌相对容易一些。除了个别情况外,逐步聚合反应活化能 E_a 和焓值都不高,释放反应热较少。其次是在较高温度下反应,黏度相对较小,有利于搅拌。

2.6.2　聚合实施方法

逐步聚合反应方法有熔融缩聚、溶液缩聚、界面缩聚和固相缩聚。根据对聚合物性能的要求和这些聚合方法的特征,对聚合方法进行选择。

1. 熔融缩聚

不论在实验室还是在工业生产上,熔融聚合都是一种广泛应用的聚合方法。因为聚合反应总是在单体和聚合物熔点以上的温度下进行,反应混合物始终处于熔融状态,故而得名。这种聚合方法比较简单。在反应体系中只加入单体和少量催化剂(如需要),反应物浓度高,有利于线形聚合,而且产物纯度高。对于平衡反应,应减压脱除小分子副产物,需要真空设备。在聚合反应的大部分时间内,分子量不高,体系黏度不大,搅拌并不困难,只是在反应后期(反应程度>97%~98%),才有较高的要求。因此,聚合反应可以分阶段在两台不同要求的反应釜中进行。

聚合物的熔融温度不超过 300 ℃时,可以考虑采用熔融聚合反应的方法,但高的反应温度,将会遇到很多技术困难。

许多聚合物的工业制备都采用了熔融聚合方法,例如涤纶(PET)、尼龙和酯交换法聚碳酸酯等。下面以 PET 和尼龙为例说明熔融聚合。

PET 为聚对苯二甲酸乙二醇酯,是由对苯二甲酸二甲酯与乙二醇经过两个阶段的酯交换反应合成的。第一个阶段是对苯二甲酸甲酯与乙二醇的酯交换反应,生成对苯二甲酸二乙二醇酯(反应(2.172)),以及少量低聚物。把反应温度由 150 ℃升高到 210 ℃,使甲醇不断蒸出。

$$CH_3O\overset{O}{\overset{\|}{C}}-C_6H_4-\overset{O}{\overset{\|}{C}}OCH_3 + 2HOCH_2CH_2OH \longrightarrow$$

$$HOCH_2CH_2O\overset{O}{\overset{\|}{C}}-C_6H_4-\overset{O}{\overset{\|}{C}}OCH_2CH_2OH + 2CH_3OH \qquad (2.172)$$

第二阶段把温度提高到 270~280 ℃,在 0.5~1 torr(6~133 Pa)的真空条件下,除去乙二醇,促进聚合反应完成(反应(2.173))。

$$n\,HOCH_2CH_2O\overset{O}{\overset{\|}{C}}-C_6H_4-\overset{O}{\overset{\|}{C}}OCH_2CH_2OH \longrightarrow$$

$$H{-}\!\!\left[OCH_2CH_2O\overset{O}{\overset{\|}{C}}{-}C_6H_4{-}\overset{O}{\overset{\|}{C}}\right]_n\!OCH_2CH_2OH + (n-1)HOCH_2CH_2OH \tag{2.173}$$

第一阶段是溶液反应,第二阶段是熔融聚合。要得到高分子量的聚合物,就必须彻底除去乙二醇,因为这是一个平衡反应。这一酯交换聚合反应的一个特点是两种官能团的起始浓度不需要等当量,因为生成对苯二甲酸二乙二醇酯后,自然会达到等当量。实际上,为了提高酯交换反应速率,最初就加入了过量的乙二醇。

催化剂的选择和反应温度的控制对于抑制副反应的发生是至关重要的。在PET 的合成中,第一阶段可用锰、锌、钙、钴或镁的醋酸盐作催化剂,第二阶段用 Sb_2O_3 作催化剂。温度不能过高,因为过高的温度会引起下列副反应的发生(反应(2.174)和反应(2.175))。这些副反应的存在,不仅会影响聚合物的分子量,而且还会改变聚合物的链结构,从而影响聚合物的性能。

$$2HOCH_2CH_2OH \longrightarrow HOCH_2CH_2OCH_2CH_2OH + H_2O \tag{2.174}$$

$$\sim\!\sim R{-}\overset{O}{\overset{\|}{C}}OCH_2CH_2O\overset{O}{\overset{\|}{C}}{-}R\sim\!\sim \begin{cases} \longrightarrow \sim\!\sim R{-}\overset{O}{\overset{\|}{C}}OH + CH_2{=}CHO\overset{O}{\overset{\|}{C}}{-}R\sim\!\sim \\ \longrightarrow CH_3CHO + \sim\!\sim R{-}\overset{O}{\overset{\|}{C}}O\overset{O}{\overset{\|}{C}}{-}R\sim\!\sim \end{cases} \tag{2.175}$$

另一个例子是尼龙-6,6 的制备。首先在水溶液中,通过调节 pH 值,添加己二酸或己二胺,制备浓度为 50%,1∶1 己二酸和己二胺的尼龙盐(反应(2.176))。将溶液加热到 100 ℃以上,把盐溶液浓缩到含盐量超过 60%。在 210 ℃,1.7 MPa 蒸气压下进行缩合反应。该蒸气压可以有效地排除氧,还可以防止盐沉淀。

$$H_2N(CH_2)_6NH_2 + HOOC(CH_2)_4COOH \longrightarrow n\left[\begin{matrix} {}^{-}O\overset{O}{\overset{\|}{C}}(CH_2)_4\overset{O}{\overset{\|}{C}}O^{-} \\ {}^{+}H_3N(CH_2)_6NH_3^{+} \end{matrix}\right]$$

$$\longrightarrow H{-}\!\!\left[NH(CH_2)_6NH\overset{O}{\overset{\|}{C}}(CH_2)_4\overset{O}{\overset{\|}{C}}O\right]_n\!OH + (2n-1)H_2O \tag{2.176}$$

与聚酯反应不同,聚酰胺反应不需强酸催化,就有足够的聚合速率。当反应温度达到 275 ℃,蒸气压力逐渐降至常压,进行熔融聚合,直至达到预定聚合度。通过添加计算量的单官能团羧酸,如乙酸以控制分子量;通过仔细控制反应条件以减少二元胺的挥发;添加适量的反应物,以弥补挥发的二元胺。

2. 溶液缩聚

溶液聚合是指单体溶解在溶剂中进行的聚合反应。对于那些熔融温度高，而不宜用熔融聚合得到的聚合物可采用溶液缩聚方法制备。溶液缩聚的反应温度较低，通常在几十摄氏度到一百多摄氏度下反应，因此要求单体具有较高的反应活性。如果是平衡聚合反应，可通过精馏，或加碱成盐除去小分子副产物。溶液聚合的设备较简单，不需真空操作系统。如果聚合物不是以溶液直接使用（如油漆、涂料等）时，要增加溶剂回收负担，使工艺过程复杂化。且溶剂存在易燃及毒性等问题，对劳动保护和环境保护都不利。

溶液聚合反应中，溶剂的选择是很重要的，首先溶剂应是惰性的，其次要保证反应在均相条件下完成。如果溶剂不能使生成的聚合物溶解，聚合物就会过早地沉淀出来，影响聚合物的分子量。例如，对二苯甲烷-4，4′-二异氰酸酯与乙二醇的溶液聚合反应（反应(2.177)）。

$$\mathrm{OCN{-}C_6H_4{-}CH_2{-}C_6H_4{-}NCO + HOCH_2CH_2OH \longrightarrow \left[\overset{O}{\overset{\|}{C}}NH{-}C_6H_4{-}CH_2{-}C_6H_4{-}NH\overset{O}{\overset{\|}{C}}OCH_2CH_2O \right]_n} \tag{2.177}$$

如果选用二甲苯和氯苯作溶剂，由于生成的聚氨基甲酸酯过早地发生沉淀，得到的只是低分子量的聚合物；如果改用二甲基亚砜（DMSO）时，生成的聚氨基甲酸酯在整个反应过程中都能完全溶解，可得到高分子量的聚合物。

聚芳酰亚胺也是采用溶液聚合制备的。与脂肪族二元胺相比，芳族二元胺活性低。与芳族二元酸反应时，需要很高的聚合温度，这又导致严重的副反应，难以生成高分子量聚合物。聚芳酰亚胺是通过芳族二酰氯与芳族二胺反应制备的。例如，在叔胺存在下，二甲基乙酰胺或甲基吡咯烷酮等溶剂中，间苯二胺与间苯二酰氯在 100 ℃下反应，生成聚亚胺（nomex，反应(2.178)）。

$$\mathrm{H_2N{-}C_6H_4{-}NH_2\ (\textit{m}) + Cl\overset{O}{\overset{\|}{C}}{-}C_6H_4{-}\overset{O}{\overset{\|}{C}}Cl\ (\textit{m}) \xrightarrow{-\,HCl} \left[HN{-}C_6H_4{-}NH\overset{O}{\overset{\|}{C}}{-}C_6H_4{-}\overset{O}{\overset{\|}{C}} \right]_n} \tag{2.178}$$

用相似方法，从芳族二酰氯和芳族二胺或对-胺基苯甲酸可分别合成聚芳酰亚胺2-38和 2-39（kevlar）。制备这类聚合物存在一个严重的问题，就是因为聚合温度低，聚酰亚胺增长链易在聚合过程中过早沉淀。为此在聚合体系中加入 LiCl 或

$CaCl_2$，以提高它的溶解度，这可能由于金属离子与酰胺络合，降低了分子间氢键。

$$\left[NH-C_6H_4-NH-\overset{O}{\overset{\|}{C}}-C_6H_4-\overset{O}{\overset{\|}{C}}\right]_n \qquad \left[NH-\overset{O}{\overset{\|}{C}}-C_6H_4\right]_n$$

2-38　　　　2-39

聚芳酰亚胺具有极高的耐热、阻燃性、高熔点、超高强度、优异的抗溶剂和化学试剂性能以及良好的抗氧化性。Kevlar 比 Nomax 有更好的力学性能。

除以上聚合物外，许多性能优良的工程塑料，例如聚砜及聚苯醚等都是采用溶液缩聚法合成的。

3. 界面缩聚

两种单体分别溶解在两种互不相溶的溶剂中，它们在两相界面上进行聚合反应，因此称为界面聚合。界面聚合反应是非均相聚合反应体系。此方法适用于不可逆聚合反应，要求单体具有高的反应活性。反应温度较低，一般在0～50 ℃。例如，在实验室，将己二胺溶于水的碱溶液，将癸二酰氯溶于氯仿，将它们加入烧杯中，在室温下就可以进行聚酰胺化反应（图 2.15）。

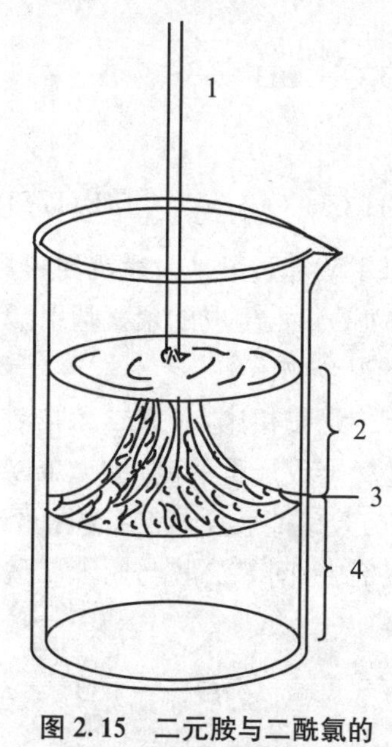

图 2.15　二元胺与二酰氯的界面聚合反应

1：折叠膜；2：二元胺水溶液；3：界面聚合；4：二酰氯的有机溶液

界面聚合在机理上不同于一般的逐步聚合反应。单体分子从溶液中扩散到界面，与聚合物分子链端的官能团反应。例如，二元胺和二元酰氯的反应活性高，它们来不及扩散穿过处在界面上的聚合物膜与另一单体反应生成新的增长链，就先与聚合物分子链端的官能团反应了。通常聚合反应在界面的有机相一侧进行，如二胺与二酰氯的聚合反应。这是因为二元胺扩散到有机相的倾向比二元酰氯扩散到水相一侧大。但也有一些聚合反应则相反，如二元酚钠与二元酰氯的聚合反应在水相一侧进行。界面聚合反应具有以下几个特征：一是两种反应物不需要严格的当量比，因为反应物从水相和有机相扩散到界面时，会自动地形成等当量关系。二是高分子量聚合物的生成与总转化率无关，因为聚合反应只在界面上发生。要提高转化率，一要把生成的聚合物及时移走，以使聚合反应不断进行；二要采用搅拌等方法提高界面的总面积；三是聚合速率比反应物的扩散速率快。界面聚合反应通常是受扩散控制的反应。

要使界面聚合反应成功,还应考虑:

(1) 若在聚合反应过程中生成酸性物质,则要在水相中加入碱。如酰氯与二胺反应时,若不将生成的 HCl 中和,它会与二胺反应,生成没有反应活性的铵盐,使聚合反应速率下降。酰氯在高浓度的无机碱或低聚合反应速率的条件下,会水解成反应活性小的二羧酸或单羧基酰氯,这不仅会降低反应速率,而且也限制了分子量的提高。聚合速率愈慢,水解程度愈严重。相对于二元胺和二元酰氯的反应速率($k=10^4\sim10^5\ \mathrm{L\cdot mol^{-1}\cdot s^{-1}}$),聚酯化反应速率比较慢($k=10^{-3}\ \mathrm{L\cdot mol^{-1}\cdot s^{-1}}$),酰氯易发生水解。采用界面聚合方法,由二元醇和二元酰氯合成高分子量的聚酯比较困难。

(2) 有机溶剂的选择。对有机溶剂的要求是能使高分子量的聚合物发生沉淀,低分子量聚合物完全溶解。聚合物过早沉淀,就达不到所要求的高分子量。例如,二甲苯和四氯化碳使所有大小的聚(癸二酸己二醇酯)都发生沉淀,而氯仿仅使高分子量的聚合物沉淀。若应用二甲苯进行界面聚合,只能得到低分子量聚合物。实验测定的界面聚合产物的分子量分布一般与 Flory 分布大不相同。最可几分布变宽和变窄两种情况都有,变宽的要多一些。这种差别可能是由聚合物沉淀时发生分级造成的,它在很大程度上与有机溶剂和聚合物溶解性有关。

(3) 单体的配比。要获得高产率和高分子量的聚合物,两种单体的最佳摩尔比并不总是 1∶1,随有机溶剂不同而改变。水溶性单体向有机相扩散的倾向愈小,它的浓度相对就要提高。两种单体的最佳浓度比,应该是能保证扩散到界面处的两种单体为等摩尔时的配比。

界面聚合方法已用于许多聚合物的合成,例如,聚酰胺、聚碳酸酯及聚氨基甲酸酯等。以聚碳酸酯为例。从双酚 A 与光气制备商品化聚碳酸酯,可采用界面聚合(反应(2.179))。该方法比酯交换法更经济,聚合物分子量更易控制。有机溶剂可用:氯苯、1,2-二氯乙烷和苯甲醚等。双酚 A 溶于碱的水溶液中,形成二酚盐;光气加入有机溶剂中,有机溶剂可以防止光气水解和聚合物过早地沉淀析出。聚合反应是在 0~50 ℃下搅拌进行的。加入相转移催化剂,如季铵盐、锍盐和冠醚,以促进酚盐由水相到有机相的转移。聚合通常分两阶段进行,第一阶段先生成低聚物,在第二阶段加入叔胺催化聚合反应,进一步生成高分子量聚合物。

$$\mathrm{HO{-}C_6H_4{-}C(CH_3)_2{-}C_6H_4{-}OH}\xrightarrow[-\,\mathrm{HCl}]{\mathrm{Cl{-}\overset{O}{\overset{\|}{C}}{-}Cl}}\mathrm{{+}O{-}C_6H_4{-}C(CH_3)_2{-}C_6H_4{-}O\overset{O}{\overset{\|}{C}}{+}_n}\tag{2.179}$$

这种聚合方法也有其缺点。例如，二元酰氯单体的成本高，需要使用和回收大量的溶剂等。这些缺点使界面聚合的工业应用受到了很大限制。

4. 固相聚合

单体在固体状态下进行聚合的方法称为固相聚合。例如，己二胺与己二酸的盐，其熔点为 190～191 ℃。在低于 170 ℃时，它们不发生反应。在 175～185 ℃时，就会在固体中进行缩聚反应。另外，用熔融缩聚法获得的涤纶，分子量较低，通常只适合作衣料纤维。若再进行固相聚合反应，分子量得到了提高，可用作帘子线和工程塑料。但固相聚合作为一种相对较新的聚合方法，研究还不充分。

思考题

1. 在实施逐步聚合反应时，要特别注意影响聚合物分子量的哪些因素？

2. 在制备聚酯和尼龙时，用什么方法使反应物等当量？

3. 讨论芳族酰亚胺和尼龙在制备聚方法上的异同点。

4. 什么是界面聚合？界面聚合发生的确切位置在哪？怎样控制聚合物的分子量？讨论分子量与单体转化率的关系。

5. 举例说明什么样的反应适于进行界面聚合。

6. 什么是固相聚合？

习　题

1. 推导己二酸和己二胺在等当量时的聚合反应速率方程式，指出所作的假定。再导出它在非等当量时的聚合速率公式。

2. 用碱滴定和红外光谱法求得在 21.3 g 聚己二酸己二胺样品中含有 2.50×10^{-3} mol 的羧基，由此数据算得该聚合物的数均分子量为 8 520，计算时需作什么假定？如何由实验方法来测定正确的数均分子量？

3. 写出并描述下列聚合反应所形成的聚酯的结构：

(1) HOOC—R—COOH ＋ HO—R′—OH；

(2) HOOC—R—COOH ＋ HO—R″(—OH)—OH；

(3) HOOC—R—COOH ＋ HO—R′—OH ＋ HO—R″(—OH)—OH。

聚酯结构与反应物的相对量有无关系？若有关系，请说明差别。

4. 试比较习题 3 中各聚合反应所预期的分子量分布。

5. 讨论在下述聚合反应中：

(1) $H_2N(CH_2)_mCOOH$

(2) $HOCH_2CH_2OH + HOOC(CH_2)_mCOOH$

当 $m=2\sim10$ 时，发生环化反应的可能性。在反应的哪一个阶段有环化的可能性？哪些因素决定反应是以环化还是线形聚合为主？

6. 写出并描述下列聚合反应所形成的聚酯的结构：

(1) HO—R—COOH；

(2) HO—R—COOH ＋ HO—R′—OH；

(3) HO—R—COOH ＋ HO—R″(—OH)—OH；

(4) HO—R—COOH ＋ HO—R′—OH ＋ HO—R″(—OH)—OH。

在(2)、(3)、(4)三种情况下，聚合物结构与反应物的相对量有无关系？若有的话，请叙述差别。

7. 试证明等摩尔的二醇和二酸在外加酸催化聚合反应时 p 从 0.98 到 0.99 需的时间近乎等于聚合反应从开始到 $p=0.98$ 时所需的时间。

8. 等摩尔的二醇和二酸在密闭体系中进行聚合反应，若平衡常数为 200 时，问所能达到的最大聚合反应程度和聚合度各是多少？假如羧基的起始浓度为 $2\ mol\cdot L^{-1}$，要使聚合度达到 200，需将水的浓度降低到什么程度？

9. 某耐热聚合物 Nomex 的数均分子量为 24 116，聚合物水解后生成 39.31%(质量分数)间苯二胺、59.81%间苯二酸和 0.88%苯甲酸。试写出该聚合物的分子式，并计算聚合度和反应程度。如果苯甲酸增加一倍，试计算对聚合度的影响。

10. 等摩尔的己二酸和己二胺聚合反应中，当反应程度达到 0.500，0.800，0.900，0.950，0.980，0.990，0.995 时，其聚合物的数均聚合度各是多少？

11. 要求制备数均分子量为 15 000 的聚酰胺，试问若转化率为 99.5%时，己二酸和己二胺的配比应是多少？产物的端基是什么？对分子量为 19 000 的聚合物，情况又是怎样？

12. 用等摩尔的己二酸和己二胺进行聚合反应，若想在反应程度为 99.5%时，获得数均分子量为 10 000 的聚合物，苯甲酸的比例是多少为宜？当要得到聚合物的分子量为 19 000 和 28 000时，情况又怎样？

13. 计算下列聚合反应中出现凝胶化时的反应程度：

(1) 摩尔比为 3.000∶2.000 的邻苯二甲酸酐和甘油；

(2) 摩尔比为 1.500∶0.980 的邻苯二甲酸酐和甘油；

(3) 摩尔比为 1.500∶0.990∶0.002 的邻苯二甲酸酐、甘油和乙二醇；

(4) 摩尔比为 1.500∶0.500∶0.700 的邻苯二甲酸酐、甘油和乙二醇。

比较 Carothers 方程和统计学方法计算出的凝胶点，并描述官能团的不等活性（如甘油的羟基）对凝胶点的影响。

14. 用反应表示三聚氰胺和甲醛聚合反应中生成的交联结构聚合物。

15. 用反应表示具有下列组成的无规相嵌段共聚物的合成。

(1) 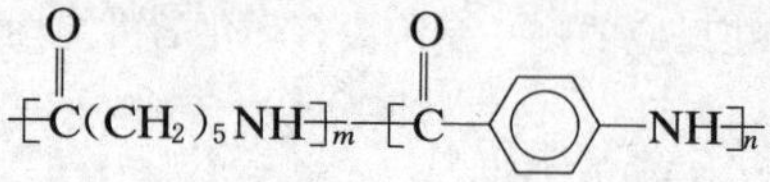 $\left[\overset{O}{\overset{\|}{C}}(CH_2)_5NH\right]_m\left[\overset{O}{\overset{\|}{C}}-C_6H_4-NH\right]_n$；

(2) $\left[\overset{O}{\overset{\|}{C}}-C_6H_4-\overset{O}{\overset{\|}{C}}O(CH_2)_2O\overset{O}{\overset{\|}{C}}(CH_2)_4\overset{O}{\overset{\|}{C}}O(CH_2)_2O\right]_n$。

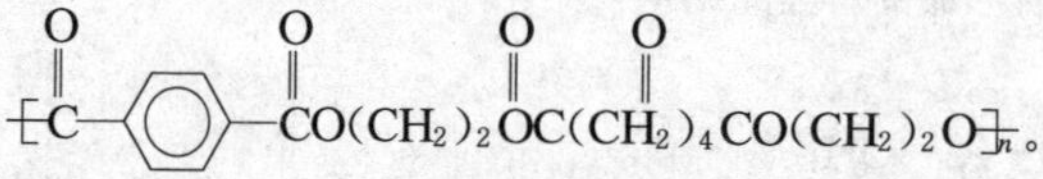

16. 如何合成具有下述链段结构的嵌段共聚物。

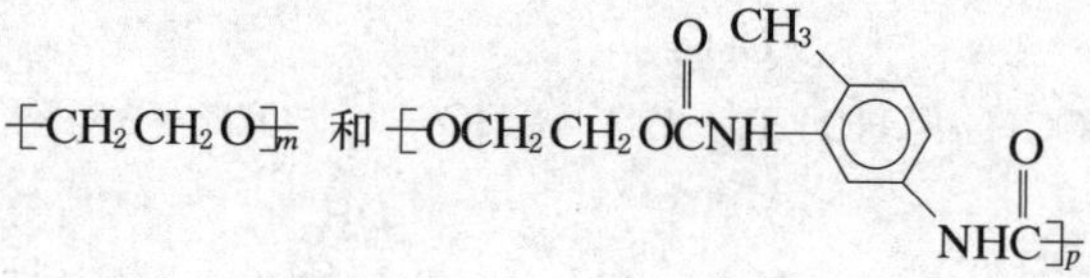

$$\left[CH_2CH_2O\right]_m \text{ 和 } \left[OCH_2CH_2O\overset{O}{\overset{\|}{C}}NH-C_6H_3(CH_3)-NH\overset{O}{\overset{\|}{C}}\right]_p$$

第 3 章　自由基链式聚合反应

链式聚合反应是指自由基、阳离子或阴离子进攻烯类单体的双键，形成新的活性中心，这一过程反复进行，最终形成高分子量聚合物的反应。第 3 至第 6 章讨论烯类单体的链式聚合反应。含羰基化合物如醛和酮、一些环状化合物进行的链式聚合反应将在第 6 章中介绍。与其他的链式聚合反应类似，自由基链式聚合反应包括链引发、链增长和链终止三个基元反应。除此以外，在大多数聚合反应中还存在活性中心的链转移反应。

引发反应包括引发剂 I 均裂形成自由基 R·，然后加成到单体上形成聚合链自由基(M·)这两个反应，如反应(3.1)所示。

$$\mathrm{I} \xrightarrow{k_d} 2\mathrm{R}\cdot \tag{3.1a}$$

$$\mathrm{R}\cdot + \mathrm{CH_2{=}\underset{\displaystyle Y}{\underset{|}{CH}}} \xrightarrow{k_i} \mathrm{R{-}CH_2{-}\underset{\displaystyle Y}{\underset{|}{\overset{\displaystyle H}{\overset{|}{C}}}}\cdot} \tag{3.1b}$$

生成的链自由基不断与单体进行加成反应，链自由基的聚合度不断增加，这就是所谓的链增长反应，其过程如反应(3.2)所示。

$$\mathrm{R{-}CH_2{-}\underset{\displaystyle Y}{\underset{|}{\overset{\displaystyle H}{\overset{|}{C}}}}\cdot} \xrightarrow{\mathrm{CH_2{=}\underset{Y}{\underset{|}{CH}}}} \mathrm{R{-}CH_2{-}\underset{\displaystyle Y}{\underset{|}{\overset{\displaystyle H}{\overset{|}{C}}}}{-}CH_2{-}\underset{\displaystyle Y}{\underset{|}{\overset{\displaystyle H}{\overset{|}{C}}}}\cdot} \xrightarrow{(n-1)\mathrm{CH_2{=}\underset{Y}{\underset{|}{CH}}}}$$

$$\mathrm{R{\left[CH_2{-}\underset{\displaystyle Y}{\underset{|}{\overset{\displaystyle H}{\overset{|}{C}}}}\right]_n}CH_2{-}\underset{\displaystyle Y}{\underset{|}{\overset{\displaystyle H}{\overset{|}{C}}}}\cdot} \tag{3.2}$$

链增长反应到一定程度，链自由基会终止，形成非活性结构，不再具有链增长反应的能力，形成了聚合物。如果增长链自由基与其他化合物进行链转移反应，活性中心会失去活性，同时形成一个新的活性种。

如果引发剂异裂，形成的是阳离子或阴离子，则链活性种分别为阳离子或阴离子，它们会进行同样的增长反应。这样，聚合反应分别称为阳离子链式聚合反应和阴离子链式聚合反应。

3.1 单体和链式聚合反应

能进行链式聚合的单体多为含不饱和双键的化合物，如含 C═C 的烯类单体和含 C═O 的醛或酮。但不是所有这些化合物都能进行聚合反应的，如何判断哪些化合物能进行聚合反应呢？单体结构与聚合反应的关系、聚合机理以及链式聚合反应的特点是本节要讨论的内容。

3.1.1 单体聚合的可行性及聚合反应

1. 聚合反应的热力学可行性

聚合反应的自由能变化(ΔG)、焓变(ΔH)和熵变(ΔS)分别定义为 1 mol 单体和含 1 mol 结构单元聚合物之间的自由能、焓和熵的差值。一个具有较高聚合度的聚合物分子，是经过一次引发反应、许多次链增长反应和一次链终止反应完成的，因此某一化合物能否进行聚合反应，主要考虑链增长反应对聚合反应热力学的贡献。

烯类单体的聚合，是单体的π键转化成聚合物分子的 σ 键而释放能量，因此烯烃聚合是放热反应($\Delta H<0$)。从热焓分析，聚合反应是可行的；烯类单体的聚合反应是熵降低的过程，即 $\Delta S<0$，熵变不利于聚合反应。聚合反应的热力学可行性取决于聚合温度 T、焓变(ΔH)和熵变(ΔS)的大小(式(3.3))。

$$\Delta G = \Delta H - T\Delta S \tag{3.3}$$

表 3.1 列出了不同烯类单体聚合的焓变(ΔH)、熵变(ΔS)和自由能变化值(ΔG)(25 ℃)。表中数据表明，所列单体的聚合反应在热力学上是可行的。单体的结构，即双键上取代基从以下三方面影响聚合反应的 ΔH 值：

(1) 共轭和超共轭效应。在单体中，取代基与碳—碳双键之间存在共轭、超共轭效应，这种共振作用能够有效地稳定单体；但是在聚合物中，这种共振稳定作用则不存在,因此聚合热($-\Delta H$)有所降低。丙烯和1-丁烯存在烷基和碳—碳双键之间的超共轭效应,所以它们的聚合热低于乙烯的值。取代基为苯环(苯乙烯和α-甲基苯乙烯)、烯基(共轭二烯烃)、羰基取代基(甲基丙烯酸酯和丙烯酸酯类单体)和腈基(丙烯腈)与碳—碳双键之间存在共轭作用,因此相应单体的聚合热显著降低。

表3.1　烯类单体聚合的热力学参数(25 ℃)①

单　体	$-\Delta H(\mathrm{kJ\cdot mol^{-1}})$	$-\Delta S(\mathrm{J\cdot K^{-1}\ mol^{-1}})$	$\Delta G(\mathrm{kJ\cdot mol^{-1}})$
乙烯②	93	155	−46.8
丙烯	84	116	−49.4
1-丁烯	83.5	113	−49.8
异丁烯	48	121	−11.9
1,3-丁二烯	73	89	−46.5
异戊二烯	75	101	−44.9
苯乙烯	73	104	−42.0
α-甲基苯乙烯	35	110	−2.2
氯乙烯	72	—	—
偏氯乙烯	73	89	−46.5
四氟乙烯	163	112	−129.6
丙烯酸	67	—	—
丙烯腈	76.5	109	−44.0
马来酸酐	59	—	—
乙酸乙烯酯	88	110	−55.2
丙烯酸甲酯	78	—	—
甲基丙烯酸甲酯	56	117	−21.1

注:① ΔH是指液态单体到非晶态或轻度结晶的聚合物转变的焓变;ΔS指单体(浓度$1\ \mathrm{mol\cdot L^{-1}}$)到非晶态或轻度结晶的聚合物转变所形成的熵变。

② 气体单体到结晶聚合物的转变形成的焓变和熵变。

(2) 空间张力。在单体和聚合物中,取代基之间的相互作用存在差异,键角变形和键伸展的程度也有所不同,因此单体和聚合物中的空间张力是不同的。例如,1,1-二取代单体的聚合物链上存在取代基间的1,2-相互作用,导致聚合物链中产生空间张力,使聚合热降低。α-甲基苯乙烯的ΔH为$-35\ \mathrm{kJ\cdot mol^{-1}}$,是所有烯烃单体中最小的;甲基丙烯酸甲酯的聚合热也低于丙烯酸甲酯的值。

(3) 氢键和偶极作用。在单体和聚合物中,取代基之间的氢键和偶极作用存在差异。丙烯酸和丙烯酰胺等单体,取代基之间的氢键缔合强,能有效地稳定单体;在聚合物中,空间障碍使取代基不能很好地缔合,氢键作用明显减弱,因而聚合

热 ΔH 降低。

聚合反应的 ΔS 基本上源于单体平动熵的损失，而单体转动熵和振动熵的损失可由聚合物的转动熵和振动熵来弥补，因此，单体的结构对 ΔS 是不敏感的。其值在 90～120 $J \cdot K^{-1} \cdot mol^{-1}$范围内变化。

2. 聚合反应动力学的可行性

热力学上可行的聚合反应，还需要在一定的聚合条件下，单体以令人满意的速率转变成聚合物，即动力学上也是可行的。例如，马来酸酐的 ΔH 为 -59 $kJ \cdot mol^{-1}$。在热力学上是可以进行聚合反应的，但它的聚合倾向很低，即使聚合，形成的聚合物分子量一般很低。除了马来酸酐外，其他的1,2-双取代乙烯，如1,2-二苯乙烯、1,2-二氯乙烯、肉桂酸酯等均不能聚合生成高分子量聚合物。其原因是动力学因素，即增长链自由基进攻单体时，增长链自由基的 β-取代基和单体分子取代基之间的空间位阻，如结构式 3-1 所示。

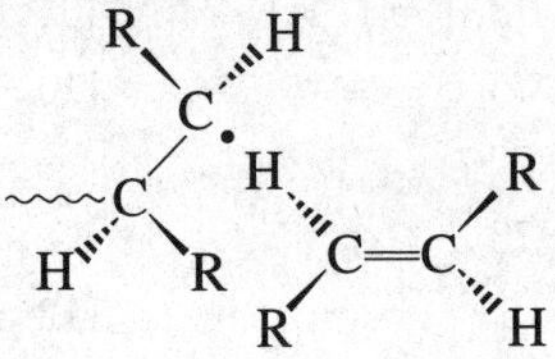

3-1

3.1.2 单体结构和聚合反应

自由基、阳离子和阴离子链式聚合反应的增长链活性中心分别为自由基、阳离子和阴离子。初始链活性中心是由引发剂产生的活性种和单体分子反应形成的，该反应能否顺利进行，依赖于引发剂产生的活性种和增长链活性中心的相对稳定性，这与单体上取代基的电子效应和空间位阻效应有关。自由基、阳离子和阴离子聚合的引发剂并非能引发所有烯类单体聚合。通常，自由基可以引发大多数烯类单体聚合（α-烯烃除外）。阴离子、阳离子能否引发烯类单体进行聚合反应受到单体结构的限制，有较高的选择性。

1. 双键类型

单体结构是决定进行何种聚合反应的重要因素，在烯烃（C═C）、醛或酮（C═O）以及环单体（C—O，Si—O 等）中，烯烃是最主要的链式聚合反应单体。环单体的聚合将在以后章节中介绍。由于羰基的极性，含C═O的醛、酮不易进行自由基聚合反应，其 π 键会异裂，可以被阴离子和阳离子引发聚合。烯类单体的C═C双键极性很弱。在不同条件下，π 键能发生均裂或异裂，可进行自由基或离子型聚合反应，如反应(3.4)和(3.5)所示。

$$-\overset{\overset{\displaystyle O}{\|}}{C}- \longleftrightarrow -\overset{\overset{\displaystyle O:^-}{|}}{C}- \tag{3.4}$$

$$\overset{+}{\underset{|}{\overset{|}{C}}}-\ddot{C}^{-} \longleftrightarrow \underset{|}{\overset{|}{C}}=\underset{|}{\overset{|}{C}} \longleftrightarrow \cdot\underset{|}{\overset{|}{C}}-\underset{|}{\overset{|}{C}}\cdot \tag{3.5}$$

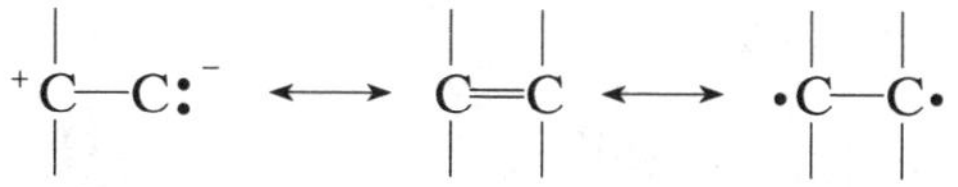

2. 取代基的电子效应

取代基的诱导效应和共振效应决定了烯烃单体的聚合反应类型。共轭二烯烃、含苯基的苯乙烯及其衍生物，由于取代基的极性较弱，共振效应起主导作用。若活性中心为自由基，它可以与自由基发生共轭效应，提高了链自由基的稳定性，如反应(3.6)所示，因而可进行自由基聚合反应。

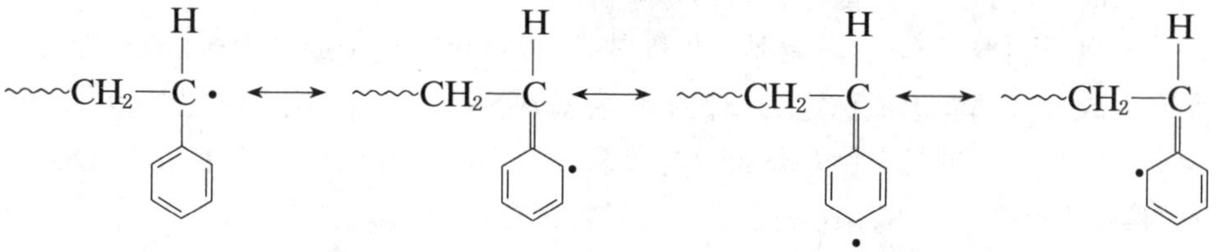

$$\sim\sim CH_2-\overset{\overset{\displaystyle H}{|}}{C}\cdot(C_6H_5) \longleftrightarrow \sim\sim CH_2-\overset{\overset{\displaystyle H}{|}}{C}{=}(C_6H_5\cdot,\ ortho) \longleftrightarrow \sim\sim CH_2-\overset{\overset{\displaystyle H}{|}}{C}{=}(C_6H_5\cdot,\ para) \longleftrightarrow \sim\sim CH_2-\overset{\overset{\displaystyle H}{|}}{C}{=}(C_6H_5\cdot,\ ortho') \tag{3.6}$$

在阳离子聚合反应条件下，苯环和烯基也可以形成相似的共振结构，分散了正电荷，生成稳定的端基阳离子。阴离子聚合反应时，同样会生成相似的结构，使端阴离子稳定。所以，取代基为苯环或烯基的单体，如苯乙烯，异戊二烯等能进行阴、阳离子链式聚合反应。

吸电子性取代基如 C≡N、COR 和 COOH(R)等，能使双键的电子云密度降低，有利于亲核性的阴离子活性种进攻。同时吸电子的极性效应和共振效应又能使增长链阴离子稳定(反应(3.7))，所以，丙烯腈、甲基乙烯基酮和丙烯酸酯等单体可以进行阴离子聚合。

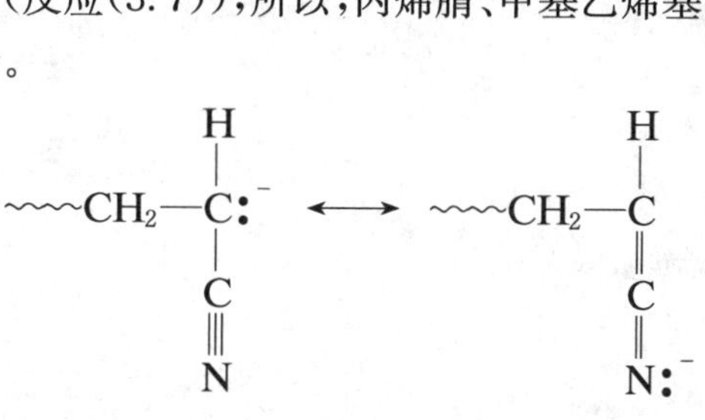

$$\sim\sim CH_2-\underset{\underset{\underset{\displaystyle N}{\|\!|}}{\underset{\displaystyle C}{|}}}{\overset{\overset{\displaystyle H}{|}}{C}}:^- \longleftrightarrow \sim\sim CH_2-\underset{\underset{\underset{\displaystyle N:^-}{\|}}{\underset{\displaystyle C}{\|}}}{\overset{\overset{\displaystyle H}{|}}{C}} \tag{3.7}$$

烷基(R)为弱供电子基团，只有1,1-双取代的烯烃才可能进行阳离子聚合，如异丁烯。由于烷氧基(RO)上氧原子的孤对电子与双键的 $n-\pi$ 共轭作用，烷氧取代基具有较强的给电子性，使双键上电子云密度增加，有利于阳离子进攻。生成的增长链阳离子因共振而稳定，如反应(3.8)所示。所以，乙烯基醚类单体不能进行自由基和阴离子聚合，只能进行阳离子聚合。

$$
\begin{array}{c} H \\ | \\ \sim\sim CH_2-C^{+} \\ | \\ :\!O\!: \\ | \\ R \end{array} \longleftrightarrow \begin{array}{c} H \\ | \\ \sim\sim CH_2-C \\ \| \\ :\!O^{+} \\ | \\ R \end{array} \tag{3.8}
$$

卤素有吸电子诱导效应和共振效应，但这两种效应都很弱，因此卤代烯类单体(如氯乙烯)难以进行阳离子或阴离子聚合，可以进行自由基聚合。酯取代基(RCOO—)具有较弱的吸电子极性效应，难以进行离子型聚合。所以，乙烯基酯类单体，如乙酸乙烯酯，只能进行自由基聚合。

与离子型聚合不同，自由基是中性的，可以进攻富电子或缺电子的双键。几乎所有的取代基都能生成稳定的增长链自由基，所以，除烷基、烷氧基以外，几乎所有烯类单体都可以进行自由基聚合反应。表3.2列出了常见烯类单体能进行聚合反应的类型，可见单体的结构决定了它能进行聚合反应的类型。

表3.2 常见烯烃的聚合类型

单体	聚合类型		
	自由基	阳离子	阴离子
乙烯	+	−	+
1-烷基烯类(α-烯烃)	−	+	−
1,1-二烷基烯烃	-	+	−
1,3-二烯烃	+	+	+
苯乙烯，α-甲基苯乙烯	+	+	+
卤代烯类	+	−	−
乙烯基酯类	+	−	−
丙烯酸，甲基丙烯酸	+	−	−
丙烯酸酯类，甲基丙烯酸酯类	+	−	+
丙烯腈，甲基丙烯腈	+	−	+
丙烯酰胺，甲基丙烯酰胺	+	−	−
乙烯基醚类	−	+	−
N-乙烯基咔唑	+	+	−
N-乙烯基吡咯烷酮	+	+	−

3.1.3 两种自由基聚合反应机理

前面已经讨论过，自由基链式聚合反应包括链引发、链增长和链终止三个基元反应。其中，链增长反应存在两种不同的模式，分别称为不可控自由基聚合反应和可控自由基聚合反应。下面分别讨论。

1. 不可控自由基聚合反应

在不可控自由基聚合反应中，链增长模式是一旦形成链自由基，立即与单体发生链式反应，接上许多单体单元，迅速(0.1～10 s)增长成大分子链。它与另一大分子链自由基发生双基终止，形成聚合物分子(反应(3.9))。

$$\mathrm{RM}\cdot \xrightarrow{\mathrm{M}} \mathrm{RM_2}\cdot \xrightarrow{\mathrm{M}} \mathrm{RM_3}\cdot \xrightarrow{\mathrm{M}} \xrightarrow{\mathrm{M}} \dashrightarrow^{\mathrm{M}} \mathrm{RM}_n\cdot \xrightarrow{\mathrm{RM}_m\cdot} \mathrm{RM}_{(n+m)}\mathrm{R} \quad (3.9)$$

形成的聚合物分子不会继续增长，即其分子量不随反应时间而改变。所以，聚合物分子是随机形成的，其分子量分布比较宽。聚合反应过程是高分子不断形成，即聚合物的分子数随反应时间延长而增加，直到单体完全消耗为止。

由于聚合反应是放热过程，造成反应体系温度升高，出现反应加速现象。也因为自由基比较活泼，极易与一些化合物，甚至聚合物本身发生链转移反应，降低聚合物的分子量，或产生阻聚和缓聚。

2. 可控自由基聚合反应

与不可控自由基聚合反应的链增长模式不同，在可控自由基聚合反应中，高分子量聚合物不是在短时间内形成的，而是贯穿在聚合反应全过程，即从反应开始到反应结束。在这一反应体系中，引发剂分子不断分解产生自由基，引发单体聚合，生成链自由基，又不断与 X 结合形成休眠链。在很短时间内，所有引发剂 RX 转变成休眠高分子链 RM_y—X(绝大部分)，或增长链自由基 $\mathrm{M}_y\cdot$(极小部分)(反应3.10a)。链自由基($x\mathrm{RM}_y\cdot$)与单体进行增长反应，生成新的高分子链自由基($x\mathrm{RM}_{y'}\cdot$)，其中大部分(例如 z)与 X 结合，生成休眠链(反应(3.10b))。在催化剂或其他试剂作用下，部分休眠高分子链 RM_y—X(例如 z)转变成链自由基($\mathrm{RM}_y\cdot$)，以保证恒定的自由基浓度(反应(3.10c))。

$$n\mathrm{R{-}X} + m\mathrm{M} \longrightarrow x\mathrm{RM}_y\cdot + (n-x)\mathrm{RM}_y{-}\mathrm{X} + (m-ny)\mathrm{M} \quad (3.10a)$$

$$x\mathrm{RM}_y\cdot + (m-ny)\mathrm{M} \longrightarrow x\mathrm{RM}_{y'}\cdot \xrightarrow{\mathrm{C}^{(n+1)}\mathrm{X}_{(n+1)}} z\mathrm{RM}_{y'}{-}\mathrm{X} + (x-z)\mathrm{RM}_{y'}\cdot \quad (3.10b)$$

$$(n-x)\mathrm{RM}_y{-}\mathrm{X} \xrightarrow{\mathrm{C}^n\mathrm{X}_n} z\mathrm{RM}_y\cdot + (n-x-z)\mathrm{RM}_y{-}\mathrm{X} \quad (3.10c)$$

链自由基($\mathrm{RM}_{y'}\cdot$)中一部分又被可逆终止为休眠链($\mathrm{M}_{y'}$—X)。休眠链

($RM_{y'}$—X)中一部分又变成增长链自由基($RM_{y'}\cdot$),并进行增长反应。反应如此进行,直到形成所需分子量的聚合物。可见,聚合反应体系中,所有休眠链都有相同机会转变成链自由基,并有相同时间和速率进行增长反应。这样,高分子链轮流进行增长反应,生成了分子量分布比较窄的聚合物。其分子量可以通过控制引发剂用量和单体转化率控制,所以称为可控自由基聚合反应。

在可控自由基聚合反应中,自由基浓度较低,一般不会产生自动加速现象。与单体或其他化合物的链转移反应不容易发生。

思考题

1. 用热力学和动力学解释为什么1,2-二苯乙烯难以进行均聚?为什么苯乙烯和甲基丙烯酸甲酯可进行自由基聚合,而丙烯则十分困难?

2. 单体的结构是怎样决定聚合反应类型的?

3. 讨论可控和不可控自由基聚合反应在机理上的差别。

3.2 自由基链式聚合反应机理

为了与可控自由基聚合反应有所区别,使用了不可控自由基聚合反应这一概念。这一节和以下几节讨论的是不可控自由基聚合反应的机理、动力学、分子量和分布。聚合反应包括链引发、链增长和链终止三个基元反应,下面依次讨论。另外链转移、阻聚和缓聚会影响聚合物的生成,也分别予以讨论。

3.2.1 引发剂和引发反应

自由基引发剂是一类能够产生自由基活性种,并能引发单体聚合的化合物。它包括加热均裂生成自由基的引发剂(主要有过氧化物和偶氮化物),以及氧化还原反应引发剂。另外,在光或高能射线的作用下引发烯烃聚合的光聚合或辐照聚合,以及在热的作用下,个别单体产生自由基从而进行的热聚合反应也一并在此讨论。其中,研究最广泛的是热分解引发剂。

1. 热分解引发剂及引发反应

(1) 引发剂。在加热条件下,引发剂均裂生成自由基,引发单体聚合称为热引发聚合。能用作热聚合的引发剂,其化学键的离解能在 100～170 kJ·mol^{-1}范围内,大于或小于此值,均裂将过慢或过快,达不到实用效果。能满足这条件的只限于少数几类化合物,如过氧化物(O—O)、偶氮化合物、二硫化物(S—S)和含 N—O 键的化合物。用得最多的是过氧化物;其次是偶氮化合物。偶氮化合物中,N═N 并非弱键,在一定温度下,R—N 之间断键,生成高度稳定的氮分子和活泼自由基 R·。

(2) 过氧化物引发剂及分解反应。过氧化物类引发剂主要有如下类型:

① 过氧化酰类,如过氧化苯甲酰,分解反应如(3.11)所示。

$$\mathrm{Ph{-}\overset{\overset{\displaystyle O}{\|}}{C}{-}O{-}O{-}\overset{\overset{\displaystyle O}{\|}}{C}{-}Ph \longrightarrow 2Ph{-}\overset{\overset{\displaystyle O}{\|}}{C}{-}O\cdot} \tag{3.11}$$

② 烷基过氧化物类,如过氧化叔丁基,它的分解反应如(3.12)所示。

$$\mathrm{CH_3{-}\underset{\underset{\displaystyle CH_3}{|}}{\overset{\overset{\displaystyle CH_3}{|}}{C}}{-}O{-}O{-}\underset{\underset{\displaystyle CH_3}{|}}{\overset{\overset{\displaystyle CH_3}{|}}{C}}{-}CH_3 \longrightarrow 2CH_3{-}\underset{\underset{\displaystyle CH_3}{|}}{\overset{\overset{\displaystyle CH_3}{|}}{C}}{-}O\cdot} \tag{3.12}$$

③ 氢过氧化物类,如异丙苯基过氧化氢,其分解反应如(3.13)所示。

$$\mathrm{Ph{-}\underset{\underset{\displaystyle CH_3}{|}}{\overset{\overset{\displaystyle CH_3}{|}}{C}}{-}O{-}OH \longrightarrow Ph{-}\underset{\underset{\displaystyle CH_3}{|}}{\overset{\overset{\displaystyle CH_3}{|}}{C}}{-}O\cdot + \cdot OH} \tag{3.13}$$

④ 过氧化酯类,如过氧化苯甲酸叔丁酯,其分解反应如(3.14)所示。

$$\mathrm{Ph{-}\overset{\overset{\displaystyle O}{\|}}{C}{-}O{-}O{-}\underset{\underset{\displaystyle CH_3}{|}}{\overset{\overset{\displaystyle CH_3}{|}}{C}}{-}CH_3 \longrightarrow Ph{-}\underset{\underset{\displaystyle O}{\|}}{C}{-}O\cdot + \cdot O{-}\underset{\underset{\displaystyle CH_3}{|}}{\overset{\overset{\displaystyle CH_3}{|}}{C}}{-}CH_3} \tag{3.14}$$

⑤ 无机过氧化物,如过氧化氢和过硫酸盐。与上述过氧化物不同的是它们具有良好的水溶性,适合于水体系的聚合反应。过硫酸铵的分解反应如(3.15)所示。

$$\mathrm{NH_4^{+}\,{}^{-}O_3S{-}O{-}O{-}SO_3^{-}\,NH_4^{+} \longrightarrow 2\cdot SO_4^{-}\,NH_4^{+}} \tag{3.15}$$

(3) 偶氮引发剂及分解反应。最常用的偶氮引发剂为 2,2′-偶氮二异丁腈(AIBN),还有 2,2′-偶氮双(2,4-二甲基戊腈)及 1,1′-偶氮双环己腈等油溶性引发剂。水溶性的偶氮引发剂有 2,2′-偶氮二异丁基脒二盐酸盐等。AIBN 的热分解反应如(3.16)所示。

$$
CH_3-\underset{CN}{\overset{CH_3}{\underset{|}{\overset{|}{C}}}}-N{=}N-\underset{CH_3}{\overset{CH_3}{\underset{|}{\overset{|}{C}}}}-CN \longrightarrow 2CH_3-\underset{CN}{\overset{CH_3}{\underset{|}{\overset{|}{C}}}}\cdot + N_2 \qquad (3.16)
$$

2. 氧化还原引发

许多氧化还原反应能产生自由基,由此引发的聚合反应称为氧化还原引发聚合,该类引发剂称为氧化还原引发剂。这类反应的活化能较低,为 40～60 $kJ\cdot mol^{-1}$,可在较低的温度范围(0～50 ℃)内引发单体聚合。下面分别讨论氧化还原引发体系的类型及反应。

(1) 油溶性氧化还原引发体系。常用的氧化剂为有机过氧化物,如过氧化苯甲酰(BPO)、异丙苯过氧化氢和叔丁基过氧化氢等;还原剂有胺类、硫醇等有机化合物,如 N,N-二甲基苯胺和 N,N,N′,N′-四甲基乙二胺等。过氧化苯甲酰和 N,N-二甲基苯胺的氧化还原反应如(3.17)所示,在不同温度下的反应速率常数(k_{red})分别为 $1.25\times10^{-2}\ L\cdot mol^{-1}\cdot s^{-1}$(60 ℃)或 $2.29\times10^{-3}\ L\cdot mol^{-1}\cdot s^{-1}$(30 ℃)。纯过氧化苯甲酰的分解反应速率常数 k_d 为 $1.25\times10^{-4}\ L\cdot mol^{-1}\cdot s^{-1}$(90 ℃),由此可见氧化还原引发的速率远高于引发剂热分解的引发速率。

$$
Ph-\underset{CH_3}{\underset{|}{N}}-CH_3 + Ph-\overset{O}{\overset{\|}{C}}-O-O-\overset{O}{\overset{\|}{C}}-Ph \longrightarrow \left[Ph-\underset{CH_3}{\overset{CH_3}{\underset{|}{\overset{|}{N}}}}-O-\overset{O}{\overset{\|}{C}}-Ph\right]^+ Ph-\overset{O}{\overset{\|}{C}}-O^-
$$

$$
\longrightarrow Ph-\underset{CH_3}{\underset{|}{\overset{+\bullet}{N}}}-CH_3 + Ph-\overset{O}{\overset{\|}{C}}-O\cdot + Ph-\overset{O}{\overset{\|}{C}}-O^- \qquad (3.17)
$$

反应(3.17)中的苯甲酰自由基具有引发活性,而三级胺的阳离子自由基不是有效的活性种,因聚合物中测不到氮。它可能通过未知反应,如二聚或氢转移而消失。其他由脂肪胺和过氧化物组成的氧化还原引发体系也按上述类似的机理产生自由基,引发单体聚合。

(2) 水溶性氧化还原引发体系。氧化剂包括 H_2O_2、过硫酸盐、Ce^{4+} 和其他具有氧化性的盐类;还原剂常用 Fe^{2+}、Cu^+、亚硫酸盐和硫代硫酸盐等无机化合物,以及醇、胺或草酸等有机化合物。H_2O_2、$K_2S_2O_8$ 和异丙苯过氧化氢单独热分解时的活化能分别为 200 kJ · mol^{-1}、140 kJ · mol^{-1}和 125 kJ · mol^{-1}，与 Fe^{2+} 组成氧化还原引发体系后反应的活化能分别为 40 kJ · mol^{-1}、50 kJ · mol^{-1} 和 50 kJ · mol^{-1}，可在 5 ℃时使用。它们的自由基形成过程如反应(3.18)所示。这些反应属于双分子反应，一个氧化剂分子只形成一个自由基。

$$HO{-}OH + Fe^{2+} \longrightarrow HO^- + \cdot OH + Fe^{3+} \tag{3.18a}$$

$$^-O_3S{-}O{-}O{-}SO_3^- + Fe^{2+} \longrightarrow Fe^{3+} + SO_4^{2-} + SO_4^- \cdot \tag{3.18b}$$

$$RO{-}OH + Fe^{2+} \longrightarrow Fe^{3+} + HO^- + RO \cdot \tag{3.18c}$$

亚硫酸盐或硫代硫酸盐与过硫酸盐组成的氧化还原引发体系，可以形成两个自由基，如反应(3.19)所示。

$$^-O_3S{-}O{-}O{-}SO_3^- + S_2O_3^{2-} \longrightarrow SO_4^{2-} + SO_4^- \cdot + \cdot S_2O_3^- \tag{3.19a}$$

$$^-O_3S{-}O{-}O{-}SO_3^- + SO_3^{2-} \longrightarrow SO_4^{2-} + SO_4^- + \cdot SO_3^- \tag{3.19b}$$

高锰酸钾和草酸组成的氧化还原引发体系，其活化能低达 39 kJ · mol^{-1}，可在 10～30 ℃范围内使用。Ce^{4+} 可与带羟基的化合物（如醇、淀粉和纤维素）组成氧化还原引发体系，在淀粉和纤维素的接枝改性中得到广泛使用，自由基的形成如反应(3.20)所示。

$$Ce^{4+} + RCH_2OH \longrightarrow Ce^{3+} + R\dot{C}HOH + H^+ \tag{3.20}$$

(3) 单体作为氧化还原体系的组分。单体也可作为氧化还原引发体系的组分之一，例如硫代硫酸盐与丙烯酰胺或甲基丙烯酸、N，N-二甲基苯胺与甲基丙烯酸甲酯。

3. 光引发

在紫外光或可见光的激发下，聚合反应体系中产生活性种，引发单体进行聚合反应称为光化学或光引发聚合。光引发自由基聚合最为常见，相应的研究也很深入。一般化合物吸收光产生自由基有两种方式：一是化合物 A 吸收光能后被激发，处于激发态的 A^* 直接发生光化学反应，生成自由基；二是化合物 B 吸收光能后处于激发态 B^*，B^* 和化合物 A 发生化学反应，或者将能量转移给化合物 A，使之激发，激发态 A^* 再发生化学反应，此时，B 是 A 进行光化学反应的光敏剂。同样，光引发聚合也分为两种方式。

(1) 单体的光引发。每种化合物都有特定的吸收波长，只有用该波长的光去激发这一化合物，它才会被激发。所以要选用与单体吸收波长相近的高压汞灯作为紫外光源，以使该单体进行光引发聚合。单体吸收光子，被激发成激发态 M^*，继而发生光化学反应，生成能引发单体聚合的自由基，如反应(3.21)所示。

$$M \xrightarrow{h\nu} M^* \longrightarrow R\cdot + R'\cdot \tag{3.21}$$

能直接被光引发的单体，仅限于取代基为双键共轭的单体，如苯乙烯和甲基丙烯酸甲酯等，它们的光吸收范围在200～300 nm，处于紫外光区。表3.3列出一些单体的吸收范围。波长低于300 nm的光不能穿透玻璃，需应用石英反应器。由于纯单体的光引发效率（量子产率）总是很低，其应用受到限制。

表3.3　烯烃单体的吸收光波长

单　体	丁二烯	苯乙烯	甲基丙烯酸甲酯	氯乙烯	乙酸乙烯酯
波长(nm)	257.3	250	220	280	300

(2) 光敏引发。光敏剂将激发态能量转移给单体，单体发生光化学反应，形成自由基，或者激发态光敏剂直接产生自由基。在光敏剂存在下，光引发效率大大提高。许多热分解引发剂和氧化还原引发也可用于光引发反应，如AIBN在345～400 nm波长的光作用下，能分解产生自由基。

羰基化合物（如酮类）可用于光引发，芳香族酮（如二苯甲酮、苯乙酮和安息香及其衍生物）可吸收波长较长的光，量子产率较高，因此用于光引发聚合。这些光敏剂的引发反应也分为两种类型，一是光敏剂本身产生自由基，引发单体聚合。二是间接光敏引发，即将能量传递给单体或引发剂而引发聚合。酮类化合物的光化学反应有两种过程，即断键直接产生自由基反应（反应(3.22a)）和夺氢反应（反应(3.22b)）。

$$\mathrm{Ph{-}\overset{\overset{\displaystyle O}{\|}}{C}{-}Ph'} \xrightarrow{h\nu} \left[\mathrm{Ph{-}\overset{\overset{\displaystyle O}{\|}}{C}{-}Ph'}\right]^{*} \longrightarrow \mathrm{Ph{-}\overset{\overset{\displaystyle O}{\|}}{C}\cdot + \cdot Ph'} \tag{3.22a}$$

$$\mathrm{Ph{-}\overset{\overset{\displaystyle O}{\|}}{C}{-}Ph'} \xrightarrow{h\nu} \left[\mathrm{Ph{-}\overset{\overset{\displaystyle O}{\|}}{C}{-}Ph'}\right]^{*} \xrightarrow{\mathrm{RH}} \mathrm{Ph{-}\underset{\cdot}{\overset{\overset{\displaystyle OH}{|}}{C}}{-}Ph' + R\cdot} \tag{3.22b}$$

RH为含活泼氢的化合物，胺类化合物的效果最好，醇次之，醚和酮等的活泼氢也会发生(3.22b)的反应。一般夺氢反应较断键反应有效，可在较宽的波长范围内发生。除酮类化合物外，安息香(3-2)、安息香醚(3-3)、联苯酰(3-4)及联苯酰缩酮(3-5)也是广泛使用的商品化光引发剂。与氢给体配合使用时，断键和夺氢反应的相对比例取决于光敏剂及氢给体类型，光敏剂的类型决定了生成自由基的稳定性。

$$\underset{\text{3-2}}{\mathrm{Ph{-}\overset{\overset{\displaystyle O}{\|}}{C}{-}\overset{\overset{\displaystyle OH}{|}}{CH}{-}Ph}} \qquad \underset{\text{3-3}}{\mathrm{Ph{-}\overset{\overset{\displaystyle O}{\|}}{C}{-}\overset{\overset{\displaystyle OR}{|}}{CH}{-}Ph}} \qquad \underset{\text{3-4}}{\mathrm{Ph{-}\overset{\overset{\displaystyle O}{\|}}{C}{-}\overset{\overset{\displaystyle O}{\|}}{C}{-}Ph}} \qquad \underset{\text{3-5}}{\mathrm{Ph{-}\overset{\overset{\displaystyle O}{\|}}{C}{-}\underset{\underset{\displaystyle OR}{|}}{\overset{\overset{\displaystyle OR}{|}}{C}}{-}Ph}}$$

光引发聚合反应在印刷和涂料工业中得到了广泛的应用，如集成电路印刷版的制作，光致抗蚀剂、齿科材料的固化和器具的装饰及保护等，尤其在符合环保的粉末涂料方面具有不可替代的地位。光引发聚合的缺点在于光对材料的穿透较浅，仅限于表层。

4. 纯粹热引发

许多单体在没有引发剂的情况下，加热也能发生聚合。经过仔细研究表明，这种热聚合在大多数情况下，是由单体所含杂质引起的。其中一个杂质为由氧化生成的过氧化物或氢过氧化物。如果将单体进行彻底纯化，在暗处和保存在十分洁净的容器内，就不能进行纯粹的热引发聚合。例如甲基丙烯酸甲酯，采用一般的纯化技术难以除去残留在单体中的过氧化物，因此会发生热聚合。苯乙烯的纯粹热引发聚合是被肯定的实例，取代苯乙烯、苊烯、2-乙烯噻吩和2-乙烯呋喃也可进行一定程度的纯粹热聚合。

在苯乙烯纯粹热引发过程中，初级自由基的形成由单体的Diels Alder反应生成二聚体（反应(3.23a)），进一步与单体发生氢转移，生成自由基，如反应(3.23b)所示。至今尚未确定哪步反应是初级自由基产生速率的决定步骤。Diels Alder反应生成的二聚体至今也未能分离出来，但是紫外光谱能显示出它的存在。

$$2\ \underset{\text{C}_6\text{H}_5}{\text{CH}{=}\text{CH}_2} \longrightarrow \text{Diels-Alder 二聚体 (H, H, R)} \tag{3.23a}$$

$$\text{二聚体 (H, H, R)} + \underset{\text{C}_6\text{H}_5}{\text{CH}{=}\text{CH}_2} \longrightarrow \underset{\text{C}_6\text{H}_5}{\dot{\text{C}}\text{H}{-}\text{CH}_3} + \text{四氢萘自由基 (H, R)} \tag{3.23b}$$

$\text{R} = \text{C}_6\text{H}_5{-}$

3.2.2　链增长反应

在上一节，对不可控聚合的链增长反应过程已作了详细的论述，这里不再重复。这一节着重讨论局域选择性和立构选择性。

1. 链增长反应的局域选择性

链自由基加成到单取代或1,1-双取代的烯类单体时，有两种加成方式，以单取代烯类单体为例，一种是加成到无取代基的双键上，如反应(3.24a)所示；另一种是进攻有取代基的碳原子上，如式(3.24b)所示。在链增长反应中，反应(3.24a)和(3.24b)的相对速率不同，导致聚合物的微观化学结构存在差异，这就是局域选择性。

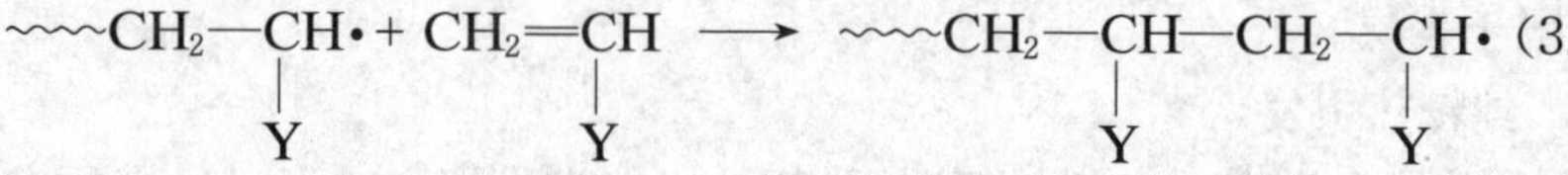

$$\sim\sim CH_2-\underset{\displaystyle Y}{\underset{|}{CH}}\cdot + CH_2=\underset{\displaystyle Y}{\underset{|}{CH}} \longrightarrow \sim\sim CH_2-\underset{\displaystyle Y}{\underset{|}{CH}}-CH_2-\underset{\displaystyle Y}{\underset{|}{CH}}\cdot \quad (3.24a)$$

$$\sim\sim CH_2-\underset{\displaystyle Y}{\underset{|}{CH}}\cdot + CH_2=\underset{\displaystyle Y}{\underset{|}{CH}} \longrightarrow \sim\sim CH_2-\underset{\displaystyle Y}{\underset{|}{CH}}-\underset{\displaystyle Y}{\underset{|}{CH}}-CH_2\cdot \quad (3.24b)$$

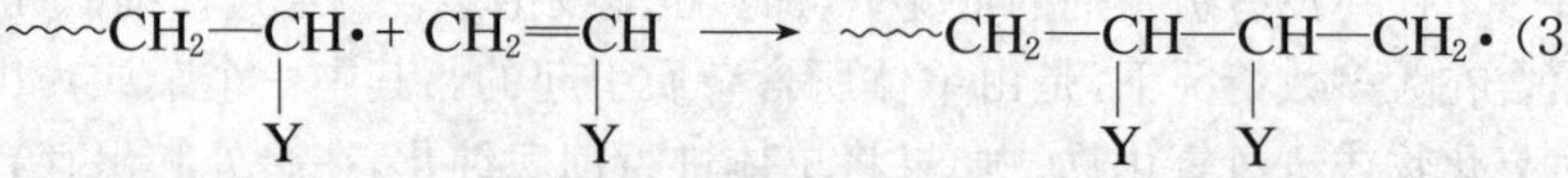

反应(3.24a)和(3.24b)形成的聚合物中，单体单元存在着两种连接方式，即头-尾(head to tail，H－T)和头-头(H－H)两种连接方式(3-6)。

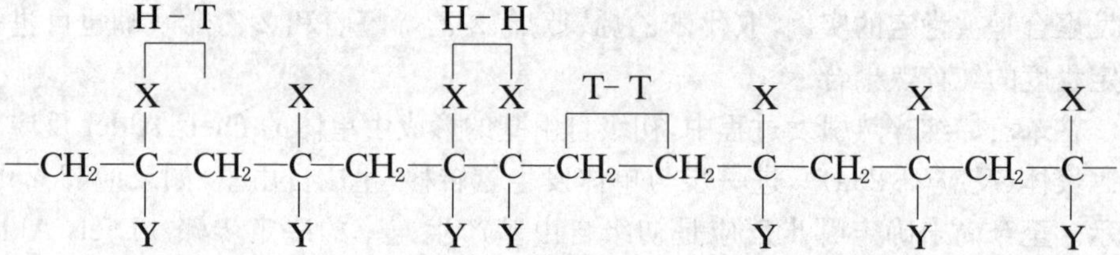

$$\overset{\text{H－T}}{} \quad \overset{\text{H－H}}{} \quad \overset{\text{T－T}}{}$$

$$-CH_2-\overset{\displaystyle X}{\underset{\displaystyle Y}{C}}-CH_2-\overset{\displaystyle X}{\underset{\displaystyle Y}{C}}-CH_2-\overset{\displaystyle X}{\underset{\displaystyle Y}{C}}-\overset{\displaystyle X}{\underset{\displaystyle Y}{C}}-CH_2-CH_2-\overset{\displaystyle X}{\underset{\displaystyle Y}{C}}-CH_2-\overset{\displaystyle X}{\underset{\displaystyle Y}{C}}-CH_2-\overset{\displaystyle X}{\underset{\displaystyle Y}{C}}-$$

3-6

聚合物中，头-尾和头-头两种连接方式的比例由反应(3.24a)和反应(3.24b)的相对速率决定。无论从空间位阻效应，还是电子效应的分析，H－T连接方式在聚合链中占绝对优势，其反应活化能比H－H连接反应的低约34 kJ·mol^{-1}。温度升高，H－H连接方式的比例有所增加。

以上讨论的单体单元连接方式可以通过实验方法测定。例如，聚乙酸乙烯酯水解生成聚乙烯醇，然后用高碘酸氧化断裂H－H连接的1,2-二羟甲基间的碳—碳键(反应(3.25))。比较反应前后分子量的变化，可以计算出H－H接连的比例，实验结果表明，H－H连接比例小于1%～2%。

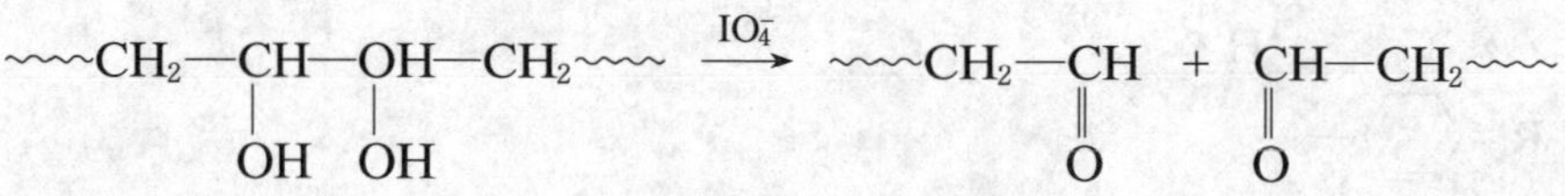

$$\sim\sim CH_2-\underset{\displaystyle OH}{\underset{|}{CH}}-\underset{\displaystyle OH}{\underset{|}{OH}}-CH_2\sim\sim \xrightarrow{IO_4^-} \sim\sim CH_2-\underset{\displaystyle O}{\underset{\|}{CH}} + \underset{\displaystyle O}{\underset{\|}{CH}}-CH_2\sim\sim \quad (3.25)$$

利用高分辨的核磁共振谱仪也可测定聚合物中H－T结构和H－H结构的比例，H－T结构含量大于99%。当烯类单体的取代基较小，且没有较强的电子稳定效应时，H－H结构的比例会明显增加，例如氟乙烯聚合时H－H结构比例可达到10%。聚合温度升高，H－H结构比例也相应增大。利用一些特殊的合成路线也可以制备高H－H结构含量的聚合物，例如，由1,4-聚合得到的聚丁二烯，经Cl_2

加成反应,生成 H－H 结构的聚氯乙烯(反应(3.26));同样,由聚(2,3-二苯基丁二烯)经加氢反应,制得 H－H 结构的聚苯乙烯(反应(3.27))。

$$\text{+}CH_2-CH=CH-CH_2\text{+}_n \xrightarrow{Cl_2} \text{+}CH_2-\underset{\displaystyle Cl}{\underset{|}{CH}}-\underset{\displaystyle Cl}{\underset{|}{CH}}-CH_2\text{+}_n \tag{3.26}$$

$$\text{+}CH_2-\underset{\displaystyle Ph}{\underset{|}{C}}=\underset{\displaystyle Ph}{\underset{|}{C}}-CH_2\text{+}_n \xrightarrow{H_2} \text{+}CH_2-\underset{\displaystyle Ph}{\underset{|}{CH}}-\underset{\displaystyle Ph}{\underset{|}{CH}}-CH_2\text{+}_n \tag{3.27}$$

2. 链增长反应的立体选择性

增长链末端的碳原子为 sp^2 杂化,该碳原子的两个 σ 键和 p 电子轨道可以绕链末端的 C—C 键自由旋转,其构型待定。当单体分子加到链末端时,末端碳原子的构型也即确定,如反应(3.28)所示。如果链自由基与单体的加成反应都按照反应(3.28a)的方式进行,则聚合物链中取代碳原子的构型交替变换,得到间同结构聚合物;如果链自由基与单体的加成反应都按照反应(3.28b)的方式进行,则聚合物链中所有取代碳原子的构型相同,得到全同结构聚合物。

$$\sim\sim CH_2 \overset{H\ R}{\times} CH_2 \overset{H}{\underset{R}{C}}\cdot + CH_2=CHR \longrightarrow \begin{cases} \sim\sim CH_2 \overset{H\ R}{\times} CH_2 \overset{R\ H}{\times} CH_2 \overset{H}{\underset{R}{C}}\cdot & (3.28a) \\ \sim\sim CH_2 \overset{H\ R}{\times} CH_2 \overset{H\ R}{\times} CH_2 \overset{H}{\underset{R}{C}}\cdot & (3.28b) \end{cases}$$

在自由基聚合反应中,完全按反应(3.28a)或反应(3.28b)进行增长反应,目前还没有实现。聚合物中全同结构聚合物和间同结构聚合物的比例,由这两个反应的相对速率决定。

3.2.3　链终止

链终止反应是指增长链自由基失去继续与单体反应能力的反应。该反应可以发生在增长链之间,也可以发生在增长链和其他化合物之间,前者称为**双基终止**,后者称为**单基终止**。双基终止反应结果是增长链失去活性,同时无新的活性中心形成。单基终止可以使增长链失去活性,反应停止,称为**阻聚**。也可以是增长链失去活性,同时生成新的链自由基,这就是链转移反应。这一节讨论双基终止,链转移反应和阻聚反应将在 3.4 和 3.5 小节中介绍。

自由基很活泼,极易相互偶合形成共价键。增长链自由基经偶合成键而发生的终止反应称为**偶合终止**。偶合终止使两个增长链变成一个“死”的聚合物分子,它的聚合度比增长链大一倍,链的两个端基为引发剂残片,如反应(3.29)所示。

$$\sim\sim CH_2-\underset{\displaystyle Y}{\underset{|}{CH}}\cdot + \cdot\underset{\displaystyle Y}{\underset{|}{CH}}-CH_2\sim\sim \xrightarrow{k_{tc}} \sim\sim CH_2-\underset{\displaystyle Y}{\underset{|}{CH}}-\underset{\displaystyle Y}{\underset{|}{CH}}-CH_2\sim\sim \tag{3.29}$$

若增长链自由基夺取另一个增长链自由基上的氢原子或其他原子,使两个增长链同时失活的终止反应称为**歧化终止**。歧化终止的前后分子链的数目和数均聚合度都没有发生变化,形成的聚合物只有一端有一个引发剂残基,如反应(3.30)所示。

$$\sim\sim CH_2-\underset{\displaystyle Y}{\underset{|}{CH}}\cdot + \cdot\underset{\displaystyle Y}{\underset{|}{CH}}-CH_2\sim\sim \xrightarrow{k_{td}} \sim\sim CH_2-\underset{\displaystyle Y}{\underset{|}{CH_2}} + \underset{\displaystyle Y}{\underset{|}{CH}}=CH\sim\sim \tag{3.30}$$

有一些方法可以测定聚合反应中偶合和歧化终止的比例,其中一个方法是同位素标记法。例如,采用^{14}C标记的引发剂进行聚合反应,测定聚合物中引发剂的残基数目,并与聚合物链的数目进行比较,就可以计算出偶合终止和歧化终止的比例。分子链的数目通常以数均分子量来估算,由于聚合物分子量的多分散性,因此这种估算存在较大误差,较为严谨的方法是通过分子量分布来确定分子链的数目。

聚合反应中,这两种终止方式的比例与单体种类、聚合条件有关。含有较活泼质子的单体容易发生歧化终止,温度升高也有利于歧化终止。所以,苯乙烯聚合以偶合终止为主,甲基丙烯酸甲酯在60℃以上聚合时以歧化终止为主,在60℃以下聚合时两种终止方式都存在。

思考题

1. 有哪些化合物可以用作热分解引发剂?为什么?写出它们的分解反应。
2. 有哪些化合物可以组成氧化还原引发剂,分别用作油溶性和水溶性引发剂?
3. 讨论光引发聚合的机理和引发方式。
4. 什么是局域选择性聚合?单体结构对局域选择性有什么影响?
5. 什么是立体选择性?为什么自由基聚合反应的立体选择性差?
6. 什么是链终止反应?讨论链终止反应的方式。

3.3　自由基链式聚合反应动力学

聚合机理、聚合反应动力学、分子量和分布以及聚合物的结构控制是高分子化学的重要研究内容。这一节着重讨论动力学。根据反应速率，聚合过程一般存在诱导期、聚合初期、聚合中期和后期，典型的转化率-时间曲线如图3.1所示。

为了防止单体在储存过程中聚合，往往加入称为阻聚剂的化合物。所以，反应初期形成的自由基被阻聚剂和单体内的杂质所终止，聚合速率为零。直到阻聚剂和杂质完全消耗后，聚合反应开始，这一段时间称为**诱导期**。纯化单体可以消除诱导期。诱导期过后，单体开始聚合，至单体转化率达到5%～10%，称为**聚合初期**。研究聚合反应的动力学基本在这一期间进行，因为这时单体浓度的变化很小，各种速率常数也基本稳定。随着聚合的进行，高分子的数目增多，不少聚合体系会出现自动加速现象，该现象会延续到50%～70%的转化率，该阶段称作**聚合中期**。随后，单体浓度变小，聚合速率降低，聚合反应进入后期。

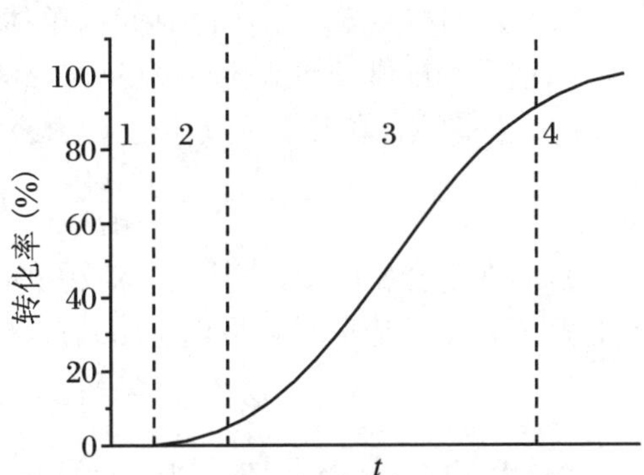

图3.1　自由基聚合的转化率-时间曲线

1：诱导期；2：聚合初期；3：聚合中期；4：聚合后期

3.3.1　聚合反应速率

1. 反应速率表达式

为了简化聚合反应动力学方程的推导过程，必须要有一些基本假定。首先是等活性假定。增长链的活性只取决于末端单体单元，与链长无关。因此，不同链长的增长链自由基具有相同的链增长和链终止速率常数。其次是稳态假定。假定经很短时间聚合，体系中自由基生成速率和终止速率相等，使体系中的自由基浓度不变，即达到稳态。实验证实了稳态的存在，通常，最多经1 min聚合反应就可达到稳态。第三，聚合反应是不可逆的。通常，聚合反应有极高的平衡常数，逆反应（解聚）速率极低。

引发反应

$$\mathrm{I} \xrightarrow{k_d} 2\mathrm{R}\cdot \tag{3.31a}$$

$$\mathrm{R}\cdot + \mathrm{M} \xrightarrow{k_i} \mathrm{RM}\cdot \tag{3.31b}$$

因为不同链长的自由基其活性是相等的，即等活性假定，所以，链增长反应可简化成(3.32)所示的反应。

$$\mathrm{M}_n\cdot + \mathrm{M} \xrightarrow{k_p} \mathrm{M}_{n+1}\cdot \tag{3.32}$$

聚合反应速率(R_p)用单位时间内单体浓度的减小量来表示。在自由基聚合反应中，引发和链增长均消耗单体（反应(3.31)和反应(3.32)）。所以，聚合反应速率为引发速率(R_i)和链增长反应速率(R_p)之和，如反应(3.33)所示。

$$-\frac{\mathrm{d}[\mathrm{M}]}{\mathrm{d}t} = R_i + R_p \tag{3.33}$$

然而，在聚合反应中，增长反应消耗单体的数目远远大于引发反应消耗单体的数目，R_i对聚合反应的贡献可以忽略。这样

$$R_p = -\frac{\mathrm{d}[\mathrm{M}]}{\mathrm{d}t} = k_p[\mathrm{M}\cdot][\mathrm{M}] \tag{3.34}$$

式(3.34)中，[M]和[M·]分别为单体浓度和不同链长的自由基总浓度。通常，聚合反应体系中，链自由基浓度很小($\sim 10^{-8}$ mol)，难以实验测定，所以要将其转换成可测定的物理量。为此要采用稳态假定，即自由基浓度在聚合开始时是增大的，但很快(最多 1 min)就达到稳定的自由基浓度，即引发速率与链自由基的终止速率(R_t)相等。在聚合机理一节就讨论过，链自由基终止反应存在偶合(k_{tc})和歧化(k_{td})两种反应，无论哪种终止反应，每一次反应终止两个活性链。所以，终止反应可以写成式(3.35)。

$$\mathrm{M}_n\cdot + \mathrm{M}_m\cdot \xrightarrow{k_t} \mathrm{M}_{(n+m)} \tag{3.35}$$

这样

$$R_i = R_t = 2k_t[\mathrm{M}\cdot]^2 \tag{3.36a}$$

所以

$$[\mathrm{M}\cdot] = \left(\frac{R_i}{2k_t}\right)^{1/2} \tag{3.36b}$$

将式(3.36b)代入式(3.34)，可得聚合反应速率表达式(3.37)。

$$R_p = -\frac{\mathrm{d}[\mathrm{M}]}{\mathrm{d}t} = k_p[\mathrm{M}]\left(\frac{R_i}{2k_t}\right)^{1/2} \tag{3.37}$$

式中，R_p与R_i的1/2次方成正比，与终止速率常数$k_t^{1/2}$成反比。而引发速率R_i与引发方式有关，不同引发方式有不同的R_i表达式，所以有不同的聚合反应速率表达式，下面将分别讨论。在此之前，先讨论R_p的实验测定方法。

2. R_p的实验测定方法

聚合速率R_p可用单体的消耗速率或聚合物的生成速率来表示。所以，首先要得到不同时间的聚合反应试样，然后测定试样中，单体浓度或聚合物质量的变化，由此计算得到R_p。反应液中未反应单体的量，或聚合物质量可用质量法、化学及光谱分析和膨胀计法测定。下面分别讨论。

(1) 质量法。采用该方法时，首先要将聚合物从反应混合物中分离出来。具体方法是，向反应样品中加入沉淀剂，使聚合物沉淀出来；或者将单体蒸出，留下聚合物。再进一步提纯和干燥，经称重，得到生成聚合物的质量，由此计算出聚合反应的单体转化率。该方法较为繁琐，耗时较长。

(2) 化学及光谱分析法。该方法直接测定聚合反应体系中未反应的单体，例如，采用溴量法或碘量法滴定未反应的双键，由此计算聚合体系中单体的浓度；或者利用核磁共振谱、红外光谱、紫外光谱测定单体或者聚合物的相对比例，由此计算出单体的转化率。该方法操作简单，没有分离和纯化步骤。

(3) 膨胀计法。这是一种间接方法，利用单体和聚合物在物理性质上的差异，如比容和折射率等来测定R_p。其中，膨胀计法是测定聚合反应速率最常用的方法。它根据聚合反应进行过程中，聚合体系的体积减少量，来跟踪转化率。表3.4列出了一些单体转变成聚合物时的体积收缩率(ΔV_∞%)。根据某时刻的体积收缩率(ΔV_t%)和ΔV_∞%的比值就可换算出单体的转化率。

表3.4　烯烃单体本体聚合时的体积收缩(60 ℃)

单　体	单体密度($g\cdot mL^{-1}$)	聚合物密度($g\cdot cm^{-3}$)	ΔV_∞%
氯乙烯	0.919	1.406	34.3
丙烯腈	0.800	1.17	31.0
偏氯乙烯	1.213	1.71	28.7
丙烯酸甲酯	0.952	1.223	22.1
乙酸乙烯酯	0.934	1.191	21.6
甲基丙烯酸甲酯	0.940	1.179	20.6
苯乙烯	0.905	1.062	14.6

3.3.2 引发剂的热分解及 R_p

1. 热分解反应动力学

在不同温度下，引发剂的热分解速率常数(k_d)在 $10^{-4}\sim10^{-9}$ s^{-1}范围内变化，实用的 k_d值应处在 $10^{-4}\sim10^{-6}$ s^{-1}之间。引发剂分解后生成的自由基越稳定，在相同温度下，k_d值就越大。例如，过氧化酰($(RCOO)_2$)的 k_d值高于烷基过氧化物(ROOR)的 k_d值，因为 RCOO·自由基比 RO·稳定。偶氮类引发剂的 k_d值按如下次序变化(与生成的自由基稳定性顺序相一致)：

烯丙基，苄基>叔烷基>仲烷基>伯烷基

(1) 分解速率和半衰期。用引发剂的消失速率来表示引发剂的分解速率 R_i，R_i是一级反应，表达为

$$-\frac{d[I]}{dt} = k_d[I] \tag{3.38}$$

积分后得到

$$[I] = [I]_0 e^{-k_d t} \tag{3.39a}$$

或

$$\ln\frac{[I]_0}{[I]} = k_d t \tag{3.39b}$$

式(3.38)和式(3.39)中，$[I]_0$和$[I]$分别为引发剂的起始浓度和在 t 时刻的引发剂浓度。引发剂的半衰期($t_{1/2}$)定义为引发剂浓度降低到起始浓度一半所需的时间，则半衰期和 k_d的关系如式(3.40)所示。

$$t_{1/2} = \frac{\ln 2}{k_d} \tag{3.40}$$

表 3.5 列出一些常用引发剂在不同温度下的半衰期。半衰期 $t_{1/2}$的一个重要用途是选择聚合反应温度，或根据反应温度选择引发剂。其原则是引发剂的半衰期应小于聚合反应时间，至少两者相当，否则聚合结束后体系中会残留大量引发剂，影响聚合物的质量。

表 3.5 引发剂的半衰期

引 发 剂	半衰期(h)							
	50 ℃	70 ℃	85 ℃	100 ℃	115 ℃	130 ℃	145 ℃	175 ℃
AIBN	74	4.8	—	0.12	—	—	—	—
过氧化苯甲酰	—	7.3	1.4	0.33	—	—	—	—

续表

引发剂	半衰期(h)							
	50 ℃	70 ℃	85 ℃	100 ℃	115 ℃	130 ℃	145 ℃	175 ℃
过氧化乙酰	158	8.1	1.1	—	—	—	—	—
过氧化十二碳酰	47.7	12.8	3.5	0.52	—	—	—	—
过氧化乙酸叔丁酯	—	—	88	12.5	1.9	0.30	—	—
过氧化异丙苯	—	—	—	—	13	1.7	0.28	—
过氧化叔丁基	—	—	—	218	34	6.4	1.38	—
叔丁基过氧化氢	—	—	—	338	—	—	—	4.81

注：在苯或甲苯溶液中的测定值。

(2) k_d的温度依赖性。引发反应速率常数 k_d的温度依赖性可由 Arrhenius 经验公式(3.41)来表述。

$$k_d = A_d e^{-E_d/RT} \tag{3.41a}$$

式中 A_d为引发剂分解的频率因子，E_d为引发剂的分解活化能，R 为普适气体常数，T 为绝对温度(K)。由式(3.41a)，可得式(3.41b)。

$$\ln k_d = \ln A_d - \frac{E_d}{2.303T} \tag{3.41b}$$

在不同温度下，测得引发剂的分解速率，可求得一系列的 k_d值。将 $\ln k_d$对 $1/T$作图得一直线，由截距求得 A_d值；由斜率求得 E_d值。

(3) k_d的测定。由式(3.39b)可知，测定不同时刻引发剂的浓度$[\mathrm{I}]_t$，由 $\ln[\mathrm{I}]_0/[\mathrm{I}]_t$对 t 作图得一直线，由斜率即可求得 k_d。过氧类引发剂的浓度可用氧化还原滴定法(如碘量法)测定，偶氮类引发剂的浓度可由析出氮气的体积来计算。

引发剂的分解速率常数的测定常在苯、甲苯等惰性溶剂中进行。在不同溶剂中得到的 k_d值可能存在差别，因为溶剂或多或少都会影响引发剂的分解。例如，在单体中测定的 k_d值往往比在纯溶剂中的测定值小。

有些过氧化物引发剂的分解反应级数偏离 1，这可能是某些副反应导致的。为避免引发剂浓度对 k_d值的影响，可在不同浓度下测定 k_d值，然后将 k_d对引发剂浓度作图得一直线，将浓度推至零时，可得到 k_d值。

2. 引发反应的动力学

(1) 引发反应速率。引发反应包括引发剂分解反应(3.30a)和生成的初级自由基与单体的加成反应(3.31b)，相对于反应(3.31b)，反应(3.31a)是慢反应。因此，引发速率(R_i)是由反应(3.31a)决定的，可表示为式(3.42)。

$$R_i = \frac{d[M\cdot]}{dt} = 2k_d[I] \tag{3.42}$$

其中[M·]为聚合体系中增长链自由基的浓度，系数 2 表示一个引发剂分子热分解时，产生 2 个自由基。

(2) 引发剂效率(f)。通常情况下，引发剂产生的初级自由基，例如，过氧化苯甲酰热分解产生的苯甲酰氧自由基，并不能完全转变成链自由基，这就有引发剂效率 f 的问题。f 的定义为：在引发剂分解生成的初级自由基中，能引发聚合生成链自由基的分数。大多数引发剂的引发效率在 0.3～0.8 之间。f 值低的原因，一是因为增长链自由基包括初级自由基与引发剂分子发生如反应(3.43)所示的诱导分解。

$$\mathrm{Ph{-}\overset{\overset{\displaystyle O}{\|}}{C}{-}O{-}O{-}\overset{\overset{\displaystyle O}{\|}}{C}{-}Ph + M_n\cdot \longrightarrow M_n{-}O{-}\overset{\overset{\displaystyle O}{\|}}{C}{-}Ph + Ph{-}\overset{\overset{\displaystyle O}{\|}}{C}{-}O\cdot} \tag{3.43}$$

该反应也称为增长链向引发剂的链转移反应，生成的自由基 PhCOO·能引发单体聚合，故不影响聚合反应速率，只造成引发剂的损耗。引发剂分解产生的初级自由基还存在其他副反应，生成中性分子，不能再引发单体聚合。另一个重要原因是笼蔽效应。以过氧化苯甲酰为例，它有可能存在如(3.44)所示的各种反应。

$$\mathrm{Ph{-}\overset{\overset{\displaystyle O}{\|}}{C}{-}O{-}O{-}\overset{\overset{\displaystyle O}{\|}}{C}{-}Ph \rightleftharpoons \left[2Ph{-}\overset{\overset{\displaystyle O}{\|}}{C}{-}O\cdot\right]} \tag{3.44a}$$

$$\mathrm{\left[2Ph{-}\overset{\overset{\displaystyle O}{\|}}{C}{-}O\cdot\right] \longrightarrow \left[Ph{-}\overset{\overset{\displaystyle O}{\|}}{C}{-}OPh + CO_2\right]} \tag{3.44b}$$

$$\mathrm{\left[2Ph{-}\overset{\overset{\displaystyle O}{\|}}{C}{-}O\cdot\right] + M \longrightarrow Ph{-}\overset{\overset{\displaystyle O}{\|}}{C}{-}O\cdot + Ph{-}\overset{\overset{\displaystyle O}{\|}}{C}{-}OM\cdot} \tag{3.44c}$$

$$\mathrm{\left[2Ph{-}\overset{\overset{\displaystyle O}{\|}}{C}{-}O\cdot\right] \longrightarrow 2Ph{-}\overset{\overset{\displaystyle O}{\|}}{C}{-}O\cdot} \tag{3.44d}$$

$$\mathrm{Ph{-}\overset{\overset{\displaystyle O}{\|}}{C}{-}O\cdot \longrightarrow Ph\cdot + CO_2} \tag{3.44e}$$

$$\mathrm{Ph\cdot + M \longrightarrow PhM\cdot} \tag{3.44f}$$

$$\mathrm{Ph{-}\overset{\overset{\displaystyle O}{\|}}{C}{-}O\cdot + Ph\cdot \longrightarrow Ph{-}\overset{\overset{\displaystyle O}{\|}}{C}{-}OPh} \tag{3.44g}$$

$$\mathrm{2Ph\cdot \longrightarrow Ph{-}Ph} \tag{3.44h}$$

在溶液中，引发剂分子和它分解产生的初级自由基被溶剂分子所包围，形成所谓的溶剂笼，在反应中，用方括号表示。在溶剂笼内，生成的两个初级自由基有可能重新结合（式（3.44a）的逆反应）或相互反应（反应（3.44b））；或引发单体聚合（反应（3.44c））；或扩散出溶剂笼（反应（3.44d）），而且扩散出笼的自由基会发生各种（反应（3.44e）至反应（3.44h））。反应（3.44a）、反应（3.44c）至反应（3.44f）不影响引发剂效率，而反应（3.44b）、反应（3.43g）和反应（3.43h）因自由基相互偶合形成稳定的中性分子，导致引发剂的真实损耗，引发剂效率降低。其中，在溶剂笼内的反应（3.44b）对 f 值的降低最为重要。自由基的平均寿命为 $10^{-10}\sim10^{-9}$ s，自由基相互反应的速率常数为 10^7 L・mol^{-1}・s^{-1}或更高，溶剂笼内的自由基浓度约为 10 mol・L^{-1}，所以，在溶剂笼内进行反应（3.44b）完全有可能。相比较，引发反应（3.44c）的速率（$10\sim10^5$ L・mol^{-1}・s^{-1}）较低，很难与反应（3.44b）竞争。

(3) 影响 f 值的因素。在纯单体的本体聚合中，单体对引发剂同样存在溶剂化作用。所以，引发剂效率受单体浓度和溶剂性质的共同影响。

① 单体浓度对 f 的影响。当单体浓度（$10^{-1}\sim10$ mol・L^{-1}）比自由基浓度（$10^{-7}\sim10^{-9}$ mol・L^{-1}）大得多时，初级自由基一旦逸出笼外，与单体反应占优势，f 值不随[M]的改变而变化。然而，单体浓度很低时，f 随[M]增加而增加，如图3.2所示。

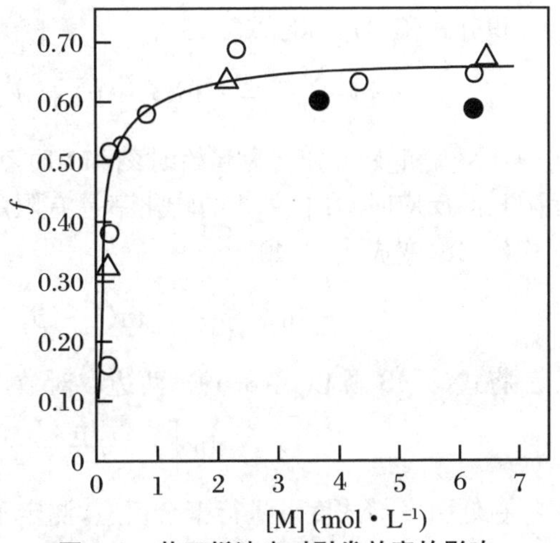

图 3.2　苯乙烯浓度对引发效率的影响

引发剂浓度：● 0.20 g・L^{-1}；○ 0.50 g・L^{-1}；△1.00 g・L^{-1}

② 单体的活性不同，导致 f 值的变化。例如，AIBN 引发甲基丙烯酸甲酯、乙酸乙烯酯、苯乙烯、氯乙烯和丙烯腈聚合时，其 f 值按上述顺序由 0.6 增至 1。

③ 溶剂的影响。通常溶剂黏度增大，f 值降低。

④ 引发剂效率的测定。测定引发剂效率 f 值的基本原理是比较引发剂的分解数目和聚合物所含引发剂的残片数目。引发剂 AIBN 分解数目可根据 N_2 的生成量；过氧化物引发剂分解数目可用氧化还原滴定残余的过氧化物来获得。采用同位素（如^{14}C）标记的引发剂进行聚合反应，测定出聚合物中引发剂的残片数目，由此计算出引发剂效率。也可以通过测定其数均分子量，获得生成聚合物链的数

目，再由偶合终止和歧化终止的比例，求得聚合物中引发剂残片的数目。由于聚合物的分子量存在多分散性，这种测定方法存在一定的局限性。

3. 聚合反应动力学

根据以上讨论，热分解引发剂的引发反应速率为

$$R_{\mathrm{i}} = 2fk_{\mathrm{d}}[\mathrm{I}] \tag{3.45}$$

将式(3.45)代入式(3.37)，可得热分解引发剂引发聚合反应的速率表达式(3.46)。

$$R_{\mathrm{p}} = k_{\mathrm{p}}[\mathrm{M}]\left(\frac{fk_{\mathrm{d}}[\mathrm{I}]}{k_{\mathrm{t}}}\right)^{1/2} \tag{3.46}$$

(1) 低引发剂浓度时聚合反应动力学方程。引发剂浓度降低到一定值，使增长链的半衰期近似于引发剂的半衰期，使聚合反应非常缓慢，导致在很长的反应时间内，单体的转化率都非常低。这时，将式(3.39a)代入(3.46)中，可得式(3.47)。

$$-\frac{\mathrm{d}[\mathrm{M}]}{[\mathrm{M}]} = k_{\mathrm{p}}\left(\frac{fk_{\mathrm{d}}[\mathrm{I}]_0}{k_{\mathrm{t}}}\right)^{1/2}\mathrm{e}^{-\frac{k_{\mathrm{d}}t}{2}}\mathrm{d}t \tag{3.47}$$

积分式(3.47)，得式(3.48)。

$$-\ln\frac{[\mathrm{M}]_t}{[\mathrm{M}]_0} = -\ln(1-p) = k_{\mathrm{p}}\left(\frac{fk_{\mathrm{d}}[\mathrm{I}]_0}{k_{\mathrm{t}}}\right)^{1/2}\left(1-\mathrm{e}^{-\frac{k_{\mathrm{d}}t}{2}}\right) \tag{3.48}$$

式中，$[\mathrm{M}]_0$和$[\mathrm{M}]_t$分别为起始时刻和 t 时刻单体的浓度，p 为单体的转化率。在无限长的反应时间内，单体的转化率是有限的，p 和$[\mathrm{M}]$存在极限值 p_∞和$[\mathrm{M}]_\infty$，则式(3.48)变成式(3.49)。

$$-\ln\frac{[\mathrm{M}]_\infty}{[\mathrm{M}]_0} = \ln(1-p_\infty) = k_{\mathrm{p}}\left(\frac{fk_{\mathrm{d}}[\mathrm{I}]_0}{k_{\mathrm{t}}}\right)^{1/2} \tag{3.49}$$

将式(3.48)除以式(3.49)，两边取对数，可得式(3.50)。

$$-\ln\left[1-\frac{\ln(1-p)}{\ln(1-p_\infty)}\right] = \frac{k_{\mathrm{d}}}{2}t \tag{3.50}$$

在低引发剂浓度下进行聚合反应，测定不同时刻单体的转化率和极限转化率，由式(3.49)的左边对时间作图，所得直线的斜率求得 k_{d}。图 3.3 是在不同温度下，低浓度 AIBN 引发异戊二烯聚合时，测定 k_{d}的情况。

由直线的斜率可分别求出在 60 ℃、70 ℃和 80 ℃下的 k_{d}值。

(2) R_{p}与引发剂的关系。式(3.46)说明了 $R_{\mathrm{p}} \propto [\mathrm{I}]^{1/2}$，这是引发剂热分解引发自由基聚合反应的一般规律，实验结果也证实了这一点，如图 3.4 所示。

但在某些情况下，R_{p}与$[\mathrm{I}]^{1/2}$之间的正比关系也会出现偏离，例如，当引发剂浓度很大时，f 值降低，R_{p}对$[\mathrm{I}]$的依赖性小于 1/2 次方。当初级自由基浓度太大或单体浓度过低，决定引发反应速率 R_{i}的为反应(3.31b)时，聚合反应速率 R_{p}为

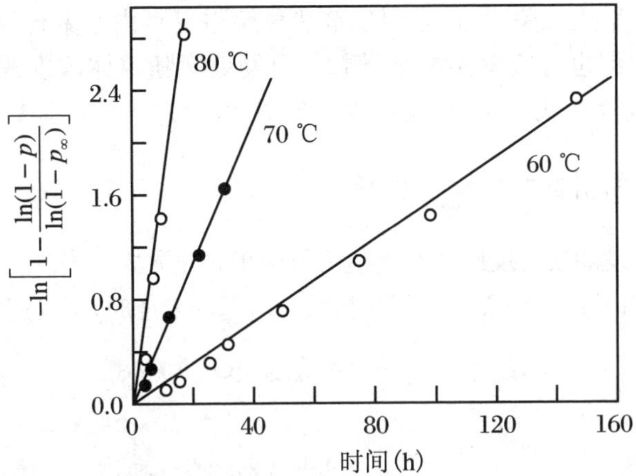

图 3.3 低偶氮二异丁腈浓度下引发异戊二烯的聚合反应

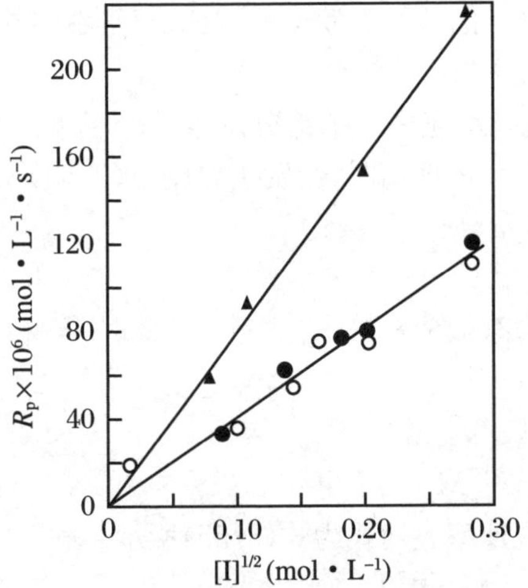

图 3.4 聚合速率 R_p与引发剂浓度的1/2次方关系

▲为甲基丙烯酸甲酯,过氧化苯甲酰,50 ℃

○和●为苯甲酸乙烯酯,偶氮二异丁腈,60 ℃

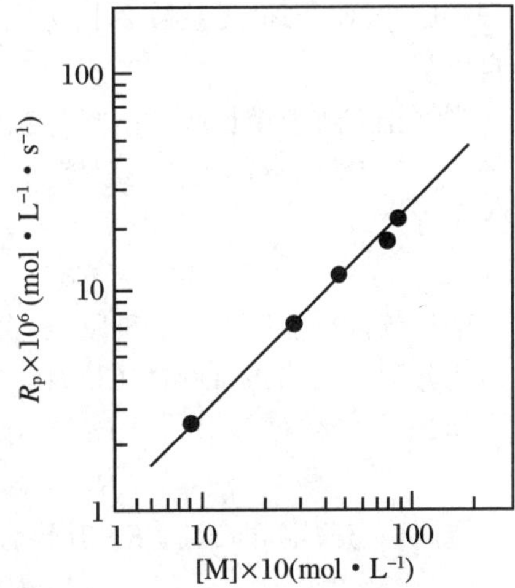

图 3.5 甲基丙烯酸甲酯聚合速率 R_p与单体浓度的一次方关系

引发剂为过氧化苯甲酸叔丁酯-二苯基硫脲氧化还原体系

$$R_p = \frac{k_p k_i[M]^2}{k_t} \tag{3.51}$$

由式(3.51)可知,R_p与[I]无关,与浓度[M]的平方呈正比。

(3) R_p与单体浓度[M]的关系。由式(3.46)可见,聚合反应速率 R_p与单体浓度[M]的一次方呈正比关系，这是引发剂热分解引发自由基聚合反应的普遍现象，如图 3.5 所示。但也有偏离的情况，例如，引发效率随单体浓度改变而变化时，即 $f = f'[M]$，将其代入式(3.46)，就可以发现 $R_p \propto [M]^{3/2}$。

3.3.3 氧化还原引发聚合反应速率

氧化还原引发的聚合反应速率表达式取决于终止方式。当终止反应为双增长链自由基反应，且引发速率的决定步骤为初级自由基的形成时，引发速率 R_i 方程式为

$$R_i = \frac{d[M\cdot]}{dt} = k_{redox}[Ox][Red] \tag{3.52a}$$

则聚合反应速率 R_p 可写成

$$R_p = k_p[M]\left(\frac{k_{redox}[Ox][Red]}{2k_t}\right) \tag{3.52b}$$

式中，[Ox]和[Red]分别为氧化剂和还原剂的浓度。与引发剂热分解的引发速率方程相比，式(3.52a)无系数 2，因为大多数氧化还原引发反应，每次只形成一个初级自由基。

当终止方式为增长链自由基与氧化还原反应中一个组分发生单分子反应时，例如，Ce^{4+} 与醇组成的氧化还原体系，当 Ce^{4+} 浓度高时，会发生如反应(3.53)所示的终止方式。

$$M_n\cdot + Ce^{4+} \longrightarrow Ce^{3+} + H^+ + M_n \tag{3.53}$$

增长链自由基失去一个氢原子，生成带有端烯基的聚合物分子，此时，R_i 和 R_t 表达式分别为式(3.54a)和式(3.54b)。

$$R_i = k_{redox}[Ce^{4+}][\text{醇}] \tag{3.54a}$$

$$R_t = k_t[Ce^{4+}][M\cdot] \tag{3.54b}$$

应用稳态假定，即 $R_i = R_t$，其聚合反应速率表达式为式(3.55)所示。

$$R_p = \frac{k_{redox}k_p[M][\text{醇}]}{k_t} \tag{3.55}$$

3.3.4 光引发聚合反应速率

光是电磁波，每一个光量子的能量(E)和光的频率(ν)、波长(λ)都有如式(3.56)所示的关系。

$$E = h\nu = h\frac{c}{\lambda} \tag{3.56}$$

其中，h 为 Planck 常数(6.624×10^{-34} J·s)，c 为光速。每摩尔光量子的能量称为

1 Einstein，其值为

$$1\ \text{Einstein} = N_A h\nu = N_A h\frac{c}{\lambda} \tag{3.57}$$

式中，N_A为阿伏伽德罗常数。从式(3.56)和式(3.57)可知，光量子的能量与光波长相关，波长短，光能量强。物质发生光化学反应的前提是它对一定波长的入射光有较好的吸收作用。物质吸收光的强度(I'_a)和入射光的强度(I_0)的关系遵从Beer-Lambert定律(式(3.58))。

$$I'_a = I_0(1 - e^{-\alpha[A]D}) \tag{3.58}$$

式中，I_0为入射光强；I'_a为距离反应器表面D处所吸收的光强；[A]为光引发剂A的摩尔浓度，a为物质A的吸光系数，随光的波长和温度改变，单位是$L \cdot mol^{-1} \cdot cm^{-1}$。它与消光系数$\varepsilon$的关系是

$$\alpha = \ln 10\varepsilon = 2.3\varepsilon$$

1. 引发反应速率R_i表达式

光引发反应速率R_i表达式为

$$R_i = 2\Phi I_a \tag{3.59}$$

式中，I_a为吸收光强，常用单位是$kJ \cdot s^{-1}$，这里应换算成$Einstein \cdot L^{-1} \cdot s^{-1}$。系数2指每个分子光解后产生两个自由基。如果每个分子光解后产生一个自由基，则系数为1。Φ为光引发反应量子产率，定义为每吸收的一个光量子所产生的增长链数目，它的最大值为1。若定义Φ'为每吸收一个光量子所产生的自由基数。则$\Phi = f\Phi'$，f为引发效率。

2. 聚合反应速率R_p表达式

当终止反应为双基终止时，将式(3.59)代入式(3.37)，得到聚合反应速率表达式(3.60)。

$$R_p = k_p[M]\left(\frac{\Phi I_a}{k_t}\right)^{1/2} \tag{3.60}$$

式(3.58)中的I'_a与式(3.60)中的I_a的意义是不一样的。I_a是单位体积吸收的光强，单位为$mol \cdot cm^{-3} \cdot s^{-1}$。$I'_a$和$I_0$是单位面积吸收的光强，单位是$mol \cdot cm^{-2} \cdot s^{-1}$。光引发剂的吸收光强$I_a$随光照入反应体系的距离$D$而改变。因此$I_a$与$D$有如式(3.61)所示的关系。

$$I_a = \frac{dI'_a}{dD} = \alpha[A]I_0\,10^3 e^{-\alpha[A]D} \tag{3.61}$$

式中，10^3是I_a的单位从$mol \cdot cm^{-3} \cdot s^{-1}$转换为$mol \cdot L^{-1} \cdot s^{-1}$的转换系数。将式(3.61)代入式(3.60)，得到表达式(3.62)。

$$R_p = k_p[M]\left(\frac{\Phi\alpha[A]I_0 10^3 e^{-\alpha[A]D}}{k_t}\right)^{1/2} \tag{3.62a}$$

式中，R_p是 D 的函数，即是反应体系表面至 D 处的局部聚合反应速率。若要计算厚度为 D 的反应体系的平均聚合反应速率$\overline{R}_p$，则将式(3.62a)积分，再除 D，得式(3.62b)。

$$\overline{R}_p = 2k_p[M]\left(\frac{\Phi I_0 10^3}{\alpha[A]k_t}\right)^{1/2}\left(\frac{1-e^{-\alpha[A]D/2}}{D}\right) \tag{3.62b}$$

假定光经过反应器的减弱可以忽略，由式(3.60)和式(3.61)可知 $R_p \propto [M]$、$R_p \propto [I_a]^{1/2}$和$[A]^{1/2}$。对纯单体的光引发聚合反应，$[A]=[M]$，所以，$R_p \propto [M]^{3/2}$。当单体猝灭激发态时，R_p与$[M]$的关系就比较复杂，应具体分析。

3.3.5 温度对聚合速率的影响

在聚合反应中，温度对反应速率有极大影响。这可以用 Arrhenius 方程式(3.63)来描述。

$$k = Ae^{-E/RT} \tag{3.63a}$$

或

$$\ln k = \ln A - E/RT \tag{3.63b}$$

式中，A 为碰撞频率因子，E 为活化能，T 为绝对温度。将 $\ln k$ 对 $1/T$ 作图，得一直线，由截距和斜率分别求得 A 和E 值。

表 3.6 不同单体的自由基链式聚合的动力学参数

单　体	$k_p \times 10^{-3}$	E_p	$A_p \times 10^{-7}$	$k_t \times 10^{-7}$	E_t	$A_t \times 10^{-9}$
氯乙烯(50 ℃)	11.0	16	0.33	210	17.6	600
四氟乙烯(83 ℃)	9.10	17.4	—	—	—	—
乙酸乙烯酯	2.30	18	3.2	2.9	21.9	3.7
丙烯腈	1.96	16.2	—	7.8	15.5	—
丙烯酸甲酯	2.09	29.7	10.0	0.95	22.2	15
甲基丙烯酸甲酯	0.515	26.4	0.087	2.55	11.9	0.11
2-乙烯基吡啶	0.186	33	—	3.3	21	—
苯乙烯	0.165	26	0.45	6.0	8.0	0.058
乙烯	0.242	18.4	—	54.0	1.3	—
1,3-丁二烯	0.100	24.3	12	—	—	—

注：① 除特别注明外，表中所有数据都是在 60 ℃下测定的。

② k_p和 k_t的单位是 $L \cdot mol^{-1} \cdot s^{-1}$，$E_p$和 E_t的单位是 $kJ \cdot mol^{-1}$，A_p和 A_t的单位是 $L \cdot mol^{-1} \cdot s^{-1}$。

表3.6列出了几种单体的链增长和链终止反应的活化能和碰撞频率因子的值。一般,链增长反应的碰撞频率因子(A_p)随单体的不同,其变化量总是比链增长反应的活化能(E_p)大,说明立体效应可能是影响 k_p 值一个重要的因素。空间阻碍较大单体(甲基丙烯酸甲酯)的 E_p 和 A_p 值比空间阻碍较小的单体(丙烯酸甲酯)要低。E_t 和 A_t 值也有相似的规律。

聚合反应速率表达式与引发方式密切相关。以引发剂热分解引发的聚合反应为例,从(3.46)可知 R_p 与 $k_p(k_d/k_t)^{1/2}$ 相关。通过 Arrhenius 方程可得 R_p 和 $k_p(k_d/k_t)^{1/2}$ 与温度的关系式,分别如(3.64)和(3.65)所示。

$$\ln\left[k_p\left(\frac{k_d}{k_t}\right)^{1/2}\right]=\ln\left[A_p\left(\frac{A_d}{A_t}\right)^{1/2}\right]-\frac{E_p+(E_d-E_t)/2}{RT} \tag{3.64}$$

$$\ln R_p=\ln\left[A_p\left(\frac{A_d}{A_t}\right)^{1/2}\right]+\ln\left[(f[\mathrm{I}])^{1/2}[\mathrm{M}]\right]-\frac{E_R}{RT} \tag{3.65}$$

聚合反应速率的总活化能(E_R)为 $E_p+(E_d-E_t)/2$。常用引发剂的分解活化能 E_d 在120～150 kJ・mol^{-1}范围内(表3.7),自由基聚合的 E_p 和 E_t 分别为20～40 kJ・mol^{-1}和8～20 kJ・mol^{-1}。所以对于引发剂热分解引发的聚合反应,E_R 为80～90 kJ・mol^{-1}。反应温度每升高10 ℃,聚合反应速率增大2～3倍。

Fe^{2+} 和过硫酸盐或异丙苯过氧化氢组成的氧化还原体系,其 E_d 值只有40～60 kJ・mol^{-1},因此 E_R 大约为40 kJ・mol^{-1}。与引发剂热分解引发聚合反应相比,温度对氧化还原引发聚合速率的影响明显减小。

表3.7　引发剂的热分解

引　发　剂	$k_d\times10^5$/s^{-1}	T(℃)	E_d/(kJ・mol^{-1})
2,2′-偶氮二异丁腈	0.845	60	123.4
乙酰基过氧化物	2.39	70	136.0
过氧化苯甲酰	5.50	85	124.3
异丙苯过氧化物	1.56	115	170.3
叔丁基过氧化物	3.00	130	146.9
叔丁基过氧化氢	0.429	155	170.7

注:所有数据依据苯溶液中的分解。

在光引发聚合反应中,产生初级自由基的能量是由光量子提供的,E_d 为零。光引发聚合反应的总活化能大约为20 kJ・mol^{-1}。与其他聚合反应相比,光引发聚合反应速率对温度较不敏感。当光引发剂也能进行热分解时,则温度的影响不能忽略,必须同时考虑引发剂热分解引发和光引发。

纯粹的受热自引发聚合反应，它的引发活化能和总活化能都与引发剂热分解引发聚合的相应值相当，例如苯乙烯的热自引发聚合的 E_d 为 121 kJ · mol^{-1}，E_R 为 86 kJ · mol^{-1}，由于相应 A 值很低($10^4 \sim 10^6$)，引发概率很小，聚合反应速率很低。

3.3.6 聚合和解聚合反应

以上讨论聚合反应速率表达时，有一重要假定，即不存在逆反应，这在大多情况下是正确的。但有些单体，如 α-甲基苯乙烯进行自由基聚合反应时，逆反应不能忽略，如表 3.8 所示。当聚合反应升高到一定温度时，大多数聚合反应都存在聚合反应和解聚反应的平衡。表 3.8 列出了不同单体在 25 ℃聚合时，聚合反应体系中最终留下的单体浓度。该表的数据表明，对大多数单体，当聚合和解聚达到平衡时，剩余单体可以忽略，而 α-甲基苯乙烯不能聚合的单体浓度达到 2.2 mol · L^{-1}。

表 3.8 聚合反应-解聚合反应的平衡

单　体	$[M]_c$(25 ℃)	纯单体的 T_c(℃)
乙酸乙烯酯	1×10^{-9}	—
丙烯酸甲酯	1×10^{-9}	—
乙烯	—	400
苯乙烯	1×10^{-6}	310
甲基丙烯酸甲酯	1×10^{-3}	220
α-甲基苯乙烯	2.2	61
异丁烯	—	50

当存在聚合-解聚平衡时，链增长反应可以写成

$$M_n\cdot + M \underset{k_{dp}}{\overset{k_p}{\rightleftharpoons}} M_{n+1}\cdot \tag{3.66}$$

式(3.66)中，k_{dp}是解聚反应的速率常数。聚合反应的净聚合速率和平衡常数(K)分别如式(3.67)和式(3.68)所示。

$$-\frac{d[M]}{dt} = k_p[M_n\cdot][M] - k_{dp}[M_{n+1}\cdot] \tag{3.67}$$

$$K = \frac{k_p}{k_{dp}} = \frac{[M_n\cdot]}{[M_n\cdot][M]} = \frac{1}{[M]} \tag{3.68}$$

图 3.6 显示温度对苯乙烯的聚合速率和解聚速率的影响。温度升高，使 k_p变大，R_p也增大。相对于温度对 R_p的影响，温度对解聚速率 R_{dp}的影响更大。当聚

合温度较低时,解聚速率几乎为零。随温度升高,k_{dp}从零开始上升,当温度超过230 ℃,k_{dp}迅速增加。越来越高。当达到 T_c时,聚合速率与解聚速率相等,即 $R_p = R_{dp}$,无表观聚合物产生,这一温度称为聚合上限温度(ceiling temperature, T_c),下一小节进一步说明这一概念。

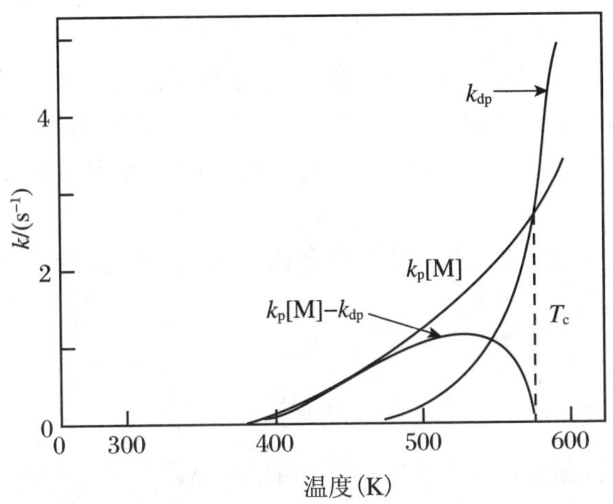

图 3.6　苯乙烯聚合时,温度对 k_p[M]和 k_{dp}的影响

1. 聚合上限温度

这一小节要讨论两个问题,一是在什么温度下,某一单体聚合得不到任何聚合物?二是在某一温度下聚合,能否将单体全部转化为聚合物?如果不能,将剩余多少单体?用化学反应等温式(3.69)来分析聚合-解聚平衡反应。

$$\Delta G = \Delta G^{\ominus} + RT\ln K \tag{3.69}$$

式中,$\Delta G^{\ominus}$是标准状态下,聚合过程中单体和聚合物的自由能变化值。单体的标准状态定为纯单体或 1 mol·L^{-1}的溶液。聚合物的标准状态通常定为非晶态或轻度结晶的固体聚合物,或含 1 mol·L^{-1}重复单元的聚合物溶液。聚合达到平衡状态时,$\Delta G = 0$,由此得到式(3.70)。

$$\Delta G^{\ominus} = \Delta H^{\ominus} - T\Delta S^{\ominus} = -RT\ln K \tag{3.70}$$

将式(3.68)代入式(3.70),且聚合反应温度为 T_c时,单体浓度为$[M]_c$。则式(3.70)可转变为式(3.71)

$$\Delta G^{\ominus} = \Delta H^{\ominus} - T_c\Delta S^{\ominus} = RT_c\ln [M]_c \tag{3.71}$$

式(3.71)可改写为式(3.72a)和(3.72b),可得到当单体的平衡浓度$[M]_e$与起始浓度$[M]_0$相等时,单体的上限聚合温度 T_c式(3.72a),以及由 T_c得到$[M]_c$

$$T_c = \frac{\Delta H^{\ominus}}{\Delta S^{\ominus} + R\ln[M]_c} \tag{3.72a}$$

$$\ln[M]_c = \frac{\Delta H^{\ominus}}{RT_c} - \frac{\Delta S^{\ominus}}{R} \tag{3.72b}$$

对应于浓度为$[M]_c$的单体溶液，都有一个使聚合反应不能进行的温度。当温度高达一定值时，即使纯单体的本体聚合也无法生成聚合物。文献中提供的 T_c 值，是对纯单体或浓度为 1 mol·L^{-1}的单体溶液而言的。表 3.8 列出了几种纯单体的 T_c值。其中，苯乙烯和甲基丙烯酸甲酯的 T_c值分别为 310 ℃和 220 ℃，所以，在通常的聚合温度下，它们能聚合生成聚合物。而 α-甲基苯乙烯在 61 ℃聚合，就得不到聚合物了。

单体在不同温度下聚合时，最终也会达到聚合和解聚的平衡。用相似的方法也可得到公式(3.73)。

$$\ln[M]_e = \frac{\Delta H^{\ominus}}{RT} - \frac{\Delta S^{\ominus}}{R} \tag{3.73}$$

测定不同聚合温度(T)下单体的平衡浓度($[M]_e$)，由 $\ln[M]_e$对 $1/T$ 作图得直线，从直线的斜率和截距分别得到 $\Delta H^{\ominus}$和 $\Delta S^{\ominus}$。由此可计算不同聚合温度下的$[M]_e$。表 3.8 列出了几种单体在 25 ℃时的单体平衡浓度。结果表明，任何聚合反应最终都残留未聚合的单体，剩余量随单体而不同。如乙酸乙烯酯和丙烯酸甲酯的$[M]_e$为 1×10^{-9}，苯乙烯和甲基丙烯酸甲酯的$[M]_e$分别为 1×10^{-6}和 1×10^{-3}。所以在通常的聚合温度下，许多烯类单体基本上可完全转变成聚合物。

要特别提醒的是，在聚合上限温度下，聚合物并不发生解聚反应。只有在化学、热、光等作用下，聚合链的末端或中间部位发生断裂而产生自由基，此时解聚反应才会进行，直到单体浓度达到该温度的$[M]_e$。

2. 聚合下限温度(floor temperature，T_F)

极个别聚合反应的熵增加很少而且热效应也很低，这时的聚合反应就存在下限温度。到目前为止仅观察到三例，环硫、硒的八聚体和八甲基环四硅氧烷开环聚合生成线形聚合物时，ΔH 分别为 9.5 kJ·mol^{-1}、13.5 kJ·mol^{-1}和 6.4 kJ·mol^{-1}，$\Delta S^{\ominus}$分别为 27 J·K^{-1}·mol^{-1}、31 J·K^{-1}·mol^{-1}和 190 J·K^{-1}·mol^{-1}。

3.3.7 自动加速效应

1. 基本概念

在推导聚合反应速率方程时，有一个重要的稳态假定，即反应一开始，链自由基很快达到一个稳定值。但有些聚合反应，随单体转化率增加，终止速率减慢，导致聚合反应速率随单体转化率增加而增加的现象出现，即**自动加速现象**。随后生成大量聚合物，使体系黏度迅速增加，变成失去流动性的凝胶状（与交联反应形成的凝胶不同），所以，这一现象又称为**凝胶效应**。

图3.7为不同浓度的甲基丙烯酸甲酯在苯中聚合时，单体转化率随时间的变

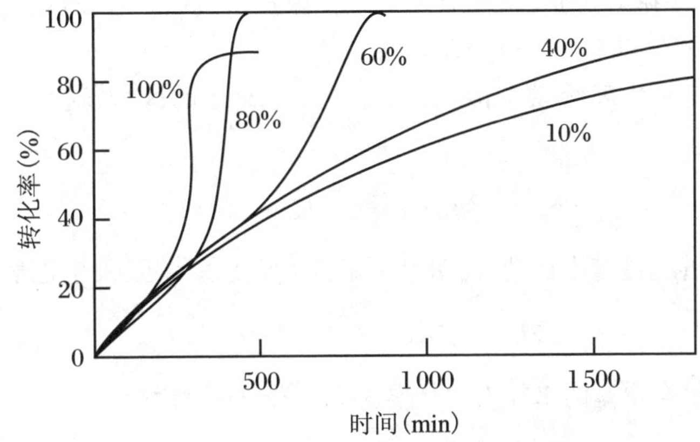

图3.7　甲基丙烯酸甲酯聚合的自动加速效应

引发剂：过氧化苯甲酰；温度：50℃；溶剂：苯曲线上的数字为单体的百分浓度

化情况。当单体浓度不超过40%时，呈现正常的聚合反应行为；当单体浓度超过60%时，单体转化率-时间曲线呈S形，出现聚合速率快速增长阶段，本体聚合自加速现象更为显著。在凝胶效应后，转化率随时间变化非常平缓，聚合速率又合乎常规地降低。其他单体如苯乙烯及乙酸乙烯酯等的自由基聚合反应，也能观察到自动加速现象。这种凝胶效应是在等温条件下发生的。如果随聚合反应的进行，反应体系温度升高，反应加速，这种情况不属于这里讨论的自动加速现象。

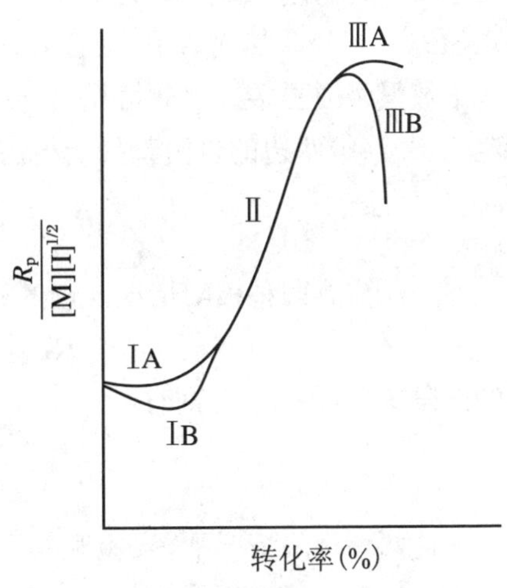

图3.8　自由基聚合的$R_p/([M][I]^{1/2})$随转化率的变化

将$R_p/([M][I]^{1/2})$对时间或转化率作图，能帮助正确理解自动加速现象。图3.8显示，聚合反应有三个阶段。第Ⅰ阶

段，反应速率恒定（ⅠA），或略有下降（ⅠB）；第Ⅱ阶段为自动加速区；第Ⅲ阶段为聚合速率恒定（ⅢA）或有所下降（ⅢB）。

2. 扩散控制的终止反应

自由基聚合的自动加速现象与双基终止方式有关。随着聚合反应的进行，体系黏度不断增加，链自由基相互接触的概率不断下降，尽管双基终止的活性没变，最终结果是 R_t 下降，因为终止反应是一个扩散控制过程。可以设想，双链自由基的终止反应是通过以下三个过程来完成的。

(1) 两个链自由基移动扩散，直到处于相互靠近的区域，这是整个分子链的运动

$$M_n\cdot + M_m\cdot \underset{k_2}{\overset{k_1}{\rightleftharpoons}} [M_n\cdot \cdots M_m\cdot] \tag{3.74a}$$

(2) 两个链经过链段运动，使两个末端自由基足够靠近，发生化学反应

$$[M_n\cdot \cdots M_m\cdot] \underset{k_4}{\overset{k_3}{\rightleftharpoons}} M_n\cdot/M_m\cdot \tag{3.74b}$$

(3) 两个链自由基的末端发生化学反应，使链自由基终止

$$M_n\cdot/M_m\cdot \xrightarrow{k_c} \text{“死”的聚合链} \tag{3.74c}$$

在低黏度介质，如单体中，链自由基之间反应的 k_c 值约为 $8\times10^9\ \mathrm{mol\cdot L^{-1}\cdot s^{-1}}$，接近小分子自由基（如甲基、乙基和丙基自由基等）反应速率常数值（约为 $2\times10^9\ \mathrm{mol\cdot L^{-1}\cdot s^{-1}}$）。然而，在自加速效应的聚合反应中，实验测定的 k_t 值要比此值低两个数量级或更多。由此可见，扩散是终止反应中决定速率的过程，即 $k_c \gg k_3$，假定式(3.74b)两边的自由基处于稳态，则得

$$R_t = \frac{k_1 k_3 [M\cdot]^2}{k_2 + k_3} \tag{3.75a}$$

终止反应有两种极限情况。慢的移动扩散，$k_3 \gg k_2$，有

$$R_t = k_1 [M\cdot]^2 \tag{3.75b}$$

慢的链段扩散，$k_2 \gg k_3$，则有

$$R_t = \frac{k_1 k_3 [M\cdot]^2}{k_2} \tag{3.75c}$$

在这两种极限情况下，实验观察到的终止反应速率常数 k_t 分别对应于 k_1 和 $k_1 k_3/k_2$。表 3.9 列出了单体转化率对甲基丙烯酸甲酯聚合反应参数的影响。

表 3.9 的数据说明，单体转化率的增加对链段扩散和分子链的移动扩散的影响程度是不同的。随转化率升高，聚合物浓度提高，高分子链相互缠结程度增加，

表 3.9　甲基丙烯酸甲酯转化率对聚合反应参数的影响(22.5 ℃)

转化率(%)	速率($\% \cdot h^{-1}$)	τ(s)	k_p $L \cdot mol^{-1} \cdot s^{-1}$	$k_t \times 10^{-5}$ $L \cdot mol^{-1} \cdot s^{-1}$	$(k_p/k_t^{1/2}) \times 10^2$ $(L \cdot mol^{-1} \cdot s^{-1})^{1/2}$
10	2.7	1.14	234	273	4.58
20	6.0	2.21	267	72.6	8.81
30	15.4	5.0	303	14.2	25.5
40	23.4	6.3	368	8.93	38.9
50	24.5	9.4	258	4.03	40.6
60	20.0	26.7	74	0.498	33.2
70	13.1	79.3	16	0.0564	21.3
80	2.8	216	1	0.0076	3.59

移动扩散速率减小。另一方面,反应介质对聚合物的溶解性变差,无规卷曲的链自由基线团尺寸变小,增加了末端自由基扩散出线团外,与另一自由基碰撞的概率。如果链段扩散导致终止概率的增加恰好被移动扩散导致终止概率的降低所抵消,k_t保持恒定,如图 3.8 中曲线ⅠA 所示。如果前者大于后者,k_t变大,R_p降低,对应于曲线ⅠB 所示。在甲基丙烯酸甲酯的聚合反应中,可观察到轻度的ⅠB 行为。

第Ⅱ阶段出现自动加速现象,是因为随着聚合反应的进行,体系黏度增大,链自由基的缠结程度增加,移动扩散降低迅速,链段扩散增加不多,导致终止反应越来越慢。虽然链增长反应也受到一定的阻碍,但它是一个大分子自由基和单体分子的反应,终止反应是大分子链自由基之间的反应,因此,黏度增加对终止反应的影响比对链增长反应要大得多。**由此可见,自动加速现象是由于转化率的增加,$k_p/k_t^{1/2}$ 增大,导致 R_p 增大**。表 3.9 的数据表明,甲基丙烯酸甲酯本体聚合时,单体转化率在小于或等于 50%以前,对 k_p几乎没有影响;而此时 k_t几乎已下降了两个数量级。

当转化率达到很大值时,如转化率在 50%以上(表 3.9),k_p受到显著影响,使 $R_p/([M][I]^{1/2})$基本不变(曲线ⅢA)或降低(曲线ⅢB)。

随单体转化率增加,引发剂效率 f 也有所变化,这对自动加速现象有重要的影响。例如,在 70 ℃,偶氮二异丁酸二甲酯引发苯乙烯聚合,引发剂效率由起始的 0.65 下降到转化率为 75%时的 0.50。值得提及的是,表 3.9 的 k_p和 k_t的值是基于 f 不随转化率变化而计算出来的,因此曲线ⅢB 的行为可能是 k_p和 f 二者均随转化率降低的总结果。

思考题

1. 写出引发、链增长和链终止反应。

2. 与逐步聚合反应相比，在推导自由基聚合速率表达式所作的假定有什么相似和不同之处？

3. 推导聚合反应速率表达式。

4. 什么是引发剂的半衰期？怎样导出它的表达式？对聚合反应实施有何意义？

5. 什么是引发剂效率？引发剂效率小于1的原因是什么？有哪些因素影响引发剂效率？

6. 讨论热分解引发剂、氧化还原引发剂和光引发的聚合反应速率表达式。

7. 什么是聚合上限温度？比较苯乙烯和甲基苯乙烯的上限聚合温度？

8. 什么是自动加速效应？造成自动加速原因是什么？讨论转化率与终止反应速率的关系。

3.4 分子量、分子量分布和链转移反应

3.4.1 动力学链长和分子量

我们已经讨论过，每一次链终止反应将生成一个或两个聚合物分子，这一终止反应也称为不可逆终止反应。这里有一个问题，一个链自由基从形成到终止，聚合了多少单体分子？所以，要定义一个参数——**动力学链长**（ν）：每个初级自由基从引发单体聚合形成链自由基直到终止所消耗单体的平均数。在不发生链转移反应时，可以用增长速率和引发速率（或终止速率）的比值，即式(3.76)求得。

$$\nu = \frac{R_p}{R_t} = \frac{R_p}{R_i} \tag{3.76a}$$

将式(3.34)和式(3.36)代入式(3.76a)，可得式(3.76b)。

$$\nu = \frac{k_p[M]}{2k_t[M\cdot]} \tag{3.76b}$$

将$[M\cdot] = R_p/(k_p[M])$或$[M\cdot] = (R_t/2k_t)^{1/2}$代入式(3.76b)，得式(3.76c)。

$$\nu = \frac{k_p^2[M]^2}{2k_t R_p} = \frac{k_p[M]}{(2k_t R_t)^{1/2}} \tag{3.76c}$$

由式(3.76)可知，动力学链长 ν 与[M·]和 R_p成反比。一些使聚合反应速率增加的方法，如增加引发剂用量，提高反应温度等，都会使 ν 变小。动力学链长 ν 的表达式因引发方式而有不同的形式，例如，对于引发剂热分解引发的聚合反应，则有

$$\nu = \frac{k_p[M]}{2k_t[M\cdot]} = \frac{k_p[M]}{2(fk_d k_t[I])^{1/2}} \tag{3.77}$$

式(3.77)进一步说明了 ν 与$[I]^{1/2}$呈反比。

动力学链长是为动力学研究而引入的参数，能够实验测定的是数均聚合度，而不是动力学链长。前面已经讨论过，终止方式有两种，一是偶合终止；二是歧化终止。当聚合反应只存在偶合终止或只存在歧化终止时，动力学链长 ν 与数均聚合度的关系分别如式(3.78a)和式(3.78b)所示。

$$\overline{X}_n = 2\nu \tag{3.78a}$$

$$\overline{X}_n = \nu \tag{3.78b}$$

因为偶合终止是由两个链自由基偶合而终止，所以，数均聚合度是动力学链长的两倍；歧化终止是两个链自由基进行歧化反应，生成两个聚合物分子，所以，数均聚合度与动力学链长相等。如聚合体系中，偶合和歧化终止都存在，数均聚合度与动力学链长 ν 的关系式如式(3.79)所示。

$$\overline{X}_n = \frac{\nu}{x/2 + (1 - x)} = \frac{2\nu}{2 - x} \tag{3.79}$$

式中，x 为偶合终止分数；$(1 - x)$为歧化终止分数。聚合反应中，大部分或全部为偶合终止。当链自由基存在空间位阻，或具有较多的可转移 β-H 时，歧化终止有所增加。升高温度有利于歧化终止。

由式(3.76)至式(3.79)所表示的数均聚合度与[M]、[I]和 R_p的关系式，只有在低转化率，且各动力学参数的变化可以忽略时才适用。

3.4.2 分子量和链转移反应

在一些聚合反应体系中，实测分子量总是低于按式(3.79)计算得到的分子量，究其原因发现，链转移反应是影响分子量的一个重要因素，所以，这一小节讨论链转移反应与分子量的关系。

1. 链转移反应

与不可逆链终止反应不同，链转移反应使一个增长链自由基失活，形成一个聚

合物分子；同时生成一个新的自由基，如式(3.80)所示。

$$M_n\cdot + XA \xrightarrow{k_{tr}} M_n—X + A\cdot \tag{3.80}$$

$$A\cdot + M \xrightarrow{k_a} AM\cdot \tag{3.81}$$

反应(3.80)中，k_{tr}为**链转移常数**；XA 称为**链转移剂**，可为单体、引发剂、溶剂、聚合物或其他组分。它将一个氢原子或其他组分(X)转移到链自由基 $M_n\cdot$ 上，使其终止。同时形成一个新自由基 A·，它能引发单体聚合，如反应(3.81)所示。这一反应称为**链转移反应**。式(3.81)中，k_a为再引发速率常数。链转移反应速率(R_{tr})表达式如式(3.82)所示。

$$R_{tr} = k_{tr}[M\cdot][XA] \tag{3.82}$$

链转移反应导致数均分子量下降。它对聚合速率的影响取决于新自由基 A·的引发活性，即 k_a和 k_p的大小。表 3.10 总结了链转移反应对聚合速率和聚合度的影响。

表 3.10 链转移反应对聚合反应的影响

类型	k_p、k_{tr}和 k_a的相对大小	对 R_p的影响	对 $\overline{X}_n$ 的影响	影响类型
1	$k_p \gg k_{tr}$、$k_a \approx k_p$	无	减小	正常链转移
2	$k_p \ll k_{tr}$、$k_a \approx k_p$	无	大幅度降低	调聚反应
3	$k_p \gg k_{tr}$、$k_a < k_p$	减小	减小	缓聚反应
4	$k_p \ll k_{tr}$、$k_a < k_p$	大幅度降低	大幅度降低	衰减性链转移

第 1、2 种情况，k_a 和 k_p 相似，对 R_p 无影响，但使分子量降低。分子量降低的程度，取决于 k_{tr}的值。当 $k_{tr} \gg k_p$ 时，得到的分子量很低，这样的聚合反应称为调聚反应。第 3 和 4 种情况，再引发速率比增长反应速率小，即 $k_p > k_a$，聚合反应速率和分子量均会降低，降低的程度取决于 k_{tr}值。当 $k_{tr} \gg k_p$ 时，聚合反应速率很小，得到的分子量大幅度降低。下面讨论第 1 种情况。第 3 种情况在下一节讨论。

2. 分子量表达式——Mayo 方程

当 $k_a \approx k_p \gg k_{tr}$时，链转移反应不影响动力学链长 v，即每个能引发聚合反应的自由基所消耗的单体分子平均数不变，但形成了多个聚合物分子，因此，数均聚合度不再是 $2v$(偶合终止)或 v(歧化终止)。对于引发剂热分解引发的聚合反应，存在向单体、引发剂和链转移剂 S 的链转移反应，且为偶合终止时，数均聚合度可用式(3.83)来表达。

$$\overline{X}_n = \frac{k_p[M][M\cdot]}{(R_t/2) + k_{tr,M}[M][M\cdot] + k_{tr,I}[I][M\cdot] + k_{tr,S}[S][M\cdot]} \tag{3.83}$$

式(3.81)的分母中，第 1 项是偶合终止对数均聚合度的贡献，其他三项分别为链自由基向单体、引发剂和链转移剂的链转移反应速率。消除[M·],并定义向单体、引发剂和链转移剂 S 的链转移常数分别为 C_M,C_I和 C_S,则

$$C_M = \frac{k_{tr,M}}{k_p}, \quad C_I = \frac{k_{tr,I}}{k_p}, \quad C_S = \frac{k_{tr,s}}{k_p}$$

将其代入式(3.83),得到式(3.84)。

$$\frac{1}{\bar{X}_n} = \frac{k_t R_p}{k_p^2[M]^2} + C_M + C_I\frac{[I]}{[M]} + C_S\frac{[S]}{[M]} \tag{3.84}$$

方程式(3.84)表示了各种链转移反应对数均聚合度的定量关系,由此可以估算聚合物的分子量,为调节聚合物的分子量提供理论依据。例如,当所获得的聚合物分子量低于预期值时,可以通过提高单体浓度、降低引发速率和避免各种链转移反应来增加产物的分子量。

3. 向单体的链转移反应及分子量

(1) 向单体的链转移反应。大多数单体的链转移常数较小,在 10^{-5}~10^{-4}范围内。因此向单体的链转移并不妨碍高分子量聚合物的形成,表 3.11 列出了一些常见单体的链转移常数。

表 3.11　单体的链转移常数(60 ℃)

单　体	$C_M \times 10^4$
丙烯酰胺	0.6, 0.12(40 ℃)
丙烯腈	0.26~0.3
乙烯	0.4~4.2
丙烯酸甲酯	0.036~0.325
甲基丙烯酸甲酯	0.07~0.25
苯乙烯	0.30~0.60
乙酸乙烯酯	1.75~2.8
氯乙烯	10.8~16

表 3.11 的数据说明,常用单体的 C_M值较低,原因是向单体的链转移反应涉及乙烯基中较强的C—H键发生断裂,如反应(3.85)所示。

$$M_n\cdot + CH_2{=}\underset{\displaystyle Y}{\underset{|}{C}}H \longrightarrow M_n{-}H + CH_2{=}\underset{\displaystyle Y}{\underset{|}{C}}\cdot \tag{3.85}$$

还有一些单体,如乙烯、乙酸乙烯酯和氯乙烯等聚合,生成了较高活性的增长链自由基,它们的 C_M值较高。例如,三氘代乙酸乙烯酯和乙酸三氘代乙烯酯进行聚合,向单体链转移反应中,约 90%涉及乙烯基的氢转移式(3.86a),只存在少量

乙酰基上氢的转移，如反应(3.86b)所示。

$$\underset{\substack{|\\ \mathrm{OCCH_3}\\ \|\\ \mathrm{O}}}{\mathrm{CH_2{=}CH}} + \mathrm{M}_n\cdot \longrightarrow \mathrm{M}_n{-}\mathrm{H} + \underset{\substack{|\\ \mathrm{OCCH_3}\\ \|\\ \mathrm{O}}}{\dot{\mathrm{C}}\mathrm{H{=}CH}} + \underset{\substack{|\\ \mathrm{OCCH_3}\\ \|\\ \mathrm{O}}}{\mathrm{CH_2{=}}\dot{\mathrm{C}}} \tag{3.86a}$$

$$\underset{\substack{|\\ \mathrm{OCCH_3}\\ \|\\ \mathrm{O}}}{\mathrm{CH_2{=}CH}} + \mathrm{M}_n\cdot \longrightarrow \mathrm{M}_n{-}\mathrm{H} + \underset{\substack{|\\ \mathrm{OC\dot{C}H_2}\\ \|\\ \mathrm{O}}}{\mathrm{CH_2{=}CH}} \tag{3.86b}$$

氯乙烯具有较高的 C_M值，主要是因为在头-头连接的末端单元(3-7a)上，β-氯原子易于发生分子内转移(反应(3.87))，形成末端仲甲基自由基(3-7b)。进一步向单体链转移形成末端为烯丙基氯的聚合物分子，以及生成一个新自由基。它可以继续引发氯乙烯单体聚合，整个链转移过程如反应(3.87)所示。对聚氯乙烯的结构分析表明，聚合物链末端的烯丙基氯和1,2-二氯乙基的数目接近，与上述链转移机理相符合。虽然氯乙烯 C_M值很高，但工业生产中能够获得分子量达到50 000～100 000 的聚氯乙烯，达到实用要求，同时通过控制聚合温度可以较为方便地调节聚氯乙烯的分子量。

$$\underset{(3\text{-}7a)}{\sim\!\sim\mathrm{CH_2{-}\overset{\overset{\mathrm{Cl}}{|}}{C}H{-}\overset{\overset{\mathrm{Cl}}{|}}{C}H{-}\dot{C}H_2}} \longrightarrow \underset{(3\text{-}7b)}{\sim\!\sim\mathrm{CH_2{-}\overset{\overset{\mathrm{Cl}}{|}}{C}H{-}\dot{C}H{-}CH_2Cl}}$$

$$\xrightarrow{\mathrm{CH_2{=}CHCl}} \sim\!\sim\mathrm{CH_2{-}CH{=}CH{-}CH_2Cl} + \mathrm{ClCH_2\dot{C}HCl} \tag{3.87}$$

(2) 分子量及 C_M值。为了方便测定向单体的链转移常数 C_M，在体系中不加链转移剂，选择在链转移常数小的溶剂中进行聚合反应。这样，聚合度可用式(3.88)来计算。

$$\frac{1}{\overline{X}_n} = \frac{k_t R_p}{k_p^2[\mathrm{M}]^2} + C_M + C_I\frac{[\mathrm{I}]}{[\mathrm{M}]} \tag{3.88}$$

测定不同引发剂浓度下的 R_p及 $1/\overline{X}_n$值，由 $1/\overline{X}_n$对 R_p作图可得到图3.9。采用不同的引发剂得到不同的曲线，曲线的初始部分均为线性。对于叔丁基过氧化氢、异丙苯过氧化氢和过氧化苯甲酰，在高[I]下，向引发剂的链转移作用也增大，曲线偏离线性。如果向引发剂的链转移可以忽略，$1/\overline{X}_n$- R_p应为一直线，如AIBN引发的聚合反应(图3.9)。取直线部分的截距，即得到 C_M值，由斜率及[M]可求得 k_t/k_p^2的大小。

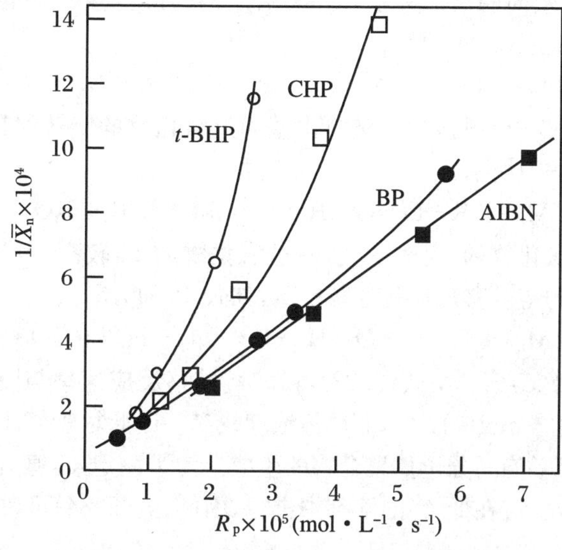

图 3.9　苯乙烯聚合的聚合度与聚合速率的关系(60 ℃)

○ 叔丁基过氧化氢；□ 异丙苯过氧化氢；

● 过氧化苯甲酰；■ 偶氮二异丁腈

4. 向引发剂的链转移反应及分子量

(1) 向引发剂的链转移反应。正如前节讨论，不同引发剂的链转移常数是不一样的。相同的引发剂，其 C_I 值随增长链自由基的活性不同也有所变化，如表 3.12 中列出的数据也可说明这一点。

表 3.12　引发剂链转移常数

引　发　剂	C_I		
	苯乙烯	甲基丙烯酸甲酯	丙烯酰胺
2,2′-偶氮二异丁腈(60 ℃)	0.091～0.14	0.02	—
叔丁基过氧化物(60 ℃)	0.000 76～0.000 92	—	—
异丙苯过氧化物(50 ℃)	0.01	—	—
十二酰基过氧化物(70 ℃)	0.024	—	—
过氧化苯甲酰(60 ℃)	0.048～0.10	0.02	—
叔丁基过氧化氢(60 ℃)	0.035	—	—
异丙苯过氧化氢(60 ℃)	0.063	0.33	—
过硫酸盐(40 ℃)	—	—	0.002 6

通常,链自由基向偶氮二异丁腈一类引发剂的链转移反应是可以忽略的。可能存在的反应如反应(3.89)所示。

$$M_n\cdot + R—N═N—R \longrightarrow M_n—R + N_2 + R\cdot \tag{3.89}$$

过氧化物中,O—O键较弱。链自由基向过氧化物的链转移较为容易,其链转移反应如反应(3.90)所示。

$$M_n\cdot + R—O—O—R \longrightarrow M_n—OR + RO\cdot \tag{3.90}$$

其中烷基过氧化物的 C_I较低,酰基过氧化物的 C_I较高,氢过氧化物的 C_I最高。氢过氧化物的链转移反应是夺氢反应,如式(3.91)所示。

$$M_n\cdot + R—O—O—H \longrightarrow M_n—H + ROO\cdot \tag{3.91}$$

(2) 分子量及 C_I值。由式(3.82)可知,链转移反应速率与[I]成正比。[I]一般很低($10^{-2}\sim10^{-4}$ mol·L^{-1}),而单体浓度较高。因此尽管 C_I值和 C_M值有数量级的差别,仍不会影响高分子量聚合物的生成。为了测定 C_I值,在聚合反应中,仍不使用链转移剂,反应在低 C_S的溶剂中进行,因此,式(3.84)可改写为式(3.92)。

$$\left[\frac{1}{\overline{X}_n}-C_M\right]\frac{1}{R_p}=\frac{k_t}{k_p{}^2[M]^2}+\frac{C_I k_t R_p}{k_p{}^2 fk_d[M]^3} \tag{3.92}$$

将式(3.92)的左侧项对 R_p作图,得一直线,由截距求出 k_t/k_p^2;由斜率、截距值、[M]及 fk_d值求出 C_I值。当链自由基向单体的链转移反应可忽略不计时,可使用式(3.93)。

$$\left[\frac{1}{\overline{X}_n}-\frac{k_t R_p}{k_p{}^2[M]^2}\right]=C_I\frac{[I]}{[M]} \tag{3.93}$$

以式(3.93)左侧项对[I]/[M]作图,得一直线,其斜率为 C_I,图3.10为叔丁基过氧化氢引发苯乙烯聚合时作出的图,由斜率求出 C_I。

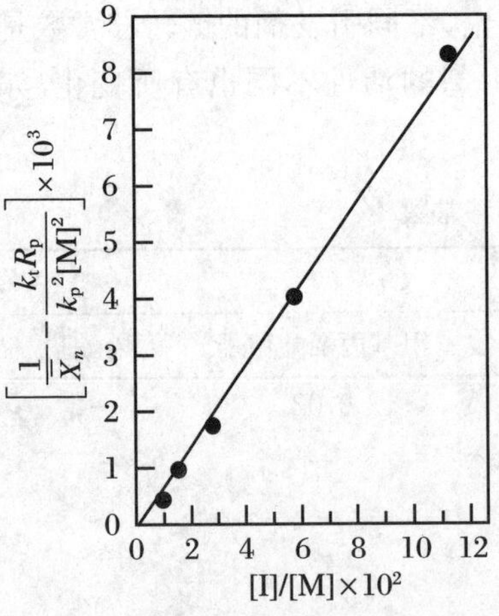

图3.10 叔丁基过氧化氢引发苯乙烯聚合反应的引发剂链转移常数的测定

(苯为溶剂,70 ℃)

5. 向链转移剂的链转移反应及分子量

链自由基除向单体和引发剂发生链转移反应外,还可向溶剂和其他化合物发生链转移,这些物质通称为**链转移剂**,其链转移常数记为 C_S。

(1) 分子量及 C_S的测定。如果向链转移剂的链转移反应较为严重,式(3.84)中向单体和引发剂的链转移项可以忽略,方程式可以简化为

$$\frac{1}{\overline{X}_n} = \left(\frac{1}{\overline{X}_n}\right)_0 + C_S \frac{[S]}{[M]} \tag{3.94}$$

式中由$(1/\overline{X}_n)_0$为无链转移剂存在时的$1/\overline{X}_n$值，是式(3.84)中1、2和3项的总和。将$1/\overline{X}_n$对[S]/[M]作图，可得一直线，直线的斜率为C_S。图3.11为苯乙烯自由基聚合时，几种取代苯溶剂的C_S值测定结果。该结果显示，C_S值按以下顺序降低：异丙苯＞乙苯＞甲苯＞苯。所以，化合物的链转移活性与其结构密切相关，将在下一节中作讨论。

在聚合反应过程中，如果可以跟踪单体和链转移剂的浓度随时间的变化，则可以采用式(3.95)来测定C_S值。

$$\frac{d[S]/dt}{d[M]dt} = \frac{k_{tr,s}[S]}{k_p[M]} = C_S \frac{[S]}{[M]} \tag{3.95}$$

将d[S]/d[M]对[S]/[M]作图，可得一直线，斜率为C_S。

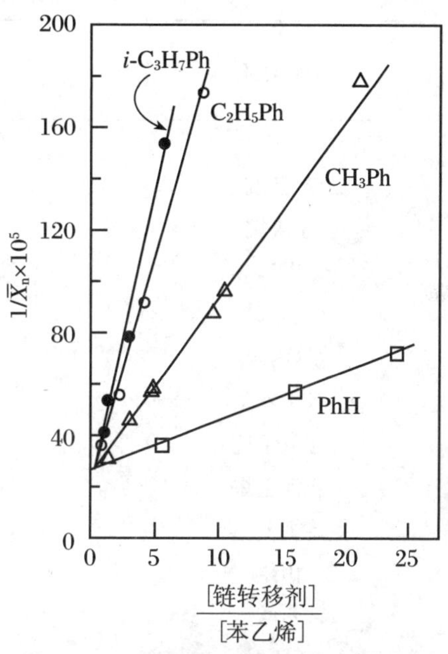

图3.11　苯乙烯聚合(100℃)中不同链转移剂的C_S值测定

(2) 化合物结构与链转移活性。链转移剂可以是溶剂，也可以是其他化合物。它们的链转移活性与结构密切相关。表3.13给出一些化合物在苯乙烯和乙酸乙烯酯聚合中的链转移常数，由表中数据可知，链转移常数与链转移剂的结构和链自由基的活性相关。一般，分子内存在弱键，以及链转移反应生成的自由基较稳定的，其C_S值较大。脂肪族碳氢化合物具有强C—H键，链转移常数很低，如环己烷；苯的C—H键更强，它的C_S值更低。向苯的链转移不是夺氢反应，而是增长链自由基对苯环进行加成，如式(3.96)所示。

$$M_n\cdot + C_6H_6 \longrightarrow M_n\text{—}\dot{C}_6H_6 \tag{3.96}$$

甲苯、乙苯及异丙苯都带有较弱的苄基氢，它们的链转移反应是夺取苄基氢(式(3.97a))，生成了共振稳定的苄基自由基(式(3.97b))。

$$M_n\cdot + CH_3\text{—}C_6H_5 \longrightarrow M_n\text{—}H + \dot{C}H_2\text{—}C_6H_5 \tag{3.97a}$$

$$\dot{C}H_2—C_6H_5 \longleftrightarrow CH_2{=}C_6H_5^{\bullet} \longleftrightarrow CH_2{=}C_6H_5{\cdot} \longleftrightarrow CH_2{=}C_6H_5^{\bullet} \quad (3.97b)$$

另外，碳自由基的稳定性按以下顺序递增：伯碳＜仲碳＜叔碳；它们的 C_S 值按以下顺序减小：异丙苯＞乙苯＞甲苯＞苯(表 3.13)。特丁基苯无苄基氢，故 C_S 值相对较小。

表 3.13　链转移剂的链转移常数

链转移剂	$C_S \times 10^4$	
	苯乙烯	乙酸乙烯酯
苯	0.023	1.2
环己烷	0.031	7.0
正庚烷	0.42	17.0(50 ℃)
甲苯	0.125	21.6
乙苯	0.67	55.2
异丙苯	0.82	89.9
叔丁基苯	0.06	3.6
正氯丁烷	0.04	10
正溴丁烷	0.06	50
2-氯丁烷	1.2	—
丙酮	4.1	11.7
乙酸	2.0	1.1
正丁醇	1.6	20
乙醚	5.6	45.3
氯仿	3.4	150
正碘丁烷	1.85	800
丁胺	7.0	—
三乙胺	7.1	370
正丁基硫醚	22	260
正丁基过硫化物	24	10 000
四氯化碳	110	10 700
四溴化碳	22 000	390 000
正丁基硫醇	210 000	480 000

注：除注明外，所有值都是在 60 ℃下测得。

对于卤代烷烃,伯卤代烷烃(氯、溴)的 C_S值都很低,因为氢或卤素原子转移后生成的伯碳自由基稳定性低。C—I 键较弱,碘代烷的 C_S较高。仲、叔碳自由基稳定性相对提高,所以,伯、仲和叔卤代烷烃的 C_S值依次增加。随卤素取代数目增加,卤代烷的 C_S值随之增加。四氯化碳和四溴化碳的 C—X 键都很弱,生成的三卤化碳自由基与卤素的自由电子对能形成 p-π 共轭,而共振稳定,如式(3.98)所示,它们的 C_S值都很大。

$$\mathrm{Cl_2\dot{C}{-}Cl} \longleftrightarrow \mathrm{\dot{Cl}{-}CCl_2} \longleftrightarrow \mathrm{Cl{-}CCl{-}\dot{Cl}} \longleftrightarrow \mathrm{Cl_2C{=}\dot{Cl}} \tag{3.98}$$

与碳氢化合物相比,羧酸、羰基化合物、醚、胺和醇具有较大的 C_S值,因为C—H断键生成的自由基可与相邻的 O、N 原子和羰基共轭而稳定。

特别要指出的是硫醇的 S—H 很弱,它们的链转移常数是各类化合物中最大的,因此硫醇是常用的链转移剂,用于聚合物分子量的调节。

(3) 增长链自由基活性与链转移反应。表 3.13 的数据还说明,相同链转移剂在不同单体的聚合反应中,C_S值是不一样的。与在苯乙烯聚合中的 C_S相比,在乙酸乙烯酯聚合反应中,大多数链转移剂的 C_S值要高 1～2 个数量级,因为乙酸乙烯酯的增长链自由基具有较大的活性。增长链自由基的活性一般有如下顺序:

氯乙烯＞乙酸乙烯酯＞丙烯腈＞丙烯酸甲酯＞甲基丙烯酸甲酯＞苯乙烯＞1, 3-丁二烯

在较高活性的链自由基聚合反应中,链转移剂有较高的 C_S值。

(4) 链转移剂和链自由基的极性。两者的极性影响链转移剂的 C_S值。通常,非极性链转移剂的 C_S值的大小不随单体类型而变化,但是极性链转移剂的情况却大为不同。表 3.14 列出了四氯化碳和三乙胺在不同单体聚合反应中的链转移常数。富电子的链转移剂(如三乙胺)与缺电子单体形成的链自由基(如 PAN·、PMA·和 PMMA·)的链转移活性有所提高,缺电子链转移剂(如四氯化碳)对富电子链自由基(PVA·)的链转移活性也提高。因为电子给体和电子受体之间存在部分的电荷转移,稳定了链转移反应的过渡态(反应(3.99)),使反应活性升高。这种极性效应在自由基聚合中是普遍存在的。

表 3.14　链转移剂的极性效应

链自由基	链转移剂			
	CCl_4		$(C_2H_5)_3N$	
	$C_S\times10^4$	k_{tr}	$C_S\times10^4$	k_{tr}
聚乙酸乙烯酯(PVA·)	10 700	2 400	370	85
聚丙烯腈(PAN·)	0.85	0.17	3 800	760
聚丙烯酸甲酯(PMA·)	1.25*	0.26*	400	84
聚甲基丙烯酸甲酯(PMMA·)	2.4	0.12	1 900	98
聚苯乙烯(PS·)	110	1.8	7.1	0.12

注:① 除注明外,所有值均在 60 ℃下测得。
② k_{tr}值为计算值,k_p取自表 3.8 的数据。
* 80 ℃下测得。

$$\sim\sim CH_2-\dot{C}H(C_6H_5) + Cl-CCl_3 \longleftrightarrow \sim\sim CH_2-\overset{+}{C}H(C_6H_5)\cdots\dot{Cl}\cdots\ddot{\bar{C}}Cl_3 \tag{3.99a}$$

$$\sim\sim CH_2-\dot{C}H(CN) + H-CH(CH_3)-N(CH_3)_2 \longleftrightarrow \sim\sim CH_2-\ddot{\bar{C}}H(CN)\cdots\dot{H}\cdots\overset{+}{C}H(CH_3)-N(CH_3)_2 \tag{3.99b}$$

(5) 链转移剂的应用。链转移剂应用于分子量控制时,因此称为**分子量调节剂**。一般要求化合物应具有较高的 C_S值,至少不小于 1。例如,苯乙烯/丁二烯乳液共聚合制丁苯橡胶的工业生产中,常用正十二硫醇作为分子量调节剂。它的使用量可根据 Mayo 方程来获得。

6. 向聚合物链的链转移反应

在低转化率时,聚合物浓度较低,向聚合物的链转移反应可以忽略。当转化率高时,聚合物浓度大,就要考虑向聚合物的链转移反应。其结果是在聚合物链上形成自由基,并引发单体聚合,形成了一个支链,如反应(3.100)所示。支化结构会降低聚合物链的规整排列程度,使聚合物结晶能力下降,进而影响聚合物的性质及其应用。

$$
\sim\!\sim M_n\cdot + \sim\!\sim CH_2-\underset{\displaystyle H}{\overset{\displaystyle Y}{\underset{|}{\overset{|}{C}}}}\sim\!\sim \longrightarrow \sim\!\sim M_n-H + \sim\!\sim CH_2-\overset{\displaystyle Y}{\overset{|}{\underset{\bullet}{C}}}\sim\!\sim \xrightarrow{M} \sim\!\sim CH_2-\underset{\displaystyle MM\sim\!\sim}{\overset{\displaystyle Y}{\underset{|}{\overset{|}{C}}}}- \tag{3.100}
$$

由反应(3.100)可见，每次向聚合物链转移的结果是使一个聚合链终止，同时生成了分子量更大的支化聚合物。考虑这两个方面，链转移结果不一定使数均聚合度降低。由于向聚合物链转移对数均聚合度的影响不能简单地用 $C_p[P]/[M]$ 表达，所以链转移常数 C_p 测定比较困难。如果同时存在向引发剂、单体和其他化合物的链转移，则情况更为复杂，因此只有很少量的 C_p 值文献报道，而且相互之间有较大差别。对小分子模型化合物的研究表明，在大多数情况下，甚至在高转化率时，向聚合物的链转移程度也不太大。通常的 C_p 值约为 10^{-4} 或略高。

Flory 推导出支化度(ρ)和 C_p 相关联的方程，如式(3.101)所示。

$$
\rho = -C_p\left[1+\frac{\ln(1-p)}{p}\right] \tag{3.101}
$$

式中，ρ 为每个单体单元所具有的支链数目，p 为反应程度。由式(3.101)可知，在聚合反应后期支化链数目迅速增多。当 C_p 等于 10^{-4}，可算出在转化率为80%、90%及95%时，每 10^4 个单体单元分别含有1.0、1.6及2.2个支化链，这与实验数据能很好地吻合。例如，苯乙烯聚合达到80%的转化率时，聚苯乙烯的分子量为 $10^5 \sim 10^6$，测得每 $4\times10^3 \sim 10\times10^3$ 个单体单元含有一个支化链，相当于每10个聚合物链含有1个支化链。

如果增长链自由基较为活泼，则向聚合物的链转移反应较容易。聚乙酸乙烯酯、聚氯乙烯和聚乙烯的链自由基较为活泼，聚合物的支化程度比较高，乙酸乙烯酯的 C_p 值在 $2\times10^{-4} \sim 4\times10^{-4}$ 范围内。C_p 值还与温度等聚合反应条件有关。

由自由基聚合生成的聚乙烯(高压聚乙烯)有很高的支化度，其值受反应温度等条件会有很大变化。一般情况下，每500个单体单元有15～30个支链，包括短支链(少于7个碳原子)和长支链。长支链是链自由基向聚合物链转移产生的，短支链则是分子内的链转移形成的。短支链有乙基、正丁基、正戊基和正己基支链，以正丁基支化链为最多。大多数聚乙烯中，每1 000个碳原子含有5～15个正丁基支链以及1～2个乙基、正戊基和正己基支链。聚乙烯短支链的形成机理是聚乙烯分子内的尾咬链转移反应(backbiting),如反应(3.102)所示。形成六元环过渡态是使正丁基支化链占优势的原因。

$\sim CH_2\dot{C}HCH_2CH_2$ CH_3 CH_2 CH_2 CH_2 正己基支链(3.102a)

a b c

$\sim CH_2CH_2CH_2CH_2$ $\dot{C}H_2$ CH_2 CH_2 CH_2

a b c

$\sim CH_2CH_2\dot{C}HCH_2$ CH_3 CH_2 CH_2 CH_2 正戊基支链(3.102b)

$\sim CH_2CH_2CH_2\dot{C}H$ CH_3 CH_2 CH_2 CH_2 正丁基支链(3.102c)

$CH_2{=}CH_2$

b a

$CH_2\dot{C}H_2$ $\sim CH_2CH_2CH_2CH$ CH_3 CH_2 CH_2 CH_2

a

$\sim CH_2CH_2CH_2CH$ CH_2CH_3 $CH_2\dot{C}HCH_2CH_3$ (3.102d)

b

$\sim CH_2\dot{C}HCH_2CH$ CH_2CH_3 $CH_2CHCH_2CH_3$ (3.102e)

在聚乙酸乙烯酯和聚氯乙烯中也存在分子内的链转移反应,形成短支链。

7. 温度对聚合度的影响

温度对聚合度的影响较为复杂,首先讨论引发剂热分解引发的聚合反应,链转移反应可以忽略的情况。由动力学链长的表达式(3.77),可以得知聚合度与 $k_p/(k_dk_t)^{1/2}$ 相关,由 Arrhenius 方程可得 $k_p/(k_dk_t)^{1/2}$ 与温度的关系式(3.103a)。

$$\ln\left[\frac{k_p}{(k_dk_t)^{1/2}}\right]=\ln\left[\frac{A_p}{(A_dA_t)^{1/2}}\right]-\frac{E_p-(E_d+E_t)/2}{RT} \tag{3.103a}$$

式(3.103a)中,聚合度总的活化能 $E_{\overline{X}_n}=E_p-(E_d+E_t)/2$,对于偶合终止,$\overline{X}_n=2\nu$,由式(3.77)可得式(3.103b)。

$$\ln\overline{X}_n=\ln\left[\frac{A_p}{(A_dA_t)^{1/2}}\right]+\ln\left[\frac{[M]}{(f[I])^{1/2}}\right]-\frac{E_{\overline{X}_n}}{RT} \tag{3.103b}$$

由引发剂热分解引发的聚合，$E_{\bar{X}_n}$ 约为 $-60\ kJ\cdot mol^{-1}$，$\bar{X}_n$ 随温度升高而迅速降低；单体受热自引发的聚合反应，$E_{\bar{X}_n}$ 大致相同。光引发聚合反应，$E_{\bar{X}_n}$ 为正值，大约为 $20\ kJ\cdot mol^{-1}$，$\bar{X}_n$ 随温度升高适当增大。氧化还原引发的聚合反应，$E_{\bar{X}_n}$ 几乎为零，温度对聚合度的影响可以忽略。

当聚合反应存在链转移时，可从式(3.84)来考虑聚合度与温度的关系。此时，温度对聚合度的影响较为复杂。如果体系中存在链转移剂，且对分子量起控制作用，则可用式(3.104)来考虑聚合度与温度的关系。

$$-\ln\left[\frac{[S]}{[M]}\left(\frac{1}{\bar{X}_n}-\frac{1}{(\bar{X}_n)_0}\right)\right]=\ln\frac{k_p}{k_{tr,s}}=\ln\frac{A_p}{A_{tr,s}}-\frac{(E_p-E_{tr,s})}{RT} \tag{3.104}$$

将上式的左边项对 $1/T$ 作图，得一直线，其斜率为聚合度总的活化能 $E_p-E_{tr,S}$，截距为 $\ln(A_p/A_{tr,s})$。苯乙烯在不同溶剂中进行自由基聚合反应，不同溶剂对 $E_p-E_{tr,S}$ 和 $A_{tr,S}/A_p$ 的影响列于表3.15。通常 $E_{tr,S}$ 比 E_p 大 $20\sim40\ kJ\cdot mol^{-1}$，较活泼的链转移剂的 $E_{tr,S}$ 较小，$(E_p-E_{tr,S})$ 一般为 $-65\sim-20\ kJ\cdot mol^{-1}$，因此，随温度升高，分子量降低。

表3.15　苯乙烯聚合反应中链转移剂的活化参数(60 ℃)

链转移剂	$-(E_p-E_{tr,S})$	$\ln(A_{tr,S}/A_p)$
环己烷	56.1	3.1
苯	62.0	3.9
甲苯	42.3	1.7
乙苯	23.0	−0.55
异丙苯	23.0	−0.47
叔丁基苯	57.4	3.8
正氯丁烷	58.6	4
正溴丁烷	46.1	2
正碘丁烷	29.3	1
四氯化碳	20.9	1

3.4.3　分子量分布

分子量和分子量的分布是影响聚合物性能的重要因素。当单体转化率较高时，反应中除单体、引发剂和聚合物浓度发生显著变化外，各种反应速率常数也在改变，所以推导分子量分布比较困难。下面讨论的是低转化率时的分子量分布，此时可把各反应参数视为定值,采用与逐步聚合分子量分布相似的方法,推导自由基链式聚合形成聚合物的分子量分布。

1. 歧化终止的分子量分布

对于只存在歧化终止的自由基链式聚合反应,每个动力学链产生一个聚合物分子,因此可以采用与逐步聚合完全相同的方法处理分子量分布,得到如式(3.105)所示的关系式。

(1) 分子量的数量分布函数

$$\underline{N}_x = (1-p)p^{x-1} \tag{3.105a}$$

$$N_x = N_0(1-p)^2 p^{x-1} \tag{3.105b}$$

(2) 分子量的质量分布函数

$$w_x = x(1-p)^2 p^{x-1} \tag{3.105c}$$

(3) 数均和重均分子量

$$\overline{X}_n = \frac{1}{1-p}; \quad \overline{X}_w = \frac{1+p}{1-p} \tag{3.105d}$$

(4) 分子量分布(PDI)

$$\frac{\overline{X}_w}{\overline{X}_n} = 1 + p \tag{3.105e}$$

与逐步聚合不同的是,在自由基链式聚合反应中,p 的定义不同。它定义为链自由基继续进行增长而不被终止的概率,它的数学定义式为

$$p = \frac{R_p}{R_p + R_t + R_{tr}} \tag{3.106}$$

式中,R_p、R_t和 R_{tr}分别表示聚合反应速率、歧化终止和链转移反应速率。在应用这些方程式时,要特别注意,它们适用于逐步聚合反应的整个体系,而在自由基链式聚合中,它们只适用于聚合体系中的聚合物组分。上述各式表明,只有当 p 接近于1时,即终止反应和链转移反应速率不很高时,才有可能生成高分子量聚合物。

2. 偶合终止的分子量分布

偶合终止是两个链自由基偶合,生成了一个"死"聚合物链。x-聚体的形成可分解为两个阶段。第一阶段中分别形成$(x-a)$-聚体和a-聚体。它们的形成概率分别为:$(1-p)p^{(x-a)-1}$和$(1-p)p^{a-1}$第二阶段中,$(x-a)$-聚体和 a-聚体相互偶合,形成 x-聚体时,有$(x-1)$个反应方式,考虑 x 很大时,它的形成概率为

$$\underline{N}_x = x[(1-p)p^{a-1}][(1-p)p^{(x-a)-1}] = x(1-p)^2 p^{x-2} \tag{3.107a}$$

由此可以得到如下各式:

(1) 分子量的数量分布函数

$$N_x = N_0 x (1-p)^2 p^{x-2} \tag{3.107b}$$

(2) 分子量的质量分布函数

$$w_x = \frac{1}{2} x^2 (1-p)^3 p^{x-2} \tag{3.107c}$$

(3) 平均分子量

$$\overline{X}_n = \frac{2}{1-p};\quad \overline{X}_w = \frac{2+p}{1-p} \tag{3.107d}$$

(4) 分子量分布(PDI)

$$\frac{\overline{X}_w}{\overline{X}_n} = \frac{2+p}{2} \tag{3.107e}$$

当 p 接近1,分子量分布接近1.5时,比较式(3.107e)和式(3.105e),可以得知,偶合终止生成的聚合物的分子量分布比歧化终止生成的相对要窄。

同时存在偶合、歧化和链转移终止的聚合反应,其分子量分布函数为歧化终止、链转移反应(A)和偶合终止($1-A$)所形成聚合物的质量分数对它们分子量分布函数进行加和,即式(3.108)。

$$w_x = \frac{1}{2}(1-A) x^2 (1-p)^3 p^{x-2} + Ax(1-p)^2 p^{x-1} \tag{3.108}$$

实际上,当自由基链式聚合反应需要进行到高转化率时,其分子量分布要比低转化率时宽得多,分子量分布指数在2~5范围内。因为动力学链长依赖于$[M]/[I]^{1/2}$,通常情况下$[M]/[I]^{1/2}$随转化率的升高而升高;当聚合反应中出现自动加速效应时,$k_p/k_t^{1/2}$增加。两者共同作用导致分子量分布变宽,可达5~10。当存在向聚合物链转移形成支化聚合物时,分子量分布会更宽,可达20~50。

思考题

1. 什么是动力学链长?它是如何计算的?数均聚合度与动力学链长有什么关系?

2. 讨论如何提高聚合反应速率?其对分子量有什么影响?

3. 什么是链转移反应?它对聚合速率和聚合物分子量有什么影响?

4. 在向单体、引发剂和链转移剂的链转移反应同时存在时,如何计算生成聚合物的分子量?

5. 向单体的链转移反应通常很小,但向乙酸乙烯酯和氯乙烯的链转移常数较高,这链转移反应是怎样进行的?

6. 分别讨论烷烃、芳族化合物、卤代物和硫化物的链转移反应活性的规律;链自由基活性是怎样影响链转移剂的链转移反应活性的?

7. 在高压聚乙烯中，长支链和乙基、丁基、戊基、己基等短支链是怎样产生的？

8. 怎样测定向聚合物、链转移剂和引发剂的链转移常数？

9. 与线形逐步聚合反应比较，自由基聚合反应中存在歧化终止时，分子量分布有什么异同点？分别存在歧化终止和偶合终止的聚合体系，它们的分子量和分布有什么差别？为什么存在这样的差别？

3.5 阻聚与缓聚

3.5.1 阻聚和缓聚行为

有些物质能与初级自由基及增长链自由基反应，生成非自由基物种或形成的自由基活性过低而不能进行链增长，使聚合反应受到抑制。根据抑制的程度，可将这些物质分为阻聚剂和缓聚剂。**阻聚剂能终止所有自由基，并使聚合反应完全停止，直到它完全消耗为止。缓聚剂只能终止部分自由基，或生成活性较低的自由基而使聚合速率降低。**这两类物质的作用，只有程度的不同而没有本质的差别。

图3.12反映了苯乙烯受热自聚合的阻聚和缓聚现象，曲线1是纯单体聚合的

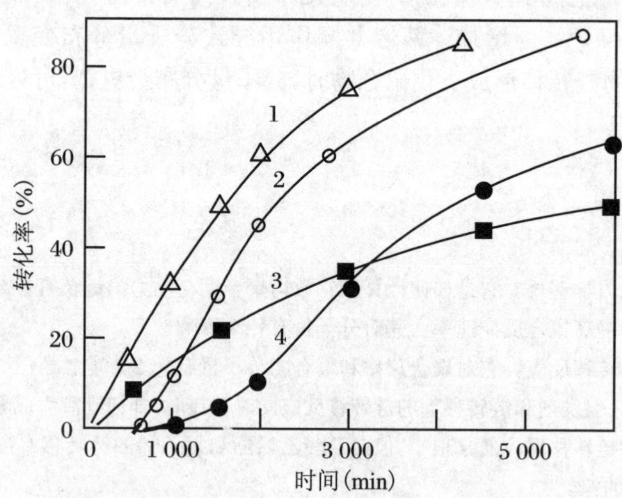

图3.12 苯乙烯受热自聚合反应的阻聚与缓聚(100 ℃)

1:无阻聚剂;2:0.1%苯醌;3:0.5%硝基苯;4:0.2%亚硝基苯

转化率随时间的变化;曲线 2 是加入典型阻聚剂苯醌时的聚合行为,有明显的诱导期(或称阻聚期),在此期间聚合反应完全停止。当苯醌耗尽后,转化率-时间的变化与曲线 1 趋势完全一致。曲线 3 为加入缓聚剂硝基苯时的聚合行为。无诱导期,但聚合速率降低。曲线 4 是加入亚硝基苯的聚合行为。可以看到诱导期,诱导期后出现缓聚反应,这种行为并不少见。

未经充分纯化的单体进行聚合反应时,由于存在的杂质起阻聚和缓聚作用,难以得到可重复的实验数据。另一方面,在单体储存和运输过程中,一定要加入阻聚剂,以防止在热、光等作用下发生聚合,而在聚合反应前要除去这些阻聚剂以提高生产效率。

3.5.2 阻聚和缓聚动力学

1. 聚合速率

存在阻聚或缓聚的聚合反应由链引发、链增长、链终止和阻聚等单元反应组成,阻聚反应可用反应通式(3.109)表示,其中 Z 为阻聚剂,它可以与链自由基($M_n\cdot$)结合形成自由基 $M_nZ\cdot$,或者与 H(或其他基团)链转移,生成自由基 $Z\cdot$ 和一个聚合物分子。

$$M_n\cdot + Z \longrightarrow M_nZ\cdot \tag{3.109a}$$

$$M_n\cdot + Z \longrightarrow M_n + Z\cdot \tag{3.109b}$$

假设自由基 $Z\cdot$ 或 $M_nZ\cdot$ 均不具有引发活性,也不会转变成原来的阻聚剂,则其动力学方程就能简化。由稳态假定,得到式(3.110)。

$$\frac{\mathrm{d}[M\cdot]}{\mathrm{d}t} = R_\mathrm{i} - 2k_\mathrm{t}[M\cdot]^2 - k_\mathrm{z}[M\cdot][Z] = 0 \tag{3.110}$$

将$[M\cdot] = R_\mathrm{p}/k_\mathrm{p}[M]$代入式(3.110),得到式(3.111)。

$$\frac{2R_\mathrm{p}^2k_\mathrm{t}}{k_\mathrm{p}^2[M]^2} + \frac{k_\mathrm{z}R_\mathrm{p}[Z]}{k_\mathrm{p}[M]} - R_\mathrm{i} = 0 \tag{3.111}$$

式中,[Z]为阻聚剂浓度,k_z为阻聚反应的速率常数,k_z和 k_p的比值定义为阻聚常数 z,如式(3.112)所示。

$$z = \frac{k_\mathrm{z}}{k_\mathrm{p}} \tag{3.112}$$

式(3.111)存在两种极限情况。当阻聚反应非常小时,第二项可以忽略,即为正常的自由基聚合;当阻聚程度较强时,正常的双基终止,即式中第一项可以忽略,此时式(3.111)就变成式(3.113)。

$$R_p = \frac{k_p R_i[M]}{k_z[Z]} \tag{3.113}$$

由式(3.113)可知,在阻聚反应中,R_p与 R_i成正比,与[Z]成反比。诱导期的长短与$[Z]_0$成正比。

2. 阻聚常数的测定

随聚合反应进行,阻聚剂浓度[Z]逐步降至为零。设 y 为每个阻聚剂分子终止自由基的个数。假定在诱导期内自由基的 R_i恒定,t 时刻时,[Z]的值可用式(3.114)表示。

$$[Z] = [Z]_0 - \frac{R_i}{y}t \tag{3.114}$$

当[Z]=0 时,阻聚剂完全消耗所用的时间 t(诱导期)可用式(3.115)估算。

$$t = \frac{y[Z]_0}{R_i} \tag{3.115}$$

将式(3.112)和(3.114)代入到式(3.113)中,并经整理得到式(3.116)。

$$-\frac{1}{\mathrm{dln}[M]/\mathrm{d}t} = \frac{z[Z]_0}{R_i} - \frac{z}{y}t \tag{3.116}$$

将式(3.116)的左式对时间 t 作图,$[Z]_0$为已知,R_i预先测得,可由直线的截距求出 z,由斜率求出 y。当 z 较大时,聚合反应速率很小,给数据处理带来不便,影响结果的准确性。图 3.13 为2,3,5,6-四甲基对苯醌阻聚乙酸乙烯酯的聚合反应,测定不同时间的 R_p值,再根据式(3.116)来测定 z 值和 y 值。

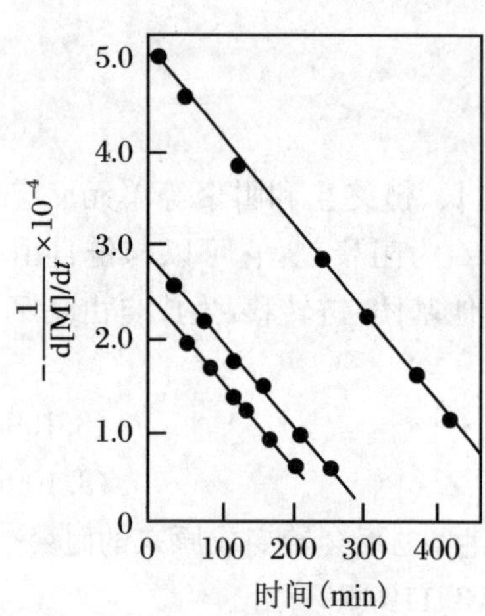

图 3.13 在乙酸乙烯酯聚合反应中测定 2,3,5,6-四甲基对苯醌的阻聚常数

引发剂:过氧化苯甲酰,温度:45 ℃

表 3.16 列出一些化合物的阻聚常数 z。从所列数据可以看出,除阻聚剂本身的结构外,阻聚常数还与链自由基的类型有关。

表 3.16 化合物的阻聚常数

阻聚剂	单 体	$z = k_z/k_p$
硝基苯	丙烯酸甲酯	0.004 64
	苯乙烯	0.326

续表

阻聚剂	单　体	$z=k_z/k_p$
1,3,5-三硝基苯	乙酸乙烯酯	11.2
	丙烯酸甲酯	0.204
	苯乙烯	64.2
对苯醌	乙酸乙烯酯	404
	丙烯腈	0.91
	甲基丙烯酸甲酯	5.7
	苯乙烯	518
四氯苯醌	甲基丙烯酸甲酯(44 ℃)	0.26
	苯乙烯	2 040
DPPH	甲基丙烯酸甲酯(44 ℃)	2 000
$FeCl_3$	丙烯腈(60 ℃)	3.3
	苯乙烯(60 ℃)	536
$CuCl_2$	丙烯腈(60 ℃)	100
	甲基丙烯酸甲酯(60 ℃)	1 027
	苯乙烯	～11 000
氧	甲基丙烯酸甲酯	33 000
	苯乙烯	14 600
硫	甲基丙烯酸甲酯(44 ℃)	0.075
	乙酸乙烯酯(44 ℃)	470
苯胺	丙烯酸甲酯	0.000 1
	乙酸乙烯酯	0.015
苯酚	丙烯酸甲酯	0.000 2
	乙酸乙烯酯	0.012
对苯二酚	乙酸乙烯酯	0.7
1,2,3-三羟基苯	乙酸乙烯酯	5.0
2,4,6-三甲基苯酚	乙酸乙烯酯	0.5

注：除注明外，所有数据都是在 50 ℃下测得的。

3.5.3 阻聚剂和缓聚剂的类型

用作阻聚剂和缓聚剂的化合物大致有以下几种类型：

1. 稳定自由基

稳定自由基不具备引发活性，能与初级自由基和链自由基偶合形成不活泼分子。例如，二苯基三硝基苯肼自由基(diphenylpicryhydrazyl, DPPH)为深紫色，与自由基偶合的产物为无色或淡黄色，故可通过分光光度计跟踪反应。它的制备和自由基的偶合反应如反应(3.117)所示。

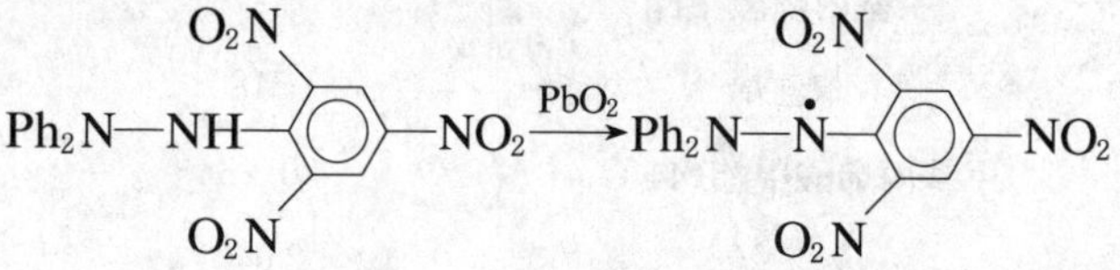

$$Ph_2N—NH—C_6H_2(NO_2)_3 \xrightarrow{PbO_2} Ph_2N—\dot{N}—C_6H_2(NO_2)_3 \qquad (3.117a)$$

$$Ph_2N—\dot{N}—C_6H_2(NO_2)_3 + R\cdot \longrightarrow R—C_6H_4—N(C_6H_5)—NH—C_6H_2(NO_2)_3 \qquad (3.117b)$$

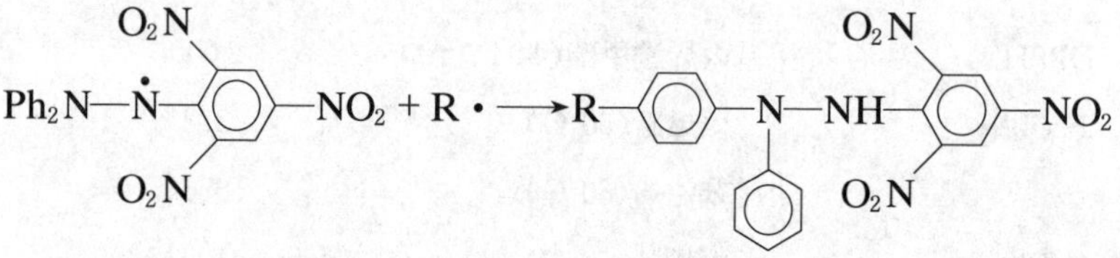

氮一氧稳定自由基，如2,2,4,4-四甲基哌啶氧(TEMPO)自由基也具有同样作用。

2. 醌类化合物

醌类化合物能与增长链自由基反应生成低活性的自由基，是常用的一类阻聚剂，如苯醌和氯醌(2,3,5,6-四氯代对苯醌)等，它们的阻聚反应机理比较复杂。链自由基 $M_n\cdot$ 进攻醌类化合物的氧，生成酚氧自由基，如反应(3.118a)所示。新生成的自由基与 $M_n\cdot$ 之间(或自身)之间进行偶合终止或歧化终止。

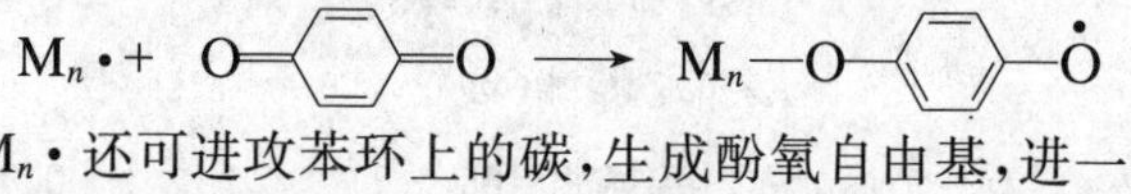

$$M_n\cdot + O=C_6H_4=O \longrightarrow M_n—O—C_6H_4—\dot{O} \qquad (3.118a)$$

链自由基 $M_n\cdot$ 还可进攻苯环上的碳，生成酚氧自由基，进一步与链自由基发生歧化终止(反应(3.118b))；也可以经重排转变成酚氧自由基(反应(3.118c))，然后发生歧化终止或偶合终止。

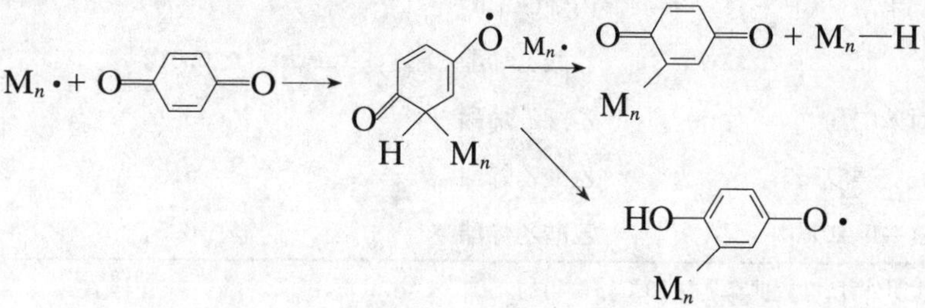

$$M_n\cdot + O=C_6H_4=O \longrightarrow \dot{O}—C_6H_3(H)(M_n)=O \xrightarrow{M_n\cdot} O=C_6H_3(M_n)=O + M_n—H \qquad (3.118b)$$

$$\longrightarrow HO—C_6H_3(M_n)—O\cdot \qquad (3.118c)$$

从以上反应可知,醌类阻聚剂终止链自由基的数目(y)具有很大的不确定性,随醌和自由基的结构的变化而变化。

极性效应是影响阻聚效果的主要因素,缺电子的醌(对苯醌和氯醌)对富电子单体(如乙酸乙烯酯及苯乙烯)的聚合起阻聚作用;而对缺电子单体(如丙烯腈和甲基丙烯酸甲酯)的聚合只起缓聚作用。加入富电子的第三组分可以提高它对缺电子单体聚合的阻聚能力,如加入三乙胺可以使氯醌成为甲基丙烯酸甲酯的阻聚剂。

3. 氧的作用

氧对自由基聚合具有强烈的阻聚作用,阻聚常数 z 值很大。它可与 $M_n\cdot$ 反应生成相当不活泼的 M_n—OO·,如反应(3.119)所示。进而过氧自由基之间或与另一个链自由基发生偶合终止或歧化终止,生成不活泼的产物(过氧化物或氢过氧化物)。

$$M_n\cdot + O_2 \longrightarrow M_n\text{—}OO\cdot \tag{3.119}$$

由氧的阻聚反应可知,氧在自由基聚合反应中的作用具有双重性,在一定场合下,它可作为引发剂。例如,聚乙烯工业生产中,将氧气混合到乙烯单体中作为引发剂。其引发反应可能是通过反应(3.119)形成的过氧化物或氢过氧化物的热分解。氧是阻聚剂还是引发剂,取决于反应温度。

4. 酚类及胺类

对于活性很高的链自由基(如聚乙酸乙烯酯链自由基)来说,苯酚和苯胺是效果较差的缓聚剂。带有多个给电子取代基的苯酚则是较强的缓聚剂,如2,4,6-三甲基苯酚在乙酸乙烯酯聚合的 z 值为5.0,而苯酚的 z 值为0.012。当苯酚环上存在吸电子取代基时,其阻聚效率降低。酚的阻聚反应结果是酚羟基的氢转移到链自由基上,自身则转变成酚氧自由基,如反应(3.120)所示。

$$M_n\cdot + R\text{—}C_6H_2R_2\text{—}OH \longrightarrow M_n\text{—}H + R\text{—}C_6H_2R_2\text{—}O\cdot \tag{3.120}$$

氧气对酚的阻聚有协同作用,原因可能是 M_n—OO·夺取了酚羟基的氢,转移(反应(3.121))比 $M_n\cdot$ 夺取酚羟基的氢(反应(3.120))的速率快。

$$M_n\text{—}OO\cdot + ArOH \longrightarrow M_n\text{—}OOH + ArO\cdot \tag{3.121}$$

大多数酚的 y 值为3。

5. 芳香硝基化合物

对于活泼的富电子链自由基,芳族硝基化合物具有较强的阻聚效果。例如,它们对苯乙烯和乙酸乙烯酯聚合起阻聚作用,而对甲基丙烯酸甲酯和丙烯酸甲酯的聚合几乎不起作用。随芳环上硝基数的增加，阻聚效果增大。例如，三硝基苯的阻聚常数比硝基苯高1～2个数量级。

$$C_6H_5\text{—}NO_2 \xrightarrow{M_n\cdot} (M_n)(H)C_6H_5^{\cdot}\text{—}NO_2 \xrightarrow{M_n\cdot} M_n\text{—}C_6H_4\text{—}NO_2 + M_n\text{—}H \quad (3.122a)$$

$$\xrightarrow{M} M_n\text{—}C_6H_4\text{—}NO_2 + HM\cdot \quad (3.122b)$$

$$C_6H_5\text{—}NO_2 \xrightarrow{M_n\cdot} C_6H_5\text{—}N(OM_n)\text{—}O\cdot \xrightarrow{M_n\cdot} C_6H_5\text{—}N(OM_n)_2 \quad (3.123a)$$

$$C_6H_5\text{—}N(OM_n)\text{—}O\cdot \xrightarrow{M_n\cdot} C_6H_5\text{—}NO + M_n\text{—}O\text{—}M_n \quad (3.123b)$$

$$C_6H_5\text{—}N(OM_n)\text{—}O\cdot \longrightarrow C_6H_5\text{—}NO + M_n\text{—}O\cdot \quad (3.123c)$$

硝基苯的阻聚机理有两个可能，链自由基与苯环的反应(3.122)和链自由基与硝基的反应(3.123)。

3.5.4 烯丙基单体的自动阻聚作用

烯丙基单体($CH_2=CH—CH_2Y$)存在自动阻聚现象。例如，乙酸烯丙酯的聚合速率很低，与引发剂浓度成一次方关系，生成聚合物的聚合度很低(只有14)，且与聚合反应速率无关；丙烯的自由基聚合也难以生成高分子量的聚合物。这些现象都是由链自由基向单体发生链转移反应导致的。

乙酸烯丙酯的增长链自由基很活泼，烯丙基上CH_2的C—H键相对较弱，易发生链转移反应，形成稳定的烯丙基自由基，如式(3.124)所示。烯丙基自由基具有较高的共振稳定性，而且不能引发聚合，其聚合反应有可能通过相互反应或与增长链自由基反应而终止。所以，反应(3.124)相当于阻聚反应，阻聚剂就是单体本身。

$$\sim\sim CH_2\dot{C}H\text{—}CH_2Y + CH_2{=}CHCH_2Y \longrightarrow \sim\sim CH_2CH_2\text{—}CH_2Y + CH_2{=}CH\dot{C}HY \leftrightarrow \dot{C}H_2CH{=}CHY \quad (3.124)$$

α-烯烃(如丙烯)或1,1-二烷基取代烯烃(如异丁烯)的自由基聚合活性低，由于生成的链自由基活性较高，且易向单体发生衰减性链转移，所以只能生成低分子量化合物。但是，同样含有烯丙基的其他单体如甲基丙烯酸甲酯和甲基丙烯腈，由于其链自由基与酯和腈基共轭，活性较低，而单体聚合的活性较高，因此不会发生明显的衰减性链转移，可以通过自由基聚合得到高分子量聚合物。

思考题

1. 什么是阻聚剂？什么缓聚剂？它们的作用有什么差别？
2. 根据单体中的阻聚剂的量$[Z]_0$，如何估算它消耗引发剂的量？
3. 讨论氧和稳定自由基的阻聚和引发作用。
4. 讨论化合物醌、苯酚和硝基苯的阻聚作用。
5. 为什么丙烯酸烯丙酯在自由基聚合时，难以得到高分子量的聚合物？

3.6　绝对速率常数的测定

3.6.1　自由基的平均寿命

通过对引发剂热分解动力学的研究，可以得到引发速率常数k_d（或k_i）。通过在稳态条件下，对聚合反应速率和聚合度的研究，可以获得$k_p/k_t^{1/2}$、k_{tr}/k_p和k_z/k_p，但是无法测定单个k_p、k_t、k_{tr}和k_z值。根据$R_p=k_p[M][M\cdot]$，如果知道增长链自由基的准确浓度，就能计算出k_p值。原理上，电子自旋共振(ESR)法可测定自由基浓度，但是典型的聚合反应中，$[M\cdot]$太低，难以用一般的ESR仪器精确测量。

确定各种速率常数的关键是测定k_p值，为了测定该值，首先要定义**增长链自由基的平均寿命τ_s，即链自由基从生成到被终止所经历的平均时间**，它等于稳态自由基浓度除以它的消失速率（式(3.125)）。

$$\tau_s=\frac{[M\cdot]_s}{2k_t[M\cdot]_s^2}=\frac{1}{2k_t[M\cdot]_s} \tag{3.125}$$

将$[M\cdot]=(R_p)_s/(k_p[M])$代入(3.125)，可得式(3.126)。

$$\tau_s=\frac{k_p[M]}{2k_t(R_p)_s} \tag{3.126}$$

如果已知稳态时的 τ_s 和聚合速率 $(R_p)_s$，由式(3.126)可求得 k_p/k_t 的值，再与 $k_p/k_t^{1/2}$ 值联立，就可求得 k_p 和 k_t 值。

为了测定 τ_s，需要研究非稳态条件下的自由基聚合。下面介绍测试 τ_s 的两种方法：旋转扇面法及脉冲激光引发聚合和凝胶渗透色谱联用技术。

3.6.2 旋转扇面法

光引发聚合体系和光源之间放置一旋转的圆形光闸，光闸切去部分扇面，由留下扇面与切去扇面的面积比(r)来控制聚合体系的光照时间(t)和未光照(即黑暗)时间(t')。光闸旋转一次，对聚合体系来说，就有有一次光照和一次未光照，一个循环时间($t+t'$)。因此，这种光引发聚合速率是循环时间和 r 的函数。

当光闸的旋转速率很慢，即慢闪烁，一次循环时间远远大于 τ_s。光照时，链自由基浓度随时间增大，如图 3.14 的 OA 和 BC 曲线所示；停止光照，自由基浓度随时间衰减，如 AB 和 CD 曲线所示。这样的聚合反应，链自由基浓度在改变，是非稳态聚合反应。在光照期间，链自由基浓度的增加速率可用式(3.127)表示。

$$\frac{\mathrm{d}[\mathrm{M}\cdot]}{\mathrm{d}t} = 2\Phi I_a - 2k_t[\mathrm{M}\cdot]^2 \tag{3.127}$$

稳态时，则有式(3.128)。

$$2\Phi I_a = 2k_t[\mathrm{M}\cdot]_s^2 \tag{3.128}$$

结合式(3.127)和式(3.128)，可得式(3.129)。

$$\frac{\mathrm{d}[\mathrm{M}\cdot]}{\mathrm{d}t} = 2k_t([\mathrm{M}\cdot]_s^2 - [\mathrm{M}\cdot]^2) \tag{3.129}$$

将式(3.129)积分，得

$$\ln\left[\frac{1+[\mathrm{M}\cdot]/[\mathrm{M}\cdot]_s}{1-[\mathrm{M}\cdot]/[\mathrm{M}\cdot]_s}\right] = 4k_t[\mathrm{M}\cdot]_s(t-t_0) \tag{3.130}$$

式中，t_0 是在时间为 t_0，$[\mathrm{M}\cdot]=0$ 时的积分常数。将 $\tau_s=1/(2k_t[\mathrm{M}\cdot]_s)$ 代入式(3.130)，得式(3.131)。

$$\tan \mathrm{h}^{-1}\left(\frac{[\mathrm{M}\cdot]}{[\mathrm{M}\cdot]_s}\right) = \frac{(t-t_0)}{\tau_s} \tag{3.131a}$$

或

$$\frac{[\mathrm{M}\cdot]}{[\mathrm{M}\cdot]_s} = \frac{R_p}{(R_p)_s} = \tan \mathrm{h}\left[\frac{(t-t_0)}{\tau_s}\right] \tag{3.131b}$$

当时间为 t，停止光照，在黑暗时间内，自由基衰减，即

$$\frac{\mathrm{d}[\mathrm{M}\cdot]}{\mathrm{d}t} = 2k_t[\mathrm{M}\cdot]^2 \tag{3.132}$$

将式(3.132)积分得，光照结束时，自由基浓度为$[M\cdot]_1$；经时间t'的衰减，自由基浓度为$[M\cdot]$。这样可得式(3.133)。

$$\frac{1}{[M\cdot]}-\frac{1}{[M\cdot]_1}=2k_t t' \tag{3.133}$$

将$\tau_s=1/(2k_t[M\cdot]_s)$代入式(3.133)得式(3.134)。

$$\frac{[M\cdot]_s}{[M\cdot]}-\frac{[M\cdot]_s}{[M\cdot]_1}=\frac{t'}{\tau_s} \tag{3.134a}$$

或

$$\frac{(R_p)_s}{R_p}-\frac{(R_p)_s}{(R_p)_1}=\frac{t'}{\tau_s} \tag{3.134b}$$

当自由基浓度达到稳态值和衰减至零时的时间分别小于t和t'，整个光照期间的R_p等于$(R_p)_s$，而整个黑暗期间的R_p等于零，平均聚合速率可由式(3.135)求出。

$$\bar{R}_p=\frac{1}{1+r}(R_p)_s \tag{3.135}$$

当光闸的旋转速率很快，即快闪烁时，t和t'都远小于τ_s，自由基的浓度在暗时间内不会衰减到零，而在光照期间也达不到稳态值。由于在暗时间内自由基的衰减速率小于光照时间内自由基的生成速率，所以一次循环的平均聚合速率大于$(R_p)_s/(1+r)$。非常快速旋转光闸，自由基浓度会维持在几乎恒定的水平，如图3.14上OGH曲线所示。聚合反应相当于持续地被光强为$I_a/(1+r)$的光引发，

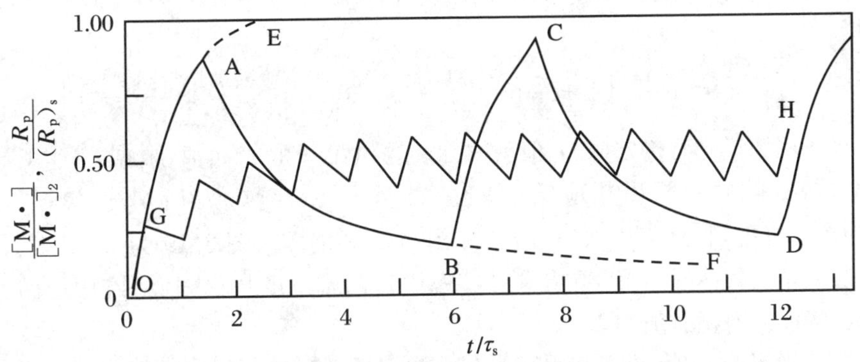

图3.14　在交替光照和黑暗期间$[M\cdot]/[M\cdot]_s$对时间的曲线

所以平均聚合反应速率$(\bar{R}_p)_\infty$与稳态聚合速率的比值为

$$\frac{(\bar{R}_p)_\infty}{(R_p)_s}=\frac{1}{(1+r)^{1/2}} \tag{3.136}$$

经过多次循环后，光照时间结束时的自由基浓度$[M\cdot]_1$和暗时间结束时的自由基浓度$[M\cdot]_2$将维持不变。而整个循环期间的自由基浓度在这两个值之间有规律地波动，不能达到稳态，如图3.14所示。

考虑快速间歇光照下的聚合反应，光照期间，链自由基浓度随时间增加，直到停止光照，自由基浓度达最大值，$[M\cdot]_1$，但$[M\cdot]_1<[M\cdot]_s$。光照停止，自由基浓度衰减，直到下一次光照，自由基浓度为最小值，$[M\cdot]_2$，但$[M\cdot]_2>0$。所以，下一次光照，即t_0时，从式(3.131b)可导出如式(3.137)关系式。

$$\frac{t_0}{\tau_s}=-\tan h^{-1}\left(\frac{[M\cdot]}{[M\cdot]_s}\right) \tag{3.137}$$

将式(3.137)中，t_0/τ_s代入式(3.131b)可得式(3.138)。

$$\tan h^{-1}\frac{[M\cdot]_1}{[M\cdot]_s}-\tan h^{-1}\frac{[M\cdot]_2}{[M\cdot]_s}=\frac{t}{\tau_s} \tag{3.138}$$

当$t'=rt$时，$[M\cdot]=[M\cdot]_2$，因此，由式(3.134a)可得到式(3.139)。

$$\frac{[M\cdot]_s}{[M\cdot]_2}-\frac{[M\cdot]_2}{[M\cdot]_1}=\frac{rt}{\tau_s} \tag{3.139}$$

给定r和t/τ_s的值，从式(3.138)可计算出$[M\cdot]_1/[M\cdot]_s$和$[M\cdot]_2/[M\cdot]_s$的值以及$[M\cdot]_s$的最大值和最小值。快速光照/黑暗循环的平均自由基浓度$\overline{[M\cdot]}$为

$$\overline{[M\cdot]}(1+r)=\int_0^t[M\cdot]\mathrm{d}t+\int_0^{t'}[M\cdot]\mathrm{d}t \tag{3.140}$$

式中，第一项积分由式(3.138)给出，第二项积分由式(3.139)给出，将式(3.140)积分，得

$$\frac{\overline{[M\cdot]}}{[M\cdot]_s}=\frac{1}{1+r}\left[1+\frac{\tau_s}{t}\ln\left(\frac{[M\cdot]_1/[M\cdot]_2+[M\cdot]_1/[M\cdot]_s}{1+[M\cdot]_1/[M\cdot]_2}\right)\right] \tag{3.141}$$

当所用圆形光闸确定时，r值就一定。每给出一个t/τ_s值，根据式(3.138)和式(3.139)，就可计算出相应的$[M\cdot]_1/[M\cdot]_s$和$[M\cdot]_1/[M\cdot]_2$。代入式(3.141)就可得到$\overline{[M\cdot]}/[M\cdot]_s$，并作出与$t/\tau_s$的图。图3.15为$r=3$时，这两个参数的半对数曲线，可以看出聚合体系中自由基浓度从快闪烁时稳态值的1/2降低到慢闪烁时稳态值的1/4。

为了确定的τ_s值，首先在恒定光照下测定稳态自由基聚合的速率$(R_p)_s$，然后放入已知r的光闸。在已知光闸旋转速率下，测定聚合体系的平均速率$\bar{R}_p$。由r及光闸旋转速率求得t和t'。将$\bar{R}_p/(R_p)_s$对$\ln t$作图，得图3.16。将相同r值的$[\bar{M}\cdot]/[M\cdot]_s$与$\ln t-\ln\tau_s$的理论曲线，与实验曲线比较，即沿$x$轴平移，使两曲线吻合最好，$x$轴上的位移值为$\ln\tau_s$。图3.16为间歇光引发甲基丙烯酰胺聚

合结果。

一旦自由基寿命 τ_s已知，由 τ_s的定义式(3.126)求得 k_p/k_t；由聚合反应速率公式(3.37)测得 $k_p/k_t^{1/2}$，由此，可计算出 k_p和 k_t。由各自的链转移常数 C_{tr}和阻聚常数 z，计算出 k_{tr}和 k_z的绝对值。

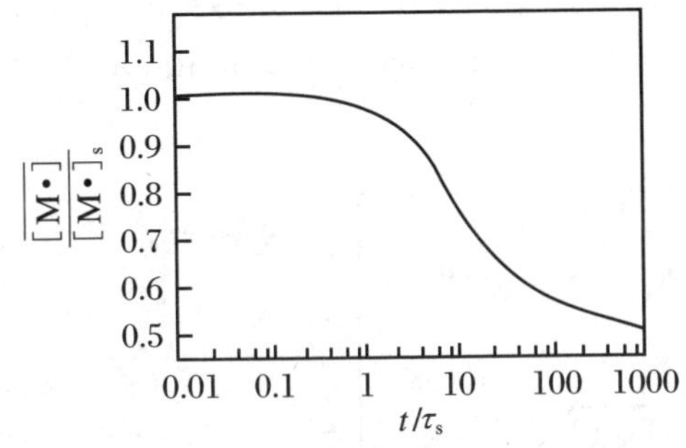

图 3.15 $[M\cdot]_1/[M\cdot]_s - t/\tau_s$的半对数曲线

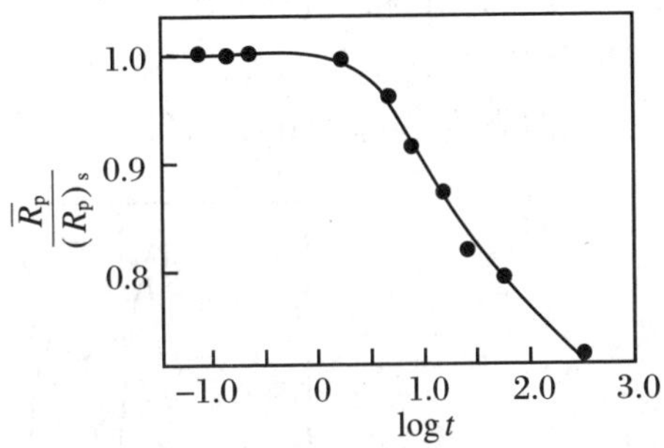

图 3.16 在间歇光照下，甲基丙烯酰胺聚合的 $\overline{R}_p/(R_p)_s - \ln t$ 曲线

t 为光照时间；● 实验点

3.6.3 脉冲激光引发聚合-凝胶渗透色谱法

测定绝对速率常数值另一个方法是“脉冲激光引发聚合-凝胶渗透色谱法”。与旋转扇面法不同的是，该方法通过测定聚合物的分子量而直接确定 k_p值；相同的两种方法都是利用非稳态下进行的聚合反应。

使用高强度、脉冲宽度极短(～10 ns)的激光进行光引发聚合，激光照射和停止照射的循环周期在1 s左右，与链自由基的寿命和初级自由基转变为链自由基所需的时间相比脉冲宽度要小得多。在第一次光照期间，高强度的激光产生高浓度的初级自由基，随后在暗时间内，初级自由基进行链增长，控制反应条件使链转移反应可以忽略。在第二次光照期间，激光产生高浓度的初级自由基使大部分的链自由基终止。在第二次暗时间内，残留的初级自由基和链自由基继续进行聚合反应。在以后的循环过程中，链自由基的浓度始终达不到稳态水平，绝大多数的链自由基被初级自由基终止，而不是通常的双基终止。经历 i 次循环后，得到的聚合物分子量不是单分布，而是多重分布的。其中，分子量最小的相当于第 i 次光照循环所形成的聚合物，其数均聚合度为：$\overline{X}_n = k_p[M]t_d$。任一分布的数均聚合度为

$$(\overline{X}_n)_i = ik_p[M]t_d \tag{3.142}$$

其中，t_d为黑暗的时间；$(\overline{X}_n)_i$为 i 次循环生成聚合物的数均分子量。其值是用凝

胶渗透色谱法测定的，该方法只需很少量样品就可获得分子量及其分布。

图3.17 是丙烯酸十二烷基酯聚合所生成聚合物，其 $w(\ln M)$ 和 $\mathrm{d}w(\ln M)/\mathrm{d}\ln M$ 与 $\ln M$ 的关系图。w 是分子量为 M 的聚合物的质量分数。该图上呈现 4 个峰值，分别对应经历 1、2、3 和 4 次光照循环后而被终止的聚合物分子量。因为[M]和 t_d 已知，由式(3.142)求出 k_p。由不同峰值计算得到的 k_p 值非常接近，其中由 $(\overline{X}_n)_1$、$(\overline{X}_n)_2$ 和 $(\overline{X}_n)_3$ 计算得到 k_p 值的误差为 2%，由 $(X_n)_4$ 计算得到的 k_p 值误差为 6%～7%。

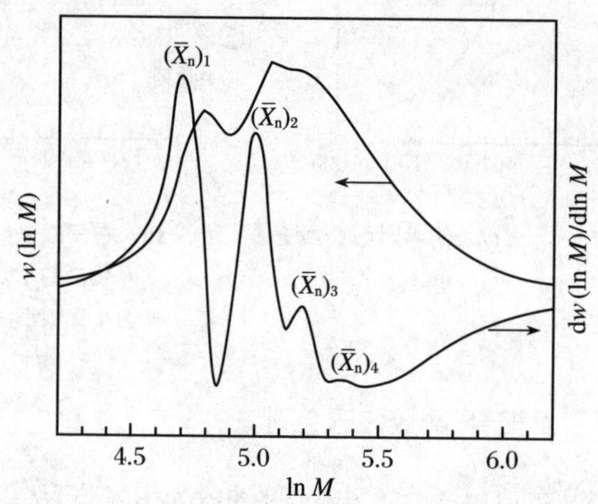

图 3.17 丙烯酸十二烷基酯聚合反应，$w(\ln M)$ 和 $\mathrm{d}w(\ln M)/\mathrm{d}\ln M$ 与 $\ln M$ 的关系图

用这一方法，利用公式(3.143)也可以直接测出终止速率常数 k_t。

$$k_t = \frac{k_p^2[\mathrm{M}]^2(3-\delta)}{r\overline{X}_w} \tag{3.143}$$

式中，r 和 $\overline{X}_w$ 分别是聚合速率和重均分子量；δ 是歧化终止对终止反应的贡献，即 $\delta = k_{td}/(k_{td}+k_{tc})$。

3.6.4 反应参数的典型值

表3.17 列出了单体等各物种浓度、引发和聚合反应速率以及各种速率常数的数值范围，这些数据在自由基聚合反应中具有代表性。同时列出了甲基丙烯酰胺进行光引发聚合反应，所得到的各种参数，包括 $(R_p)_s$、R_i、R_t、k_d、$[\mathrm{M}\cdot]_s$、k_p、k_t 和 τ_s 等。自由基链式聚合反应的 k_p 值（10^2～10^4 $\mathrm{L\cdot mol^{-1}\cdot s^{-1}}$）比通常的反应速率常数高，说明增长反应很迅速，聚合物基本上是在瞬间形成的。另外，k_t 值最大

($10^6 \sim 10^8$ L・mol^{-1}・s^{-1})，链自由基浓度很低($10^{-9} \sim 10^{-7}$ mol・L^{-1})；自由基寿命 τ_s很短(0.1～10 s)。例如，甲基丙烯酰胺的光引发聚合 $R_i = 8.75 \times 10^{-9}$；$k_p = 7.96 \times 10^2$；$k_t = 8.25 \times 10^6$；$[M \cdot]_s = 2.30 \times 10^{-8}$ mol・L^{-1}和 $\tau_s = 2.62$ s。说明自由基链式聚合反应的引发速率慢，终止速率快，自由基浓度低，它的寿命很短。这就是自由基链式聚合不同于逐步聚合和活性聚合的特点。

表 3.17　自由基链式聚合的反应参数

参数	单位	一般数值范围	甲基丙烯酰胺的光聚合反应
R_i	mol・L^{-1}・s^{-1}	$10^{-10} \sim 10^{-8}$	8.75×10^{-9}
k_d	s^{-1}	$10^{-6} \sim 10^{-4}$	—
$[I]$	mol・L^{-1}	$10^{-4} \sim 10^{-2}$	3.97×10^{-2}
$[M \cdot]_s$	mol・L^{-1}	$10^{-9} \sim 10^{-7}$	2.30×10^{-8}
$(R_p)_s$	mol・L^{-1}・s^{-1}	$10^{-6} \sim 10^{-4}$	3.65×10^{-6}
$[M]$	mol・L^{-1}・s^{-1}	$10^{-1} \sim 10$	0.20
k_p	L・mol^{-1}・s^{-1}	$10^2 \sim 10^4$	7.96×10^2
R_t	mol・L^{-1}・s^{-1}	$10^{-8} \sim 10^{-10}$	8.73×10^{-9}
k_t	L・mol^{-1}・s^{-1}	$10^6 \sim 10^8$	8.25×10^6
τ_s	s	$10^{-1} \sim 10$	2.62
k_p/k_t	无	$10^{-6} \sim 10^{-4}$	9.64×10^{-5}
$k_p/k_t^{1/2}$	(L・mol^{-1}・s^{-1})$^{1/2}$	$10^{-2} \sim 1$	2.77×10^{-1}

表3.18给出了多种单体的 k_p和 k_t值，它们是用旋转扇面法测定的。k_p的大小反映了单体和链自由基的聚合活性对 R_p的综合影响。表中单体是按 k_p值降低序列排列的。特别要提出的是不同文献报道的速率常数值有较大的差别，可能的原因包括实验误差、实验条件(转化率及溶剂)不同或计算方法的差异。

表 3.18　不同单体的自由基链式聚合的动力学参数

单　体	$k_p \times 10^{-3}$ (L・mol^{-1}・s^{-1})	E_p (kJ・mol^{-1})	$A_p \times 10^{-7}$ (L・mol^{-1}・s^{-1})	$k_t \times 10^{-7}$ (L・mol^{-1}・s^{-1})	E_t (kJ・mol^{-1})	$A_t \times 10^{-9}$ (L・mol^{-1}・s^{-1})
氯乙烯(50 ℃)	11.0	16	0.33	210	17.6	600
四氟乙烯(83 ℃)	9.10	17.4	—	—	—	—
乙酸乙烯酯	2.30	18	3.2	2.9	21.9	3.7

续表

单　体	$k_p \times 10^{-3}$ ($L \cdot mol^{-1} \cdot s^{-1}$)	E_p ($kJ \cdot mol^{-1}$)	$A_p \times 10^{-7}$ ($L \cdot mol^{-1} \cdot s^{-1}$)	$k_t \times 10^{-7}$ ($L \cdot mol^{-1} \cdot s^{-1}$)	E_t ($kJ \cdot mol^{-1}$)	$A_t \times 10^{-9}$ ($L \cdot mol^{-1} \cdot s^{-1}$)
丙烯腈	1.96	16.2	—	7.8	15.5	—
丙烯酸甲酯	2.09	29.7	10	0.95	22.2	15
甲基丙烯酸甲酯	0.515	26.4	0.087	2.55	11.9	0.11
2-乙烯基吡啶	0.186	33	—	3.3	21	—
苯乙烯	0.165	26	0.45	6.0	8.0	0.058
乙烯	0.242	18.4	—	54.0	1.3	—
1,3-丁二烯	0.100	24.3	12	—	—	—

注：除注明外，表中数据皆是在 60 ℃下测定的。

表 3.19 中列出了多种单体的 k_p 值，是用脉冲激光光引发聚合-凝胶渗透色谱法测定的。比较表 3.18 和 3.19 的相应参数，可以发现吻合程度还是相当好的。

表 3.19　不同单体的自由基链式聚合的动力学参数

单　体	温度(℃)	$k_p \times 10^{-3}$	E_p	$A_p \times 10^{-7}$
丙烯酸甲酯	20	11.6	17.1	1.66
乙酸乙烯酯	50	6.30	19.8	1.0
甲基丙烯酸甲酯	50	0.648	22.4	0.267
氯戊二烯	30	0.500	26.6	2.0
苯乙烯	40	0.160	31.5	2.88
1,3-丁二烯	30	0.057	35.7	8.05
乙烯	30	0.016	34.3	1.88

思考题

1. 什么是自由基平均寿命？它是怎样测定的？

2. 用脉冲激光引发聚合-凝胶渗透色谱法得到聚合物色谱峰为什么是多重峰？根据这结果，如何计算 k_p 和 k_t？试说明 k_p、k_t、$[M\cdot]_s$ 和 τ_s 值的大致范围；与逐步聚合反应比较，说明自由基聚合反应有哪些特点？

3.7　可控自由基聚合

以上讨论的是不可控自由基聚合的机理、动力学、分子量和分子量分布。采用自由基聚合可以获得不同的烯烃聚合物，如聚乙烯、聚苯乙烯、聚氯乙烯、聚乙酸乙烯酯、聚甲基丙烯酸甲酯、聚丙烯腈、聚四氟乙烯、聚三氟氯乙烯等均聚物，以及各种共聚物。由于不可控自由基聚合反应本身的特点(慢引发、快增长，易终止和链转移反应)，导致聚合不可控制，得到的聚合物的分子量分布宽、分子量和结构不可控制，例如，在线形聚乙烯中存在支化结构等。也很难像活性阴、阳离子聚合一样，合成预定分子量和拓扑结构的聚合物。所以，活性自由基聚合一直是高分子化学领域的一个研究热点。对于活性聚合反应，曾在第 1 章中提及，它的引发速率很快，且无终止反应。但是，下面讨论的活性自由基聚合，仍存在非常少的不可逆终止反应。为区别典型的活性聚合反应，本书称其为可控自由基聚合。

3.7.1　活性聚合反应与可控自由基聚合

1. 活性聚合反应及其表征

与通常的链式聚合反应不同，活性聚合不存在终止反应和链转移反应；引发速率远大于增长反应速率。这就是说，所有的引发剂同时引发单体，生成增长活性链 3-8。所有 3-8 同时聚合，直到单体完全消耗尽(反应(3.144))。当加入第二单体，聚合反应继续进行，直到单体全部聚合。

$$R^- \xrightarrow{CH_2=CHY} \underset{\textbf{3-8}}{R-CH_2-\overset{\overset{H}{|}}{\underset{\underset{Y}{|}}{C^*}}} \xrightarrow{CH_2=CHY} R-CH_2-\overset{\overset{H}{|}}{\underset{\underset{Y}{|}}{C}}-CH_2-\overset{\overset{H}{|}}{\underset{\underset{Y}{|}}{C^*}}$$

$$\xrightarrow{CH_2=CHY} R\text{-}\!\left(CH_2-\overset{\overset{H}{|}}{\underset{\underset{Y}{|}}{C}}\right)_n CH_2-\overset{\overset{H}{|}}{\underset{\underset{Y}{|}}{C^*}} \qquad (3.144)$$

由于没有终止反应，聚合反应体系中，活性基浓度不变，因此有动力学方程式

$$-\frac{d[M]}{[M]}=k_p[M^*]dt \tag{3.145a}$$

式(3.145a)积分后得式(3.145b)。

$$\ln\frac{[M]_0}{[M]_t}=k_p[M^*]t \tag{3.145b}$$

在整个聚合反应过程中，活性链浓度不变，因此数均聚合度应是已聚合的单体和活性链的摩尔比，即式(3.146)。

$$\overline{X}_n=\frac{[M]_0-[M]_t}{[M^*]} \tag{3.146}$$

式(3.146)可知，当引发剂浓度一定时，聚合物分子量与单体转化率成正比。

由于引发速率大于增长速率，所有高分子链同时增长，且无终止反应，聚合物的分子量分布应如式(3.147)所示。

$$\frac{\overline{M}_w}{\overline{M}_n}=1+\frac{1}{\overline{X}_n} \tag{3.147}$$

由以上讨论可见，活性聚合反应应同时具备三个基本条件：① 聚合反应为一级反应动力学，即式(3.145b)。说明在整个聚合反应过程中，活性基浓度不变。② 分子量可控，即可以通过引发剂的加入量和单体转化率来得到预定分子量的聚合物(式3.146)。③ 得到的聚合物的分子量分布很窄(式(3.147))。

2. 可控自由基聚合的基本原理

对照活性聚合的基本条件，可以发现实现可控自由基聚合的主要原因为：① 链自由基很活泼，寿命很短($\tau_s=0.1\sim10$ s)，终止速率常数 k_t($10^6\sim10^8$ L·mol^{-1}·s^{-1})比 k_p($10^2\sim10^4$ L·mol^{-1}·s^{-1})高4～6个数量级，链终止很难避免；② 引发速率很低($10^{-8}\sim10^{-10}$ L·mol^{-1}·s^{-1})，难以使活性链同时增长，导致分子量分布宽。要实现可控自由基聚合，首先要防止增长链自由基不可逆终止。每一单体聚合，形成的链自由基结构，以及它的活性是无法改变的。所以，要想改变自由基活性，延长它的寿命，实现可控聚合是行不通的。考虑稳态时链自由基浓度为[M·]=$10^{-7}\sim10^{-9}$ mol·L^{-1}，说明在这个浓度下，链自由基不易终止。所以如果能找到一个方法，使链自由基浓度始终稳定在稳态链自由基浓度下，就有可能实现可控聚合。其中，最简便的方法是寻找如反应(3.148)所示的可逆反应。

$$M_n\cdot+X\underset{k_{-1}}{\overset{k_1}{\rightleftharpoons}}M_n{-}X \tag{3.148}$$

化合物X与链自由基 M_n· 发生可逆终止反应，生成了 M_n—X。在一定条件下，M_n—X又能发生逆反应，生成 M_n· 和X。且 $k_1\gg k_{-1}$，以确保体系中链自由基浓度在 10^{-8} mol·L^{-1}左右。不同于双基终止反应，反应(3.148)中，生成的高分

子链 M_n—X 可以再次成为链自由基 M_n·，以相同聚合速率进行链增长反应。所以，X 与 M_n·的反应称为**可逆终止反应**。生成的 M_n—X 并没有死，它只是暂时失去链增长活性，称为**休眠高分子链**。而在不可逆自由基聚合中，双基终止生成的高分子链是不能再活化成链自由基，并进行增长反应的。通常的链转移反应生成一个死的高分子链，和一个新自由基，与反应(3.148)也是不同的。

为了制备窄分子量分布的聚合物，要求高分子链几乎同时生成。可以通过调节 X 的结构，以提高它与 M_n·的反应活性，使它在尽可能短的时间内，全部与 M_n·反应，即几乎同时转变成休眠高分子链和链自由基。除此以外，还要求所有高分子链有相同机会和时间进行增长反应。这可以利用反应(3.148)，在任何聚合时间，有的休眠链被活化成链自由基，有的链自由基与 X 反应生成休眠链，使体系中链自由基浓度稳定在某一值，如图 3.18 所示。这些反应是随机的，每个链都有相同概率和时间进行增长反应。在同一聚合体系中，链自由基和单体结构相同，活性相同，链增长反应速率相同。所有这些，就可以确保生成窄分子量分布的聚合物。

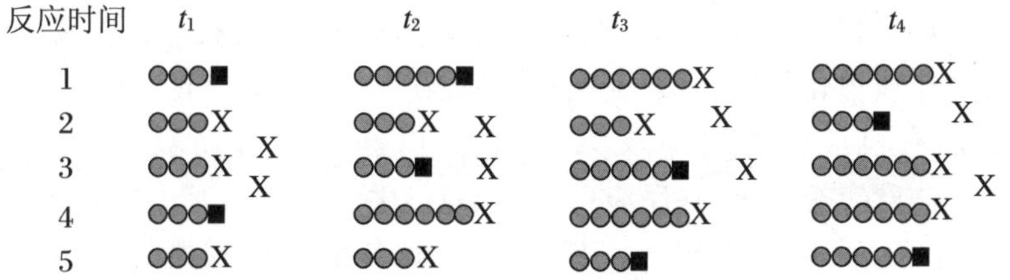

图 3.18　可控自由基聚合反应链增长反应示意图

■　为活性链端基单元

从以上讨论可见，实现可控聚合的关键是寻找合适的反应(3.148)。至今已发现实现可控自由基聚合的反应主要有三个，**原子转移自由基聚合**(atom transfer radical polymerization，ATRP)；**氮—氧稳定自由基引发的可控聚合**(nitroxide-mediated living free radical polymerization)和**可逆加成—断裂链转移自由基聚合**(reversible addition—fragmentation chain transfer polymerization，RAFT polymerization)。下面将分别讨论。

3.7.2　原子转移自由基聚合(ATRP)

1. 聚合机理

原子转移自由基聚合是研究最为广泛和深入的可控自由基聚合反应之一。基本反应如反应(3.149)所示。

引发剂分解

$$RX + M^nX_nL_m \underset{k_{-1}}{\overset{k_1}{\rightleftharpoons}} R\cdot + M^{n+1}X_{n+1}L_m \tag{3.149a}$$

引发反应

$$R\cdot + CH_2{=}\underset{\displaystyle R}{\underset{|}{CH}} \xrightarrow{k_i} R{-}CH_2{-}\underset{\displaystyle R}{\underset{|}{CH}}\cdot \tag{3.149b}$$

链增长反应

$$R{-}CH_2{-}\underset{\displaystyle R}{\underset{|}{CH}}\cdot + CH_2{=}\underset{\displaystyle R}{\underset{|}{CH}} \xrightarrow{k_p} R{\left(CH_2{-}\underset{\displaystyle R}{\underset{|}{CH}}\right)}_{n-1}CH_2{-}\underset{\displaystyle R}{\underset{|}{CH}}\cdot \tag{3.149c}$$

$$R{\left(CH_2{-}\underset{\displaystyle R}{\underset{|}{CH}}\right)}_{n-1}CH_2{-}\underset{\displaystyle R}{\underset{|}{CH}}\cdot + M^{n+1}X_{n+1}L_m \underset{k_{-2}}{\overset{k_2}{\rightleftharpoons}} R{\left(CH_2{-}\underset{\displaystyle R}{\underset{|}{CH}}\right)}_{n}X + M^nX_nL_m \tag{3.149d}$$

在反应(3.149a)中，RX、M^nX_n和L分别为有机卤化物、过渡金属卤化物和配体。在过渡金属催化作用下，发生氧化还原反应。处于低氧化态的过渡金属卤化物M^nX_n从有机卤化物中夺取X，生成自由基R·和高氧化态金属卤化物$M^{n+1}X_{n+1}$，该反应是可逆的(反应(3.149a))。生成的自由基引发烯类单体聚合，生成链自由基(反应(3.149b))。链自由基聚合单体形成增长链自由基(反应(3.149c))。它从$M^{n+1}X_{n+1}$中夺取X转变成休眠高分子链，RM_nX(反应(3.149d))。它在还原态金属卤化物催化作用下，又生成链自由基，并进行增长反应。这样，链自由基-增长反应-休眠链反复循环，最终生成高分子量的聚合物。控制体系中链自由基浓度和反应进行的是可逆反应(3.149d)。

2. 引发剂组分和作用

由反应(3.149)可知，使烯类单体进行原子转移自由基聚合的必要组分是引发剂、过渡金属卤化物和配体。

(1) 引发剂。通常，有机卤代物用作引发剂，这包括α-卤代芳基化合物，如苄基卤、α-卤代乙苯和α-卤代异丙苯等；α-卤代酯，如α-卤代丙酸酯、α-卤代丁酸酯和α-卤代异丁酸酯等；α-卤代酮，如三氯代丙酮[$CCl_3C(O)CH_3$]和α-溴代异丙基苯甲酮[$PhC(O)C(CH_3)_2Br$]等；α-卤代腈，如α-溴代乙腈[$CH_3CH(Br)CN$]和α-溴代丙腈[$CH_3CH(Br)CN$]等。有机卤代物的作用是，在聚合反应中产生自由基，引发单体聚合并要求所有引发剂分子，在最短时间内，全部转化成高分子链。为此，要考虑卤化物的结构。① 卤代物的卤素可以是Cl、Br和I，它们的反应活性有如下顺序：Cl＜Br＜I。C—X键的稳定性与这顺序刚好相反，由于C—I键很不稳定，普遍采用Cl和Br作引发剂。② 卤素的取代位置一般在功能基团，如酯基、酮基、苯环和腈基等的α-位，因为这样的化合物经原子转移反应生成的自由基能与这些取代基形成共轭而稳定。③ 在卤素的α-位，至少有一个取代基能与自由基形成共轭，以稳定生成的自由基，例如，苯环、烯丙基、酯基、腈基或羰基等。④ 在选用引发剂时，引发剂中的C—X键，最好与增长链末端单元结构相近。例如，引发丙烯腈聚合时，最好选用α-溴代丙腈，$CH_3CH(Br)CN$。因为它生成的自由基活性与聚丙烯腈链自由基活性相似。

(2) 过渡金属卤化物。其作用是通过单电子氧化还原反应，使R—X或聚合链末端的C—X均裂，生成自由基；或使链自由基转化成休眠链。通常采用低价的过渡金属，如CuBr、CuCl、$(Ph_3P)_3RuCl_2$、$(Bu_3N)_2FeCl_2$。Ru和Fe有多种价态，其中Ru(Ⅱ)、Fe(Ⅱ)和Fe(Ⅰ)的络合物具有较高的活性，是常用的价态。低价态金属不稳定，例如，CuBr和CuCl在存放过程中会氧化成Cu(Ⅱ)。所以，也有用$CuBr_2$和还原剂(如葡萄糖和辛酸亚锡等)在反应体系中生成Cu(Ⅰ)。

(3) 配体。配体的作用是与过渡金属形成络合物，以提高催化活性和增加金属在单体或有机溶剂中的溶解性。与不同的金属搭配的配体是不同的，对于Cu(Ⅰ)最常用的配体是联吡啶和其衍生物，以及取代多胺，如五甲基二亚乙基三胺(PMDTA)、双(二甲胺基乙基)醚等。对于Ru(Ⅱ)，常用的配体是Ph_3P、环戊二烯及其衍生物。Bu_3N，含两个或两个以上氮的化合物，以及Ph_3P常用作Fe(Ⅱ)的配体。

对于不同的单体，要选择不同的引发剂、过渡金属和配体的组合，才能使聚合反应具有更好的可控性。例如，当用溴代异丁酸乙酯作引发剂，CuBr和联吡啶分别作催化剂和配体，引发甲基丙烯酸甲酯聚合，其可控性不如CuCl和联吡啶组合。因为聚甲基丙烯酸甲酯链自由基活泼，它的聚合速率快，引发效率低。当用CuCl作催化剂时，部分休眠链的末端为C—Cl键，它不如C—Br键活泼，从而抑制了体系中自由基浓度，使聚合反应有比较好的可控性。

3. 聚合反应动力学

当ATRP体系中，双基终止可以忽略时，聚合反应可用通式(3.150)表示。

引发反应
$$RX + M^n X_n L_m \overset{K_0}{\rightleftharpoons} R\cdot + M^{n+1} X_{n+1} L_m \tag{3.150a}$$

$$R\cdot + M \xrightarrow{k_i} R—M\cdot \tag{3.150b}$$

链增长反应
$$R—M\cdot + M \xrightarrow{k_p} R—\underbrace{M}_{n-1}—M\cdot \tag{3.150c}$$

$$\mathrm{R{-}M_{n-1}M\cdot + M^{n+1}X_{n+1}L_m \underset{k_{act}}{\overset{k_{dact}}{\rightleftharpoons}} R{-}M_n{-}X + M^nX_nL_m} \tag{3.150d}$$

根据以上聚合反应机理，聚合反应速率如式(3.151)所示。

$$R_p = -\frac{d[M]}{dt} = k_p[RM_n\cdot][M] \tag{3.151}$$

链自由基的浓度可由可逆平衡反应(3.150d)求出。

$$\frac{k_{act}}{k_{dact}} = \frac{[RM_n\cdot][M^{n+1}X_{n+1}L_m]}{[RM_nX][M^nX_nL_m]} \tag{3.152a}$$

$$[RM_n\cdot] = K_{eq}\frac{[RM_nX][M^nX_nL_m]}{[M^{n+1}X_{n+1}L_m]} \tag{3.152b}$$

式中，K_{eq}为反应(3.150d)的平衡常数

$$K_{eq} = \frac{k_{act}}{k_{dact}} \tag{3.152c}$$

当聚合反应体系中，链自由基浓度到达稳态时，式(3.152b)的右边为一恒定值，所以反应速率方程(3.151)可写为式(3.153a)。

$$-\frac{d[M]}{dt} = k_p^{app}[M] \tag{3.153a}$$

式中，k_p^{app}为

$$k_p^{app} = k_pK_{eq}\frac{[RM_nX][M^nX_nL_m]}{[M^{n+1}X_{n+1}L_m]} \tag{3.153b}$$

将式(3.153a)积分后，得式(3.154)。

$$\ln\frac{[M]_0}{[M]_t} = k_p^{app}t \tag{3.154}$$

对苯乙烯、丙烯酸酯和甲基丙烯酸酯等常用单体，进行 ATRP 的动力学研究结果证明，聚合反应按一级反应动力学进行。测得反应(3.150d)的平衡常数 K_{eq} 在 10^{-9}～10^{-7}之间。对苯乙烯、丙烯酸酯和甲基丙烯酸酯三种单体的 K_{eq}值，按以下顺序递增：丙烯酸酯＜苯乙烯＜甲基丙烯酸酯。聚合时，链自由基浓度稳定在 10^{-8}～10^{-7} $mol\cdot L^{-1}$之间。

动力学表达式(3.154)与活性聚合反应相应的表达式(3.145b)是一样的，只是增长速率常数 k_p^{app}与活性聚合的 k_p有一些差别。接着要讲的两个可控聚合反应也有相似的动力学方程，不再重复。聚合物的分子量可用式(3.155)计算，这与活性聚合中，计算数均分子量式(3.146)是一致的。

$$\overline{M}_n = \frac{[M]_0}{[I]_0}\times MWm \times Conv \tag{3.155}$$

式中，$[M]_0/[I]_0$是投料时，单体与引发剂或链转移剂的摩尔比；MWm 和 Conv 分别是单体的分子量和转化率。

3.7.3　氮氧稳定自由基诱发的可控自由基聚合

2,2,6,6-四甲基-1-哌啶氧化物(2,2,6,6-tetramethyl-1-pipendinyloxyl，TEMPO)是高分子化学中常用的自由基捕捉剂，用来捕捉反应体系中所生成的自由基，以证明聚合反应是否为自由基机理，以及研究自由基的结构等。1993 年，加拿大 Xerox 公司发现，将 TEMPO 与过氧化苯甲酰等摩尔混合后，在 130 ℃引发苯乙烯进行本体聚合，聚合反应具有活性特征。

1. 聚合反应的可控机理

在较低聚合温度下，TEMPO 可以终止高分子链的增长反应，得到了低分子量的聚合物。只有反应温度升高到一定值，C—ON键才能均裂，生成活泼的链自由基 M_n· 并恢复氮氧稳定自由基 ═NO·。C—ON 键均裂的温度随稳定自由基的结构而改变。例如，在 TEMPO 存在下，过氧化苯甲酰，在 80～100 下引发苯乙烯进行聚合反应，只能得到低聚物。说明在这样的温度下，偶合终止形成的 C—ON 键稳定，生成的高分子链失去了增长反应活性。当温度升高到 130 ℃，这一体系能进行可控聚合反应，即休眠链 M_n—ON ═末端的 C—ON 会均裂，生成了 M_n· 和 ·ON ═。前者继续引发单体聚合，而后者则随机捕捉体系中的链自由基。这样聚合反应能继续进行，生成高分子量聚合物。下面以 TEMPO 为例，说明氮氧稳定自由基的可控聚合机理(反应(3.156))。

$$CH_2{=}CH(C_6H_5) + C_6H_5{-}\overset{O}{\overset{\|}{C}}OO\overset{O}{\overset{\|}{C}}{-}C_6H_5 \longrightarrow {\left[CH_2{-}CH(C_6H_5)\right]}_{n-1}CH_2{-}CH(C_6H_5)\cdot \qquad (3.156a)$$

$${\left[CH_2{-}CH(C_6H_5)\right]}_{n-1}CH_2{-}CH(C_6H_5)\cdot + \text{TEMPO}(N{-}O\cdot) \rightleftharpoons {\left[CH_2{-}CH(C_6H_5)\right]}_{n-1}CH_2{-}CH(C_6H_5){-}O{-}N\text{(2,2,6,6-四甲基哌啶)} \qquad (3.156b)$$

在 130 ℃下，BPO 均裂，生成初级自由基，引发单体聚合，形成了链自由基(反应(3.156a))。它被 TEMPO 捕获，生成休眠链。在这样的温度下，C—ON 键会均裂，生成链自由基和 TEMPO(反应(3.156b))。所以，反应(3.156b)是可逆的。前者能继续聚合单体，生成分子量更高的聚合物，又被体系中的游离TEMPO可逆终止，高分子链在如此反复终止-增长过程中，生长成高分子量聚合物。在这一过程中，休眠链末端的C—ON键均裂，以及TEMPO捕捉链自由基都是随机的，所有的休眠链转变成链自由基，以及链自由基被捕捉的概率是相同的，这样就生成了窄分子量分布的聚合物。通常，链自由基被捕捉的速率远大于休眠链异裂的速率，使体系中链自由基控制在较低的水平，以防止双链自由基终止。可逆反应的平衡常数受温度控制，提高温度有利于休眠链的均裂，提高了体系中链自由基浓度。

2. 引发反应和氮氧稳定自由基

(1) 两类氮氧稳定自由基。对用于可控自由基聚合反应的稳定自由基的要求是：① 它不能引发单体聚合；② 不能自己偶合终止，即要求与链自由基的交叉终止速率远大于自终止速率。氮氧稳定自由基能满足这两个要求，但不同结构的稳定自由基对聚合反应的可控性，以及适用的单体有着极大的影响。下面讨论两类氮氧稳定自由基。

① 环状氮氧稳定自由基。这类稳定自由基的特点是：在环上，有取代基两个α-碳为季碳，即α-碳上没有H。例如TEMPO和它的衍生物(3-9b至3-9e)等。尽管这类稳定自由基在活性上有差异，但它们有共同的不足：聚合温度过高，一般在120～145℃；聚合时间长，通常为24～72 h；只适用苯乙烯及其衍生物的可控聚合。

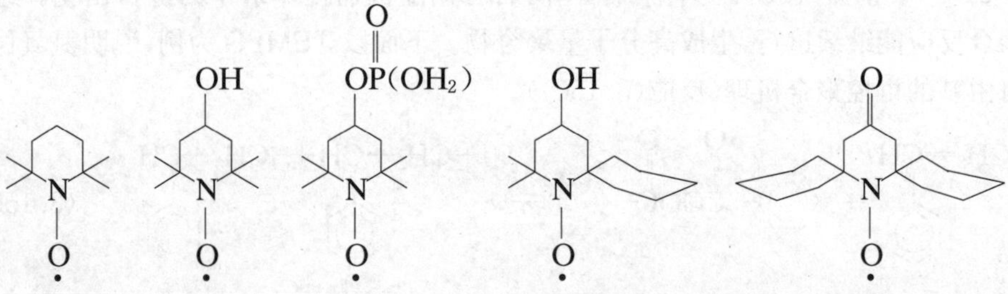

3-9a　3-9b　3-9c　3-9d　3-9e

② 非环氮氧稳定自由基。为了克服环状氮氧稳定自由基存在的问题，人们寻找了另一类氮氧稳定自由基——非环氮氧稳定自由基，如结构式(3-10a～3-10d)所示。它们在结构上的共同特征是，一是氮原子不在脂环上；二是至少有一个取代基的α-碳为叔碳，即在α-碳上有一个氢。它们不仅使常见的烯类单体(如苯乙烯、丙烯酸酯、甲基丙烯酸酯和丙烯腈等)聚合，还可以使功能单体(如取代丙烯酰胺、丙烯酸和对乙烯基苯磺酸等)进行可控自由基聚合，聚合温度也可降低至100℃以下。

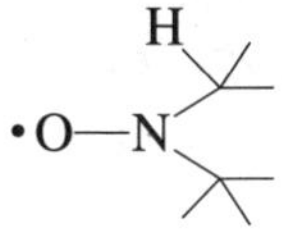

3-10a 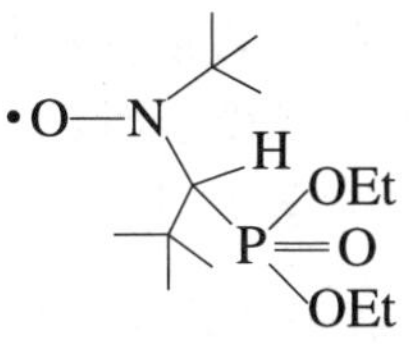　　3-10b 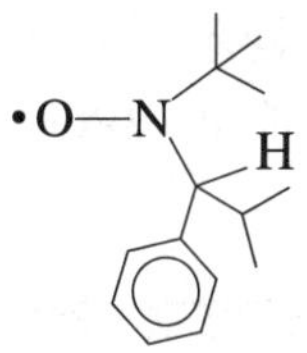　　3-10c 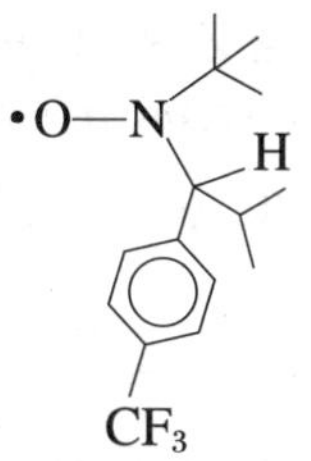　　3-10d

(2) 两种引发方式。使用氮氧稳定自由基诱导可控自由基聚合有两种方式。一是双分子法。将热分解引发剂、氮氧稳定自由基和单体混合，先在较低温度下聚合。例如，使用偶氮二异丁腈作引发剂时，可在65～70 ℃下聚合，使氮氧稳定自由基转移至休眠链末端。然后升高温度进行可控自由基聚合。配方中，氮氧稳定自由基与引发剂的比例要稍大于1，以防止过多的双基不可逆终止。因为聚合反应开始时，引发剂热分解产生的自由基较多，稳定自由基难以捕捉生成的全部自由基，导致双基终止形成的“死”高分子链。为了捕捉所生成的全部自由基，所以要加过量的氮氧稳定自由基，这也会降低聚合反应速率。另一是单分子法。采用化合物R—O—N═作引发剂，加热时，R—O均裂，生成初级自由基 R· 和稳定自由基·O—N═。前者引发单体聚合，后者控制聚合反应。这一方法，体系中不存在过量的氮氧稳定自由基，几乎没有不可逆双基终止反应发生。

3.7.4　可逆加成-断裂-链转移自由基聚合(RAFT)

RAFT 聚合是利用高链转移常数的链转移剂如双硫酯等，与自由基进行可逆的加成-断裂-链转移反应(下面会具体介绍)来实现可控的自由基聚合。它除了使常见单体如苯乙烯和(甲基)丙烯酸酯进行可控自由基聚合外，对几乎所有功能单体(如丙烯酸、丙烯酰胺类和对乙烯基苯磺酸等)进行可控聚合。

1. 链转移剂及引发和链转移反应

在 RAFT 聚合反应中，所用的链转移剂包括双硫酯(3-11)和三硫代碳酸酯(3-12)等。

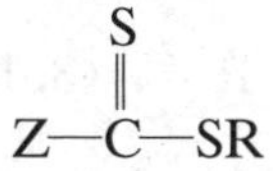

$$Z-\overset{\overset{\displaystyle S}{\|}}{C}-SR$$

3-11

Z = Ph, OC_2H_5, OPh

R = $PhCH_2$, $Ph(CH_3)CH$, $Ph(CH_3)_3C$, $NC(CH_3)_2C$, $HOCH_2CH_2(NC)(CH_3)C$, $HOOCCH_2CH_2(CH_3)CH$

式中，Z 基团通常为芳基，活化 C═S 双键，使它易于与自由基发生加成反应；R 为活泼的离去基团，形成的自由基能有效地引发单体聚合，如异丙苯基、腈基异丙基等。当 Z 和 R 基团的结构不同时,它们的链转移活性有很大的差别。例如,ZC(S)SCH_2Ph 作为链转移剂,由 BPO 引发苯乙烯聚合时,测得的链转移常数 C_{tr} 列于表 3.20 中。结果显示,Z = Ph 时,链转移常数 C_{tr} 最大,是常用的 Z 基团。

表 3.20 二硫代羧酸苄酯的表观链转移常数 C_{tr}(100 ℃,苯乙烯)

Z 基团	Ph	CH_3	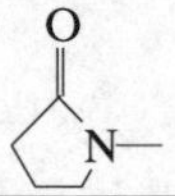 吡咯烷酮-N—(2-氧代吡咯烷-1-基)	OC_6H_5	N-取代内酰胺	OPh	NEt_2
C_{tr}	26	10	9	2.30	1.60	0.72	0.01

R 基团的结构对链转移活性也有很大影响。当以不同的二硫代苯甲酸酯作为链转移剂,60 ℃下,引发甲基丙烯酸甲酯聚合时,测得的链转移常数列入表 3.21 中。结果显示异丁腈基的转移活性最高,苄基活性最差。

表 3.21 二硫代苯甲酸酯的表观链转移常数 C_{tr}(60℃,甲基丙烯酸甲酯)

R 基团	$C(CH_3)_2CN$	$C(CH_3)_2Ph$	$C(CH_3)_2COOEt$	$CH(CH_3)Ph$	$C(CH_3)_2CH_2(CH_3)_3$	$C(CH_3)_3$	CH_2Ph
C_{tr}	13	10	2	0.4	0.16	0.03	0.03

常用的另一类链转移剂为三硫代碳酸酯,它的结构如 3-12 所示。

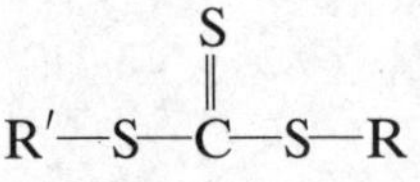

$$R'—S—\overset{\overset{\displaystyle S}{\|}}{C}—S—R$$

3-12

$R = PhCH_2, Ph(CH_3)CH, HOOC(CH_3)_2C, NC(CH_3)_2C$

$R' = C_{12}H_{25}$

在三硫代酯 3-12 中,R' 和 R 可以相同,如 $R = R' = PhCH_2$,或 $R = R' = HOOC(CH_3)_2C$ 等,当 $R' = C_{12}H_{25}$ 时,它与 S 之间的键不会均裂形成自由基。而苄基、α-甲基苄基和 α,α′-二甲基乙酸基等则为离去基团,生成活泼自由基并引发单体聚合。

引发剂发生均裂生成初级自由基 R·,或者它引发单体聚合生成的链自由基 RM·,都有可能与链转移剂反应。如反应(3.157)所示,RM·进攻硫形成加成物;进一步,R′—S 链断裂,生成休眠种及新的自由基 R′·,并引发单体聚合。

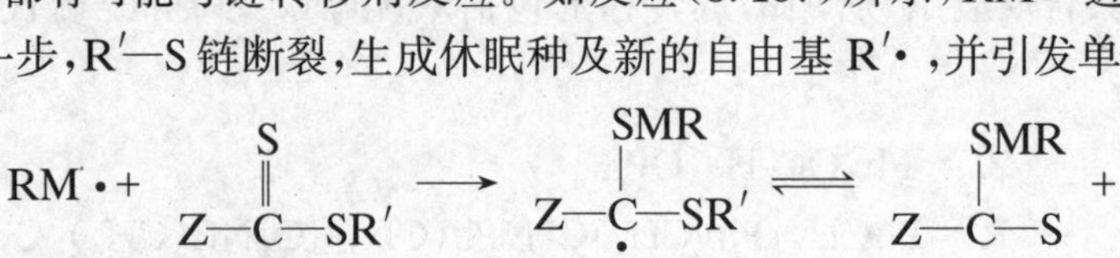

$$RM\cdot + Z—\overset{\overset{\displaystyle S}{\|}}{C}—SR' \longrightarrow Z—\underset{\cdot}{\overset{\overset{\displaystyle SMR}{|}}{C}}—SR' \rightleftharpoons Z—\overset{\overset{\displaystyle SMR}{|}}{C}—S + R'\cdot \quad (3.157)$$

2. 可控聚合反应机理

RAFT 聚合包括引发反应(反应(3.158))、链增长和转移(反应(3.159))、链终止反应。对于可控性好的聚合反应,链终止反应可以忽略。

引发反应

$$R—N{=}N—R \xrightarrow{\triangle} 2R\cdot + N_2 \tag{3.158a}$$

$$R\cdot + M \longrightarrow R—M\cdot \tag{3.158b}$$

链增长和链转移反应

$$R—M\cdot + M \longrightarrow RM_n\cdot \tag{3.159a}$$

$$RM_n\cdot + Z—\overset{\overset{\displaystyle S}{\|}}{C}—SM_m \rightleftharpoons Z—\underset{\bullet}{\overset{\overset{\displaystyle SM_nR}{|}}{C}}—SM_m \rightleftharpoons Z—\overset{\overset{\displaystyle SM_nR}{|}}{C}{=}S + M_m\cdot \tag{3.159b}$$

引发反应(3.158)及链增长反应(3.159a)在前面已经讨论过。这里,着重讨论链转移反应(3.159b)。链自由基 $RM_n\cdot$ 进攻 C═S,并发生加成反应;生成的碳自由基不稳定,$S—M_m$ 键均裂,又生成稳定的休眠链 $Z—C(S)SM_nR$ 和链自由基 $M_m\cdot$ 。这是一可逆反应。这一反应可以发生在初级自由基 R·、不同链长的增长链自由基 $RM_n\cdot$ 与链转移剂 ZC(S)SR 或休眠链 $ZC(S)SM_m$ 之间。所有这些链转移反应都是随机的,这就使每个高分子链有相同的概率和速率进行增长反应,形成窄分子量分布的聚合物。

3.7.5　支化聚合反应

与逐步聚合反应一样,支化聚合反应生成的是星形聚合物。制备星形聚合物通常有两种方法。一是先核后臂。先制备多官能团引发剂,然后引发单体进行可控自由基聚合,得到臂数与引发剂上官能团数相同的星形聚合物;这与逐步聚合反应中,A_f/AB 聚合相似。另一是先臂后核。先通过可控自由基聚合制备预定聚合度的线形聚合物,再通过偶合反应,将其连接到多官能团化合物上。在逐步聚合反应中,很难找到一个合适的制备方法,所以不常采用。

1. 先核后臂

这一聚合反应的关键是要选用并合成一个多官能团引发剂 I_f($f \geqslant 3$)。引发基团可以是引发 ATRP 的 Br 或者 Cl;也可以是氮氧稳定自由基。在 I_f 存在下,引发单体进行 ATRP 或氮氧稳定自由基诱发的可控自由基聚合,就能获得不同臂数的星形聚合物(反应(3.160))。臂数的多少决定于多官能团引发剂上引发基团的数目。

$$\bullet—(OI)_f + M \longrightarrow \bullet\!\!-\!\!(M_n—I)_f \tag{3.160}$$

$\bullet = C_2H_5C[CH_2OOCC(CH_3)_2Br]_3$ 或 $C[CH_2O(CH_2)_3OOCC(CH_3)_2Br]_4$ 等

由于可控自由基聚合反应的特点,在任何时刻,体系中的链自由基浓度控制在

10^{-8}～10^{-7} mol·L^{-1}之间。这不仅防止了分子之间的链自由基不可逆终止，也减少了同一分子内存在两个链自由基的概率，防止了同一分子内的链终止反应，使支化聚合物的臂数由引发剂上官能团数控制。在不可控自由基聚合反应中，反应开始时，多官能团引发剂分解速率快，很难阻止分子间和分子内的链终止反应，臂数的控制是很难的。而在可控自由基聚合中则不同，例如，用反应(3.160)所示的四官能团引发剂，引发丙烯酸酯进行原子转移自由基聚合，是一级反应动力学；分子量与单体转化率呈线性关系；分子量分布窄($\bar{M}_w/\bar{M}_n \approx 1.30$)；且得到的是四臂星形聚合物。

除了多官能团引发剂外，超支化聚合物和树状高分子经表面改性后得到的高分子引发剂，也可用于制备星形聚合物。

二硫代酯有两种方式接到多官能团链转移剂上，一是多官能团化合物或聚合物作为R基团与二硫酯连接，如3-13所示；另一种是作为Z基团与二硫酯连接，如3-14所示。这两种链转移剂表现不同的聚合反应行为。

$$\bullet\!\!-\!\!(\overset{\overset{\displaystyle S}{\|}}{S C}Ph)_f + fnM \xrightarrow{\text{AIBN}} (Ph\overset{\overset{\displaystyle S}{\|}}{C}S-M_n)_{f-1}\bullet-M_n\cdot \tag{3.161a}$$

3-13

$$(Ph\overset{\overset{\displaystyle S}{\|}}{C}S-M_n)_{f-1}\bullet-M_n\cdot + P_x-S\overset{\overset{\displaystyle S}{\|}}{C}Ph \rightleftharpoons (Ph\overset{\overset{\displaystyle S}{\|}}{C}S-M_n)_{f-1}\bullet-M_n-S\overset{\overset{\displaystyle S-P_x}{|}}{\underset{\cdot}{C}}Ph$$

$$\rightleftharpoons \bullet\!\!-\!\!(M_n-S\overset{\overset{\displaystyle S}{\|}}{C}Ph)_f + P_x\cdot \tag{3.161b}$$

链转移剂3-13参与聚合反应时，生成的链自由基在多臂聚合物上，如反应(3.161a)所示。该链自由基可以与同一分子内的二硫代酯发生链转移反应，也可以与游离的大分子转移剂$P_xSC(S)Ph$发生链转移反应，生成星形聚合物休眠种和游离链自由基$P_x\cdot$(反应(3.161b))。多臂聚合物上的自由基进行增长反应，生成多臂星形聚合物。少量的$P_x\cdot$在溶液中进行增长反应，但始终不能接到多臂聚合物上。这部分聚合物的分子量较低，可以在沉淀过程中除去。

当多官能团化合物或聚合物为二硫代酯的Z基团，如3-14所示，聚合反应行为则有所不同，如反应(3.162)所示。

$$\bullet\!\!-\!\!(\overset{\overset{\displaystyle S}{\|}}{C}SR)_f + fnM \xrightarrow{\text{AIBN}} \bullet\!\!-\!\!(\overset{\overset{\displaystyle S}{\|}}{C}S-M_n)_f \tag{3.162a}$$

3-14

$$\bullet\!\!-\!\!\left(\overset{\displaystyle S}{\overset{\|}{C}}S-M_n\right)_f \xrightleftharpoons{P_n\cdot} \left(M_n-S\overset{\displaystyle S}{\overset{\|}{C}}\right)_{f-1}\bullet-\overset{\displaystyle S-P_n}{\overset{|}{\dot{C}}}S-M_n \rightleftharpoons \left(M_n-S\overset{\displaystyle S}{\overset{\|}{C}}\right)_{f-1}\bullet-\overset{\displaystyle S}{\overset{\|}{C}}S-P_n+M_n\cdot \tag{3.162b}$$

由反应(3.162b)可见，链转移反应后，二硫代酯始终在多臂聚合物内核上，是不会随分子量增加而移动的；生成的游离的、线形链自由基在溶液中进行增长反应，形成更高分子量的线形链。它们通过转移反应接到多臂聚合物上，同时，掩盖了多臂聚合物上的其他二硫代酯，使链转移反应不易进行。造成多臂聚合物的分子量到达一定值后，就难以继续增加；多臂聚合物上的链转移基团也很难全部转化为高分子链，使多臂聚合物的臂数难以控制。与链转移剂 3-14 完全不同，对于链转移剂 3-13 来说，聚合反应始终在多臂聚合物的表面进行，位阻效应较小，使聚合反应的可控性和对臂数的控制都比较好。

2. 先臂后核

先臂后核是指先制备线形大分子引发剂，或转移剂，再通过偶合反应将线形聚合物连接到多官能团化合物或聚合物上，如反应(3.163)所示。

$$\bullet-F_f + fG-M_n \longrightarrow F_x-\bullet\!\!-\!\!(FG-M_n)_{f-x} \tag{3.163}$$

通常，功能团 F 和 G 之间有很高的反应活性，例如，F = C≡CH，G = N_3；F = OH，G = COCl 等，但即使这样，也很难使多官能团上所有 F 都转换成聚合物链，因为先反应到多官能团上的聚合物链，会妨碍未反应的 F 与 G—M_n 反应。

先臂后核的另一方法是，将线形大分子引发剂或大分子单体与双烯类单体，如二乙烯苯和双甲基丙烯酸乙二醇酯等进行聚合反应，生成以交联聚合物为核、线形聚合物为臂的星形聚合物。例如，苯乙烯的原子转移自由基聚合，生成了大分子引发剂 PS—Br。在 CuBr 配体存在下，引发二乙烯苯聚合，生成了以交联二乙烯苯为核，线形聚苯乙烯为臂的星形聚合物，如反应(3.164)所示。

$$-\!\!\left(CH_2-\underset{\displaystyle C_6H_5}{\underset{|}{CH}}\right)_n CH_2-\underset{\displaystyle C_6H_5}{\underset{|}{CHBr}} + CH_2{=}CH-C_6H_4-CH{=}CH_2 \xrightarrow{CuBr/L} \bullet\!\left[\left(\underset{\displaystyle C_6H_5}{\underset{|}{CH}}-CH_2\right)_{n+1}\right]_x \tag{3.164}$$

● = 交联聚二乙烯基

在反应(3.164)中，线形聚合物可以是聚苯乙烯，也可以是其他聚合物，如聚丙烯酸酯等。末端基团可以是 Br，也可以是氮氧稳定自由基、二硫代酯和三硫代碳酸酯。该方法可以制备臂数高达数百的星形聚合物，但其臂数很难确切控制。因为臂聚合物是预先通过可控自由基聚合反应制备的，所以它们的分子量和分布是可控制的。

3.7.6 超支化聚合反应

与 AB_f 单体逐步聚合制备超支化聚合物一样，含一个双键和一个引发基团的单体，如 $CH_2{=}CH{-}R{-}Br$ 进行可控自由基聚合时，也可以生成超支化聚合物，如反应(3.165)所示。

$$CH_2{=}CH{-}R{-}Br \xrightarrow{CuBr/L}$$

$$\begin{array}{l}
\qquad\qquad\qquad\qquad\qquad\qquad\qquad\qquad\qquad\qquad\qquad R{-}Br \\
\qquad\qquad\qquad\qquad\qquad\qquad\qquad\qquad\qquad\qquad\qquad | \\
\qquad\qquad\qquad\qquad\qquad\qquad\qquad\qquad R{-}CH_2{-}CH{-}Br \\
\qquad\qquad\qquad\qquad\qquad\qquad\qquad\qquad | \\
\qquad\qquad\qquad\qquad\qquad\qquad R{-}CH_2{-}CHBr \\
\qquad\qquad\qquad\qquad\qquad\qquad | \\
CH_2{=}CH{-}R{-}CH_2{-}CH{-}CH_2{-}CH{-}CH_2{-}CHBr \\
\qquad\qquad\qquad\qquad\quad | \qquad\qquad\qquad\qquad\qquad\quad | \\
\qquad\qquad\qquad\qquad R{-}CH_2{-}CHBr \qquad\qquad R{-}CH_2{-}CHBr \\
\qquad\qquad\qquad\qquad\qquad\qquad | \qquad\qquad\qquad\qquad\qquad\qquad | \\
\qquad\qquad\qquad\qquad\qquad R{-}CH_2{-}CHBr \qquad\qquad\qquad R{-}Br \\
\qquad\qquad\qquad\qquad\qquad\qquad\qquad\quad | \\
\qquad\qquad\qquad\qquad\qquad\qquad\qquad R{-}Br
\end{array} \tag{3.165}$$

含引发基团的单体或聚合物分子，每引发一个单体聚合，生成的聚合物上就多一个引发基团，但始终只有一个双键。聚合 n 个单体形成的超支化聚合物链具有一个双键(A)，和 nf 个引发基团(I_{nf})。它们继续聚合，不会发生交联，而形成分子量大的超支化聚合物。

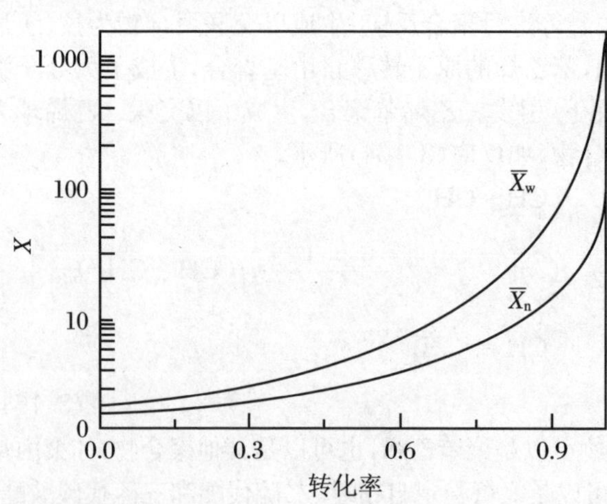

图 3.19 在 $CH_2{=}CH{-}R{-}Br$ 的 ATRP 中，数均($\overline{X}_n$)和重均($\overline{X}_w$)聚合度与转化率的关系

其聚合过程与 AB_f 逐步聚合反应十分相似。反应初期，反应主要发生在单体与单体分子之间。随着聚合反应的进行，逐步转变成低分子量超支化链与单体之间的聚合。所以，分子量增长比较缓慢。当大部分单体消耗后，反应主要发生在低分子量超支化聚合链之间，所以产物的分子量会突然升高，如图 3.19 所示。

思考题

1. 可控自由基聚合与不可控自由基聚合有什么差别？它与典型的活性聚合有什么异同点？怎样判断聚合反应为活性聚合？

2. 怎样实现自由基的可控聚合？

3. 为什么说 ATRP 是可控自由基聚合？它依据的是什么反应？

4. 讨论 ATRP 体系的基本组成和作用。

5. 为什么氮氧稳定自由基聚合反应和可逆加成-断裂-链转移自由基聚合反应是可控自由基聚合反应？它们各自依据什么反应？

6. 在氮氧稳定自由基聚合反应中，有哪两类引发剂？它们各自有什么特点？有哪两种引发方式？它们各自有什么优缺点？

7. 有哪两类 RAFT 试剂？它们的结构对可控聚合反应有什么影响？

8. 合成星形聚合物有哪两种方法？两种不同的多官能团 RAFT 试剂对聚合反应有什么影响？

9. 简述合成超支化聚合物的基本原理。

习　题

1. 某单体于一定温度下，用过氧化物作引发体系进行溶液聚合反应，已知单体浓度为 1.0 $mol\cdot L^{-1}$，一些动力学参数为：$fk_d=2\times10^{-9}\ s^{-1}$，$k_p/k_t^{1/2}=0.0335\ (L\cdot mol^{-1}\cdot s^{-1})^{1/2}$。当引发速率与单体浓度无关，且链终止方式以偶合反应为主时，试计算：

(1) 要求起始聚合速率 $R_p>1.4\times10^{-7}\ mol\cdot L^{-1}\cdot s^{-1}$，产物的动力学链长 $\nu>3\,500$ 时，引发剂浓度应是多少？

(2) 若维持(1)中的 R_p，而需 $\nu>3\,900$ 时，引发剂浓度应是多少？

(3) 除了变换引发剂浓度外，试讨论调节哪些因素能有利于达到上述(2)的目的。

2. 60 ℃以 AIBN 引发苯乙烯本体聚合，若终止方式全部为偶合终止，$f=0.7$，$k_p=176\ L\cdot mol^{-1}\cdot s^{-1}$，$k_t=7.2\times10^7\ L\cdot mol^{-1}\cdot s^{-1}$，$k_d=9.5\times10^{-6}\ s^{-1}$，$C_M=6.2\times10^{-5}$，60 ℃苯乙烯的密度为 $0.869\ g\cdot mL^{-1}$。

(1) 分别列出 R_p 与[I]、$\overline{X}_n$ 与[I]的关系式。

(2) 为得到 $\overline{X}_n=2\,000$ 的聚苯乙烯，[I]应是多少？达到 10%转化率需要多少时间？

(3) 此体系能得到的最高聚合度是多少？

3. 醋酸乙烯酯(密度 $=0.933\ g\cdot mL^{-1}$)在甲醇(密度 $=0.795\ g\cdot mL^{-1}$)中进行溶液聚合，聚合温度为 60 ℃，聚合溶液总质量为 1 kg，醋酸乙烯酯的质量分数为 65.65%，以 AIBN 为引发剂，用量为单体的0.025%，假定链终止为歧化终止，根据下列数据进行计算：$C_S=6.0\times10^{-4}$，$C_M=2.0\times10^{-4}$，$k_p=3.7\times10^3\ L\cdot mol^{-1}\cdot s^{-1}$，$[M\cdot]=10^{-8}\ mol\cdot L^{-1}$，$k_t=7.4\times10^7\ L\cdot mol^{-1}\cdot s^{-1}$，$k_d=2.64\times10^{-3}\ s^{-1}$，$f=0.7$。

(1) 预期所得聚合物的数均聚合度。

(2) 形成聚合度为1 000的聚合物链所需的时间。

4. 在通常情况下，聚合速率R_p与引发剂浓度的平方根成正比，试问在哪些情况下会出现与引发剂浓度的下列关系？

(1) 一次；(2) 零次；(3) 二分之一与零次之间；(4) 二分之一与一次之间。

5. 用AIBN作引发剂，浓度为0.1 mol·L^{-1}，使苯乙烯在40 ℃下于膨胀计中进行聚合，用2,2-二苯基-1-三硝基苯肼(DPPH)作阻聚剂，实验结果表明阻聚剂的用量与诱导期成线性关系。当DPPH用量为0和8×10^{-5} mol·L^{-1}时，诱导期分别为0和15 min。已知AIBN在40 ℃时的半衰期$t_{1/2}$为350 h，试求AIBN的引发剂效率f。

6. 苯乙烯用叔丁基过氧化物作引发剂，在60 ℃的苯溶液中进行聚合，$[M]=1\ mol\cdot L^{-1}$，$[I]=0.01\ mol\cdot L^{-1}$，测得反应的$R_i=4.0\times10^{-11}\ mol\cdot L^{-1}\cdot s^{-1}$，$R_p=1.5\times10^{-7}\ mol\cdot L^{-1}\cdot s^{-1}$。

(1) 试求fk_d值、动力学链长及数均聚合度。已知$C_M=8.0\times10^{-5}$，$C_I=3.2\times10^{-4}$，$C_S=2.3\times10^{-6}$，60 ℃下苯乙烯的密度为0.869 g·mL^{-1}，苯的密度为0.839 g·mL^{-1}，苯乙烯的苯溶液为理想溶液。

(2) 若由旋转光闸法测得$\tau_s=5$ s，试求稳态时自由基浓度$[M\cdot]_s$、k_p及k_t值。

(3) 如果(1)中所得的分子量在应用中偏高，欲制得分子量为85 000的聚苯乙烯，拟使用正丁硫醇作分子量调节剂，问需要加入多少正丁硫醇？反应速率如何？已知正丁硫醇的C_S为21.0。

7. 将2 mol乙酸乙烯酯及0.01 mol十二烷基过氧化物溶于苯中，得2 L溶液，75 ℃进行聚合，6 h聚合完毕，得到平均分子量为110 000的聚合物。若分别改变反应条件，则在下列三种情况下得到聚合物的平均分子量为多少？

(1) 引发剂浓度改为0.004 mol·L^{-1}；

(2) 反应混合物以苯稀释至5 L；

(3) 加入链转移剂异丙苯0.05 g，$C_S=360$。

8. 60 ℃以AIBN引发苯乙烯聚合，已知无链转移，且全部为偶合终止，改变引发剂浓度[I]做几组实验，聚合转化率均控制在8%以下，测得一系列数均聚合度$\overline{X}_n$及R_p，以$1/\overline{X}_n$对R_p作图，其斜率为12.30 mol·L^{-1}·s^{-1}，以R_p^2对[I]作图，其斜率为0.51×10^{-6} mol·L^{-1}·s^{-2}，已知$k_d=9.2\times10^{-6}\ s^{-1}$，求引发效率$f$及$k_t/k_p^2$的值。若引发速率$R_i=1.37\times10^{-8}\ mol\cdot L^{-1}\cdot s^{-1}$，求$R_p$。(苯乙烯的密度为0.869 g·mL^{-1})

9. 在1 000 mL甲基丙烯酸甲酯中加入0.242 g过氧化苯甲酰，于60 ℃下聚合，反应1.5 h得聚合物30 g，测得其数均分子量为8 315 000。已知60 ℃下过氧化苯甲酰的半衰期为48 h，引发效率$f=0.8$，$C_M=0.1\times10^{-4}$，$C_I=0.02$，甲基丙烯酸甲酯的密度为0.93 g·mL^{-1}。试计算：

(1) 甲基丙烯酸甲酯在60 ℃下$k_p/k_t^{1/2}$的值；

(2) 动力学链长；

(3) 歧化终止和偶合终止所占的比例。

10. 有一自由基链式聚合遵循 $R_p = [M]k_p(fk_d[I]/k_t)^{1/2}$，在给定单体和引发剂的起始浓度以及反应时间时，其相应的转化率如下：

实验	温度(℃)	[M](mol·L^{-1})	[I](10^3 mol·L^{-1})	反应时间(min)	转化率(%)
1	60	1.00	2.5	500	50
2	80	0.50	1.0	700	75
3	60	0.80	1.0	600	40
4	60	0.25	10.0	?	50

请计算实验4中，50%转化率时所需要的反应时间，并计算聚合反应速率的总活化能。

11. 设一聚合反应中共有 2×10^7 个链自由基，其中 1×10^7 个链自由基的动力学链长等于 1×10^4，在该 1×10^7 个链自由基中，有一半在终止前发生了五次链转移，另外一半发生了两次链转移，最后都发生歧化终止。还有 1×10^7 个自由基，其动力学链长等于20 000，其中50%以偶合方式终止，50%以歧化方式终止。试问在此聚合体系中共有多少个聚合物大分子？他们的数均聚合度是多少？

12. α-甲基苯乙烯在苯中进行聚合，用计算判断下列反应条件能否得到聚合物？如果能，请计算出理想产率。已知，$-\Delta H^{\ominus} = 29.1$ kJ·mol^{-1}，$-\Delta S^{\ominus} = 101.0$ J·mol^{-1}·K^{-1}，$R = 8.31$ J·mol^{-1}·K^{-1}。

(1) 氧化还原引发剂在20 ℃下引发，α-甲基苯乙烯的浓度为4.03 mol·L^{-1}；

(2) AIBN在70 ℃引发，α-甲基苯乙烯的浓度为7.50 mol·L^{-1}。

13. 研究苯乙烯和四氯化碳之间在60 ℃和100 ℃下的链转移反应，得到部分结果列入下表：

60 ℃	[CCl_4]/[St]	$\overline{X}_n^{-1}\times10^5$	100 ℃	[CCl_4]/[St]	$\overline{X}_n^{-1}\times10^5$
	0.006 14	16.1		0.005 82	36.3
	0.026 7	35.9		0.022 2	68.4
	0.039 3	49.5		0.041 6	109
	0.070 4	74.8		0.049 6	124
	0.100 0	106		0.089 2	217
	0.164 3	156			
	0.259 5	242			
	0.304 5	289			

用作图法，按以上数据计算每一温度下的链转移常数(假定无其他链转移)。用 Arrhenius

方程估计反应的($E_{tr}-E_p$)。

14. 将数均分子量为100 000的聚乙酸乙烯酯水解成聚乙烯醇,然后用过碘酸氧化,断开1,2-二醇键,所得聚乙烯醇的数均聚合度为200,试计算此聚乙酸乙烯酯所含的头-头和头-尾连结的百分率。

15. 假定$\Delta V_R^{\neq}=-19.0\ cm^3\cdot mol^{-1}$,$\Delta V_d^{\neq}=3.8\ cm^3\cdot mol^{-1}$,计算在50 ℃、200 MPa下,由AIBN引发甲基丙烯酸甲酯聚合时的聚合反应速率和聚合度,并比较在0.1 MPa下相应值。

16. 自由基聚合终止方式主要受哪些因素影响?测得苯乙烯自由基聚合中偶合终止百分数(A %)随温度的变化如下:

T(℃)	30	52	62	70	80
A(%)	86	80	77	68	60

(1) 求歧化终止与偶合终止的活化能差;

(2) 求歧化终止与偶合终止速率相同时的温度。

17. 用BPO引发苯乙烯聚合,试比较温度从50 ℃到60 ℃时聚合反应速率常数和分子量的变化情况。($E_d=125.5\ kJ\cdot mol^{-1}$,$E_p=32.6\ kJ\cdot mol^{-1}$,$E_t=10.0\ kJ\cdot mol^{-1}$)

18. 甲基丙烯酸甲酯聚合反应温度分别为60 ℃、70 ℃,计算它的反应速率常数的变化。(BPO的分解活化能为$125.5\ kJ\cdot mol^{-1}$,链增长活化能为$16.7\ kJ\cdot mol^{-1}$,链终止活化能为0)

(1)用BPO引发;

(2)用光引发。

19. 已知1,3-丁二烯的$-\Delta H^{\ominus}=73\ kJ\cdot mol^{-1}$,$-\Delta S^{\ominus}=89\ J\cdot mol^{-1}\cdot K^{-1}$,计算1,3-丁二烯在27 ℃、77 ℃和127 ℃时的自由基聚合反应的平衡单体浓度。

20. 用光敏剂由汞灯经滤过得到的313 nm的光,引发$1\ mol\cdot L^{-1}$丙烯酸甲酯的苯溶液进行聚合反应,体系吸收光的速率为$1.0\times10^5\ erg\cdot L^{-1}\cdot s^{-1}$($1\ erg=10^{-7}\ J$),如果体系中自由基产生的量子产率是0.50,计算引发速率和聚合反应速率。

21. 用单体质量的2%的过氧化苯甲酰作引发剂,在60 ℃下,引发苯乙烯进行本体聚合。试求在反应初期,体系中的自由基浓度。计算时使用下列参数:$k_p=176\ L\cdot mol^{-1}\cdot s^{-1}$;$k_t=72\times10^6\ L\cdot mol^{-1}\cdot s^{-1}$(假定只有偶合终止);$fk_d=1.92\times10^{-6}\ s^{-1}$;苯乙烯密度为$0.908\ g\cdot cm^{-3}$。

22. 60 ℃,过氧化苯甲酰引发甲基丙烯酸甲酯进行溶液聚合(溶剂:苯;单体浓度:$1.0\ mol\cdot L^{-1}$),得到了重均分子量为300 000的聚合物,试计算所需要的引发剂浓度。$k_p^2/k_t=0.03\ L\cdot mol^{-1}\cdot s^{-1}$。如果溶剂不是苯,而是甲苯,其链转移常数$C_S=1.5\times10^{-4}$,试求聚甲基丙烯酸甲酯的$\overline{M}_w$。

第4章 自由基聚合实施方法

4.1 引 言

大部分商品化高分子材料，例如，聚苯乙烯、聚乙烯、聚甲基丙烯酸甲酯和聚丙烯腈等，都是由相应烯类单体经自由基聚合反应生产出来的。一般来说，同一单体用不同的聚合方法制备出来的聚合物，在性能上会有些差别。要获得满意的聚合物产品，必须根据聚合物的特性和应用要求，正确地选择聚合反应实施方法。

聚合反应在工艺操作上，从不同的角度，有不同的分类法。但归纳起来，大体有以下三种：

(1) 按单体在介质中的分散状态分类，主要有本体聚合、溶液聚合、悬浮聚合和乳液聚合四种。

(2) 按单体和聚合物在反应体系中的溶解状态分类，可分为均相聚合和非均相聚合。在聚合反应过程中，单体和聚合物完全溶解在反应介质中，称为**均相聚合**。反之，单体或聚合物不溶于介质中，反应体系形成两相或多相时，称为**非均相聚合**。其反应体系也习惯称作均相体系和非均相体系。一般来讲，本体聚合和溶液聚合属于均相聚合，而悬浮聚合和乳液聚合则属于非均相聚合。

(3) 按单体的物理状态分类，在常压下，大部分单体在聚合反应温度下是液体。但气态和固态单体也能进行聚合反应。因此从单体在聚合过程中的物理状态，又可以将聚合反应分为气相聚合、液相聚合和固相聚合。

表4.1列出了本体、溶液、悬浮和乳液聚合这四种方法的基本特征以及它们之间异同点。在第3章中讨论的机理、动力学、分子量和分布是从本体聚合或溶液聚合中得到的。

表 4.1 四种自由基聚合方法的基本特征

	本体聚合	溶液聚合	悬浮聚合	乳液聚合
主要组成	单体 引发剂	单体 引发剂 溶剂	单体 引发剂 水 悬浮剂	单体 引发剂 水 乳化剂
聚合场所	本体内	溶液内	液珠内	胶束及乳胶粒内
聚合机理	遵循自由基聚合一般机理,提高反应速率往往使分子量降低	伴有向溶剂的链转移反应,一般聚合速率和分子量较低	与本体聚合相同	能同时提高聚合速率和分子量
工艺特征	不易散热,间歇生产,设备简单,适于板材及棒材制作	散热容易,可连续生产,不宜制成干燥粉状或树脂状产品	散热容易,间歇生产,需要分离、洗涤和干燥等工序	散热容易,可连续生产,制成固体产品时,需经凝聚、洗涤和干燥等工序
产物特征	产品纯度高,适用于生产透明浅色制品,分子量分布宽	聚合物溶液直接使用	比较纯净,可能会残留少量悬浮剂	残留少量乳化剂

4.2 本体聚合

4.2.1 本体聚合的特征

在引发剂、热、光或高能射线的作用下,体系中只有单体存在的聚合反应,称之为**本体聚合**。在实际生产中,除了单体和引发剂之外,往往还要加入其他助剂,例如,色料、增塑剂、防老剂及分子量调节剂等。不过,这些助剂的加入量一般都比较少。反应体系可以为气相、液相或固相,其中大多数是液相本体聚合。本体聚合可以采用间歇法,也能用连续法进行工业生产。其反应产物可直接成型加工或挤出造粒,无需产物与介质分离以及介质回收等后续处理工艺操作。

本体聚合反应，特别适合于实验室研究，如单体竞聚率的测定、动力学研究等。所用仪器有简单的试管、安瓿封管、反应瓶等。

本体聚合法的优点是产物纯度高，特别适用于生产板材和型材等透明制品。缺点是反应过程中释放出来的聚合反应热多，为55～95 $kJ \cdot mol^{-1}$（13～23 $kcal \cdot mol^{-1}$）。因此，生产中的关键问题是如何及时排除聚合反应热。

4.2.2 本体聚合的工业应用举例

这小节讨论工业上采用本体聚合的几个例子。

1. 聚乙烯

工业上通过自由基链式聚合生产聚乙烯是在高压（120～300 MPa）下进行的，温度在聚乙烯的 T_m以上。间歇式单釜生产，反应时间长，易发生分子间链转移生成长支链，不利于产品质量的控制。通常采用多组高压管式反应器，每根管子的内径为2～6 cm、长为1.5～15 km，排列成拉长的线圈状。聚合反应混合物有很高的线速率（10 $m \cdot s^{-1}$），停留时间短（0.25～2 min）。乙烯气分段压缩，每段压缩后需冷却。在导入反应器之前，加入引发剂和链转移剂。典型的引发剂为痕量氧（≤300 ppm），和烷基或酰基过氧化物或氢过氧化物；链转移剂可以是丙烷、正丁烷、环己烷、丙烯、1-丁烯、异丁烯、丙酮、2-丙醇及丙醛。通常，反应温度在初始段为140～180 ℃，并沿管式反应器增加至最高温度300～325 ℃，随后使用冷却套，将聚合温度降低至250～275 ℃。聚合反应发生在高度压缩的气相中，但乙烯的聚合行为更类似液体聚合。如果压力高于200 MPa，聚合反应初始阶段，体系是均相的，聚合物溶胀在单体中。某些生产工艺使用多区域反应器，可以在管式反应器的不同位置多点加入引发剂以及单体、链转移剂等。

在管式反应器中，乙烯聚合的单程转化率一般为15%～20%，多点加入工艺的则可达20%～30%。在反应器外，随着压力降低，聚乙烯与未聚合的单体相互分离。熔融的聚合物被挤出、切粒和冷却。未聚合的乙烯经冷却除去蜡及油（低分子量聚合物）后，再循环送入反应器中。总体而言，乙烯聚合类似于本体聚合，存在高热量和高黏度的问题，将单程转化率限制在20%以下，聚合能很好地控制。根据聚合压力是高于还是低于200 MPa，聚合反应能够很好地以溶液聚合或悬浮聚合的方式进行，未反应单体作为溶剂或稀释剂。

在高压下进行自由基聚合生产的聚乙烯称为**高压聚乙烯**（HPPE）；由此得到的聚乙烯具有较高的支化度、结晶度低、密度小，因而也称为**低密度聚乙烯**（LDPE）。低密度聚乙烯有较好的综合性能，T_g很低，约为－120 ℃；中等结晶程度（40%～

60%)，T_m为 105～115 ℃，能在广泛的温度范围内使用。它的强度、柔性、抗冲击性和熔体流动性等的综合性能很好，即使在高温下聚乙烯也有很好的抗水性及耐溶剂性，这与其烷烃结构有关。尽管能被氧化剂缓慢侵蚀，室温下在烃类和氯代溶剂中还会溶胀，聚乙烯仍有很好的抗溶剂、抗化学试剂和抗氧化性能。聚乙烯有优良的电绝缘性。

商品低密度聚乙烯的数均分子量为 20 000～100 000，分子量分布指数为 3～20。LDPE 的分子量、分子量分布及支化程度取决于生产温度、压力(即乙烯浓度)以及反应器类型。温度及转化率升高，长支链增多，压力增大则减少；短支链随温度及转化率而增多，随压力升高而增多。高压釜工艺生产的聚乙烯有较窄的分子量分布，但与管式反应器相比，长支链较多。

LDPE 良好的综合性能以及易于通过各种方法进行加工，是聚乙烯中产量最大的品种。其中 60%通过挤出吹膜法加工成薄膜，主要用于包装、家用、农用和建筑(如暖房)等。注射成型制品有玩具、家庭用具、罐和容器等，用量占 10%～15%。约 5%的 LDPE 用作电线、电缆的绝缘层，10%用作涂履材料，此外还可经吹塑成型加工成保健用品。

聚烯烃类包括低、高密度的聚乙烯和聚丙烯及其他烯烃聚合物，除 LDPE 外，均由配位催化聚合制得。配位催化聚合也可制备低密度线形聚乙烯(LLDPE)，其结构、性质及应用实际上相当于 LDPE。

2. 聚甲基丙烯酸甲酯

聚甲基丙烯酸甲酯(PMMA)可通过甲基丙烯酸甲酯的本体聚合、溶液聚合、悬浮聚合和乳液聚合等方法生产，其中本体聚合和悬浮聚合最为重要。本体聚合分步进行，以解决散热问题；由于聚合过程中，体积收缩大(约为 20%)，分步聚合还可控制尺寸。引发剂为过氧化物，90 ℃下加热约 10 min，得到 20%转化率的聚合体浆液。冷却至室温，倒入模具浇铸成型。根据模具的尺寸选择第二阶段的聚合温度，使聚合平稳地进行，否则因聚合放热引起局部过热，导致制品中出现气泡。有时可在适当压力下聚合，提高单体沸点，解决起泡问题。本体浇铸法用于生产板材、棒材和管材，可得分子量高达 10^6 的产品。用悬浮聚合法主要生产模塑和挤压的 PMMA 粉末，分子量通常在 50 000～100 000 范围内。

PMMA 是完全无定型的，聚合物链为刚性，T_g为 105 ℃，具有较高强度和良好的尺寸稳定性。它具有非常好的光学透明性、耐候性和抗冲击强度，抗化学试剂性能也较佳，但是耐有机溶剂性差。

刚性聚甲基丙烯酸酯产品可用作安全玻璃(如窗户、飞机的窗玻璃、防盗橱窗和淋浴室)、室内和室外照明器具、透镜、建筑构件(办公室隔间)、光导纤维、仪表设备、假牙和牙托、眼镜透镜和隐形眼镜等。溶液聚合和乳液聚合生产非刚性的聚丙烯酸酯和聚甲基丙烯酸酯的产品，主要用于涂料领域、纤维制品的整理（改进抗摩擦性、与颜料结合性能，降低羊毛收缩等）、引擎用油的添加剂和封装材料。

4.3 溶液聚合

4.3.1 溶液聚合的特征

溶液聚合是把单体和引发剂溶解在适当的溶剂中进行的聚合反应。与本体聚合相比，由于溶剂起了稀释剂的作用，溶液聚合体系的黏度较低，物料混合和传热都比较容易，凝胶效应不易出现，反应温度容易控制，可以避免局部过热现象。

溶液聚合也有缺点：由于单体浓度低，反应速率较慢，设备生产能力和利用率较低；易向溶剂发生链转移反应，聚合物分子量较低；溶剂分离回收费用高，除尽聚合物中的残留溶剂较困难；溶剂往往易燃，易造成环境污染。工业上，溶液聚合多用于聚合物溶液直接应用的场合，如涂料、黏合剂、合成纤维纺丝液，或继续进行化学反应等。

选择聚合反应的溶剂时，应注意以下问题：① 溶剂的链转移反应常数小，以免链转移反应使聚合物分子量降低。② 溶剂对引发剂不产生诱导分解作用。过氧化物引发剂在各类溶剂中的分解速率按下述次序增大：芳烃＜烷烃＜醇类＜醚类＜胺类等。偶氮二异丁腈较少发生诱导分解。③ 要选用聚合物的良溶剂，使聚合反应在均相体系中进行，避免凝胶效应。

4.3.2 溶液聚合的工业应用举例

1. 聚苯乙烯

连续溶液聚合是商品聚苯乙烯最重要的生产方法，悬浮聚合法也被使用，乳液聚合则用于生产 ABS 树脂（含苯乙烯的共聚物），但是不用于苯乙烯均聚物的生产。

溶液聚合工艺常用五个串联反应釜组成的反应器。使用溶剂主要是为控制黏度，以及通过链转移剂反应控制分子量，其用量取决于反应器的结构及所需产物的分子量。苯乙烯、溶剂(一般为2%～30%的乙苯)和引发剂加入到第一个反应釜中。通常,热自引发聚合反应的第一个反应釜的温度为120℃。使用引发剂时,第一个反应釜的反应温度为90℃,以后逐步提高,最后一个反应釜的温度达到180℃。在最后一个反应釜中,单体转化率可达60%～90%。反应混合物经减压蒸馏分离出溶剂和未反应单体,冷却后循环送至第一反应釜。剩下的聚苯乙烯处于熔融状态,挤出并造粒。

商品聚苯乙烯(PS)的数均分子量为50 000～150 000,分子量分布指数为2～4。聚苯乙烯是无定型的聚合物,玻璃化转变温度 T_g 为85℃。分子链较强的刚性赋予其很好的强度和尺寸稳定性,伸长率仅有1%～3%。聚苯乙烯是典型的硬塑料,有良好的电绝缘性、光学透明性和耐酸碱性,并容易加工成型。缺点是易受烃类溶剂侵蚀,因为分子中有活泼的苄基氢,耐候性差,受紫外光、氧气和臭氧作用易老化,性脆、抗冲击性能差。尽管如此,苯乙烯聚合物的应用仍很广泛,加入相应的稳定剂(如紫外吸收剂、抗氧化剂)可改进其耐候性,加入玻璃纤维及其他补强剂可改善其抗溶剂性。通过共聚及与聚合物的共混可扩大苯乙烯产物的使用范围,例如苯乙烯类弹性体是共聚物或共混物。

聚苯乙烯注塑成型的制品有家庭与办公用具、医疗用品。挤出板材可用作装饰材料,双轴取向板可热压成型为不同形状,用于包装。将聚苯乙烯或其共聚物在戊烷等低沸点溶剂中浸泡,然后使溶剂突然挥发而成多孔性产物,这种泡沫聚苯乙烯可用于一次性器皿、热绝缘体以及包装材料,产量很高,也是造成白色污染的重要原因。

2. 聚丙烯腈(PAN)

聚丙烯腈的主要生产方法为溶液聚合和悬浮聚合,溶液聚合用于生成聚丙烯腈纤维,悬浮聚合则用于生产塑料制品。几乎所有含丙烯腈的聚合物产品都是共聚物,如苯乙烯/丙烯腈共聚物(SAN塑料)、丙烯腈/乙酸乙烯酯共聚物(纤维制品)、丙烯腈/丁二烯/苯乙烯共聚物(ABS工程塑料)以及丁二烯/丙烯腈共聚物(橡胶)等。丙烯腈与含卤单体如氯乙烯、偏氯乙烯及溴乙烯共聚,可使产品具有阻燃性;与MMA和VAc共聚可增加纺丝时在溶剂中的溶解性,带酸性或碱性基团的共聚单体可改善它与染料的结合性能。丙烯腈类聚合物含有极性较强的腈基,使分子链之间有很强的次级相互作用,这是纤维所要求的聚合物结构特征。丙烯腈类纤维是唯一的碳链聚合物合成纤维,其他合成纤维都是通过缩聚反应制备的。丙烯腈类纤维有羊毛的外观和手感,对热、UV照射及化学药品有很好的抵抗性,可代替羊毛用。

4.4 悬浮聚合

4.4.1 悬浮聚合的组成和特征

单体以小液珠悬浮在水中进行的聚合反应叫**悬浮聚合**，也叫**珠状聚合**。悬浮聚合体系的主要组分有单体、引发剂、水和悬浮剂。引发剂溶于单体中，悬浮剂分散在水中，分别形成单体相和水相。将单体相倒入水相，在强力搅拌下，单体分散成小液珠。随着聚合反应进行，单体小液珠逐渐变成了聚合物固体小粒子。如果形成的聚合物溶于单体，在小液珠中进行的是均相聚合，得到的产物是珠状小粒子，例如聚苯乙烯。若聚合物不溶于单体，则是沉淀聚合，得到的产物是粉状固体，例如聚氯乙烯。悬浮聚合结束后，聚合物经分离、洗涤、干燥，得到了珠状或粉状产品。

悬浮聚合产物的粒径一般在 0.01～5 mm 内，它与搅拌速率、分散剂的性质及用量有关。因为悬浮聚合中，反应是在单体小液滴中进行的，因此，聚合反应机理与本体聚合相似。

悬浮聚合有如下优点：以水作介质，比热高，体系黏度低，散热和温度控制比较容易；产物分子量比溶液聚合的高，产物分子量及分布稳定；产物中杂质含量比乳液聚合的低；后处理工序比溶液聚合和乳液聚合都要简单，生产成本低。

悬浮聚合的主要缺点是：产物中残留有少量悬浮剂，必须彻底除尽后，才能用于生产透明性和电绝缘性要求高的产品。

综合来看，悬浮聚合兼有本体聚合和溶液聚合的优点，因此，悬浮聚合在工业上得到广泛的应用。

4.4.2 液珠的分散与稳定

悬浮聚合的关键问题是悬浮粒子的形成与控制。其聚合动力学与本体聚合类似。悬浮聚合所用的单体是非水溶性的，例如，苯乙烯、甲基丙烯酸甲酯、氯乙烯等。它们在水中的溶解度很小，只有万分之几到千分之几。一般来说单体密度小于水，浮于水的表面。

要将单体以液珠分散在水相中，就必须借助外力的作用，如图 4.1 所示。浮在水面上的单体层在搅拌产生的剪切力作用下变形(1)，然后分散成小液滴(2)。单体液滴和水之间的界面张力使小液滴成为球形，并倾向于聚集成大液滴(4)和(5)。可见剪切力和界面张力对单体的分散作用是相反的。当搅拌速率和界面张力保持不变时，在一定的时间内，分散过程就会达到一个动态平衡，液珠达到某一平均粒径，其大小有一定分布(3)。

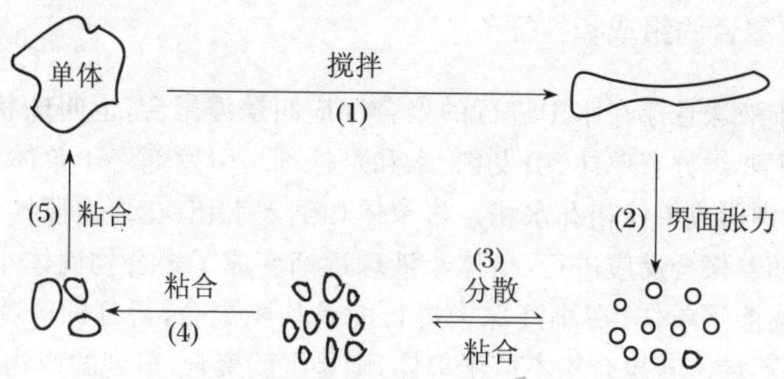

图 4.1 单体分散过程示意图

要使单体均匀、稳定地分散、悬浮在水中，仅靠搅拌是难以实现的。在聚合过程中，当转化率达到一定值，如 20%时，单体液珠中溶有一定量的聚合物，它开始发黏。若两个液珠碰撞，很容易粘在一起。搅拌太快反而会促进粘结，最后结成大块，再也无法使其分散，如图 4.1 中的(4)和(5)所示。当聚合反应到 60%～70%的高转化率时，液珠基本变成了固体粒子，就不会粘在一起了。因此，在悬浮聚合反应中，必须加入悬浮剂，悬浮剂在液珠表面形成保护层，防止粘结成块。

4.4.3 悬浮剂及其作用

悬浮剂也称分散剂，或成粒剂。主要有两大类，即水溶性有机高分子和非水溶性无机粉末，它们的作用机理是不同的。

1. 水溶性有机高分子

(1) 种类：这类聚合物可以为合成高分子，也可以为天然高分子。合成高分子有聚乙烯醇(部分醇解)、聚丙烯酸和聚甲基丙烯酸盐、马来酸酐/苯乙烯共聚物等。天然高分子有甲基纤维素、羧甲基纤维素、羟丙基纤维素、明胶、淀粉、海藻酸钠等。但用的比较多的是合成高分子。

(2) 作用：一是在单体液珠表面，形成保护膜(图 4.2)；二是它溶于水，增大了介质的黏度，减少两个液珠碰撞的机会。聚乙烯醇和明胶等还会降低界面张力，能使液珠更小。

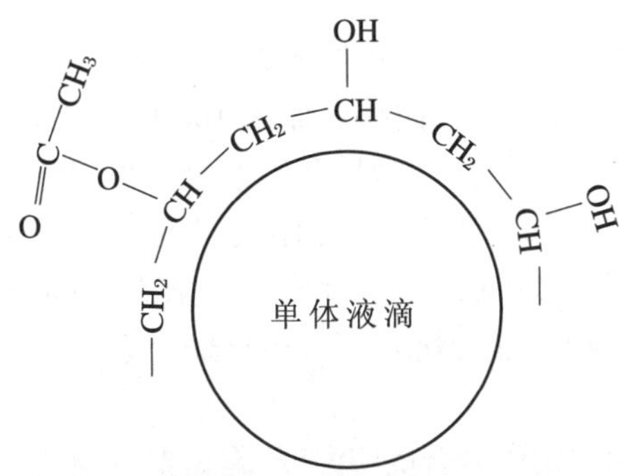

图 4.2　聚乙烯醇分散作用示意图

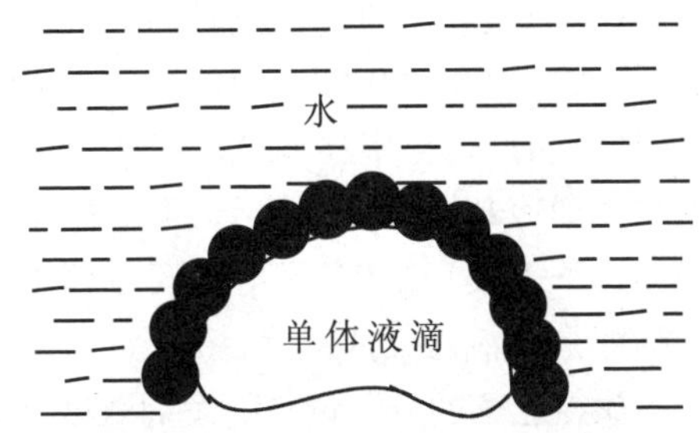

图 4.3　无机粉末分散作用示意图

2. 非水溶性无机粉末

这类物质有碳酸镁、碳酸钙、碳酸钡、硫酸钙、磷酸钙、滑石粉、高岭土、白垩等。它们能吸附在液珠表面，起着机械隔离作用(图 4.3)。

悬浮剂的选择和用量，要根据合成聚合物的性能和用途，以及珠粒的大小、形态而定。聚乙烯醇及明胶的用量一般为单体质量的 0.1%左右；无机粉末通常为水量的 0.1%～1%。珠粒的大小与界面张力有关，界面张力越小，形成的珠粒越小。因此，为了获得粒径小的珠粒，往往加入少量的表面活性剂降低体系的界面张力。

4.4.4　影响分散的其他因素

除搅拌和悬浮剂两个主要因素外，对珠粒大小及形态影响的其他因素还有水与单体的比例、聚合反应温度和速率、单体和引发剂种类及用量等。

一般来说，搅拌转速越高，产生的剪切力越大，形成的单体液珠就越小。水与单体的质量比通常在 1～6∶1 范围内。水量减少会使珠粒变粗或结块，水量增多使珠粒变细，且粒径分布变窄。

4.4.5　悬浮聚合的工业应用举例

1. 聚氯乙烯

工业上，氯乙烯的聚合方法有悬浮聚合、本体聚合和乳液聚合，其中悬浮聚合约占 80%。聚氯乙烯的品种很多，但从颗粒的形态看，有疏松型和紧密型两种，绝大多数为疏松型。悬浮聚合的主要组分是氯乙烯、水、油溶性引发剂和悬浮剂，水与单体的质量比由 2∶1 到 1.1∶1 不等。除了主要组分外，视情况还要加入 pH 调节剂、防黏釜剂及消泡剂等。

典型的氯乙烯悬浮聚合过程如下：先将 180 份去离子水加入聚合釜中，开动搅拌，依次加入悬浮剂、引发剂及其他助剂。充氮后，停止搅拌。加入 100 份氯乙烯，随后升温至 50～60 ℃，压力为 7～8.5 kg · cm^{-2}，再开动搅拌开始聚合。采用低活性引发剂时，转化率在 60%～70%后出现自动加速效应，反应温度迅速上升。应用水立即冷却，压力下降后，即可出料。疏松型聚氯乙烯的转化率一般在 80%～85%以下。聚合结束后，单体回收再用；聚合物经过后处理、离心分离、洗涤、干燥、过筛即是聚氯乙烯成品。

聚氯乙烯的分子量与引发剂浓度无关，而决定于聚合反应温度，因为聚合物增长链的终止方式主要为向单体链转移。典型的商品聚氯乙烯的数均分子量为 3 万～8 万。

悬浮剂的选择对于聚氯乙烯颗粒形态的控制十分重要。选用明胶时，其水溶液表面张力较大(25 ℃时为 0.68 N · m^{-1})，得到紧密型产品。当选用醇解度为 80%的聚乙烯醇或羟丙基甲基纤维素时，水溶液表面张力较小(25 ℃时为 0.52～0.48 N · m^{-1})，形成的是疏松型产品。目前更多的是用上述两种悬浮剂的复合体系，并加极少量的表面活性剂。

2. 含氟聚合物

含氟聚合物包括聚四氟乙烯(polytetrafluoroethylene，PTFE)、聚三氟氯乙烯(polychlorotrifluroethylene，PCTFE)、聚氟乙烯[poly(vinyl fluoride)，PVF]、聚偏氟乙烯(poly(vinylidene fluoride)，PVDF)以及它们的各种共聚物，例如四氟乙烯与乙烯、全氟丙基乙烯基醚和全氟丙烯的共聚物，乙烯和三氟氯乙烯的共聚物。

大多数含氟聚合物是采用悬浮聚合制得，部分通过乳液聚合法制备。水作为分散介质，温度为 80～100 ℃，压力 100 MPa；也有以超临界二氧化碳作为反应介质的，例如，生产四氟乙烯/六氟丙烯以及四氟乙烯/全氟烷基乙烯基醚。聚合物分子量较高，例如聚四氟乙烯为 10^5～10^6，这是因为链转移反应不易发生，且链自由基的沉淀使终止反应速率大大降低。

含氟聚合物成本高、产量小，但是它们有特殊性能，仍具相当重要的应用价值。其中 PTFE 是产量最大、应用最广泛的含氟聚合物。含氟聚合物能耐各种化学环境；可在 −200～260 ℃的温度范围内使用；不溶于常见的有机溶剂；也不受热、高浓度酸和碱的腐蚀；具有突出的绝缘性、低的摩擦系数(可作为自润滑和不黏接零件)，不助燃。聚四氟乙烯高度结晶，T_m为 327 ℃，熔融黏度高，在接近熔点温度时分解，不能用通常的加工方法进行成型，需用特殊的方法如类似粉末冶金的冷压法。含氟共聚物的 T_m 及结晶度较低，克服了 PTFE 不能熔融加工的缺点。

含氟聚合物的用途涉及电、机械、化学和微粉技术等领域，如用于同轴电缆、机械密封(密封垫和密封环)、轴承、自润滑零件、防黏厨具和水管生胶带，微粉末可用于塑料、墨水、润滑剂以及涂料。

4.5 乳液聚合

4.5.1 乳液聚合的特征

单体以乳液状态分散在水介质中进行聚合反应称为**乳液聚合**。其反应体系主要由单体、水、引发剂和乳化剂组成。

与悬浮聚合的差别是乳液聚合中，采用水溶性引发剂；形成的聚合物粒子的粒径小，只有 0.05～0.3 μm。而悬浮聚合用油溶性引发剂；得到的聚合物粒子的粒径为 50～500 μm (0.05～0.5 mm)。乳液聚合具有与悬浮聚合不同的聚合机理。

对于本体、溶液和悬浮聚合，聚合反应速率和聚合物分子量之间存在着倒数关系(式(3.76))。降低分子量可以加入链转移剂来实现，无需改变聚合速率。但要提高分子量，只能通过降低引发剂浓度或反应温度，以降低聚合反应速率来实现。而乳液聚合却不同，它提供了一个提高聚合物分子量又不降低聚合速率的独特方法。

乳液聚合主要有以下优点：聚合反应可在较低温度下进行，并能同时获得高聚合反应速率和高分子量；以水作介质，比热大，体系黏度小，有利于散热、搅拌和连续操作；乳液产品(称胶乳)可以作为涂料、黏合剂和表面处理剂直接应用，而没有易燃及污染环境等问题。

乳液聚合的主要缺点有：聚合物以固体使用时，需要加破乳剂，如食盐、盐酸或硫酸等，会产生大量废水。而且洗涤、脱水、干燥等，工序多，生产成本比悬浮聚合高。产物中杂质含量较高。

乳液聚合在工业上得到了广泛应用。例如，合成橡胶中产量最大的丁苯橡胶和丁腈橡胶就是采用连续乳液聚合法生产的。还有聚丙烯酸酯类涂料和黏合剂、聚乙酸乙烯酯胶乳等都是用乳液聚合方法生产的。

4.5.2 主要组成及存在场所

典型的乳液聚合体系中，主要组分有四个，即单体、水、引发剂和乳化剂。其中，乳化剂十分重要。

1. 乳化剂及其作用

乳化剂为一种有机化合物，在疏水性分子的一端接一个亲水性基团，例如，硬脂酸钠 $C_{17}H_{35}COONa$ 分子中，烷基是疏水性的，羧酸钠基团是亲水性的。这种有机化合物能使与水互不相溶的单体均匀、稳定地分散在水中，而不分层，这种分散液叫乳液，分散过程称为乳化。因此，具有这种作用的化合物称为**乳化剂**。它具有降低水的表面张力的作用，是表面活性剂。

(1) 乳化剂的存在状态及其作用。当乳化剂浓度很低时，它以分子状态溶解于水中。在表面处，它的亲水基伸向水层，疏水基向空气层。随乳化剂浓度增大，水的表面张力急剧下降。当乳化剂达到某一浓度时，继续增大乳化剂浓度，水的表面张力变化很小。这时，乳化剂分子开始聚集，形成胶束。刚形成胶束的浓度称为**临界胶束浓度**，简称 CMC（0.01%～0.03%）。在 CMC 时，溶液的许多物理性，如导电率，表面张力和渗透压等都有突变，如图 4.4 所示。所谓胶束，是由数十或数

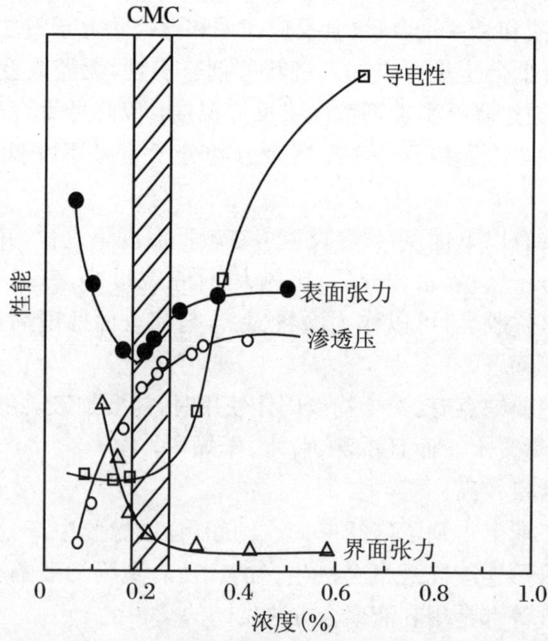

图 4.4 十二烷基磺酸钠水溶液的性能与浓度的关系

百个乳化剂分子形成的聚集体。在低浓度(1%～2%)下，胶束呈球形，由50～150个乳化剂分子组成，直径为40～50 Å。在高浓度下，胶束呈棒状，长度为100～300 nm，直径约为乳化剂分子长度的两倍。在胶束中，乳化剂分子的疏水基伸向内部，而亲水基则伸向水层。在大多数乳液聚合反应体系中，乳化剂的浓度(2%～3%)超过CMC值的1～3个数量级。因此，大部分乳化剂是以胶束形式存在。胶束的数目和大小取决于乳化剂的用量，乳化剂用量大，形成胶束的数目就多。

胶束对于油性单体具有增溶作用。例如，室温下，苯乙烯在水中的溶解度为$0.07\ g\cdot cm^{-3}$。当有胶束存在时，部分苯乙烯可以进入胶束的疏水层内，使苯乙烯在水中的溶解度增大到1%～2%。胶束增溶了单体后，体积增大。例如，球状胶束直径由原来的40～50 Å增大到60～100 Å。

在乳液聚合体系中，乳化剂除了溶于水中和形成胶束之外，还有一部分存在于单体液滴的表面，它的疏水基吸附在单体液滴表面，而亲水端指向水相，形成了一个带电保护层，稳定单体液滴。

总结起来，乳化剂的作用有：① 降低界面张力，使单体容易分散成小液滴；② 在单体液滴表面形成带电保护层，阻止了凝聚，形成稳定的乳液；③ 胶束的增溶作用。

(2) 乳化剂的种类。根据亲水基团的性质，常见的乳化剂可分为三类，即阴离子型、阳离子型和非离子型。① 阴离子型乳化剂的亲水基是阴离子，如$—COO^-$、$—SO_4^-$和$—SO_3^-$，疏水基一般为C_{11}～C_{17}的直链烷基，或带有C_3～C_8烷基的苯基和萘基。常用的阴离子型乳化剂有脂肪族羧酸钠$RCOONa(R=C_{11}\sim C_{17})$、十二烷基磺酸钠$C_{12}H_{25}SO_3Na$、烷基磺酸钠$RSO_3Na\ (R=C_{12}\sim C_{16})$和烷基芳基磺酸盐，例如二丁基萘磺酸钠$(C_4H_9)_2C_{10}H_5SO_3Na$(俗称拉开粉)、松香皂等。阴离子乳化剂的特点是在碱性溶液中稳定，遇酸、金属盐和硬水等会生成不溶于水的酸或金属盐，使乳化剂失效，利用这一性质，可以用酸或盐来破乳。在阴离子型乳液聚合中，常加入pH调节剂，如$Na_3PO_4\cdot 12H_2O$，以保证溶液的碱性，提高乳液稳定性。② 阳离子乳化剂的亲水基是阳离子，如季铵盐，其乳化能力差，且影响引发剂分解，在pH小于7的条件下使用。③非离子乳化剂一般是含有醚键和羟基的聚合物，例如环氧乙烷聚合物，$R—(OCH_2CH_2)_n—OH$、$R—C_6H_4—(OCH_2CH_2)_n—OH$、$RCO—(OCH_2CH_2)_n—OH$等。其中，$R=C_{12}\sim C_{16}$，$n=4\sim 30$。聚乙烯醇和羟乙基纤维素也属于这一类。它们可溶于水，但不能电离成离子，因此对pH变化不敏感。形成的乳液化学稳定性高，但乳化能力不强。

以上三种乳化剂中，最常用的是阴离子乳化剂，非离子乳化剂常与阴离子乳化剂配合使用，以提高乳液的抗冻能力，改善聚合物粒子的大小和分布，一般不单独使用。

乳化剂的乳化作用可以用亲水亲油平衡值(HLB)来衡量。此值越大、表明表面活性剂的亲水性越大。表4.2中给出了表面活性剂HLB值和相应的用途范围。以水为介质的乳液聚合,要选用水包油型乳化剂。

表4.2　表面活性剂的HLB值及其应用范围

HLB值	应用	HLB值	应用
3～6	油包水(W/O)乳化剂	13～15	洗涤剂
7～9	湿润剂	15～18	增溶剂
8～18	水包油(O/W)乳化剂		

三相平衡点是阴离子乳化剂的一个质量参数。乳化剂处于分子溶解、胶束、凝聚三相平衡状态时的温度叫**三相平衡点**。当温度高于三相平衡点时,乳化剂以分子溶解和胶束两种状态存在,没有凝聚现象。低于三相平衡点以下时,乳化剂会凝聚析出,失去乳化作用。所以,乳液聚合中,要选择三相平衡点低于聚合反应温度的乳化剂。表4.3中列出了几种常见的阴离子乳化剂的CMC值和三相平衡点。

表4.3　典型乳化剂临界胶束浓度(50℃)和三相平衡点

乳　化　剂	分子量	T(℃)	CMC mol·L^{-1}	CMC g·L^{-1}	三相平衡点(℃)
$C_{11}H_{23}COONa$	222.30	20～70	0.05	5.6	36
$C_{13}H_{27}COONa$	250.35	50～70	0.0065	1.6	53
$C_{15}H_{31}COONa$	278.40	50～70	0.0017	0.47	62
$C_{17}H_{35}COONa$	306.45	50～60	0.00044	0.13	71
$C_{12}H_{25}SO_4Na$	288.40	35～60	0.009	2.6	20
$C_{12}H_{25}SO_3Na$	272.40	35～80	0.011	2.3	33
$C_{12}H_{25}C_6H_4SO_3Na$	348.50	50～70	0.0012	0.4	
去氢松香酸钾			0.025～0.03		
松香钠皂			＜0.01		

非离子型乳化剂没有三相平衡点,却有个浊点。随温度升高,非离子型乳化剂从水溶液中分离出来的温度叫**浊点**。也就是说,温度在浊点以上时,乳化剂从水相中析出,无胶束存在。因此,用于乳液聚合的非离子乳化剂的浊点要高于聚合

温度。

2. 水、单体及引发剂

乳液聚合用去离子水作介质，以避免水中存在的各种杂质离子干扰引发剂和乳化剂的正常作用。

乳液聚合中所用单体为油溶性，或者水溶性小的单体。例如，苯乙烯、丁二烯、氯乙烯、丙烯酸甲酯和醋酸乙烯酯，25 ℃下在水中的溶解度分别为 0.07、0.8、7、16 和 25 $g \cdot L^{-1}$。这些单体均可用于乳液聚合。单体在水中的溶解度太大，将会影响乳液聚合行为。

水与单体的质量比通常从 70∶30 到 40∶60 的范围内。极少一部分单体溶解在水中，而另有一小部分增溶在胶束中。增溶部分通常比水溶部分的量大，确切大小与单体的性质有关。例如，甲基丙烯酸甲酯、丁二烯和苯乙烯，增溶部分分别是水溶部分的 2、5 和 40 倍，但对于醋酸乙烯酯，却只有百分之几。大部分单体(>95%)在搅拌的作用下，分散成了单体液滴。单体液滴表面上吸附了乳化剂分子，能稳定地存在于水相中。单体液滴的大小取决于搅拌速率。

乳液聚合中所用引发剂是水溶性的，通常为氧化还原体系，使聚合反应在低于 50 ℃的温和条件下进行。例如，生产丁苯橡胶时，用 $K_2S_2O_8$-$FeSO_4$ 引发体系，在 5～10 ℃进行乳液聚合。也有选用异丙苯过氧化氢与亚铁盐、亚硫酸盐及硫代硫酸盐的组合。

除了以上主要组分外，经常还有少量其他组分，例如，加入葡萄糖、果糖等作为第二还原剂，促使正铁离子向亚铁离子循环。加入乙二胺四乙酸络合剂以清除钙、镁离子，以防止乳化剂等失效。其次还有抗冻剂(如乙二醇或甘油)、分子量调节剂、十二烷基硫醇及 pH 调节剂 $Na_3PO_4 \cdot 12H_2O$ 等。

4.5.3　乳液聚合反应机理

早在 1947 年 Harkins 对乳液聚合的物理模型就作了定性描述，次年 Smith 和 Ewart 进行了定量处理。此后，乳液聚合理论的不断完善，形成了清晰的聚合反应机理。

1. 聚合场所

通过前面的讨论，我们已知道了体系中各组分存在的场所(图 4.5)。引发剂是溶于水中的，所以初级自由基产生于水相中。典型的自由基生成速率 R_i 为每秒每毫升 10^{13} 个自由基。接下来考虑的问题是初级自由基在什么场所引发单体聚合呢？在水相中吗？水相中溶解的单体，毫无疑问会发生聚合。但水中的单体浓度极低，增长链在分子量很小时就从水中沉淀出来，不再聚合。所以对聚合的贡献很小，不是乳液聚合的主要场所。

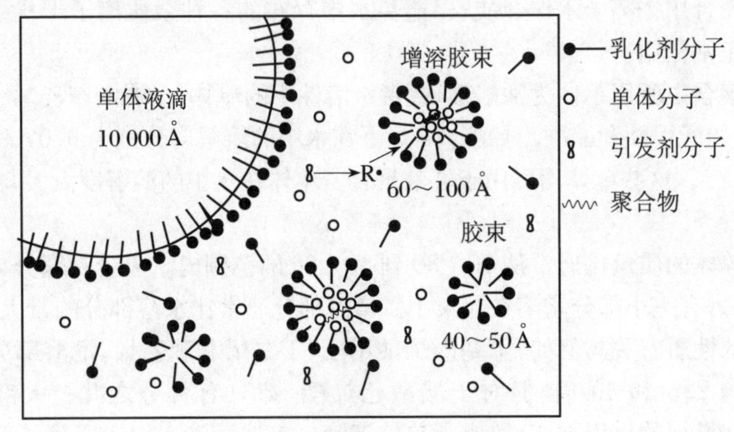

图 4.5　乳液聚合体系示意图

在单体液滴中吗？也不是。理由有两个：一是单体液滴中没有引发剂；二是单体液滴体积虽比胶束大得多，但数量少，比表面积则小得多。初级自由基进入单体液滴引发聚合的概率很小。这一点已从实验上得到了证实。让乳液聚合在某一转化率时停止反应，分离出单体液滴，分析聚合物含量，发现聚合物在单体液滴中的含量很小（$<0.1\%$）。

聚合反应主要在胶束内进行。胶束的数量每毫升 $10^{17}\sim10^{18}$ 个，而单体液滴每毫升中只有 $10^{10}\sim10^{11}$ 个，胶束数约是单体液滴数的 1 000 万倍，胶束的总表面积比单体液滴大两个数量级。因此，初级自由基更容易被胶束捕获。相对于水相，胶束内的单体浓度较高（类似于本体单体浓度），适合于引发聚合。随着聚合反应的进行，单体液滴通过水相扩散，不断向胶束供给单体。此刻，体系中存在着三种粒子，即单体液滴、没有发生聚合的胶束和含有聚合物的胶束。后者称为**聚合物乳胶粒**（或聚合物粒子），简称**乳胶粒**，如图 4.5 所示。

2. 粒子成核机理

聚合物乳胶粒的生成过程称为粒子成核过程。乳液聚合中有两种成核机理。一是自由基（包括初级自由基和在水溶液中形成的短链自由基），由水相扩散进入胶束中，引发聚合，这叫做**胶束成核**。另一个是在水相中生成的短链自由基发生沉淀后，表面上吸附了乳化剂，形成了稳定的聚合物粒子，这一过程叫**均相成核**。可以预料，胶束成核和均相成核的比例随单体的水溶性和乳化剂的浓度而改变。高水溶性单体和低乳化剂浓度，有利于均相成核。相反，水溶性差的单体和高乳化剂浓度有利于胶束成核。例如,苯乙烯主要是胶束成核;水溶性大的单体如醋酸乙烯酯则主要是均相成核。

除了以上的成核机理外,还有**凝结成核机理**,即体系中的聚合物小粒子在刚形成的聚合物粒子上面凝结,使它增大,这称为凝结成核。溶胀在凝结成核粒子内的单体的聚合,使它继续长大。所以,凝结成核只是聚合物粒子形成的一个环节。实验证据是,在聚合开始后的短时间内,测定聚合物粒子的大小随时间的分布时出现了正偏差。这表明聚合物粒子形成速率与时间的函数关系和两步成核法相符合,即先由胶束或均相成核,其后再凝结成核,而与一步法成核(胶束或均相成核)不一致。凝结成核的驱动力源于小粒子比大粒子的稳定性差。最初生成的聚合物小粒子(几个纳米)的双电层曲率高,表面电荷密度低,不足以稳定胶粒,它向大粒子凝结。当粒子的尺寸大到能以稳定的胶粒存在时,凝结的驱动力就消失了,凝结成核就结束了。其后聚合物粒子的继续增大是由于单体的聚合。

3. 聚合过程

虽然乳液聚合中聚合速率随转化率的变化,以及单体和反应条件不同而异。从体系中胶束、聚合物乳胶粒和单体液滴的数量变化情况,我们可以把整个乳液聚合按聚合速率大致分为三个阶段,如图 4.6 所示。

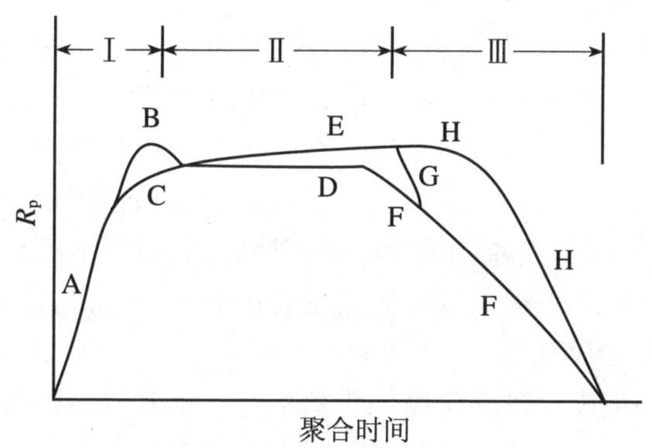

图 4.6　乳液聚合中聚合反应速率与时间的关系

第Ⅰ阶段——增速阶段。从聚合开始到胶束全部消失。这一阶段内,体系中存在胶束、乳胶粒和单体液滴。胶束逐渐减少,乳胶粒不断增多到最大值。聚合反应开始后,初级自由基由水相扩散进入胶束中,引发单体聚合,形成乳胶粒,水相中的单体也会聚合形成乳胶粒。因此第一阶段是乳胶粒的生成期,即成核期。随着乳胶粒数目的不断增加,聚合反应速率增加。

随着聚合反应的进行,乳胶粒内单体不断消耗,而单体液滴则通过水相扩散不断向乳胶粒提供单体，以维持聚合所需的单体浓度，因此单体液滴是供应单体的仓库。这一阶段单体液滴数会基本保持不变，但体积逐渐减小。

随着乳胶粒体积增大，其表面需要更多的乳化剂以保持稳定。这促使乳胶粒不断地吸附水中的乳化剂到其表面，使水中的乳化剂浓度降低。单体液滴体积变小后多余的乳化剂补充到了水中。但当水中乳化剂浓度低于 CMC 时，未成核的胶束就不稳定而溶于水中，这一过程继续到未成核胶束全部消失为止。

胶束的消失标志着第Ⅰ阶段结束。此后，不再生成新的乳胶粒，其数目将固定下来。典型的乳液聚合中，只有极少数的胶束变成了聚合物乳胶粒。最后生成的乳胶粒数约为每毫升 10^{13}～10^{15}个。

第Ⅰ阶段是三阶段中最短的一个，转化率为 2%～15%。这一阶段的长短与引发速率和单体种类有关。引发速率低时，时间就长；水溶性大的单体（醋酸乙烯酯）比水溶性小的单体（苯乙烯）时间短。这可能是水溶性大的单体同时发生胶束成核和均相成核，加快了聚合物乳胶粒的形成速率。对于许多单体，当引发速率足够高时，聚合速率会出现一个最大值（图 4.6 中的 AB 曲线）。这是由瞬时的高粒子数或高比例含自由基粒子造成的。

第Ⅱ阶段——恒速阶段。从胶束消失开始到单体液滴消失止。该阶段体系中含有乳胶粒和单体液滴两种粒子。

胶束消失后，聚合物乳胶粒数目保持恒定，单体液滴不断向乳胶粒提供单体，乳胶粒内的单体浓度维持在某一恒定值。因此，直到单体液滴完全消失，聚合速率都会保持恒定（图 4.6 中的 CD 曲线）。当体系中存在凝胶效应时，聚合速率随时间略有上升（图 4.6 中的曲线 CE）。乳胶粒内的单体浓度和单体种类有关，例如，乙烯、氯乙烯、丁二烯、苯乙烯、甲基丙烯酸甲酯和醋酸乙烯酯的体积分数 Φ_m分别为 0.2、0.3、0.5、0.6、0.7 和 0.85。随着聚合反应的进行，乳胶粒增大，体积也比最初的增溶胶束增大了数百倍。

单体液滴全部消失是第Ⅱ阶段结束的标志。第Ⅱ阶段结束时，转化率的大小与单体的性质有关。水溶性大的单体和对聚合物溶胀程度大的单体，其转化率较低，因为单体液滴消失早。例如，苯乙烯和丁二烯的转化率为 40%～50%，甲基丙烯酸甲酯和醋酸乙烯酯分别为 25%和 15%，而氯乙烯水溶性小，且 Φ_m 值也小，转化率高达 70%～80%。

第Ⅲ阶段——减速阶段。从单体液滴消失到聚合结束。体系中只剩下聚合物乳胶粒一种粒子。单体液滴消失后，乳胶粒失去了单体供给源。随着乳胶粒内单体浓度的下降，聚合速率也随之减小，直到单体消耗完，聚合反应自然停止。当体系有凝胶效应时，在第Ⅲ阶段仍然存在，这时的聚合速率变化如图 4.6 中的曲线

GF或H所示。

聚合反应完成后，最终得到的聚合物粒子为球形，粒径一般为50～300 nm。这尺寸正好介于最初的胶束和单体液滴之间。不过现在可以用乳液聚合得到粒径小至10 nm，大到几微米的聚合物粒子。

4.5.4 乳液聚合反应动力学

1. 聚合速率

当知道了单个聚合物粒子中链增长反应速率(含一个自由基的粒子)和这种粒子的数目时，就可以获得聚合反应速率。在典型的聚合体系中，聚合刚开始时，胶束的浓度为每毫升10^{18}个，1 s自由基生成速率为每毫升10^{13}个，平均每10^5 s有一个自由基扩散到一个胶束中。在第Ⅱ和第Ⅲ阶段，每毫升的粒子数为10^{14}个，平均每10 s就有一个自由基进入到聚合物乳胶粒中。自由基一旦进入胶束或聚合物粒子，就按通常的方法引发单体聚合，每个粒子的聚合速率r_p与速率常数和单体浓度有关，即

$$r_p = k_p[M] \tag{4.1}$$

当第二个自由基进入粒子时，立即发生双分子终止反应。因为对大多数乳液聚合体系来说，聚合物粒子中的自由基浓度较高，约为10^{-6} mol·L^{-1}或更高一些。自由基寿命只有千分之几秒。第三个自由基进入粒子后，聚合反应又重新开始，直到下一个自由基进入后终止为止。如此循环，一直持续到单体基本完全聚合为止。总的聚合速率R_p应是单个粒子的聚合速率r_p与含自由基的粒子浓度[P·]之乘积(式(4.2))。

$$R_p = k_p[M][P\cdot] \tag{4.2}$$

其中[P·]可表示为

$$[P\cdot]\frac{10^3 N'\bar{n}}{N_A} \tag{4.3}$$

式中N'为胶束和乳胶粒子浓度。$\bar{n}$是每个胶束和粒子中的平均自由基数。N_A是阿伏伽罗德常数。[P·]的单位是mol·L^{-1}，那么R_p的单位就是mol·L^{-1}·s^{-1}。

联立式(4.2)和(4.3)，得式(4.4)。

$$R_p = \frac{10^3 N'\bar{n}k_p[M]}{N_A} \tag{4.4}$$

第Ⅰ阶段刚开始时，$\bar{n}=0$，因此$N'\bar{n}=0$。其后N'减小，则$\bar{n}$增加，所以，$N'\bar{n}$随时间而增加。第Ⅱ阶段开始时，N'达到了一个恒定值N，$\bar{n}$值通常也是恒定的，如图4.6中的曲线CD所示。有时$\bar{n}$会随转化率略有增加，如曲线E所示。到第

Ⅲ阶段时，$\bar{n}$ 仍然接近于常数或增加，只有当引发剂耗尽，使引发速率锐减时，才开始减小。

大多数教科书用式(4.5)，而不用更具普遍性的式(4.4)来表示聚合速率 R_p。

$$R_p = \frac{10^3 N\bar{n}k_p[\mathrm{M}]}{N_A} \tag{4.5}$$

但式(4.5)适用于只有聚合物乳胶粒存在(没有胶束)的第Ⅱ和第Ⅲ阶段，而大部分单体是在这两个阶段转化成聚合物的。下面将主要讨论这两个阶段的聚合反应情况。

在第Ⅱ、Ⅲ阶段，$\bar{n}$ 对 R_p 起着决定性作用，它一直是许多理论和实验工作的研究主题。根据自由基在聚合物粒子中的解吸附、粒子尺寸、终止方式、引发和终止反应的相对速率，以及其他反应参数等各种因素，可归纳为三种类型。各种因素的定量关系有人已作了讨论，这里只作定性的描述。

类型1　$\bar{n}<0.5$。当自由基从粒子中解吸附和水相终止反应不能忽略时，聚合物粒子中的自由基平均数会小于0.5，聚合物粒子的粒径越小和引发速率越慢，$\bar{n}$ 值将降低越多。

类型2　$\bar{n}=0.5$。这是大多数乳液聚合的情况。符合这种情况的条件是聚合物粒子比较小，只能容纳一个自由基；不存在自由基解吸附，或解吸附与自由基进入粒子的速率相比可以忽略不计；引发速率不能太低，以及水相终止反应不明显。在此条件下，一个自由基进入聚合物粒子后，进行链引发和链增长反应，直到下一个自由基进来，活性链才终止。这就是说，在任何一瞬间，只有一半聚合物粒子在进行自由基聚合，而另一半则没有自由基。因此，$\bar{n}$ 为0.5。

类型3　$\bar{n}>0.5$。这意味着一部分聚合物粒子中含有两个或更多的自由基。这种情况只有在聚合物粒子尺寸很大、终止速率常数很小、水相终止和解吸附不明显以及引发速率不太低的条件下才会出现。

采用本体聚合在适当转化率(与聚合物粒子中单体体积分数相当时)下的 R_p，由式(4.5)可以计算出 $\bar{n}$ 值。大多数单体的乳液聚合反应属于类型2，但醋酸乙烯酯、氯乙烯和偏二氯乙烯等单体的聚合行为服从类型1。这些单体的 $\bar{n}$ 只有0.1或更小。具有较大链转移常数的单体，也表现出类型1的行为，因为链转移后生成的单体自由基尺寸小，容易扩散到聚合物粒子外面去。这一点已由间歇离子辐射乳液聚合证实。当辐射停止后，单体还没有消耗完，聚合速率就衰减到了零。如果没有发生单体自由基的解吸附，那么聚合应该进行到所有单体耗尽为止。

苯乙烯的乳液聚合在很宽的实验条件范围内遵从类型2的行为，但也存在反应条件对聚合反应行为的影响。例如，苯乙烯的乳液聚合，引发剂浓度从 10^{-2} 降至 10^{-5} mol·L^{-1}时，$\bar{n}$ 值从 0.5 减小到 0.2。由于自由基生成速率 R_i太低，以致自由基被粒子吸附的速率还没有解吸附速率大，才会出现这种现象。当聚合物粒子特别小时，也得到了同样的结果，即 $\bar{n}$ 值小于 0.5。种子乳液聚合特别适用于这种场合的研究。所谓种子乳液聚合，是将单体加入到预制的聚合物乳液中进行的聚合反应。它是以预制乳液中的聚合物乳胶粒为种子，继续进行的聚合反应。在这种体系中，没有成核过程，聚合物粒子数恒定，可以改变其他反应参数，观察对聚合反应的影响。用种子乳液聚合得到的聚合物粒子较大，粒径可达 1～2 μm。

当乳胶粒的尺寸(0.1～1 μm)大到能容纳两个自由基，而不立即发生终止时，聚合反应就会出现类型 3 的行为。在高转化率时，这种现象更明显。因为在高转化率下，粒径增大，而终止常数 k_t减小，结果使 $\bar{n}$ 值增加。例如，苯乙烯聚合，粒径为 0.7 μm 时，转化率增至 90%，则 $\bar{n}$ 值从 0.5 增大到 0.6。当粒径 1.4 μm 时，在 80%转化率下，$\bar{n}$ 值达到了 1，而转化率增大到 90%时，$\bar{n}$ 值已大于 2。

由式(4.5)可见，乳液聚合速率取决于乳胶粒子数 N。因为对于某一特定单体，它的 R_p、[M]及 $\bar{n}$ 基本上是确定的。从图 4.7 和图 4.8 可知，增加乳化剂浓度和引发速率 R_i，可以增加 N 值，从而增加聚合速率 R_p。必须注意，当聚合反应进入第Ⅱ和Ⅲ阶段时，引发速率 R_i不再对聚合速率产生影响。引发速率的变化只能改变乳胶粒子的聚合与休眠交替的频率。

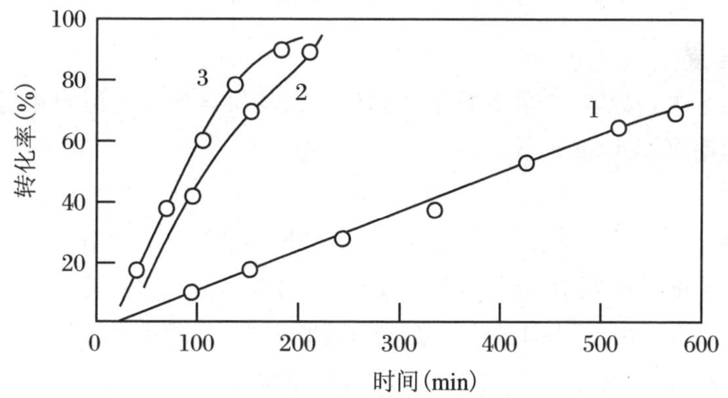

图 4.7　苯乙烯在不同乳化剂浓度下的乳液聚合

月桂酸钾摩尔数：1：0.003 5；2：0.007；3：0.014

苯乙烯：100 g；H_2O：180 g；$K_2S_2O_8$：0.5 g；60 ℃

典型的乳液聚合中，N 高达每立方厘米 10^{14} 个，因而$[P\cdot]$可达 $10^{-7}\ mol\cdot L^{-1}$，比典型的自由基聚合高1个数量级。当乳胶粒中聚合物与单体达到溶胀平衡时，单体的体积分数为 0.5～0.85，乳胶粒内单体浓度高达 $5\ mol\cdot L^{-1}$，因此乳液聚合速率比较高。

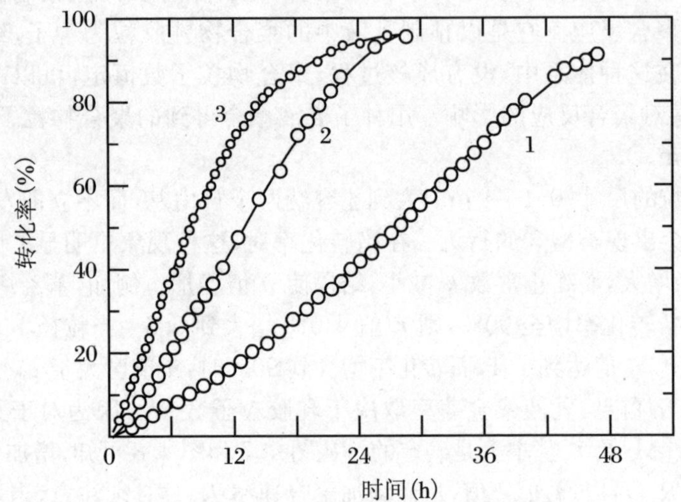

图 4.8　氯乙烯在不同引发剂浓度下的乳液聚合

引发剂浓度：1：0.001 2%；2：0.005 7%；3：0.023%；

单体/水的质量比：26/74；乳化剂：0.883%

2. 聚合度

乳液聚合中，要从单个乳胶粒来考虑计算数均聚合度。初级自由基进入单个乳胶粒的速率可用式(4.6)计算。

$$r_i = R_i/N \tag{4.6}$$

在类型2中，r_i与增长链的终止速率 r_t是相同的。因为自由基一旦进入正在进行聚合反应的乳胶粒中，立即发生终止反应。因此，数均聚合度可以用聚合物链增长速率 r_p除以初级自由基进入乳胶粒的速率 r_i得到，即式(4.7)。

$$\overline{X}_n = \frac{r_p}{r_i} = \frac{Nk_p[M]}{R_i} \tag{4.7}$$

在乳液聚合中，聚合度和动力学链长被视为同义语。因为终止反应虽然是双分子偶合，但其中一个自由基是初级自由基，它对聚合物链长贡献很小，基本不影响聚合度。

当有链转移反应存在时，聚合度可由式(4.8)表示。

$$\overline{X}_n = \frac{r_p}{r_i + \sum r_{tr}} \tag{4.8}$$

式中 $\sum r_{tr}$ 是所有链转移反应速率之和。链转移反应速率 r_{tr} 可由式(4.9)得到。

$$r_{tr} = k_{tr}[XA] \tag{4.9}$$

这与普通的自由基聚合中的链转移反应相似。XA是单体或分子量调节剂等。

由式(4.7)可见，乳液聚合的聚合度与乳胶粒子数 N 和引发速率 r_i 有关。与一般的自由基聚合比较，就可以发现乳液聚合的一个重要待征。在均相自由基聚合中，当用提高引发速率(增加引发剂浓度或升高温度)来提高聚合速率，必然导致聚合度降低。没有一个方法可以同时增加 R_p 和聚合度。乳液聚合则不同，可以不用改变引发速率，而用增加乳胶粒子数的方法，同时提高 R_p 和聚合度。这就是乳液聚合速率快，同时分子量又高的原因。

式(4.7)和式(4.8)经过修正后可以用于类型3的情况。在类型3中，有相当一部分乳胶粒中含有两个或更多的自由基，对于这样的粒子，我们仍然假设 $r_i = r_t$ (若 $\bar{n}$ 值不变)，但聚合度是类型2中的两倍，因为类型3的终止反应是两个链自由基的偶合。对于类型3整个体系来说，聚合度介于由式(4.7)的计算值和两倍的计算值之间，这取决于体系中含多个自由基和含一个自由基粒子的比例。

3. 聚合物乳胶粒数 N

由式(4.5)和(4.7)可见，乳液聚合中乳胶粒数 N 与聚合速率和聚合度是一次方关系。乳胶粒的数目与体系中存在的总的乳化剂表面积 $\alpha_s S$ 有关。α_s 是一个乳化剂分子所占的表面积，S 是总的乳化剂浓度(在胶束、溶液和单体液滴中)。同时，N 也与自由基生成速率 R_i 有直接关系。因此 N 与 $\alpha_s S$ 和 R_i 之间的定量关系为式(4.10)。

$$N = k\left(\frac{R_i}{\mu}\right)^{2/5}(\alpha_s S)^{3/5} \tag{4.10}$$

式中 μ 是乳胶粒体积增加速率(可由 r_p 和几何参数测定)。k 值在0.37～0.53之间，它取决于胶束与乳胶粒捕获自由基的相对效率和乳胶粒的几何参数(决定着乳胶粒捕获自由基的速率)，如半径、表面积或体积。由于乳胶粒数与粒径的三次方成反比关系，因此乳胶粒子数多，则粒径小；乳胶粒子数少则粒径大。由式(4.10)还可以推算出粒径应分别与 S 的0.20次方，R_i 的0.13次方成反比关系。

将式(4.10)与式(4.5)和式(4.7)联立后，可知 R_p 和聚合度都与乳化剂总浓度 S 的3/5次方成正比关系，但是 R_p 与 R_i 的2/5次方成正比；聚合度与 R_i 的3/5次方成反比。这似乎与以前讨论的聚合速率与自由基生成速率 R_i 无关的结论有矛盾。其实并不矛盾，R_i 影响生成的乳胶粒子数，进而影响聚合速率。但是不要忘记，一旦体系中的乳胶粒数恒定下来，自由基生成速率就不再对聚合速率有任何影响了。还有十分重要的一点，乳胶粒子数的增加可以通过增加乳化剂浓度来实现，而保持 R_i 为常数。从实用观点看，增加乳化剂浓度以增加乳胶粒子数 N，实现 R_p 和聚合度的同时提高，这是更为实用的方法。通过 R_i 来增加 N，虽然可以提高 R_p，但却以降低聚合度为代价。

对于胶束和均相成核后，再发生凝结成核，形成乳胶粒的情况，乳胶粒子数 N 与乳化剂浓度 S 和自由基生成速率 R_i 之间的关系可用式(4.11)表示。

$$N \propto R_i^{2/5} S^{0.4\sim1.2} \tag{4.11}$$

由此可见，对于凝结成核，N 与 R_i 的 2/5 次方成正比的关系并没有改变，而 N 与 S 的关系变得更复杂了。

像苯乙烯这样的非极性单体，很少发生自由基解吸附，其聚合行为服从式(4.10)，即 N 分别与 S 和 R_i 的 3/5 和 2/5 次方成正比关系。而像醋酸乙烯酯、氯乙烯这类单体，它们的 N 与 S 之间的关系服从于式(4.11)，说明存在着凝结成核过程，但 N 与 R_i 的关系却又偏离了式(4.11)，情况比较复杂。

4. 温度的影响

升高温度使聚合反应总速率增加。因为温度提高，k_p 和 N 都会增大。N 的增加是因为自由基生成速率 R_i 随温度升高而增大造成的，但温度升高会使乳胶粒内的单体浓度略有下降，例如，从 30 ℃升到 90 ℃时，苯乙烯浓度下降约 15%。

5. 分子量分布

在乳液聚合反应中，自由基是被分隔于乳胶粒子内。从理论上考虑，聚合物的分子量分布与均相自由基聚合中，通过链转移终止的情况相似，分子量分布应该为 2。不过当终止反应为双基终止时，乳液聚合的分子量分布会变宽。在均相聚合中，短的增长链可能与长的增长链发生偶合终止或者发生歧化终止，分子量分布分别为 1.5 和 2，而乳液聚合的分子量分布更宽一些。乳液聚合中，在 $\bar{n}=0.5$ 时，增长链自由基与短链自由基的偶合终止反应，就相当于均相聚合中的链转移终止的结果，分子量分布为 2，但均相聚合中的偶合终止的分子量分布为 1.5。如果发生歧化终止反应，乳液聚合的分子量分布更宽，分子量分布值为 4，而均相聚合则为 2。因为这种歧化终止反应使得数均分子量减小，而重均分子量变化不大，结果导致分子量分布值增大。对于 $\bar{n}>0.5$ 的情况，如果参与偶合终止或歧化终止反应的自由基链大小越接近，分子量分布变宽的趋势越小。当 $\bar{n}$ 值从 0.5 增大到 2 时，分子量分布趋于均相聚合的数值 1.5 和 2。

上面的讨论是针对乳液聚合反应的第Ⅱ阶段，它是乳液聚合的重点部分。该阶段的反应条件(N，R_i，k_p和[M])基本保持不变。随着转化率提高，聚合反应进入第Ⅲ阶段，体系中的一些参数发生变化，分子量分布会进一步变宽。由于乳液聚合三个阶段生成的聚合物分子量各不相同，对于间歇乳液聚合反应，在单体完全转化的情况下，分子量分布高达5～7。不过，对于实际的聚合反应，乳液聚合的分子量分布仍然低于典型的均相聚合反应。

4.5.5 其他乳液聚合

1. 无皂乳液聚合

在乳液聚合体系中不加乳化剂，而加入亲水基的引发剂，如过硫酸盐等。当它引发聚合时，生成的聚合物链端带有亲水基团(如SO_4^{2-})。这种聚合物链可以像乳化剂一样，能稳定生成的聚合物乳胶粒子。它的稳定性比用乳化剂的好，在纯化未反应的单体、引发剂等过程中，乳液仍很稳定。无皂乳液聚合的一个特点是乳胶粒子数比常规乳液聚合低两个数量级，即每毫升10^{12}个，而常规的为每毫升10^{14}个。

用无皂聚合制备的乳液聚合物，因为其不含有小分子表面活性剂，它可用作仪器校准和孔径测定的聚合物样品。

2. 反相乳液聚合

与常规乳液聚合相反，反相乳液聚合是在乳化剂的作用下，把水溶性单体分散到非极性的有机溶剂中，形成乳液，用油溶性引发剂引发的乳液聚合。例如，当用水溶性丙烯酰胺及丙烯酸等作单体时，在室温下，它们是固体，所以要用水溶解，形成水溶液。有机溶剂可用二甲苯及烷烃类化合物；乳化剂则要用油包水(W/O)型的，一般用非离子型乳化剂，如山梨糖醇单油酸酯，制成的乳液比用离子型乳化剂更稳定一些。引发剂为油溶性的，如AIBN和BPO等。

丙烯酰胺等单体的反相乳液聚合已工业化，其产品用于石油开采中的二次采油及废水处理的絮凝剂等。

一般情况，反相乳液没有常规乳液稳定性好，但反相微乳乳液聚合可以得到更加稳定的聚合物乳液。在反相微乳液聚合中，使用了比常规乳液聚合中更多的乳化剂和介质，因此，只有胶束而没有单体液滴存在，得到的聚合物粒子比较小。

3. 微乳液聚合

相对于普通乳液聚合，微乳液聚合反应中，使用了大量的乳化剂。相比普通乳液聚合形成的聚合物粒子(1～100 μm)，微乳液聚合形成的聚合物粒子的粒径要小得多,为 10~50 nm。微乳液中形成的粒子小于可见光波长,因此微乳液是透明的。普通乳液聚合中,成核只是发生在聚合反应初期,而在微乳液聚合中,由于大量乳化剂存在,成核过程很长,可能成为聚合过程的主要部分,有时甚至观察不到普通乳液聚合中的恒速阶段,只存在增速和降速过程。

4.5.6 乳液聚合的工业应用举例

丁苯橡胶是丁二烯和苯乙烯的无规共聚物。它的工业化生产采用了典型的乳液聚合反应。丁苯橡胶有热胶和冷胶之分,热胶是在 50 ℃左右由过硫酸钾引发聚合的,而冷胶是在 5 ℃左右用氧化还原引发剂引发聚合的。目前工业生产以冷胶为主,其基本配方见表 4.4。

表 4.4 丁二烯/苯乙烯乳液聚合配方

组　分	质量比
苯乙烯	25
丁二烯	75
水	180
乳化剂(歧化松香酸钠)	5
异丙苯过氧化氢	0.17
$FeSO_4$	0.017
正十二烷硫醇	0.061
$Na_4P_2O_7 \cdot 10H_2O$	1.5
果糖	0.5

丁苯橡胶工业生产过程可采用间歇法和连续法。聚合操作过程大致如下:把含有乳化剂等的水相和含有分子量调节剂的单体相混合乳化后,投入聚合釜。待体系达到规定温度后再加入引发剂。聚合反应在 5~7 ℃下进行,搅拌速率为 105~120 rpm。反应 8~10 h 后,转化率达到 60%左右,加入终止剂终止聚合反应。未反应的单体蒸发回收使用。向乳胶中加入食盐溶液破乳,聚合物粒子发生凝聚,经酸洗、水洗、干燥后,即为丁苯橡胶产品。

丁苯橡胶是合成橡胶中产量最大的品种。它的加工性能和物理性能接近于天然橡胶。它的应用包括轮胎及一般橡胶制品、涂料和黏合剂等。

思考题

1. 比较乳液聚合和悬浮聚合的异同点。

2. 什么是临界胶束浓度？如何测定？描述胶束的结构。

3. 什么是胶束成核？什么是均相成核？什么是凝结成核？它们的差异及相互的关系。

4. 乳液聚合的组分有哪些？约乳聚合是怎样进行的？

5. 乳液聚合呈增速、恒速和减速三个阶段，各阶段有什么特点？它们与速率表达式和聚合物分子量有什么关系？

6. 什么是无皂乳液聚合？什么是反相乳液聚合？什么是微乳液聚合？

7. 如何同时提高聚合速率和分子量？

习　　题

1. 比较本体、悬浮、溶液和乳液聚合的配方、组成及优缺点。

2. 描述乳液聚合中单体、引发剂和乳化剂存在的场所及转化率到100%时所发生的变化。

3. 乳液聚合区别于均相聚合的主要特征是什么？比较两者的聚合热以及温度对聚合速率的影响。

4. 定量比较60℃下苯乙烯的本体聚合和乳液聚合反应速率相聚合度，假设$[M]=5.0\ mol\cdot L^{-1}$，$R_i=5.0\times10^{12}$个自由基/(mL·s)，每毫升中含有乳胶粒子1.0×10^{15}个，$\bar{n}=0.5$，$k_t=6\times10^7\ L\cdot mol^{-1}\cdot s^{-1}$，假设为偶合终止，而且两个体系中所有的速率常数相同。

5. 根据本体聚合和乳液聚合反应速率与聚合度表达式，分析各影响因素引起两种体系中速率和聚合度发生变化的差异。

6. 描述乳液聚合中，在什么条件下会出现$\bar{n}>0.5$、$\bar{n}<0.5$和$\bar{n}=0.5$的聚合行为？

第 5 章　离子型链式聚合反应

活性中心是离子的聚合反应称作离子聚合，根据增长活性中心是阳离子还是阴离子，可将离子聚合分为阳离子聚合和阴离子聚合。本章主要讨论在阳离子和阴离子引发剂作用下，烯类单体的离子型链式聚合反应。由金属配位络合物和金属氧化物引发的聚合反应，虽也有离子型聚合特征，它具有自身的特点，作为配位聚合在第 8 章中讨论。环状单体的离子聚合将在第 7 章中讨论。

5.1　离子型聚合的特点

1. 活性中心

阴离子聚合反应的活性中心是碳阴离子，它具有未成键的电子对，仍占据 sp^3 轨道。其构型与四价碳一样，为四面体的锥形结构。碳阴离子比较稳定，寿命较长。碳阳离子由于存在空轨道，正电荷比较集中，所以比碳阴离子活泼，易进行重排、链转移反应等。在聚合反应过程中，无论在碳阴离子，还是在碳阳离子附近，始终存在反离子，反离子的性质对聚合反应有很大影响。

2. 单体

几乎所有烯类单体都可以进行自由基聚合。而离子型聚合对单体有很高的选择性。阳离子聚合只能聚合碳—碳双键上有强给电子取代基的单体（如烷基乙烯基醚、异丁烯和苯乙烯等）。碳—碳双键上有强吸电子取代基团（如硝基、氰基、酯基、苯基和乙烯基等）的单体，可以进行阴离子聚合。

3. 引发剂

阴离子聚合引发剂为**亲核试剂**，在室温或更低温度下能解离出碳阴离子，如烷基锂 RLi；或通过电子转移方式产生碳阴离子，如萘-钠引发体系。阳离子聚合引发剂多为亲电试剂，如 BF_3、$AlCl_3$、$SbCl_5$ 和 $SnCl_4$ 等 Lewis 酸，CF_3SO_3H 和 HSO_3F 等质子酸。大多数 Lewis 酸需要助引发剂才能有效地引发。

4. 链增长反应

阴离子聚合的增长反应是碳阴离子活性中心连续与单体进行的加成反应，生成高分子链。阳离子聚合也以相同的方式进行增长反应。但是，碳阳离子不稳定，在增长过程中会引起一系列副反应。例如，异构化聚合反应和环化聚合反应等。

5. 溶剂效应

链自由基不带电荷，它的增长反应受介质的影响很小。离子型聚合反应的活性中心是离子，受溶剂的影响很大。强极性溶剂，例如，水和醇等，因与引发剂反应，不能用作离子型聚合反应的溶剂。另外一些极性溶剂，如酮，能与引发剂形成稳定络合物，而阻止聚合反应的进行。用作离子型聚合反应溶剂的一般为低和中等极性的溶剂，如 CH_3Cl、CH_2Cl_2、$ClCH_2CH_2Cl$、戊烷和硝基苯等。

为保持反应体系为电中性，离子型聚合的活性中心与反离子共存。它们之间的距离受介质影响很大。例如，在阳离子聚合反应中，生成的增长链阳离子为 B^+，它与反离子 A^- 共存。在溶剂中，活性中心可以以共价键、紧密离子对、疏松离子对和自由离子的形式存在。

$$\underset{\text{共价键}}{BA} \rightleftharpoons \underset{\text{紧密离子对}}{B^{+}\,{}^{-}A} \rightleftharpoons \underset{\text{溶剂隔开离子对}}{B^{+}/\!/\,{}^{-}A} \rightleftharpoons \underset{\text{自由离子}}{B^{+} + A^{-}}$$

碳阴离子活性中心也存在紧密离子对，疏松离子对和自由离子。大多数情况下，离子对和自由离子同时进行增长反应，由于它们的聚合活性不一样，所以，它们的相对比例会影响聚合反应速率。它们的相对浓度取决于反应介质和温度等聚合条件。例如，改变溶剂的极性，可以改变离子对和自由离子的比例。通常，自由离子的增长速率比离子对的要大得多，很小浓度的自由离子对聚合反应速率的贡献，是不可忽视的。

6. 终止反应

链式自由基聚合反应中，终止反应是双基终止。在离子型聚合反应中，增长链末端带有相同电荷，所以，无论是增长链碳阴离子还是碳阳离子，之间都不会发生双基终止。碳阴离子的反离子通常为金属离子，如 Li^+，由于碳金属键的解离度大，不会发生结合终止。大多数阴离子聚合反应是“活”性聚合，通常需要外加终止剂终止聚合反应。阳离子聚合的增长链活性中心的反离子是一个基团，末端碳阳离子可以与其中一个离子反应而终止。也可以与单体或其他组分发生链转移而终止，或进行其他的终止反应。

思考题

从活性中心、单体、引发剂、溶剂和聚合机理方面，比较自由基聚合与阴、阳离子聚合的相同和不同点。

5.2 阳离子聚合

5.2.1 引发作用

阳离子引发包括产生具有聚合活性的阳离子，以及它进攻单体生成增长链阳离子。阳离子引发剂种类较多，下面分别讨论。

1. 质子酸

作为阳离子引发剂的质子酸包括强无机酸和有机酸，如 H_3PO_4、H_2SO_4、$HClO_4$、CF_3SO_3H、氟磺酸（HSO_3F）、氯磺酸（HSO_3Cl）和三氟乙酸等。质子酸的质子进攻某些烯类单体，引发聚合，如反应(5.1)所示。

$$HA + RR'C{=}CH_2 \longrightarrow R'{-}\underset{\displaystyle CH_3}{\overset{\displaystyle R}{C}}{}^{+-}A \qquad (5.1)$$

其中，HA 表示质子酸；A^- 是酸的阴离子。作为阳离子引发剂，要求反离子 A^- 的亲核性越小越好，否则 A^- 容易与碳阳离子结合，形成共价键而终止聚合反应。卤负离子的亲核性大，因而氢卤酸不能用作阳离子聚合的引发剂。上述含氧无机酸的 A^-，如 $CF_3SO_3^-$ 的亲核性较小，可引发烯类单体聚合，但产物的分子量很少超过数千。用 H_2SO_4 和 H_3PO_4 引发烯类单体聚合的产物可作为柴油机燃料、润滑剂等。

2. Lewis 酸

(1) 引发剂及引发机理。很多 Lewis 酸在低温下，可引发阳离子聚合，得到分子量较大，产率较高的聚合物。这类引发剂包括金属卤化物，如 $AlCl_3$、BF_3、

$SnCl_4$、$SbCl_5$、$ZnCl_2$ 和 $TiCl_4$ 等，以及它们的有机金属化合物，如：$RAlCl_2$、R_2AlCl 和 R_3Al 等。Lewis 酸为阳离子聚合中最重要的引发剂。

Lewis 酸作为阳离子聚合引发剂，常需要助引发剂，其作用是与 Lewis 酸反应生成引发聚合的阳离子。作为助引发剂的化合物有：① 质子给体，如 H_2O、ROH、卤化氢和有机酸等；② 阳离子给体，如卤代烷（例如，特丁基氯化物和三苯甲基氯化物等）、酯、醚和酸酐等。有些教科书或文献中，对引发剂和助引发剂的定义与我们现在所用的刚好相反，即把 Lewis 酸称为助引发剂，而把质子或阳离子给体称为引发剂。理由是，Lewis 酸与质子或阳离子给体反应，生成的质子或碳阳离子引发单体聚合，生成的聚合物链端含有质子或阳离子给体的残基。

BF_3 引发异丁烯聚合是最早研究的阳离子聚合体系。人们发现，经精心干燥过的 BF_3 不能引发无水异丁烯聚合。当体系中有痕量水或醇时，聚合反应迅速进行。其引发过程如反应(5.2)所示。

$$BF_3 + H_2O \rightleftharpoons BF_3 \cdot OH_2 \tag{5.2a}$$

$$BF_3 \cdot OH_2 + (CH_3)_2C{=}CH_2 \longrightarrow (CH_3)_3C^+ [BF_3OH]^- \tag{5.2b}$$

反应(5.2a)中，引发剂-助引发剂络合物 $BF_3 \cdot OH_2$ 经常表示为$H^+(BF_3OH)^-$。其中质子进攻异丁烯，生成链阳离子（反应(5.2b)）。$AlCl_3$ 与氯代特丁基引发苯乙烯聚合的引发过程可用反应(5.3)表示。

$$AlCl_3 + (CH_3)_3CCl \rightleftharpoons (CH_3)_3C^+ [AlCl_4]^- \tag{5.3a}$$

$$(CH_3)_3C^+ [AlCl_4]^- + CH_2{=}\underset{\displaystyle C_6H_5}{\underset{|}{CH}} \longrightarrow (CH_3)_3C{-}CH_2{-}\underset{\displaystyle C_6H_5}{\underset{|}{CH^+}} [AlCl_4]^- \tag{5.3b}$$

与 BF_3/H_2O 组成的引发体系相似，$AlCl_3$ 与$(CH_3)_3Cl$ 反应，生成了碳阳离子引发剂（反应(5.3a)）；它引发苯乙烯聚合，生成增长聚合物链（反应(5.3b)）。但是不能用一级和二级烷基卤化物作助引发剂，因为生成的一级和二级碳阳离子稳定性太差，不能有效引发单体聚合。对于上述引发剂-助引发剂体系的引发过程，可用反应通式(5.4)表示。

$$I + ZY \overset{K}{\rightleftharpoons} Y^+ [IZ]^- \tag{5.4a}$$

$$Y^+ [IZ]^- + M \xrightarrow{k_i} YM^+ [IZ]^- \tag{5.4b}$$

其中，I、ZY 和 M 分别为引发剂、助引发剂和单体。作为阳离子引发剂，Lewis 酸和质子给体（或阳离子给体）组成的引发体系要优于质子酸引发体系，因为 IZ^- 的亲核性远远小于 A^- 的亲核性，增长碳阳离子的寿命长，可以得到高分子量的聚合物。

(2) Lewis 酸的自引发。除了引发剂-助引发剂引发过程外，许多 Lewis 酸，特别是酸强度较高的 Lewis 酸，例如，$AlCl_3$ 和 $TiCl_4$ 经自解离形成阳离子，引发单体进行阳离子聚合反应。可能的引发机理为

① 双分子离子化机理：

$$2AlBr_3 \rightleftharpoons AlBr_2^+ [AlBr_4]^- \tag{5.5a}$$

$$AlBr_2^+ [AlBr_4]^- + M \longrightarrow AlBr_2M^+ [AlBr_4]^- \tag{5.5b}$$

在这一过程中，Lewis 酸兼具引发剂和助引发剂作用，使 $AlBr_3$ 解离成 $AlBr_2^+[AlBr_4]^-$，然后引发单体进行阳离子聚合。

② 引发剂直接引发单体聚合：Lewis 酸直接与单体进行加成反应，引发单体聚合。

$$TiCl_4 + M \longrightarrow TiCl_3M^+ Cl^- \tag{5.6}$$

引发剂-助引发剂的引发反应(5.4a)是个平衡反应，引发反应活性应与它们的比例有关。当助引发剂 ZY 比引发剂 I 少时，产生具有引发活性的阳离子少，聚合反应速率 R_p 低。随着助引发剂-引发剂比例增加，R_p 增大；到达一定值后，R_p 达到最大值。再单独增加引发剂或助引发剂，不会再增加活性阳离子的量，甚止会抑制解离反应，所以，R_p 不变，或反而降低。例如，用 $SnCl_4$ - H_2O 引发苯乙烯在 25 ℃的 CCl_4 中进行聚合反应时，聚合反应速率 R_p 随[助引发剂]/[引发剂]比值的变化情况见图 5.1。

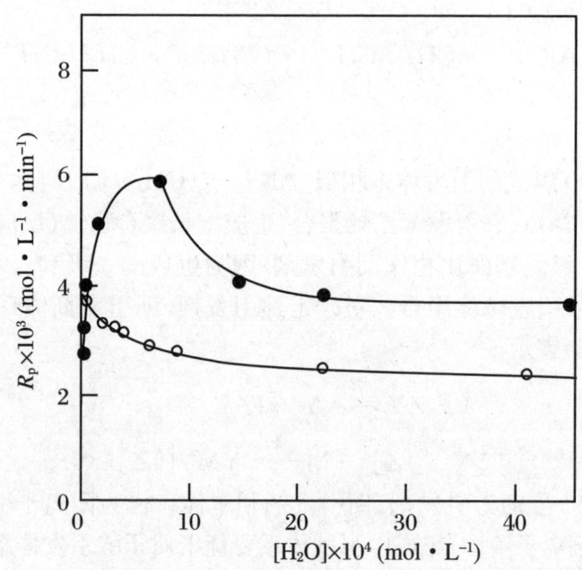

图 5.1 水的浓度对 $SnCl_4$ 引发的苯乙烯聚合反应速率的影响

○和●分别表示 $SnCl_4$ 浓度为 0.08 mol · L⁻¹ 和 0.12 mol · L⁻¹

图 5.1 的结果显示，随着助引发剂 H_2O 用量增加，R_p增大。到极大值后，再增加 H_2O 的用量，R_p反而下降。相对于 $SnCl_4$ 用量小的聚合反应，当 $SnCl_4$ 用量比较大时，出现极大 R_p值的 $H_2O/SnCl_4$ 的比值大，整个反应速率也快。水用量过大反而使引发剂失活的原因可能是：ⓐ Sn—Cl 键水解为 Sn—OH 键；ⓑ 过量的水与引发剂-助引发剂络合物反应，生成的产物 5-1（反应(5.7)）不能引发单体聚合。由此可见，助引发剂的加入应适量。

$$SnCl_4 + H_2O \rightleftharpoons SnCl_4 \cdot OH_2 \rightleftharpoons \underset{\text{5-1}}{(H_3O^+)(SnCl_4OH^-)} \tag{5.7}$$

3. 碳阳离子盐的离解

三苯甲基和环庚三烯等碳阳离子与阴离子 $SbCl_6^-$ 等形成的盐，在反应体系中离解后，生成了稳定的碳阳离子 Ph_3C^+ 和 $C_7H_7{}^+$，能引发单体进行阳离子聚合反应。由于这些离子的稳定性较高，只能引发强亲核性单体，如烷基乙烯基醚，N-乙烯基咔唑，茚和对-甲氧基苯乙烯等聚合（反应(5.8)）。

$$C_7H_7^+ + CH_2{=}\underset{\displaystyle OR}{\underset{|}{CH}} \longrightarrow C_7H_7{-}CH_2{-}\underset{\displaystyle OR}{\underset{|}{CH^+}} \tag{5.8}$$

这些碳阳离子，如 Ph_3C^+ 与 $SbCl_6^-$、PCl_6^-、$SnCl_5^-$、BF_4^-、ClO_4^- 和 AsF_6^- 等阴离子组成了稳定的结晶性盐类，可用作阳离子聚合的引发剂。它们是通过卤代物与相应的无机盐反应制备的，如反应(5.9)所示。

$$(C_6H_5)_3CCl + SbCl_5 \longrightarrow (C_6H_5)_3C^+\,[SbCl_6]^- \tag{5.9a}$$

$$Ph_2CHCl + AgSbCl_6 \longrightarrow AgCl\downarrow + Ph_2\underset{\displaystyle H}{\underset{|}{C^+}}\,[SbCl_6]^- \tag{5.9b}$$

$$Ph\overset{\displaystyle O}{\overset{\|}{C}}Cl + AgClO_4 \longrightarrow AgCl\downarrow + Ph\overset{\displaystyle O}{\overset{\|}{C^+}}\;ClO_4^- \tag{5.9c}$$

这些碳阳离子可引发环醚的聚合。

4. 电子转移引发

电子转移引发是指反应体系中一些组分（单体、溶剂或外加试剂）经电子转移生成阳离子而引发的阳离子聚合反应。例如，在 ClO_4^- 存在下的引发反应，是经过 ClO_4^- 失去电子形成 $ClO_4\cdot$ 自由基，它与给氢试剂 HY 反应，生成 $HClO_4$（反应(5.10)）。由 $HClO_4$ 引发单体进行阳离子反应。

$$ClO_4^- \xrightarrow{-e} ClO_4\cdot \xrightarrow{HY} HClO_4 \tag{5.10}$$

另一种情况是多核芳香化合物 5-2 失去一个电子，生成稳定的自由基阳离子 5-3(反应(5.11a))。

$$\text{5-2} \xrightarrow{-e} \text{5-3} \quad (5.11a)$$

$$\text{5-3} + CH_2{=}\underset{\displaystyle OR}{\underset{|}{CH}} \longrightarrow \text{5-2} + \dot{C}H_2{-}\underset{\displaystyle OR}{\underset{|}{\overset{+}{C}H}} \longrightarrow \overset{+}{C}H_2{-}\underset{\displaystyle OR}{\underset{|}{\dot{C}H_2}}{-}CH_2{-}\underset{\displaystyle OR}{\underset{|}{\overset{+}{C}H}} \quad (5.11b)$$

它与给电子单体，如烷基乙烯基醚发生电子转移，生成单体自由基阳离子，进一步二聚生成的双阳离子引发单体进行阳离子聚合(反应(5.11b))。在阳电极上，烷基乙烯基醚也会进行如反应(5.11b)所示的引发反应。在电子顺磁共振(ESR)谱上，可以观察到自由电子的存在。

5. 高能辐射引发

高能射线辐照单体，能引发阳离子聚合。其引发过程可能是在射线作用下，单体被打出一个电子，而形成自由基阳离子，如式(5.12)所示。

$$(CH_3)_2C{=}CH_2 \xrightarrow{^{60}\text{Co 射线}} (CH_3)_3\overset{+}{C}{-}\dot{C}H_2 + e \quad (5.12)$$

这种自由基阳离子便是增长的活性中心。液相聚合反应中，可能与反应(5.10)一样，自由基偶合终止，形成双阳离子活性中心，进行阳离子聚合反应。而气态聚合反应中，有可能直接与单体反应，分别形成碳阳离子和烯丙基自由基，如反应(5.13)所示。阳离子聚合速率非常快，而自由基聚合速率很慢。

$$(CH_3)_2\overset{+}{C}{-}\dot{C}H_2 + (CH_3)_2C{=}CH_2 \longrightarrow (CH_3)_3C^+ + CH_3{-}\underset{\displaystyle CH_2\,\cdot}{\underset{|}{C}}{=}CH_2 \quad (5.13)$$

纯净的干燥的异丁烯在 -78 ℃，可以高能辐照聚合，主要是以阳离子机理增长，聚合反应速率特别快。因为体系中没有反离子存在，是以自由碳阳离子增长的。聚合反应不受介质的影响，可以测出自由碳阳离子的增长速率常数以及其他相关的动力学数据。

5.2.2　链增长及异构化聚合

引发剂引发单体聚合，形成的链碳阳离子对（反应(5.4b)），连续与单体进行链增长反应。例如，$H^+(BF_3OH)^-$引发异丁烯进行阳离子的聚合反应(5.14)。

$$(CH_3)_3C^+[BF_3OH]^- + (n+1)(CH_3)_2C{=}CH_2 \xrightarrow{k_p} (CH_3)_3C{+}CH_2{-}\underset{CH_3}{\overset{CH_3}{C}}{+}_n CH_2{-}\underset{CH_3}{\overset{CH_3}{C^+}}[BF_3OH]^- \tag{5.14}$$

或者写成通式(5.15)。

$$HM^+[IZ]^- + (n+1)M \xrightarrow{k_p} HM_nM^+[IZ]^- \tag{5.15}$$

增长反应过程是单体分子插入碳阳离子与反离子间，形成新的碳阳离子活性中心。

增长链碳阳离子活性中心的活性与其形态、反应介质以及反应温度有关。通常，阳离子聚合反应体系，离子对和自由离子同时存在。一般自由阳离子的聚合速率快。例如，在三氯甲烷中，高氯酸引发苯乙烯聚合，形成的聚合物分子量出现双峰。随着四丁基季铵盐加入到聚合反应体系中，高分子量部分明显减少，而低分子量部分则不受影响。高分子量部分有明显的盐效应，说明这是自由离子链增长的贡献。

除了反应(5.15)所示的链增长反应外，还存在通过分子内的 H—或 R—转移的重排反应，这种聚合反应又称为**异构化聚合反应**。当重排反应形成稳定的碳阳离子，异构化聚合也能生成高分子量聚合物。例如，3-甲基-1-丁烯等烯烃类单体常常产生异构化聚合，如反应(5.16)所示。

$$CH_2{=}CH{-}CH(CH_3)_2 \xrightarrow{Y^+} \underset{\textbf{5-4}}{YCH_2{-}\overset{H}{C^+}{-}CH(CH_3)_2} \xrightarrow{H:} \underset{\textbf{5-5}}{YCH_2{-}CH_2{-}C^+(CH_3)_2}$$

$$\xrightarrow{CH_2{=}CHCH(CH_3)_2} Y{+}\underset{\textbf{5-6}}{CH_2CH_2\underset{CH_3}{\overset{CH_3}{C}}}{+}_m{+}\underset{\textbf{5-7}}{CH_2\underset{CH(CH_3)_2}{CH}}{+}_n \tag{5.16}$$

阳离子引发剂引发3-甲基-1-丁烯聚合，生成碳阳离子活性中心5-4，继续引发单体聚合，生成结构单元5-7。相对于仲碳阳离子，叔碳阳离子更稳定。所以，叔碳上的氢发生分子内转移，形成新的碳阳离子活性中心5-5。它引发单体聚合，并伴随分子内氢的转移，生成了结构单元5-6。于是，我们观察到了一种单体经阳离子聚合，得到的聚合物含有两个或两个以上结构单元，一为单体结构单元；另一则是分子内氢或 R^- 转移生成的结构单元，其相对比例随反应条件而变化。例如，反应温度不同，产物中结构单元5-6和5-7的比例不同。当温度为 -100 ℃时，结构单元5-6的含量为70%；-130 ℃时，则为100%。分子内重排的驱动力是生成稳定的碳阳离子，其稳定性有以下顺序：叔碳阳离子＞仲碳阳离子＞伯碳阳离子。重排始终倾向于生成热力学稳定的碳阳离子。

应用高分辨核磁共振氢谱和碳谱研究异构化聚合，证明异构化过程的确存在H—或R—的转移过程。例如，4-甲基-1-戊烯的阳离子聚合过程中，存在多种分子内氢和甲基转移，生成了五种增长链碳阳离子(5-8～5-12)，得到的聚合物有五种结构单元。

$$CH_2{=}CH{-}CH_2{-}CH(CH_3){-}CH_3 \longrightarrow \sim\sim CH_2{-}\overset{H}{C^+}{-}CH_2{-}CH(CH_3){-}CH_3\ (5\text{-}8) \xrightarrow{\text{H:转移}} \sim\sim\overset{H}{C^+}{-}(CH_2)_2{-}CH(CH_3){-}CH_3\ (5\text{-}9) \tag{5.17}$$

5-8 $\xrightarrow{\text{H:转移}}$ $\sim\sim CH_2CH_2{-}\overset{H}{C^+}{-}CH(CH_3){-}CH_3$ (5-10)

5-10 $\xrightarrow{\text{H:转移}}$ $\sim\sim CH_2CH_2CH_2{-}C^+(CH_3)_2$ (5-11)

5-10 $\xrightarrow{:CH_3\ \text{转移}}$ $\sim\sim CH_2CH_2CH(CH_3){-}\overset{H}{C^+}{-}CH_3$ (5-12)

实验证明最稳定的碳阳离子 5-11 含量最多，其他四种碳阳离子含量差不多。这与碳阳离子稳定性结果相一致。此外，能进行异构化聚合的单体还有 1-丁烯、5-甲基-1-己烯、6-甲基-1-庚烯、4，4-二甲基-1-庚烯、α-蒎烯和 β-蒎烯等。

5.2.3　链终止和链转移

使增长链失活而生成聚合物分子的反应称为**链终止**。若动力学链反应终止了增长链反应，同时生成了具有引发活性的阳离子的反应称作**链转移反应**。在阳离子聚合过程中，增长链阳离子有可能进行多种反应而终止。例如，由于碳阳离子不稳定，而产生分子链的重排，与反离子结合以及与体系中某些分子反应等。下面分别讨论这些反应。

1. 链终止反应

对于增长链为碳阳离子对时，有多种反应使正、负离子偶合而终止聚合反应，这是电荷中和的反应过程。

(1) 与反离子结合。增长链碳阳离子与反离子结合终止，其反应通式如反应(5.18)所示。

$$HM_nM^+\ [IZ]^- \longrightarrow HM_nMIZ \tag{5.18}$$

例如，三氟乙酸引发苯乙烯阳离子聚合中，增长链碳阳离子与反离子三氟乙酸阴离子结合终止(反应(5.19))。

$$H\!\left(CH_2-\underset{\underset{C_6H_5}{|}}{CH}\right)_{\!n}CH_2-\underset{\underset{C_6H_5}{|}}{\overset{+}{C}H}[OOCCF_3]^- \longrightarrow H\!\left(CH_2-\underset{\underset{C_6H_5}{|}}{CH}\right)_{\!n}CH_2-\underset{\underset{C_6H_5}{|}}{C}HOOCCF_3 \tag{5.19}$$

更多的情况是链碳阳离子与反离子中某个原子或原子团结合而终止。例如，三氟化硼引发异丁烯聚合，其终止过程为

$$H\!\left(CH_2\underset{\underset{CH_3}{|}}{\overset{\overset{CH_3}{|}}{C}}\right)_{\!n}CH_2-\underset{\underset{CH_3}{|}}{\overset{\overset{CH_3}{|}}{C^+}}\ [BF_3OH]^- \longrightarrow H\!\left(CH_2\underset{\underset{CH_3}{|}}{\overset{\overset{CH_3}{|}}{C}}\right)_{\!n}CH_2-\underset{\underset{CH_3}{|}}{\overset{\overset{CH_3}{|}}{C}}-OH + BF_3 \tag{5.20}$$

而三氯化硼引发异丁烯聚合，其终止反应如反应(5.21)所示。

$$\mathrm{H{\left(CH_2\overset{\displaystyle CH_3}{\underset{\displaystyle CH_3}{C}}\right)}_nCH_2-\overset{\displaystyle CH_3}{\underset{\displaystyle CH_3}{C^+}}\,[BCl_3OH]^- \longrightarrow H{\left(CH_2\overset{\displaystyle CH_3}{\underset{\displaystyle CH_3}{C}}\right)}_nCH_2-\overset{\displaystyle CH_3}{\underset{\displaystyle CH_3}{C}}-Cl + BCl_2OH} \tag{5.21}$$

从反应(5.20)和反应(5.21)可以看到,这两种终止反应是由于链碳阳离子分别与反离子中的OH^-和Cl^-结合而终止的。造成这种差别的可能原因是键强不同,键强的顺序为B—F>B—O>B—Cl。当BF_3OH^-为反离子时,B—O键比B—F键弱,所以,OH^-与碳阳离子结合。当BCl_3OH^-为反离子时,B—O键比B—Cl键强,所以,Cl^-与碳阳离子结合。

当使用烷基铝-烷基卤化物为引发体系,引发异丁烯聚合时,与反离子偶合是重要的链终止反应。可能存在两种偶合反应。

① 与反离子中的烷基结合,即所谓的"烷基化"终止(反应(5.22))。

$$\mathrm{\sim\!\sim CH_2-\overset{\displaystyle CH_3}{\underset{\displaystyle CH_3}{C^+}}\,[R_3AlCl]^- \longrightarrow \sim\!\sim CH_2-\overset{\displaystyle CH_3}{\underset{\displaystyle CH_3}{C}}-R + R_2AlCl} \tag{5.22}$$

② 与反离子中,烷基上一个氢的结合(式(5.23))。

$$\mathrm{\sim\!\sim CH_2-\overset{\displaystyle CH_3}{\underset{\displaystyle CH_3}{C^+}}\,[(CH_3CH_2)_3AlCl]^- \longrightarrow \sim\!\sim CH_2-\overset{\displaystyle CH_3}{\underset{\displaystyle CH_3}{C}}-H + CH_2{=}CH_2 + (CH_3CH_2)_2AlCl} \tag{5.23}$$

当烷基铝的烷基上有β-氢原子时,后一种情况即与氢结合的终止反应占优势。

(2) 外加终止剂。外加阳离子聚合阻聚剂,如胺、三苯基膦或三烷基膦等,能与增长链阳离子反应,生成稳定的阳离子,而终止阳离子聚合反应(5.24)和聚合反应(5.25)。

$$\mathrm{\sim\!\sim CH_2-\overset{\displaystyle R}{\underset{\displaystyle R'}{C^+}}\,[IZ]^- + R_3''N \longrightarrow \sim\!\sim CH_2-\overset{\displaystyle R}{\underset{\displaystyle R'}{C}}-\overset{\displaystyle R''}{\underset{\displaystyle R''}{N^+}}-R''\;[IZ]^-} \tag{5.24}$$

$$\mathrm{\sim\!\sim CH_2-\overset{\displaystyle R}{\underset{\displaystyle R'}{C^+}}\,[IZ]^- + R_3''P \longrightarrow \sim\!\sim CH_2-\overset{\displaystyle R}{\underset{\displaystyle R'}{C}}-\overset{\displaystyle R''}{\underset{\displaystyle R''}{P^+}}-R''\;[IZ]^-} \tag{5.25}$$

三烷基胺和三烷基膦与增长链阳离子反应生成了十分稳定的季铵和季磷离子，从而失去聚合活性，终止聚合反应。其他亲核试剂，如水、醇（常含 KOH）和氨水等也可以用于终止阳离子聚合反应。

2. 链转移反应

碳阳离子比较活泼，容易与聚合反应体系中的多种组分发生链转移反应，下面分别讨论各种可能的链转移反应。

(1) 向单体链转移。增长链阳离子向单体的链转移反应是比较普遍的，通常有两种形式。一是增长链碳阳离子的 β-氢原子转移到单体分子上，形成末端不饱和键的聚合物，和一个新的增长链活性中心（反应(5.26)）。

$$\mathrm{H{\leftarrow}CH_2\overset{CH_3}{\underset{CH_3}{\overset{|}{\underset{|}{C}}}}{\rightarrow}_n CH_2{-}\overset{CH_3}{\underset{CH_3}{\overset{|}{\underset{|}{C^+}}}}\,[BF_3OH]^- + CH_2{=}\overset{CH_3}{\underset{CH_3}{\overset{|}{\underset{|}{C}}}}} \longrightarrow$$

$$\mathrm{(CH_3)_3C^+\,[BF_3OH]^- + H{\leftarrow}CH_2\overset{CH_3}{\underset{CH_3}{\overset{|}{\underset{|}{C}}}}{\rightarrow}_n CH_2{-}\overset{CH_2}{\underset{CH_3}{\overset{\|}{\underset{|}{C}}}} + H{\leftarrow}CH_2\overset{CH_3}{\underset{CH_3}{\overset{|}{\underset{|}{C}}}}{\rightarrow}_n CH{=}\overset{CH_3}{\underset{CH_3}{\overset{|}{\underset{|}{C}}}}} \tag{5.26}$$

写成通式，则为式(5.27)。

$$\mathrm{HM_nM^+\,[IZ]^- + M \longrightarrow M_{n+1} + HM^+\,[IZ]^-} \tag{5.27}$$

对于异丁烯、茚、α-甲基苯乙烯等单体，有两种 β-氢，因此有可能生成两种末端不饱和键（反应(5.26)）。其相对量由反离子，增长链活性中心的性质及反应条件决定。对于苯乙烯和乙基乙烯醚等的阳离子聚合反应生成的聚合物链，末端只有一种不饱和键。

另一种是增长链活性中心从单体转移一个氢负离子，生成末端饱和的聚合物。但是新的增长链活性中心含有一个双键，如反应(5.28)所示。

$$\mathrm{H{\leftarrow}CH_2\overset{CH_3}{\underset{CH_3}{\overset{|}{\underset{|}{C}}}}{\rightarrow}_n CH_2{-}\overset{CH_3}{\underset{CH_3}{\overset{|}{\underset{|}{C^+}}}}\,[BF_3OH]^- + CH_2{=}\overset{CH_3}{\underset{CH_3}{\overset{|}{\underset{|}{C}}}}} \longrightarrow$$

$$\mathrm{CH_2{=}\overset{CH_3}{\overset{|}{C}}{-}\overset{+}{C}H_2\,[BF_3OH]^- + H{\leftarrow}CH_2\overset{CH_3}{\underset{CH_3}{\overset{|}{\underset{|}{C}}}}{\rightarrow}_n CH_2{-}\overset{CH_3}{\underset{CH_3}{\overset{|}{\underset{|}{CH}}}}} \tag{5.28}$$

从动力学角度看，向单体链转移的两种方式，即反应(5.26)和反应(5.28)是一样的。最后生成的聚合物链端都含有不饱和键。对于异丁烯的阳离子聚合，反应(5.26)中，新生成的是叔碳阳离子(比反应(5.28)生成的烯丙基伯碳阳离子稳定)，所以反应(5.26)的链转移更为普遍。

与自由基聚合一样，向单体链转移的难易可以用向单体链转移常数 C_M的大小来衡量：$C_M = k_{tr,M}/k_p$。在不同聚合条件下，不同单体有不同的 C_M值。在苯乙烯和异丁烯阳离子聚合中，向单体链转移常数 C_M值列于表 5.1 和表 5.2。对比两表所列数据，苯乙烯的 C_M值比异丁烯大 1～2 个数量级，也比自由基聚合中相应的 C_M值大一个数量级。无论是苯乙烯，还是异丁烯，都是随着温度的降低，C_M值减小。说明低温可以抑制向单体的链转移反应，通常阳离子聚合要在低温进行，以获得高分子量的聚合物。

表 5.1　苯乙烯阳离子聚合时增长链向单体的链转移常数

引发剂	溶剂	温度(℃)	$C_M \times 10^2$
$SnCl_4$	PhH	30	1.9
$SnCl_4$	CCl_4 - $PhNO_2$(3∶7)	0	0.15
$SnCl_4$	C_2H_5Br	-63	0.02
$TiCl_4$	PhH	30	2.0
$TiCl_4$	CH_2Cl_2 - PhH(3∶7)	30	1.5
$TiCl_4$	CH_2Cl_2	-60	0.04
$TiCl_4$	CH_2Cl_2	-90	<0.005
$FeCl_3$	PhH	30	1.2
BF_3	PhH	30	0.82
BF_3	CH_2Cl_2	-50	0.057
CF_3SO_3H	CH_2Cl_2	20	1.5

表 5.2　异丁烯阳离子聚合时增长链向单体的链转移常数

引发剂-助引发剂	温度(℃)	$C_M \times 10^4$
$TiCl_4$ - H_2O	-20	21.2
	-50	6.60
	-78	1.52

续表

引发剂-助引发剂	温度（℃）	$C_M \times 10^4$
$TiCl_4-CCl_3COOH$	−20	26.9
	−50	5.68
	−78	2.44
$SnCl_4-CCl_3COOH$	−20	60.0
	−50	36.0
	−78	5.7
BF_3-H_2O	−25	15
	−50	3.9

注：溶剂为 CH_2Cl_2。

(2) 向反离子链转移。增长链的碳阳离子对可能发生重排反应，生成引发剂-助引发剂络合物，和一端带不饱和键的聚合物分子，这一反应称为**自发终止反应**(spontaneous termination)（反应(5.29)）。

$$H\!\left(CH_2\overset{\overset{\displaystyle CH_3}{|}}{\underset{\underset{\displaystyle CH_3}{|}}{C}}\right)_{\!n}CH_2-\overset{\overset{\displaystyle CH_3}{|}}{\underset{\underset{\displaystyle CH_3}{|}}{C^+}}\,[BF_3OH]^- \longrightarrow H^+\,[BF_3OH]^- + H\!\left(CH_2\overset{\overset{\displaystyle CH_3}{|}}{\underset{\underset{\displaystyle CH_3}{|}}{C}}\right)_{\!n}CH_2-\overset{\overset{\displaystyle CH_3}{|}}{C}=CH_2 \tag{5.29}$$

这一反应可以用通式(5.30)表示。

$$HM_nM^+\,[IZ]^- \xrightarrow{k_{ts}} M_{n+1} + H^+\,[IZ]^- \tag{5.30}$$

向反离子的链转移反应，动力学链没有终止，新生成的引发剂-助引发剂络合物$H^+[IZ]^-$可以引发单体聚合。与向单体的链转移反应比较，向反离子的链转移反应是很少的。

(3) 向其他化合物的链转移反应。阳离子聚合体系中，增长链碳阳离子也会向体系中的水、醇、酸和酯等化合物 XA 发生链转移反应（反应(5.31)）。

$$HM_nM^+\,[IZ]^- + XA \xrightarrow{k_{tr,s}} HM_nMA + X^+\,[IZ]^- \tag{5.31}$$

按照反应(5.31)，链转移反应会降低聚合度，但不影响聚合反应速率。活泼的链转移剂，如 H_2O、醇和酸等，不仅降低聚合度，还会影响聚合反应速率。因为增长链碳阳离子对能与这些化合物反应，而失去活性，所以它们是链转移剂，也是阻聚剂。芳族化合物、卤代物和醚是很弱的链转移剂，向芳族化合物的链转移反应，生成烷基取代芳族化合物。

(4) 向聚合物的链转移反应。增长链碳阳离子向聚合物分子的链转移是可以观察到的,例如 α-烯烃,丙烯的阳离子聚合反应,增长链仲碳阳离子夺取聚合物链上的叔碳氢后,生成稳定的、不能继续引发单体聚合的叔碳阳离子,如反应(5.32)所示。因此,丙烯等 α-烯烃的阳离子聚合只能得到低分子量的聚合物。

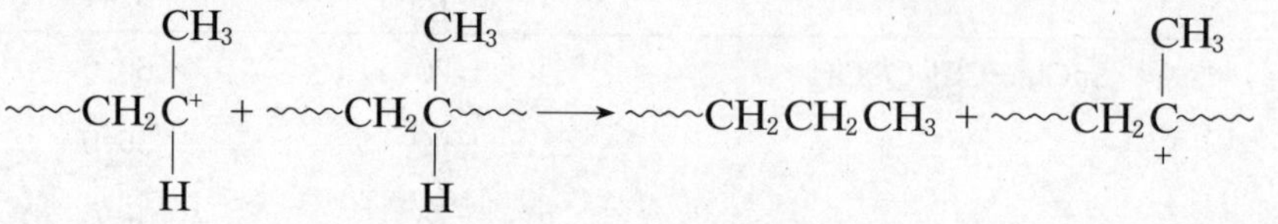

$$\sim\sim CH_2\overset{\overset{CH_3}{|}}{\underset{\underset{H}{|}}{C^+}} + \sim\sim CH_2\overset{\overset{CH_3}{|}}{\underset{\underset{H}{|}}{C}}\sim\sim \longrightarrow \sim\sim CH_2CH_2CH_3 + \sim\sim CH_2\overset{\overset{CH_3}{|}}{\underset{+}{C}}\sim\sim \tag{5.32}$$

对于苯乙烯及其衍生物的阳离子聚合反应,存在着增长链碳阳离子的亲核芳香取代反应,生成一个聚合物分子,和一个引发剂-助引发剂络合物 $H^+[IZ]^-$。例如,聚苯乙烯碳阳离子对发生分子内的亲核芳香取代(反应(5.33))。

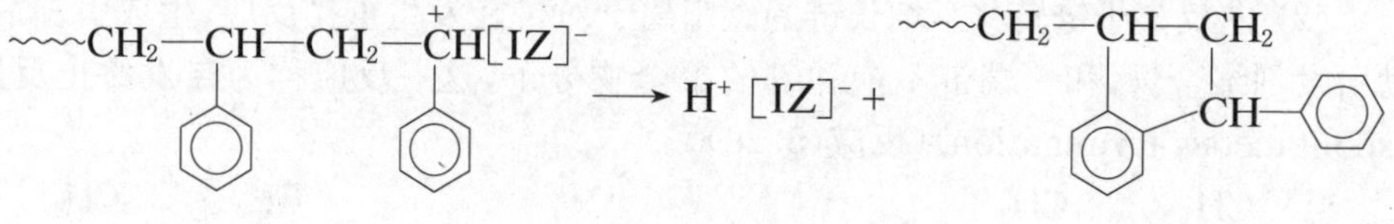

$$\sim\sim CH_2—\underset{\underset{C_6H_5}{|}}{CH}—CH_2—\underset{\underset{C_6H_5}{|}}{\overset{+}{C}H}[IZ]^- \longrightarrow H^+[IZ]^- + \sim\sim CH_2—CH—CH_2 \text{(茚满环: 苯环与 CH 相连, CH—C}_6H_5) \tag{5.33}$$

另外,苯乙烯和 β-甲基-对-甲氧基苯乙烯的阳离子聚合反应得到了含有支链的聚合物,说明了增长碳链阳离子和高分子链之间发生了芳环亲核取代反应。

5.2.4 阳离子聚合动力学

1. 引发剂引发阳离子聚合反应动力学

与自由基聚合反应一样,阳离子聚合反应也包括链引发、链增长和链终止三个基元反应。由于有多种终止反应,如链碳阳离子与反离子偶合,与外加终止剂结合等,聚合反应速率表达式主要由终止模式所决定。根据引发反应(5.4),链增长反应(5.15)和增长链碳阳离子和反离子结合的终止反应(5.18),可以分别写出相应速率 R_i、R_p 和 R_t 的表达式(5.34)、式(5.35)和式(5.36)。

$$R_i = K k_i[I][ZY][M] \tag{5.34}$$

$$R_p = k_p[YM^+(IZ)^-][M] \tag{5.35}$$

$$R_t = k_t[YM^+(IZ)^-] \tag{5.36}$$

式中,K 表示引发剂-助引发剂络合平衡常数,k_i 表示络合物引发单体聚合的引发速率常数;k_p 为增长速率常数;k_t 为增长链碳阳离子与反离子结合的终止速率常数；[I]为引发剂浓度；[ZY]为助引发剂浓度；[M]为单体浓度；$[YM^+(IZ)^-]$表示增长链碳阳离子的浓度。到达稳态时，$[YM^+(IZ)^-]$浓度保持不变。即 $R_i=R_t$，因此，有式(5.37)。

$$[YM^+(IZ)^-]=(Kk_i/k_t)[I][ZY][M] \tag{5.37}$$

将式(5.35)和式(5.37)联立，得到聚合反应速率表达式(5.38)。

$$R_p=(Kk_ik_p/k_t)[I][ZY][M]^2 \tag{5.38}$$

根据数均聚合度 $\overline{X}_n$ 的定义，可得式(5.39)。

$$\overline{X}_n=R_p/R_t=(k_p[M])/k_t \tag{5.39}$$

在阳离子聚合反应体系中，除了与反离子结合的终止反应外，还可能发生向单体发生链转移，自发终止和向链转移的链转移反应。这三类链转移反应是不会终止动力学链的，即增长链碳阳离子的浓度不变，且新形成的引发剂/助引发剂络合物的活性不变，所以体系的聚合速率不受影响，但数均聚合度变小。数均聚合度可由式(5.40)给出。

$$\overline{X}_n=\frac{R_p}{R_t+R_{ts}+R_{tr,M}+R_{tr,S}} \tag{5.40}$$

式中

$$R_{ts}=k_{ts}[YM^+(IZ)^-] \tag{5.41}$$

$$R_{tr,M}=k_{tr,M}[YM^+(IZ)^-][M] \tag{5.42}$$

$$R_{tr,S}=k_{tr,S}[YM^+(IZ)^-][S] \tag{5.43}$$

将式(5.35)、式(5.36)、式(5.41)、式(5.42)和式(5.43)代入式(5.40)，可得式(5.44)或式(5.45)。

$$\overline{X}_n=\frac{k_p[M]}{k_t+k_{ts}+k_{tr,M}[M]+k_{tr,S}[S]} \tag{5.44}$$

$$\frac{1}{\overline{X}_n}=\frac{k_t}{k_p[M]}+\frac{k_{ts}}{k_p[M]}+C_M+C_S\frac{[S]}{[M]} \tag{5.45}$$

式(5.45)中，C_M和 C_S分别为向单体和向链转移剂的链转移常数，[S]为链转移剂浓度。

如果向溶剂或链转移剂S进行链转移后，生成的阳离子活性太低，不能引发单体聚合，即动力学链被终止了，其聚合速率表达式为

$$R_p=\frac{Kk_ik_p[I][ZY][M]^2}{k_t+k_{tr,S}[S]} \tag{5.46}$$

以上动力学推导，主要考虑了各种终止方式，不同终止方式有不同的动力学表达式。但是应该注意，引发方式对反应速率表达式也是有影响的。例如，在上述推

导过程中，当认为引发速率由反应(5.4a)和式(5.4b)同时起作用时，得到的聚合速率表达式如式(5.38)所示，R_p与$[M]^2$成正比。当反应(5.4a)决定引发速率时，则R_i的表达式为

$$R_i = k_i[I][ZY] \tag{5.47}$$

聚合速率与单体浓度成正比，即 R_p与[M]呈正比。又如引发剂或助引发剂过量时，则 R_p与[ZY]或[I]无关等等。可见对某一阳离子聚合体系，选用哪个方程来描述，要视具体情况而定。

2. 高能辐射引发阳离子聚合反应动力学

高能辐射引发阳离子聚合，增长活性中心为自由阳离子，没有反离子共存。因此，对研究自由碳阳离子聚合反应很有意义。高能辐射阳离子聚合，也是链式聚合反应，也存在三个基元反应，即链引发反应(5.48)、链增长反应(5.49)和链终止反应(5.50)。

链引发

$$M \xrightarrow{^{60}Co\gamma\ 射线} \cdot M^+ + e \tag{5.48}$$

链增长

$$\sim\sim M^+ + M \xrightarrow{k_p} \sim\sim M^+ \tag{5.49}$$

链终止

$$\sim\sim M^+ + Y^- \xrightarrow{k_t} \sim\sim M{-}Y \tag{5.50}$$

相应的速率表达式分别为式(5.51)、式(5.52)和式(5.53)。

$$R_i = IG[M] \tag{5.51}$$

$$R_p = k_p[M_n{}^+][M] \tag{5.52}$$

$$R_t = k_{t'}[M_n{}^+][Y^-] \tag{5.53}$$

式(5.51)中，I 是辐照强度；G 是每吸收 100 eV 的能量，生成碳阳离子活性中心的数目；[M]为单体浓度。式(5.52)和式(5.53)中，$[M_n{}^+]$是增长链活性中心的浓度；$k_{t'}$ 为终止反应速率常数；$[Y^-]$是引发打出的电子与溶剂或体系中其他组分结合生成的阴离子，因此$[Y^-]=[M_n{}^+]$。故式(5.53)又可写成式(5.54)。

$$R_t = k_t[M_n{}^+]^2 \tag{5.54}$$

使用稳态假定，得到聚合反应速率表达式(5.55)。

$$R_p = k_p[M]\left(\frac{R_i}{k_{t'}}\right)^{1/2} = k_p\left(\frac{IG}{k_{t'}}\right)^{1/2}[M]^{3/2} \tag{5.55}$$

表达式(5.55)与引发剂引发的阳离子聚合速率表达式(5.38)不同，而与引发剂引发的自由基聚合反应速率表达式相类似，即 R_p正比于 $R_i{}^{1/2}$；而在阳离子聚合

中，R_p正比于R_i。造成这种差别的原因是终止反应的方式不同。高能辐射引发的阳离子聚合和引发剂引发的自由基聚合反应中，R_t均与增长活性链浓度的平方成正比，而引发剂引发的阳离子聚合反应，R_t与活性链浓度一次方成正比。

3. 稳态假定的可靠性

在推导聚合反应速率表达式(5.38)和式(5.55)时，使用了稳态假定。通常，这一假定是正确的。但很多阳离子聚合反应，包括已经工业化应用的阳离子聚合反应，聚合速率都很快。例如$AlCl_3$引发异丁烯在-100 ℃下的阳离子聚合，只需要几秒钟，最多几分钟就可完成。如此快的聚合速率，要达到稳态是很困难的。在这种情况下，使用稳态假定推导的聚合反应速率表达式是不恰当的，应使用更恰当的速率表达式。与推导R_p不同，推导数均聚合度的公式时，没有使用稳态假定。

使用速率表达式(5.38)和式(5.55)时，要考虑的另一问题，是引发剂-助引发剂是否溶解在聚合反应介质中。对于异相聚合反应，不能使用式(5.38)和式(5.55)，而需要更复杂的公式，这将在第8章中讨论。

4. 绝对速率常数

(1) 绝对速率常数的实验测定

实验测定绝对速率常数时，要利用式(5.35)，即$R_p = k_p[YM^+(IZ)^-][M]$。假设$[YM^+(IZ)]^- = [C]$，$[C]$为引发剂浓度，用通常方法测定R_p，由R_p对$[M]$作图，因$[C]$已知，由斜率即可求出k_p。在推导数均聚合度表达式(5.39)和式(5.45)时，未使用稳定态假定。在不同的聚合反应条件下，测定所得聚合物的数均聚合度，求得速率常数的比值：k_t/k_p、$k_{tr,M}/k_p$和$k_{tr,S}/k_p$。例如，在无链转移剂，且只有单体链转移的情况时，式(5.45)可改写为式(5.56)。

$$\frac{1}{\overline{X}_n} = \frac{k_t}{k_p[M]} + \frac{k_{ts}}{k_p[M]} + C_M \tag{5.56}$$

根据式(5.56)，将$1/\overline{X}_n$对$1/[M]$作图，得到一条直线，直线的斜率即为$(k_t + k_{ts})/k_p$，截距为C_M。由已知的k_p值可求得$k_t + k_{ts}$和$k_{tr,M}$。与反离结合终止反应(5.18)形成的聚合物链末端为饱和键；自发终止反应(5.30)和向单体链转反应(5.27)，产生的聚合物分子含有端双键。根据端双键的含量和C_M值，可以计算出k_t和k_{ts}。向体系中添加链转移剂时，式(5.45)改写为式(5.57)。

$$\frac{1}{\overline{X}_n} = \left(\frac{1}{\overline{X}_n}\right)_0 + C_S\frac{[S]}{[M]} \tag{5.57}$$

根据式(5.57)，将$1/\overline{X}_n$对$[S]/[M]$作图，直线的斜率为C_S。由已知的k_p值，可求得$k_{tr,S}$。

(2) k_p值的可靠性。用以上方法测定k_p值时，应注意以下问题：① 利用式

(5.35)计算 k_p时,使用了假定$[YM^+(IZ)^-]=[C]$的条件,即活性中心浓度等于引发剂浓度。这个假定只有在引发速率大于聚合速率,即 $R_i > R_p$时才能成立,否则要直接测定碳阳离子活性基的浓度。测定其浓度通常有两种方法:一是加高效偶合终止剂、分析聚合物端基;二是光谱法,以确定活性中心浓度。② 本节中的动力学处理,都认为增长活性中心为离子对。有些聚合体系中同时存在离子对和自由离子,其相对量可能受溶剂、引发剂和聚合温度等多种因素的影响。此时,引发、增长、终止速率的正确表达式应该考虑这两类增长活性中心所作的贡献。例如,增长速率 R_p应为

$$R_p = k_p^+[YM^+][M] + k_p^{\pm}[YM^+(IZ)^-][M] \tag{5.58}$$

式中$[YM^+]$和$[YM^+(IZ)^-]$分别是自由离子和离子对浓度,k_p^+ 和 $k_p^{\pm}$ 是相应的增长速率常数。因此,用式(5.35)求出的 k_p称作表观速率常数,以 k_p^{app}表示。k_p^{app}与 k_p^+ 和 $k_p^{\pm}$ 的关系式见式(5.59)。

$$k_p^{app} = \frac{k_p^+[YM^+] + k_p^{\pm}[YM^+(IZ)^-]}{[YM^+] + [YM^+(IZ)^-]} \tag{5.59}$$

有两种方法可以从 k_p^{app}计算出 k_p^+ 和 $k_p^{\pm}$。一种是用电导法测定自由离子浓度;由高效偶合终止剂/端基法,或光谱法测定自由离子和离子对总浓度。由 k_p^{app}求出 k_p^+ 和 $k_p^{\pm}$。另一种方法是在聚合体系中加入不同浓度的反离子$[(IZ)^-]$,以抑制体系中的自由离子,并测定相应的 k_p^{app}值。将 k_p^{app}对 $1/[(IZ)^-]$作图,外推至 $1/[(IZ)^-]$为零时,得到的 k_p值,即为 $k_p^{\pm}$。

表 5.3　苯乙烯的阳离子和自由基聚合的动力学参数

参数	阳离子聚合*	自由基聚合
$[C](mol \cdot L^{-1})$	$[H_2SO_4] \sim 10^{-3}$	$[M\cdot] \sim 10^{-8}$
$k_p(L \cdot mol^{-1} \cdot s^{-1})$	7.6	10
$k_{tr,M}(L \cdot mol^{-1} \cdot s^{-1})$	1.2×10^{-1}	
k_t	自发终止 $4.9 \times 10^{-2}(s^{-1})$	$10^7(L \cdot mol^{-1} \cdot s^{-1})$
k_p/k_t	10^2	$k_p/k_t^{1/2}$　10^{-2}

* 反应温度为 25 ℃,引发剂为 H_2SO_4,溶剂为 CH_2Cl_2。

与自由基聚合反应的情况不同,引发剂引发的阳离子聚合的反应速率常数不仅与单体种类、反应温度有关,而且还与引发体系及溶剂性质有关。所以某一特定体系的动力学参数,一般在聚合物手册中查不到。表 5.3 列出了用 H_2SO_4 引发苯乙烯进行阳离子聚合的动力学参数,并与自由基聚合的相应参数作比较。

从表 5.3 中的动力学数据可知,一般的阳离子聚合速率比自由基聚合快得多。

虽然阳离子聚合的 k_p 值与自由基聚合相近，但是阳离子聚合的 k_t 值很小，活性中心的浓度也比自由基的高。

5.2.5　影响阳离子聚合的因素

这节主要讨论聚合温度和反应介质对聚合反应速率和数均聚合度的影响。

1. 温度的影响

温度对阳离子聚合反应速率和聚合度的影响，可以通过式(5.60)和式(5.61)来估计。根据速率方程式(5.38)和数均聚合度方程式(5.39)，可以得到相应活化能 E_R 和 $E_{\bar{X}_n}$ 表达式(5.60)和式(5.61)。

$$E_R = E_i + E_p - E_t \tag{5.60}$$

$$E_{\bar{X}_n} = E_p - E_t \tag{5.61}$$

式中，E_i、E_p 和 E_t 分别表示引发，链增长和链终止的活化能。在阳离子聚合中，E_R 值一般在 $-20\sim40\ \text{kJ}\cdot\text{mol}^{-1}$ 范围内变化。当 E_R 值为正时，随温度升高，R_p 增加。但是，大多数阳离子聚合反应的 E_t 值大于 E_i+E_p，所以，E_R 为负值。在实验中，可以观察到，随着聚合温度降低，聚合速率增加。因为温度升高有利于终止反应。而自由基聚合观察到的现象刚相反，温度升高，聚合速率增加。当 E_R 值为正时，随温度升高，R_p 增加。但阳离子聚合的 E_R 值比自由基聚合的值小得多(自由基聚合的 $E_R=80\sim90\ \text{kJ}\cdot\text{mol}^{-1}$)。所以其聚合速率随温度变化较小。不同的单体有不同的 E_R 值。即使是同一单体，E_R 值也随所使用的引发剂、助引发剂、溶剂等而变化。表 5.4 列出了在不同引发体系和聚合反应条件下，苯乙烯阳离子聚合的 E_R 值。可以看到随不同的引发剂、助引发剂和溶剂化能力不同的反应介质，E_R 值从 $-35.5\ \text{kJ}\cdot\text{mol}^{-1}$ 变化到 $58.6\ \text{kJ}\cdot\text{mol}^{-1}$。

表 5.4　苯乙烯阳离子聚合反应的活化能

引发体系	溶剂	$E_R(\text{kJ}\cdot\text{mol}^{-1})$
$TiCl_4-H_2O$	$(CH_2Cl)_2$	-35.5
$TiCl_4-CCl_3COOH$	$PhCH_3$	-6.3
CCl_3COOH	C_2H_5Br	12.6
$SnCl_4-H_2O$	PhH	23.0
CCl_3COOH	$(CHCl_2)_2$	33.5
CCl_3COOH	CH_3NO_2	58.6

由式(5.61)可以讨论温度对数均聚合度的影响。通常，E_t 值大于 E_p，则 $E_{\bar{X}_n}$

为负值。因此,随着温度升高,聚合反应生成聚合物的 $\overline{X}_n$ 变小。当终止方式主要为链转移反应时,$E_{\overline{X}_n}$ 为更大的负值,因为结合终止和自发终止的活化能较链转移反应的活化能低。

另外,随着聚合温度的改变,阳离子聚合反应的终止方式也可能发生变化。例如温度升高,终止方式可能从与反离子偶合终止转变成以链转移反应为主;也可能由一种链转移反应转变为另一种链转移反应。图 5.2 是在二氯甲烷溶剂中,$AlCl_3$ 引发异丁烯聚合所得聚合物的数均聚合度与温度的依赖关系。可以发现在 −100 ℃附近有一个转变。即在 −100 ℃以上,$E_{\overline{X}_n}$ 为 −23.4 kJ · mol^{-1};而在 −100 ℃以下,$E_{\overline{X}_n}$ = −3.1 kJ · mol^{-1}。因为在 −100 ℃以上,终止反应是通过对溶剂链转移实现的;在 −100 ℃以下,终止反应主要为与单体的链转移反应。此外,$E_{\overline{X}_n}$ 值随温度的变化,也可能与离子对和自由离子相对浓度变化有关。因为随温度的升高,反应介质的介电常数降低,从而影响到离子对与自由离子的相对量。

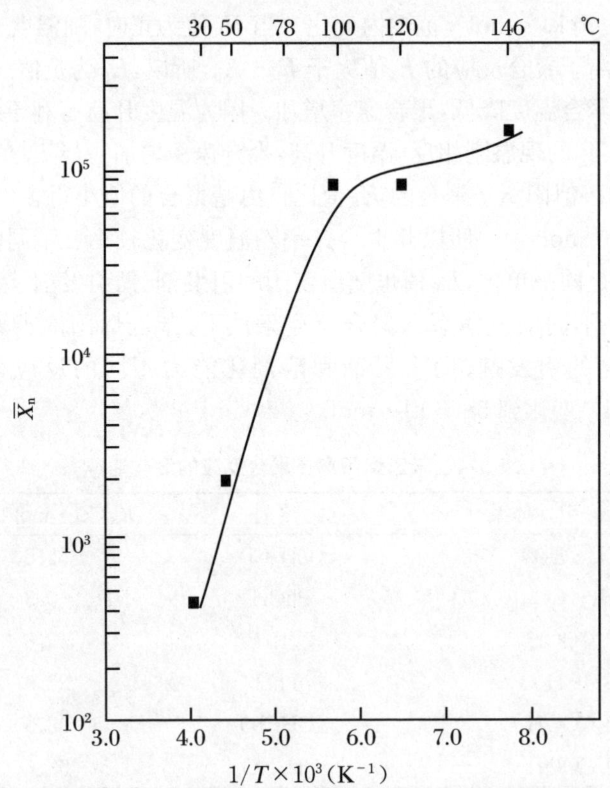

图 5.2 在 $AlCl_3$ 引发的异丁烯聚合反应中 $\overline{X}_n$ 对温度的依赖关系

2. 反应介质的影响

反应介质影响链引发和增长链活性中心的性质以及终止反应，从而影响表观聚合速率和数均聚合度。表5.5列出了在不同溶剂中，碘引发对-甲氧基苯乙烯聚合时，测得的表观速率常数。从低介电常数的四氯化碳（$\varepsilon=2.24$）到高介电常数的二氯甲烷（$\varepsilon=9.08$），表观增长速率常数增大了两个数量级。

表5.5　在30℃下碘引发对-甲氧基苯乙烯阳离子聚合的溶剂效应

溶　　剂	k_p^{app}（$L \cdot mol^{-1} \cdot s^{-1}$）
CH_2Cl_2	17
CH_2Cl_2 与 CCl_4（体积比3∶1）	1.8
CH_2Cl_2 与 CCl_4（体积比1∶1）	0.31
CCl_4	0.12

高氯酸引发苯乙烯聚合反应中也可以观察到相似的现象。当溶剂从 CCl_4（$\varepsilon=2.24$）逐渐转变成1,2-二氯乙烷（$\varepsilon=9.72$），k_p^{app} 值增加了四个数量级（表5.6）。介电常数 ε 通常表示一个溶剂的溶剂化能力。表5.6的数据说明，随溶剂化能力增强，k_p^{app} 增加。这可能与增长链活性中心的自由离子浓度增大有关。

表5.6　苯乙烯阳离子聚合的溶剂效应

溶　　剂	介电常数 ε	温度（℃）	k_p^{app}（$L \cdot mol^{-1} \cdot s^{-1}$）
$(CH_2Cl)_2$	9.72	25	17.0
$(CH_2Cl)_2$ 与 CCl_4（体积比75∶25）	7.00	25	3.17
$(CH_2Cl)_2$ 与 CCl_4（体积比55∶45）	5.16	25	0.4
CCl_4	2.24	25	0.004

注：引发剂为高氯酸。

溶剂极性不仅改变增长链活性中心的浓度，也会影响 k_p^+、$k_p^\pm$ 和共价活性中心增长的速率常数 $k_p{}^C$。这可以从溶剂稳定反应物和过渡态络合物的能力不同来考虑。增长链自由离子与单体形成的过渡态络合物，由于电荷分散，所以极性溶剂稳定自由离子的能力超过了过渡态络合物，结果 k_p^+ 值随溶剂极性增加而减小。苯乙烯、乙基乙烯基醚、异丙基乙烯基醚在不同溶剂中测定的 k_p^+ 值，证明了这一点。例如，在不同极性的溶剂中，采用辐射聚合异丙基乙烯基醚，测得的 k_p^+ 值列于表5.7。结果显示，随介电常数增加，k_p^+ 值减小。对于增长链共价活性中心的增长反应,极性溶剂稳定带电荷的过渡态的能力超过了稳定中性反应物,所以,随溶剂极性的增加,k_p^C值增加。用 CH_3SO_3H 和 CF_3SO_3H 引发苯乙烯聚合能证明这一点。溶剂极性对 k_p^+ 的影响是很难预料的,这依赖于过渡态比离子对的偶极作用大还是小。

表 5.7　在 30 ℃,异丙基乙烯基醚的辐射聚合,溶剂极性对 k_p^+ 的影响

溶剂	介电常数 ε	k_p^+ ($L \cdot mol^{-1} \cdot s^{-1}$)
PhH	2.7	57
$(C_2H_5)_2O$	3.7	34
CH_2Cl_2	6.0	1.5
CH_3NO_2	19.5	0.02

溶剂化能力还能影响反应物的动力学级数,包括单体、引发剂和助引发剂的级数,因为这些组分对增长离子对起了溶剂化作用。例如 $SnCl_4$ 引发苯乙烯聚合,在苯中,R_p正比于$[M]^2$;在四氯化碳中,则 R_p正比于$[M]^3$。四氯化碳比苯的溶剂化能力差,苯乙烯参与了增长离子及其反离子的溶剂化作用,从而级数升高。影响引发剂级数的一个例子是,三氟乙酸引发苯乙烯聚合时,在高极性的硝基乙烷中聚合,聚合速率与三氟乙酸浓度呈一次方关系;在极性较低的二氯乙烷中呈二次方关系;在本体聚合中则呈三次方关系。

5.2.6　活性阳离子聚合反应

相比阴离子聚合反应,实现阳离子活性聚合要困难得多,因为增长链阳离子很容易与单体、反离子或其他一些碱性物质发生链转移反应。所以要进行阳离子活性聚合,必须选择好引发剂、助引发剂和反应的其他组分,它们不应具有终止阳离子活性中心的亲核性,尽量避免 β-氢转移。

自由离子和离子对非常活泼,寿命很短(小于数秒),增长和链转移反应速率很快。这将导致不可控放热,反应温度升高,这有利于链转移反应,因为链转移反应活化能比增长反应高。要实现活性聚合,必须降低反应温度,以减慢反应速率,避免链转移反应。

延长阳离子寿命的一个重要方法是选择合适的 Lewis 酸,它能提供亲核性适当的反离子,以使阳离子活性中心可逆转换成休眠种,例如共价酯或共价卤素。还可以添加与 Lewis 酸相同反离子的盐,使共价活性种与离子对,这样自由离子之间的平衡就趋向于形成休眠种，使聚合反应体系中，绝大部分为休眠种，少量为离子对，没有自由离子。休眠种和活性种之间的快速平衡，使反应速率减慢，但可控。这是活性聚合反应的一个重要特征。

除了选择 Lewis 酸、加同离子盐和低温外，选择反应所用的溶剂也很重要。通常，极性溶剂会使活性种和休眠种之间的平衡趋向于活性种，导致反应速率快，聚合不可控。在极性溶剂中加盐，有利于形成休眠共价酯。

以上讨论可见，引发剂、助引发剂、溶剂和添加物的适当组合，可以使不同单体进行活性阳离子聚合。

1. 聚合反应速率和聚合度

当聚合体系中无自由离子时，活性阳离子聚合的速率可以用离子对的增长速率来表示，如表达式(5.62)所示。

$$R_p = k_p^{\pm}[Y^+ (IZ)^-][M] \tag{5.62}$$

离子对浓度很难直接测定，但它与引发剂(I)和共引发剂(ZY)的浓度有关。两者存在如反应(5.63)所示的平衡反应。

$$I + ZY \xrightleftharpoons{K_1} IZY \xrightleftharpoons{K_2} Y^+ (IZ)^- \tag{5.63}$$

所以，离子对 $Y^+ (IZ)^-$ 的浓度为

$$[Y^+ (IZ)^-] = K_1 K_2 [I][ZY] \tag{5.64}$$

将式(5.64)代入式(5.62)，得聚合反应速率表达式(5.65)。

$$R_p = k_p^{\pm} K_1 K_2 [I][ZY][M] \tag{5.65}$$

活性阳离子聚合反应生成聚合物的数均聚合度可用反应的单体浓度除以增长链(休眠和活性)的总浓度来计算，即可用式(5.66)计算。

$$\overline{X}_n = \frac{p[M]_0}{[I]_0} \tag{5.66}$$

式中，$[M]_0$ 和 $[I]_0$ 分别为单体和引发剂的起始浓度；p 为单体的转化率。活性阳离子聚合反应生成聚合物的分子量分布如式(5.67)所示。

$$\frac{\overline{X}_w}{\overline{X}_n} = 1 + \frac{1}{\overline{X}_n} \tag{5.67}$$

2. 活性阳离子聚合反应体系

由于醚基团能有效稳定阳离子，阳离子引发剂引发乙烯基醚聚合，能形成稳定的碳阳离子。使用相对弱的引发剂，可以使聚合体系中的活性种和休眠种之间迅速达到平衡。例如，在苯或 CH_2Cl_2 中，−40 ℃到 25 ℃下，用 $HI-I_2$ 或 ZnI_2，引发异丁基乙烯基醚，可以进行活性阳离子聚合。

图 5.3 是在 −15 ℃下，$HI-I_2$ 引发异丁基乙烯基醚的活性阳离子聚合反应。

结果显示数均分子量与转化率呈线性关系；即使第二次加单体，随着转化率提高，分子量仍按原线性增加。说明在整个聚合反应过程中，活性中心的浓度不变，终止和链转移反应可以忽略。理论分子量与实测分子量相符，分子量分布很窄，这些都证明是活性聚合反应。

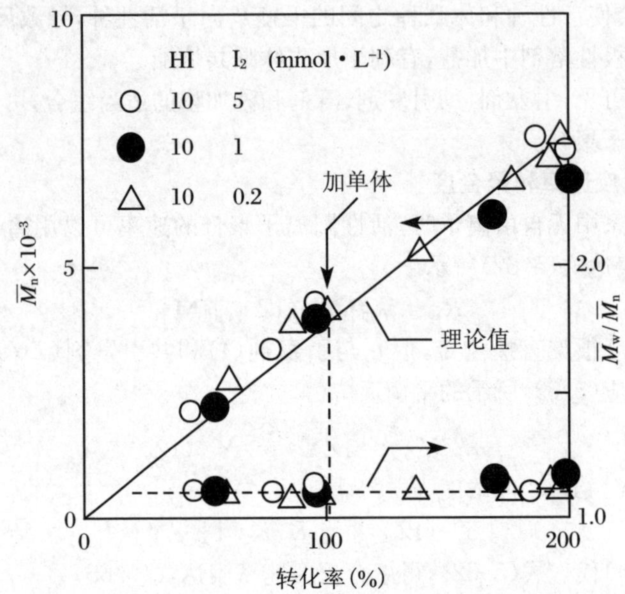

图 5.3 在 CH_2Cl_2 中，由 HI－I_2 引发异丁基乙烯基醚的阳离子聚合反应

温度为 −15 ℃；$[M]_0 = 0.38\ mol \cdot L^{-1}$

与乙烯基醚的活性阳离子聚合比较，异丁烯聚合生成的碳阳离子相对不稳定。要进行活性聚合，需要强的 Lewis 酸（BF_3、$SnCl_4$ 和 $TiCl_4$）以及 R_2AlCl；采用卤代烃，或烷烃与卤代烃的混合物作溶剂；亲核试剂可用二甲基乙酰胺、二甲亚砜等；另外加四正丁基氯化铵等；温度低于 30 ℃。在这些条件下，异丁烯可以进行活性阳离子聚合。

思考题

1. 有哪些试剂可以作阳离子引发剂？它们进行怎样的反应，形成阳离子？
2. 高能辐射引发单体进行阳离子聚合有什么特点？

3. 与自由基聚合反应比较，阳离子聚合反应的异构化聚合反应更普遍，为什么？什么是异构化聚合反应？生成什么结构的聚合物？

4. 阳离子聚合反应的终止反应与自由基聚合反应有什么异同点？

5. 阳离子聚合反应存在哪几种链转移反应？生成了什么产物？

6. 为什么说阳离子聚合反应速率表达式主要由终止模式所决定？写出它们的表达式。

7. 如何测定各速率常数值？

8. 讨论温度和溶剂对聚合反应速率的影响。

9. 活性阳离子聚合是很难的，从哪几方面设计聚合反应，以实现阳离子活性聚合？

10. 要使乙烯基咔唑进行活性阳离子聚合，如何选择引发剂、助引发剂、溶剂和添加剂？如何判断聚合反应为活性聚合？

5.3　阴离子聚合

与阳离子聚合反应一样，阴离子聚合也具有链式聚合的特征。聚合反应包括链引发、链增长和链终止三个基元反应。阴离子聚合链增长中心为阴离子对或自由阴离子，其相对量决定于反应介质。与阳离子聚合反应不同的是，在阴离子聚合反应中，离子对和自由离子的反应活性有很大差别；虽然阴离子聚合一般在低温下进行，但不像阳离子聚合对温度那么敏感；大部分阴离子聚合反应的 E_R 为正值，可在室温或稍高的温度下进行；阴离子聚合所用的溶剂局限于脂肪和芳香族碳氢化合物，以及醚类。卤代烃可用作阳离子聚合的溶剂，但不能作为阴离子聚合的溶剂。其他极性溶剂如酯和酮等会与碳阴离子反应，不能用于阴离子聚合反应。

碳阴离子具有比较稳定的正四面体结构，它的寿命比较长，甚至可以在数天内仍有活性，这是阴离子聚合和阳离子与自由基聚合的重要差别。在一定条件下，大多数阴离子聚合为“活”性聚合物，利用“活”性聚合反应可以制备不同官能团封端的遥爪聚合物和嵌段共聚物。

5.3.1　引发反应

根据增长链碳阴离子的形成方式，把阴离子聚合的引发反应分为两大类，即亲核引发和电子转移引发。下面分别详细介绍。

1. 亲核引发

有多种碱性化合物能用于引发阴离子聚合反应，这包括共价的或离子的金属氨化物，如 $NaNH_2$ 和 $LiN(C_2H_5)_2$ 等，烷氧化合物、氢氧化物、氰化物、膦化物、胺化物和有机金属化合物，如正丁基锂和 PhMgBr。实际上使用最多的是烷基金属化合物，尤其是烷基锂。用于引发阴离子聚合的烷基金属化合物，由于金属和碳原子之间的电负性差大，易形成离子键。一般选择比 Mg 电负性（1.2～1.3）小的金属有机化合物作阴离子聚合的引发剂。

在所有引发剂中，烷基锂是用得最普遍的引发剂。工业上，用它引发 1,3-丁二烯和异戊二烯的聚合。引发反应包括金属烷基化合物与烯烃加成，生成碳阴离子。以乙基锂引发苯乙烯为例，引发反应如(5.68)所示。

$$C_4H_9^- Li^+ + CH_2{=}\underset{\displaystyle C_6H_5}{CH} \longrightarrow C_4H_9CH_2\underset{\displaystyle C_6H_5}{\bar{C}}HLi^+ \tag{5.68}$$

接着进行链的增长反应，如反应(5.69)所示。

$$C_4H_9CH_2\underset{\displaystyle C_6H_5}{\bar{C}}HLi^+ + CH_2{=}\underset{\displaystyle C_6H_5}{CH} \longrightarrow C_4H_9\text{-}\!\left(CH_2\underset{\displaystyle C_6H_5}{CH}\right)_{n}\!CH_2\underset{\displaystyle C_6H_5}{\bar{C}}HLi^+ \tag{5.69}$$

由于烷基锂能很好地溶解于烃类溶剂，它被广泛用作阴离子聚合的引发剂。其他碱金属与烷基或芳基形成的有机金属化合物，在烃类溶剂中的溶解度极差。若阴离子聚合反应需要在极性溶剂，如醚中进行时，常常选用一些活性较小的阴离子引发剂如苄基钾、二苯基甲基钠和异丙苯基铯等。烷基锂在非极性溶剂中呈缔合状态，碳阴离子亲核性随缔合度增大而递减。各种烷基锂的缔合程度列于表 5.8。

表 5.8　烷基锂的缔合度

烷基锂	溶　剂	缔合度	存在方式
正丁基锂	苯、环己烷、正己烷	6	$(n\text{-}C_4H_9Li)_6$
仲丁基锂	苯、环己烷、正己烷	4	$(s\text{-}C_4H_9Li)_4$
叔丁基锂	苯、环己烷、正己烷	4	$(t\text{-}C_4H_9Li)_4$
苄基锂	苯、环己烷、正己烷	2	$(C_6H_5CH_2Li)_2$
苯基锂	苯、环己烷、正己烷	2	$(C_6H_5Li)_2$

在非极性介质中，烷基锂存在着缔合与解离平衡，使阴离子聚合的反应级数出现分数。例如，正丁基锂在苯中通常以六聚体形式存在，其引发速率存在如式

(5.70)所示的关系式。

$$R_i \propto [(n\text{-}C_4H_9Li)_6]^{1/6} \tag{5.70}$$

在苯中，$(n\text{-}C_4H_9Li)_6$存在着解离与缔合的平衡反应(5.71)。

$$(n\text{-}C_4H_9Li)_6 \overset{K}{\rightleftharpoons} 6n\text{-}C_4H_9Li \tag{5.71}$$

当只有单分子的 $n\text{-}C_4H_9Li$ 具有引发活性时，其引发反应如式(5.72)所示。

$$n\text{-}C_4H_9Li + M \xrightarrow{k_i} n\text{-}C_4H_9M^- \ Li^+ \tag{5.72}$$

根据平衡反应(5.71)，可以由式(5.73)求出平衡常数 K。

$$K = \frac{[n\text{-}C_4H_9Li]^6}{[(n\text{-}C_4H_9Li)_6]} \tag{5.73}$$

根据引发反应(5.72)，结合式(5.73)，可以得出引发速率公式(5.74)。

$$R_i = k_i K^{1/6}[(n\text{-}C_4H_9Li)_6]^{1/6}[M] \tag{5.74}$$

式(5.74)可见，引发速率 R_i与$[(n\text{-}C_4H_9Li)_6]$的 1/6 次方成正比。

还有非常少的阴离子聚合是由不带电荷的亲核化合物，例如胺引发的，其反应如(5.75)所示。接着进行链的增长反应(5.76)。

$$R_3N\colon + CH_2{=}CHY \longrightarrow R_3N^+{-}CH_2{-}\overset{\displaystyle Y}{\underset{\displaystyle H}{\overset{|}{\underset{|}{C}}}}\colon \tag{5.75}$$

$$R_3N^+{-}CH_2{-}\overset{\displaystyle Y}{\underset{\displaystyle H}{\overset{|}{\underset{|}{C}}}}\colon + nCH_2{=}CHY \longrightarrow R_3N^+\!\left(CH_2{-}\overset{\displaystyle Y}{\underset{\displaystyle H}{\overset{|}{\underset{|}{C}}}}\right)_n CH_2{-}\overset{\displaystyle Y}{\underset{\displaystyle H}{\overset{|}{\underset{|}{C^-}}}} \tag{5.76}$$

在这样的反应机理中，增长活性中心称为两性离子(zwitter ion)。随着链增长反应的进行，正负电荷被分离得越来越远，这就需要链间相反电荷的末端离子相互稳定。

2. 电子转移引发

钠-萘体系是电子转移引发的一个典型例子。聚合反应包括：

(1) 引发反应。这包括：

① 萘自由基阴离子的生成。

$$Na + (\text{萘}) \longrightarrow [\text{萘自由基阴离子}]^- \ Na^+ \tag{5.77}$$

Na 把最外层一个电子转移到萘分子的最低空轨道，生成自由基阴离子(反应(5.77))。电子自旋共振谱可证明体系中存在自由基；向体系通入 CO_2，发现有萘的羧酸衍生物生成，证明了阴离子的存在。反应(5.77)进行的难易，取决于金属给电子能力和萘等烃类化合物对电子的亲和力。此外，还与溶剂性质有关。在极性溶剂，如四氢呋喃等醚类溶剂中，钠-萘自由基阴离子是稳定的；在非极性溶剂中，它是不稳定的。因此溶剂的性质是决定单电子转移反应的重要因素之一。

② 自由基阴离子将电子转移给单体，如苯乙烯，形成苯乙烯自由基阴离子(反应(5.78))。

$$[C_{10}H_8]^{\cdot -}Na^+ + \underset{\displaystyle C_6H_5}{CH_2{=}CH} \longrightarrow C_{10}H_8 + \Big[\ddot{C}H_2-\underset{\displaystyle C_6H_5}{\dot{C}H} \longleftrightarrow \dot{C}H_2-\underset{\displaystyle C_6H_5}{\ddot{C}H}\Big]^- Na^+ \tag{5.78}$$

③ 二个苯乙烯自由基阴离子，通过自由基偶合反应，生成苯乙烯双阴离子5-13(反应(5.79))。从阴离子的稳定性考虑，双阴离子应具有 5-13 所示的结构。

$$2\Big[\ddot{C}H_2-\underset{\displaystyle C_6H_5}{\dot{C}H} \longleftrightarrow \dot{C}H_2-\underset{\displaystyle C_6H_5}{\ddot{C}H}\Big]^- Na^+ \longrightarrow \underset{\textbf{5-13}}{Na^{+-}\big[\underset{\displaystyle C_6H_5}{CH}-CH_2-CH_2-\underset{\displaystyle C_6H_5}{CH}\big]^- Na^+} \tag{5.79}$$

虽然苯乙烯自由基阴离子也能引发单体聚合，消耗单体，但该活性基的浓度较大(典型值为 $10^{-3}\sim10^{-2}$ mol · L^{-1})。而自由基终止速率常数也很大($10^6\sim10^8$ L · mol^{-1} · s^{-1})，因此双自由基的偶合反应(5.79)是很快的，动力学研究结果证明，99%的苯乙烯是通过双阴离子增长的。

(2) 双阴离子进行的链增长反应。双阴离子是按通常链式增长反应进行增长的，如式(5.80)所示。

$$Na^{+-}\big[\underset{\displaystyle C_6H_5}{CH}-CH_2-CH_2-\underset{\displaystyle C_6H_5}{CH}\big]^- Na^+ + (m+n)\underset{\displaystyle C_6H_5}{CH_2{=}CH} \longrightarrow$$

$$Na^{+-}\big[\underset{\displaystyle C_6H_5}{CH}-CH_2\!\left(\underset{\displaystyle C_6H_5}{CH}-CH_2\right)_n\!\left(CH_2-\underset{\displaystyle C_6H_5}{CH}\right)_m CH_2-\underset{\displaystyle C_6H_5}{CH}\big]^- Na^+ \tag{5.80}$$

从反应(5.77)和(5.78)可以看到，萘在引发过程中起了电子转移的媒介作用。

除萘外，还有蒽、酮类(不包括能烯醇化的酮)、亚甲胺类(RN═CHR)、腈类(RCN)和偶氮化合物等可用作电子转移媒介。

除了以上讨论的电子转移引发外，将碱金属直接加到单体，例如苯乙烯中，钠原子把外层电子转移给苯乙烯单体，形成苯乙烯自由基阴离子，经二聚生成双阴离子，引发单体聚合。这个引发反应是在非均相体系中进行的。为了增大金属表面积，可把钠分散成小颗粒，或在反应器壁上涂成薄层，但这样也无法改变引发反应逐步进行的性质。因为在引发反应的同时，存在链增长反应，因而得不到分子量分布窄的聚合物。但这方法适用于 α-甲基苯乙烯和1，1-二苯乙烯。因为它们在室温下只进行引发，不发生链增长反应。待引发反应结束，再改变条件如升高温度等，使聚合反应进行，可得到分子量窄分布的聚合物。

碱金属在液氨中引发单体聚合，按两种不同的机理进行：① 在液氨中的钾引发苯乙烯、甲基丙烯腈等聚合时，是氨基阴离子 NH_2^- 引发单体聚合。② 金属锂引发甲基丙烯腈的聚合，其聚合速率很快，聚合机理可能是先形成溶剂化的电子，即金属锂把一个电子转移给溶剂，如反应(5.81)所示。

$$Li + NH_3 \longrightarrow Li^+ (NH_3) + e^- (NH_3) \tag{5.81}$$

溶剂化的电子转移到单体上，形成自由基阴离子，如反应(5.82)所示。

$$e^-(NH_3) + CH_2{=}CHY \longrightarrow [\ddot{C}H_2{-}\dot{C}HY \longleftrightarrow \dot{C}H_2{-}\ddot{C}HY]^- (NH_3) \tag{5.82}$$

与钠-萘的情况一样，自由基阴离子二聚后，形成双阴离子，继续进行增长反应。

电离辐射引发也伴随电子转移过程，体系中溶剂、单体或其他组分在辐照下分解，生成了阳离子和溶剂化电子(反应(5.83))。

$$S \longrightarrow S^+ + e^- \tag{5.83}$$

如果体系中存在强吸电子取代基的单体，溶剂化电子转移到单体上，生成自由基阴离子，它二聚后进行链增长反应。

3. 引发剂活性与聚合反应

与自由基聚合不同，阴离子引发剂只能引发活性与它相似，或比它活泼的单体聚合，它不会引发活性比它小的单体聚合，阴离子引发剂对单体有一定的选择性。无论亲核引发剂，还是电子引发剂，生成的阴离子活性中心的结构，决定了它们的引发活性。表5.9的左侧列出了阴离子聚合引发剂。根据它们的引发活性，分成了四组，其活性顺序为：a＞b＞c＞d。表中右侧列出了能进行阴离子聚合的单体。根据单体的聚合活性，也把它们分成A、B、C和D四组，其活性顺序为A＜B＜C＜D。

表 5.9　阴离子聚合的单体与引发剂

引发剂			单　体
SrR_2,CaR_2 Na,NaR Li,LiR	a → A, B, C, D	A	α-甲基苯乙烯 苯乙烯 丁二烯
RMgX *t*-ROLi	b → B, C, D	B	甲基丙烯酸甲酯 丙烯酸甲酯
ROX ROLi 强碱	c → C, D	C	丙烯腈 甲基丙烯腈 甲基乙烯基酮
吡啶 NR_3 弱碱 ROR H_2O	d → D	D	硝基乙烯 甲叉丙二酸二乙酯 α-氰基丙烯酸乙酯 α-氰基-2,4-己二烯酸乙酯 偏二氰基乙烯

表5.9中指定的某一单体,不能被表中的任意一种引发剂引发,引发剂只能引发表5.9中有连线的单体聚合。引发活性最强的一组引发剂a,能引发所有的单体聚合;活性最小的d组引发剂只能引发活性最大的D组单体聚合,不会引发A、B和C组单体聚合。聚合活性最小的一组单体A只能被活性最高的一组引发剂a引发;而活性最大的D组单体可以被所有的引发剂引发。

5.3.2　链终止和链转移

1. 活性聚合反应

在阴离子聚合中,增长链阴离子不会相互反应而终止。另外,增长链阴离子的反离子一般是金属离子,由于碳—金属键解离度大,所以增长链与反离子结合终止也不可能,这一点与阳离子聚合的终止反应是不同的。所以,大多数阴离子聚合反应是没有链终止和链转移反应的,是所谓的**活性聚合反应**。在可控自由基聚合反应中,我们提及活性聚合必须具备的三个基本特征,大多数阴离子聚合都具备。大多数碳阴离子是有颜色的,可用它的特征光谱跟踪聚合反应的进行。研究结果发现,在转化率达100%的整个聚合反应过程中,活性中心浓度始终恒定。数均分子量与转化率呈线性关系,得到的是窄分子量分布聚合物。例如,在高真空下,高纯的非极性烯烃类单体,如苯乙烯,1,3-丁二烯的阴离子聚合反应,是没有终止反应的。通常,链增长反应从开始一直到单体耗尽为止。若再加入单体,反应继续进行。在聚合反应体系中,没有终止的增长链称为**活性链**,通常它的寿命是很长的。

图 5.4 是丁基锂引发甲基丙烯酸甲酯进行阴离子聚合反应时，聚合物分子量与转化率的关系。该结果显示，当第一部分单体聚合完，再加入第二部分单体，这两次聚合所得聚合物的分子量与转化率始终呈线性关系，说明第二次加入单体时，活性链的数目没有变化。

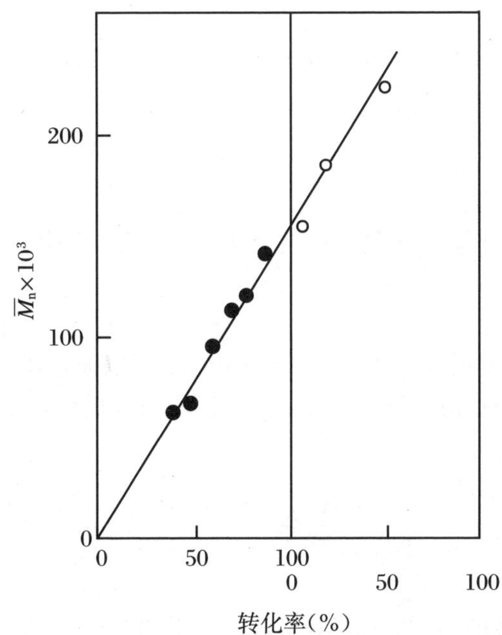

图 5.4　用 C_4H_9Li 引发甲基丙烯酸甲酯阴离子聚合反应中，聚合物分子量与转化率的关系

● 第一批单体的阴离子聚合反应；○ 加第二批单体后的聚合反应

2. 与杂质和外加链转移剂的终止反应

选择阴离子聚合反应所用的溶剂时，要考虑它能否与增长链碳阴离子发生链转移反应。例如，当甲苯作为阴离子聚合的溶剂时，就存在如反应(5.84)所示的链转移反应。

$$M^- \ Li^+ + C_6H_5CH_3 \longrightarrow MH + C_6H_5CH_2^- \ Li^+ \tag{5.84a}$$

$$C_6H_5Ch_2^- \ Li^+ + M \longrightarrow C_6H_5CH_2—M^- \ Li^+ \tag{5.84b}$$

链转移反应(5.84a)生成了一个聚合物分子和一个阴离子，后者能继续引发单体聚合(反应(5.84b))，因此动力学链并未终止，但分子量下降了。这会影响对聚合物分子量的控制，影响聚合反应的活性特征。

通常，阴离子聚合反应所用的容器必须要洁净，单体、溶剂和引发剂等都要经严格纯化，以防止杂质引入聚合体系而终止聚合反应。当聚合反应在惰性气氛下进行时，气体也要严格净化。因为惰性气体中的杂质，如氧和二氧化碳能与增长的碳阴离子反应，分别生成过氧阴离子(反应(5.85))和羧基阴离子(反应(5.86))。新生成的这两种阴离子均没有足够的反应活性，不能引发单体聚合，这样就终止了聚合反应。

$$\sim\sim CH_2-\overset{-}{C}H(C_6H_5) + O_2 \longrightarrow \sim\sim CH_2-CH(C_6H_5)O-O^- \tag{5.85}$$

$$\sim\sim CH_2-\overset{-}{C}H(C_6H_5) + CO_2 \longrightarrow \sim\sim CH_2-CH(C_6H_5)\overset{\overset{O}{\|}}{C}O^- \tag{5.86}$$

溶剂、单体和引发剂，甚至惰性气体中微量水可以通过质子转移反应，终止增长链碳阴离子的聚合反应(反应(5.87))。所以原料的提纯和惰性气体的净化是十分重要的。

$$\sim\sim CH_2-\overset{-}{C}H(C_6H_5) + H_2O \longrightarrow \sim\sim CH_2-CH_2(C_6H_5) + OH^- \tag{5.87}$$

反应(5.87)生成的羟基阴离子通常没有足够的亲核性，不能再引发聚合反应，使动力学链终止。水是一种活泼的链转移剂，能有效地终止阴离子聚合。例如，在25 ℃，钠-萘引发苯乙烯聚合，水的链转移常数值大约等于10。可见即使是极少量的水也会对聚合速率和聚合物分子量产生极大的影响。乙醇的转移常数大约是10^{-3}，少量时，不会妨碍高分子量聚合物的生成，但得到的不再是“活”性聚合链。

以上讨论说明，阴离子聚合必须在高真空或惰性气体保护下进行，所用的单体、溶剂等要经过严格纯化。实验所用玻璃仪器必须在加热的情况下反复抽真空，充N_2以除去器壁的水汽，有时甚至用少量的“活”性阴离子溶液来洗涤容器以除去杂质。

3. 自发终止

阴离子聚合生成的活性链，如不外加终止剂，其活性可以保持相当长的时间，几天甚至几周，但终究活性链的活性会慢慢消失。例如，在苯溶液中聚合，生成的活性链聚苯乙烯钾，能在室温下长时间放置。用紫外光谱跟踪活性链溶液，可以发现，随聚合活性逐渐消失，紫外光谱上出现新的吸收峰。对其结构分析说明，这可能是活性链端发生异构化造成的，这一过程称为**自发终止**。其反应可能分两步进行：

第一步，活性链上 β-氢负离子的消除反应（反应(5.88)）。

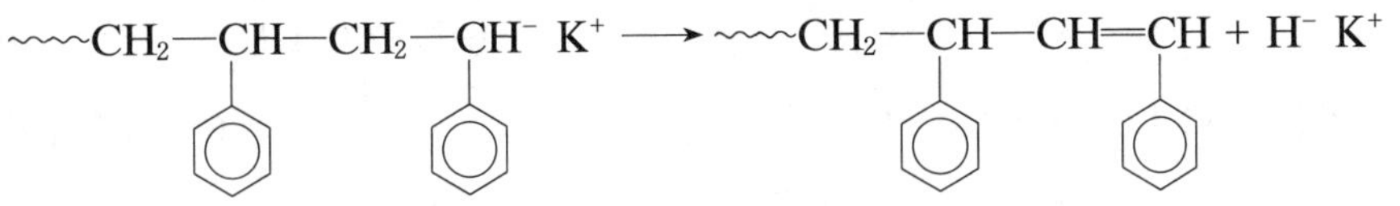

$$\sim\!\sim CH_2-\underset{\underset{C_6H_5}{|}}{CH}-CH_2-\underset{\underset{C_6H_5}{|}}{CH^-}\ K^+ \longrightarrow \sim\!\sim CH_2-\underset{\underset{C_6H_5}{|}}{CH}-CH=\underset{\underset{C_6H_5}{|}}{CH} + H^-\ K^+ \tag{5.88}$$

反应(5.88)生成了末端为双键的聚合物分子和氢化钾($H^-\ K^+$)。后者具有引发聚合的活性。前者末端双键的烯丙基氢原子易与另一个增长链碳阴离子发生转移反应，生成一个没有活性的1,3-二苯基烯丙基阴离子5-14，终止了动力学链（反应(5.89)）。

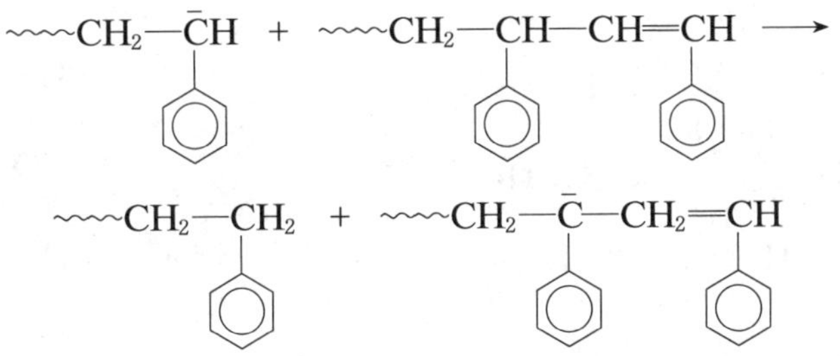

$$\sim\!\sim CH_2-\underset{\underset{C_6H_5}{|}}{\bar{C}H} + \sim\!\sim CH_2-\underset{\underset{C_6H_5}{|}}{CH}-CH=\underset{\underset{C_6H_5}{|}}{CH} \longrightarrow$$

$$\sim\!\sim CH_2-\underset{\underset{C_6H_5}{|}}{CH_2} + \underbrace{\sim\!\sim CH_2-\underset{\underset{C_6H_5}{|}}{\bar{C}}-CH_2=\underset{\underset{C_6H_5}{|}}{CH}}_{5\text{-}14} \tag{5.89}$$

反应(5.88)生成的 $H^-\ K^+$ 参与反应(5.89)时，生成 H_2 和没有反应活性的烯丙基阴离子5-14。聚苯乙烯碳阴离子的稳定性与作为反离子的碱金属种类有关，通常是，$K^+ > Na^+ > Li^+$，还与溶剂的性质有关。例如，如果放置在极性溶剂（如醚）中，聚苯乙烯碳阴离子的稳定性大大下降。另外，低温（<0 ℃）有利于聚苯乙烯碳阴离子的保存。

4. 极性单体的终止反应

极性单体甲基丙烯酸甲酯、甲基乙烯基酮和丙烯腈等，其侧基能与亲核试剂反应，所以能与增长的碳阴离子反应，使聚合反应终止。这些副反应会与引发和增长反应竞争，得到复杂结构的聚合物。例如，甲基丙烯酸甲酯的阴离子聚合，可能有以下几种亲核取代反应：

(1) 引发剂与单体反应

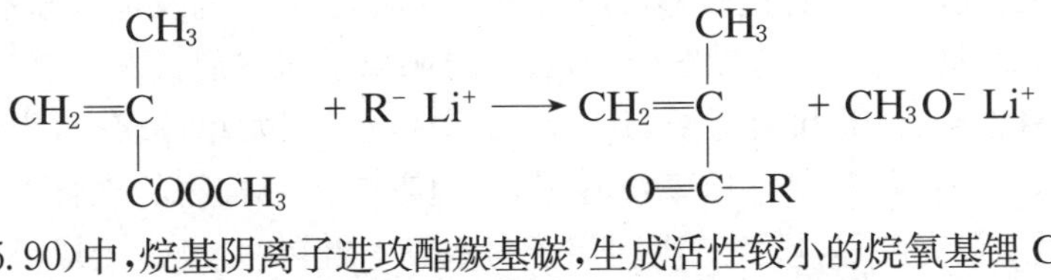

$$CH_2=\overset{\overset{CH_3}{|}}{\underset{\underset{COOCH_3}{|}}{C}} + R^-\ Li^+ \longrightarrow CH_2=\overset{\overset{CH_3}{|}}{\underset{\underset{O=C-R}{|}}{C}} + CH_3O^-\ Li^+ \tag{5.90}$$

反应(5.90)中，烷基阴离子进攻酯羰基碳，生成活性较小的烷氧基锂 $CH_3O^-\ Li^+$ 和烷基乙烯基酮，它可以与甲基丙烯酸甲酯共聚，生成共聚物。

(2) 增长链碳阴离子与单体的亲核反应。

$$\sim\sim CH_2-\underset{COOCH_3}{\overset{CH_3}{C^-}}Li^+ + CH_2=\underset{COOCH_3}{\overset{CH_3}{C}} \longrightarrow \sim\sim CH_2-\underset{COOCH_3}{\overset{H_3C}{C}}-\overset{O}{\overset{\|}{C}}-\overset{CH_3}{C}=CH_2 + CH_3O^-Li^+ \tag{5.91}$$

增长链碳阴离子进攻酯羰基碳，生成甲氧基锂 $CH_3O^-Li^+$，以及末端为甲基丙烯酰基聚合物(反应(5.91))。

(3) 增长链碳阴离子的分子内"回头"进攻反应

$$\text{(环状中间体：}\sim\sim CH_2-C(CH_3)-CH_2-C(CH_3)(COOCH_3)-CH_2-{:}C^-(CH_3)(COOCH_3)\text{，碳阴离子进攻 }CH_3O-C=O\text{)} \longrightarrow \text{六元环酮(}C=O\text{，取代基 }CH_3, CH_2\sim\sim, CH_3, CH_3OOC, CH_3OOC, CH_3\text{)} + CH_3O^- \tag{5.92}$$

增长链碳阴离子进攻同一分子内的酯羰基碳，形成了末端为环状结构的聚合物(反应(5.92))。

反应(5.91)和反应(5.92)的副反应终止了一个增长链，而且生成的 $CH_3O^-Li^+$ 引发聚合活性较小。所以，不仅影响了聚合反应速率，降低了聚合物的分子量，还会增加分子量分布宽度。要抑制这些副反应，需要在低温下进行阴离子聚合反应。例如，在 -50 ℃到 -70 ℃以下，用极性溶剂乙醚代替烃类溶剂，均有利于抑制上述副反应。如果使用亲核性较弱的引发剂，例如 1, 1-二苯基乙烯基锂代替正丁基锂，也可以抑制副反应(5.90)。

5.3.3 阴离子聚合反应动力学

1. 有转移的聚合反应动力学

(1) 聚合速率。存在链转移反应的聚合反应动力学，与反应类型有关。例如，在液氨中，氨基钾引发苯乙烯聚合，增长链碳阴离子与溶剂氨发生链转移反应，生成没有活性的聚合物，和阴离子 NH_2^-。后者能继续引发单体聚合，因此动力学链没有终止，即链转移对聚合速率没有影响，但影响了聚合物的聚合度。如果体系中，有微量水没有除尽，增长链碳阴离子与水发生链转移反应，生成没有引发活性的 OH^-(反应(5.87))。根据这样的反应机理，可以推导聚合反应的速率和聚合度的表达式。

在液氨中，氨基钾引发苯乙烯的聚合反应，其引发反应包括氨基钾的解离（反应(5.93)）和氨基离子 NH_2^- 与单体加成（反应(5.94)）两步。

$$KNH_2 \underset{}{\overset{K}{\rightleftharpoons}} K^+ + H_2N\!:^- \tag{5.93}$$

$$H_2N\!:^- + CH_2\!=\!\underset{\underset{C_6H_5}{|}}{CH} \xrightarrow{k_i} H_2N\!-\!CH_2\!-\!\underset{\underset{C_6H_5}{|}}{\bar{C}H} \tag{5.94}$$

在上两步反应中，反应(5.94)是决定引发速率的一步，因此，引发速率 R_i 表达式如式(5.95)所示。

$$R_i = k_i[H_2N^-][M] \tag{5.95}$$

KNH_2 解离，生成 K^+ 和 NH_2^-，所以，$[H_2N^-]=[K^+]$。由电解离平衡常数 K 的表达式，求出$[H_2N^-]$，并代入式(5.95)，得式(5.96)。

$$R_i = k_iK^{1/2}[KNH_2]^{1/2}[M] \tag{5.96}$$

链增长反应如反应(5.97)所示。

$$H_2N\!-\!CH_2\!-\!\underset{\underset{C_6H_5}{|}}{\bar{C}H} + nCH_2\!=\!\underset{\underset{C_6H_5}{|}}{CH} \xrightarrow{k_p} H_2N\!\left(\!CH_2\!-\!\underset{\underset{C_6H_5}{|}}{CH}\!\right)_n\!CH_2\!-\!\underset{\underset{C_6H_5}{|}}{\bar{C}H} \tag{5.97}$$

所以，链增长反应速率表达式如式(5.98)所示。

$$R_p = k_p[M^-][M] \tag{5.98}$$

式中，$[M^-]$为阴离子活性中心的总浓度。

如果体系中存在向溶剂的链转移反应(5.99)，以及向水的链转移反应(5.87)，它们相应的链转移反应速率表达式分别为式(5.100)和式(5.101)。

$$H_2N\!\left(\!CH_2\!-\!\underset{\underset{C_6H_5}{|}}{CH}\!\right)_n\!CH_2\!-\!\underset{\underset{C_6H_5}{|}}{\bar{C}H} + NH_3 \xrightarrow{k_{tr,NH_3}} H_2N\!\left(\!CH_2\!-\!\underset{\underset{C_6H_5}{|}}{CH}\!\right)_n\!CH_2\!-\!\underset{\underset{C_6H_5}{|}}{CH_2} + H_2N\!:^- \tag{5.99}$$

$$R_{tr,NH_3} = k_{tr,NH_3}[M^-][NH_3] \tag{5.100}$$

$$R_{tr,H_2O} = k_{tr,H_2O}[M^-][H_2O] \tag{5.101}$$

反应(5.99)的结果没有改变阴离子活性中心浓度，而反应(5.87)消耗了$[M^-]$。使用稳态假定，即$[M^-]$在反应过程中不变。达到稳态时，$R_i = R_{tr,H_2O}$。由此可得式(5.102)。

$$[M^-]=\frac{k_i K^{1/2}[M][KNH_2]^{1/2}}{k_{tr,H_2O}[H_2O]} \tag{5.102}$$

将式(5.102)代入式(5.98),得速率表达式(5.103)。

$$R_p=\frac{k_p k_i K^{1/2}[KNH_2]^{1/2}[M]^2}{k_{tr,H_2O}[H_2O]} \tag{5.103}$$

(2) 数均聚合度。根据数均聚合度定义

$$\overline{X}_n=R_p/R_t \tag{5.104a}$$

式中,$R_t=R_{tr,NH_3}+R_{tr,H_2O}$,故数均聚合度表达式可写成式(5.104b)。

$$\frac{1}{\overline{X}_n}=\frac{C_{NH_3}[NH_3]}{[M]}+\frac{C_{H_2O}[H_2O]}{[M]} \tag{5.104b}$$

式(5.104b)中,$C_{NH_3}=k_{tr,NH_3}/k_p$,是向 NH_3 的链转移常数;$C_{H_2O}=k_{tr,H_2O}/k_p$,是向水的链转移常数。

2. 活性聚合动力学

(1) 聚合速率

活性阴离子聚合的一个重要特征,是引发速率非常快,即在聚合开始很短时间内,引发剂全部生成链活性中心。各活性中心活性相同,以相同的速率同时引发单体增长。在整个聚合过程中,活性中心浓度保持不变。因此速率方程式如式(5.105)所示。

$$R_p=-\frac{d[M]}{dt}=k_p^{app}[M^-][M] \tag{5.105}$$

式中,$[M^-]$是增长链活性中心,包括自由离子和离子对的总浓度。在聚合过程中是一个常数,与解离前的引发剂浓度$[I]_0$相等。因此式(5.105)又可写成式(5.106)。

$$R_p=-\frac{d[M]}{dt}=k_p^{app}[I]_0[M] \tag{5.106}$$

对式(5.106)这个一级速率方程积分,得单体浓度对时间的依赖关系式(5.107)。

$$\ln\frac{[M]_0}{[M]}=k_p^{app}[I]_0 t \tag{5.107}$$

式中,$[M]_0$和$[M]$分别为聚合反应初始和 t 时刻的单体浓度。表观速率常数 k_p^{app} 可以通过测定不同时间,反应体系的$[M]$值,使用式(5.107)求得,因为$[I]_0$已知的。也可以测定聚合体系中活性中心浓度,由式(5.105)直接求出。测定方法可以是:① 用终止剂,如 CH_3I 等试剂终止聚合反应,测定聚合物端基量,得到活性中心的浓度;② 采用紫外可见光谱直接测定活性基浓度。对于反应速率非常快的聚合反应,可以用停流法(stopped-flow)测定聚合反应速率。表5.10列出了几种单体的 k_p^{app} 值。

表5.10　几种单体的阴离子聚合增长速率常数

单　　体	k_p^{app}($L\cdot mol^{-1}\cdot s^{-1}$)	单　　体	k_p^{app}($L\cdot mol^{-1}\cdot s^{-1}$)
α-甲基苯乙烯	2.5	苯乙烯	950
对甲氧基苯乙烯	52	1-乙烯基萘	850
邻甲基苯乙烯	170	2-乙烯基吡啶	7 300
对-叔丁基苯乙烯	220	4-乙烯基吡啶	3 500

与自由基聚合反应速率常数(表3.17)比较,阴离子聚合反应速率常数要比自由基聚合的 k_p 值($10^2\sim10^4\ L\cdot mol^{-1}\cdot s^{-1}$)小1～2个数量级。但阴离子聚合的活性中心浓度($10^{-4}\sim10^{-2}\ mol\cdot L^{-1}$)要比自由基浓度($10^{-9}\sim10^{-7}\ mol\cdot L^{-1}$)大得多,因此,阴离子聚合反应速率远比自由基聚合反应快。

(2) 反应介质对 k_p^{app} 的影响

在阴离子聚合中,溶剂的性质和反离子对增长速率常数和聚合反应速率有很大的影响。例如,在25℃,不同溶剂中,萘-钠引发苯乙烯的阴离子聚合反应,不同溶剂对表观速率常数的影响见表5.11。

表5.11　溶剂对苯乙烯阴离子聚合反应的影响

溶　　剂	介电常数 ε	k_p^{app}($L\cdot mol^{-1}\cdot s^{-1}$)
苯	2.2	2
二氧六环	2.2	5
四氢呋喃	7.6	550
$CH_3OCH_2CH_2OCH_3$	5.5	3 800

表5.11的数据说明,在极性溶剂(四氢呋喃和1,2-二甲氧基乙烷)中,聚合反应速率远比在苯和二氧六环中的聚合速率快。这结果说明 ε 不是溶剂化能力的唯一参数。在1,2-二甲氧基乙烷分子上,有两个醚官能团,它对聚苯乙烯碳阴离子的溶剂化能力比四氢呋喃强。所以,在1,2-二甲氧基乙烷中,自由离子的相对量增加,导致聚合反应速率比在四氢呋喃中快。

(3) 阴离子聚合增长速率常数

表5.11列出的表观反应速率常数,它包括了自由离子和离子对两部分的贡献。对有些体系,例如,以二氧六环为溶剂,在25℃下,苯乙烯的聚合反应,增长链

活性中心只有离子对。但是对于大多数阴离子聚合反应,同时存在自由阴离子和离子对两种活性中心,其中离子对是主要的。所以聚合速率 R_p 的表达式可用式(5.108)表示。

$$R_p = k_p^-[P^-][M] + k_p^{\mp}[P^-(C^+)][M] \tag{5.108}$$

式中,k_p^- 和 $k_p^{\mp}$ 分别是自由阴离子和离子对的增长速率常数;$[P^-]$和$[P^-(C^+)]$分别是自由离子和离子对的浓度;[M]为单体浓度;C^+ 为反离子。

原则上所有增长链活性中心都存在反应(5.109)所示的平衡,如下

$$P^-(C^+) \overset{K}{\rightleftharpoons} P^- + C^+ \tag{5.109}$$

当聚合反应体系用溶剂稀释,平衡将向右移动。测定不同浓度的表观速率常数,将 k_p^{app} 实验值与单体浓度作图,然后外推到无限稀时,得到的 k_p^{app} 值是自由阴离子的增长速率常数 k_p^-。

为了测定离子对的增长速率常数 $k_p^{\mp}$,要建立 k_p^{app} 与 k_p^- 和 $k_p^{\mp}$ 的关系式。比较式(5.105)和式(5.108),可以得到式(5.110)。

$$k_p^{app} = \frac{k_p^-[P^-] + k_p^{\mp}[P^-(C^+)]}{[M^-]} \tag{5.110}$$

在链增长反应过程中,自由离子和离子对始终处于解离平衡状态(反应(5.109))。解离常数 K 可由式(5.111)求得。

$$K = \frac{[P^-][C^+]}{[P^-(C^+)]} \tag{5.111}$$

如果在聚合体系中不外加离子,则$[P^-]=[C^+]$,自由离子浓度可用式(5.112)表示。

$$[P^-] = \{K[P^-(C^+)]\}^{1/2} \tag{5.112}$$

大多数情况下,解离程度非常小,离子对$[P^-(C^+)]$的浓度接近于增长链活性中心$[M^-]$总浓度,方程式(5.112)可简化为式(5.113)。

$$[P^-] = (K[M^-])^{1/2} \tag{5.113}$$

相应地,离子对浓度可用式(5.114)计算。

$$[P^-(C^+)] = [M^-] - (K[M^-])^{1/2} \tag{5.114}$$

将方程式(5.113)和式(5.114)代入式(5.110),得到 k_p^{app} 的表达式(5.115)。

$$k_p^{app} = k_p^{\mp} + \frac{(k_p^- - k_p^{\mp})K^{1/2}}{[M^-]^{1/2}} \tag{5.115}$$

如果在聚合反应体系中,加入强解离盐,如四苯基硼化钠($NaBPh_4$),使反离子 Na^+ 过量。此时由于反离子 C^+ 的作用,使解离反应(5.109)向左移动,形成更多离子对。自由阴离子浓度可用式(5.116)计算。

$$[P^-] = \frac{K[M^-]}{[C^+]} \tag{5.116}$$

当外加盐 CZ 的解离性非常强，活性阴离子对的解离能力较弱时，反离子 C^+ 的浓度则与外加盐的浓度[CZ]相当，即$[C^+]\approx[CZ]$。自由离子和离子对的浓度可分别由式(5.117)和式(5.118)计算。

$$[P^-] = \frac{K[M^-]}{[CZ]} \tag{5.117}$$

$$[P^-(C^+)] = [M^-] - \frac{K[M^-]}{[CZ]} \tag{5.118}$$

将式(5.117)和式(5.118)代入式(5.110)，得到式(5.119)。

$$k_p^{app} = k_p^{\mp} + \frac{(k_p^- - k_p^{\mp})K}{[CZ]} \tag{5.119}$$

在不外加盐条件下，改变引发剂用量，测定 k_p^{app} 和增长链阴离子浓度$[M^-]$，将 k_p^{app} 与 $1/[M^-]^{1/2}$ 作图，得到一直线。根据式(5.115)，截距为 $k_p^{\mp}$；斜率为 $(k_p^- - k_p^{\mp})K^{1/2}$。当外加盐 CZ 时，将 k_p^{app} 与 1/[CZ]作图。由式(5.119)可知，直线的截距为 $k_p^{\mp}$；斜率为$(k_p^- - k_p^{\mp})K^{1/2}$。由此可以得到 $k_p^{\mp}$、k_p^- 和 K 的值。

为了进一步说明测定速率常数的方法，现举一例。在3-甲基四氢呋喃中，20 ℃下，钠-萘引发苯乙烯聚合。测定不同钠-萘引发剂浓度下，聚合反应的 k_p^{app} 值。以 k_p^{app} 值对$[M]^{-1/2}$作图，图5.5显示一直线，其截距为 $k_p^{\mp}$，斜率为$(k_p^- - k_p^{\mp})K^{1/2}$。在同样的体系中加入四苯基硼化钠，以 k_p^{app} 值对 1/[CZ]作图，得到一条直线(图5.6)，其截距为 $k_p^{\mp}$，斜率为$(k_p^- - k_p^{\mp})K$。根据两个截距、两个斜率就可得到 k_p^-、$k_p^{\mp}$ 和 K 的值(注意：K、$[P^-]$和 $[P^-(C^+)]$也可通过电导法测定)。

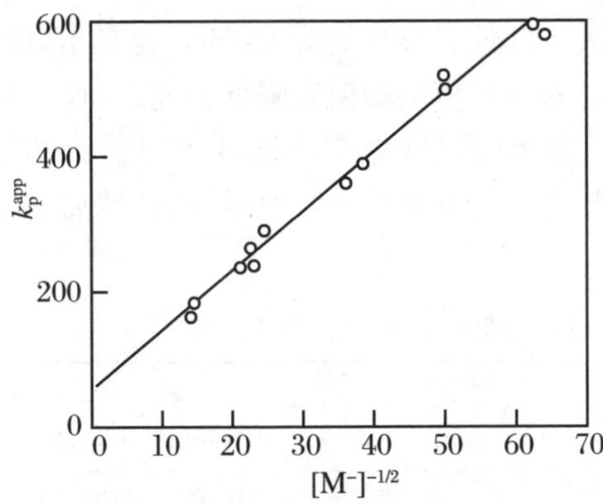

图5.5 在20 ℃，3-甲基四氢呋喃中钠-萘引发苯乙烯的聚合反应

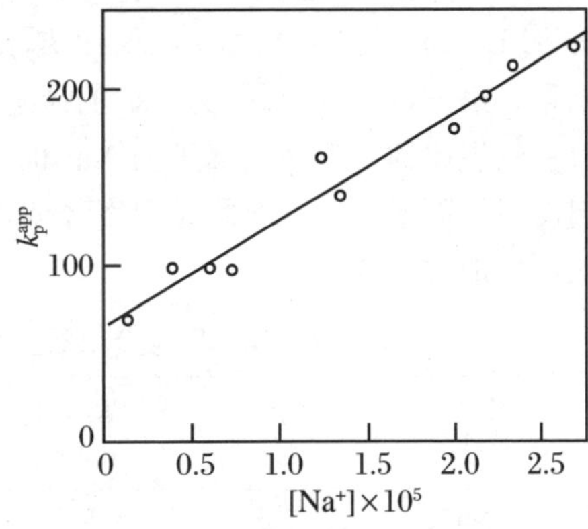

图5.6 在20 ℃，3-甲基四氢呋喃中，四苯基硼化钠存在下，钠-萘引发苯乙烯的聚合反应

表5.12列出了用动力学方法测得的，不同反离子 C^+ 的 K 值和由电导法测定的 K 值。可以看出，两种方法测得的 K 值比较接近。K 值随 C^+ 的离子半径增大而变小，这顺序与反离子溶剂化减小顺序是一致的，即 Li^+ 的溶剂化程度最高，而 Cs^+ 的溶剂化最差。溶剂化程度高的，含有相对多的自由离子。例如，在THF溶剂中，聚苯乙烯阴离子 $PSt^- Cs^+$ 的自由离子数少于 $PSt^- Li^+$ 的10%。

表5.12 离子对解离的 K 值

C^+	$K \times 10^7$ (mol · L⁻¹)	
	动力学求出	电导法求出
Li^+（一端活性）	2.2	1.9
Na^+（一端活性）	—	1.5
Na^+（两端活性）	1.5	1.5
K^+（两端活性）	0.8	0.7
Rb^+（两端活性）	—	0.11
Cs^+（一端活性）	0.021	0.028
Cs^+（两端活性）	0.004 6	0.165

注：25 ℃，THF中，苯乙烯的阴离子聚合。

不同温度下，四氢呋喃溶剂中，苯乙烯阴离子聚合测得的 K、$k_p^{\mp}$ 及 k_p^- 值列于表5.13。表中的结果显示，不管是 Na^+ 还是 Cs^+，K 随温度下降而增大，说明随温度降低，体系中自由阴离子的比例增大。其次，自由离子的聚合活性远大于离子对的活性。例如，在室温下，反离子为 Na^+ 时，k_p^- 值是65 000 $L \cdot mol^{-1} \cdot s^{-1}$，而 $k_p^{\mp}$ 为80 $L \cdot mol^{-1} \cdot s^{-1}$，即 k_p^- 值比 $k_p^{\mp}$ 约大800倍。反离子为 Cs^+ 时，也有相似的结果。第三，对于反离子为 Cs^+ 的情况，k_p^- 和 $k_p^{\mp}$ 值均随温度降低而变小，这是符合一般规律的。但对反离子为 Na^+ 时，k_p^- 值也随温度降低而降小，但 $k_p^{\mp}$ 值却随温度降低而增大。这可能是温度降低，溶剂对Na的溶剂化能力增加，松散离子对比例增加的缘故。

表5.13 不同温度下，苯乙烯在THF中聚合的 K、$k_p^{\mp}$ 及 k_p^- 值

反离子 C^+	温度 (℃)	$K \times 10^7$ ($mol \cdot L^{-1}$)	$k_p^{\mp}$ ($L \cdot mol^{-1} \cdot s^{-1}$)	k_p^- ($L \cdot mol^{-1} \cdot s^{-1}$)
Na^+	25	1.5	80	65 000
Na^+	0	5.0	90	16 000
Na^+	−33	34	130	3 900

续表

反离子 C^+	温度 (℃)	$K\times 10^7$ ($mol\cdot L^{-1}$)	$k_p^{\mp}$ ($L\cdot mol^{-1}\cdot s^{-1}$)	k_p^- ($L\cdot mol^{-1}\cdot s^{-1}$)
Na^+	−60	160	250	1 460
Na^+	−80	320	280	1 030
Cs^+	25	0.028	21	63 000
Cs^+	0	0.066	9	22 000
Cs^+	−33	0.086	2.4	6 200
Cs^+	−60	6.112	2.1	1 100

表5.13的结果还显示，无论是反离子为 Na^+，还是为 Cs^+，两种反离子的 k_p^- 值十分接近。可见 k_p^- 值大小与反离子的种类无关。而 $k_p^{\mp}$ 值则不同，反离子为 Na^+ 的 $k_p^{\mp}$ 值比 Cs^+ 的值大，说明 $k_p^{\mp}$ 值与反离子的种类有关。

3. 分子量和分子量分布

(1) 数均聚合度。根据活性阴离子聚合的特征，所有聚合单体应该平均连接在每个活性种上。因此，数均聚合度应该是消耗掉的单体浓度与活性种浓度之比。通常，所有引发剂I都转变为活性种，所以数均聚合度可用式(5.120)计算。

$$\overline{X}_n = \frac{np[M]_0}{[I]_0} \tag{5.120}$$

式中，$[M]_0$ 和 $[I]_0$ 分别是单体和引发剂的初始浓度，p 是 t 时刻时单体的转化率，n 为每一大分子增长链所带有的碳阴离子活性中心的数目。用萘-钠引发体系时，活性链为双阴离子，$n=2$；丁基锂引发时，活性链为单阴离子 $n=1$。

(2) 分子量分布。活性阴离子聚合的重要特征是引发速率比聚合速率快。聚合反应过程中，始终没有终止和链转移反应，所得聚合物的分子量分布非常窄。通常，$\overline{X}_w/\overline{X}_n$ 值低于1.1～1.2。式(5.121)是计算分子量分布的理论公式。

$$\frac{\overline{X}_w}{\overline{X}_n} = 1 + \frac{1}{\overline{X}_n} \tag{5.121}$$

由式(5.121)可知，随分子量增长，分子量分布逐渐接近1，即分子量分布变窄。这说明尽管引发速率非常快，但引发剂全部转变成增长活性链，仍需一定的时间。还由于扩散等各种原因，使链增长反应不能精确同步进行，这些是造成活性阴离子聚合生成的聚合物有一定分布的原因。根据这个事实，下面对分子量分布作理论推导。

引发剂引发单体生成含一个单体单元的增长链 P_1^-，x 个单体单元的增长链为 P_x^-。因此，聚合反应体系中，形式增长链 P_x^- 的速率如式(5.122)所示。

$$\frac{d[P_x^-]}{dt} = k_p[P_{x-1}^-][M] - k_p[P_x^-][M] \quad (5.122)$$

从式(5.105)可知,聚合反应速率的表达式为式(5.123)

$$\frac{d[M]}{dt} = k_p[M]\sum_1^{\infty} P_x^- = k_p[M][M^-] \quad (5.123)$$

当 $t=0$ 时,起始单体浓度为$[M]_0-[M^-]$;t 时,单体浓度为$[M]$。对 $d[M]$ 积分,得公式(5.124)。

$$\frac{\int_{[M]_0-[M^-]}^{[M]} d[M]}{[M^-]} = \upsilon = k_p\int_0^t [M]\,dt \quad (5.124)$$

对 $d[M]$ 积分后,上式的左边可改写成式(5.125)。

$$\frac{[M]_0-[M^-]-[M]}{[M^-]} = \frac{[M]_0-[M]}{[M^-]} - 1 = \overline{X}_n - 1 \equiv \upsilon \quad (5.125)$$

将 $d\nu = k_p[M]dt$ 代入式(5.122),然后积分,可得$[P_1^-]=[M^-]e^{-\nu}$,$[P_2^-]$,$[P_3^-]$,…。可以发现,x-聚体链增长阴离子浓度$[P_x^-]$的表达式为(5.126)。

$$[P_x^-] = \frac{[M^-]e^{-\nu}\nu^{(X-1)}}{(X-1)!} \quad (5.126)$$

因为$[P_x^-]/[M^-]=x_i$,即 x-聚体链增长阴离子的摩尔分数。所以,上式改写为式(5.127)。

$$x_i = \frac{e^{-\nu}\nu^{(X-1)}}{(X-1)!} \quad (5.127)$$

x-聚体链增长阴离子的质量分数 $w_i = X_i x_i/\overline{X}_n = X_i x_i/(\upsilon+1)$,所以,$w_i$ 的表达式为(5.128)。

$$w_i = \frac{e^{-\nu}\nu^{(X-1)}X_i}{(X-1)!(\nu+1)} \quad (5.128)$$

因为 $\overline{X}_w = \sum w_i X_i$,和 $\overline{X}_n = \upsilon+1$,所以,$\overline{X}_w$ 表达式为

$$\overline{X}_w = \sum w_i X_i = \sum \frac{e^{-\upsilon}\upsilon^{(X-1)}X_i^2}{(X-1)!(\upsilon+1)} \quad (5.129)$$

经计算,可得到式(5.130)。

$$\overline{X}_w = \frac{\overline{X}_n^2 + \overline{X}_n - 1}{\overline{X}_n} \quad (5.130)$$

将式(5.130)进一步处理,就可得到分子量分布的公式(5.131)。

$$\frac{\overline{X}_w}{\overline{X}_n} = 1 + \frac{\overline{X}_n - 1}{\overline{X}_n^2} = 1 + \frac{1}{\overline{X}_n} \quad (5.131)$$

当数均聚合度为 100 时,分子量分布宽度为 1.01。实际测得的分子量分布要

比理论宽。

思考题

1. 比较阴、阳离子聚合反应的异同点。
2. 有哪些亲核引发剂可引发单体进行阴离子聚合？它们的引发和链增长反应分别是什么？
3. 电子转移引发剂是怎样引发单体进行阴离子聚合的？
4. 为什么说阴离子引发剂具有选择性？举例说明。
5. 为什么阴离子聚合所用试剂和器皿要严格提纯和处理，并在高真空下进行聚合反应？
6. 既然增长链阴离子非常稳定，为什么长期保存时会失活？
7. 在通常条件下，极性单体难以进行活性聚合，为什么？
8. 写出活性阴离子聚合反应速率、分子量和分子量分布的表达式。
9. 自由阴离子有高的聚合反应速率，如何测试自由阴离子和离子对的速率常数？比较这两个常数的影响因素。
10. 为什么活性阴离子聚合产物仍有一定的分子量分布？

5.4　其他活性聚合反应

这一小节讨论的活性聚合，只能使某一或两类单体进行聚合，并具有活性特征。与活性阴、阳离子聚合比较，适用的单体范围更窄。

5.4.1　基团转移聚合

丙烯酸酯和甲基丙烯酸酯，只有在低温下才进行活性阴离子聚合反应。相比较，这两类单体的基团转移聚合也是活性聚合，但无需低温。不过只能使丙烯酸酯和甲基丙烯酸酯这两类单体聚合。所需引发剂 5-15，可用反应(5.132)制备。

$$\underset{\displaystyle CH_3}{CH_3-\underset{|}{CH}}-\underset{\displaystyle \overset{\|}{O}}{C}-OCH_3 \xrightarrow{i\text{-}Pr_2NLi} CH_3-\underset{H_3C}{C}=\underset{OCH_3}{C}-OLi \xrightarrow{Me_3SiCl} \underset{\text{5-15}}{CH_3-\underset{H_3C}{C}=\underset{OCH_3}{C}-OSiMe_3} \tag{5.132}$$

引发反应是引发剂 5-15 与甲基丙烯酸甲酯的加成反应,得到末端活性基为 $C{=}C(OSiMe_3)(OMe)$ 的增长链(反应(5.133))。

$$
\begin{array}{l}
CH_3-C=C-O-Si(CH_3)_3 \quad (\text{C上: }CH_3,\ OCH_3) \\
CH_2=C(CH_3)-C(=O)-OCH_3
\end{array}
\longrightarrow CH_3O-C(=O)-C(CH_3)_2-CH_2-C(CH_3)=C(OCH_3)-OSi(CH_3)_3 \tag{5.133}
$$

与引发反应相似的模式,增长链与单体进行增长反应,始终生成末端活性基为 $C{=}C(OSiMe_3)(OMe)$ 的增长链(反应(5.134))。

$$
CH_3O-C(=O)-C(CH_3)_2-CH_2-C(CH_3)=C(OCH_3)-OSi(CH_3)_3 + n\,CH_2=C(CH_3)-C(=O)-OCH_3
$$

$$
\longrightarrow CH_3O-C(=O)-C(CH_3)_2-\!\left(CH_2-C(CH_3)(COOCH_3)\right)_n CH_2-C(CH_3)=C(OCH_3)-OSi(CH_3)_3 \tag{5.134}
$$

无论引发反应,还是增长反应,均涉及向单体的亲核进攻。所以,聚合反应需要亲核试剂,或 Lewis 酸作催化剂。例如,能提供亲核试剂 HF_2^- 和 F^- 的化合物,$[(CH_3)_2N]_3SHF_2$ 和 $(n\text{-}C_4H_9)_4NF$ 等是最有效的基团转移聚合催化剂。其他的亲核试剂,如 CN^-,CH_3COO^- 和对-硝基酚氧阴离子也被用作催化剂。用作催化剂的 Lewis 酸包括 $ZnCl_2$,$ZnBr_2$ 和 R_2AlCl 等。由于能与单体的羰基络合,所以需要的量较大,例如,需要单体用量的 10%～20%(摩尔分数)$ZnCl_2$ 或 $ZnBr_2$ 作催化剂。

基团转移聚合体系中,不可以有活泼氢的化合物,如 H_2O 等。但氧不会影响反应的进行。有很多的溶剂可用作聚合反应的溶剂,例如,卤代物和乙腈(Lewis 酸作催化剂),二甲基甲酰胺(亲核试剂作催化剂)等。甲苯等芳烃和四氢呋喃等醚为常用的溶剂。

进行活性聚合的温度范围,甲基丙烯酸酯类为 0～50 ℃;丙烯酸酯类为<0 ℃。因为丙烯酸酯比甲基丙烯酸酯活泼。

采用基团转移聚合,很容易制得分子量为 10 000～20 000 $g\cdot mol^{-1}$ 的聚合物。制备高分子量的聚合物,需要高纯试剂和亲核催化剂。

5.4.2　氧阴离子聚合

氧阴离子聚合是利用醇钾(ROK)在极性溶剂中生成的氧阴离子(RO^-)作为活性中心引发甲基丙烯酸酯类单体聚合。能进行氧阴离子聚合的单体，一般是酯基中 β-位上含 N、O 等具有给电性杂原子的甲基丙烯酸酯类单体。例如，结构式如 5-16、5-17 和 5-18 所示。

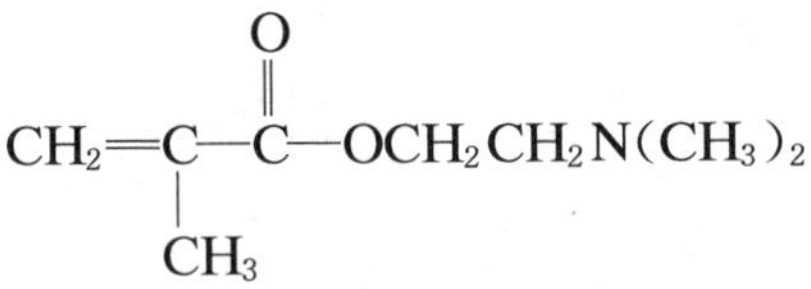

$$CH_2{=}C(CH_3){-}C({=}O){-}OCH_2CH_2N(CH_3)_2$$

5-16

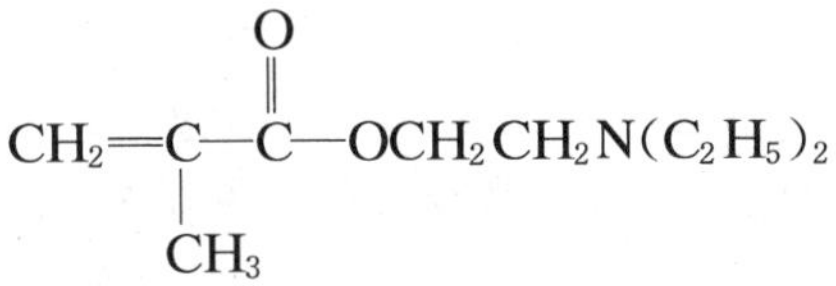

$$CH_2{=}C(CH_3){-}C({=}O){-}OCH_2CH_2N(C_2H_5)_2$$

5-17

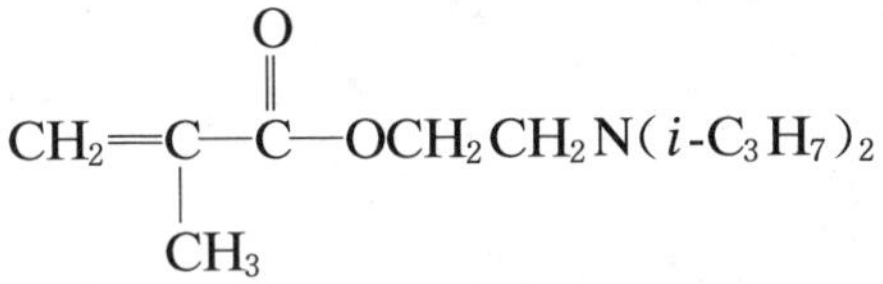

$$CH_2{=}C(CH_3){-}C({=}O){-}OCH_2CH_2N(i\text{-}C_3H_7)_2$$

5-18

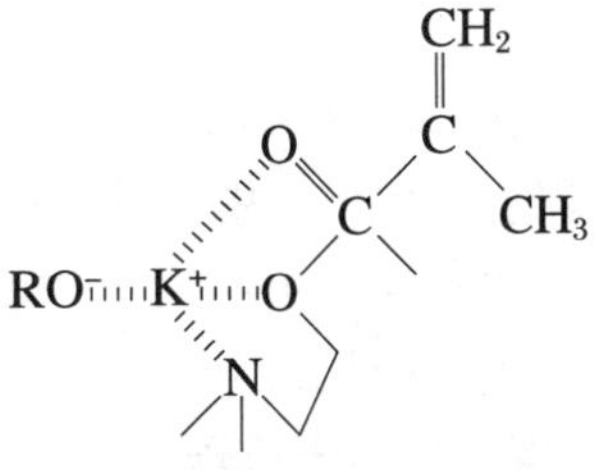

通常，醇钾的亲核性较低，不能引发甲基丙烯酸酯类单体进行阴离子聚合。氧阴离子聚合体系中，醇钾之所以能够引发单体聚合，是因为酯基的 β-位上的 N、O 等具有给电性的杂原子与活性中心的反离子 K^+ 发生配位络合生成 5-19，提高了 RO^- 的亲核性，增加了反应活性。链增长反应是以单体双键插入 $RO^-—K^+$ 方式进行的。乙醇钾引发甲基丙烯酸 2-(二甲基叔丁基硅氧基)乙基酯聚合时，间规聚合物占多数，说明了络合结构的存在。氧阴离子聚合机理，仍有不清楚的地方，例如，当 Na^+ 代替 K^+ 时，反应不能进行。甲基丙烯酸四氢吡喃乙基酯不能进行氧阴离子聚合。

$$RO^-\cdots K^+ \text{（与 } C{=}O\text{、酯基 }O\text{、}N \text{ 配位；}CH_2{=}C(CH_3){-}C({=}O){-}O{-}CH_2CH_2{-}N(CH_3)_2\text{）}$$

5-19

氧阴离子聚合的引发剂是小分子醇或带有羟端基的聚合物与强碱反应形成的醇钾。例如，在冰水浴或室温下，四氢呋喃溶剂中，醇与 K^+H^-、萘钾、$DMSO^-K^+$ 等反应 0.5～1 h(小分子醇)，或 3 h 或更长反应时间(大分子醇)，得到相应的醇钾。采用氧阴离子聚合已合成了许多结构明确、分子量分布较窄的聚合物。

5.4.3　C1 聚合反应

前面讲过的聚合反应在主链增长时，每反应一次，主链上增加两个碳原子。一些 1,2-双取代乙烯如马来酸酐，1,2-二苯乙烯等是很难聚合，生成分子量高的聚合物。这里所说的**C1 聚合反应**,是指每反应一次,主链只增加一个碳原子,也称作**卡宾聚合反应**。适当选择反应条件,它是活性聚合反应,且可进行立体规整聚合,得到全同和间同立构规整聚合物。生成的产物有可能是 1,2-双取代聚合物,如反应(5.135)所示。

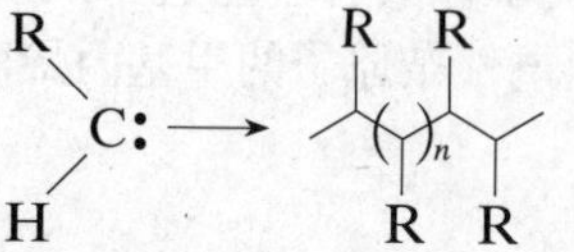

(5.135)

偶氮化合物和亚砜叶立德(ylide)是研究得最多的进行 C1 聚合反应的两类单体(反应(5.136a)和反应(5.136b))。

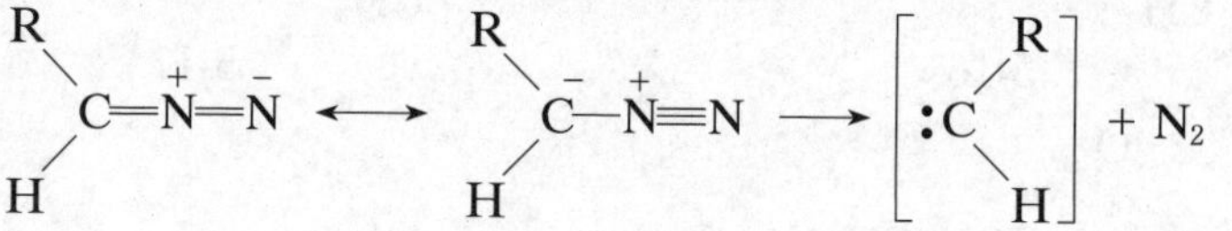

$$\mathrm{RHC{=}\overset{+}{N}{=}\overset{-}{N}} \longleftrightarrow \mathrm{RH\overset{-}{C}{-}\overset{+}{N}{\equiv}N} \longrightarrow [\mathrm{:CRH}] + N_2 \quad (5.136a)$$

$$\mathrm{RH\overset{-}{C}{-}\overset{+}{S}(=O)(CH_3)_2} \longrightarrow [\mathrm{:CRH}] + (CH_3)_2S{=}O \quad (5.136b)$$

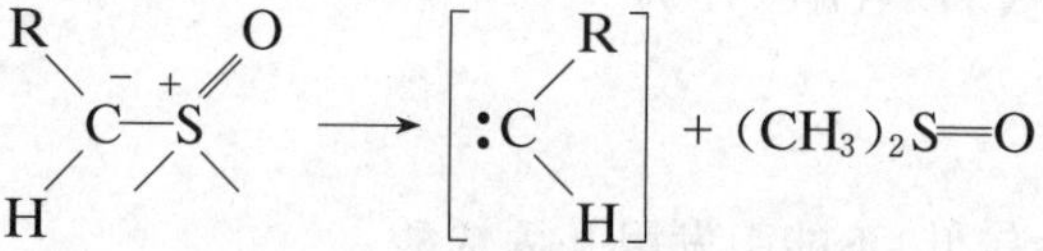

在 Lewis 酸,如 BF_3、三萘基硼、BF_3OEt_2、R_3Al 和过渡金属等催化作用下,进行聚合反应。其中,BF_3 和三烷基硼等作催化剂时,聚合物的收率和分子量均很高。随不同硼化物,存在两种不同聚合反应机理。一是偶氮甲烷上,带负电荷的碳亲核进攻增长链上被硼负离子极化的碳原子,进行如反应(5.137a)所示的增长反应,即所谓**离子机理**。

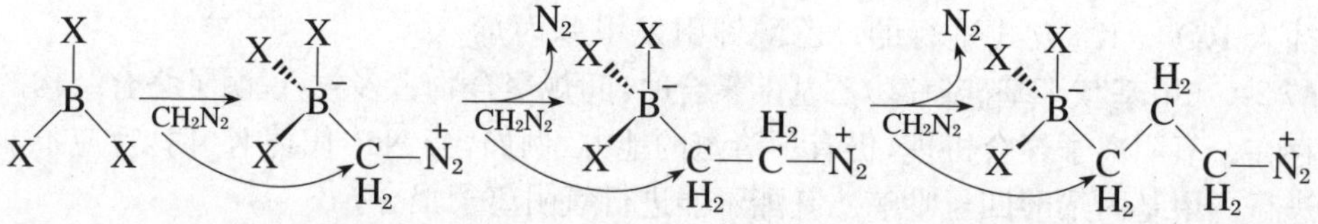

(5.137a)

另一是增长链亲核进攻分子内的偶氮甲烷加成物,进行如反应(5.137b)所示的增长反应,即所谓**迁移机理**。

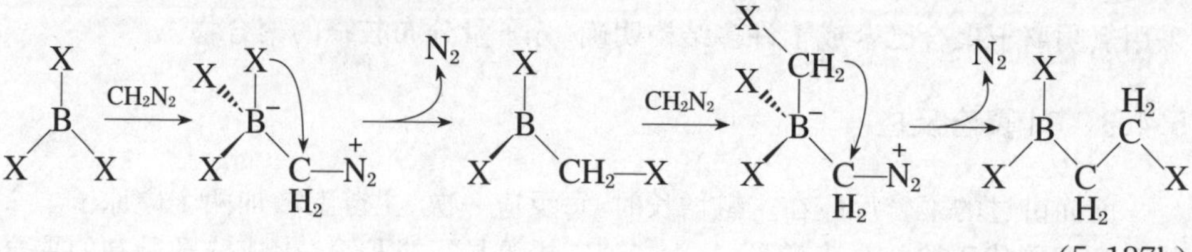

(5.137b)

在室温下,BF_3 催化偶氮甲烷进行聚合反应,可生成分子量达 3×10^6 g·mol^{-1} 的聚乙烯。但在室温下,催化偶氮乙烷,或 2-偶氮乙基苯聚合,只能得到分子量分别为 5 000 g·mol^{-1}和 3 000 g·mol^{-1}的聚合物。但在 −150 ℃下,BF_3 引发偶氮乙烷聚合时,可生成分子量为 20 000 g·mol^{-1}的聚合物。这说明在较高温度下聚合时,会发生链转移反应,生成末端为不饱和键的聚合物。

思考题

1. 什么是基团转移聚合?反应是怎样进行的?

2. 什么是阴氧离子聚合?简述它的聚合机理。

3. 为什么称为 C1 聚合反应?在硼化物作引发剂时,它是怎样引发偶氮化合物进行聚合反应的?

4. 何谓迁移机理?它与离子机理有何区别?

习　　题

1. 为什么阳离子聚合反应一般需要在很低温度下进行才能得到相对分子量较高的聚合物?

2. 写出以氯甲烷为溶剂,以 $SnCl_4$ 为引发剂的异丁烯聚合反应的各个基元方程。

3. 异丁烯聚合以单体链转移为主要终止方式,聚合物末端为不饱和端基。现有 4.0 g 聚异丁烯刚好能使 6.0 mL 的 0.01 mol·L^{-1}的 Br_2-CCl_4 溶液褪色,试计算聚合物的数均分子量。

4. 以硫酸为引发剂,使苯乙烯在惰性溶剂中聚合,若 $k_p=7.6$ L·mol^{-1}·s^{-1},自发终止速率常数 $k_t=4.9\times10^{-2}$ s^{-1},向单体链转移的速率常数 $k_{tr,M}=1.2\times10^{-1}$ L·mol^{-1}·s^{-1},反应体系中的单体浓度为 200 g·L^{-1}。计算聚合初期聚苯乙烯的分子量。

5. 以 $TiCl_4-H_2O$ 引发体系引发异丁烯于 −35 ℃聚合,得到单体浓度对数均聚合度的影响结果如下:

$[C_4H_8]$(mol·L^{-1})	0.667	0.333	0.278	0.145	0.059
$\overline{X}_n$	6 940	4 130	2 860	2 350	1 030

试计算聚合速率常数比 k_{tr}/k_p和 k_t/k_p。

6. 何谓异构化聚合?举例说明产生异构化聚合的原因。

7. 写出 4-甲基-1-戊烯和 3-乙基-1-戊烯在较低温度下聚合后所得聚合物的结构单元。

8. 何谓活性聚合物?为什么阴离子聚合可以实现活性聚合?

9. 苯乙烯在 THF 的钠-萘溶液中 25 ℃聚合,苯乙烯和钠-萘的初始浓度分别为 0.2 mol·L^{-1}

和 0.001 mol · L^{-1}，反应 5 s 后苯乙烯的浓度降到 1.73×10^{-3} mol · L^{-1}，试计算：

(1) 聚合的增长速率常数；

(2) 聚合的初速率；

(3) 10 s 时的聚合速率；

(4) 10 s 时的数均分子量。

10. 上题中的苯乙烯聚合完毕后，向体系加入对甲基苯乙烯，浓度为 0.15 mol · L^{-1}，25 ℃时的 $k_p=2.5$ L · mol^{-1} · s^{-1}，试计算：

(1) 初始聚合速率；

(2) 10 s 时的聚合速率；

(3) 100 s 时的共聚物数均聚合度。

11. 为长时间储存活性聚合物阴离子，应选择什么样的条件？

12. RLi 引发丙烯酸酯类单体聚合，能否获得相对分子量高的聚合物？试用反应方程式表达并分析其原因。

13. 在搅拌下依次向装有四氢呋喃的反应釜中加入 0.2 mol *n*-BuLi 和 20 kg 苯乙烯。当单体聚合了一半时，向体系中加入 1.8 g 水，然后继续反应，假定用水终止的和继续增长的聚苯乙烯的相对分子量分布指数均是 1，试计算：

(1) 水终止的聚合物的数均分子量。

(2) 单体完全聚合后体系中全部聚合物的数均分子量。

(3) 最后所得聚合物的相对分子量分布指数。

14. 以 $n\text{-}C_4H_9Li$ 为引发剂，分别以硝基甲烷和四氢呋喃为溶剂，在相同的条件下使异戊二烯聚合，判断在不同溶剂中聚合速率的大小顺序，并说明原因。

15. 以乙二醇二甲醚为溶剂，分别以 RLi、RNa、RK 为引发剂，在相同条件下使苯乙烯聚合。判断采用不同引发剂时聚合速率的大小顺序。如改用环己烷作溶剂，聚合速率的大小顺序如何？说明判断的根据。

16. 以乙二醇二甲醚为溶剂，以 BuLi 为引发剂，使苯乙烯聚合引发剂的浓度分别为：4.00×10^{-4} mol · L^{-1}、1.00×10^{-4} mol · L^{-1}、4.45×10^{-4} mol · L^{-1}、2.60×10^{-5} mol · L^{-1}。测得的聚合表观速率常数依次为 2.22×10^{3} L · mol^{-1} · s^{-1}、4.24×10^{3} L · mol^{-1} · s^{-1}、6.25×10^{3} L · mol^{-1} · s^{-1}、8.12×10^{3} L · mol^{-1} · s^{-1}。如果电离平衡常数 $K=2.40\times10^{-7}$ mol · L^{-1}。用作图法求链增长速率常数 k_p^- 及 $k_p^{\mp}$。

17. 将下列单体和引发剂进行匹配，说明反应类型并写出引发反应。

单体：(1) $CH_2{=}CHCl$； (4) $CH_2{=}C(CN)_2$；

(2) $CH_2{=}C(CH_3)COOCH_3$； (5) $CH_2{=}CH(C_6H_5)$；

(3) $CH{=}CHO(n-C_4H_9)$； (6) $CH_2{=}C(CH_3)_2$。

引发剂：(1) $(C_6H_5COO)_2$； (3) 钠-萘；

(2) $n\text{-}C_4H_9Li$； (4) BF_3+H_2O。

18. 列表比较阴离子、阳离子和自由基聚合之间的差别(比较单体、引发剂、反应特点及聚合方法等)。

19. 电离辐射引发单体聚合,用何种实验方法检测它的聚合属自由基机理或离子机理?

20. 离子聚合体系中,活性中心的形式有几种?大多数的体系以哪种形式为主?其相对含量受哪些因素的影响?

21. 从下列聚合反应的实验结果判别聚合是按哪一种机理进行的?讨论其原因。

(1) 聚合度随反应温度增加而降低;

(2) 聚合度不受所用溶剂的影响;

(3) 聚合度与单体浓度一次方成正比;

(4) 聚合反应速率随温度增加而增加。

第6章　链式共聚合反应

前面讨论的自由基和离子型链式聚合反应,为均聚反应,即由一种单体进行的链式聚合反应。从已讨论的内容可知,烯类单体和相应的链活性中心的聚合活性,对聚合反应速率、聚合物的分子量和分布有着十分重要的影响。到第5章为止,还没有讨论过单体、链自由基、增长链碳阴、阳离子的相对活性,以及与它们的结构间的关系。这些问题需要通过研究共聚反应来解决。另外,商品化单体数目有限,生成的聚合物种类也不多,很难满足国民经济各个领域的不同需要。将有限单体通过不同组合,进行共聚合反应,可以得到具备不同性能的多种高分子材料。例如,苯乙烯与1,3-丁二烯共聚得到丁苯橡胶;苯乙烯、1,3-丁二烯和丙烯腈三元共聚可以制备树脂等。所以,本章以二元共聚为例,来讨论共聚反应的基本问题。

6.1　共聚反应的基本概念

6.1.1　共聚反应和共聚物

由一种单体进行的,仅生成一种重复结构单元的聚合反应称为**均聚**(homopolymerization),得到的聚合物称为**均聚物**(homopolymer)。由两种或两种以上单体参与的,并形成两种或两种以上重复结构单元的聚合反应称为**共聚反应**(copolymerization);得到的聚合物称为**共聚物**(copolymer)。

"阳离子聚合"一节中的 α-烯烃异构化聚合,由一种单体聚合,生成的聚合物由几种重复结构单元组成;在逐步聚合反应中,如聚酯化和聚酰胺化反应,往往是含不同基团的两种单体参与聚合,但是仅形成一种重复结构单元的聚合物;在制备互穿网络聚合物时，不同单体各自聚合，互不干扰，生成各自的交联结构，不同聚合物网络间基本上无化学键合。确切地说，以上三种情况都不是共聚反应。

6.1.2　聚合反应与共聚物的组成和结构

根据参与聚合反应单体的数目不同，对共聚反应进行分类，例如，有两种单体参与的链式共聚合称为二元共聚，有更多单体参与的聚合反应，则称为多元共聚，如三元共聚等。也可以根据聚合反应的类型，将共聚反应分为自由基共聚、阳离子共聚和阴离子共聚等。

要知道共聚反应生成的共聚物的情况，除了要了解共聚物的组成外，还要知道不同单体单元在分子链中的分布。根据单体单元在分子链中的分布，可将共聚物分为无规、嵌段、交替和接枝共聚物，下面分别介绍。

1. 无规共聚物(random copolymer)

两种单体进行共聚时，得到的共聚物中，两种单体单元在高分子链上的概率分布符合 Bernoullian 方程，即不同重复结构单元在高分子链中无规排列。例如，丙烯酸甲酯和丙烯酸特丁酯的自由基共聚反应就属于这一类型。确切地说，只有普通自由基共聚反应，才形成上面所说的无规共聚物，而且不同反应时间生成的共聚物的组成是不一样的。例如，当等摩尔的 M_1 和 M_2 两个单体进行普通自由基共聚反应，且 M_1 的活性比 M_2 的高时，共聚物的组成以及单体 M_1 和 M_2 随反应时间而变化的情况如图 6.1 所示。

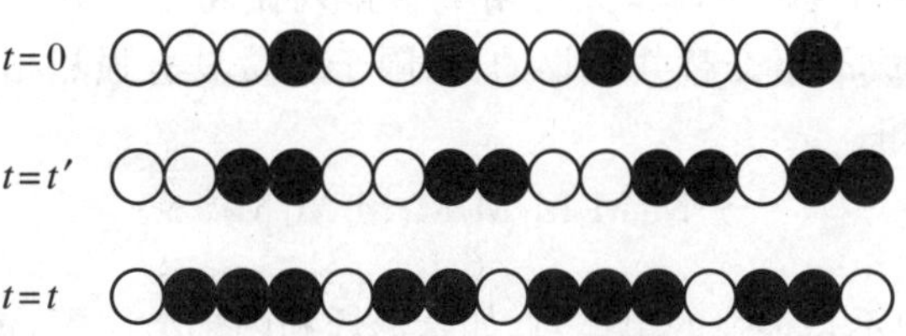

图 6.1　普通自由基共聚中，共聚组成和单体的序列分布随时间变化情况示意图

M_1 = ○　M_2 = ●

根据第 3 章的讨论，链自由基寿命很短，每一聚合物分子在很短时间内就能形成。聚合反应开始($t=0$)时，单体 M_1 的活性比 M_2 的高，所以，聚合物中 M_1 的含量比 M_2 的高。随着聚合反应进行($t=t'$)，体系中 M_1 的相对含量降低，聚合物中 M_2 的含量相对增加。反应后期，溶液中 M_1 含量很低，所以，聚合物中 M_2 含量大为增加。由此可见，普通自由基共聚反应，得到的是不同组成和序列分布的共混物。

当单体 M_1 和 M_2 进行可控自由基共聚合，且 M_1 的活性大于 M_2 时，共聚物组成和单体 M_1 和 M_2 的序列分布情况则与普通自由基共聚合完全不同。在可控自由基共聚合中，聚合物分子不是瞬时形成的，而是贯穿在整个聚合反应过程中，如图 6.2 所示。

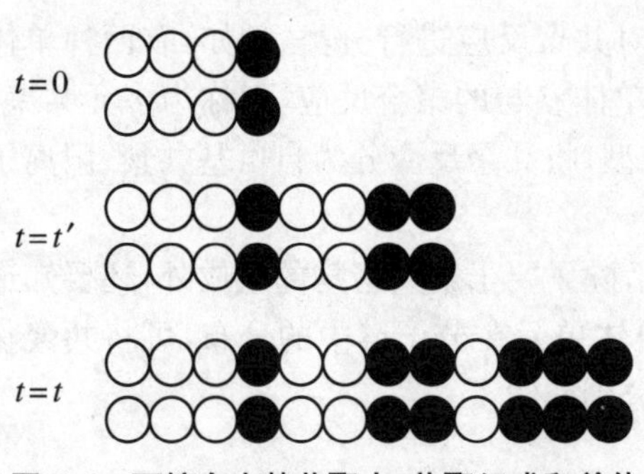

图 6.2　可控自由基共聚中，共聚组成和单体的序列分布随时间变化情况示意图

M_1 = ○　M_2 = ●

聚合反应初期，即 $t=0$ 时，活性大的单体 M_1 聚合较多，形成的聚合物中，M_1 含量较高。随聚合反应进行（$t=t'$），体系中单体 M_1 的浓度下降。形成的增长链自由基继续增长时，单体 M_1 进入聚合物的比例下降，M_2 相对含量上升。聚合反应后期，即 $t=t$ 时，溶液中，M_1 浓度很小，链自由基继续聚合时，聚合 M_2 的量远比 M_1 的大。这时形成的一段聚合物链中，M_2 的含量比 M_1 的高。由图 6.2 可知，由可控聚合制得的共聚物中，所有共聚合物链具有相同的组成，相同的序列结构。单体 M_1 和 M_2 在聚合物链上的分布呈梯度分布。这种共聚物称作**梯度共聚物**。这是用普通自由基聚合方法难以制备的。

2. 交替共聚物(alternate copolymer)

交替共聚物是指两种单体单元严格交替排列在高分子链中的共聚物，如结构 6-1 所示。能够形成严格交替共聚物的，只限于少量具有强烈相互作用的单体对，如苯乙烯/马来酸酐。

$$\sim\sim M_1M_2M_1M_2M_1M_2M_1M_2\sim\sim$$

6-1

对于相互作用不是很强的单体对，如苯乙烯和丙烯酸甲酯，进行普通自由基共聚反应时，形成的共聚物中，含有较多的 M_1M_2 单元。所以，它们有交替共聚倾向。这倾向的强与弱，取决于两单体间的相互作用力的强与弱。当这两种单体进行可控自由基聚合反应，且一个单体比另一个单体活泼时，聚合反应生成的为梯度聚合物。

3. 嵌段共聚物(block copolymer)

嵌段共聚物是指两个或两个以上不同高分子链段通过化学键连接而形成的聚合物分子，如图 6.3 所示。

根据聚合物中链段的数量，有两嵌段（AB 型，如苯乙烯/丁二烯）、三嵌段（ABA 型，如苯乙烯/丁二烯/苯乙烯组成的 SBS 树脂等）和多嵌段共聚物等。通过

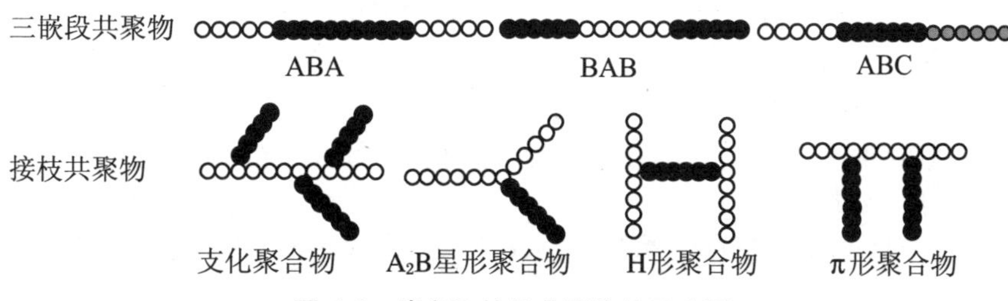

图 6.3 嵌段和接枝共聚物的示意图

不同单体的共聚，是难以合成嵌段共聚物的，一般采用多官能团引发剂法、单体顺序聚合法和偶联法等，经活性聚合反应制备的。采用普通自由基聚合或共聚合是难以合成嵌段共聚物的。

理论上，当M_1和M_2的自聚活性高，而不易进行交叉聚合，即$k_{11}>k_{12}$，$k_{22}>k_{21}$。这一单体对进行普通自由基共聚合时，趋向于形成嵌段共聚物，但这样的单体对很难找到。

4. 接枝共聚物(graft copolymer)

如图 6.3 所示，接枝共聚物是由线形链通过共价键接到高分子主链上。这是一种支化聚合物，一般，主链和侧链是由不同单体单元构成的。通常，不同类型的接枝共聚物，不能通过两种和两种以上单体共聚反应制备。最方便的制备方法是使用多官能团引发剂，经两步或两步以上活性聚合反应制备。

从以上讨论可以知道，共聚物的组成和结构，与单体和链自由基的活性、单体的配比和聚合反应的类型密切相关。但是单体和链自由基的相对活性，与反应的类型关系不大。所以，以下讨论仍沿用普通自由基聚合反应的结果。

6.1.3 命名

无需明确共聚物类型时，命名共聚物只需将单体名称以“共(*co*)”相连，并冠以“聚”，如苯乙烯和丙烯腈的共聚物称为聚(苯乙烯-*co*-丙烯腈)，或苯乙烯/丙烯腈共聚物；需要明确共聚物类型时，则将“*co*”分别以“无规(*rad*)”、“交替(*alt*)”、“嵌段(*b*)”和“接枝(*g*)”代替。

命名共聚物时要注意单体的次序，无规共聚物名称中主单体在前，嵌段共聚物名称中先聚合的单体在前，接枝共聚物名称中主链单体在前。

采用系统命名法命名共聚物名称时，将相应均聚物结构单元的系统名称以“共”或“嵌段”等相连，并冠以“聚”。

思考题

1. 什么是梯度共聚物？它是怎样形成的？不可控和可控自由基共聚反应对共聚物的组成和序列分布有什么影响？

2. 什么是交替、嵌段和接枝共聚物？它们在合成方法上有什么差别？

6.2 共聚物组成

研究共聚反应，其中要解决的问题之一是共聚物中不同单体单元的含量及其控制。为了简化问题，以下讨论二元共聚，但是其思路可以引申到多元共聚体系。两种单体进行共聚时，由于它们的聚合活性存在差异，生成的共聚物的组成往往不同于单体的配比。随着共聚反应进行，单体的组成发生变化，共聚物的组成也随之改变。因此，必须了解某时刻形成的共聚物的组成和单体与链自由基的活性，以及单体的配比之间的关系。

确定共聚物组成与单体组成及其单体聚合活性之间的关系式称为**共聚组成方程**，简称**共聚方程**。

6.2.1 共聚物的瞬时组成和竞聚率

共聚物的瞬时共聚组成方程，可以用动力学方法和概率统计方法来推导。与推导自由基聚合动力学方程和分子量分布一样，首先要建立一个理想的共聚模型，以简化推导过程。

1. 动力学方法

采用动力学方法推导共聚组成方程，需要：① 等活性假定。增长链活性中心的活性只决定于末端单体单元的结构，与增长链长无关。② 稳态假定。在经历一段时间聚合后，体系中链自由基的浓度不变，不同的链自由基的浓度也保持不变。③ 聚合反应，包括链引发、增长和终止反应是不可逆的。④ 聚合反应生成的是高分子量聚合物。

两种单体进行共聚合反应时，体系中存在四种类型的链增长反应，并有四种链增长反应速率,见式(6.1)、(6.2)、(6.3)、(6.4)。

$$\sim\sim\sim M_1\cdot + M_1 \xrightarrow{k_{11}} \sim\sim\sim M_1\cdot \qquad R_{11} = k_{11}[M_1\cdot][M_1] \tag{6.1}$$

$$\sim\sim\sim M_1\cdot + M_2 \xrightarrow{k_{12}} \sim\sim\sim M_2\cdot \qquad R_{12} = k_{12}[M_1\cdot][M_2] \tag{6.2}$$

$$\sim\sim\sim M_2\cdot + M_2 \xrightarrow{k_{22}} \sim\sim\sim M_2\cdot \qquad R_{22} = k_{22}[M_2\cdot][M_2] \tag{6.3}$$

$$\sim\sim\sim M_2\cdot + M_1 \xrightarrow{k_{21}} \sim\sim\sim M_1\cdot \qquad R_{21} = k_{21}[M_2\cdot][M_1] \tag{6.4}$$

式中,$M_1\cdot$ 和 $M_2\cdot$ 分别为末端单元为 M_1 或 M_2 的增长链自由基。k_{11} 和 k_{12} 分别为增长链自由基 $M_1\cdot$ 与单体 M_1 和 M_2 的反应速率常数,k_{21} 和 k_{22} 分别为增长链自由其 $M_2\cdot$ 与单体 M_1 和 M_2 的反应速率常数。增长链与同类单体的反应(6.1)和反应(6.3)称为**自增长**,其速率常数实际为单体 M_1 和 M_2 均聚的速率常数。增长链自由基 $M_1\cdot$ 和 $M_2\cdot$ 分别与 M_2 和 M_1 单体的反应称为**交叉增长**(反应(6.2)和反应(6.4))。反应(6.1)至反应(6.4)及其增长速率也适用于阳离子或阴离子共聚合反应。

(1) 共聚组成方程的微分形式

式(6.5)和式(6.6)分别为单体 M_1 和 M_2 的聚合反应速率的表达式。

$$-\frac{d[M_1]}{dt} = k_{11}[M_1\cdot][M_1] + k_{21}[M_2\cdot][M_1] \tag{6.5}$$

$$-\frac{d[M_2]}{dt} = k_{22}[M_2\cdot][M_2] + k_{12}[M_1\cdot][M_2] \tag{6.6}$$

将式(6.5)和式(6.6)相除,得到式(6.7)。

$$\frac{d[M_1]/dt}{d[M_2]/dt} = \frac{k_{11}[M_1\cdot][M_1] + k_{21}[M_2\cdot][M_1]}{k_{22}[M_2\cdot][M_2] + k_{12}[M_1\cdot][M_2]} \tag{6.7}$$

由稳态假定,即聚合过程中,不仅链自由基总浓度不变,而且每一种链自由基 $M_1\cdot$ 和 $M_2\cdot$ 的浓度也保持恒定。所以,交叉增长的速率相等,即有式(6.8)。

$$k_{21}[M_2\cdot][M_1] = k_{12}[M_1\cdot][M_2] \tag{6.8}$$

令

$$r_1 = \frac{k_{11}}{k_{12}};\ r_2 = \frac{k_{22}}{k_{21}} \tag{6.9}$$

将式(6.8)和式(6.9)的结果代入式(6.7),再经简化、整理,得到共聚组成方程的微分形式(6.10)。

$$\frac{d[M_1]}{d[M_2]} = \frac{[M_1](r_1[M_1] + [M_2])}{[M_2](r_2[M_2] + [M_1])} \tag{6.10}$$

方程式(6.10)为共聚组成方程的微分形式,其中,$d[M_1]/d[M_2]$ 为瞬时形成的共聚物链段中,两种单体单元的摩尔比。该方程给出了 $d[M_1]/d[M_2]$ 与相应时刻两种单体浓度、常数 r_1和 r_2 之间的关系。

共聚物组成方程也可以用摩尔分数代替摩尔比或浓度比。定义 f_1和 f_2 分别为单体混合物中 M_1和 M_2 的摩尔分数,即式(6.11)。

$$f_1 = 1 - f_2 = \frac{[M_1]}{[M_1] + [M_2]} \tag{6.11}$$

定义 F_1和 F_2 分别为共聚物中,M_1和 M_2 单体单元的摩尔分数,即式(6.12)。

$$F_1 = 1 - F_2 = \frac{d[M_1]/dt}{d[M_1]/dt + d[M_2]/dt} \tag{6.12}$$

将共聚组成方程的微分形式(式(6.10))进行数学处理,然后将式(6.11)和式(6.12)的结果代入,即可得式(6.13)。

$$F_1 = \frac{r_1 f_1^2 + f_1 f_2}{r_1 f_1^2 + 2f_1 f_2 + r_2 f_2^2} \tag{6.13}$$

方程式(6.13)给出了以摩尔分数表示的共聚组成方程,在研究中常常比方程式(6.10)更为实用。

(2) 竞聚率(reactivity ratio)

r_1和 r_2 称为**竞聚率**,为每种单体增长链的自增长和交叉增长速率常数之比,表示两种单体 M_1和 M_2 的相对反应活性。r_1大于 1 表示 $M_1\cdot$ 活性中心更容易与单体 M_1反应,即 M_1的自聚活性高于与单体 M_2 的反应活性;r_1小于 1 表示 $M_1\cdot$ 活性中心更容易与单体 M_2 反应,即单体 M_1 的自聚活性低于与单体 M_2 进行交叉反应活性;r_1等于零则意味着单体 M_1 不能自聚。

2. 统计学推导

用动力学推导共聚物组成微分方程时,使用了稳态假定。统计学方法推导该方程时,不需要稳态假定。在共聚物分子链中,由相同单体单元构成的链段称为**序列**;链段的聚合度,即含有单体单元的数目称为**序列长度**。在共聚物中,除了考虑分子量分布外,还要考虑序列长度的分布。定义 $\bar{n}_1$ 和 $\bar{n}_2$ 分别为单体 M_1和单体 M_2 序列所含单体单元的平均数,即**平均序列长度**。

共聚物链中形成 M_1M_1单元组的概率 P_{11},为 M_1加到 $M_1\cdot$ 上的速率 R_{11}与 M_1和 M_2 加到 $M_1\cdot$ 的总速率 $R_{11}+R_{12}$之比,即式(6.14)。

$$P_{11} = \frac{R_{11}}{R_{11} + R_{12}} = \frac{r_1[M_1]}{r_1[M_1] + [M_2]} \tag{6.14}$$

同理,可用式(6.15)、式(6.16)和式(6.17)表示形成 M_1M_2、M_2M_1和 M_2M_2 单元组的概率 P_{12}、P_{21}和 P_{22}。

$$P_{12} = \frac{R_{12}}{R_{11} + R_{12}} = \frac{[M_2]}{r_1[M_1] + [M_2]} \tag{6.15}$$

$$P_{21} = \frac{R_{21}}{R_{21} + R_{22}} = \frac{[M_1]}{r_2[M_2] + [M_1]} \tag{6.16}$$

$$P_{22} = \frac{R_{22}}{R_{22} + R_{21}} = \frac{r_2[M_2]}{r_2[M_2] + [M_1]} \tag{6.17}$$

自由基 $M_1\cdot$ 和 $M_2\cdot$ 与单体反应的概率应为 1，即有式(6.18)。

$$P_{11} + P_{12} = 1 \tag{6.18a}$$

$$P_{22} + P_{21} = 1 \tag{6.18b}$$

单体 M_1 的平均序列长度 $\bar{n}_1$ 为

$$\bar{n}_1 = \sum_{x=1}^{\infty} x\,(\underline{N}_1)_x = (\underline{N}_1)_1 + 2\,(\underline{N}_1)_2 + 3\,(\underline{N}_1)_3 + 4\,(\underline{N}_1)_4 + \cdots \tag{6.19}$$

其中，$(\underline{N}_1)_x$ 为序列长度等于 x 的序列占序列总数的摩尔分数，即是该序列的形成概率，可用式(6.20)计算。

$$(\underline{N}_1)_x = P_{11}^{x-1} P_{12} \tag{6.20}$$

将式(6.20)代入式(6.19)，并应用式(6.14)和式(6.15)，可得到式(6.21)。

$$\bar{n}_1 = \sum_{x=1}^{\infty} x\,(\underline{N}_1)_x = P_{12}\sum_{x=1}^{\infty} xP_{11}^{x-1} = \frac{P_{12}}{(1 - P_{11})^2} = \frac{r_1[M_1] + [M_2]}{[M_2]} \tag{6.21}$$

同理，可得到单体 M_2 的序列平均长度 $\bar{n}_2$ 为

$$\bar{n}_2 = \frac{r_2[M_2] + [M_1]}{[M_1]} \tag{6.22}$$

共聚物中，两种单体单元的摩尔比等于两种单体序列平均长度的比，即得到方程式(6.23)。

$$\frac{\bar{n}_1}{\bar{n}_2} = \frac{d[M_1]}{d[M_2]} = \frac{[M_1](r_1[M_1] + [M_2])}{[M_2](r_2[M_2] + [M_1])} \tag{6.23}$$

上述的推导过程是在等活性和不发生解聚这两个假定前提下完成的。

3. 共聚组成方程微分形式的适用范围

在很多共聚体系中，共聚组成方程得到了实验验证。对于自由基、阳离子和阴离子链式共聚都适用。

不同类型的共聚反应，竞聚率变化很大。例如苯乙烯(M_1)和甲基丙烯酸甲酯(M_2)进行自由基共聚时，r_1 和 r_2 值分别为 0.52 和 0.46；而阳离子和阴离子共聚的 r_1 和 r_2 值分别为 10 和 0.1；以及 0.1 和 6。图 6.4 显示了不同类型共聚反应的共聚物组成和单体组成曲线有很大的不同。

与自由基共聚相比，阳、阴离子聚合反应对单体有高的选择性。例如，对于甲基丙烯酸甲酯和苯乙烯的共聚反应，甲基丙烯酸甲酯在阴离子共聚中具有更高的反应活性，而在阳离子共聚反应中，它的活性很低。当等摩尔的苯乙烯和甲基丙烯

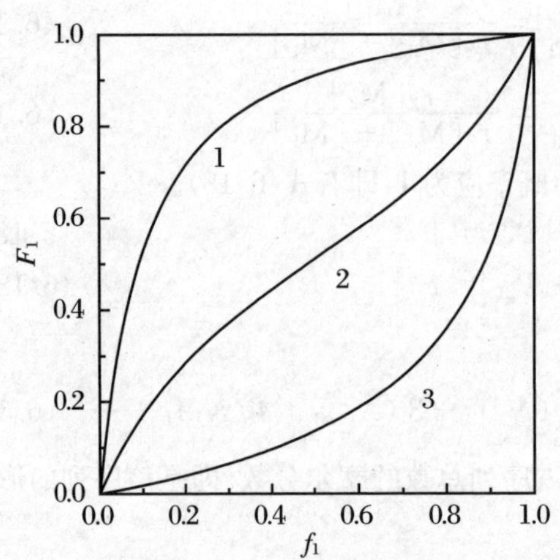

图 6.4 苯乙烯(M_1)和甲基丙烯酸甲酯(M_2)进行阳、阴离子和自由基共聚反应的共聚曲线

f_1 为进料液组成,F_1 为共聚物瞬时组成;

1:阳离子;2:自由基;3:阴离子

酸甲酯进行共聚时,自由基共聚可得到组成比近似为 1:1 的共聚物;阳离子共聚物主要为苯乙烯单体单元,阴离子共聚得到主要为甲基丙烯酸甲酯的共聚物。离子共聚的过高选择性,限制了它们的实际应用,仅少数单体对能进行离子共聚。而几乎所有的单体都能进行自由基共聚。

自由基共聚的共聚组成,与竞聚率和单体浓度以外的其他反应参数基本无关。对于阳离子或阴离子共聚合反应,竞聚率和共聚组成还与某些反应参数相关。例如,溶剂和反离子的类型影响活性中心的活性,从而影响竞聚率和共聚组成。上述共聚组成方程的推导没有涉及终止反应和链转移反应,因此,共聚组成与它们无关。在很宽的范围内,共聚物组成与聚合度无关,唯一的限制是必须生成高分子量产物。

活性共聚反应的竞聚率和共聚组成与非活性聚合体系相同,但是存在某些活性聚合的共聚组成不符合上述方程的情况。这种偏离不是因为竞聚率的变化,而是由于单体的消耗不同引起的。在可控自由基聚合中,存在活性种和休眠种之间相互转化平衡。在共聚反应中,两个不同的增长链活性中心 $M_1\cdot$ 和 $M_2\cdot$,也存在这样的两个相互转化平衡反应。当 $M_1\cdot$ 和 $M_2\cdot$ 的活化速率和(或)失活速率常数不同,自增长速率常数不同于交叉增长速率常数时,就有可能出现某一单体的相对消耗速率高于相应的非活性共聚体系。自增长快于交叉增长(r_1, $r_2>1$)时,共聚组成的偏离程度较大;反之较小。

由以上讨论可知,共聚组成方程微分形式适用于活性中心等活性假定和无解聚条件成立的共聚反应,而且它描述的是瞬时状态。

6.2.2 共聚反应的类型

根据两种单体的竞聚率($r_1\cdot r_2$)乘积等于 1、小于 1 或大于 1,可将共聚反应可分为如下三种主要类型。

1. 理想共聚($r_1 \cdot r_2 = 1$)

当 $r_1 \cdot r_2 = 1$ 时,共聚反应为**理想共聚**。此时,$r_1 = 1/r_2$,或者 $k_{11}/k_{12} = k_{21}/k_{22}$。这说明 $M_1\cdot$ 和 $M_2\cdot$ 与单体 M_1 和 M_2 反应的选择性是相同的,也就是说单体 M_1 和 M_2 进入共聚物的相对速率与增长链末端活性基的结构无关。这时,共聚组成方程的微分形式可简化为式(6.24a)或式(6.24b)。

$$\frac{d[M_1]}{d[M_2]} = \frac{r_1[M_1]}{[M_2]} \tag{6.24a}$$

$$F_1 = \frac{r_1 f_1}{r_1 f_1 + f_2} \tag{6.24b}$$

图6.5显示理想共聚时,共聚物中 M_1 的摩尔分数 F_1 与单体 M_1 和 M_2 的摩尔分数 f_1 和 f_2 的关系。当 $r_1 = r_2 = 1$,即两种单体与两种链增长活性中心的反应活性完全相等。这时,形成的共聚物的组成与单体配比相同,两种单体单元在共聚物链中完全无规分布,这种行为称为无规或 Bernoullian 过程。这一共聚反应称为**恒比共聚**。当两种单体竞聚率不相等,即 $r_1 \cdot r_2 = 1$,但 $r_1 \neq r_2$ 时,竞聚率大的单体,如 M_1 具有高的反应活性,在共聚物中,M_1 的含量比 M_2 的高。在实际应用中,如果两种单体竞聚率相差太大,往往很难得到组成较为合适的共聚物。例如,$r_1 = 10$、$r_2 = 0.1$ 时,即使 M_2 单体的摩尔分数达到80%,但在共聚物中,M_2 的摩尔分数也

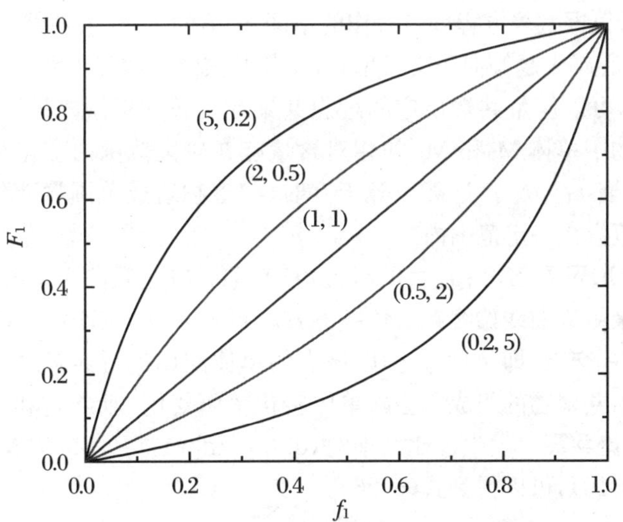

图6.5 理想共聚的共聚曲线

$r_1 \cdot r_2 = 1$,图中曲线上的值为 r_1,r_2 值

仅为 18.5%。因此，只有当 r_1 和 r_2 相差不太大时，才能得到组成范围很宽的共聚物。大多数离子共聚(包括阳离子和阴离子)具有理想共聚特征。

2. 交替共聚($r_1 = r_2 = 0$)

$r_1 = r_2 = 0$ 时，共聚反应中，单体 M_1 和 M_2 不能进行自增长反应，只会发生交叉增长，这时共聚组成方程可以简化为式(6.25)。共聚物组成与单体配比无关，含量少的单体消耗完后，共聚反应即停止。

$$\frac{d[M_1]}{d[M_2]} = 1 \tag{6.25a}$$

或

$$F_1 = 0.5 \tag{6.25b}$$

在交替共聚的共聚曲线图 6.6 上，当 $r_1 = r_2 = 0$ 时，无论何种单体配比，共聚物中 M_1 或 M_2 的摩尔分数 F_1 或 F_2 始终在 0.5 的直线上。当 $r_1 r_2 = 0$，例如，$r_2 = 0$，r_1 从 0.1 减少到 0.01、0.001 时，即随 M_1 自聚反应活性降低，F_1 逐渐靠近 $F_1 = 0.5$ 的直线。因为两种单体的极性相差很大，它们之间有极强的相互作用，所以共聚反应时，有很强的交替共聚倾向。而且竞聚率 r_1 越趋向于零，交替共聚的倾向越显著。

大部分共聚反应的行为介于理想共聚和交替共聚之间。当 $r_1 \cdot r_2$ 值从 1 降到 0 时，共聚反应由理想共聚逐渐过渡到交替共聚。图 6.6(b)是假定 $r_1 = 0.5$，r_2 值由 2 变到 0，根据共聚方程(6.13)作的不同 r_2 值的 $F_1 \sim f_1$ 曲线。随 r_2 变小，两种单体活性中心越来越倾向于交叉增长，交替共聚倾向增强。因此，$r_1 \cdot r_2$ 与 1 或 0 的接近程度，可以衡量共聚反应的理想共聚或交替共聚倾向强弱。在实际应用中，希望共聚物中单体 M_1 和 M_2 的相对含量能在较大范围内变化，以利于聚合物性能的变化。当 $r_1 \cdot r_2$ 接近甚至等于 0 时，共聚物组成范围将受到限制。所以，要求 $r_1 \cdot r_2$ 值应在一定范围内。

从图 6.6(b)可看出，当 $r_1 = 0.5$，$r_2 > 1$ 时，即 $M_1 \cdot$ 倾向交叉增长，而 $M_2 \cdot$ 倾向自增长，共聚组成曲线始终在对角线下方。当 r_1 和 r_2 均小于 1 时，共聚组成曲线与对角线有一交点，即 $F_1 = f_1$。以该点的单体配比进行共聚时，共聚物组成与单体组成相同，共聚物的组成不会随单体转化率而变化，即当 r_1 和 r_2 均小于 1 时可能会发生**恒比共聚**。发生恒比共聚时，$d[M_1]/d[M_2] = [M_1]/[M_2]$。将这一关系式代入式(6.10)，可以得到式(6.26)。

$$\frac{[M_1]}{[M_2]} = \frac{r_2 - 1}{r_1 - 1} \tag{6.26}$$

所以，单体 M_1 的摩尔分数 f_1 可用式(6.27)计算。

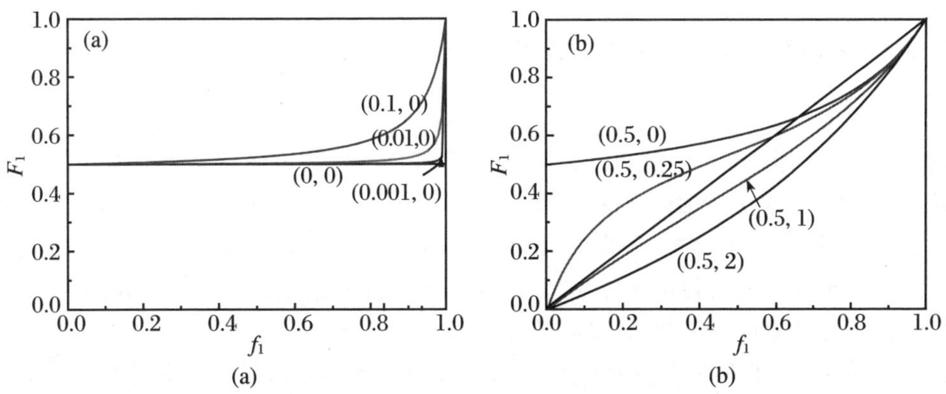

图 6.6　竞聚率(r_1,r_2)和交替共聚倾向

$$f_1 = \frac{r_2 - 1}{r_1 + r_2 - 2} \tag{6.27}$$

一种极端情况是一种单体的竞聚率远大于另一种单体的值,如 $r_1 \gg r_2$($r_1 \gg 1$ 和 $r_2 \ll 1$),即两种链增长活性中心都趋向于与 M_1 反应。结果 M_1 均聚直至完全消耗,然后 M_2 再开始均聚。例如,苯乙烯(M_1)和乙酸乙烯酯(M_2)的自由基共聚,竞聚率 r_1 和 r_2 分别为 55 和 0.01。当苯乙烯与乙酸乙烯酯共聚时,基本上是苯乙烯的均聚反应。当在乙酸乙烯酯中,加入少量苯乙烯时,苯乙烯会阻止乙酸乙烯酯聚合,起阻聚剂作用。

3. 嵌段共聚($r_1 > 1$,$r_2 > 1$)

当 $r_1 > 1$,$r_2 > 1$ 都大于 1 时,两种链增长自由基 $M_1\cdot$ 和 $M_2\cdot$ 都倾向于自增长反应,导致两种单体单元均有较长的序列长度,形成所谓的嵌段共聚物。这种共聚行为仅发生在少数配位共聚体系。极端情况是 r_1 和 r_2 均远大于 1,两种单体只能形成各自的均聚物。当 $r_1 = 20$,r_2 从 20 减小到 5,共聚组成曲线如图 6.7 所示。可以发现,共聚组成曲线与对角线也有一交点,即 $F_1 = f_1$。且随 r_2 值减小,交点向 0 的方向移动。

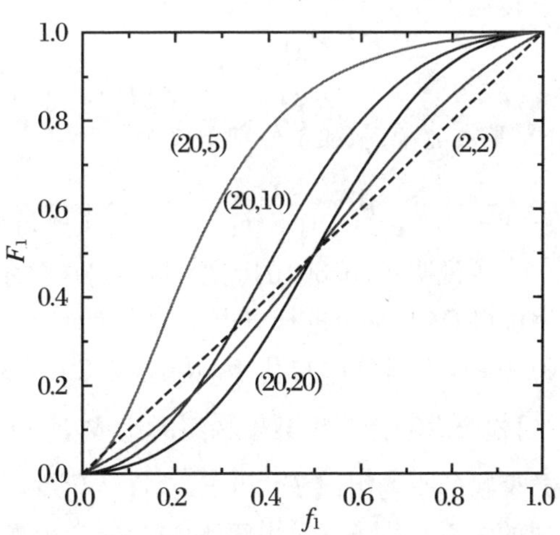

图 6.7　单体 M_1 和 M_2($r_1 > 1$,$r_2 > 1$)进行嵌段共聚反应的共聚组成曲线

6.2.3 共聚物组成与转化率的关系

共聚组成方程的微分形式给出了共聚物的瞬时组成与单体组成之间的关系。除恒比共聚外，其他单体配比的共聚反应，形成的共聚物组成不同于单体混合物的组成，导致共聚物组成随转化率而变化。利用共聚组成方程的微分形式测定竞聚率时，要求单体转化率在5%以内，以忽略单体组成变化对共聚物组成的影响。若要建立共聚物组成与转化率之间的关系，需要建立共聚组成方程的积分式。

设二元共聚体系中两单体的总摩尔数为 M，生成的共聚物中，单体 M_1 的相对量较投料中多，即 $F_1>f_1$。发生共聚的微分时间 dt 内，单体总摩尔数的变化，以及共聚物中单体 M_1 的摩尔分数变化分别为 dM 和 df_1。共聚物中含有 F_1dM 摩尔的单体 M_1。未聚合的单体混合物中，含有$(M-dM)(f_1-df_1)$摩尔的 M_1。由物料平衡，即已聚合的单体量应与生成聚合物的量相等，所以有式(6.28)。

$$Mf_1-(M-dM)(f_1-df_1)=F_1dM \tag{6.28}$$

将式(6.28)简化处理后，得到式(6.29)。

$$\int_{M_0}^{M}\frac{dM}{M}=\ln\frac{M}{M_0}=\int_{(f_1)_0}^{f_1}\frac{df_1}{F_1-f_1} \tag{6.29}$$

式中，M_0和$(f_1)_0$，M 和f_1分别为聚合反应起始时和反应时刻 t 时，单体的总摩尔数和 M_1 的摩尔分数。将式(6.29)两边积分，就可得到单体组成、共聚物组成随单体总转化率变化的关系式(6.30)。

$$1-\frac{M}{M_0}=1-\left[\frac{f_1}{(f_1)_0}\right]^{\alpha}\left[\frac{f_2}{(f_2)_0}\right]^{\beta}\left[\frac{(f_1)_0-\delta}{f_1-\delta}\right]^{\gamma} \tag{6.30}$$

式中，常数 α、β、γ 和 δ 分别定义为

$$\alpha=\frac{r_2}{1-r_2};\quad \beta=\frac{r_1}{1-r_1};\quad \gamma=\frac{1-r_1r_2}{(1-r_1)(1-r_2)};\quad \delta=\frac{1-r_2}{2-r_1-r_2} \tag{6.31}$$

为了说明式(6.30)的应用，以80%(摩尔分数)的苯乙烯(St，M_1)和甲基丙烯酸甲酯(MMA，M_2)进行自由基共聚为例。当单体的竞聚率分别为 $r_1=0.53$ 和 $r_2=0.56$ 时，根据单体转化率，由式(6.30)计算出单体 M_1 和 M_2 的摩尔分数 f_1 和 f_2；由式(6.13)计算出共聚物瞬时组成 F_1 和 F_2；由 $M_0(f_1)_0-Mf_1$ 和 $1-\bar{F}_1$ 计算出共聚物的平均组成 $\bar{F}_1$ 和 $\bar{F}_2$。将转化率与单体组成、共聚物的瞬时组成和平均组成的关系作图6.8。由于 MMA 的竞聚率稍高，起始形成的共聚物中 MMA 的相对含量较单体中的 MMA 高，即 F_2 和 $\bar{F}_2$ 大于 f_2。相应 F_1 和 $\bar{F}_1$ 小于 f_1。随转化率增加，单体混合物中苯乙烯含量增加，导致共聚物中苯乙烯的瞬时和平均含量

随转化率逐渐增大。但平均含量的增加幅度不如瞬时组成显著。到转化率接近 100%时，单体几乎为苯乙烯，即 $f_1 \to 1$。形成的聚合物几乎为纯聚苯乙烯，即 $F_1 \to 1$。而共聚物中，随着转化率增加，苯乙烯的平均含量逐渐接近 80%。

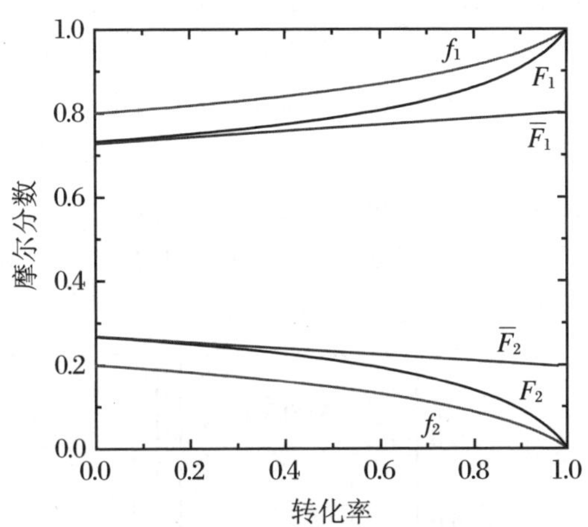

图 6.8　单体组成和共聚物组成随转化率的变化曲线

共聚物的组成对共聚物的性质有决定性作用。在第一节曾讨论过，共聚物组成随转化率的增加会发生变化，得到的共聚物是不同组成聚合物的共混物。即反应不同阶段，形成共聚物的组成存在很大差别，这对共聚物的使用是不利的。合成组成分布较窄的共聚物一般有两种方法：第一是控制总转化率，如图 6.8 所示，当转化率低于 60%时，共聚物的组成随转化率的变化不大。第二是补加单体，分批或连续补加活性较大的单体，使单体混合物的组成在反应过程中基本保持恒定。

6.2.4　共聚物的微结构

1. 序列长度分布(sequence length distribution)

共聚组成方程描述的是共聚物的宏观组成。从分子水平上，还需要考虑共聚物分子内，序列长度分布和共聚物组成分布。序列长度与分布涉及两种单体单元沿分子链的排列情况，交替共聚物的序列分布非常简单，100%的序列为序列长度等于 1。当 $r_1 = r_2 = 1$ 时，生成的共聚物为严格的无规共聚物，序列分布服从 Bernoullian 分布。当 r_1 和 r_2 偏离 1 时，生成的共聚物具有不同的序列长度分布。r_1 大于 1，M_1 倾向于形成较长的序列；反之，M_1 倾向于形成较短的序列。

在推导序列长度分布前，首先定义 $(\underline{N}_1)_x$ 和 $(\underline{N}_2)_x$ 分别为单体 M_1 和 M_2 所形成的长度为 x 序列的概率或摩尔分数。

$$(\underline{N}_1)_x = P_{11}^{x-1} P_{12} \tag{6.32}$$

$$(\underline{N}_2)_x = P_{22}^{x-1} P_{21} \tag{6.33}$$

式中，P 值的定义与方程式(6.14)至式(6.17)相同。由式(6.32)和式(6.33)可分

别计算出不同长度 M_1 和 M_2 序列的摩尔分数，由此得到两种单体单元的序列分布。对于 $r_1 = r_2 = 1$ 的理想共聚体系，当 $f_1 = 0.5$，0.25 和 0.75 时，形成的共聚物序列长度分布如图 6.9(a)所示。当 $f_1 = 0.5$，对于 M_1，长度为 1 的序列占总序列的 50%，序列长度为 2、3、4 和 5 的序列含量分别为 25%、12.5%、6.25% 和 3.13%；此时 M_2 的序列分布与 M_1 完全相同。如果投料比不是等摩尔，比较 $f_1 = 0.25$ 和 $f_1 = 0.75$ 就可知，含量低的单体($f_1 = 0.25$)其序列分布变窄；含量高的单体($f_1 = 0.75$)，其序列分布变宽。

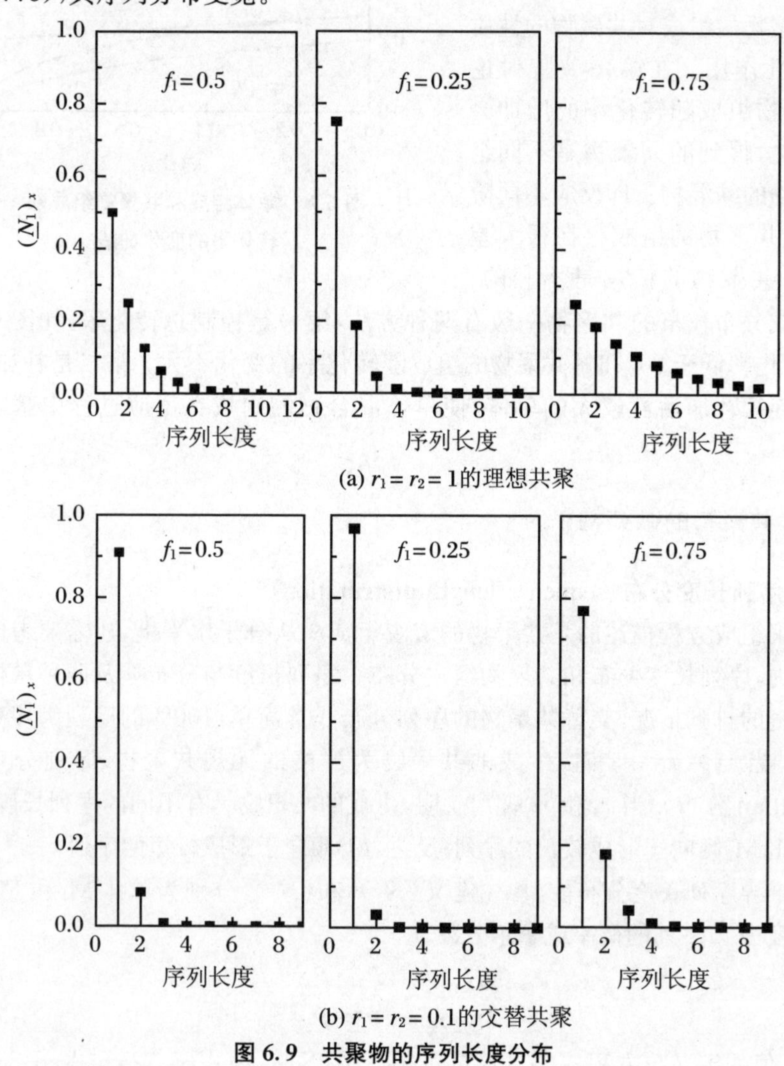

图 6.9 共聚物的序列长度分布

对于另一类理想共聚体系，如 $r_1=5$，$r_2=0.2$，且 $f_1=0.5$ 时，此共聚反应的 $P_{11}=P_{21}=0.8333$，$P_{12}=P_{22}=0.1667$，可见活性中心与 M_1、M_2 反应的概率比为 5∶1。对于 M_1 单体，长度为 1、2、3、4、5 序列的摩尔分数分别为 16.7%、14.0%、11.6%、9.7%和 8.1%；活性较低的单体 M_2 的序列分布要窄得多，长度为 1、2、3 和 4 序列的摩尔分数分别为 83.3%、13.9%、2.3%和 0.39%。

对于有较强的交替共聚倾向的共聚反应，例如，$r_1=r_2=0.1$，$f_1=f_2$ 时，共聚物的序列长度分布如图 6.9(b)所示。反应 $P_{11}=P_{22}=0.0910$，$P_{12}=P_{21}=0.9090$，M_1、M_2 序列长度为 1 的序列，在共聚物链中占绝对优势，仅有少量的二单元序列(8.3%)和三单元序列(0.75%)。

高分辨核磁共振谱，特别是 ^{13}C-NMR 是分析共聚物微结构的有力工具，可用于验证共聚物序列长度分布的正确性。

2. 共聚物的组成分布

我们已经讨论过，在不同时刻，共聚反应生成的共聚物具有不同的组成，即共聚物的组成随转化率而改变，因此存在分布。例如，苯乙烯(M_1，$r_1=0.35$)和 2-乙烯基噻吩(M_2，$r_2=3.10$)进行共聚反应，设定单体配比为 $(f_1)_0=0.8$，(或 0.6，0.4，0.2)，在转化率为 100%时形成的共聚物中，可用式(6.30)和式(6.13)计算组成分布。将含不同量 M_1 的聚合物与它们的百分含量作出图 6.10。由 $r_1\cdot r_2=1.09$ 可知，该共聚反应为理想共聚。图 6.10 的结果显示，单体的初始配比不同，所形成共聚物有不同的组成分布。通常，在共聚物中，含量高的单体的组成分布要窄一些，含量低的单体要宽一些。

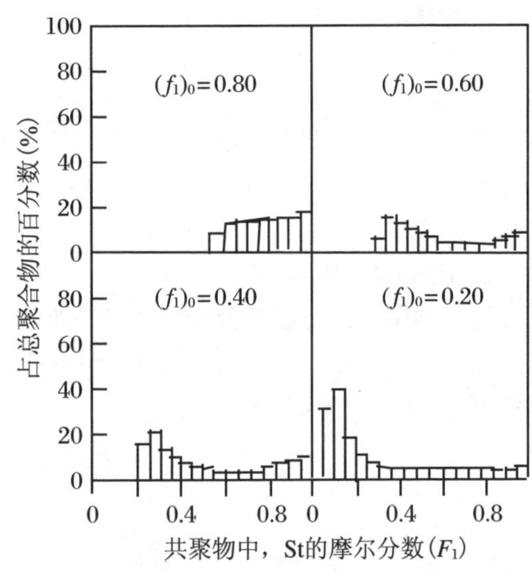

图 6.10　苯乙烯(M_1)和乙烯基噻吩(M_2)共聚的组成分布(转化率为 100%)

虽然活性共聚与非活性共聚有相同的竞聚率，所得到的共聚组成分布却不相同。在非活性共聚体系中，不同时间内生成的共聚物具有不同的共聚组成。而在活性共聚中，所有高分子链的形成贯穿整个聚合过程，因而具有相同的共聚组成。即使共聚物链存在组成梯度，但是所有分子链的组成梯度也是一致的。

6.2.5 竞聚率的实验测定

从共聚组成方程的微分形式(6.10)可知，共聚物的组成随单体配比的改变而变化，即不同反应时间形成共聚物的组成是不一样的。所以，在低转化率(<5%)下，测定不同单体配比所生成共聚物的组成，由式(6.10)求出竞聚率。利用共聚组成方程的积分形式，则没有转化率的限制。单体组成可通过单体加入量获得，也可使用高压液相色谱或气相色谱、各种波谱技术(IR、UV和NMR等)测定。共聚物的组成可由单体的消耗间接获得，也可以采用波谱法和元素分析法(含氮单体的共聚)直接测定共聚物组成。采用共聚组成方程的积分形式时，可使用气、液相色谱法和各种波谱技术(IR、UV和NMR等)实时跟踪单体浓度的变化，由此得到单体和共聚物组成。获得的数据有不同的处理方法，计算出竞聚率。

1. Mayo-Lewis 法

将共聚组成方程微分形式(6.10)改写为式(6.34)。

$$r_2 = \frac{[M_1]}{[M_2]}\left[\frac{d[M_2]}{d[M_1]}\left(1 + \frac{r_1[M_1]}{[M_2]}\right) - 1\right] \tag{6.34}$$

两次实验可得到两组单体和共聚物组成的数据，代入式(6.34)，由二元方程计算出 r_2 和 r_1。也可作多次共聚实验，将 r_2 对 r_1 作图，作出多条直线。由这些直线的交点或交叉区域的重心得到竞聚率的值。

2. Fineman-Ross 法

可将共聚组成方程微分形式(6.13)改写为式(6.35)。

$$G = r_1 F - r_2 \tag{6.35}$$

式中，G 和 F 由式(6.36a)定义为

$$G = \frac{X(Y-1)}{Y}, \quad F = \frac{X^2}{Y} \tag{6.36a}$$

$$X = \frac{[M_1]}{[M_2]}, \quad Y = \frac{d[M_1]}{d[M_2]} \tag{6.36b}$$

进行多次共聚实验，可得到多组单体组成$[M_1]/[M_2]$和相应共聚物组成$d[M_1]/d[M_2]$的数据，由此得到多组 G 和 F 数据，由 G 对 F 作图得到一条直线，根据直线得斜率和截距分别得到 r_1 和 r_2 值。

3. 共聚组成方程的积分式

以一定的单体配比进行共聚反应，实时测定两种单体浓度的变化，由此得到单

体组成或共聚物组成随单体总转化率的变化的实验曲线。设定一系列竞聚率值，在同一起始单体组成下，作单体组成或共聚物组成随单体总转化率的变化的理论曲线，将实验曲线与理论曲线相比较，吻合最好的一组竞聚率值即为实际的竞聚率。该方法计算量大，但是借助计算机可顺利完成。

思考题

1. 什么是竞聚率？该值大于 1、小于 1 和等于 0 的含义是什么？

2. 用动力学方法和统计方法推导瞬时共聚物组成有什么不同？推导得到的方程式是一样的，写出该方程式。

3. 什么是理想共聚？当 $r_1 = r_2 = 1$ 时，共聚物组成与单体组成有什么关系？当单体 M_1 的活性比较高或比较低时，两者又有什么样的关系？

4. 在什么条件下会生成严格的交替共聚物？当 $r_2 = 0$ 时，r_1 从 1 减小时，共聚曲线会怎样变化？当 $r_1 = 0.5$，r_2 从 2 变到 0，共聚曲线又怎样改变？什么为恒比共聚？如何预测？

5. 怎样理解 $r_1>1$，$r_2>1$ 这两种单体的共聚反应？

6. 当 80%的苯乙烯（M_1，$r_1 = 0.19$）与 20%烯酸甲酯（M_2，$r_2 = 0.80$）共聚时，单体和共聚物组成如何随转化率增加而变化？怎样制备使共聚物组成为均匀的共聚物？

7. 讨论单体的组成和竞聚率对序列长度分布的影响。

8. 可控和不可控自由基聚合反应中，共聚物组成分布有何不同？为什么？

9. 如何测定竞聚率？

6.3 自由基共聚合

上一节讨论链式共聚的一般规律，这一节讨论自由基共聚特有的规律。

6.3.1 反应条件的影响

1. 反应介质

一般情况下，自由基共聚的竞聚率与反应介质无关。但是在乳液或悬浮聚合中，反应微区的局部单体配比往往不同于整个聚合体系中单体的配比，与相同条件的本体或溶液聚合相比，形成的共聚物组成存在较大差异。如在乳液聚合中，不同单体有不同的扩散速率和不同溶胀乳胶粒子的能力，在胶束和乳胶粒子内，两种单体的相对浓度不同于整体的配比，这种现象在悬浮聚合中也同样可观察到。因此，尽管共聚反应的竞聚率不变，由于局部浓度的变化导致共聚物组成的偏离。

这种偏离共聚组成方程的现象，在共聚物难溶于反应介质的共聚反应中也可以观察到。当单体容易溶胀在析出的共聚物中，引起反应微区的局部单体组成改变，导致共聚物组成的变化。例如，MMA 与 N-乙烯基咔唑在甲醇中进行共聚反应时，乙烯基咔唑被沉淀的共聚物所吸附，而更多地进入共聚物相。还可以观察到黏度对竞聚率的影响，如 St/MMA 体系，本体聚合生成的共聚物中，St 含量较溶液聚合的低，可能是本体聚合体系的黏度高，降低了 St 的迁移性，导致表观 r_1 值变小，而 r_2 值变大。

酸性或碱性单体的竞聚率与介质的 pH 值有关，如丙烯酸(M_1)与甲基丙烯酰胺(M_2)共聚，当 pH = 2 时，$r_1 = 0.90$，$r_2 = 0.25$；当 pH = 9 时，$r_1 = 0.30$，$r_2 = 0.95$，因为在碱性条件下，丙烯酸转变成丙烯酸根阴离子，易与甲基丙酰胺发生交叉反应。

极性单体与非极性单体进行共聚反应时，共聚物组成与溶剂的极性有关。与非极性溶剂相比，在极性溶剂中生成的共聚物含有更多的极性相对较弱的单体，即极性较弱单体的竞聚率增加，而极性较强单体的竞聚率相对降低。例如，甲基丙烯酸 2-羟乙酯(M_1)和丙烯酸叔丁酯(M_2)的本体共聚合，$r_1 = 4.35$，$r_2 = 0.355$；在 DMF 中的溶液聚合，$r_1 = 1.79$，$r_2 = 0.510$。苯乙烯(M_1)和丙烯酸正丁酯(M_2)的本体共聚合，$r_1 = 0.865$，$r_2 = 0.189$；在 DMF 中的溶液聚合，$r_1 = 0.734$，$r_2 = 0.330$。这可能是极性溶剂与极性单体及其链自由基的相互作用降低了它们的反应活性，局部单体组成的改变可能是另一原因。

2. 温度

研究结果表明，如果链增长反应不可逆，单体竞聚率对温度不太敏感。例如，苯乙烯(M_1)和 1,3-丁二烯(M_2)的 r_1 和 r_2，在 5 ℃测定时，分别为 0.64 和 1.4；在 45 ℃测定时，则分别为 0.60 和 1.8。竞聚率是两种链增长速率常数比，它与温度、链增长活化能的关系如式(6.37)所示。

$$r_1 = \frac{k_{11}}{k_{12}} = \frac{A_{11}}{A_{12}} e^{-\frac{E_{11}-E_{12}}{RT}} \tag{6.37}$$

式中，E_{11} 和 A_{11} 为 M_1 自增长反应的活化能和频率因子，E_{12} 和 A_{12} 为 M_1 交叉增长反应的活化能和频率因子。由于自由基链增长活化能很小，温度对竞聚率有一定的影响，但是影响不大。温度升高，共聚反应的选择性降低。温度对竞聚率远离1的体系影响较大，这种行为在离子聚合中更明显。

6.3.2　反应活性

常见单体的竞聚率数据列于表6.1，由这些数据可以确定单体和自由基活性的强弱，进一步确定结构与反应活性的关系。单体均聚的链增长速率常数不能用于比较单体或链自由基的活性，因为比较不同单体的活性时需要选择同一种链自由基作为参照；共聚反应的竞聚率可用于这一目的。当苯乙烯(标记为单体1)与其他单体(单体2)共聚时，竞聚率的倒数$1/r_1$可反映单体的聚合活性，即不同单体的$1/r_1$序可认为它们的聚合活性次序；k_{12}反映了不同链自由基与相同单体的聚合活性，其大小顺序与链自由基活性顺序相一致。

表6.1　自由基共聚的竞聚率

M_1	M_2	r_1	r_2	温度(℃)
丙烯酸(AA)	甲基丙烯酸正丁酯	0.24	3.5	50
	苯乙烯	0.25	0.15	60
	乙酸乙烯酯	8.7	0.21	70
丙烯腈(AN)	丙烯酰胺	0.86	0.81	40
	1,3-丁二烯	0.05	0.36	40
	异丁烯	0.98	0.02	50
	丙烯酸甲酯	1.5	0.84	50
	甲基丙烯酸甲酯	0.14	1.3	70
	苯乙烯	0.02	0.29	60
	氯乙烯	3.6	0.044	50
	偏二氯乙烯	0.92	0.32	60
1,3-丁二烯(B)	苯乙烯	1.4	0.58	50
	甲基丙烯酸甲酯	0.75	0.25	90
	氯乙烯	8.8	0.040	50
乙烯(E)	丙烯腈	0	7.0	20
	丙烯酸正丁酯	0.010	14	150

续表

M_1	M_2	r_1	r_2	温度(℃)
马来酸酐	四氟乙烯	0.38	0.10	25
	乙酸乙烯酯	0.79	1.4	130
	丙烯腈	0	6.0	60
	丙烯酸甲酯	0.012	2.8	75
	甲基丙烯酸甲酯	0.010	3.4	75
	苯乙烯	0.005	0.050	50
	氯乙烯	0	0.098	75
甲基丙烯酸(MAA)	乙酸乙烯酯	0	0.019	75
	丙烯腈	2.4	0.092	70
	苯乙烯	0.60	0.12	60
	氯乙烯	24	0.064	50
丙烯酸甲酯(MA)	丙烯腈	0.84	1.5	50
	丁二烯	0.070	1.1	5
	甲基丙烯酸甲酯	0.40	2.2	50
	苯乙烯	0.80	0.19	60
	乙酸乙烯酯	6.4	0.030	60
	氯乙烯	4.4	0.093	50
甲基丙烯酸甲酯(MMA)	氯乙烯	9.0	0.070	68
	苯乙烯	0.46	0.52	60
	偏二氯乙烯	2.4	0.36	60
苯乙烯(St)	乙基乙烯基醚	90	0	80
	乙酸乙烯酯	42	0	60
	氯乙烯	15	0.010	60
	偏二氯乙烯	1.8	0.087	60
乙酸乙烯酯(VAc)	乙基乙烯基醚	3.4	0.26	60
	氯乙烯	0.24	1.8	60
	偏二氯乙烯	0.030	4.7	68

1. 共轭效应

表 6.2 给出了不同单体对的 $1/r_1$ 值。数据显示取代基对烯类单体反应活性的影响存在如下顺序：

$$-\mathrm{Ph}, -\mathrm{CH{=}CH_2} > -\mathrm{CN}, -\mathrm{COR} > -\mathrm{COOH}, -\mathrm{COOR} > -\mathrm{Cl} > -\mathrm{OCOR}, -\mathrm{R} > -\mathrm{OR}, -\mathrm{H}$$

表 6.2 部分单体对各种链自由基的相对活性($1/r_1$)

单体	链自由基(M_1·)						
	B·	St·	VAc·	VC·	MMA·	MA·	AN·
丁二烯(B)		1.7		29	4	20	50
苯乙烯(St)	0.7		100	50	2.2	50	25
甲基丙烯酸甲酯(MMA)	1.3	1.9	67	10		2	6.7
丙烯腈(AN)	3.3	2.5	20	25	0.82	1.2	
丙烯酸甲酯(MA)	1.3	1.3	10	17	0.52		0.67
偏二氯乙烯(VDC)		0.54	10		0.39		1.1
氯乙烯(VC)	0.11	0.059	4.4		0.10	0.25	0.37
乙酸乙烯酯(VAc)		0.019		0.59	0.050	0.11	0.24

由此可见，单体活性与它的取代基结构密切有关。当取代基通过共轭效应越能稳定所形成的自由基，则单体活性越高。碳—碳双键和苯环取代基对自由基稳定最有效，酮基和氰基次之，羧基和酯基由于羟基和烷氧基的存在减弱了它们的共振稳定性，而氯、氧酰基和醚基由于孤对电子对自由基稳定化作用小，相应的单体活性也较低。取代基影响单体的活性可在 50～200 倍的范围内变化。作为参照的链自由基的活性越低，则单体活性变化范围越大。

自由基的反应活性可由 $k_{11}\times(1/r_1)$，即 k_{12} 来衡量。它表示不同自由基与同一单体的反应活性。表 6.3 给出了共聚反应中，不同链自由基(M_1·)和同一单体(M_2)反应的 k_{12} 数据。横行数据反映了不同链自由基与同一单体反应的活性大小。结果显示，取代基对链自由基反应活性的影响程度与对单体活性的影响的次序正好相反。共轭效应强的取代基，使链自由基稳定，活性降低，而单体的活性增加。另外，表 6.3 数据还表明，取代基对自由基活性的影响比对单体的影响更为显著。例如，乙酸乙烯酯链自由基的活性是苯乙烯链自由基的 100～1 000 倍，苯乙烯单体的活性仅是乙酸乙烯酯的 50～100 倍。

表 6.3 链自由基与单体反应的 k_{12} 值

单　体(M_2)	链自由基(M_1·)						
	B·	St·	MMA·	AN·	MA·	VAc·	VC·
丁二烯(B)	100	246	2 820	98 000	41 800		357 000
苯乙烯(St)	40	145	1 550	49 000	14 000	230 000	615 000
甲基丙烯酸甲酯(MMA)	130	276	705	13 100	4 180	154 000	123 000
丙烯腈(AN)	330	435	578	1 960	2 510	46 000	178 000
丙烯酸甲酯(MA)	130	203	367	1 320	2 090	23 000	209 000
氯乙烯(VC)	11	87	71	720	520	10 100	12 300
乙酸乙烯酯(VAc)		29	35	230	230	2 300	7 760

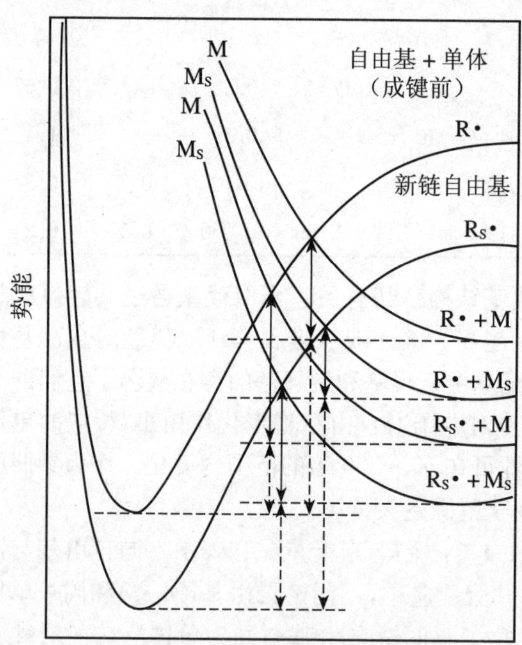

图 6.11 链自由基与单体作用的势能图

链自由基与单体作用的势能图(图 6.11)可用来说明共轭效应对链自由基或单体的反应活性、反应速率的关系。有、无共轭稳定作用的单体和自由基,有式(6.38)所示的 4 种可能的反应:

$$R\cdot + M \longrightarrow R\cdot \qquad (6.38a)$$

$$R\cdot + M_S \longrightarrow R_S\cdot \qquad (6.38b)$$

$$R_S\cdot + M \longrightarrow R\cdot \qquad (6.38c)$$

$$R_S\cdot + M_S \longrightarrow R_S\cdot \qquad (6.38d)$$

式中,下标 S 表示单体或链自由基具有共轭效应。图 6.11 有两组曲线,其中一组的四条为斥力线,表示链自由基与单体靠近时,势能随距离缩小而增加的情况;另一组为两条 Morse 曲线,表示形成键的稳定性。两组曲线交点代表单体-链自由基反应的过渡态,此处键合和未键合状态的势能相同。带箭头的实线代表活化能,虚线则代表反应热。图中两条 Morse 曲线间距明显大于斥力线间的距离,表明取代基对链自由基活性降低比对单体活性增加的影响更为显著。

根据图 6.11 活化能的大小，反应速率的次序为

$$R_S\cdot + M < R_S\cdot + M_S < R\cdot + M < R\cdot + M_S$$

这清楚地说明，无共轭稳定作用取代基的单体，自聚速率比有稳定作用的单体更高。有稳定作用取代基的两单体，或无稳定作用取代基的两单体间更易进行共聚；有稳定作用取代基的单体与无稳定作用取代基的单体难以共聚，例如，苯乙烯与乙酸乙烯酯，由于苯乙烯链自由基和乙酸乙烯酯单体的反应活性均不高，共聚难以进行。

2. 空间位阻效应

除共轭效应外，链自由基和单体的反应活性还与空间位阻效应有关。表 6.4 列出了各种氯代乙烯单体与乙酸乙烯酯、苯乙烯和丙烯腈自由基的反应常数 k_{12} 值。在 α 位上有两个取代基，位阻效应往往不显著，由于电子效应迭加，反而使单体活性增加；若 α 和 β 位上各有一个取代基，则有较强的空间位阻效应，使单体反应活性降低。与氯乙烯比较，偏二氯乙烯活性增加 2～10 倍，而 1,2-二氯乙烯单体的活性则降低 2～20 倍。尽管 1,2-二取代乙烯的共聚活性较低，但比均聚活性还是高得多。由于位阻效应，1,2-二取代乙烯一般难以发生均聚反应，但是与单取代乙烯共聚合，却能够顺利进行。

表 6.4　氯代乙烯单体与部分自由基的反应常数 k_{12} 值

单　　体(M_2)	链自由基($M_1\cdot$)		
	VAc·	St·	AN·
氯乙烯	10 000	97	725
偏氯乙烯	23 000	89	2 150
反-1,2-二氯乙烯	2 320	4.5	—
顺-1,2-二氯乙烯	365	0	79
三氯乙烯	3 480	103	29
四氯乙烯	338	0.83	42

比较顺和反 1,2-二氯乙烯的数据，可以看出，反式异构体单体的活性更高，这是此类单体聚合反应的普遍现象，原因是顺式异构体不易形成对稳定自由基有利的平面构象，活性较低。

3. 极性效应和交替共聚

由表 6.2 和 6.3 的数据可以发现，对于不同的参考链自由基，单体的活性顺序

往往不同;同样,链自由基的活性顺序也与参照单体有关。除此以外,还可以发现单体和链自由基之间的极性相互作用可以提高它们的反应活性。这种极性效应在自由基聚合中很普遍,极性相互作用非常强烈的单体对易进行交替共聚反应。

前面讨论过,用 $r_1 \cdot r_2$ 值接近 0 的程度来表征交替共聚倾向。根据双键极性大小,即含有给电子取代基的单体排在左上方,带吸电子取代基的单体放在右下方,表 6.5 列出了一些单体对的 $r_1 \cdot r_2$ 值。可以看出两种单体在表中相距越远,交替共聚倾向越大。例如,丙烯腈与甲基乙烯基酮可进行理想共聚($r_1 \cdot r_2 = 1.1$),而与丁二烯进行交替共聚($r_1 \cdot r_2 = 0.006$)。从表 6.5 的结果可知,两单体极性差别越大,$r_1 \cdot r_2$ 值越接近 0,说明单体对越倾向于交替共聚。一些难以均聚的单体,如顺-丁烯二酸酐和反-丁烯二酸酐都能与极性相反的单体,如苯乙烯和乙烯基醚等,形成交替共聚物。1,2-二苯基乙烯与马来酸酐都不能均聚,两者却可发生共聚反应,生成交替共聚物(反应(6.39))。

表 6.5　部分单体对进行自由基共聚的 $r_1 \cdot r_2$ 值

正丁基乙烯基醚(−1.50)								
	丁二烯(−0.50)							
	0.78	苯乙烯(−0.80)						
		0.55	乙酸乙烯酯(−0.88)					
	0.31	0.34	0.39	氯乙烯(0.16)				
	0.19	0.24	0.30	1.0	甲基丙烯酸甲酯(0.40)			
	<0.1	0.16	0.6	0.96	0.61	偏氯乙烯(0.34)		
		0.10	0.35	0.83		0.99	甲基乙烯酮(1.06)	
0.000 24	0.006	0.016	0.21	0.11	0.18	0.34	1.1	丙烯腈(1.23)
~0.002		0.006	0.000 17	0.002 4	0.13			马来酸酐(3.69)

注:大部分的 $r_1 \cdot r_2$ 值由表 6.1 计算得到,括号内的数据为 e 值。

$$\underset{\text{Ph}\quad\ \text{Ph}}{\text{CH}=\text{CH}} + \underset{\text{O}=\text{C}-\text{O}-\text{C}=\text{O}}{\text{CH}=\text{CH}} \longrightarrow \left[\underset{\text{Ph}\qquad\ \ \text{Ph}\qquad \text{O}=\text{C}-\text{O}-\text{C}=\text{O}}{\text{CH}-\text{CH}-\text{CH}-\text{CH}}\right]_n \tag{6.39}$$

有两种机理可以解释给电子单体和缺电子单体间强烈交替共聚倾向。

(1) 类似于链转移反应中的极性效应,电子给体和电子受体之间通过电荷转移形成稳定的过渡态,使反应活化能大大降低,有利于交叉增长。例如,顺-丁烯二酸酐链自由基和苯乙烯单体间的电荷转移,形成稳定过渡态 6-2,有利于交替共聚

(反应(6.40))。

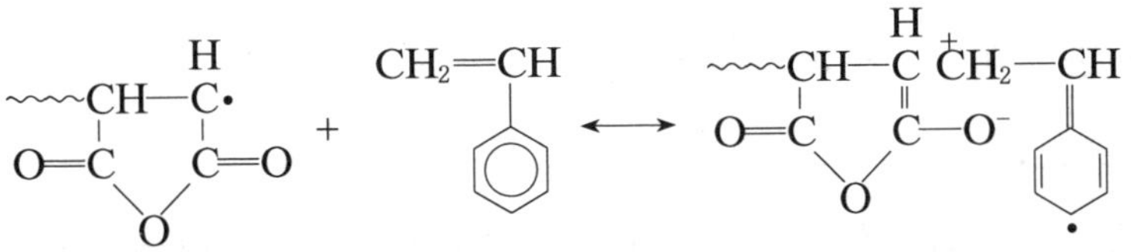

$$\text{~~~CH—}\overset{\text{H}}{\text{C}}\cdot \;(\text{O=C—O—C=O 环}) + \text{CH}_2\text{=CH—C}_6\text{H}_5 \longleftrightarrow \text{~~~CH—}\overset{\text{H}}{\text{C}}\;\overset{+}{\text{C}}\text{H}_2\text{—CH} \;(\text{O=C—O—C—O}^-)\;(\text{=C}_6\text{H}_5\cdot) \qquad (6.40)$$

6-2

同样,苯乙烯链自由基与顺-丁烯二酸酐间的电荷转移,形成了稳定的过渡态 6-3(反应(6.41))。

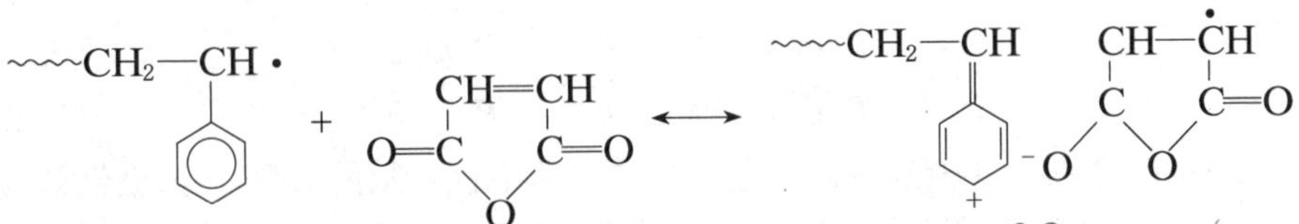

$$\text{~~~CH}_2\text{—CH}\cdot(\text{C}_6\text{H}_5) + \text{CH=CH}\;(\text{O=C—O—C=O 环}) \longleftrightarrow \text{~~~CH}_2\text{—CH}(\text{=C}_6\text{H}_5^{+})\;\; {}^-\text{O—C}\;\text{CH—}\dot{\text{C}}\text{H}\;\text{C=O}\;(\text{—O—})$$

6-3

(6.41)

(2) 给电子单体和缺电子单体间形成 1 : 1 的电荷转移络合物(反应(6.42a)),然后以络合物的形式进行所谓的均聚反应(反应(6.42b))。

$$M_1 + M_2 \longrightarrow M_1M_2\text{(电荷转移络合物)} \qquad (6.42a)$$

$$\sim\sim M_1M_2\cdot + M_1M_2\cdot \longrightarrow \sim\sim M_1M_2M_1M_2\cdot \qquad (6.42b)$$

给电子单体和缺电子单体间形成的电荷转移络合物带有一定的颜色,在聚合过程中,这些颜色消失。紫外光谱和核磁共振谱也能证实这种络合物的存在。支持这一机理的证据还有:① 此类单体在很宽的投料比范围内都有交替共聚倾向,但投料比近于摩尔比时反应速率最大;② 链转移剂对分子量影响不显著;③ 有些体系在不加任何自由基聚合引发剂时也能自发聚合,可能是电荷转移产生了自由基的缘故;④ 立体化学证据,如烷基乙烯基醚与顺-丁烯二腈或反-丁烯二腈共聚后,丁烯二腈单体单元的取代基排列保持原有的空间排列方式。但是也有一些不利于电荷转移络合物机理的实验证据,如 N-苯基马来酰亚胺和 2-氯乙基乙烯基醚共聚反应,使用自由基捕捉剂,发现只有 N-苯基马来酰亚胺与其反应。

在某些共聚单体对中加入 Lewis 酸,如 $ZnCl_2$、AlR_2Cl 和 $AlR_{1.5}Cl_{1.5}$ 等能够明显增强交替共聚倾向。表 6.1 数据显示,在无 Lewis 酸存在下,丙烯腈、丙烯酸甲酯、甲基丙烯酸甲酯和甲基乙烯基酮等缺电子单体与丙烯、异丁烯、氯乙烯和乙酸乙烯酯等给电子单体交替共聚倾向不高,但是加入 Lewis 酸后,交替共聚倾向增强。

哪种机制在交替共聚中占优势取决于具体的共聚体系,共聚倾向的强弱还依赖于温度、单体浓度和路易斯酸的存在。温度升高、单体总浓度降低,交替共聚倾向减弱。

6.3.3 竞聚率和结构因素的定量关系

1. Q-e 方程

不少研究工作者试图建立结构与活性之间的定量关系,以预测单体对的竞聚率、判断共聚反应的类型。其中 Alfrey-Price 提出的 Q-e 概念最为有用,该方法把链自由基与单体的反应速率常数和共轭效应、极性效应联系起来,认为有式(6.43)的定量关系。

$$k_{11} = P_1 Q_1 e^{-e_1 e_1}; \quad k_{12} = P_1 Q_2 e^{-e_1 e_2} \tag{6.43a}$$

$$k_{21} = P_2 Q_1 e^{-e_2 e_1}; \quad k_{22} = P_2 Q_2 e^{-e_2 e_2} \tag{6.43b}$$

其中,P 和 Q 分别为共轭效应对链自由基和单体活性贡献的参数,e 为极性效应对自由基和单体活性贡献的参变量,下标"1"和"2"分别代表两种不同的链自由基和单体。假定单体和相应的链自由基具有相同的 e 值,则竞聚率的表达式为(6.44)。

$$r_1 = \frac{Q_1}{Q_2} e^{-e_1(e_1-e_2)}; r_2 = \frac{Q_2}{Q_1} e^{-e_2(e_2-e_1)} \tag{6.44}$$

为了定量计算,选定苯乙烯为基准物,假定苯乙烯的 Q 值为 1,e 值为 −0.80,负值表示单体的取代基为给电子性,反之为吸电子性。从不同单体与苯乙烯共聚的竞聚率,可以计算一系列单体的 Q 和 e 值。表 6.6 列出了常见单体相对于苯乙烯的 Q、e 平均值。在没有竞聚率数据的情况下,可由 Q、e 值来估算。

表 6.6 常见单体的 Q、e 值

单 体	Q	e	单 体	Q	e
乙基乙烯醚	0.018	−1.80	丙烯酰胺	0.23	0.54
丙烯	0.009	−1.69	甲基丙烯酸	0.98	0.62
正丁基乙烯醚	0.038	−1.50	丙烯酸甲酯	0.45	0.64
异丁烯	0.023	−1.20	丙烯酸正丁酯	0.38	0.85
乙酸乙烯酯	0.026	−0.88	丙烯酸	0.83	0.88
苯乙烯	1.00	−0.80	己烯-1	0.035	0.92
丁二烯	1.70	−0.50	甲基乙烯基酮	0.66	1.06
乙烯	0.016	0.05	丙烯腈	0.48	1.23
氯乙烯	0.056	0.16	四氟乙烯	0.032	1.63
甲基丙烯酸甲酯	0.78	0.40	马来酸酐	0.86	3.69

Q-e 方程只是一个半定量的经验公式，因所用竞聚率值有一定的误差，必定会影响 Q 和 e 值的准确性。另外 Q-e 方程没有考虑位阻效应；取代基的极性对单体、链自由基活性的影响也有差别，所以用若干个已知竞聚率值计算某一单体或链自由基的 Q、e 值时，往往有不同的结果。尽管如此，Q-e 方程仍不失为有价值的关系式，除可以估算单体竞聚率外，还可预测一些单体对的共聚行为。

Q 值大小可以衡量共轭效应的大小，是单体活性的决定因素之一。Q 值大的单体，反应活性大。Q 值相差大的单体对难以共聚，因为共轭稳定的链自由基转变成为不稳定的自由基，较难进行。例如，乙酸乙烯酯（$Q=0.026$）与苯乙烯（$Q=1$）的 Q 值相差很大，不能很好共聚。Q 值相近的单体对易于共聚，如苯乙烯（$Q=1$）和丁二烯（$Q=1.70$）。Q、e 都相近的单体对倾向于理想共聚，e 值相差大的单体对倾向于交替共聚。

2. 竞聚率的多参数方程

多参数方程是对 Q-e 方程的修正，认为极性效应对单体和链自由基活性的影响是不同的，以希望较好地反映共聚反应的真实情况。设 M_1 的竞聚率 r_1 表达式为(6.45)。

$$\ln r_1 = \ln r_{1S} - \pi_1 u_2 - \nu_2 \tag{6.45}$$

其中，r_{1S}为链自由基 $M_1 \cdot$ 的本征活性，ν_2 为单体 M_2 的本征活性，π_1 为极性影响 $M_1 \cdot$ 活性的参数，u_2 为极性影响 M_2 活性的度量。r_{1S} 和 ν_2 包含除极性以外的结构因素，即共轭效应和立体位阻效应。π_1 由式(6.46)决定。

$$\pi_1 = 0.385\ln \frac{r_{1A}}{0.377 r_{1S}} \tag{6.46}$$

式中，r_{1S}和 r_{1A}分别为 M_1 与苯乙烯和丙烯腈进行共聚时的竞聚率。

同理，M_2 的竞聚率 r_2 表示式为式(6.47)，π_2 由式(6.48)决定。

$$\ln r_2 = \ln r_{2S} - \pi_2 u_1 - \nu_1 \tag{6.47}$$

$$\pi_2 = 0.385\ln \frac{r_{2A}}{0.377 r_{2S}} \tag{6.48}$$

将单体与一系列参照单体的竞聚率数据代入式(6.45)中，由$[\ln r_1 - \ln r_{1S}]$对 π_1 作图，由斜率和截距分别得到 u_2 和 ν_2 值。

表 6.7 给出了不同单体的各参数值。单体是按 u 值减小顺序排列的，即 u 值从乙基乙烯基醚的 1.11 逐渐变成马来酸酐的 −5.20。与 Q-e 方程相比，由多参数方程得到的竞聚率的计算值更接近实验值。这说明极性对单体和相应自由基的影响是有差别的。与 Q-e 方程相似，它也可以用来分析共聚和均聚的反应活性。高活性的自由基有比较小的 r_{1S}值；高活性单体的 ν 值为较大的正值，或数字较小的

负值。当然极性是非常重要的，例如，马来酸酐的 ν 值是所有单体中最大的正值之一，但它只能与极性相反的单体进行很好共聚。

表 6.7 竞聚率多参数方程的参数值

单体	r_{1S}	r_{1A}	r_{A1}	r_{S1}	π	u	ν
乙基乙烯基醚	0.05	0.06	0.69	100	0.192	1.11	−2.00
苯乙烯	1.00	0.38	0.04	1.00	0	0	0
α-甲基苯乙烯	0.60	0.134	0.047	1.1	−0.077	−0.04	−0.03
1,3-丁二烯	1.20	0.07	0.036	0.64	−0.324	−0.21	0.19
异戊二烯	1.84	0.45	0.03	0.458	−0.074	−0.32	0.34
乙酸乙烯酯	0.02	0.05	4.78	48	0.315	−0.44	−1.56
氯乙烯	0.055	0.045	3.29	18.7	0.128	−0.90	−1.16
4-乙烯基吡啶	0.69	0.375	0.10	0.52	0.06	−0.94	0.30
甲基丙烯酸	0.524	0.20	0.04	0.24	0.002	−0.95	0.39
2-乙烯基吡啶	1.26	0.44	0.10	0.53	−0.014	−0.98	0.32
甲基丙烯酸甲酯	0.46	1.32	0.138	0.5	0.339	−1.18	0.29
偏氯乙烯	0.108	0.32	0.64	1.79	0.346	−1.34	−0.24
乙烯	0.05	0.05	7	14.9	0.162	−1.57	−1.23
丙烯酰胺	0.70	1.10	0.90	1.20	0.237	−1.82	−0.07
甲基丙烯腈	0.33	1.67	0.43	0.38	0.423	−2.08	0.44
氯丁二烯	6.91	5.18	0.05	0.038	0.133	−2.18	1.44
丙烯酸甲酯	0.18	0.85	1.42	0.75	0.421	−2.34	0.16
甲基乙烯基酮	0.32	1.57	0.61	0.29	0.427	−2.46	0.54
马来酸二乙酯	0.04	0.05	16	7.03	0.199	−2.51	−0.83
丙烯腈	0.04	1.00	1.00	0.38	0.701	−2.60	0.42
富马酸二乙酯	0.06	0.05	9	0.33	0.131	−4.05	0.56
马来酸酐	0.011	0.05	6	0.36	0.416	−5.20	1.22

3. 线性自由能方程

Hammett 和 Taft 的线性自由能关系式，也可用于描述共聚行为与单体结构间的关系(式(6.49))。

$$-\ln r_1 = \sigma^* \rho^* + \delta E_s \tag{6.49}$$

其中，ρ^* 和 δ 为比例常数，而 σ^* 和 E_s为表征极化和位阻效应的常数，由取代基决定，但这种关系式仅限于少数有相似结构的单体对，如间位和对位取代的苯乙烯间的共聚行为。

6.3.4 自由基共聚合反应速率

共聚反应速率与引发、增长及终止三个基元反应有关。所以，二元共聚反应速率 R_p应为

$$R_p = k_p([M_1] + [M_2])([M_1\cdot] + [M_2\cdot]) \tag{6.50}$$

在通常情况下，初级自由基能有效地引发两种单体聚合，其引发速率与单体配比无关。推导共聚速率方程有两种方法，化学控制终止模型与扩散控制的链终止反应。化学终止认为终止反应由化学反应控制的，与扩散无关。实际上大多数共聚反应由扩散控制。为在 R_p表达式中引进扩散控制终止速率，考虑如下终止反应

$$\left.\begin{array}{l} M_1\cdot + M_1\cdot \\ M_1\cdot + M_2\cdot \\ M_2\cdot + M_2\cdot \end{array}\right\} \xrightarrow{\bar{k}_t} \text{“死”聚合物} \tag{6.51}$$

因共聚物组成能影响聚合链的平移和链的扩散，所以，平均终止速率常数 $\bar{k}_t$是共聚物组成的函数。在理想状态下，它是 M_1和 M_2 单体均聚反应链终止速率常数 $k_{t(11)}$和 $k_{t(22)}$对共聚物组成(摩尔分数，F_1和 F_2)的加权平均，即式(6.52)。

$$\bar{k}_t = F_1 k_{t(11)} + F_2 k_{t(22)} \tag{6.52}$$

对自由基总浓度作稳态处理，得式(6.53)。

$$R_i = 2\bar{k}_t([M_1\cdot] + [M_2\cdot])^2 \tag{6.53}$$

将式(6.52)、式(6.53)代入式(6.50)，消去自由基浓度，得到共聚速率表达式(6.54)。

$$R_p = \frac{dM_1 + dM_2}{dt} = \bar{k}_p[M]\left(\frac{R_i}{2\bar{k}_t}\right)^{1/2} \tag{6.54}$$

式中，[M]为单体的总浓度，平均链增长速率常数；$\bar{k}_p$为单体组成、竞聚率和均聚的链增长速率常数的函数，见式(6.55)。

$$\bar{k}_p = \frac{r_1 f_1^2 + 2f_1 f_2 + r_2 f_2^2}{(r_1 f_1/k_{11}) + (r_2 f_2/k_{22})} \tag{6.55}$$

由共聚物的终止模式,推导出平均增长速率常数式(6.55),共聚速率方程式(6.54)。许多单体对在自由基共聚时,遵循这一终止模式。

思考题

1. 怎样比较不同链自由基和不同单体的相对反应活性?
2. 取代基的共轭效应如何影响单体和链自由基的反应活性的?比较乙酸乙烯酯和苯乙烯的均聚活性以及它们的活化能及热效应。
3. 单体上的双取代基是怎样影响单体的聚合反应?
4. 什么样的单体对易进行交替共聚?它们的共聚反应机理是什么?
5. 什么是 *Q-e* 方程?它有什么作用?

6.4 离子共聚

与自由基聚合不同,离子共聚对单体的选择性高,能进行阳离子或阴离子共聚的单体对数目有限,只有极性效应相似的单体才可能发生离子共聚。离子共聚行为倾向于理想共聚,即 $r_1 \cdot r_2$ 值趋近于1,通常离子共聚的交替倾向很小。离子共聚的竞聚率受引发剂、反应介质和温度等因素影响较大。

6.4.1 阳离子共聚

1. 反应活性与结构的影响

取代基对单体共聚反应活性的影响,取决于它的给电子以及共轭稳定碳阳离子的能力。阳离子共聚中,单体的反应活性次序不如自由基共聚那样确定,反应条件(溶剂、反离子和温度等)对反应活性的影响往往比单体结构影响大,所以定量研究十分困难。取代苯乙烯的反应活性可用 Hammett 的 $\sigma-\rho$ 关系式(6.56)描述。

$$\ln(1/r_1) = \rho\sigma \tag{6.56}$$

其中,σ 值是表征取代基吸电子或给电子能力的一个常数,吸电子取代基的值为正，给电子的为负。测定取代苯乙烯与苯乙烯($\sigma=0$)共聚的 r_1 值，将 $\ln(1/r_1)$ 对 σ 作图得一条直线，其斜率为 ρ。ρ 为负值，表明 $1/r_1$ 值随给电子效应的增大而增加；ρ 为正值，表明 $1/r_1$ 随吸电子效应的增大而增加。取代苯乙烯的活性有以下顺序，与 σ 值表征的给电子效应次序相同：

$$\begin{array}{lcccccc} & p\text{-OCH}_3 > & p\text{-CH}_3 > & p\text{-H} > & p\text{-Cl} > & m\text{-Cl} > & m\text{-NO}_2 \\ \sigma = & -0.27 & -0.17 & +0.0 & +0.23 & +0.37 & +0.71 \end{array}$$

Hammett 很好地描述了单体苯乙烯及其衍生物的结构与其活性之间的关系，而常见单体的这种定量数据则较少。在阳离子聚合中，通常观察到的单体反应活性顺序为：烷基乙烯基醚>异丁烯>苯乙烯、异戊二烯，与取代基的给电子能力强弱次序相一致。

阳离子共聚中，取代基的位阻效应与自由基共聚相似，表 6.8 列出了对-氯苯乙烯(M_2)与不同取代的甲基苯乙烯(M_1)共聚时，测得的 r_1 和 r_2 值。表明了在苯乙烯 α 或 β 位取代时，存在位阻效应。当甲基在 α 位取代时，由于甲基的给电子效应，使单体反应活性增加($r_1=9.44$)；而在 β 位取代时，位阻效应超过了甲基对双键电子云密度的贡献，单体反应活性降低($r_1=0.32$)。另外，反式 β 取代的甲基苯乙烯比顺式取代的异构体反应活性高些，但这种效应比自由基共聚中要小很多。

表 6.8 α 和 β-甲基苯乙烯(M_1)与对-氯苯乙烯(M_2)共聚时的空间位阻效应

M_1	r_1	r_2
苯乙烯	2.31	0.21
α-甲基苯乙烯	9.44	0.11
反-β-甲基苯乙烯	0.32	0.74
顺-β-甲基苯乙烯	0.32	1.0

2. 溶剂和反离子的影响

在阳离子共聚反应中，溶剂可改变不同类型链增长活性中心(自由离子、离子对、共价键)的相对含量，所以竞聚率受溶剂和反离子的影响很大。并且这种溶剂或反离子效应比较复杂，难以预测。表 6.9 为溶剂对异丁烯和对-氯苯乙烯竞聚率的影响。在非极性介质正己烷中，活性中心容易被极性单体溶剂化或者络合，使极性单体对-氯苯乙烯的竞聚率相对较大。而在极性溶剂，如硝基苯中，活性中心被反应介质溶剂化，所以较为活泼的异丁烯单体表现出更高的反应活性。

表 6.9 溶剂和引发剂对异丁烯/对-氯苯乙烯共聚竞聚率的影响

r_1(异丁烯)	r_2(对-氯苯乙烯)	溶剂	引发剂
1.01	1.02	n-C_6H_{14}	$AlBr_3$
14.7	0.15	$PhNO_2$	$AlBr_3$
8.6	1.2	$PhNO_2$	$SnCl_4$

表 6.10 进一步表明溶剂的极性和反离子的类型对共聚组成的影响。在强极性溶剂硝基苯中,反离子的类型对共聚组成影响不大。使用活性最强的引发剂 $SbCl_5$ 时,共聚物中苯乙烯的含量随溶剂极性增加而下降;在低极性溶剂中,苯乙烯的含量随引发剂活性的增加而降低。

表 6.10 溶剂和反离子对苯乙烯/对-甲基苯乙烯共聚组成影响($f_1=0.5$)

引发体系	共聚物中苯乙烯的摩尔分数(%)		
	甲苯 ($\varepsilon=2.4$)	1,2-二氯乙烷 ($\varepsilon=9.7$)	硝基苯 ($\varepsilon=36$)
$SbCl_5$	46	25	28
AlX_3	34	34	28
$TiCl_4$、$SnCl_4$、$BF_3\cdot OEt_2$,$SbCl_3$	28	27	27
Cl_3CCOOH		27	20
I_2		17	

3. 温度的影响

温度对阳离子共聚的竞聚率影响比自由基共聚大,原因是离子聚合链增长活化能有较大的取值范围,而且温度还会影响聚合反应的机理。有些体系竞聚率值随温度的升高而增加,而另一些体系却降低。

思考题

1. 在可进行阳离子聚合的单体,乙烯基醚、异丁烯、苯乙烯和异戊二烯中,单体的结构与活性有怎样的关系?

2. 苯乙烯上不同取代基对聚合活性有什么影响?

3. 讨论溶剂对聚合活性的影响。

6.4.2　阴离子共聚

1. 聚合活性的影响

通常阴离子聚合反应中，吸电子能力越强的取代基越能稳定碳阴离子。所以，取代基对单体的阴离子聚合活性的影响按下列顺序递减：

$$—CN > —COOR > —Ph, —CH{=}CH_2 > —H$$

阴离子共聚的特征与阳离子共聚极为相似，大部分阴离子共聚趋向于理想共聚，如苯乙烯（$r_1 = 53$）和 p-甲基苯乙烯（$r_2 = 0.18$），表现为理想共聚行为。少数单体由于空间位阻效应有交替共聚倾向，例如，苯乙烯（$r_1 = 35$）和 α-甲基苯乙烯（$r_2 = 0.003$），倾向于交替共聚；由于位阻效应，1，1-二苯基乙烯与 1，3-丁二烯，得到完全交替的共聚物。

2. 溶剂和反离子的影响

在阴离子共聚中，竞聚率与共聚物组成同样受溶剂和反离子的影响。表 6.11 列出了在 25 ℃，不同溶剂中，由正丁基锂引发苯乙烯和异戊二烯共聚时，所得共聚物中苯乙烯的含量。当碳阴离子与 Li^+ 形成紧密离子对时，共聚物组成受溶剂影响很大。在极性较弱的溶剂中，活性较低的异戊二烯更容易与 Li^+ 离子络合，因此在共聚物中含量高。在极性较强的溶剂中，单体的溶剂化效应变得不很重要，本征活性较高的苯乙烯在共聚物中含量增加。

溶剂对非极性单体和极性单体的共聚影响比较复杂。极性单体的阴离子聚合会发生不同的副反应，与之相比，溶剂或反离子的作用显得不很重要。共聚反应往往由于非常低的交叉增长而终止，如聚苯乙烯阴离子容易与甲基丙烯酸甲酯反应，而聚甲基丙烯酸甲酯阴离子却很难与苯乙烯反应，所以苯乙烯和甲基丙烯酸甲酯难以发生阴离子共聚。

表 6.11　苯乙烯/异戊二烯阴离子共聚溶剂和反离子对共聚物组成的影响

溶　　剂	苯乙烯在聚合物中的含量（摩尔分数/%）	
	Na^+	Li^+
无溶剂	66	15
苯	66	15
三乙基胺	77	59
乙醚	75	68
四氢呋喃	80	80

3. 温度效应

温度对阴离子共聚竞聚率影响的研究很少,不同的体系表现出的温度效应差别很大。例如,在0℃正己烷中,仲丁基锂引发苯乙烯和1,3-丁二烯共聚时,测得的竞聚率 $r_1=0.03$,$r_2=13.3$;在50℃时,$r_1=0.04$,$r_2=11.8$,随温度变化很小。在-78℃,四氢呋喃溶剂中,测得的竞聚率 $r_1=11.0$,$r_2=0.04$;25℃时,$r_1=4.00$,$r_2=0.30$,温度对竞聚率影响很显著。

思考题

1. 比较阴离子和阳离子共聚合反应的异同点。
2. 讨论非极性单体之间、非极性与极性单体之间共聚时,溶剂对共聚反应的影响。

6.5 理想共聚模型的偏离

以上讨论的是符合理想共聚模型的二元共聚,这是最为简化的共聚情况。实际上,某些二元共聚反应并不满足理想共聚模型的假设,例如,活性中心的反应活性仅决定于末端基单元;链增长反应是不可逆的。共聚反应中,存在单体间络合等,这些都会造成与理想共聚物组成方程和速率方程的偏离。

6.5.1 前端基效应

在某些共聚反应中,链增长中心的反应活性与末端两个单体单元有关,即不仅与末端单元,而且紧邻的前一个单体单元有关,这一行为称为**二级 Markov 聚合行为**,或**前端基效应**。同一单体对,不同的单体配比进行共聚反应,出现了不同的竞聚率。特别是在有高位阻或强极性取代基单体对进行自由基共聚中,这种行为表现得较为明显,如苯乙烯与反-丁烯二腈的共聚反应。对于存在前端基效应的共聚反应,应考虑如下的8个链增长反应。

$$\sim\sim M_1M_1\cdot + M_1 \xrightarrow{k_{111}} \sim\sim M_1M_1M_1\cdot \tag{6.57a}$$

$$\sim\sim M_1M_1\cdot + M_2 \xrightarrow{k_{112}} \sim\sim M_1M_1M_2\cdot \tag{6.57b}$$

$$\sim\sim M_2M_2\cdot + M_1 \xrightarrow{k_{221}} \sim\sim M_2M_2M_1\cdot \tag{6.57c}$$

$$\sim\sim M_2M_2\cdot + M_2 \xrightarrow{k_{222}} \sim\sim M_2M_2M_2\cdot \tag{6.57d}$$

$$\sim\sim M_2M_1\cdot + M_1 \xrightarrow{k_{211}} \sim\sim M_2M_1M_1\cdot \tag{6.57e}$$

$$\sim\sim M_2M_1\cdot + M_2 \xrightarrow{k_{212}} \sim\sim M_2M_1M_2\cdot \tag{6.57f}$$

$$\sim\sim M_1M_2\cdot + M_1 \xrightarrow{k_{121}} \sim\sim M_1M_2M_1\cdot \tag{6.57g}$$

$$\sim\sim M_1M_2\cdot + M_2 \xrightarrow{k_{122}} \sim\sim M_1M_2M_2\cdot \tag{6.57h}$$

根据反应(6.57)，存在四个单体竞聚率式(6.58)。

$$r_1 = \frac{k_{111}}{k_{112}};\quad r_1' = \frac{k_{211}}{k_{212}}$$

$$r_2 = \frac{k_{222}}{k_{221}};\quad r_2' = \frac{k_{122}}{k_{121}} \tag{6.58}$$

每种单体用两个竞聚率表征，一个为增长链的末端两个单体单元相同的竞聚率(r_1、r_2)，另一为末端两个单体单元不同的竞聚率(r_1'、r_2')。

还有两个链自由基竞聚率式(5.59)。

$$s_1 = \frac{k_{211}}{k_{111}};\ s_2 = \frac{k_{122}}{k_{222}} \tag{6.59}$$

如6.3.4节讨论的，考虑链自由基终止模式为扩散控制时，应对增长反应速率常数和竞聚率进行修正。修正的竞聚率和增长反应速率常数分别由式(6.60)和式(6.61)决定。

$$\bar{r}_1 = r_1'\frac{f_1r_1 + f_2}{f_1r_1' + f_2};\ \bar{r}_2 = r_2'\frac{f_2r_2 + f_1}{f_2r_2' + f_1} \tag{6.60}$$

$$\bar{k}_{11} = k_{111}\frac{(f_1r_1 + f_2)}{(f_1r_1 + f_2/s_1)};\ \bar{k}_{22} = k_{222}\frac{(f_2r_2 + f_1)}{(f_2r_2 + f_1/s_2)} \tag{6.61}$$

这些参数可代替共聚组成方程微分形式(6.13)中的 r_1和 r_2，即存在前端基效应时，共聚组成方程的微分形式(6.62)和速率方程式(6.54)，以及平均速率常数式(6.63)。

$$\bar{F}_1 = \frac{\bar{r}_1f_1^2 + f_1f_2}{\bar{r}_1f_1^2 + 2f_1f_2 + \bar{r}_2f_2^2} \tag{6.62}$$

$$\bar{k}_p = \frac{\bar{r}_1f_1^2 + 2f_1f_2 + \bar{r}_2f_2^2}{(\bar{r}_1f_1/\bar{k}_{11}) + (\bar{r}_2f_2/\bar{k}_{22})} \tag{6.63}$$

很多单体对，如苯乙烯/丁烯二腈、甲基丙烯酸乙酯/苯乙烯、甲基丙烯酸甲酯/4-乙烯基吡啶、丙烯酸甲酯/1,3-丁二烯、甲基丙烯酸乙酯/丙烯酸甲酯等的自由基共聚,发现都有前端基效应。离子聚合中也有少量单体对,例如苯乙烯/4-乙烯基吡啶的阴离子聚合也存在前端基效应。为了说明方程(6.62)和(6.63),在 40 ℃下,AIBN 引发苯乙烯/马来酸二乙酯共聚,测得的 F_1 和 f_1(黑点)和根据方程式(6.62)计算得到的理论曲线列于图 6.12;增长速率常数与 f_1 的实测值(黑点)以及根据平均增长速率常数方程式(6.55)(虚线),和存在前端基效应的平均速率常数方程式(6.63)(实线)计算得到的理论曲线列于图 6.13 中。

由图 6.12 的数据可以看出,实验值与存在前端效应的共聚物组成的微分形式符合很好。在图 6.13 中,实验值与存在前端效应的平均增长速率常数符合较好,而与方程(6.55)有偏离,进一步说明共聚反应中存在前端基效应。

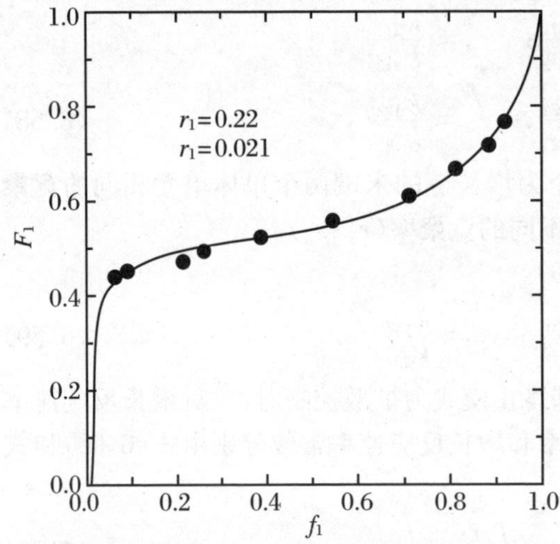

图 6.12 在 40 ℃,AIBN 引发苯乙烯(r_1 = 0.22)和马来酸二乙酯(r_1 = 0.021)共聚反应中,苯乙烯在聚合物(F_1)和单体(f_1)中的摩尔分数的实测值(黑点)和理论值(实线)的比较

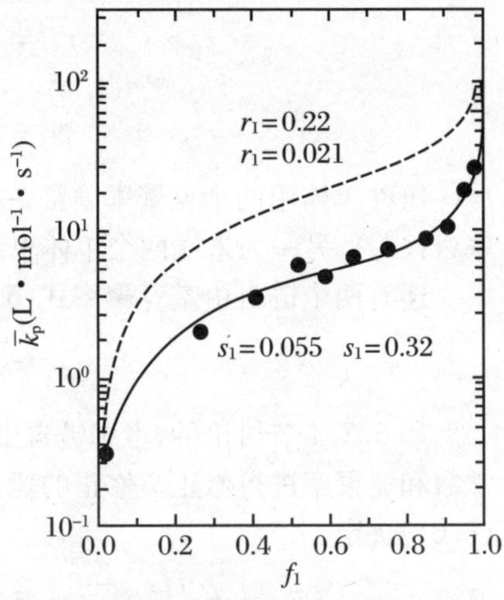

图 6.13 在 40 ℃,AIBN 引发苯乙烯(r_1 = 0.22)马来酸二乙酯(r_1 = 0.021)共聚反应中,平均速率常数与 f_1 的关系曲线

6.5.2 解聚效应

偏离理想共聚模型的另一原因是末端基发生解离。在某些共聚体系中,存在着聚合和解聚反应。在一定温度下,当单体,例如当 M_2 的浓度低于它的平衡浓度 $[M_2]_C$ 时,端基 M_2 将从共聚物链解聚下来,导致 M_2 在共聚物中的含量降低。在这一共聚反应体系中,共聚物组成有温度依赖性,前端基效应的共聚反应和理想共聚模型均未考虑这一问题。

两种单体都能解聚的共聚组成方程有许多未知参数，难以进行数学处理，因此仅考虑只有单体 M_2 能解聚的情况，即末端为 M_1 单元的增长链不发生解聚。当存在前端基效应时，增长链末端基为 M_2，它的前一单元为 M_1 时不发生解聚。下面讨论两种解聚情况：

(1) 增长链末端单元为两个 M_2 单体单元时就能够发生解聚

$$\sim\sim\sim M_1M_2M_2\cdot \underset{}{\overset{K}{\rightleftharpoons}} \sim\sim\sim M_1M_2\cdot + M_2 \tag{6.64}$$

(2) M_2 增长链的末端单元之前至少有两个或两个以上 M_2 单元才能解聚

$$\sim\sim\sim M_1M_2M_2M_2\cdot \overset{K}{\rightleftharpoons} \sim\sim\sim M_1M_2M_2\cdot + M_2 \tag{6.65}$$

第一种情况，$M_1M_2\cdot$ 不会解聚；第二种情况，$M_1M_2\cdot$ 和 $M_1M_2M_2\cdot$ 不会解聚。

第一种情况的共聚组成方程为

$$\frac{d[M_1]}{d[M_2]} = \frac{(r_1[M_1] + [M_2])(1-\alpha)}{[M_2]} \tag{6.66}$$

式中，α 定义为

$$\alpha = \frac{1}{2}\left\{\left[1 + K[M_2] + \left(\frac{K[M_1]}{r_2}\right)\right] - \left(\left[1 + K[M_2] + \left(\frac{K[M_1]}{r_2}\right)\right]^2 - 4K[M_2]\right)^{1/2}\right\} \tag{6.67}$$

K 为可逆反应(6.64)的平衡常数。

第二种情况的共聚组成方程为

$$\frac{d[M_1]}{d[M_2]} = \frac{\left[\frac{r_1[M_1]}{[M_2]} + 1\right]\left[\alpha\gamma + \frac{\alpha}{(1-\alpha)}\right]}{\alpha\gamma - 1 + \left[\frac{1}{(1-\alpha)}\right]^2} \tag{6.68}$$

式中，α 定义同式(6.67)，γ 定义为

$$\gamma = \frac{K[M_2] + \frac{K[M_1]}{r_2} - \alpha}{k[M_2]} \tag{6.69}$$

K 为式(6.65)所示反应的平衡常数。

由方程式(6.66)和式(6.68)描述的解聚模型为一些实验结果所证实。如 α-甲基苯乙烯/甲基丙烯酸甲酯，N-苯基马来酰亚胺/苯乙烯，1,1-二苯基乙烯/丙烯酸甲酯和苯乙烯/α-甲基苯乙烯等的自由基共聚；2,4,6-三甲基苯乙烯和 α-甲基苯乙烯体系的阳离子共聚等。有时随反应条件如温度、单体的配比和浓度的改变，共聚行为往往从理想共聚模型转变为解聚模型。在自由基共聚中，随温度升高 α-甲基苯乙烯解聚效应增加，组成方程逐渐符合解聚模型的第二种情况。

6.5.3 络合效应

在共聚反应中,若单体对能形成络合物,并与单个单体竞争,参与链增长反应,导致偏离理想共聚模型,这就是所谓单体对的络合效应。在这样情况下,链增长反应除反应(6.1)、反应(6.2)、反应(6.3)、反应(6.4)以外,还有(6.70)所示的4个反应。

$$\sim\sim M_1\cdot + \overline{M_2 M_1} \xrightarrow{\bar{k}_{121}} \sim\sim M_1\cdot \tag{6.70a}$$

$$\sim\sim M_1\cdot + \overline{M_1 M_2} \xrightarrow{\bar{k}_{112}} \sim\sim M_2\cdot \tag{6.70b}$$

$$\sim\sim M_2\cdot + \overline{M_2 M_1} \xrightarrow{\bar{k}_{221}} \sim\sim M_1\cdot \tag{6.70c}$$

$$\sim\sim M_2\cdot + \overline{M_1 M_2} \xrightarrow{\bar{k}_{212}} \sim\sim M_2\cdot \tag{6.70d}$$

单体 M_1 和 M_2 与络合物之间存在络合和解离平衡用式(6.71)表达。

$$M_1 + M_2 \overset{K}{\rightleftharpoons} \overline{M_1 M_2} \tag{6.71}$$

因此有6个竞聚率

$$r_1 = \frac{k_{11}}{k_{12}}; \quad r_2 = \frac{k_{22}}{k_{21}}$$

$$r_{1C} = \frac{k_{1\overline{12}}}{\bar{k}_{121}}; \quad r_{2C} = \frac{k_{2\overline{21}}}{\bar{k}_{212}}$$

$$s_{1C} = \frac{k_{1\overline{12}}}{k_{11}}; \quad s_{2C} = \frac{k_{2\overline{21}}}{k_{22}} \tag{6.72}$$

其中,$\overline{M_1 M_2}$ 和 $\overline{M_2 M_1}$ 表示加成到 M_1 和 M_2 增长链上的络合物。共聚组成方程为

$$\frac{F_1}{F_2} = \frac{f_1^0 (A_2 B_1) r_1 f_1^0 + (A_1 C_2) f_2^0}{f_2^0 (A_1 B_2) r_2 f_2^0 + (A_2 C_1) f_1^0} \tag{6.73}$$

平均增长速率常数方程为

$$\bar{k}_p = \frac{(A_2 B_1) r_1 (f_1^0)^2 + (A_1 B_2) r_2 (f_2^0)^2 + (A_1 C_2 + A_2 C_1) f_1^0 f_2^0}{(A_2 r_1 f_1^0 / k_{11}) + (A_1 r_2 f_2^0 / k_{22})} \tag{6.74}$$

式(6.73)和式(6.74)中,有上标"0"的表示未络合单体的浓度和摩尔分数,无上标"0"的表示未络合和络合单体的总浓度和总摩尔分数。式中,各参数定义如下

$$A_1 = 1 + r_1 s_{1C} Q f_1^0 \tag{6.75a}$$

$$B_1 = 1 + s_{1C}\left(1 + \frac{1}{r_{1C}}\right) Q f_2^0 \tag{6.75b}$$

$$C_1 = 1 + r_1 s_{1C}\left(1 + \frac{1}{r_{1C}}\right) Q f_1^0 \tag{6.75c}$$

$$A_2 = 1 + r_2 s_{2C} Qf_2^0 \tag{6.75d}$$

$$B_2 = 1 + s_{2C}\left(1 + \frac{1}{r_{2C}}\right)Qf_1^0 \tag{6.75e}$$

$$C_2 = 1 + r_2 s_{2C}\left(1 + \frac{1}{r_{2C}}\right)Qf_2^0 \tag{6.75f}$$

$$2Qf_1^0 = \{[Q(f_2 - f_1) + 1]^2 + 4Qf_1\}^{1/2} - [Q(f_1 - f_2) + 1] \tag{6.75g}$$

$$Q = K([\mathrm{M}_1] + [\mathrm{M}_2]) \tag{6.75h}$$

$$f_1 = \frac{[\mathrm{M}_1]}{[\mathrm{M}_1] + [\mathrm{M}_2]};\quad f_2 = = \frac{[\mathrm{M}_2]}{[\mathrm{M}_1] + [\mathrm{M}_2]} \tag{6.75i}$$

$$f_1^0 = \frac{[\mathrm{M}_1]^0}{[\mathrm{M}_1] + [\mathrm{M}_2]};\quad f_2^0 = \frac{[\mathrm{M}_2]^0}{[\mathrm{M}_1] + [\mathrm{M}_2]} \tag{6.75j}$$

络合共聚模型能预测共聚物组成随温度和单体浓度的变化情况。温度影响络合平衡常数 K，温度升高，络合物浓度降低；当单体配比 f_1 固定，提高单体浓度，络合物浓度增大。

适用络合共聚模型的单体对有 1，1-二苯基乙烯/丙烯酸甲酯、乙酸乙烯酯/六氟乙烯、N-乙烯基咔唑/马来酸二乙酯、N-乙烯基咔唑/1,2-丁烯二腈、马来酸酐/乙酸乙烯酯以及苯乙烯/马来酸酐。

思考题

1. 什么是前端基效应、解聚效应和络合效应？

2. 有些共聚反应体系，为什么会偏离共聚组成方程(6.13)和共聚速率表达式(6.54)？这偏离会对组成方程和共聚反应速率有什么影响？

6.6　二烯类单体的共聚

与前几节讨论的内容不同，这一节讨论的是单烯类和二烯类单体共聚反应。许多应用需要不同交联结构的聚合物，例如，制备离子交换树脂时，首先针对不同应用要求，设计交联结构，将苯乙烯与二乙烯基苯共聚，以制备预定交联结构的聚合物小球。制备和控制聚合物的交联结构是十分重要的。

6.6.1 交联

单烯类与二烯类单体进行共聚反应中，交联发生在共聚反应前期或后期取决于二烯单体中两个碳—碳双键的相对反应活性。交联度除与双键的相对活性相关外，还与二烯烃单体的量有关。在单烯类单体A与二烯类单体BB共聚反应中，根据BB单体的类型，交联过程分为以下三种情况：

1. 单体A和BB上，所有碳—碳双键具有相同的反应活性

有些共聚反应体系，例如甲基丙烯酸甲酯(A)与双甲基丙烯酸乙二醇酯(BB)的共聚反应，单体A和BB上的所有碳—碳双键的聚合活性基本相等。当浓度为$[A]_0$的单体A与浓度为$[BB]_0$的单体BB共聚时，发生交联反应时，反应程度的表达式如式(6.76)所示。推导过程如下：定义反应程度p为已反应双键A或B的分数，$[B]_0$为单体BB上的起始官能团浓度，且$[B]_0=2[BB]_0$。已反应的A和B双键浓度分别为$p[A]_0$和$p[B]_0$，已反应的BB单体为$p^2[BB]_0$。交联点的数目就是两个双键均反应的BB分子数，即为$p^2[BB]_0$；高分子链数为已反应的A和B双键总数除以重均聚合度，即$([A]_0+[B]_0)p/\overline{X}_w$。当每个链的交联点数达1/2时，即$p^2[BB]_0$与$([A]_0+[B]_0)p/\overline{X}_w$之比为1/2时，共聚反应会发生交联，这时的反应程度称为**临界反应程度**，即**凝胶点**(p_c)。

$$p_c=\frac{[A]_0+[B]_0}{[B]_0\overline{X}_w} \tag{6.76}$$

式中，$\overline{X}_w$为无二烯烃单体时单体A所能达到的最高重均聚合度。

式(6.76)可预测此类共聚反应中交联发生的情况，随二烯烃相对含量增加，该式的适用性逐渐降低。如苯乙烯和二乙烯基苯共聚时的凝胶点列于表6.12，在较

表6.12 苯乙烯和二乙烯基苯(DVB)共聚反应的凝胶点

DVB(摩尔分数)	凝胶点(p_c)	
	方程式(6.76)的计算值	实验值
0.004	0.21	0.16
0.008	0.10	0.14
0.02	0.042	0.076
0.032	0.026	0.074
0.082	0.010	0.052
0.30	0.004 2	0.045

低转化率下即发生交联反应。当二乙烯基苯浓度较低时,凝胶点的理论值和实验结果符合很好;随着二乙烯基苯含量增加,预测值与实验值的偏离增大,二乙烯基苯的分子内环化,以及二乙烯基苯的一个双键反应后另一双键的反应活性有所下降是导致该现象的原因。凝胶点(p_c)的另一个表达式为式(6.77)。

$$p_c = \frac{1 - q}{\alpha f(f - 2)(q + \zeta/2)} \tag{6.77}$$

其中 q 为链增长速率与链终止速率、链增长速率和链转移速率之和的比值;ζ 为偶合终止速率与所有链终止速率及链转移速率之和的比值;f 为二烯烃的官能度(等于 4);α 为二烯烃的官能团在所有参与反应官能团中所占的分数。

2. 单体 BB 两个双键的反应活性相同,但是与单体 A 双键反应的活性不相等

凝胶点(p_c)由式(6.78)给出。

$$p_c = \frac{(r_1[\mathrm{A}]^2 + 2[\mathrm{A}][\mathrm{B}] + r_2[\mathrm{B}]^2)^2}{\overline{X}_w[\mathrm{B}]([\mathrm{A}] + [\mathrm{B}])([\mathrm{A}] + r_2[\mathrm{B}])^2} \tag{6.78}$$

若$[\mathrm{A}] \gg [\mathrm{B}]$,上式简化为式(6.79)。

$$p_c = \frac{[\mathrm{A}]r_1^2}{\overline{X}_w[\mathrm{B}]} \tag{6.79}$$

当二烯烃双键的反应活性高于其他单体($r_2 > r_1$)时,在共聚反应初期发生交联;若当二烯烃双键的反应活性较低($r_1 > r_2$),交联延迟到反应后期。

3. 单体 A 和二烯烃 BC 反应,其中双键 A 和 B 具有相同的活性,而双键 C 活性较低

当甲基丙烯酸甲酯和甲基丙烯酸烯丙酯共聚时,甲基丙烯酰基的活性比烯丙基高。若 r 为基团 C 和 B 的竞聚率,则式(6.80)的关系式应成立。

$$r = \frac{k_{\mathrm{AC}}}{k_{\mathrm{AA}}} = \frac{k_{\mathrm{AC}}}{k_{\mathrm{AB}}} = \frac{k_{\mathrm{BC}}}{k_{\mathrm{BA}}} = \frac{k_{\mathrm{BC}}}{k_{\mathrm{BB}}} \tag{6.80}$$

这种共聚体系由于 C 基团的反应活性低,直到反应后期也难以交联,得到以 C 基团为侧基的 AB 共聚物,其凝胶点 p_c 由式(6.81)给出。

$$p_c = 1 - \exp\left(\frac{-1}{2q\overline{X}_w r}\right) \tag{6.81}$$

其中,q 为二烯类单体的起始摩尔分数。

在进行交联聚合反应时,可以选择不同的反应参量来控制交联过程。如选择某个双键具有较低反应活性的二烯类使凝胶点延迟,从而在高转化率时,也生成非交联产物,然后再进行交联。推迟凝胶点还可采用减少二烯类单体用量、利用链转移剂控制聚合度等方法。要得到高交联度的网络结构,则要增加二烯类单体的用量、减少链转移,并选择双键活性相近的二烯类单体。

6.6.2 环化聚合

非共轭双烯的聚合生成高交联热固性产物是工业生产中一种重要的工艺过程，如对-苯二甲酸二烯丙基酯、双(碳酸烯丙基)二乙二醇酯和马来酸二烯丙基酯的聚合。但这些体系实测凝胶点总是高于理论预测值，这是由于二烯类单体进行分子内环化反应的缘故。也就是在共聚反应体系中，存在分子间的交联反应(6.82)和分子内的环化反应(6.83)的竞争反应。

反应(6.82)说明，单体6-4聚合生成侧基为双键的线形聚合物，侧基双键进一步反应，生成交联聚合物。同时，链自由基6-5会进攻分子内的侧基双键，分别形成环状链自由基6-6和6-8，进一步聚合，生成含环的聚合物6-7和6-9。由于反应(6.83)消耗了侧基双键，导致聚合物的交联度降低。当与单烯类单体共聚时，生成的共聚物结构更为复杂。例如，第二单体加到增长链末端二烯烃单元之前还是之后，才发生分子内环化，就会形成不同的环结构。

$$\underset{\text{6-4}}{\begin{matrix}CH{=}CH_2\\|\\Z\\|\\CH{=}CH_2\end{matrix}} \longrightarrow \underset{\text{6-5}}{\begin{matrix}CH{=}CH_2\\|\\Z\\|\\\cdot CH{-}CH_2\sim\sim\end{matrix}} \longrightarrow \begin{matrix}CH{=}CH_2\\|\\Z\\|\\{-}\!\!(CH{-}CH_2)_n\end{matrix} \xrightarrow[\text{形成交联结构}]{\text{侧基聚合}} \tag{6.82}$$

6-5 —分子内环化→ 6-6 和 6-8

$$\underset{\text{6-6}}{\sim\sim CH_2{-}\overset{\;Z\;}{CH\quad CH\cdot}} \ (\text{CH 与 CH 经 Z 及 } CH_2 \text{ 成环}) \qquad \underset{\text{6-8}}{\sim\sim CH_2{-}CH{-}CH{-}CH_2\cdot} \ (\text{两个 CH 经 Z 成环})$$

$$\downarrow \qquad\qquad\qquad \downarrow$$

$$\underset{\text{6-7}}{[CH_2{-}CH\quad CH]_n} \ (\text{CH 与 CH 经 Z 及 } CH_2 \text{ 成环}) \qquad \underset{\text{6-9}}{[CH_2{-}CH{-}CH{-}CH_2]_n} \ (\text{两个 CH 经 Z 成环}) \tag{6.83}$$

不是所有双烯类单体聚合时，都会发生交联反应。有的单体，如双烯丙基季铵盐的自由基聚合生成了一个可溶、几乎不含双键的非交联产物，如反应(6.84)所示。此反应称为**分子内和分子间交替聚合**，或称**环化聚合**，生成的聚合物为主链含环状结构的线形高分子。

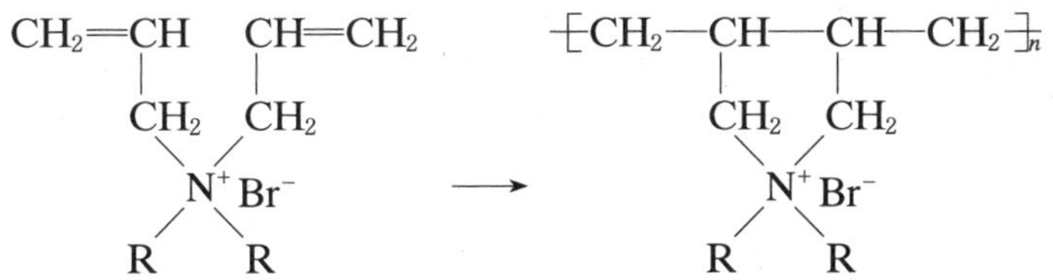

$$\begin{array}{c}CH_2{=}CH\quad CH{=}CH_2\\ |\qquad\qquad |\\ CH_2\quad CH_2\\ \diagdown\ \ \diagup\\ N^+Br^-\\ \diagup\ \ \diagdown\\ R\qquad R\end{array} \longrightarrow \begin{array}{c}\left[CH_2{-}CH{-}CH{-}CH_2\right]_n\\ |\qquad |\\ CH_2\quad CH_2\\ \diagdown\ \ \diagup\\ N^+Br^-\\ \diagup\ \ \diagdown\\ R\qquad R\end{array} \tag{6.84}$$

环化反应对交联影响程度，取决于聚合过程中形成环的大小。环化难易程度随环的大小有如下顺序：五、六元环>七元环>更大的环。当形成五、六元环时，成环聚合为主导反应。例如，(甲基)丙烯酸酐、二烯丙基季铵盐和甲基丙烯酸烯丙基酯等 1,6-二烯烃(Z 含有三个成环原子)都能环化聚合，形成五元环或六元环的结构单元，或者两种环兼而有之。形成五元环是动力学过程控制，经仲碳自由基完成环化过程；经较为稳定的叔碳自由基形成六元环的过程则属于热力学控制过程。二烯丙基季铵盐、二乙烯基缩甲醛都毫无例外地形成五元环结构单元；丙烯酸酐形成五元环和六元环两种结构单元；甲基丙烯酸酐只形成六元环一种结构单元。对于丙烯酸酐聚合，降低聚合温度和溶剂极性可大大减小五元环结构单元的形成；而甲基丙烯酸酐的环化聚合则不受温度和溶剂极性的影响。

分子间的聚合速率(R_p)和分子内的环化速率(R_c)的相对大小与单体浓度相关，如式(6.85)所示。

$$\frac{R_p}{R_c} = \frac{2k_p[M\cdot][M]}{k_c[M\cdot]} = \frac{2k_p}{k_c}[M] \tag{6.85}$$

其中，[M]为二烯烃单体的浓度。由此可知，增加单体浓度有利于分子间的链增长反应。与分子间链增长反应相比，分子内的环化反应具有较高的活化能和较大的碰撞频率因子，升高温度和增加溶剂极性可提高环化聚合的概率。

不对称的二烯烃如甲基丙烯酸烯丙基酯，它的两个双键具有不同的活性，其环化的可能性显著降低。

二烯烃的环化聚合还可能形成一些特殊的环结构单元，如二乙烯基醚的自由基聚合，形成了双环的结构单元，其形成机理如反应(6.86)所示。某些共聚单体对也会发生环化聚合，如马来酸酐和二乙烯基醚的自由基共聚，也会发生如反应(6.87)所示的环化反应。

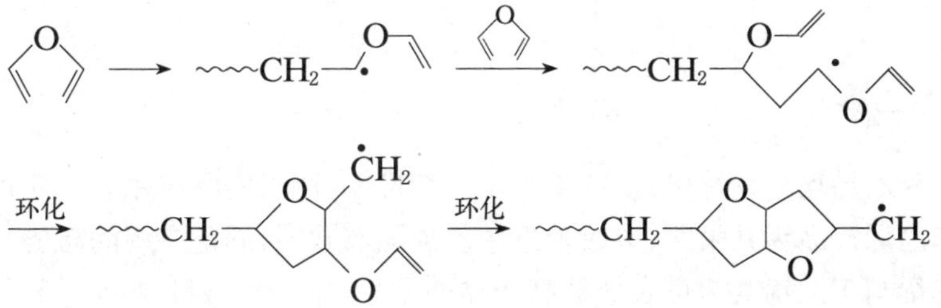

$$\text{(二乙烯基醚)} \longrightarrow \sim\sim CH_2{-}\dot{C}H{-}O{-}CH{=}CH_2 \xrightarrow{\text{二乙烯基醚}} \sim\sim CH_2{-}CH(O{-}CH{=}CH_2){-}CH_2{-}\dot{C}H{-}O{-}CH{=}CH_2$$

$$\xrightarrow{\text{环化}} \sim\sim CH_2{-}(\text{四氢呋喃环})(\dot{C}H_2)(O{-}CH{=}CH_2) \xrightarrow{\text{环化}} \sim\sim CH_2{-}(\text{双环})-\dot{C}H_2 \tag{6.86}$$

$$\sim\sim CH_2-\dot{C}H-O-CH=CH_2 \longrightarrow \sim\sim CH_2-CH(O-CH=CH_2)-\text{(琥珀酸酐环)}\cdot \longrightarrow \sim\sim CH_2-\text{(稠环)}\cdot \qquad (6.87)$$

6.6.3 互穿聚合物网络

将一组单体溶胀到某一聚合物交联网中,然后聚合、交联,即可得相互贯穿的两个聚合物网络,简称**互穿聚合物网络**(interpenetrating polymer network,IPN)。例如,用甲基丙烯酸甲酯单体,适量双烯单体和引发剂混合液溶胀交联的聚氨酯,加热聚合就可形成 PU/PMMA 互穿网络。该方法可以使本来不相容的两种聚合物达到分子水平的混合,从而综合两个聚合物网络的优越性能。两个网络具有相对独立性,但是两者之间或多或少地存在一定水平的化学键合。

思考题

1. 当单烯和二烯类单体共聚时,如何预测凝胶点?
2. 怎样控制交联反应发生的时间,以生成不同结构的产物?
3. 在二烯类单体浓度较高时,为什么预测的凝胶点总是高于实测值?
4. 分别写出二烯丙基二甲基季铵、二乙烯基醚和二乙烯基醚与马来酸酐聚合反应。

6.7 共聚物的应用

6.7.1 苯乙烯

由于苯乙烯均聚物性脆,抗冲击和耐溶剂性差,所以实际应用有一定困难。大多数聚苯乙烯产品为共聚物,以改善聚苯乙烯固有缺陷,满足应用的需要。

苯乙烯与丁二烯共聚可有效提高产品的柔性,常用作橡胶制品。含有约 25%

苯乙烯和 75%丁二烯的丁苯橡胶(SBR),主要由乳液聚合制备,部分通过阴离子聚合获得。它们的抗张强度与天然橡胶相近,但是有更好的耐候性和抗臭氧性能,只是回弹性稍差。SBR 主要用于轮胎,其他用途包括橡胶带、模塑和挤出成型部件、地板、鞋和绝缘件。含有苯乙烯含量较高(50%～70%)的苯乙烯/丁二烯共聚物可用作涂料,含有少量不饱和羧酸的苯乙烯/丁二烯的三元共聚乳液可通过羧基实现交联。

苯乙烯和二乙烯基苯的交联共聚产物可用作凝胶渗透色谱的分离柱,以及用于制备离子交换树脂。

苯乙烯与 10%～40%丙烯腈的自由基共聚产物苯乙烯/丙烯腈共聚物(SAN),比聚苯乙烯有更好的抗张强度、耐溶剂性以及较高的使用温度,抗冲击强度也略有增加,在家用电器、包装、家具和电子行业等方面具有广泛的用途。

ABS 树脂是丙烯腈/丁二烯/苯乙烯共聚物,它具有很高的抗冲击强度,是广泛应用的热塑性工程塑料。通常在橡胶类聚合物(如聚丁二烯、SBR 和丁腈橡胶)存在下,通过乳液、悬浮或本体聚合方法制备的。得到的产物为 SAN 和橡胶-*g*-SAN 的物理共混物,即玻璃态的 SAN 分散于橡胶态的基体中。ABS 树脂可用于家用电器、建筑材料、运输、办公设备和休闲等行业。

高抗冲聚苯乙烯(high-impact PS, HIPS)是在橡胶(通常为聚丁二烯)存在下苯乙烯聚合的产物,具有优良的抗冲性能,成本比 ABS 低,应用也很广泛,如快餐餐具、玩具和厨房用品。

6.7.2　乙烯共聚物

最常见的乙烯共聚物是乙烯/乙酸乙烯酯共聚物(EVA)。随共聚物中乙酸乙烯酯含量增加,EVA 的结晶性、玻璃化转变温度、熔融温度以及抗化学腐蚀性降低,而光学透明性、抗冲击强度、柔性和附着性增加。含 2%～18%乙酸乙烯酯的 EVA 可用于冷冻食品的包装、薄膜材料和热封材料。含 20%乙酸乙烯酯的 EVA 可用作模塑或挤出成型的玩具,以及电线的绝缘材料。

EVA 的水解产物乙烯/乙烯醇共聚物(EVOH)具有良好气体阻隔性、抗油和有机溶剂性能,可用作饭盒和溶剂的容器。

乙烯与甲基丙烯酸甲酯、丙烯酸甲酯、丙烯酸乙酯和丙烯酸丁酯的共聚物与 EVA 相似,但具有更好的热稳定性和低温柔性。含有 15%～30%的甲基丙烯酸酯或丙烯酸酯的共聚物,一般可用于药品包装、一次性手套、软管和电缆等的制备。

乙烯/丙烯酸酯弹性体是以丙烯酸酯作为主体的三元共聚物,其中少量的烯酸单体作为第三单体,以便使用二元伯胺作为交联剂。这种弹性体有很好的抗油性,可在较宽的温度范围(－50～200 ℃)使用。

与EVA相比,乙烯与丙烯酸或甲基丙烯酸(15%～20%)的共聚物有较好的黏结性、韧性、抗摩擦性和低温柔性,可用作铝箔涂层、电线和电缆、包装膜以及金属和玻璃纤维的增光涂层。乙烯与丙烯酸盐或甲基丙烯酸盐(5%～10%)的共聚物是一种离聚体,能够通过羧酸盐和非极性的碳氢链段实现可逆的交联,如同热塑性弹性体的物理交联一样。

6.7.3 不饱和树脂

将低分子量不饱和聚酯、自由基引发剂溶解于烯类单体中,将混合液倒入一定形状的模具中,加热聚合。通过不饱和树脂中的碳—碳双键与烯类单体的共聚反应,制备热固性聚酯树脂。其中,苯乙烯是最常用的烯类单体。除此以外,甲基丙烯酸甲酯、对-苯二甲酸二烯丙基酯和 α-甲基苯乙烯也有使用。

交联产物的力学性质取决于聚酯链之间交联链的数目(交联密度)和交联链的平均长度。交联密度依赖于不饱和聚酯中不饱和重复结构单元的摩尔分数,交联链的平均长度取决于烯类单体的类型和用量。与甲基丙烯酸甲酯相比,苯乙烯作为共聚单体生成硬而脆的产物,这是因为苯乙烯更易与顺-丁烯二酸结构单元发生交替共聚,形成短的交联链。

6.7.4 烯丙基树脂

二烯和三烯丙基单体可与不饱和聚酯,或其他不饱和单体共聚,生成一系列热固性产品。有一些二烯丙基单体,例如,对苯二甲酸二烯丙基酯及其间、对位异构体,可单独热聚合,生成热固性聚合物。它可用作模塑和涂层材料,用于通讯、计算机和航空等的连接件和绝缘体,以保证在恶劣环境条件下,仍保持高度的可靠性。还可用作浸渍玻璃布,用以制备雷达、导弹和飞机等所用的部件。

习　题

1. 讨论无规、交替、接枝和嵌段共聚物在结构上的差别。
2. 理想共聚行为和交替共聚行为有何差别?

3. 不同单体对的共聚反应，其竞聚率列于下表。当等摩尔的单体共聚时，计算低转化率时，形成共聚物的组成。

单体对	1	2	3	4	5	6	7
r_1	0.1	0.1	0.1	0	0	0.8	1
r_2	0.2	10	3	0.3	0	2	15

4. 利用表 6.1 的竞聚率值，画出丙烯酸甲酯/甲基丙烯酸甲酯和苯乙烯/马来酸酐两个自由基共聚体系初始共聚物组成与单体配料关系图。这两个例子是理想共聚还是交替共聚？

5. 对于丙烯腈、苯乙烯、1,3-丁二烯这一自由基溶液共聚体系，其摩尔分数分别为 0.47、0.47 和 0.06，计算其三元共聚物的初始组成。

6. 丙烯酸二茂铁甲酯(FMA)、丙烯酸二茂铁乙酯(FEA)、苯乙烯、丙烯酸甲酯(MA)、乙酸乙烯酯(VAc)的竞聚率分别列于下表：

M_1	FEA	FEA	FEA	FMA	FMA	FMA
M_2	苯乙烯	MA	VAc	苯乙烯	MA	VAc
r_1	0.41	0.76	3.4	0.02	0.14	1.4
r_2	1.06	0.69	0.074	2.3	4.4	0.46

(1) 预测并解释 FEA，还是 FMA 具有更高的均聚链增长速率常数 k_p，它们之间的差别是否与其结构有关？

(2) 上述哪种单体对能进行恒比共聚？

(3) 对于 FMA 链增长中心，给出另外三种单体活性的排列次序。若以 FEA 链增长中心为参考，上述排序是否相同。

(4) 以 FEA 为参考单体时，苯乙烯等三种单体的链增长活性中心的反应活性次序如何？

(5) 上述共聚数据表明它们应属于自由基共聚、阳离子共聚还是阴离子共聚？为什么？

7. 对于一个在苯中，含 1.5 $mol \cdot L^{-1}$ 苯乙烯和 3.0 $mol \cdot L^{-1}$ 丙烯酸甲酯的自由基共聚体系，回答下列问题：

(1) 如果用 5.0×10^{-4} $mol \cdot L^{-1}$ 的 BPO 在 60 ℃下引发聚合，求其初始共聚物组成。若 BPO 引发剂浓度变为 3.0×10^{-3} $mol \cdot L^{-1}$，共聚物组成有何变化？

(2) 若存在 5.0×10^{-5} $mol \cdot L^{-1}$ 的正丁基硫醇，初始共聚物组成有无变化？

(3) 若用正丁基锂或 BF_3 加水作引发剂，请定性地给出共聚组成。

8. 下列单体与 1,3-丁二烯进行自由基共聚时，请按其交替倾向的大小排序，并予以解释。

(1) 正丁基乙烯基醚；(2) 甲基丙烯酸甲酯；(3) 丙烯酸甲酯；(4) 苯乙烯；(5) 马来酸酐；(6) 乙酸乙烯酯；(7) 丙烯腈。

9. 如果上题用阳离子引发，请定性地给出其聚合物组成，并按丁二烯含量排序。是否每对单体都能得到共聚物？为什么？若用阴离子引发，情况又如何？

10. 利用表 6.6 的 Q、e 值，计算单体对苯乙烯/丁二烯和苯乙烯/甲基丙烯酸甲酯的竞聚率，并与表 6.1 的竞聚率值对比。

11. 讨论离子共聚中温度、溶剂和引发剂对竞聚率的影响，并与自由基共聚进行比较。

12. 就凝胶点的反应程度，定性地讨论下述单体对的自由基共聚过程。

(1) 苯乙烯/二乙烯基苯；　　(2) 甲基丙烯酸甲酯/甲基丙烯酸烯丙酯；

(3) 乙酸乙烯酯/二甲基丙烯酸乙二醇酯；　　(4) 甲基丙烯酸甲酯/己二酸二乙烯酯；

(5) 苯乙烯/丁二烯。

13. 4-甲基-1,6-己二烯聚合产物不含不饱和双键，写出其化学结构式。

第 7 章　开环聚合反应

与逐步聚合，自由基、阳离子和阴离子聚合的单体不同，开环聚合反应研究的是环状单体，例如，环醚、环缩醛、环酯、环酰胺、环硅氧烷等环状单体的聚合反应。这是打开环，形成线形聚合物的过程，与逐步聚合和链式聚合反应过程完全不同，因此，单独作为一章讨论。这类反应中，环氧乙烷、三聚甲醛、ε-己内酰胺及八甲基环四硅氧烷的开环聚合已经工业化。

7.1　基本概念

7.1.1　环状单体与聚合活性

1. 环结构与聚合活性

环状单体能否打开环，转变为线形聚合物，决定于热力学因素，即环状单体与线形聚合物结构的相对稳定性。环的大小对环的稳定性及开环聚合倾向的影响见表 7.1，该表列出了环烷烃转变为相应的线形聚合物时，其焓、熵和自由能变化的半经验值。从热力学观点，开环聚合的可行性顺序为：三元环、四元环＞八元环＞五元环、七元环＞六元环。

表 7.1　环烷烃聚合的热力学参数

$\leftarrow CH_2 \rightarrow_n$	ΔH_k (kJ・mol^{-1})	ΔS_k (J・mol^{-1}・℃$^{-1}$)	ΔG_k (kJ・mol^{-1})
3	−113.0	−69.1	−92.5

续表

$\overleftrightarrow{CH_2}_n$	ΔH_k ($kJ \cdot mol^{-1}$)	ΔS_k ($J \cdot mol^{-1} \cdot ℃^{-1}$)	ΔG_k ($kJ \cdot mol^{-1}$)
4	−105.1	−55.3	−90.0
5	−21.2	−42.7	−9.2
6	+2.9	−10.5	+5.9
7	−21.8	−15.9	−16.3
8	−34.8	−3.3	−34.3

注:表中 ΔH,ΔS 和 ΔG 的下标的 k 是指该值是由液态单体生成结晶聚合物

根据在 2.1 节中讨论的结论,三元环和四元环主要是键角张力,五元环是重叠构象张力,而七元环和八元环则是由跨环张力导致单体稳定性差,即提高了聚合反应的热力学可行性。环己烷的聚合焓及自由能均为正值,一般是不能聚合的。应该指出的是,对三元环和四元环烷来说,ΔH 是决定 ΔG 的主要因素;而对于五元环来说,ΔS 则是非常重要的因素;对于更大的环来说,ΔH 和 ΔS 对 ΔG 的贡献差不多。因为 ΔH 和 ΔS 都为负值,随着温度的升高,聚合反应的自由能 ΔG 将从负值向零趋近。超过某一温度(聚合极限温度),ΔG 将变为正值,此时聚合反应则不能进行。

不同大小的环上的取代基都会降低聚合反应的热力学可行性。取代基会使 ΔH 负值减小,ΔS 值则更负。例外的情况是当取代基相互连结形成第二个环,增加了可聚合环的张力时,会提高环单体的聚合活性。例如,顺式(7-1)和反式(7-2)8-氧杂双环[4,3,0]壬烷,在顺式异构体 7-1 中,五元环没有张力,因而不发生聚合;反式异构体 7-2 中,四氢呋喃环被扭曲具有高度张力,具有聚合活性。

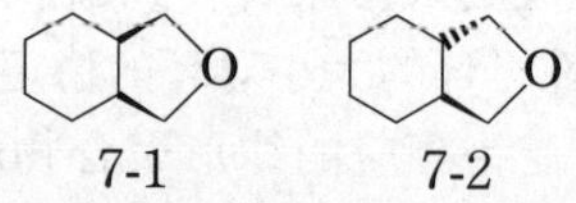

7-1　　7-2

从热力学观点,除了六元环烷烃外,所有环烷烃的开环聚合反应都是可行的。但已经实现的环烷烃聚合仅为环丙烷的衍生物,并且得到的通常是低聚物。这说明一个环状单体能否聚合,除在热力学上可行外,还要考虑它的开环聚合反应动力学。在环烷烃结构中不存在被活性种攻击的键,难以进行开环聚合反应。环酰胺、环内酯、环醚等环状单体,含有杂原子,提供了一个接受活性种进攻的亲核或亲电子部位,导致开环的引发和增长反应。这些单体能聚合,因为热力学和动力学因素都有利于聚合反应。

2. 环单体和聚合反应

除了环丙烷能进行开环聚合外，其他所有环单体，都含有一个或一个以上的杂原子，这包括 O、S 和 N；或者含有一个或多个功能基团，例如—CONH—、—COO—、—NHCOOOC—和—CH═CH等。引发剂进攻这些杂原子或基团，发生聚合反应。

本章讨论的环状单体包括以下几类：

(1) 环醚。这包括环氧(7-3)、环硫(7-4)、环胺(7-5)和环缩醛(7-6)。除了所示的环缩醛外，还包括三聚甲醛及其衍生物。螺环原酸酯(7-7)和螺环原碳酸酯(7-8)在结构上与环醚相似，只是环上含有多个氧，通常不是单环，而是双环或多环，在聚合机理和聚合反应驱动力上与环醚有较大的区别。但是它们有一共同点，引发剂进攻的位置是环上的 O、S 或 N；除三元环单体可以被阴离子引发剂引发外，其他的只能进行阳离子开环聚合反应。

$(CH_2)_n$ —O—	$(CH_2)_n$ —S—	$(CH_2)_n$ —NH—	$(CH_2)_n$ —OCH_2O—	$(CH_2)_n$ O O $(CH_2)_n$	$(CH_2)_n$ O O $(CH_2)_n$
$n=2,3,4$	$n=2,3$	$n=2,3$	$n=2,3,4,5$		
7-3	7-4	7-5	7-6	7-7	7-8

(2) 环内酰胺。如 7-9 所示的环状内酰胺，环上的活性基为羰基的氧和酰胺的氮，在适当引发剂作用下，环内酰胺可以进行水解聚合、阳离子和阴离子聚合，得到聚酰胺。其中尼龙-6、尼龙-11 和尼龙-12 已工业化生产。

在这一类单体中，有一个较为特殊的单体，即 N-羧基-α-胺基酸酐(7-10)。它是由氨基酸与光气反应得到的，分子中活性位置也是羰基氧和酰胺氮，可进行阴离子聚合，生成具有生物活性的多肽。

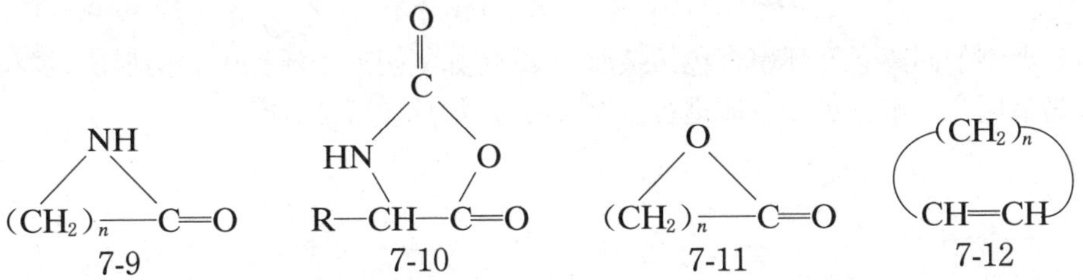

(3) 环内酯。与环内酰胺有两个活性基团不同，在 7-11 所示的环内酯结构中，只有一个活性基团，即 C═O。当阳离子进攻羰基氧时，会形成碳阳离子，进行阳离子开环聚合；阴离子进攻羰基碳时，则进行阴离子开环聚合。

(4) 环烯烃。前面已讨论过，环烷烃中，除了环丙烷能聚合，形成低分子量聚合外，其他环烷烃不能聚合。但是含双键的环烯烃 7-12，由于环上存在

—CH═CH—活性基团，在过渡金属配位催化剂作用下，会发生易位聚合，生成线形聚烯烃。这类环状单体，包括环上含有多个双键，脂肪族取代基$\leftarrow CH_2 \rightarrow_n$也可以是环状化合物。

(5) 元素有机环状单体。这是一类不含碳的环状单体，结构式如7-13至7-16所示。环硅氧烷7-13的活性基团是氧，它可以进行阳离子和阴离子聚合反应；而环三磷氮烯7-14由于N—P键不稳定，可以进行热聚合。

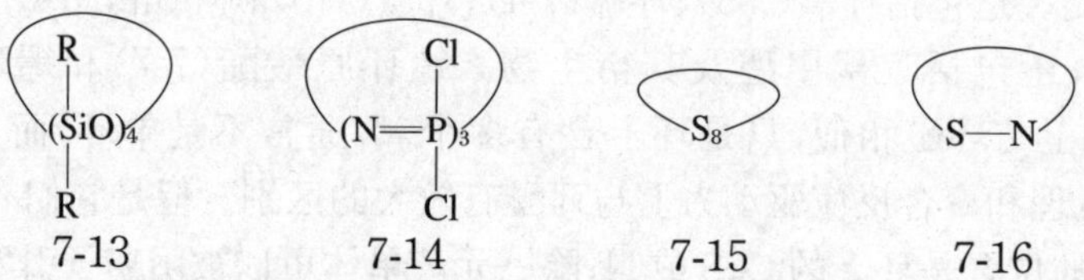

从以上讨论可知，不同环状单体，由于环上活性基团的差别，聚合反应机理和动力学不尽相同，所以按不同的单体，分别讨论它们的聚合反应。

7.1.2 开环聚合机理和动力学

由以上讨论可知，大多数环状单体能进行阳、阴离子开环聚合反应，所用的引发剂与烯类单体的阳、阴离子聚合基本相同。但是聚合机理有很大差别。烯类单体的阳离子聚合，是通过碳阳离子进攻单体双键进行增长反应的。而大多数阳离子开环聚合是通过杂原子，例如氧阳离子活性中心的形成，是和单体进攻氧阳离子的 α-碳进行的增长反应，如反应(7.1)所示。

$$\sim\sim\sim {}^{+}Z \quad + \quad Z \longrightarrow \sim\sim\sim {}^{+}Z \tag{7.1}$$

典型的阴离子开环聚合包括杂原子Z，例如氧阴离子活性中心的形成，是和增长链氧阴离子亲核进攻单体进行的增长反应，如反应(7.2)所示。

$$\sim\sim\sim Z^{-} \quad + \quad Z \longrightarrow \sim\sim\sim Z^{-} \tag{7.2}$$

反应(7.1)中的Z分别代表醚、胺、硅氧烷、酯、酰胺中的反应性基团如O、N、S、C═O等。反应(7.2)中的Z代表O和COO^-。

有些开环聚合反应是按活性单体机理进行的，这在烯类单体的离子型聚合中是观察不到的。例如，在阳离子活性单体聚合机理中，增长反应不是与单体反应，而是与活性单体反应，如反应(7.3)所示。中性的增长链末端Z，进攻活性单体进行增长反应。

$$\sim\sim ZH \quad + \quad H^{+}Z \xrightarrow{-H} \sim\sim ZH \tag{7.3}$$

离子型开环聚合反应具有第 5 章中叙述的离子型链式聚合反应的许多特征。例如,溶剂和抗衡离子影响增长反应速率,增长活性中心也存在共价键、离子对、自由离子等多种形式;也可以观察到缔合现象等。

但是,开环聚合反应许多动力学特征不同于烯类单体的链式聚合反应。相比烯类单体的链式聚合反应,开环聚合反应的增长速率常数与大多数逐步聚合速率常数相似,远小于链式聚合反应。通常,开环聚合反应中,高分子量的聚合物是缓慢形成的,不像链式聚合反应,在任何转化率,体系中均有高分子量聚合物。聚合—解聚平衡反应在大多数开环聚合中可以观察到,而在链式聚合反应中比较少见。

逐步聚合反应合成的有些聚合物,可以用开环聚合反应方法合成。例如,二元酸和二元醇进行缩聚反应得到的聚酯,可用环内酯的开环聚合反应得到。在逐步聚合反应中,要通过两反应物的当量比和转化率来控制分子量,一般制备高分子量聚合物较困难。而在开环聚合反应中,分子量可以通过单体与引发剂的摩尔比和转化率控制,制备高分子量聚合物相对容易。

思考题

1. 环大小和环结构对开环聚合活性有什么影响?
2. 哪些环状化合物是可以进行开环聚合的?
3. 与离子型链式聚合反应比较,开环聚合有什么特点?

7.2　环醚、环硫醚及环亚胺

在这一节,讨论含有一个或多个氧原子的单环或多环化合物的开环聚合。因为它们有相同的活性基团,除三元环外,它们只能进行阳离子开环聚合。由于含 S 和 NH 的单环,与含氧的单环有相似的开环机理,也在这一节中讨论。含氧环醚可以简单地命名为氧杂环烷烃，例如氧杂环丙烷、氧杂环丁烷、氧杂环戊烷、氧杂环己烷等。这里前缀氧杂(oxa)表示相应的环烷烃中的 CH_2 被 O 取代。然而大多数环醚则有其他的名称。如三元、四元、五元和六元环醚分别被称为环氧乙烷(氧化乙烯)、氧化三亚甲基、四氢呋喃、四氢吡喃。

按 Lewis 酸碱定义，环醚是碱，所以除环氧乙烷外，含氧环醚的开环聚合只能用阳离子引发剂来引发。由于三元环的高度张力，阳离子和阴离子引发剂都能使环氧乙烷聚合。

含有一个氧的单环醚的聚合反应一般限于三、四、五元环醚，七元环醚聚合的研究较少。它们的聚合活性与环大小对聚合活性影响顺序一致。小于五元或大于六元的环醚比较容易聚合。五元环醚的聚合比较困难，取代五元环醚通常是惰性的，六元环醚如四氢吡喃(7-17)和 1,4-二氧六环(7-18)一般是不能进行开环聚合的，但是三聚甲醛(7-19)是可以聚合的。

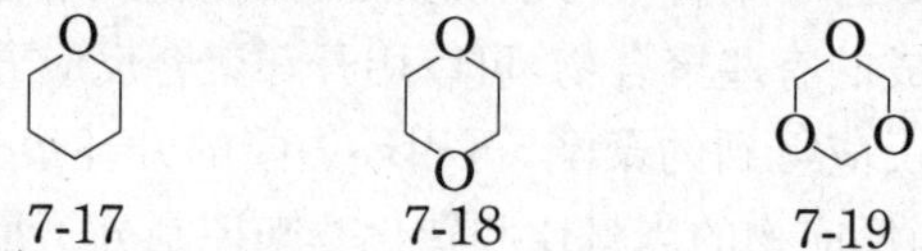

7.2.1 阴离子聚合

1. 聚合反应机理及动力学

(1) 聚合反应机理。环氧乙烷和环氧丙烷等三元环氧化合物，是可以进行阴离子聚合反应的，其引发剂为氢氧化物、醇盐、金属氧化物和金属有机化合物，其中包括如萘钠这样的自由基-阴离子活性种。用 M^+A^- 引发环氧乙烷进行如式(7.4)所示的聚合反应。

引发反应

$$H_2C\overset{O}{\text{——}}CH_2 + M^+A^- \longrightarrow A{-}CH_2CH_2O^-M^+ \tag{7.4a}$$

增长反应

$$H_2C\overset{O}{\text{——}}CH_2 + A{-}CH_2CH_2O^-M^+ \longrightarrow A{-}CH_2CH_2OCH_2CH_2O^-M^+ \tag{7.4b}$$

用通式(式(7.4c))表示为

$$H_2C\overset{O}{\text{——}}CH_2 + A{-}\!\left[CH_2CH_2O\right]_nCH_2CH_2O^-M^+ \longrightarrow A{-}\!\left[CH_2CH_2O\right]_{n+1}CH_2CH_2O^-M^+ \tag{7.4c}$$

有一些引发剂，如氯化铁和环氧丙烷加成产物、$ClFe[OCH(CH_3)CH_2Cl]_2$、二烷基锌与醇的加成物如 $Zn(OCH_3)_2$、$[Zn(OCH_3)_2]_2$-$[C_2H_5ZnOCH_3]_6$ 以及双金属 μ-氧杂烷氧化合物如 $[(RO)_2AlO]_2Zn$ 等，引发环氧化合物聚合时，属于阴离子配位机理。链增长反应涉及环氧单体插入到增长链端氧—金属键的所谓配位过程（反应(7.5)）。且在氧—金属键断开时有烷氧阴离子生成，所以是阴离子配位过程。

$$\sim\sim CH_2CH_2O(-M) + CH_2{-}CH_2(O) \longrightarrow \sim\sim CH_2CH_2OCH_2CH_2O(-M) \qquad (7.5)$$

不对称环氧化物，如环氧丙烷的环上有 2 个可能的亲核开环反应部位（碳 1 和碳 2 或 α 和 β），因而产生两种不同的增长活性中心（反应(7.6)）。

$$CH_3\underset{\alpha}{CH}{-}\underset{\beta}{CH_2}(O) \xrightarrow{\beta} \sim\sim CH_2CH(CH_3)O^- \ K^+ \qquad (7.6a)$$

$$CH_3\underset{\alpha}{CH}{-}\underset{\beta}{CH_2}(O) \xrightarrow{\alpha} \sim\sim CH(CH_3)CH_2O^- \ K^+ \qquad (7.6b)$$

聚合物结构分析证明，阴离子优先进攻空间位阻较小的 β 位碳，生成几乎完全为头-尾排列的聚醚（反应(7.6a)）。

(2) 聚合反应动力学。环氧化合物的阴离子聚合反应具有活性聚合反应的特征，可以用连续加料法制备嵌段共聚物，聚合反应速率和聚合度表达式与活性聚合反应相似。例如，用甲醇钠引发环氧乙烷聚合反应时，聚合速率 R_p 可用式(7.7)表示。

$$R_p = k_p^{app}[M^-][M] \qquad (7.7)$$

式中，$[M^-]$是包括自由离子和离子对的全部阴离子活性中心的总浓度。改变溶剂种类和浓度会影响链增长中心的自由离子及离子对的相对量，以及引发剂和增长活性中心的缔合程度，所以会影响反应速率。应用第 5 章中描述的方法，可以得到自由离子（k_p^-）和离子对（$k_p^{\pm}$）各自的增长速率常数。报道的 k_p^- 值为 10^{-2}～10 $L\cdot mol^{-1}\cdot s^{-1}$，$k_p^{\pm}$ 值通常比这个值低 1～2 个数量级。

在反应时间 t 时，聚合物的聚合度可由已经反应的单体浓度除以引发剂的起始浓度$[I]_0$，即由式(7.8)求得。

$$\overline{X}_n = \frac{[M]_0 - [M]_t}{[I]_0} \qquad (7.8)$$

式中，$[M]_0$和$[M]_t$分别为起始和 t 时刻时单体浓度。

2. 交换反应

当聚合反应体系中,存在质子性物质如水或醇时,环氧化合物的聚合反应常伴随着交换反应。例如,用醇盐和氢氧化物引发环氧单体进行聚合反应时,需要水或醇以溶解引发剂,形成一个均相体系。不仅如此,还有可能增加自由离子浓度,使离子对结合松弛,从而提高聚合反应速率。

在醇存在下,增长链与醇之间可能交换反应(式(7.9))。

$$R\!-\!\!(OCH_2CH_2)_{\overline{n}}\,O^- Na^+ + ROH \rightleftharpoons R\!-\!\!(OCH_2CH_2)_{\overline{n}}\,OH + RO^- Na^+ \tag{7.9}$$

新生成的末端带有羟基的聚醚和其他增长链之间也可能发生类似的交换反应,如反应(7.10)所示。

$$\begin{aligned} &R(OCH_2CH_2)_nOH + R(OCH_2CH_2)_mO^- Na^+ \rightleftharpoons \\ &R\!-\!\!(OCH_2CH_2)_{\overline{n}}\,O^- Na^+ + R\!-\!\!(OCH_2CH_2)_{\overline{m}}\,OH \end{aligned} \tag{7.10}$$

这些交换反应降低了聚合物的分子量,其数均聚合度可用式(7.11)表示。

$$\overline{X}_n = \frac{[M]_0 - [M]_t}{[I]_0 + [ROH]_0} \tag{7.11}$$

每个醇分子对增长链数目的贡献,可视同为于一个引发剂分子。通过交换反应生成的羟基封端的聚醚并没有停止增长,只是处于休眠态。它与增长链发生链转移反应,可恢复聚合活性,如反应(7.10)所示。休眠链与增长链之间处于动态平衡,这使每一高分子链都有相同机率进行增长反应。交换反应使聚合物的分子量降低,例如,烷氧金属化合物或氢氧化物在醇中引发环氧乙烷聚合时,聚合物分子量超过 10^4 g · mol^{-1}的报道很少。聚合物分子量不高的另一个原因是聚醚的端羟基发生脱水反应,成为死端基聚合链,不能参与交换反应。在非质子溶剂如苯、四氢呋喃中,用 RO^-M^+、M^+OH^- 和烷基金属化合物引发环氧单体聚合,得到的聚合物分子量高达 10^5～10^6 g · mol^{-1}。这时可以加入适量醇,或其他质子化合物以调节聚合物的分子量,加入的量可用式(7.11)计算得到。

根据引发、交换和增长反应相对速率的不同,聚合反应可能出现如下情况:① 当不存在交换反应,且引发反应远快于增长反应,即在增长反应开始时,引发反应已经完成。这时,所有聚合物链同时开始增长,得到分子量分布很窄的聚合物。② 当引发反应比较慢,有的引发剂还没有引发,有些链就已经开始增长。随着引发剂转变为链增长活性中心,反应有一个加速过程,随后反应速率达到恒定。因为各个链的增长时间不同,分子量分布变宽。这种现象在大多数阴离子配位聚合中也可以见到,因为呈聚集状态的引发剂上,不同的引发中心有不同的反应活性。

交换反应速率取决于所加入的醇或其他质子性物质与高分子醇的相对酸度。

如果两种醇酸度相同,聚合速率将不受影响,而分子量降低。如果所添加醇的酸度远大于高分子醇,在聚合反应开始时,大部分醇与已生成的链增长活性中心反应(7.12)。

$$\mathrm{ROCH_2CH_2O^-\ Na^+ + ROH \longrightarrow ROCH_2CH_2OH + RO^-\ Na^+} \tag{7.12}$$

由于 ROH 酸性相对较强,$RO^-\ Na^+$ 的引发速率较慢,导致聚合速率降低和聚合物分子量分布变宽。若 ROH 的酸性比高分子醇的酸性小,交换反应将发生在聚合后期,并伴随着分子量分布变宽。

在聚合反应体系中加入 HCl 或 RCOOH 等质子性物质,与活性链发生交换反应后,生成的 Cl^- 或 $RCOO^-$ 不能引发环氧单体聚合,发生阻聚或缓聚作用。所以这是一类阻聚剂,或缓聚剂。聚合反应速率和聚合物分子量都将降低,分子量分布也将变宽。

3. 向单体链转移

除阴离子配位聚合外,环氧丙烷的阴离子聚合生成的聚合物,其分子量是非常低的(<6 000),这是向单体链转移的结果。转移反应包括夺取甲基上的氢(反应(7.13a)),然后迅速开环生成烯丙基氧负离子 7-20,部分 7-20 异构化为烯醇氧负离子 7-21(反应(7.13b))。

$$\sim\sim\mathrm{CH_2\underset{|}{\overset{CH_3}{C}}HO^-\ \overset{+}{N}a + CH_3{-}CH{-}CH_2(O)} \xrightarrow{k_{tr,M}} \sim\sim\mathrm{CH_2\overset{CH_3}{C}HOH + \overset{+}{N}a\overset{-}{C}H_2{-}CH{-}CH_2(O)} \tag{7.13a}$$

$$\mathrm{\overset{+}{N}a\overset{-}{C}H_2{-}CH{-}CH_2(O)} \longrightarrow \underset{7\text{-}20}{\mathrm{CH_2{=}CHCH_2O^-\ Na^+}} \rightleftharpoons \underset{7\text{-}21}{\mathrm{CH_3CH{=}CHO^-\ Na^+}} \tag{7.13b}$$

聚合物的红外分析证实,聚合物中存在烯丙基醚和1-丙烯基醚基团。说明7-20和 7-21 都能引发环氧丙烷聚合。分别在 70 ℃和 93 ℃下,用甲醇钠引发环氧丙烷的聚合,向单体的链转移常数分别为 0.013 和 0.027。这些数值比一般的单体链转移常数要大 $10^2 \sim 10^4$ 倍。

用阴离子配位引发的聚合反应中,向单体的链转移不很严重,所以能获得高分子量的聚合物。

7.2.2 阳离子聚合

1. 增长反应

一般认为在环醚的阳离子聚合反应中,增长反应是通过氧鎓离子进行的,例如,3,3-双(氯甲基)氧杂环丁烷的阳离子聚合是按反应(7.14)进行的。

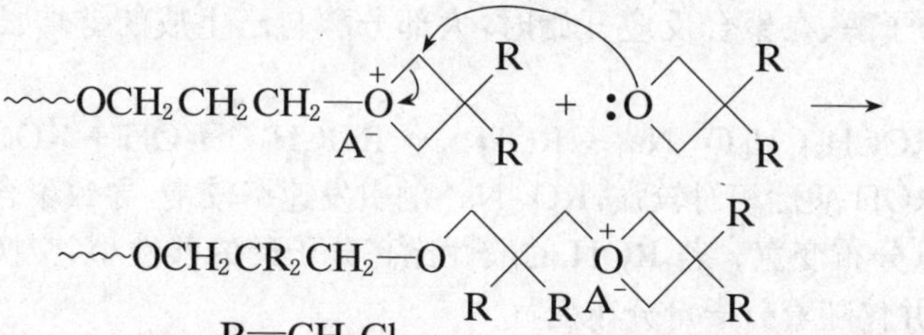

$$\sim\sim OCH_2CH_2CH_2-\overset{+}{O}(A^-)\text{(ring, R, R)} + :O\text{(ring, R, R)} \longrightarrow \sim\sim OCH_2CR_2CH_2-O\text{(R, R)}\overset{+}{O}(A^-)\text{(ring, R, R)} \quad (7.14)$$

$$R{=\!=}CH_2Cl$$

反应(7.14)中,A^-为抗衡离子。引发剂引发氧杂环丁烷聚合,生成氧鎓离子。由于邻近的氧鎓离子的影响,它的 α-碳是缺电子的。增长反应是单体分子中的氧进攻 α-碳原子,这是 S_N2 反应。

尽管在某些聚合体系中发现有不同数量的头-头和尾-尾结构,但大多数阳离子开环聚合都是选择性聚合,形成头-尾结构。

随反应条件和单体不同,阳离子开环聚合的活性种包括自由离子(7-22)、离子对(7-23)及共价酯键(7-24)。在反应中,它们处于平衡状态,如反应(7.15)所示。其相对量随单体、溶剂、温度和其他反应条件而改变。例如,用三氟甲基磺酸引发四氢呋喃聚合时,共价酯的聚合活性比离子聚合小 $10^2 \sim 10^3$ 倍。在 CCl_4 溶剂中,95%以共价酯增长;在极性溶剂 CH_3NO_2 中,约 95%以自由离子或离子对增长。

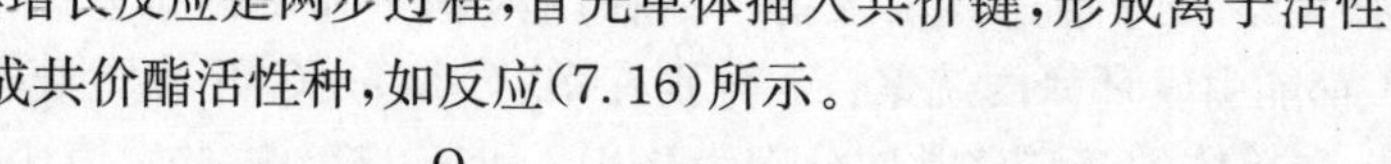

$$\underset{7\text{-}22}{\sim\sim\overset{+}{O}\text{(ring)}\ A^-} \rightleftharpoons \underset{7\text{-}23}{\sim\sim\overset{+}{O}\text{(ring)}A^-} \rightleftharpoons \underset{7\text{-}24}{\sim\sim OCH_2CH_2CH_2A} \quad (7.15)$$

通常,自由离子和离子对的活性没有什么差别,或差别很小,而共价酯键的增长速率常数很小。用核磁或其他方法可以探测到共价酯,但它们是否具有活性很难判断。其增长反应是两步过程,首先单体插入共价键,形成离子活性种,然后很快平衡,生成共价酯活性种,如反应(7.16)所示。

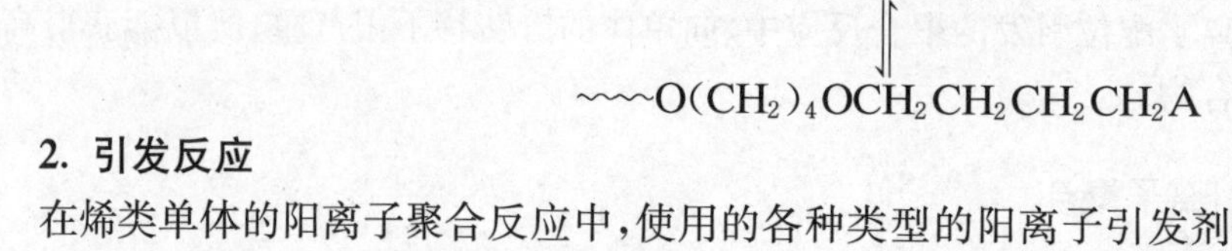

$$\sim\sim OCH_2CH_2CH_2CH_2A \xrightarrow{\text{THF}} \sim\sim O(CH_2)_4OCH_2CH_2CH_2CH_2^+\ A^- \quad (7.16a)$$

$$\updownarrow$$

$$\sim\sim O(CH_2)_4OCH_2CH_2CH_2CH_2A \quad (7.16b)$$

2. 引发反应

在烯类单体的阳离子聚合反应中,使用的各种类型的阳离子引发剂都可以用来引发开环聚合反应。强的质子酸,如硫酸、三氟乙酸、氟磺酸、三氟甲基磺酸是通过先生成氧鎓离子来引发聚合反应的,如反应(7.17)所示。

$$H^+A^- + \text{O}\langle\rangle\text{CR}_2 \longrightarrow \text{HO}^+\langle\rangle\text{CR}_2 \; A^- \tag{7.17}$$

这种引发反应受阴离子 A^- 的亲核性的影响很大，除了超强酸，如氟代磺酸或三氟甲基磺酸外，其余酸的阴离子都有很大的亲核性，能同单体争夺质子，因而只能得到分子量非常低的聚合物。水也能直接干扰反应，因为水的亲核性足以同单体竞争与氧鎓离子的反应，从而使聚合反应终止。

Lewis 酸如 BF_3 和 $SbCl_5$ 与水或其他质子给体一起用于引发环醚的聚合。这种引发剂-助引发剂反应形成络合物，如 $H^+(BF_3OH)^-$ 和 $H^+(SnCl_6)^-$ 等，其质子与环氧结合生成氧鎓离子(反应(7.17))，继而进行开环聚合反应。

烷基卤化物或酰卤与 Lewis 酸反应，分别生成碳阳离子(反应(7.18))或酰碳阳离子(反应(7.19))。

$$Ph_3CCl + AgSbF_6 \longrightarrow AgCl + Ph_3C^+(SbF_6)^- \tag{7.18}$$

$$Ph_3C(=O)Cl + SbCl_5 \longrightarrow Ph_3C^+(=O)\,(SbCl_6)^- \tag{7.19}$$

强酸酯自身离子化，也能生成碳阳离子，如反应(7.20)所示。

$$F_3CSO_3CH_3 \longrightarrow CH_3^+(F_3CSO_3)^- \tag{7.20}$$

某些碳阳离子，特别是三苯甲基碳阳离子的引发，不是直接加到单体上，而是碳阳离子夺取单体 α-碳上的氢，产生三苯甲烷和碳阳离子 7-25，继而引发单体聚合，如反应(7.21)所示。

$$Ph_3C^+A^- + \text{(1,3-二氧五环)} \longrightarrow Ph_3CH + \underset{\textbf{7-25}}{\text{(2-位 H 的 1,3-二氧五环碳阳离子)}^+A^-} \tag{7.21}$$

Lewis 酸和活性环醚如环氧乙烷反应，生成更活泼的仲和叔氧鎓离子，继而引发活泼性小的单体(如 THF)聚合，如反应(7.22)所示。这时活性环醚被称为**促进剂**，相对于活性小的环醚，其用量是很少的，它的作用是提高 THF 生成氧鎓离子的活性。

$$\text{环氧乙烷} \xrightarrow{H^+A^-} \text{H}\overset{+}{\text{O}}\text{(环氧乙烷)}\,A^- \xrightarrow{\text{环氧乙烷}} HOCH_2CH_2—\overset{+}{\text{O}}\text{(环氧乙烷)}\,A^- \xrightarrow{\text{THF}} H(OCH_2CH_2)_2\overset{+}{\text{O}}\text{(THF 环)}\,A^-$$

$$HOCH_2CH_2—\overset{+}{\text{O}}\text{(环氧乙烷)}\,A^- \xrightarrow{\text{THF}} HOCH_2CH_2—\overset{+}{\text{O}}\text{(THF 环)}\,A^- \xrightarrow{n\,\text{THF}} HOCH_2CH_2[O(CH_2)_4]_n\overset{+}{\text{O}}\text{(THF 环)}\,A^- \tag{7.22}$$

3. 终止和转移反应

在某些条件下，环醚的阳离子聚合反应具有活性聚合反应特点，即增长活性中心的寿命长，分子量分布窄。例如，由反离子 PF_6^-、$SbCl_6^-$ 稳定的碳阳离子，或高强酸，如氟磺酸和三氟甲基磺酸或酯引发的聚合反应。聚合速率和聚合度可以用相应的活性聚合反应表达式表示。但在另一些聚合体系，也存在链转移和链终止反应。

(1) 转移反应。在转移反应中，向聚合物链转移是最常见的方式。转移结果，增长链终止了，但动力学链未被终止。这反应涉及聚合链的氧亲核性进攻增长链活性中心的 α-碳原子，生成了氧鎓离子 7-26。它再和单体反应生成一个聚合物分子和一个新的增长链活性中心（反应(7.23)），使聚合物的分子量分布加宽。其中，有的聚合体系，分子量分布接近逐步聚合（$\overline{X}_w/\overline{X}_n \sim 2$）。向聚合物的转移可以是分子间的反应，也可以是分子内反应。

$$\text{(环)}\overset{+}{O}(A^-)—(CH_2)_4O\sim\sim + O\begin{matrix}(CH_2)_4\sim\sim \\ (CH_2)_4\sim\sim\end{matrix} \longrightarrow \sim\sim O(CH_2)_4O(CH_2)_4\overset{+}{O}(A^-)\begin{matrix}(CH_2)_4\sim\sim \\ (CH_2)_4\sim\sim\end{matrix} \quad \text{7-26}$$

$$\xrightarrow{\text{THF}} \sim\sim O(CH_2)_4O(CH_2)_4O(CH_2)_4\sim\sim + \text{(环)}\overset{+}{O}(A^-)—(CH_2)_4O\sim\sim \qquad (7.23)$$

分子内的转移反应除生成线形聚合物外，也可能形成环醚齐聚物。增长反应和向聚合物链转移反应是一对竞争反应，哪种反应占优势的决定因素有：① 位阻基团有利于增长反应，因为相对于聚合物链中氧进攻增长链活性中心，单体进攻的位阻相对要小。② 单体和增长链上的两种醚氧原子的亲核活性差别，随单体环大小而变化。③ 在单体浓度越低时，聚合物的分子内链转移将变得越重要。

在环醚的开环聚合反应过程中，形成了大小不同的环齐聚物，其分布与环的相对稳定性是一致的。另外，聚合反应体系内，聚合物和环齐聚物之间存在着平衡。例如，环氧乙烷的聚合反应生成的环齐聚体比其他任何大小的环氧醚高，其中，二聚体 1,4-二氧六环是主要的环齐聚物，有时高达 80%，其生成机理如反应(7.24)所示。

$$\sim\sim OCH_2CH_2OCH_2CH_2—\overset{+}{O}\text{(三元环)}(A^-) \longrightarrow \sim\sim OCH_2CH_2—\overset{+}{O}\text{(六元环)}O\,(A^-) \xrightarrow{\text{环氧乙烷}}$$

$$\sim\sim OCH_2CH_2—\overset{+}{O}\text{(三元环)}(A^-) + O\text{(六元环)}O \qquad (7.24)$$

由于空间效应，环氧丙烷得到的二聚体比环氧乙烷少，环四聚体是主要产物。

环醚的亲核性随着环的增大而增加。与环氧乙烷相比,氧杂环丁烷生成环状齐聚物稍少一些,四氢呋喃则更少。在氧杂环丁烷的聚合中,含量最多是环四聚体,还有少量的三聚体、五聚体到九聚体。没有发现二聚体生成。在四氢呋喃聚合中,生成二到八聚体,其中四聚体的量最多。

(2) 活性单体机理。采用活性单体机理可以大大抑制环状齐聚物的生成,例如,在醇存在下,由 BF_3 或三氟甲磺酸引发环氧单体聚合时,首先单体质子化,生成活性单体 7-27。ROH 或增长链的末端羟基氧进攻活性单体 7-27 上的 α-碳,生成末端为羟基的高分子链 7-28 和 H^+,或与单体反应,生成活性单体,如反应(7.25)所示。如此反复,进行增长反应,避免了分子内反应和齐聚物的生成。

$$\text{7-27}\ \overset{+}{\text{OH}}(\text{环}) \xrightarrow{\text{ROH}} \text{ROCH}_2\text{CH}_2\text{—OH} + \text{H}\overset{+}{\text{O}}(\text{环}) \quad (\text{7-28}) \tag{7.25}$$

$$\text{7-27}\ \overset{+}{\text{OH}}(\text{环}) \xrightarrow{\text{环氧单体}} \text{HOCH}_2\text{CH}_2\text{—}\overset{+}{\text{O}}(\text{环}) \tag{7.26}$$

活性单体与 ROH 的聚合反应(7.25),以及与环氧单体的普通阳离子开环聚合反应(7.26),这是一对竞争反应。两反应的速率比决定于[ROH]/[M]以及两反应的速率常数。当[ROH]高,[M]低时,即反应在单体"饥饿"状态下进行时,对活性单体聚合有利。这种活性单体聚合方式,已成功用于合成数均分子量为 1 000～4 000 的环氧氯丙烷遥爪聚合物。

(3) 终止反应。增长链的终止反应是通过由氧鎓离子与反离子,或与反离子产生的阴离子结合进行的,如反应(7.27)所示。

$$(\text{环})\overset{+}{\text{O}}\text{—CH}_2\text{CH}_2\text{O}\sim\sim\ \ \overset{-}{\text{B}}\text{F}_3\text{OH} \longrightarrow \sim\sim\text{OCH}_2\text{CH}_2\text{OCH}_2\text{CH}_2\text{OH} + \text{BF}_3 \tag{7.27}$$

质子酸能否作为引发剂决定于阴离子的亲核性。从反离子转移一个阴离子终止增长链,很大程度决定于反离子的稳定性。$(PF_6)^-$ 和 $(SbCl_6)^-$ 作反离子时,通过转移一个卤离子而终止的倾向比较小;$AlCl_4^-$ 和 $SnCl_5^-$ 作抗衡离子时,则有很强的转移终止倾向;$(BF_4)^-$ 和 $(FeCl_4)^-$ 的这一倾向介于上述两类阴离子之间。

终止反应发生在向助引发剂(如水或醇),或者向特意加入的化合物转移时,可获得具有特定末端基的遥爪聚合物。例如,用水和氨作为链转移剂,获得了末端基为羟基或胺基的聚合物。

4. 环缩醛

环缩醛在环结构中至少含有一个 1,1-二烷氧基,$(RO)_2CH_2$ 或 $(RO)_2CHR$,

如结构7-29所示。大部分环缩醛可进行阳离子聚合(反应(7.28))。例如,1,3-二氧杂环烷烃7-29,其中,1,3-二氧五环($m=2$),1,3-二氧七环($m=4$)和1,3-二氧八环($m=5$)都很容易聚合。生成的聚合物可以看作 $O(CH_2)_m$ 和 OCH_2 两个单元交替排列的聚合物。由于六元环热力学稳定性好,1,3-二氧六环不能发生聚合。

$$\underset{\textbf{7-29}}{H_2C\langle{}^{O}_{O}\rangle(CH_2)_m} \longrightarrow \left[O(CH_2)_m OCH_2 \right]_n \tag{7.28}$$

已经研究,并能进行阳离子开环聚合的环缩醛还有1,3,5-三氧六环、1,3,5-三氧七环、1,3,6,9-四氧杂环十一烷和1,3,5,7-四氧杂环十二烷。

环缩醛的链增长反应是通过氧鎓离子7-30,还是通过氧碳阳离子7-31进行的?氧碳阳离子7-31的电荷被邻近氧分散而稳定,所以,经过7-31进行开环聚合也是有可能的。实验和计算机模拟都证明,无取代基的1,3-二氧杂环烷的增长反应,99.9%是通过氧鎓离子7-30进行的(反应(7.29))。但是,2-烷基-1,3-二氧杂环烷烃进行阳离子聚合时,通过氧碳阳离子7-31进行增长反应是十分重要的,因为烷基稳定正电荷,且通过氧鎓离子进行增长反应时有位阻效应。

$$\underset{\textbf{7-30}}{\sim\!\sim\overset{+}{O}\langle{}^{CH_2}_{(CH_2)_m}\rangle O} \longrightarrow \underset{\textbf{7-31}}{\begin{matrix} \sim\!\sim O(CH_2)_m O-\overset{+}{C}H_2 \\ \updownarrow \\ \sim\!\sim O(CH_2)_m \overset{+}{O}=CH_2 \end{matrix}} \tag{7.29}$$

1,3,5-三氧六环,即三聚甲醛,在三氟化硼乙醚/水作用下进行聚合反应得到聚甲醛。三聚甲醛尽管为稳定的六元环,但因聚合物以结晶形式沉淀,使聚合反应能顺利进行。在这一聚合反应中,除存在聚合物-单体的增长-解聚平衡外,还存在聚合物-甲醛的平衡,如反应(7.30)所示。这说明增长反应是通过浓度小的氧碳阳离子进行的,而不是通过浓度大的氧鎓离子进行的。

$$\sim\!\sim OCH_2OCH_2O\overset{+}{C}H_2 \rightleftharpoons \sim\!\sim OCH_2O\overset{+}{C}H_2 + CH_2O \tag{7.30}$$

三聚甲醛的聚合反应有诱导期,因为要生成一定浓度的甲醛,甲醛插入三聚甲醛,形成1,3,5,7-四氧八环,只有当甲醛和1,3,5,7-四氧八环积聚到一定浓度后,才会进行聚合反应。在聚合体系中加入甲醛或少量的1,3,5,7-四氧八环可以缩短诱导期。随着单体转变为结晶聚合物,加入三聚甲醛可加速聚合反应。

1,3,5-三氧环庚烷聚合反应时,存在更为复杂的增长-解聚平衡。聚合反应形成的氧碳阳离子7-32失去甲醛,生成了氧碳阳离子7-33,7-33脱去1,3-二氧环戊烷,产生了新氧碳阳离子 7-32(反应(7.32))。

$$\sim\sim OCH_2CH_2OCH_2\overset{+}{O}CH_2 \rightleftharpoons CH_2O + \sim\sim OCH_2CH_2\overset{+}{O}CH_2 \quad (7.31)$$

7-32 7-33

$$\sim\sim OCH_2CH_2\overset{+}{O}CH_2 \rightleftharpoons \text{(1,3-二氧五环)} + \sim\sim OCH_2CH_2OCH_2\overset{+}{O}CH_2 \quad (7.32)$$

7-33 7-32

7-32 和 7-33 二者都可能进行增长反应,由于反应(7.31)和反应(7.32)两个平衡反应的程度不可能完全相同,导致共聚物结构不同于单体结构。

缩醛阳离子聚合反应中,转移反应和终止反应的方式与环醚聚合相同,但向聚合物链转移(分子内和分子间)更为明显,因为在聚合物链中,缩醛氧碱性更强。三聚甲醛聚合反应中,存在一个特别的终止反应,即通过单体向增长链末端的氢转移,产生了末端为甲氧基的聚合物链(反应(7.33))和氧碳阳离子(7-34)。后者可以引发聚合。

$$\sim\sim OCH_2OCH_2\overset{+}{O}CH_2 + \text{(三聚甲醛)} \longrightarrow \sim\sim OCH_2OCH_2OCH_3 + \text{(7-34)} \quad (7.33)$$

7-34

5. 动力学

(1) 聚合反应速率。阳离子开环聚合反应的速率有几种不同的表达方式。有些环醚的聚合反应可以用类似于烯类聚合反应的动力学表达式来描述。另一些环醚的聚合不存在或者近乎不存在终止反应,可以用类似于活性聚合反应的动力学表达式,如式(7.34)所示。

$$R_p = k_p[M^*][M] \quad (7.34)$$

式中$[M^*]$、$[M]$分别是增长链阳离子和单体的浓度。

对于无终止,但存在增长-解聚平衡的开环聚合反应,如反应(7.35),就要用不同方程式来描述聚合反应速率。

$$M_n^* + M \underset{k_{dp}}{\overset{k_p}{\rightleftharpoons}} M_{n+1}^* \quad (7.35)$$

聚合反应速率 R_p应为增长和解聚速率之差,如式(7.36)所示。

$$R_p = -\frac{d[M]}{dt} = k_p[M^*][M] - k_{dp}[M^*] \quad (7.36)$$

达到平衡时,聚合速率为零,此时有等式(7.37)。

$$k_p[M]_c = k_{dp} \quad (7.37)$$

式中,$[M]_c$是平衡单体浓度。将式(7.37)代入式(7.36),得到聚合反应速率表达式(7.38)。

$$-\frac{d[M]}{dt}=k_p[M^*]([M]-[M]_c) \tag{7.38}$$

将式(7.38)积分得到式(7.39)。

$$\ln\left(\frac{[M]_0-[M]_c}{[M]-[M]_c}\right)=k_p[M^*]t \tag{7.39}$$

式中$[M]_0$是起始单体浓度。可用式(7.37)和式(7.38)来求得速率常数。$[M]_c$为单体的平衡浓度,它与T_c、$\Delta H^{\ominus}$和$\Delta S^{\ominus}$之间的关系与公式(3.71)相同。图7.1是在0℃和二氯乙烷溶液中,$Et_3O^+BF_4^-$引发四氢呋喃的聚合反应,测得聚合反应速率R_p,并对单体浓度[M]作图,从直线的截距求出$[M]_c$。将式$\ln[([M]_0-[M]_c)/([M]-[M]_c)]$对时间$t$作图7.2,得到一直线。直线的斜率即为$k_p[M^*]$。对活性聚合反应,$[M^*]$可由数均分子量求得,因此,可求得增长速率常数$k_p$。

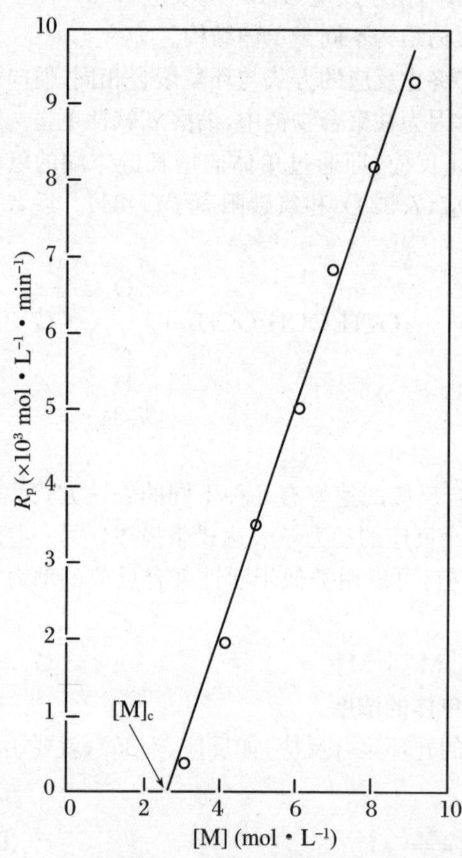

图7.1 在0℃,二氯乙烷中,$(C_2H_5)_3O^+BF_4^-$引发四氢呋喃聚合反应时,平衡单体浓度$[M]_c$的测定

当增长链活性中心浓度$[M^*]$随时间而改变时,将式(7.38)积分得到式(7.40)。

$$\ln\left(\frac{[M]_1-[M]_c}{[M]_2-[M]_c}\right)=k_p\int_{t_1}^{t_2}[M^*]dt \tag{7.40}$$

式中$[M_1]$和$[M_2]$分别为时间t_1和t_2时的单体浓度。

(2) 常数的测定。和逐步聚合及链式聚合相比,开环聚合反应中得到的动力学及热力学参数要少得多。环醚开环聚合的增长速率常数与逐步聚合反应的十分接近。例如环氧乙烷、氧杂环丁烷、四氢呋喃、1,3-二氧环庚烷和1,3,6-三氧环辛烷的k_p值约为$10^{-1}\sim10^{-3}$

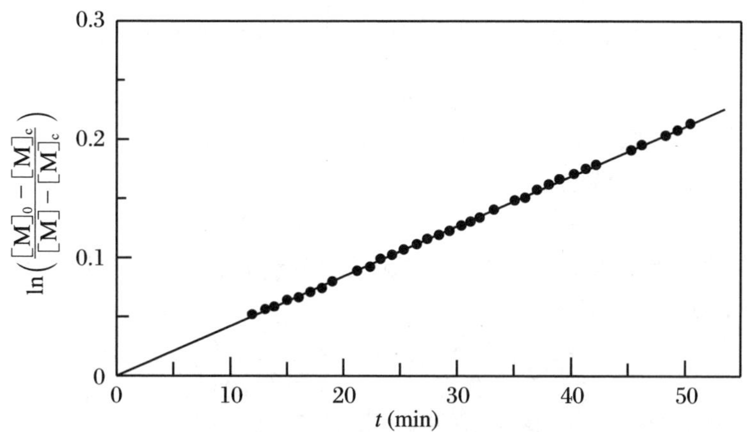

图 7.2　25 ℃，$Ph_2CH^+(SbF_6)^-$ 引发四氢呋喃聚合反应中，$\ln[([M]_0-[M]_c)/([M]-[M]_c)]$ 与时间 t 的关系

$L\cdot mol^{-1}\cdot s^{-1}$。该值与聚酯反应的 k_p 值很接近，但远小于各种链式聚合反应的 k_p 值。典型的开环聚合反应中增长活性中心浓度是 $10^{-2}\sim10^{-3}$ $mol\cdot L^{-1}$。这同烯类单体的阳离子聚合反应的活性中心浓度相近。研究四氢呋喃在不同的溶剂 CCl_4、CH_2Cl_2 和 CH_3NO_2 中进行聚合反应时，发现离子对和自由离子的增长速率常数 $k_p^{\pm}$ 和 k_p^{+} 值基本相似，这一现象在所有的环醚的聚合反应均可观察到，这与烯类单体的阳离子聚合反应有很大的差别。可能是在四氢呋喃聚合中，离子对比较松散。

四氢呋喃在四氯化碳和硝基甲烷的混合溶剂中进行聚合时，可以发现，k_p^{+} 值随着溶剂极性增加而减小。相对于反应起始的自由离子或离子对，过渡态的电荷更分散（式(7.41)），极性大的溶剂对起始态的稳定化作用大于对过渡态，导致 k_p^{+} 值随溶剂极性增大而减小。这是带电的底物与中性亲核试剂或中性底物与带电的亲核试剂间 S_N2 反应经常遇到的现象。

$$\sim O^{+}(\text{环}) + O(\text{环}) \longrightarrow \sim O^{\delta+}(\text{环})\overset{\delta+}{C}H_2\cdots O^{\delta+}(\text{环}) \qquad (7.41)$$

曾用 NMR 等方法证明共价酯是休眠种，而不是活性种，但是增长速率常数计算说明共价酯是活性的。例如，在低极性溶剂，如 CCl_4 和 CH_2Cl_2 中，用超强酸及其酯，如 CF_3SO_3H、$C_2H_5OSO_2CF_3$ 等引发 THF 聚合时，其增长反应速率常数 k_p 比相应的自由离子或离子对小 $10^2\sim10^3$ 倍。约 95% 的聚合反应是通过自由离子和离子对进行的。

(3) 聚合度。对平衡聚合反应，其引发反应如反应(7.42)所示。

$$I + M \xrightleftharpoons{K_i} M^* \tag{7.42}$$

式中 I 为引发剂。假定引发平衡常数 K_i 和增长平衡常数 $K_p(k_p/k_{dp})$ 与增长链的大小无关。增长活性链浓度$[M^*]$可由式(7.43)求出

$$[M_n{}^*] = K_i[I]_c[M]_c(K_p[M]_c)^{n-1} \tag{7.43}$$

式中下标 c 表示平衡浓度。各种大小的聚合物分子的总浓度[N]是对各种大小活性链的加和，即式(7.44)。

$$[N] = \sum_{n=1}^{\infty}[M_n^*] = \frac{K_i[I]_c[M]_c}{1-K_p[M]_c} \tag{7.44}$$

聚合物中，单体单元的总浓度[W] 可用式(7.45)表示。

$$[W] = \sum_{n=1}^{\infty} n[M_n{}^*] = \frac{K_i[I]_c[M]_c}{(1-K_p[M]_c)^2} \tag{7.45}$$

因此，数均聚合度为

$$\overline{X}_n = \frac{[W]}{[N]} = \frac{1}{1-K_p[M]_c} \tag{7.46}$$

根据物料平衡，起始单体和引发剂浓度分别为$[M]_0$和$[I]_0$，应与剩余的$[M]_c$和$[I]_c$和生成的聚合物[W]，以及活性链[N]存在如式(7.47)和式(7.48)的关系。

$$[M]_0 = [M]_c + [W] \tag{7.47}$$

$$[I]_0 = [I]_c + [N] \tag{7.48}$$

上两式中，下标 0 代表起始浓度。式(7.45)代入式(7.47)，式(7.44)代入式(7.48)，分别得到式(7.49)和式(7.49)。

$$[M]_0 = [M]_c(1 + K_i\overline{X}_n{}^2[I]_c) \tag{7.49}$$

$$[I]_0 = [I]_c(1 + K_i\overline{X}_n[M]_c) \tag{7.50}$$

由式(7.49)和式(7.50)可以得到式(7.51)。

$$\overline{X}_n \frac{[M]_0 - [M]_c}{[I]_0 - [I]_c} \tag{7.51}$$

从上述关系式可见，聚合物的分子量随 K_i 及$[I]_0$的减小而增大，随 K_p 及$[M]_0$的增大而增大。

6. 能量学特征

(1) 温度对聚合反应速率和聚合度的影响。温度对环醚和环缩醛的聚合反应速率及聚合度的影响，随反应体系不同有很大差别。通常，E_{Rp} 是正值(20～80 kJ · mol^{-1})，提高反应温度会使聚合反应速率增加。例如，环氧氯丙烷、氧杂环丁

烷、THF、1,3-二氧环戊烷、氧杂环庚烷和 1,3-二氧环庚烷的 E_{Rp} 值分别为 25、47、61、49、75 和 86 kJ・mol^{-1}。与离子型聚合一样，活化能随反应条件变化有相当大的变化。例如，3,3-双(氯甲基)氧杂环丁烷的阳离子聚合，其 $E_{Rp}=72$ kJ・mol^{-1}。辐射引发结晶态的该单体，E_{Rp} 值只有 12～16 kJ・mol^{-1}。这种较低的活化能可能是由于在晶态中，单体取向有利于增长反应。

温度对聚合度影响较为复杂。对于大多数聚合反应，提高反应温度使分子量下降，因为温度升高，有利于链转移和终止反应。例如，用三氟化硼引发氧杂环丁烷时，温度对聚合度的影响见表 7.2。表中的数据说明，随反应温度提高，分子量降低，这主要是由于分子内链转移反应增加。这可以从随温度增加，环四聚体的产率增加而得到证明。

表 7.2　温度对氧杂环丁烷聚合的影响

温度 (℃)	聚合物特性黏度 (dL・g^{-1})	单体极限转化率 (%)	产物中四聚体的比例 (%)
−80	2.9	95	4
0	2.1	94	10
50	1.3	64	66
100	1.1	62	62

在另一些聚合反应中，终止反应和转移反应速率受温度的影响较小，而增长反应随温度增加而增加，这样，聚合物的分子量随温度的升高而增加。图 7.3 是 BF_3

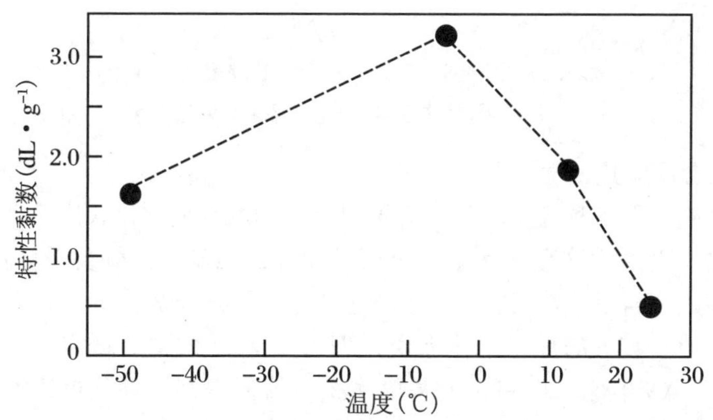

图 7.3　BF_3 引发的四氢呋喃聚合反应中，温度对聚合物分子量的影响

BF_3 浓度为 100%

引发四氢呋喃的聚合反应，在 -5 ℃以前，聚合物的分子量随着温度升高而增加，到 -5 ℃以后，随温度升高，分子量迅速下降。因为在低温度区，终止反应受温度影响相对较小；在较高温度区，随着温度增加，终止反应速率增加。

表 7.2 结果说明，BF_3 引发氧杂环丁烷聚合时，随温度升高，单体转化为聚合物的极限转化率降低。在其他环醚和环缩醛的开环聚合反应中，这一现象也可以观察到，但其原因各不相同。升高温度，增长-解聚平衡（反应(7.35)）要向左移动，即平衡单体浓度$[M]_c$增加。根据式(3.71)，提高温度，$[M]_c$增加，单体的转化率降低。当 $PhN_2^+PF_6^-$ 催化四氢呋喃进行本体聚合时，温度与单体平衡浓度$[M]_c$的关系如图 7.4 所示。结果也显示，$[M]_c$随温度升高而增加。

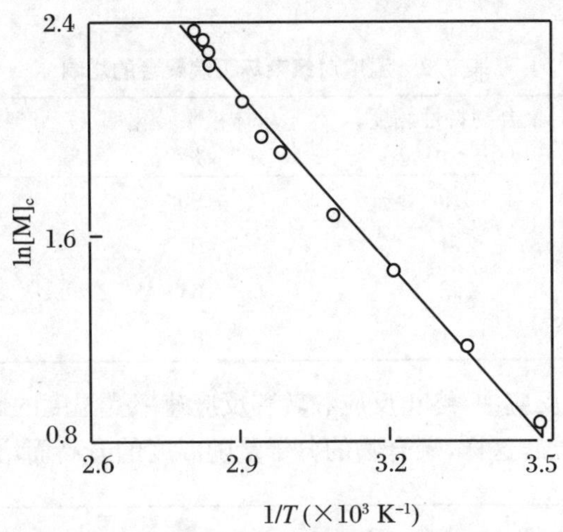

图 7.4　在 $PhN_2^+PF_6^-$ 引发四氢呋喃聚合反应中，平衡单体浓度$[M]_c$和温度的依赖关系

(2) 聚合反应热力学

表 7.3 列出了各种环醚和环缩醛聚合反应的焓和熵。比较表 7.3 和表 3.1 中的 ΔH 和 ΔS 值，可以知道三元和四元环状单体的 ΔH 值同烯类单体接近，但大于含羰基单体的聚合反应热，说明羰基 π 键转化为 σ 键释放出的热量不如烯烃释放的热量多。对于较大的环状单体来说，ΔH 值比相应的烯烃低得多。对于大多数环状单体，其 ΔS 值比烯烃和含羰基单体相应值低得多。环状单体本身具有较低的自由度，所以聚合时，其无序性降低小于非环状单体。三元环由于其高度内应力而例外。

表 7.3　环醚和环缩醛聚合反应的焓和熵

单　　体	环的大小	$-\Delta H$ ($kJ \cdot mol^{-1}$)	$-\Delta S$ ($J \cdot K^{-1} \cdot mol^{-1}$)
环氧乙烷	3	94.5	174
氧杂环丁烷	4	81	—
3,3-双(氯甲基)环氧丁烷	4	84.5	83
四氢呋喃	5	23.4	82.4
1,3-二氧环戊烷	5	17.6	47.7
4-甲基-1,3-二氧环戊烷	5	13.4	53.1
三聚甲醛	6	4.5	18
1,3-二氧环庚烷	7	15.1	48.1
2-甲基-1,3-二氧环庚烷	7	8.8	37.2
1,3-二氧环辛烷	8	18.3	—
1,3,6-三氧环辛烷	8	13.0	21.3
2-正丁基-1,3,6-三氧环辛烷	8	7.9	16.3
1,3,6,9-四氧环十一烷	11	8.0	6.2
甲醛		31.1	79.2
三氯乙醛		20	95

不同环醚和环缩醛单体的 ΔH 值与根据环的大小排列的相对稳定性次序很接近(7.1.1),三元环和四元环状单体的聚合反应放出的热最多;五元环和七元环状单体的聚合反应放热明显降低;八元环的放热量有所增加;其后十一元环的放热量再度降低。三聚甲醛是唯一能聚合的六元环单体,其 ΔH 值趋近于零。环结构上的取代基有减小单体的聚合倾向,但氧杂环丁烷是个特例。

7.2.3　螺环原酸酯和螺环原碳酸酯

这类单体包括螺环原碳酸酯(7-35)及其衍生物,螺环原酸酯 7-38 和 7-40,以及它们的取代物。只能进行阳离子开环聚合,主要活性种是氧鎓离子,这些与环氧开环聚合相似。所以,在这一节讨论。

阳离子引发剂引发螺环原碳酸酯(7-35)聚合,首先形成氧鎓离子,断C—O 键,形成碳正离子(7-36),碳正离子被邻近的三个氧原子稳定。随环的大小及环上取代基不同,7-36 可以分别在 a,b 和 c 键处断 C—O 键,生成三种不同结构的聚合物(反应(7.52))。

$$\text{7-35} \xrightarrow{R^+} \text{(oxonium ion)} \longrightarrow \sim\sim O(CH_2)_x \overset{a}{—} O—\overset{b}{C^+}\overset{c}{<}(CH_2)_x \ \text{7-36}$$

$$\text{a: } \text{环}\ OCOO(CH_2)_x + \left[O(CH_2)_x\right]_n \qquad \text{b: } \text{环}\ O(CH_2)_x + \left[O—COO(CH_2)_x\right]_n \qquad \text{c: } \left[O(CH_2)_xO—CO—O(CH_2)_x\right]_n \ \text{7-37}$$

(7.52)

当在 a 处断键时，生成环碳酸酯和聚醚；在 b 处断键时，生成环醚副产物和聚碳酸酯；在 c 处断键，生成聚碳酸醚酯。聚合物 7-37 在主链上带有醚和碳酸酯这两种功能基。

另一类单体，螺环原酸酯如 1,4,6-三氧杂螺[4,4]壬烷，在阳离子引发剂作用下，先生成氧鎓离子，再开环，经过螺环原酸酯上的氧进攻碳正离子 β 位的碳，进一步聚合，得到在聚合物主链上含有醚基和酯基的聚合物 7-39（反应(7.53)）。

$$\text{7-38} \xrightarrow{R^+} \text{(oxonium ion)} \longrightarrow R—O(CH_2)_2—O—C^+\text{(ring)} \xrightarrow{\text{7-38}}$$

$$ROCH_3CH_2—O\overset{O}{\overset{\|}{C}}—CH_2CH_2CH_2—O^+\text{(spiro)} \longrightarrow \left(OCH_2CH_2—O\overset{O}{\overset{\|}{C}}—CH_2CH_2CH_2\right)_n \ \text{7-39}$$

(7.53)

双环原酸酯 1,4-二烷基-2,6,7-三氧双环[2,2,2]辛烷(7-40)发生阳离子聚合时，经与反应(7.53)相似的历程，生成侧基为酯基的聚醚（反应(7.54)）。

$$\text{R—(7-40 bicyclic orthoester)—R}' \longrightarrow \left(CH_2—\underset{CH_2O\underset{\|}{\overset{}{C}}R\ (=O)}{\overset{R'}{C}}—CH_2O\right)_n \qquad (7.54)$$

各种双环螺环原酸酯和原碳酸酯的聚合，由于同时打开两个或更多的环，常伴随着不同程度的体积膨胀。而其他类型的开环聚合、链式聚合和逐步聚合一般都伴随着体积收缩。体积无收缩特别是膨胀聚合，对于如高强度粘合、牙齿填充、预应力浇铸等应用是十分重要的。

7.2.4 硫杂环烷

三元和四元的环硫化合物分别被称为硫杂环丙烷和硫杂环丁烷，二者都容易进行阳、阴离子聚合。例如，反应(7.55)所示的硫化乙烯聚合，生成聚(硫化乙烯)。

$$\text{(三元环 S)} \longrightarrow -\!\!\!\leftarrow SCH_2CH_2 \rightarrow\!\!\!-_n \qquad (7.55)$$

由于碳—硫键容易极化，所以比相应的环醚更容易聚合。这也可以解释为什么硫杂环丁烷可以进行阴离子聚合，而氧杂环丁烷则不能。由于硫原子体积较大，环硫化合物的张力不如相应的环氧化合物大，因此，硫杂环戊烷(四氢噻吩)不同于四氢呋喃，不发生聚合反应，也没有见到更大的单环硫化物聚合的报道。在阳离子和阴离子聚合反应中，增长链活性中心分别为环锍离子(7-41)和硫阴离子(7-42)。

$$\sim\sim SCH_2CH_2-\overset{+}{S}\triangleleft \qquad \sim\sim SCH_2CH_2S^-$$

7-41　　7-42

7.2.5 环胺开环聚合

环胺具有7-43所示的结构，它很容易被酸或其他阳离子引发剂引发聚合。研究得最多的是三元环亚胺，又称氮丙啶。工业上生产的聚乙烯亚胺(根据IUPAC命名，应叫聚(亚胺基乙烯))，用于纸张和织物品的处理。三元环的高度张力使聚合反应极其迅速，引发反应包括乙烯亚胺质子化或阳离子化，单体亲核进攻亚胺离子的 α 碳，打开C—N键，生成质子化的增长链(反应(7.56))。然后以相同的方式进行增长反应(反应(7.57))。增长的活性中心是亚胺阳离子，相似于环醚的氧鎓离子。

$$\underset{\text{7-43}}{HN\triangleleft} \xrightarrow{H^+} H\overset{+}{\underset{H}{N}}\triangleleft \xrightarrow{HN\triangleleft} H_2NCH_2CH_2-\overset{+}{\underset{H}{N}}\triangleleft \qquad (7.56)$$

$$H(NHCH_2CH_2 \rightarrow\!\!\!-_{n-1}\overset{+}{\underset{H}{N}}\triangleleft + \underset{H}{N}\triangleleft \longrightarrow H -\!\!\!\leftarrow NHCH_2CH_2 \rightarrow\!\!\!-_n \overset{+}{\underset{H}{N}}\triangleleft \qquad (7.57)$$

在这一聚合中，存在着严重的支化反应，很难得到线形聚合物。其证据是，在聚合物中伯胺、仲胺、叔胺基的摩尔比大致为1：2：1。聚合物链上的仲胺氮进攻另一长链氮阳离子的 α 碳，产生叔胺，同时形成伯胺，从而增加了聚合物中的伯胺基含量。

环化反应是形成聚乙烯亚胺过程中的另一副反应，因为伯胺和仲胺亲核进攻同一分子的亚胺阳离子的 α 碳，生成环齐聚物和含大环的高分子。

氮丙啶环上的取代基阻碍聚合反应。1,2-和 2,3-双取代的氮丙啶不能聚合。1-和 2-取代的氮丙啶能聚合，但得到的是低分子量的线性聚合物和环状齐聚物。

四元环亚胺的阳离子聚合机理和氮丙啶一样。环亚胺不能进行阴离子聚合，因为胺阴离子不稳定。但 N-酰基氮丙啶例外，它能进行阴离子聚合。这是氮原子缺电子和三元环高度张力的协同效应的结果。

7.2.6 聚合物的工业应用

环氧乙烷、环氧丙烷和四氢呋喃的聚合和共聚合可用来生产聚醚二元醇，即具有羟端基的遥爪型聚醚，其分子量通常在 500～6 000，主要用于生产聚氨酯和聚酯嵌段共聚物；分子量高达 20 000 的环氧乙烷和环氧丙烷的聚合物或其共聚物，可用作液压流体和润滑剂、化妆品添加剂和陶瓷及粉末冶金中的结合剂；分子量高达 10^5～10^6 的聚环氧乙烷，可用作絮凝剂，假牙黏合剂，包膜材料、酸性清洗剂和水基油墨的增稠剂及摩擦减阻剂。

思考题

1. 写出乙醇钾引发环氧乙烷聚合的反应。比较该聚合反应与阴离子聚合反应的差别。

2. 在醇钠引发环氧乙烷的聚合反应中，分别加入正丁醇和乙酸，它们对聚合反应速率、分子量和分子量分布有什么影响？

3. 环氧丙烷的阴离子聚合，通常生成分子量较低的聚合物，为什么？怎样得到高分子量聚合物？

4. 比较强酸和 Lewis 酸引发环醚聚合的相同点和不同点。什么是促进剂？

5. 写出三氟甲基磺酸引发 THF 进行聚合的反应。讨论溶剂是怎样影响聚合反应的？

6. 写出在环醚的阳离子开环聚合反应中，向聚合物链转移反应。讨论单体结构如何影响链转移反应的？

7. 什么是活性单体机理？如何控制聚合物分子量？

8. 写出在环醚的阳离子开环聚合反应的终止反应。讨论反离子怎样影响终止反应。

9. 环缩醛有什么样的结构？环大小和结构是怎样影响聚合反应机理的？三聚甲醛和 1,3,5-三氧环庚烷进行阳离子开环聚合会有什么副反应？生成什么副产物？如何缩短三聚甲醛聚合反应的诱导期？

10. 环醚进行开环聚合时，写出无终止反应和存在增长-解聚平衡时的动力学以及分子量表达式。如何求平衡单体浓度和 k_p？

11. 写出螺环原碳酸酯、螺环原酸酯进行阳离子聚合反应方程式。为什么聚合物含多种结构单元?

12. 比较硫杂环丙烷、三元环亚胺与环氧丙烷进行开环聚合反应的异同点。

7.3 内酰胺及其衍生物

内酰胺是指结构如7-44所示的环状单体,它的聚合机理不同于环醚,可以进行阳、阴离子聚合。能被碱、酸和水引发聚合,生成聚酰胺,如反应(7.58)所示。

$$\underset{\text{7-44}}{\overset{\overset{\displaystyle O}{\|}}{C}\!\!\!\!\!\underset{(CH_2)_m\!-\!NH}{\diagup\;\;\diagdown}} \longrightarrow \left[NH(CH_2)_m\overset{\overset{\displaystyle O}{\|}}{C} \right]_n \tag{7.58}$$

用水引发内酰胺的开环聚合称为**水解聚合**,是工业生产最常用的方法。阴离子引发聚合,特别适用于铸型聚合。由于转化率和聚合物分子量都很低,阳离子聚合没有应用价值。

7.3.1 阳离子聚合

很多质子酸和Lewis酸能够引发内酰胺的阳离子聚合,它遵循活性单体聚合机理。如反应(7.59)所示,质子与酰羰基作用,生成活性单体7-45。单体上的氮进攻活性单体7-45上的碳阳离子,同时发生质子转移。7-45开环同时,将OH上的质子转移到N上,形成铵盐7-46。后者的质子与单体反应,生成聚合物链7-47和活性单体7-45。

$$\overset{\overset{\displaystyle O}{\|}}{\underset{R-NH}{C}} + \underset{\text{7-45}}{\overset{\overset{\displaystyle OH}{|}}{\underset{R-N}{C^+}}} \longrightarrow \underset{\text{7-46}}{\overset{\overset{\displaystyle O}{\|}}{\underset{R-N}{C}}-\overset{\overset{\displaystyle O}{\|}}{C}-R-NH_3^+} \xrightarrow{\overset{\overset{\displaystyle O}{\|}}{\underset{R-NH}{C}}} \underset{\text{7-47}}{\overset{\overset{\displaystyle O}{\|}}{\underset{R-N}{C}}-\overset{\overset{\displaystyle O}{\|}}{C}-R-NH_2} + \overset{\overset{\displaystyle OH}{|}}{\underset{R-NH}{C^+}} \tag{7.59}$$

增长反应按照与反应(7.58)相似的方式进行,即增长链7-47末端伯胺基亲核进攻活性单体，生成端基为铵盐的高分子链（反应(7.60)）。后者的质子活化单体，生成末端带伯胺基的聚合物和活性单体（反应(7.61)）。如此反复进行增长反应，最终生成聚合物。

$$\text{R}-\overset{\overset{\text{O}}{\|}\text{C}}{\text{N}}-\!(\overset{\text{O}}{\overset{\|}{\text{C}}}\text{RNH})_n\overset{\text{O}}{\overset{\|}{\text{C}}}\text{RNH}_2 + \text{R}-\overset{\overset{\text{OH}}{|}\text{C}^+}{\text{NH}} \longrightarrow \text{R}-\overset{\overset{\text{O}}{\|}\text{C}}{\text{N}}-\!(\overset{\text{O}}{\overset{\|}{\text{C}}}\text{RNH})_{(n+1)}\overset{\text{O}}{\overset{\|}{\text{C}}}\text{RNH}_3^{\ +} \quad (7.60)$$

$$\text{R}-\overset{\overset{\text{O}}{\|}\text{C}}{\text{N}}-\!(\overset{\text{O}}{\overset{\|}{\text{C}}}\text{RNH})_{(n+1)}\overset{\text{O}}{\overset{\|}{\text{C}}}\text{RNH}_3^{\ +} + \text{R}-\overset{\overset{\text{O}}{\|}\text{C}}{\text{NH}} \longrightarrow$$

$$\underset{\text{7-48}}{\text{R}-\overset{\overset{\text{O}}{\|}\text{C}}{\text{N}}-\!(\overset{\text{O}}{\overset{\|}{\text{C}}}\text{RNH})_{(n+1)}\overset{\text{O}}{\overset{\|}{\text{C}}}\text{RNH}_2} + \text{R}-\overset{\overset{\text{OH}}{|}\text{C}^+}{\text{NH}} \quad (7.61)$$

7-48 是 AB 型单体，其链端的内酰胺羰基亦可质子化，另一高分子链上的伯胺进攻质子化的碳阳离子，同样可以进行增长反应，生成高分子量聚合物。虽然内酰胺以这种增长方式的比例很少，但它决定了聚合物的分子量。若链端 NH_2 进攻同一分子内的质子化内酰胺，则会形成环状齐聚物。

用酸引发内酰胺进行阳离子聚合时，首先形成活性单体。由于 Z^- 的亲核性，它进攻碳阳离子，环打开后，形成 $ZCORNH_2$（反应(7.62)）。该产物上的伯胺进攻活性单体，然后以反应(7.60)和反应(7.61)相同方式进行增长反应。

$$\text{Z}^- + \text{R}-\overset{\overset{\text{OH}}{|}\text{C}^+}{\text{NH}} \longrightarrow \text{Z}\overset{\text{O}}{\overset{\|}{\text{C}}}\text{RNH}_2 \quad (7.62)$$

内酰胺阳离子聚合反应中存在各种副反应，大大限制了反应的转化率和聚合物分子量。阳离子聚合反应得到的聚合物，最高分子量可达 10 000～20 000。其中，最主要的副反应是形成脒的反应。一个分子中伯胺基，进攻另一分子链的质子化酰羰基碳，失去 H_2O 和 H^+，形成中间产物 7-49（反应(7.63)）。脒的形成减少了体系中伯胺基浓度，导致反应速率降低。虽然形成的水能引发聚合，但速率太慢。另外，脒与酸性引发剂反应生成了不活泼的盐，从而降低了聚合速率和聚合物分子量。

$$\sim\sim NH_2 + \sim\sim\overset{+}{C}(OH)-N(a)< \longrightarrow \sim\sim C(OH)(\overset{+}{N}H\sim\sim)-N(a)< \xrightarrow[-H^+]{-H_2O} \sim\sim C(=N\sim\sim)-N(a)< \quad (7.63)$$

7-49

7.3.2 水解聚合反应

在工业上,用间歇法或连续法聚合 ε-己内酰胺的方法是,在5%～10%的水存在下,250～270 ℃下水解聚合反应12～14 h,生成了尼龙-6。在该聚合反应中,存在的几个反应如下:

首先,ε-己内酰胺水解成为ε-胺基己酸,如反应(7.64)所示。

$$\underset{(CH_2)_5-NH}{\overset{O}{\overset{\|}{C}}} + H_2O \longrightarrow HO\overset{O}{\overset{\|}{C}}(CH_2)_5NH_2 \quad (7.64)$$

胺基己酸进行缩合反应,生成聚酰胺(反应(7.65))。

$$\sim\sim COOH + NH_2\sim\sim \longrightarrow \sim\sim CONH\sim\sim + H_2O \quad (7.65)$$

氨基酸中的—COOH将ε-己内酰胺质子化,生成活性单体。接着聚酰胺链上的伯胺亲核进攻活性单体,进行增长反应,如反应(7.66)所示。

$$^{-}O\overset{O}{\overset{\|}{C}}RNH\!-\!(\overset{O}{\overset{\|}{C}}RNH)_n\!-\!\overset{O}{\overset{\|}{C}}RNH_2 + \underset{R-NH}{\overset{OH}{\overset{|}{C^+}}} \longrightarrow$$

$$HO\overset{O}{\overset{\|}{C}}RNH\!-\!(\overset{O}{\overset{\|}{C}}RNH)_{(n+1)}\!-\!\overset{O}{\overset{\|}{C}}RNH_2 + H^+ \quad (7.66)$$

对比反应(7.60)和反应(7.61)可知,水解聚合的机理与阳离子聚合机理相似,不同的是高分子链端一个为羧基,一个为环内酰胺。所以,水解聚合是阳离子聚合的一个特例。为了加快聚合,通常在配料时就加入 ε-胺基己酸,或加入由二胺、二酸形成的1∶1盐。

己内酰胺转化为聚合物的速率比 ε-胺基己酸自缩合的速率大一个数量级,甚至更高。胺基己酸的自缩合反应对形成尼龙-6的贡献仅为百分之几,开环聚合反应是生成聚合物的主要途径。研究结果表明聚合是酸催化反应,无水情况下,伯胺

或 ε-胺基己酸均为不良引发剂;而在水存在下,聚合反应速率对 ε-己内酰胺是一级,对端羧基为二级。

虽然胺基己酸的自缩合对形成聚合物的贡献很小,但对最终高分子量聚合物的形成起着重要作用。为了得到高分子量的聚合物,当转化率达 80%~90%时,要将用引发聚合的大部分水除去。控制聚合物分子量的方法可以是加适量水,控制单体浓度,或添加一定数量的单羧酸。

工业上,ε-己内酰胺聚合得到的最终产物含有 8%的单体和约 2%的环齐聚物,其中一半是二聚体,另外为三聚体和四聚体,也曾分离出少量九聚体产物。在工业生产中,采用热水萃取或真空方法除去单体和环状聚物。

7.3.3 阴离子聚合

1. 单独使用强碱

强碱可以引发环内酰胺进行阴离子聚合。强碱可以是碱金属、金属氢化物、氨基金属、金属烷氧化物和金属有机化物。它们是通过生成内酰胺阴离子来引发内酰胺进行聚合反应的。例如,金属引发己内酰胺的聚合反应,如反应(7.67)所示。

$$\underset{(CH_2)_5-NH}{\overset{\overset{O}{\|}}{C}} + M \rightleftharpoons \underset{(CH_2)_5-N^- M^+}{\overset{\overset{O}{\|}}{C}} + \frac{1}{2}H_2 \qquad (7.67)$$

如反应(7.68)所示,金属衍生物作引发剂时,也生成了内酰胺阴离子。

$$\underset{(CH_2)_5-NH}{\overset{\overset{O}{\|}}{C}} + B^- M^+ \rightleftharpoons \underset{(CH_2)_5-N^- M^+}{\overset{\overset{O}{\|}}{C}} + BH \qquad (7.68)$$

用碱作引发剂有优点,也有缺点。使用弱碱得到的内酰胺阴离子的浓度较低;选用碱金属或金属氢化物能给出高浓度的内酰胺负离子,但是副反应产生的胺和水会破坏引发剂活性中心和增长链活性中心。比较有利的引发方式是先制备内酰胺阴离子,经纯化后再加到反应体系中。

引发反应的第二步如反应(7.69)所示,内酰胺阴离子进攻单体上羰基碳,开环后,形成伯胺负离子(7-50)。与内酰胺阴离子不同,由于羰基难以稳定伯胺阴离子,它很活泼。它从单体上夺取一个质子,生成了一个二聚体,并再生一个内酰胺阴离子(反应(7.70))。

$$(CH_2)_5\text{—}\overset{\overset{O}{\|}}{C}\text{—}N^-M^+ + (CH_2)_5\text{—}\overset{\overset{O}{\|}}{C}\text{—}NH \rightleftharpoons (CH_2)_5\text{—}\overset{\overset{O}{\|}}{C}\text{—}N\text{—}\overset{\overset{O}{\|}}{C}(CH_2)_5\overset{H}{N^-}M^+ \quad (7.69)$$

7-50

$$(CH_2)_5\text{—}\overset{\overset{O}{\|}}{C}\text{—}N\text{—}\overset{\overset{O}{\|}}{C}(CH_2)_5\overset{H}{N^-}M^+ + (CH_2)_5\text{—}\overset{\overset{O}{\|}}{C}\text{—}NH \rightleftharpoons$$

$$(CH_2)_5\text{—}\overset{\overset{O}{\|}}{C}\text{—}N\text{—}\overset{\overset{O}{\|}}{C}(CH_2)_5NH_2 + (CH_2)_5\text{—}\overset{\overset{O}{\|}}{C}\text{—}N^-M^+ \quad (7.70)$$

酰胺二聚体已分离得到，并已证明它是引发聚合反应必不可少的。与环酰胺相连的羰基增加了环酰胺羰基碳的缺电子性，有利于环酰胺阴离子的亲核进攻。由于生成酰胺二聚体的速率很慢，导致内酰胺聚合反应有一个时间很长的诱导期。

链增长反应如(7.71)所示。环酰胺阴离子进攻高分子链端的内酰胺羰基碳，开环后，生成链阴离子(7-51)。

$$(CH_2)_5\text{—}\overset{\overset{O}{\|}}{C}\text{—}N\text{—}\overset{\overset{O}{\|}}{C}(CH_2)_5NH\sim\sim + {}^+M^-N\text{—}\overset{\overset{O}{\|}}{C}\text{—}(CH_2)_5 \longrightarrow$$

$$(CH_2)_5\text{—}\overset{\overset{O}{\|}}{C}\text{—}N\text{—}\overset{\overset{O}{\|}}{C}(CH_2)_5\overset{M^+}{\underset{-}{N}}\text{—}\overset{\overset{O}{\|}}{C}H(CH_2)_5NH\sim\sim \quad (7.71)$$

7-51

生成的阴离子(7-51)与单体快速质子交换，生成了增长链，再生出环酰胺阴离子，如反应(7.72)所示。如此反复进行增长反应，直到形成最终聚合物。从以上讨论可知，内酰胺的阴离子聚合机理，相似于活性单体聚合机理。增长活性中心是N-酰基环酰胺。与普通阴离子增长反应不同，它是活性单体加到增长链上的反应。增长速率取决于环酰胺阴离子和增长链的浓度。

$$(CH_2)_5\text{—}\overset{\overset{O}{\|}}{C}\text{—}N\text{—}\overset{\overset{O}{\|}}{C}(CH_2)_5\overset{M^+}{\underset{-}{N}}\text{—}\overset{\overset{O}{\|}}{C}H(CH_2)_5NH\sim\sim + (CH_2)_5\text{—}\overset{\overset{O}{\|}}{C}\text{—}NH \longrightarrow$$

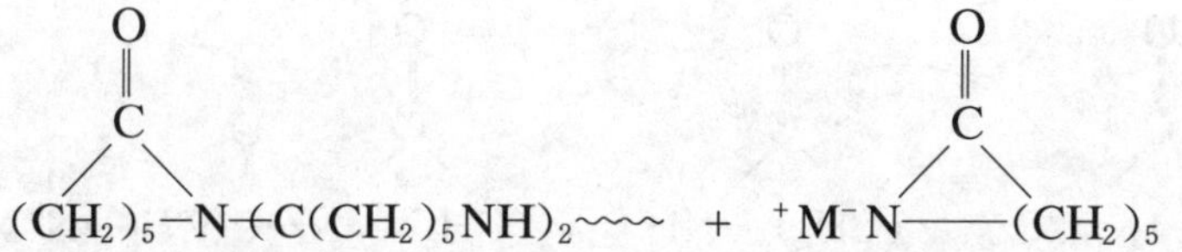

$$\begin{array}{c} O \\ \| \\ C \\ \diagup \quad \diagdown \\ (CH_2)_5-N \end{array} \!\!\!\!\leftarrow\!\! C(CH_2)_5NH)_2 \sim\sim\sim \quad + \quad {}^{+}M^{-}\begin{array}{c} O \\ \| \\ C \\ \diagup \qquad \diagdown \\ N \text{------} (CH_2)_5 \end{array} \tag{7.72}$$

2. 添加 N-酰基内酰胺

用强碱引发内酰胺聚合时，反应有诱导期，且只有反应活性较高的内酰胺如己内酰胺和庚内酰胺才发生开环聚合反应。活性较小的内酰胺，单独用强碱作引发剂，其聚合速率十分缓慢，因为这些单体很难形成所需要的酰胺二聚体。加入酰基化剂如酰氯、酸酐、异氰酸酯与环酰胺反应生成 N-酰基内酰胺，可以克服上述缺点。如反应(7.73)所示，ε-己内酰胺与酰氯反应可迅速生成为 N-酰基己内酰胺。它既可以原位合成，也可以预先合成后再加到反应体系中。

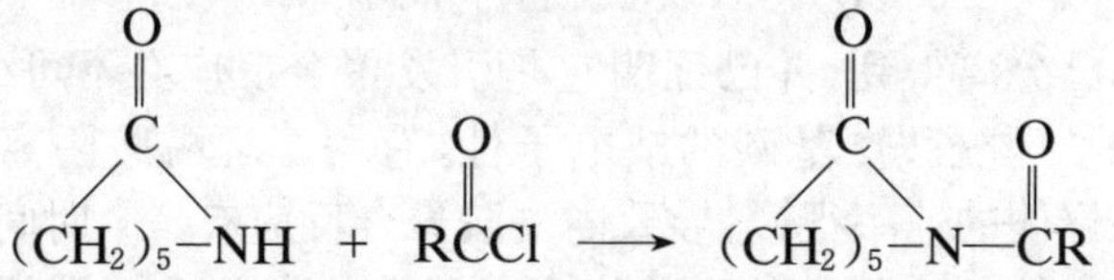

$$\begin{array}{c} O \\ \| \\ C \\ \diagup \quad \diagdown \\ (CH_2)_5-NH \end{array} + \begin{array}{c} O \\ \| \\ RCCl \end{array} \longrightarrow \begin{array}{c} O \\ \| \\ C \\ \diagup \quad \diagdown \\ (CH_2)_5-N \end{array}\!\!\!-\!\!\begin{array}{c} O \\ \| \\ CR \end{array} \tag{7.73}$$

当碱和 N-酰基内酰胺同时使用引发内酰胺聚合时，引发反应如式(7.74)所示。N-酰基内酰胺与活性单体反应，生成阴离子二聚体(7-52)，迅速与单体进行质子交换，生成二聚体，并再生出活性单体(反应(7.74b))。增长反应与式(7.74)相同，与单独使用强碱引发内酰胺聚合，即反应(7.71)和反应(7.72)相同，只是前者生成的链末端为酰胺基，而后者为胺基。

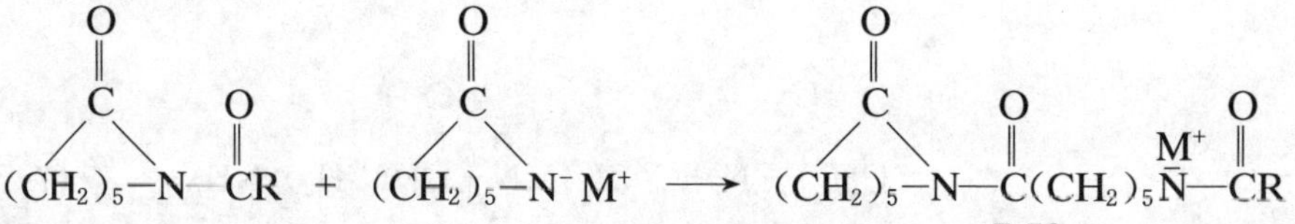

$$\begin{array}{c} O \\ \| \\ C \\ \diagup \quad \diagdown \\ (CH_2)_5-N \end{array}\!\!\!-\!\!\begin{array}{c} O \\ \| \\ CR \end{array} + \begin{array}{c} O \\ \| \\ C \\ \diagup \quad \diagdown \\ (CH_2)_5-N^{-}M^{+} \end{array} \longrightarrow \underset{\text{7-52}}{\begin{array}{c} O \\ \| \\ C \\ \diagup \quad \diagdown \\ (CH_2)_5-N \end{array}\!\!\!-\!\!\begin{array}{c} O \\ \| \\ C(CH_2)_5\overset{M^{+}}{\bar{N}}-CR \end{array}} \tag{7.74a}$$

$$\xrightarrow{\begin{array}{c} O \\ \| \\ C \\ \diagup \quad \diagdown \\ (CH_2)_5-NH \end{array}} \begin{array}{c} O \\ \| \\ C \\ \diagup \quad \diagdown \\ (CH_2)_5-N \end{array}\!\!\!-\!\!\begin{array}{c} O \qquad\qquad\qquad\quad O \\ \| \qquad\qquad\qquad\quad\;\; \| \\ C(CH_2)_5NH-CR \end{array} + \begin{array}{c} O \\ \| \\ C \\ \diagup \quad \diagdown \\ (CH_2)_5-N^{-}M^{+} \end{array} \tag{7.74b}$$

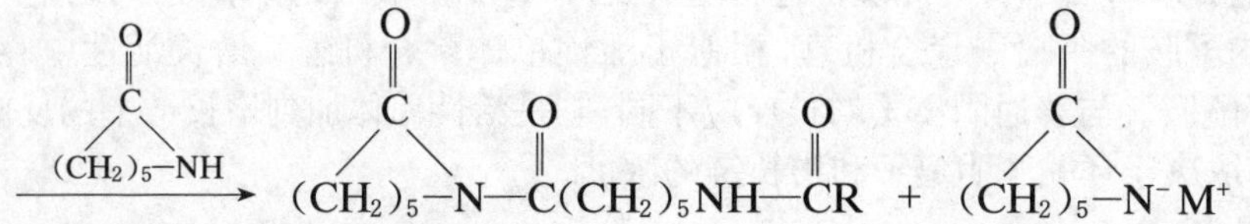

加入酰基化剂可使活性小的单体聚合；使比较活泼的内酰胺聚合无诱导期；使聚合反应速率增加，或可在较低的温度下进行聚合反应。

活化内酰胺的聚合反应中，包含有酰亚胺二聚体和 N-酰基内酰胺对聚合反应的贡献。一般情况下,后者重要得多,而前者可以忽略。聚合反应速率取决于碱和N-酰基内酰胺的浓度,它们分别决定了活化单体和增长链的浓度。聚合度随着转化率和单体浓度的增加或N-酰基内酰胺加入量的减少而增加。由于一系列复杂的副反应,活化单体和增长链的浓度衰减速率相当快。

由于反应后期出现了支化现象,分子量分布通常要比最可几分布宽。随着单体浓度降低,聚合物上的酰胺阴离子,进攻另一聚合物链的端内酰胺基,即反应(7.75)的倾向就增加,从而发生支化和某种程度的交联。当不添加N-酰基内酰胺时,MWD则更宽,因为慢的引发反应使先被引发的增长链先增长,后引发的增长链的增长时间就短。

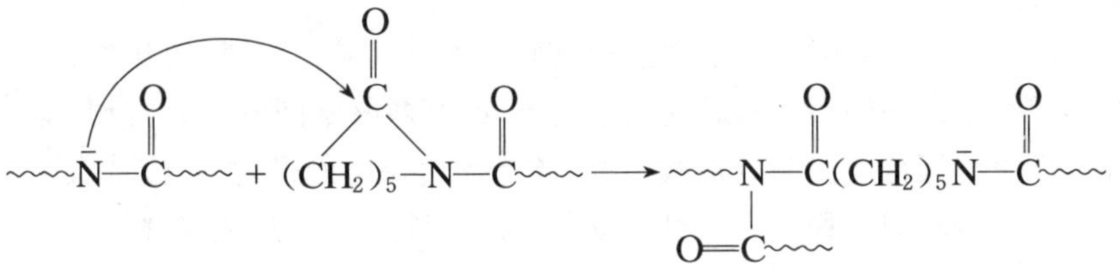

$$\sim\sim\bar{N}-\overset{\overset{O}{\|}}{C}\sim\sim + \overbrace{(CH_2)_5-N}-\overset{\overset{O}{\|}}{C}\sim\sim \longrightarrow \sim\sim\underset{\underset{O=C\sim\sim}{|}}{N}-\overset{\overset{O}{\|}}{C}(CH_2)_5\bar{N}-\overset{\overset{O}{\|}}{C}\sim\sim \quad (7.75)$$

(环内C=O基团连接$(CH_2)_5$与N,受$\bar{N}$进攻。)

7.3.4　反应活性

内酰胺的聚合活性不仅取决于环的大小,还与引发方式有关。相对于快速的阴离子聚合反应,阳离子和水解聚合反应速率较慢,内酰胺聚合活性的差别也较大。六元环的内酰胺可以进行阴离子聚合,而大多数六元环单体是不发生开环聚合的。由于在反应活性中心的位阻作用,内酰胺上的取代基会降低聚合活性。在研究2,2-双烷基-β-丙内酰胺(7-53)的聚合反应时发现,当R基由甲基变为正丁基时,增长速率常数增加约两倍。这可能是由于正丁基有较强的憎水性,减小了反离子与增长中心较强的相互作用,形成了松散离子对。

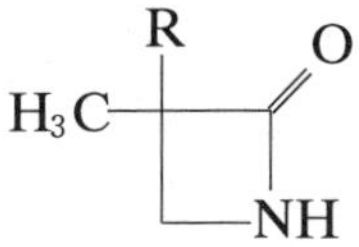

(结构式:四元环,含 H_3C、R、C=O、NH)

7-53

7.3.5　N-羧基-α-氨基酸酐

结构式如7-54的N-羧基-α-氨基酸酐(NCA)也称为4-取代噁唑烷-2,5-二酮。与环酰胺相比,环上多了COO。它的阴离子聚合机理,与内酰胺相似。不同的是,它在聚合过程中伴有脱羧反应，如反应(7.76)所示，生成的聚酰胺是取代尼龙-2。这也是制备多肽的一个重要方法。NCA 的均聚和共聚产物在生物技术，包括人造组织、药物转输和生物传感器等方面有广泛的应用。

$$\text{7-54 (HN–C(=O)–O–C(=O)–CH(R), 环状)} \xrightarrow{-CO_2} \mathrm{\left[NH-CHR-\overset{O}{\overset{\|}{C}}\right]_n} \tag{7.76}$$

7-54

1. 碱引发聚合

与内酰胺相同，NCA 的引发剂为强碱，例如，烷金属氧化物、氢氧化物、氢化物和氨化物。根据引发剂的碱性和相对亲核性不同，有两种不同的聚合机理，即胺引发聚合和活性单体聚合。脂肪族伯胺引发 NCA 聚合反应的机理是，胺基氮原子亲核进攻 NCA 的 C-5，同时释放出二氧化碳(反应(7.77))。因为用^{14}C标记的 NCA 的研究表明，二氧化碳由 C-2 的羰基产生。

$$RNH_2 + \text{NCA (O}^1\text{, C}^2\text{=O, N}^3\text{H, C}^4\text{H–R, C}^5\text{=O)} \xrightarrow{-CO_2} \mathrm{RNH\overset{O}{\overset{\|}{C}}CHRNH_2} \tag{7.77}$$

链的增长反应如式(7.78)所示，也是链端基伯胺进攻单体 NCA 的 C-5，失羧形成增长链。

$$\mathrm{RNH{\sim\sim}\overset{O}{\overset{\|}{C}}CH(R)NH_2} + \text{NCA (CH–R)} \xrightarrow{-CO_2} \mathrm{RNH{\sim\sim}\overset{O}{\overset{\|}{C}}CH(R)NH\overset{O}{\overset{\|}{C}}CH(R)NH_2} \tag{7.78}$$

聚合反应速率取决于伯胺和单体 NCA 的浓度。大多数 NCA 聚合类似于，但并不完全等于活性聚合反应。聚合度与单体与胺的摩尔比成正比。分子量分布通常较宽，甚至为双峰。链终止、链转移和其他副反应导致聚合反应不可控。

芳族伯胺的亲核性较差，用它来引发 NCA 聚合时，相对链增长速率，引发速率较慢，导致分子量分布非常宽。用水作引发剂时，引发速率更慢，分子量非常低。

用强碱如 R^-、HO^-、RO^- 和叔胺引发 NCA 聚合时，聚合反应速率比用伯胺要快得多。另外，伯胺引发的聚合反应生成的聚合物，每一聚合链含有一个引发剂片断（即 RHN—）。强碱引发 NCA 的聚合反应中，聚合物链上没有引发剂片断。一般认为聚合反应是按活性单体机理进行的，单体 N 上的质子转移到碱上，形成 NCA 阴离子，如反应(7.79)所示。

$$\underset{\text{HN—C(=O)—O—C(=O)—CH(R)—}}{\text{(环)}} + \text{B} \rightleftharpoons \underset{{}^{-}\text{N—C(=O)—O—C(=O)—CH(R)—}}{\text{(环)}} + \text{BH} \tag{7.79}$$

$$\text{H(HNCHRC(=O))}_n\text{—N(环)} + {}^{-}\text{N(环)} \longrightarrow \text{H(HNCHRC(=O))}_n\text{—N(COO}^{-}\text{)CHRC(=O)—N(环)}$$

$$\xrightarrow[\text{2. HN(环)}]{\text{1. }-CO_2} \text{H(HNCHRC(=O))}_n\text{—NHCHRC(=O)—N(环)} + {}^{-}\text{N(环)} \tag{7.80}$$

与环内酰胺的阴离子聚合反应相似，引发反应是 NCA 负离子（活性单体）亲核进攻增长链末端 NCA 的 C-5，失羧后形成的氮负离子与另一单体分子进行质子转移，生成末端为 NCA 的增长链，并再生出活性单体。增长反应也按相似的方式进行，如反应(7.80)所示。

用三烷基胺作引发剂，引发 NCA 聚合时，可以合成分子量达 50 万的多肽。聚合反应具有活性聚合的特征。采用强碱，特别是有机金属化合物来引发 NCA 聚合时，由于副反应作用，难以获得高分子量的聚合物。

用仲胺引发 NCA 聚合时，或者按伯胺的机理，或者按活化单体机理聚合，也可能两种机理都有。位阻小的胺,如二甲基胺和哌啶作引发剂时,聚合反应按伯胺机理进行。位阻稍大的仲胺,如二乙基胺、N-甲基苄胺、二正丙胺和二正丁胺作引发剂时,同时存在伯胺和活性单体两种机理。位阻大的仲胺,如二异丙基胺和二环己基胺作引发剂时,按活性单体机理进行聚合。

在惰性溶剂,如二氧六环或 THF 中,当转化率达 20%~30%时,NCA 有一个加速聚合过程,此时增长链已为六至十二聚体。这样大小的聚 α-氨基酸已呈现 α-螺旋构象。活性基被定向地键连在 α-螺旋上,具有高的反应性。

2. 过渡金属化合物引发聚合

采用过渡金属化合物催化 NCA 聚合时,聚合反应有很好的可控性。共价过渡金属烷氧化合物,胺化物、烷基化合物以及衍生物,例如,$CpTiCl_2OR$(Cp 为环戊二烯)不能引发 NCA 的聚合反应,而相应的离子型衍生物,如烷氧基锂,却有很高活性。但是,后过渡金属络合物,包括不同的镍和钴衍生物,能引发 NCA 聚合,聚合物分子量的可控性,依赖于引发剂的结构,特别是配体的结构。例如,bpyNi(COD)(bpy:2,2′-联吡啶,COD:1,5-环辛二烯)和$[P(CH_3)_3]Co$ 是 NCA 聚合反应的有效引发剂,且为活性聚合反应,可制备分子量达 50 万,分子量分布为 1.2 的聚合物。

以后过渡金属络合物 bpyNi(COD)催化 NCA 聚合反应为例,说明聚合反应机理。如反应(7.81)所示,首先 L_2Ni 与 NCA 进行络合反应,生成五元环的增长活性种 7-55。该活性种上的氮亲核进攻单体 NCA 上的 C-5,形成十元环的过渡态 7-56。金属中心与端羧酸键合,以控制分子量和避免副反应。通过质子迁移和失去 CO_2,十元环缩成五元环,进行增长反应。

(7.81)

当在极性溶剂 DMF 中进行聚合反应时,可以用单体和引发剂的摩尔比控制产物的聚合度。当聚合反应在极性较低的溶剂,如四氢呋喃、二氧六环、甲苯和乙酸乙酯中进行时,产物的聚合度大于单体和引发剂的摩尔比。改变与 Ni 或 Co 键合的配体,可以制备高分子量聚合物。

思考题

1. 分别写出 Lewis 酸和普通酸引发环内酰胺进行阳离子开环聚合反应的反应式。高分子量聚合物和环状副产物是怎样产生的?

2. 写出己内酰胺水解聚合反应。讨论胺/羧酸缩合与活性单体聚合对聚合反应的贡献。

3. 为什么说内酰胺的阴离子聚合是活性单体机理? 写出它们的反应式。

4. 为什么内酰胺的阴离子聚合存在诱导期? 如何缩短诱导期? 聚内酰胺的支链是怎样形成的?

5. 用伯胺和强碱引发 NCA 进行聚合反应时,聚合反应有什么异同点? 写出它们的聚合反应。

6. 写出过渡金属化合物引发 NCA 的聚合反应。

7.4 内　　酯

内酯是指结构式如 7-57 所示的单体,它可以进行阳、阴离子聚合反应,生成聚酯,如反应(7.82)所示。除了五元环的 γ-丁内酯不能聚合和六元环的 δ-戊内酯能够聚合外,各种大小的内酯的反应性规律与其他环状单体相同。三元环内酯不知是否存在,或者是过于活泼,无法分离得到。

$$\underset{\text{7-57}}{\overset{\displaystyle \overset{O}{\overset{\|}{C}}}{\text{O—(CH}_2)_m}} \longrightarrow \left[\!\text{O—}\overset{O}{\overset{\|}{C}}(CH_2)_m\right]_n \tag{7.82}$$

ε-己内酯的聚合已经工业化,带有羟端基的遥爪聚(ε-己内酯)已用于合成聚胺酯嵌段共聚物。聚(ε-己内酯)也可与其他聚合物共混,以改善聚合物的染色性及黏附性。

7.4.1 阴离子聚合

大部分阴离子引发剂,包括离子型和共价型,都可用来引发内酯聚合。近来研究活跃的是用阴离子配位引发剂，例如卟啉化合物，金属烷氧化物如 R_2AlOCH_3 和 $Al(OR)_3$，金属羧酸盐如辛酸亚锡等引发内酯聚合。与内酰胺的阴离子聚合机理不同，它不是通过活性单体机理进行的。几乎所有内酯的阴离子聚合，均通过酰一氧键断裂，生成烷氧阴离子增长链，进行增长反应的。例如，用甲氧基阴离子引发内酯聚合的引发反应如(7.83)所示。

$$CH_3O^- + \underset{O\text{——}R}{\overset{O}{\overset{\|}{C}}} \longrightarrow CH_3O\text{—}\overset{O}{\overset{\|}{C}}R\text{—}O^- \tag{7.83}$$

增长反应如反应(7.84)所示。

$$CH_3O\text{—}\!\!\left(\overset{O}{\overset{\|}{C}}R\text{—}O\right)_n\overset{O}{\overset{\|}{C}}\text{—}R\text{—}O^- + \underset{O\text{——}R}{\overset{O}{\overset{\|}{C}}} \longrightarrow CH_3O\text{—}\!\!\left(\overset{O}{\overset{\|}{C}}R\text{—}O\right)_{(n+1)}\overset{O}{\overset{\|}{C}}\text{—}R\text{—}O^- \tag{7.84}$$

对于配位引发剂，引发反应是金属与羰基氧配位，然后烷氧基插入 CO—O 键，形成了增长链。

这种酰一氧键断裂机理的实验依据来自聚合物的端基分析。用水或其他酸性化合物终止反应(7.83)和反应(7.84)时，若酰一氧键断裂，聚合链两端分别为酯甲基和羟基；若聚合是通过烷一氧键断裂进行的，端基将是甲氧基和 COOH 基。NMR 分析证明是酰一氧键断裂。另外的证据是光活性 β-丁内酯(7-58)的阴离子聚合，生成产物仍保持原来的构型，说明是酰一氧断键。因为与甲基相邻的碳是不对称碳原子，若酰一氧，即 b 处断键，构型可保留；若 R—O，即 a 处断键，会外消旋，产物无光学活性。所以，光活性内酯的聚合对于确定开环模式特别有用。

CH_3 O= b O a H

7-58

当使用共价引发剂，特别是活性较低的引发剂时，内酯的聚合反应具有活性特征。如聚合反应速率对单体和引发剂浓度均为一级反应。数均聚合度由单体和引发剂的摩尔比所控制；分子量分布较窄。若采用活性较高，例如 Mg、Zn 和 Na 的烷氧化物作引发剂，因存在明显的分子间的酯交换反应，和分子内的反应，生成环化齐聚物，使分子量分布变宽。

β-丙内酯由于环张力，可用弱的亲核试剂，例如用羧酸金属和叔胺引发聚合，开环发生在烷一氧键上，而不是酰一氧键上。用较强的亲核试剂作引发剂时，烷一氧键和酰—氧键断裂开环机理同时存在，分别产生羧氧和烷氧阴离子。羧氧活性中心不能断裂酰—氧键而增长，而烷氧活性中心可以断裂酰—氧和烷—氧键而进行增长反应。烷氧活性中心容易转变为羧氧活性基，几次增长反应后，约 95% 的增长活性中心为羧氧活性中心。

7.4.2　阳离子聚合

在环醚聚合中所用的引发剂可用于引发内酯聚合。但聚合反应机理与环醚的阳离子聚合不同，它不是通过氧鎓离子进行的。而是通过阳离子进攻羰基氧，形成二氧碳阳离子。然后烷—氧断键，进行增长反应的。这用 Ph_3P 与增长活性中心反应，分析端基得到了证实。例如，用 $CH_3OSO_2CF_3$ 或 $(CH_3)_2I^+SbF_6^-$ 引发聚合，引发反应如(7.85)所示，甲基碳阳离子进攻单体上碱性较强的羰基氧，形成二氧碳阳离子。

$$CH_3^+ + O{=}\underset{\text{环: }C-R-O}{C}\!\!-\!\!O \longrightarrow CH_3O{-}\overset{+}{C}\!\!-\!\!O \quad (\text{环含 R}) \tag{7.85}$$

接着，单体上羰基氧进攻活性中心，R—O 键断裂，形成活性中心为二氧碳阳离子的增长链。增长反应以相似的方式进行，如反应(7.86)所示。

$$CH_3{+}O\overset{O}{\overset{\|}{C}}{-}R{+}_nO{-}\overset{+}{C}\!\!-\!\!O\ (\text{环含 R}) + O{=}C\!\!-\!\!O\ (\text{环含 R}) \longrightarrow CH_3{+}O\overset{O}{\overset{\|}{C}}{-}R{+}_{(n+1)}O{-}\overset{+}{C}\!\!-\!\!O\ (\text{环含 R}) \tag{7.86}$$

合成高分子量的聚酯，阳离子聚合不如阴离子聚合有效。阳离子聚合存在着分子内的酯交换，生成环状齐聚物；以及链转移反应(包括质子或氢负离子转移)。所以阳离子聚合反应的应用受到了限制。然而高活性的 β-丙内酯在特定条件下聚合，可生成分子量高达 10^5 的聚合物。

7.4.3　其他环酯

乙交酯和丙交酯(R 分别为 H 和 CH_3) 是研究得十分深入的环内酯，一般用阴离子引发剂引发聚合，生成聚酯，见反应(7.87)。阳离子引发剂不能有效引发，聚合速率一般比内酯低。

$$\text{(R 取代的六元环二酯)} \longrightarrow {+}O{-}CHR{-}\overset{O}{\overset{\|}{C}}{+}_n \tag{7.87}$$

这类聚合物具有生物相容性和生物降解性，它可以被生物水解成相应的 α-羟基酸，再由代谢过程排出。这些聚合物还可用作可吸收缝合线，在其他生物技术，如药物传送也有潜在的应用。

环状碳酸酯进行开环聚合可得到线形聚碳酸酯，这为制备聚碳酸酯提供了另一路线。例如，双酚-A 的环状碳酸酯齐聚物（$m=2\sim20$）的开环聚合，生成双酚-A 聚碳酸酯（反应(7.88)）。

$$\left[\mathrm{O}-\mathrm{C_6H_4}-\mathrm{C(CH_3)_2}-\mathrm{C_6H_4}-\mathrm{OCO}\right]_m \longrightarrow \left[\mathrm{O}-\mathrm{C_6H_4}-\mathrm{C(CH_3)_2}-\mathrm{C_6H_4}-\mathrm{OCO}\right]_n \quad (7.88)$$

与逐步聚合比较，由开环聚合路线合成聚碳酸酯的优越性是：(1) 比较容易得到较高分子量的聚合物，例如，最高分子量可达 $10^5\sim3\times10^5$。在逐步聚合中，若要达到 10^5 的分子量，需要非常高的转化率，操作十分困难。用阴离子引发剂引发的开环聚合接近于活性聚合，其分子量决定于转化率和环状单体和引发剂的摩尔比。(2) 没有副产物。

开环聚合正在用于合成高性能的聚合物，如聚芳酯、聚酰亚胺、聚醚酮和芳香族聚酰胺。但只有当环状齐聚物能够以高产率合成时，这种开环聚合路线才是有前途的。

思考题

1. 与己内酰胺的阴离子聚合比较，ε-己内酯的阴离子聚合有什么不同？写出三乙氧基铝引发 ε-己内酯的聚合反应。

2. 写出辛酸亚锡引发 β-丙内酯聚合的反应。

3. 用$(CH_3)_2I^+SbF_6^-$ 引发 δ-戊内酯进行开环聚合反应与烷氧阴离子引发 δ-戊内酯聚合有什么差别？写出反应。

4. 写出丙交酯和环状碳酸双酚-A 酯的聚合反应。

7.5 环 烯 烃

与环醚、内酰胺和内酯不同，环烯烃中无杂原子，不能进行阳、阴离子开环聚合。通常，环烯烃要在过渡金属络合物的催化作用下，才能进行开环聚合，生成含有双键的线形聚合物。例如，环戊烯聚合，得到聚1-戊烯（反应(7.89)）。

$$\text{环戊烯} \longrightarrow \left[\!-\mathrm{CH{=}CHCH_2CH_2CH_2}-\!\right]_n \qquad (7.89)$$

这一聚合反应相似于烯烃的易位反应而常被称为**开环易位聚合**。如反应(7.90)所示，烯烃的易位反应导致两个烯烃上的取代基的交换。

$$\mathrm{RCH{=}CHR} + \mathrm{R'CH{=}CHR'} \longrightarrow \mathrm{2RCH{=}CHR'} \qquad (7.90)$$

开环易位聚合需要的催化剂与烯烃的易位反应相同，两者遵循同样的反应机理。引发和增长的活性种为金属—烯烃络合物。引发剂通常为双组分，一是前过渡金属如W、Mo、Rh或Ru的氯化物或氧化物；另一是烷基化试剂和R_4Sn或$RAlCl_2$。它们原位生成金属—卡宾络合物。这一引发体系存在的缺点是，使用强Lewis酸，分子量很难控制；与许多功能基团不相容；实际的金属—卡宾引发剂浓度很低，且需要100 ℃。但这些引发剂相对便宜，工业上仍在使用。

另一类引发剂为十分稳定且易分离的金属—卡宾络合物，例如，基于Mo和W的Schrock引发剂7-59，和基于Ru的Grubbs引发剂7-60。

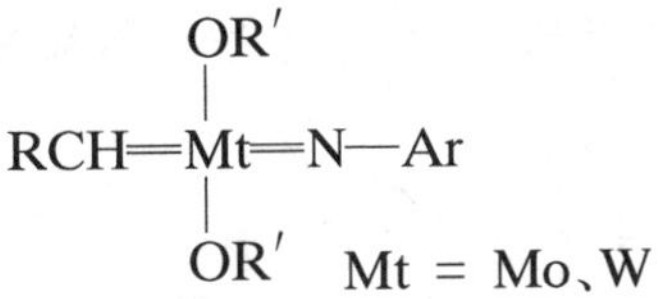

$$\mathrm{RCH{=}Mt(OR')_2{=}N{-}Ar}\quad \mathrm{Mt = Mo、W}\qquad\qquad \mathrm{Cl{-}Ru(R)(Cl)(PR_3){=}CHAr}$$

7-59 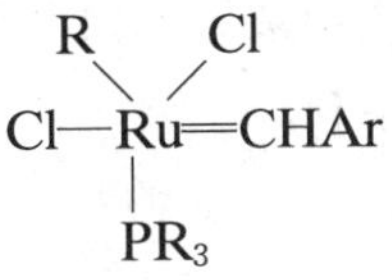　　　　7-60

相比Grubbs引发剂，Schrock引发剂对空气和湿气敏感；不能容忍含氧功能团如羰基、羟基和羧基等的单体。改变配体，例如，使用大的、给电子性强的磷配体可以提高聚合速率，而且可以控制副反应。

不是所有过渡金属络合物都能引发环烯烃进行开环易位聚合的，有相当一部分络合物，包括Ti、Zr、Hf、V、Pd、Ni、Cr、Co和稀土如Ln等可以催化烯烃聚合，但不会开环。

引发反应见反应(7.91)，首先过渡金属与单体上的双键配位，π-键打开，形成四元环中间体，经分内子重排，形成金属—卡宾增长活性中心。

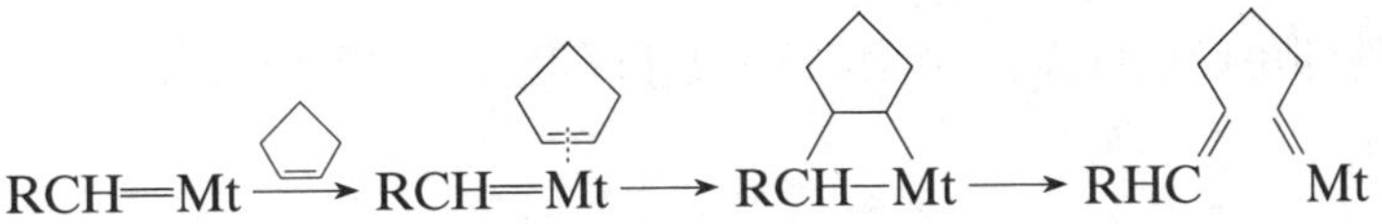

$$\mathrm{RCH{=}Mt} \xrightarrow{\text{环戊烯}} \mathrm{RCH{=}Mt}(\text{配位环戊烯}) \longrightarrow \mathrm{RCH{-}Mt}(\text{四元环}) \longrightarrow \mathrm{RHC{=}CH(CH_2)_3CH{=}Mt} \qquad (7.91)$$

与反应(7.91)相似的方式，进行增长反应(7.92)。由反应(7.92)可知，反应的结果是单体双键的一半插入金属—卡宾键。

$$RCH{+}CHCH_2CH_2CH_2CH{+}_nMt + \text{环戊烯} \longrightarrow RCH{+}CHCH_2CH_2CH_2CH{+}_{(n+1)}Mt \tag{7.92}$$

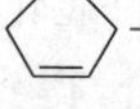

除环己烯只能得到低分子量的齐聚物外，为数众多的环烯烃和双环烯可聚合生成高分子量的产物。易位聚合已经有一些工业应用，由环辛烯开环易位聚合得到的聚(1-亚辛烯基)与SBS和天然橡胶共混得到的弹性体可用作垫圈、制动软管、印刷辊等。聚降冰片烯(7-61)是由降冰片烯(环己烯-2)经开环易位聚合得到的(反应(7.93))，是一种性能特别的橡胶，它可以吸收自身质量好几倍的油类增塑剂，而仍然保持原有的性质。它具有高的撕裂强度和高的动力阻尼特性，因此用于噪声控制和减震等。

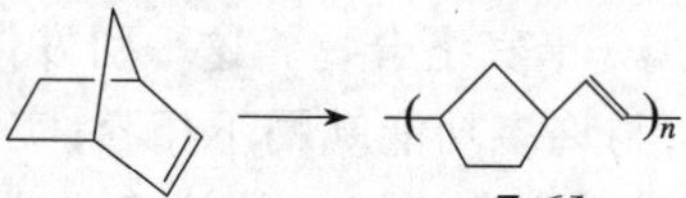

(7.93)

7-61

内双环戊二烯开环易位聚合，先生成聚合物7-62(反应(7.94))，随后侧基环戊烯的开环聚合，发生交联反应。在这一过程中，聚合和交联反应同时发生，这样，可以通过反应注射成型来加工如卫星碟状天线、雪地汽车车体和汽车部件等。可见这是非常有用的塑料。

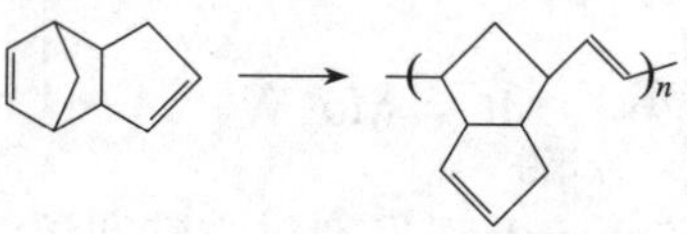

(7.94)

7-62

通常，开环易位聚合是一个不可逆过程，释放环张力是聚合反应的驱动力。当增长链寿命长时，环张力较小的环，如环辛烯聚合时，有可能形成大环齐聚物，而具有可逆性。

1,3,5,7-环辛四烯的易位聚合可以生成聚乙炔(反应(7.95))，这为合成聚乙炔提供了一个途径。

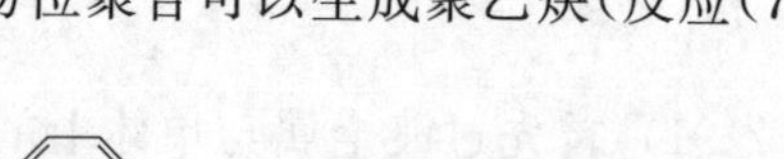

$$\longrightarrow {+}CH{=}CH{+}_n \tag{7.95}$$

相应的环炔烃也可聚合，例如环辛炔开环聚合生成了聚(1-亚辛炔基)，如反应(7.96)所示。

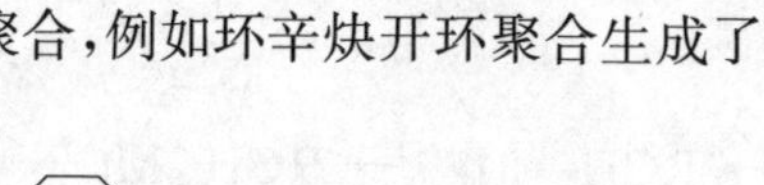

$$\longrightarrow {+}C{\equiv}C(CH_2)_6{+}_n \tag{7.96}$$

思考题

1. 什么是开环易位聚合？易位聚合要用什么样的引发剂？
2. 写出环戊烯、降冰片烯和内双环戊二烯开环易位聚合反应。简述它们的用途。

7.6 无机和部分无机环状化合物

无机或部分无机聚合物的合成一直引起人们很大的兴趣。在这类聚合物中，有些也可以通过开环聚合得到的，其中最重要的聚合物为聚硅氧烷。

7.6.1 环硅氧烷

高分子量的聚硅氧烷是由环硅烷经阴离子和阳离子开环聚合反应合成的。环硅烷中，最常见的是环三聚和四聚体，例如，八甲基环四硅氧烷聚合，生成了聚(二甲基硅氧烷)，如反应(7.97)所示。

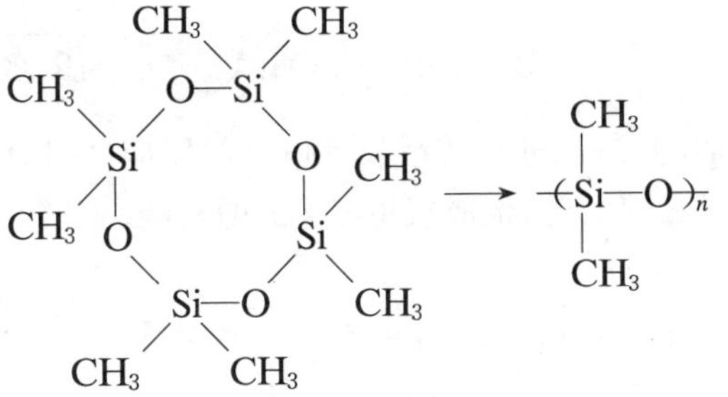

$$[\mathrm{Si(CH_3)_2O}]_4 \longrightarrow +\!\!\left(\mathrm{Si(CH_3)_2{-}O}\right)\!\!+_n \qquad (7.97)$$

IUPAC 命名该聚合物为聚[氧(二甲基亚硅基)]。

环硅氧烷可以进行阴离子聚合反应，所用的引发剂为碱金属的氢氧化物、烷基化合物、烷氧基化合物和硅烷醇盐，例如三甲基硅烷醇钾$(CH)_3SiOK$和其他碱。类似于环氧化物的阴离子聚合反应，引发和增长反应都涉及阴离子对单体的亲核进攻，生成增长链阴离子(反应(7.98)和反应(7.99))。

引发反应

$$A^- + \overset{\frown O \frown}{SiR_2(OSiR_2)_3} \longrightarrow A\text{-}(SiR_2O)_3SiR_2O^- \quad (7.98)$$

增长反应

$$\sim\sim SiR_2O^- + \overset{\frown O \frown}{SiR_2(OSiR_2)_3} \longrightarrow \sim\sim(SiR_2O)_4SiR_2O^- \quad (7.99)$$

有趣的是这一聚合反应的 ΔH 近乎等于零，而 ΔS 却是正值，约为 6.75 $J\cdot mol^{-1}\cdot K^{-1}$。这一聚合反应的驱动力是熵的增加，即无序化。在聚合反应中，ΔS 为正值是罕见的情况。文献报道的 ΔS 为正值的其他实例，只有硫和硒环八聚体和环碳酸酯齐聚物的开环聚合，其他聚合反应都是 ΔS 为负值，因为由单体转化为聚合物是有序性增加过程，即由相对无序向有序的转变。环硅氧烷、环硫和环硒聚合反应的 ΔS 为正值可以解释为，由较大原子组成的线形聚合物链，具有高度的柔顺性，相对其环状单体，有比较大的自由度。

环硅氧烷也可以进行阳离子聚合反应，引发剂为质子酸和 Lewis 酸。其聚合机理比阴离子聚合更为复杂，了解也更少。在大多数反应条件下，阳离子聚合反应同时存在开环聚合和逐步聚合反应。引发反应包括单体质子化，形成氧鎓离子。接着与单体反应，生成氧鎓离子的增长链，如反应(7.100)所示。

$$\overset{\frown O \frown}{SiR_2(OSiR_2)_3} \xrightarrow{HA} \overset{\frown \overset{H}{O^+} \frown}{SiR_2(OSiR_2)_3} \xrightarrow{\overset{\frown O \frown}{SiR_2(OSiR_2)_3}}$$

$$H\text{-}(OSiR_2)_3\,OSiR_2\text{—}\overset{A^-}{\underset{+}{O}}\overset{\frown}{\text{—}SiR_2(OSiR_2)_3} \quad (7.100)$$

与引发反应相似的方式，进行链增长反应。如反应(7.101)所示，单体上的氧亲核进攻与氧鎓离子相邻的硅，生成氧鎓离子的增长链。

$$\sim\sim(OSiR_2)_3OSiR_2\text{—}\overset{A^-}{\underset{+}{O}}\overset{\frown}{\text{—}SiR_2(OSiR_2)_3} \xrightarrow{\overset{\frown O \frown}{SiR_2(OSiR_2)_3}}$$

$$\sim\sim(OSiR_2)_7OSiR_2\text{—}\overset{A^-}{O}\overset{\frown}{\text{—}SiR_2(OSiR_2)_3} \quad (7.101)$$

7.6.2 聚有机磷氮烯

结构式如 7-63 所示的六氯环三磷氮烯，也称为氯化磷腈，它进行热聚合反应，生成聚(二氯磷氮烯)，如反应(7.102)所示。

$$\underset{\textbf{7-63}}{(NPCl_2)_3} \longrightarrow \mathrm{+N{=}PCl_2+_n} \xrightarrow[\text{RNH}_2]{\text{RONa}} \mathrm{+N{=}P(OR)_2+_n}\ ;\ \mathrm{+N{=}P(NHR)_2+_n} \tag{7.102}$$

尽管聚(二氯磷氮烯)是一种不稳定,容易水解的弹性体,它可以与 RONa 和胺 RNH_2(R 可以是烷烃或芳烃)进行亲核取代反应,生成烷氧基和胺基衍生物。聚磷氮烯主链具有高的柔性(T_g为 -100～-60 ℃),很好的抗光、抗氧和抗溶剂性能。改变聚有机磷氮烯的有机部分,可以使其性质有很大的变化。大多数聚有机磷氮烯是弹性体,它的第一个工业应用是氟化烷氧衍生物,是一种高性能弹性体,可用作油和燃料传输及贮存系统的 O 型环、管线和塞子。某些衍生物能形成微晶(由于 R 基),可作柔顺的膜和纤维。

引进 CH_3NH 或葡萄糖单元作为侧基,可以改进其水溶性。许多衍生物是生物相容性的,还有一些是可以生物降解的,其他的一些则具有生物活性,它们在生物医学方面的应用正在研究之中。某些聚有机磷氮烯可作为轻型、可充电电池的固体电解质。

六氯环三磷氮烯典型的聚合反应是在 220～250 ℃进行熔融聚合的。其转化率必须限制在大约 70%,以防止支化和交联,因为交联产物是不溶的,并且不能被进一步反应改性。只有高纯度单体的聚合,才能以高产率生成可溶性聚合物。但是超纯净和干燥的单体的反应活性非常低,只能用离子辐射引发聚合。各种 Lewis 酸(BCl_3 是研究得最多的)显示出优良的催化性能,在较高的反应温度下(150～210 ℃)聚合,可以获得较高的转化率,且不发生交联。在惰性溶剂,如氯代芳烃和二硫化碳中聚合也能达到同样的目的。

熔融聚合反应的主要特征,是在聚合反应发生 (>220 ℃)时,反应介质的电导率急速增加。这一现象支持阳离子聚合机理。在加热条件下,首先 P—Cl 离子化,如反应(7.103)所示。接着发生 P^+ 阳离子对单体的亲电进攻,P—N 键打开,生成一端为五氯环三磷氮烯的阳离子增长链。如反应(7.104)所示,P^+ 阳离子继续对单体亲电进攻,直到生成预定分子量的聚合物。

$$(NPCl_2)_3 \longrightarrow [N_3P_3Cl_5]^+\,Cl^- \tag{7.103}$$

$$\text{(cyclic } [\text{Cl}(\text{P}^+)(\text{N})_3(\text{PCl}_2)_2]\,\text{Cl}^-) + (\text{NPCl}_2)_3 \longrightarrow \text{Cl}(\text{P}_3\text{N}_3\text{Cl}_4)-(\text{N}{=}\text{PCl}_2)_2\text{N}{=}\overset{+}{\text{P}}\text{Cl}_2\,\text{Cl}^- \longrightarrow \text{Cl}(\text{P}_3\text{N}_3\text{Cl}_4)-(\text{N}{=}\text{PCl}_2)_{(3n+2)}\text{N}{=}\overset{+}{\text{P}}\text{Cl}_2\,\text{Cl}^- \quad (7.104)$$

三氯化硼和少量的水都能加速聚合反应，因为这能促进 P—Cl 离子化，这从另一方面证明了反应(7.103)和反应(7.104)所示的聚合机理。支持如上述聚合机理还有，如果单体上六个氯全部被甲基取代，即六甲基环三磷氮烯，则它不能聚合，因为没有了易于离子化的 P—Cl 键。若环三磷氮烯上部分氯代被烷基取代，这一单体可以聚合，尽管聚合没有六氯环三磷氮烯聚合那样快。

$(NPCl_2)_3$ 的聚合机理大部分还不清楚，例如终止反应。可能在制备单体时，一些杂质如 PCl_5 难以除去，残留在单体中。增长活性中心与 PCl_5 反应使增长链终止。也有可能是增长活性中心与催化剂 Lewis 酸反应而终止。浓度低于 0.1%的水能加速聚合反应，但大于 0.1%时，会加速支化与交联反应。

聚(二烷基或芳基磷氮烯)不能用反应(7.102)的方法制备，因为烷基金属或芳基金属与氯发生取代反应时，伴随着高分子链的断裂。最好的方法是在 Lewis 酸(PCl_5)存在下，单体 N-三甲基硅-P,P-二烷(芳)基-P-氯磷氮烯(7-64)在 25～60 ℃下进行聚合反应，得到聚[二烷(或芳)基磷氮烯]。如反应(7.105)所示，聚合反应是通过阳离子链式聚合机理进行的。引发反应涉及单体与引发剂反应，失去$(CH_3)_3SiCl$，生成增长链阳离子。它继续与单体反应，失去$(CH_3)_3SiCl$，进行增长反应。

$$\underset{\textbf{7-64}}{\text{Cl}-\text{PR}_2{=}\text{NSi}(\text{CH}_3)_3} \xrightarrow[-(\text{CH}_3)_3\text{SiCl}]{\text{PCl}_5} \text{Cl}-\text{PR}_2{=}\text{NPCl}_3^+\,\text{PCl}_6^- \xrightarrow[-(\text{CH}_3)_3\text{SiCl}]{\text{ClR}_2\text{P}{=}\text{NSi}(\text{CH}_3)_3} \left[\text{PR}_2{=}\text{N}\right]_n \quad (7.105)$$

这一路线不仅可有效地制备聚[二烷(芳)基磷氮烯]，相比开环聚合路线，它也有独特之处。开环聚合反应可以制备分子量高达 10^5～10^6 的聚合物，但是分子量不易控制，分子量分布较宽。而磷亚胺反应法(反应(7.105))具有活性聚合特征，

聚合物的分子量达 10^5时,分子量分布仍较窄。

除了上面提及的环状磷氮烯单体外,能进行开环聚合的其他环状单体还有7-65、7-66和7-67。

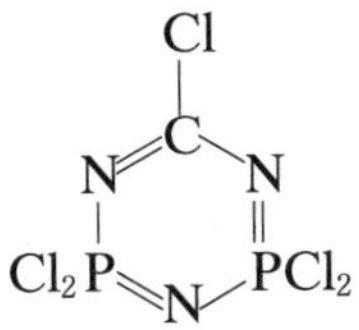

7-65 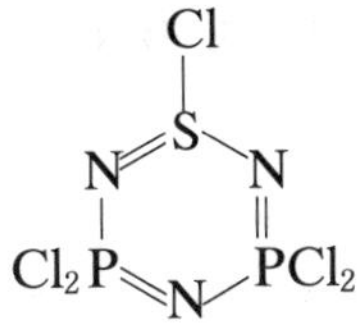　7-66 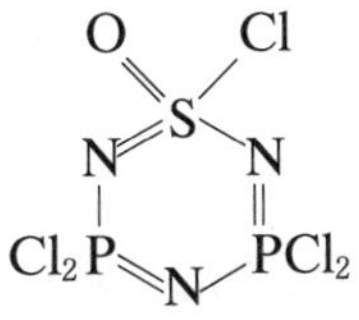　7-67

7.6.3 含磷环酯

含磷环酯是包括结构式为7-68和7-69的磷酸酯和膦酸酯,它们能进行阴离子开环聚合,生成高分子量聚合物,如反应(7.106)和反应(7.107)所示。

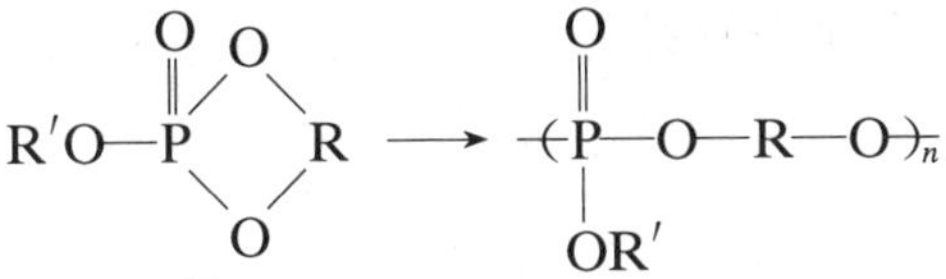

$$R'O-P(=O)(-O-R-O-) \longrightarrow \left[-P(=O)(OR')-O-R-O- \right]_n \tag{7.106}$$

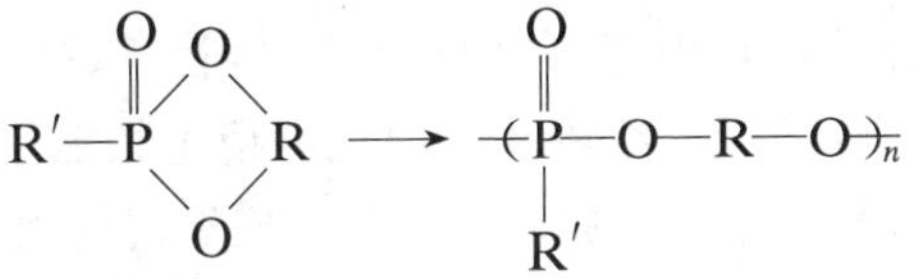

7-68

$$R'-P(=O)(-O-R-O-) \longrightarrow \left[-P(=O)(R')-O-R-O- \right]_n \tag{7.107}$$

7-69

由于严重的链转移反应,阳离子开环聚合只能生成低分子量的聚合物。研究各种含磷环酯的开环聚合,以期望得到链结构相似于核酸或胞壁酸的聚合物。这类聚合物具有生物相容性和生物降解活性,希望在生物技术和药物方面得到应用。其中,由二醇和磷酸单元交替构成的聚合物,即聚磷酸酯,已被用于药物缓释放研究。

思考题

1. 写出八甲基环四硅氧烷的阴、阳离子聚合反应。它们所用的引发剂是什么?它的聚合反应的 ΔH 近乎等于零,为什么它能进行聚合反应?

2. 讨论六氯环三磷氮烯的聚合反应,并设计 $\left[N=P(OR)_2 \right]_n$, $\left[N=P(R)_2 \right]_n$ 和 $\left[N=P(Ph)_2 \right]_n$ 的合成方法。

3. 写出聚磷酸酯和聚膦酸酯的聚合反应。

7.7 自由基开环聚合反应

前几节讨论的开环聚合反应，单体环上含有O、N、S、COO和CONH等杂原子或基团，它们易被离子型引发剂攻击，引发聚合反应。环烯烃环上有双键，能与过渡金属络合物作用，生成金属—卡宾活性种，继而开环聚合。还有相当多的一类单体，如不饱和环烷烃、不饱和环醚、不饱和环缩醛、不饱和螺环原酸酯和不饱和螺环原碳酸酯等，均可以进行自由基开环聚合反应。这些环状单体能否被自由基打开，取决于聚合反应热力学，即环和线性结构的相对稳定性。这包括环张力、自由基和各种键的相对稳定性，下面分别讨论。

7.7.1 开环活性

1. 环张力

一般环烷烃是很难进行自由基开环聚合的，尽管三、四元单环烷烃有很大张力，也很难进行聚合反应。但是，乙烯基环丙烷的衍生物能进行如反应(7.108)所示的开环聚合反应。其驱动力是释放环张力和生成稳定自由基。

$$CH_2{=}CH{-}\underset{}{\overset{R_1\ \ R_2}{\triangle}} \xrightarrow{R\cdot} RCH_2{-}\dot{C}H{-}\overset{R_1\ \ R_2}{\triangle} \longrightarrow RCH_2CH{=}CHCH_2\overset{R_1}{\underset{R_2}{\overset{|}{\underset{|}{C}}}}\cdot \longrightarrow \left[CH_2CH{=}CHCH_2\overset{R_1}{\underset{R_2}{\overset{|}{\underset{|}{C}}}}\right]_n \quad (7.108)$$

这是1,5-自由基聚合。自由基首先加到双键上形成仲碳自由基，接着打开三元环，释放张力，生成叔碳自由基。当取代基R_1和R_2为—COOR、—CN等能使自由基稳定的基团时，可以得到高分子量的聚合物。当取代基为拉电子基团时，该单体可进行阴离子开环聚合。

单环丁烷不能聚合，在自由基引发剂作用下，双环丁烷则能进行自由基聚合，并释放出144.9 kJ · mol^{-1}的反应热，但生成产物的分子量很低。如果在双环丁烷上有取代基，由于位阻效应，使环张力增大，聚合反应热增加，可以进行如反应(7.109)所示的自由基开环聚合反应，得到高分子量的聚合物。

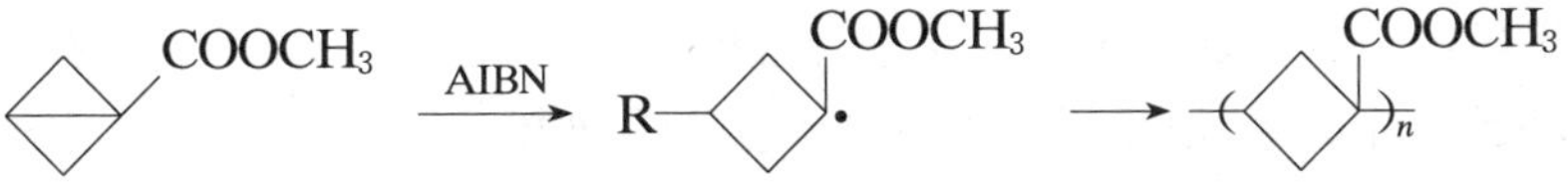

(7.109)

由以上讨论可知，增加环张力，能提高单体的开环聚合活性。

2. 自由基的相对活性

邻近环的自由基能否打开环，取决于它在异构化后，生成自由基的相对稳定性。以2-亚甲基环氧戊烷为例，它按照反应(7.110)进行自由基聚合反应。首先自由基进攻双键，生成叔碳自由基，在a处断C—O键，异构化反应后，生成羰基和链自由基。如此增长，生成了线形聚酮(反应(7.110a))；或者它进攻单体上双键，进行链式加成聚合反应，生成加成聚合物7-70(反应(7.110b))。

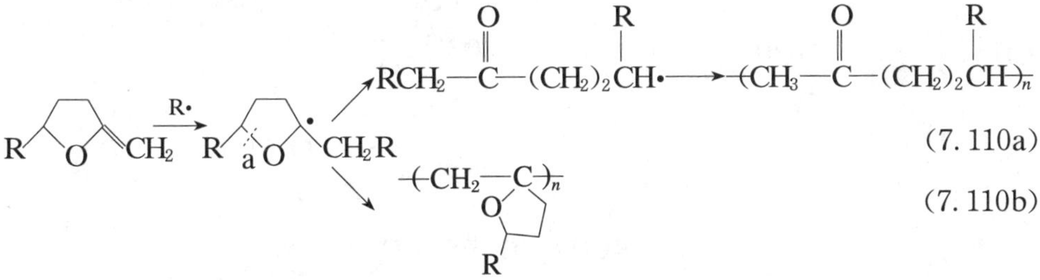

(7.110a)

(7.110b)

7-70

反应(7.110a)和反应(7.110b)是一对竞争反应，当R = H时，a处断键，异构化反应，生成了不稳定的伯碳自由基。开环反应不能与自由基加成聚合反应竞争，聚合物中只含有5%的开环结构，即绝大部分反应是按反应(7.110b)进行的。当R为苯环时，异构化反应，生成了稳定的苄基自由基，这对开环反应十分有利，约有50%的聚合反应是按照反应(7.110a)进行的。这说明异构化反应生成稳定自由基，对开环反应是十分重要的。

3. 生成键的相对稳定性

开环反应涉及键的断裂和新键的形成，这两种键的相对稳定性对开环反应十分重要。六元环烷烃是非常稳定的结构，一般环是很难打开的。若设计如结构式7-71所示的单体，在自由基引发剂作用下，进行如反应(7.111)所示的开环聚合反应。

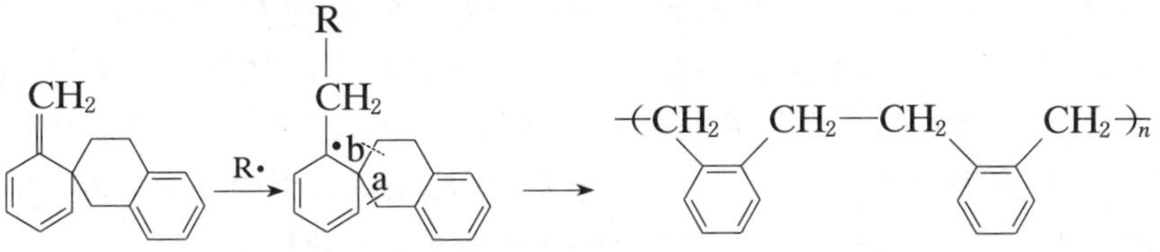

7-71 7-72

(7.111)

首先自由基进攻单体上的双键，生成链自由基(7-72)。在a处断键，打开环己环，生成非常稳定的苯环和苄基自由基。在b处断键很难见到，可能是断键后生成的自由基不稳定。然后以相同的方式进行链增长反应，生成了聚邻二甲苯。由于苯环远比环已二烯稳定，是打开已环的强有力的驱动力。

7.7.2 异构化反应

在一个聚合反应中，有多种因素同时影响开环反应，使同一分子存在多种异构化反应，导致形成不同的结构。所以，自由基开环聚合反应生成的聚合物不是由单一结构组成，常常含有多种不同结构单元。以不饱和螺环原酸酯(7-73)为例，它进行如反应(7.112)所示的聚合反应。

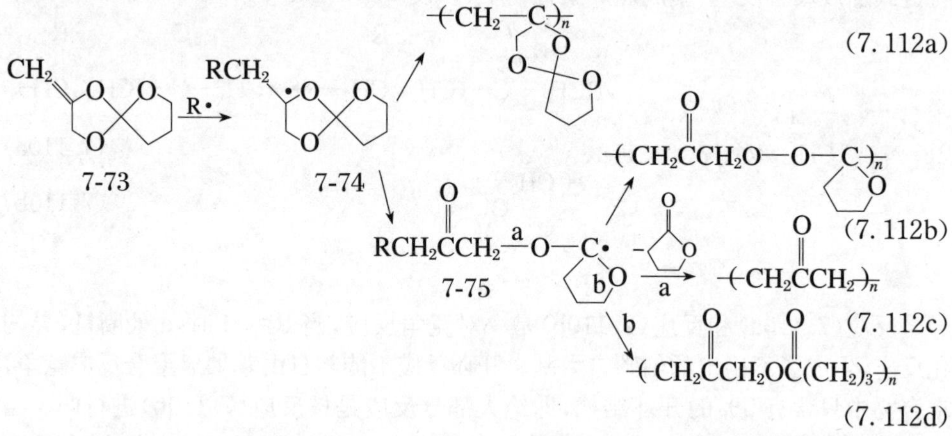

(7.112a)

(7.112b)

(7.112c)

(7.112d)

在自由基引发剂作用下，单体7-73聚合，生成了链自由基(7-74)。它可以进行如反应(7.112a)所示的加成链式聚合反应。也可以开环，生成自由基7-75，并按照反应(7.112b)进行加成聚合反应；也能在a处C—O键断裂，生成稳定的戊内酯和被羰基稳定的自由基(反应(7.112c))；也可以在b处断键，生成酯(反应(7.112d))。所以，生成的聚合物具有四种结构单元。但是，反应(7.112c)的驱动力比其他两个反应(7.112b)和反应(7.112d)强，聚合物中含—$CH_2C(O)CH_2$—的结构单元较多。改变单体结构和反应条件，可以改变四个结构单元的相对比例。例如，当单体7-76在稀溶液中进行自由基聚合时，反应完全按照反应(7.112c)进行，生成聚酮。因为在a处断键，生成的苯酞远比戊内酯稳定，较稀的反应液有利于单分子异构化反应。

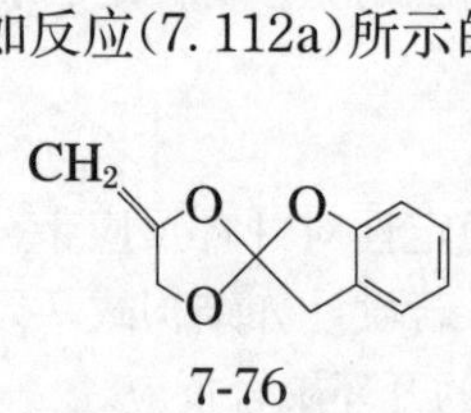

思考题

1. 讨论影响不饱和环状单体的自由基开环聚合反应活性的结构因素。

2. 如何设计不饱和环醚、环烷烃、螺环原酸酯和螺环原碳酸酯,使其进行自由基开环聚合反应?

3. 写出不饱环缩醛 2-亚甲基-1,3-二氧环庚烷进行自由基聚合反应时,生成可能的聚合物结构。

7.8 共聚合反应

共聚反应包括两种相同类型环状单体(如两种环醚或两种环硅氧烷)和两种不同类型单体(如一种环醚与一种内酯的共聚合反应)以及环状单体和烯烃等其他单体的共聚反应。其中,一些共聚反应具有商业价值,如不同结构的聚硅氧烷。在聚(二甲基硅氧烷)上引入不同量的取代基,如苯基或乙烯基,可以改进聚合物的性质。引入苯基可降低聚合物的低温结晶,改善其低温柔顺性、高温性能和与有机溶剂相溶性。引入乙烯基可通过氢硅烷化或过氧化,使聚合物有效地交联。

相比烯类单体的自由基共聚反应,环状单体的共聚反应更为复杂。例如,在活化单体的共聚合反应中,实际参与聚合的单体是活化单体,不能用单体的投料比来计算单体竞聚率。大部分开环共聚合反应中,除了增长—负增长的平衡反应外,还存在聚合和生成环状齐聚物、不同增长链之间的交换平衡反应等多种反应。环烯烃的共聚反应的竞聚率不仅与引发剂有关,还与溶剂、温度有关。对于存在两种不同聚合机理单体的共聚反应,如 NCA 的聚合反应,存在伯胺引发和活化单体两种机理,同一单体进行不同机理聚合时,竞聚率是不一样的。当两种不同类型单体进行共聚反应时,要考虑活性种能否交叉反应。如果不能,这两种单体就不能共聚。

7.8.1 相同类型环状单体的共聚合

相同类型单体间的共聚合反应是指环醚和环缩醛;内酯、交酯与环碳酸酯三者之间的共聚反应。环醚和环缩醛单体聚合反应涉及环状氧鎓离子活性种,在这两类单体的共聚反应时，不仅要考虑环大小对单体活性的影响，以及单体对某一增长活性中心的反应活性，而且要考虑环大小对活性种形成的影响，这样，可以帮助理解各单体的竞聚率。有些单体不能均聚，但有共聚活性。例如，1,3-或 1,4-二氧六环不能均聚，但能与 3,3-二氯甲基环丁烷共聚。这可能是由于其增长活性种不稳定的缘故。

$$\sim\sim O^{+}\text{—}M_1 \xrightleftharpoons{M_2} \underset{\text{7-77}}{\sim\sim M_1 O^{+}\text{—}M_2} \xrightarrow{M_1} \sim\sim M_1 M_2 O^{+}\text{—}M_1 \qquad (7.113)$$

如反应(7.113)所示，其中，M_2 不能均聚。在 M_2 单体均聚反应中，增长-负增长平衡是完全向单体方向进行的。当加入第二单体 M_1时，活性种 7-77 在解聚之前就迅速与 M_1反应，于是，M_1和 M_2 发生了共聚反应。例如，β-丙内酯和 γ-丁内酯，环戊烯和环己烯的共聚，其中，第二单体都不能均聚，但却发生了共聚反应。

ε-己内酰胺(M_1)和 α-吡咯烷酮(M_2) 进行阴离子共聚反应，利用共聚反应方程式(6.13)，测得单体的竞聚率为 $r_1 = 0.75$、$r_2 = 5.0$，由此得出 α-吡咯烷酮的活性约为是 ε-己内酰胺的七倍。对这一体系的详细研究表明，共聚物的组成并不取决于各种自增长和交替增长反应的速率常数 k_{11}、k_{12}、k_{22}和 k_{21}。在引发和增长反应中，活性环酰亚胺单体与链端的环酰亚胺间存在如反应(7.114)所示的交换反应，其速率比任何一种增长反应快得多。

$$\sim\sim \overset{\overset{\displaystyle O}{\|}}{C}\text{—}\overbrace{N(CH_2)_3CO} + \overbrace{\underline{N}(CH_2)_5CO} \xrightleftharpoons{K_t} \sim\sim \overset{\overset{\displaystyle O}{\|}}{C}\text{—}\overbrace{N(CH_2)_5CO} + \overbrace{\underline{N}(CH_2)_3CO} \qquad (7.114)$$

因而共聚物的组成取决于酰基的转移平衡，即式(7.115)。

$$\frac{d[M_1]}{d[M_2]} = \frac{K_t[M_1^-]}{[M_2^-]} \qquad (7.115)$$

式中$[M_1^-]$和$[M_2^-]$代表环内酰胺阴离子浓度，它们的比值取决于两种单体的相对酸性。在溶液中，还存在反应(7.116)所示的交换平衡。

$$M_2^- + M_1 \rightleftharpoons M_2 + M_1^- \qquad (7.116)$$

由反应(7.116)，得到$([M_1^-]/[M_2^-]) = (K_a[M_1])/[M_2]$，并代入式(7.114)，得到式(7.117)。

$$\frac{d[M_1]}{d[M_2]} = \frac{K_a K_t[M_1]}{[M_2]} \qquad (7.117)$$

经测定，K_a和 K_t值分别为 0.4 和 0.3，因此，α-吡咯烷酮与 ε-己内酰胺共聚合时有较大的活性，原因可能是它有较大的酸性(约为后者的 2.5 倍)；α-吡咯烷酮阴离子在酰基转移平衡反应中有较高的亲核性(约为后者的 3.3 倍)。

7.8.2　不同类型环状单体的共聚合

两个不同类型环状单体的共聚反应是有选择性的。通常,不同类型单体聚合涉及不同的增长活性种,所以它们的共聚合是十分困难的。例如,内酰胺与内酯、环醚和环烯烃的共聚反应是不可能发生的,因为聚合机理不同。又如内酰胺也不能与环氧化物进行阴离子共聚反应,因为环氧化物生成的负离子,会夺取内酰胺单体的质子而终止。

环氧化物容易与内酯及环酸酐发生阴离子共聚合,因为增长中心是类似的,RO^- 和 COO^- 。这类单体的共聚反应,随着聚酯形成,大多数显示出交替倾向,其机理还不清楚。除去 β-丙内酯和四氢呋喃及 3,3-双(氯甲基) 氧环丁烷的共聚反应外,环内酯与环醚共聚的报道并不多。这一类共聚反应显示出理想共聚特征,产物中含有大量的环醚。环硫化物和环氧化物的阴离子共聚表现出真正的理想共聚行为,但共聚物中只有少量的环氧化物,因为环硫单体的活性比环氧单体高得多。它们不会发生阳离子共聚反应,尽管氧鎓离子可以引发环硫化物反应,但是锍离子则不能引发环氧化物反应。

环氧乙烷以及更大环醚与二氧化碳;环硫化物与二氧化碳及二硫化碳;环氧乙烷与二氧化硫可以进行共聚反应,一般生成 1∶1 的交替共聚物,或为含有 1∶1 交替结构又含有环状单体的嵌段共聚物。环状单体和烯类单体共聚十分困难。

7.8.3　两性离子聚合反应

有些亲核和亲电单体放在一起,无需引发剂,就能进行聚合反应。通过两性离子中间体进行的聚合反应称为**两性离子聚合反应**。例如 2-噁唑啉和 β-丙内酯能进行如反应(7.118)所示的聚合反应。

$$\text{(2-噁唑啉)} + \text{(β-丙内酯)} \longrightarrow \text{(噁唑啉鎓)}^{+}\text{N—}CH_2CH_2COO^- \longrightarrow$$

$$\text{(噁唑啉鎓)}^{+}\text{N—}CH_2CH_2\overset{\displaystyle O}{\overset{\|}{C}}OCH_2CH_2\underset{\displaystyle CHO}{\underset{|}{N}}CH_2CH_2COO^- \longrightarrow \left(CH_2CH_2\underset{\displaystyle CHO}{\underset{|}{N}}CH_2CH_2\overset{\displaystyle O}{\overset{\|}{C}}O\right)_n \tag{7.118}$$

单体混合，使反应形成二聚体两性离子，二聚体自身反应生成四聚体，四聚体自身，或与二聚体反应分别形成八聚体或六聚体两性离子，如此不断进行增长反应，就会生成两性聚合物。

能进行如反应(7.118)的单体有亲核性单体为5，6-二氢-4H-1，3-嘌嗪、环膦酸酯和环磷酸酯、亚胺基二氧五环和环亚胺；亲电子单体包括环状酸酐、内酯、磺酸内酯以及丙烯酸类化合物如丙烯酸和丙烯酰胺。除去极少数例子外，这些聚合反应均得不到分子量高于1 000～3 000的聚合物。这是因为反应物，即两性离子中间体浓度低，以及活性中心的正或负离子易与亲核，或亲电单体反应而终止。要得到高分子量的聚合物方法是使两性离子中间体的浓度高于作为终止剂的单体浓度。即将两性离子中间体提纯，加热纯的两性离子聚合，就可得到高分子量的聚合物。

思考题

1. 如何判断不同环状单体能否共聚？判断下列单体对能否共聚：环戊烯与降冰片烯；环氧氯丙烷与1，3-二氧环庚烷；1，4-二氧环己烷与3，3-二氯甲基环丁烷；β-丙内酯和γ-丁内酯；ε-己内酯与丁二酸酐；β-丙内酯与THF；ε-己内酯与ε-己内酰胺；环氧乙烷与三元环亚胺。

2. 写出2-甲基-1，3-噁唑啉与ε-己内酯的共聚反应。

习　题

1. 用方程式说明用哪种引发剂可以使下列单体开环聚合？并说明属于何种机理。

三聚甲醛，环氧丙烷，己内酰胺，八甲基环四硅氧烷，硫化丙烯，乙烯亚胺

2. 给出合成下列各种聚合物所需要的环状单体、引发剂和反应条件：

(1) $\mathrm{+NHCO(CH_2)_4+_n}$；　(2) $\mathrm{+NH\underset{\displaystyle C_2H_5}{\underset{|}{C}}HCO+_n}$；

(3) $\mathrm{+\underset{\displaystyle CHO}{\underset{|}{N}}CH_2CH_2CH_2+_n}$；　(4) $\mathrm{+O(CH_2)_2OCH_2+_n}$；

(5) $\mathrm{+CH{=}CHCH_2CH_2+_n}$；　(6) $\mathrm{+Si(CH_3)_2{-}O+_n}$。

3. 为什么环氧丙烷阴离子开环聚合的产物分子量较低？试说明原因。

4. 在70 ℃用甲醇钠引发环氧丙烷聚合，环氧丙烷和甲醇钠的浓度分别为0.8 $\mathrm{mol\cdot L^{-1}}$和2.0×10^{-4} $\mathrm{mol\cdot L^{-1}}$。计算在转化率为80%时聚合物的数均分子量，要考虑向单体链转移的影响。

5. 用氢氧阴离子和烷氧阴离子引发环氧化物开环聚合常在醇存在下进行，为什么？

试讨论醇是如何影响反应速率和聚合物分子量的。

6. 在内酰胺的阴离子聚合中，酰化剂和活性单体的作用是什么？

7. 在220 ℃下用水引发ε-己内酰胺的平衡聚合反应当$[I]_0=0.352$，$[M]_0=8.79$，$[M]_c=0.484$时平衡聚合度为152，计算平衡时的K_i和K_p值。

8. 用BF_3使氧杂环丁烷聚合时，添加少量水能提高聚合反应的速率，但却降低了聚合度，试说明原因。

9. 在四氢呋喃的平衡聚合反应中，四氢呋喃起始浓度为12.1 mol・L^{-1}，$[M^*]=2.0\times10^{-3}$ mol・L^{-1}，$k_p=1.3\times10^{-2}$ L・mol^{-1}・s^{-1}，若$[M]_c=1.5$ mol・L^{-1}，分别计算反应开始时和转化率为20%时的聚合反应速率。

第 8 章　聚合反应的立体化学

对高分子的结构进行控制是高分子化学的重要研究内容。和小分子化合物一样，高分子也存在多种形式的同分异构现象，它们具有完全相同的化学组成，但原子或基团的排列方式不同。聚乙醛(8-1a)、聚环氧乙烷(8-1b)和聚乙烯醇(8-1c)是**同分异构聚合物**，即它们的分子式相同，为$(C_2H_4O)_n$，**仅基团在分子中排列方式有差异**。同样，聚甲基丙烯酸甲酯(8-2a)和聚丙烯酸乙酯(8-2b)也是同分异构体。后者的单体是同分异构体，生成的聚合物也是同分异构体。

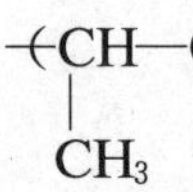

$$\underset{\text{8-1a}}{\left[\mathrm{\underset{\underset{CH_3}{|}}{CH}-O}\right]_n}\quad \underset{\text{8-1b}}{\left[\mathrm{CH_2CH_2O}\right]_n}\quad \underset{\text{8-1c}}{\left[\mathrm{CH_2\underset{\underset{OH}{|}}{CH}}\right]_n}\quad \underset{\text{8-2a}}{\left[\mathrm{CH_2\overset{\overset{CH_3}{|}}{\underset{\underset{COOCH_3}{|}}{C}}}\right]_n}\quad \underset{\text{8-2b}}{\left[\mathrm{CH_2\underset{\underset{COOC_2H_5}{|}}{CH}}\right]_n}$$

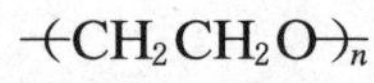

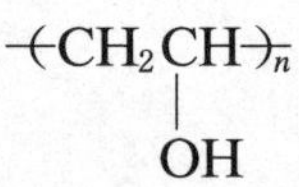

另一类为单体不是同分异构体，它们各自聚合后，生成的聚合物是同分异构体。例如，己内酰胺和己二酸、己二胺不是同分异构体，它们聚合生成的尼龙-6(8-3a)和尼龙-66(8-3b)为同分异构体，它们有相同的元素组成，$C_{12}H_{22}N_2O_2$，但是重复结构单元的原子总数不同。

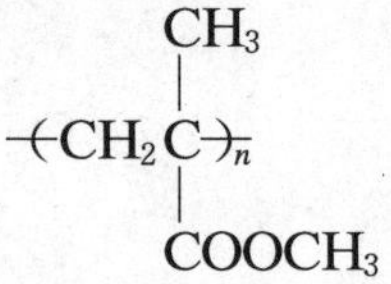

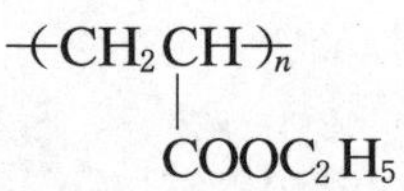

$$\underset{\text{8-3a}}{\left[\mathrm{NH(CH_2)_5\overset{\overset{O}{\|}}{C}-NH(CH_2)_5\overset{\overset{O}{\|}}{C}}\right]_{n/2}}\qquad \underset{\text{8-3b}}{\left[\mathrm{NH(CH_2)_6NH\overset{\overset{O}{\|}}{C}(CH_2)_4\overset{\overset{O}{\|}}{C}}\right]_n}$$

对于有单(或双)取代基单体($CH_2{=}CHX$ 或 $CH_2{=}CXY$)，聚合时存在头-头和头-尾两种连接方式，生成了同分异构聚合物，如结构式 8-4 所示。

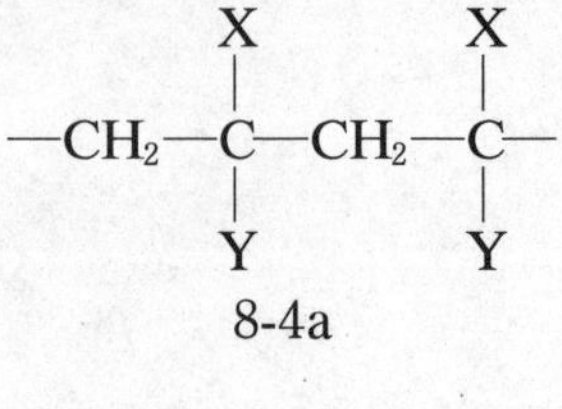

$$\underset{\text{8-4a}}{\mathrm{-CH_2-\overset{\overset{X}{|}}{\underset{\underset{Y}{|}}{C}}-CH_2-\overset{\overset{X}{|}}{\underset{\underset{Y}{|}}{C}}-}}\qquad \underset{\text{8-4b}}{\mathrm{-CH_2-\overset{\overset{X}{|}}{\underset{\underset{Y}{|}}{C}}-\overset{\overset{X}{|}}{\underset{\underset{Y}{|}}{C}}-CH_2-}}$$

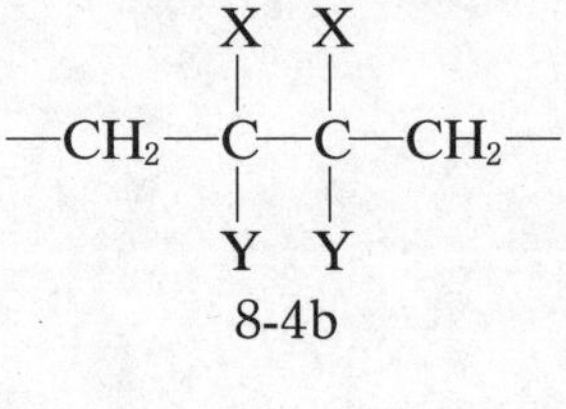

单体的异构化聚合也可以形成同分异构的聚合物。例如，乙烯的自由基聚合，生成不同支链的高支化度的聚合物，它们亦为同分异构体(反应(3.102a)至反应(3.102e))。

除了以上讲的同分异构现象外，还有聚合反应生成不同立构的聚合物，存在所谓**立体异构现象**。由于聚合物的立体规整性对它的性能有很大影响，如何在聚合反应中控制聚合物的立体结构成为高分子化学的一个重要内容。20 世纪 50 年代，Ziegler 及 Natta 在有规立构聚合物做了开创性工作，使众多研究者对聚合物的立体结构的控制和配位聚合引发剂进行了广泛而深入的研究，开辟了这一新的高分子化学领域。

8.1　聚合物的立体异构类型

本章讨论的立体化学主要为聚合物的立体异构、顺反(几何)异构和对映异构，分别指原子或取代基在结构单元，双键或环状结构和不对称碳原子上的排列方式不同引起的结构差异，简单地说，是由原子或取代基不同构型引起的。构型(configuration)与构象(conformation)是不同概念。**构象异构体**是指原子和取代基在分子上的不同取向，可以通过原子或取代基绕单键旋转实现不同异构体的相互转化，而构型异构体只有通过化学键的断裂和重新组合才能互相转化。

8.1.1　单取代乙烯

1. 立体异构的位置

单取代乙烯 $CH_2{=}CHR$(R 为取代基)聚合，生成的聚合物存在立体异构现象。分析每个重复单元，可以发现一个不对称叔碳原子，即立构中心(stereocenter)，用 C^* 表示，如结构式 8-5a 和 8-5b 所示。

$$\begin{array}{ccc} \text{H} & & \text{R} \\ | & & | \\ \sim\sim C^* \sim\sim & \quad & \sim\sim C^* \sim\sim \\ | & & | \\ \text{R} & & \text{H} \\ \text{8-5a} & & \text{8-5b} \end{array}$$

每个 C^* 与 H、R 和两个聚合物链段相连，它相当于小分子化合物中的手性碳原子。化合物的旋光性是由与手性碳紧邻的几个原子引起的，而 C^* 两侧的聚合物链段差别极小，因此这类手性碳不显示光学活性，常称之为假手性中心。如果把聚合物的主链拉直为平面锯齿型构象，那么与 C* 连接的 R 基可处于聚合物碳链平面的任何一侧，即有两种构型，称为 *R*-构型和 *S*-构型。由于在聚合物链中无法区别 C* 两侧链段的优先次序，不能严格地按 Cahn-Engold-Prelong 规则定出 *R*-和 *S*-构型，因此聚合物中的 *R*-和 *S*-构型是任意指定的。

2. 立构规整性(tacticity)

聚合物链的立构规整性是由各立构中心 C* 的构型规整性决定的。如果 R 取代基随机地分布于锯齿型聚合链平面的两侧，聚合物没有立构规整性，称为**无规立构**(atatic)。立构规整(tactic)聚合物有两种规整类型，即**等规立构**(isotactic)和**间规立构**(syndiatactic)。等规立构聚合物链上，每一重复单元的 C* 具有相同的构型，即所有的 R 取代基在碳—碳链平面的同一侧。间规立构聚合物链上，相邻的两个 C* 具有相反的构型，R 取代基交替地排列在聚合物链平面的两侧。它们的构型如图 8.1 所示。每种结构用三种方法表示，左图为锯齿式，聚合物的碳—碳主链在

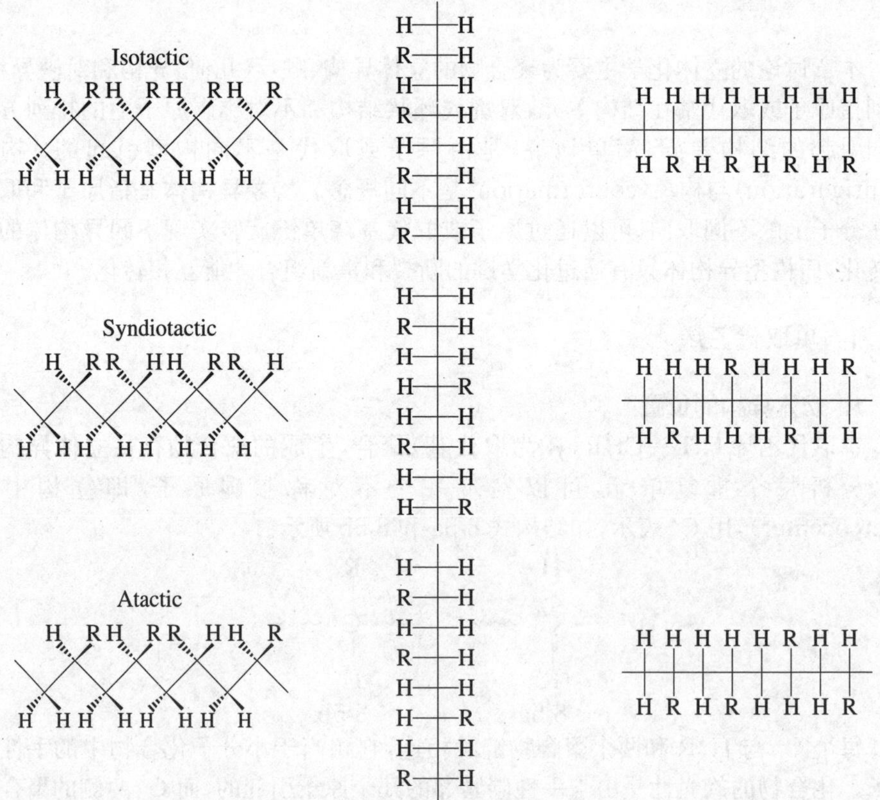

图 8.1　单取代乙烯的不同立体构型

纸平面上，H 和取代基 R 在这个平面的上方（三角形键）或下方（虚线）。中间的图为 Fisher 投影式，竖线表示与 C^* 相连的键伸向纸平面的后面，横线表示与 C^* 相连的键伸向纸平面的前面。Fisher 投影式想像聚合物链上每个碳—碳键的旋转使得碳原子的构型都处于重叠的构象，但与实际的交错构象有差别。右图是 IUPAC 推荐的表示法，由前面的 Fisher 投影式反时针旋转 90°得到，在本章中将主要用此方法。

由 Fisher 投影式可以看出，等规立构聚合物中，相邻的立构中心以内消旋（meso）形式排列，或称为 *m* 排列；间规立构聚合物中，相邻的立构中心以外消旋（racemic）形式排列，或称为 *r* 排列。构型重复单元定义为描述聚合物链构型的最小构型基本单元，对于等规立构的单取代乙烯聚合物，构型基本单元与构型重复单元相同；在间规立构聚合物中，构型重复单元由两个构型基本单元，即一个 *R*-构型单元和一个 *S*-构型单元组成。

构型重复单元沿分子链规则排列的聚合物称为**立构规整聚合物**（stereoregular polymer），能够生成立构规整聚合物的聚合反应称为**立体选择聚合**（stereoselective polymerization）或**立构规整聚合**。产生等规立构和间规立构聚合物的聚合反应分别称为**等规聚合反应**和**间规聚合反应**。把“等规”或“间规”放在聚合物名称前面分别表示相应的立构规整性，如等规聚丙烯（*it*-PP）和间规聚丙烯（*st*-PP），若名称前面没有注明，则为无规立构聚合物。

无论是等规聚丙烯还是间规聚丙烯，皆存在一系列垂直于高分子链轴的镜面，因此它们均没有旋光性（achiral）。

8.1.2　二取代乙烯

1. 1,1-二取代乙烯

二取代乙烯聚合后，形成聚合物的规整立构类型与取代基的位置和类型有关。如 1,1-二取代乙烯（$CH_2=CRR'$），若 R 和 R′相同（如异丁烯和偏二氯乙烯）则没有立体异构现象；当 R 和 R′不同时（如 MMA），则存在立体异构现象，并与单取代乙烯聚合物相同。即同样存在等规、间规和无规聚合物。第二个取代基不会影响聚合物的规整性，如第一个取代基为等规立构，则另一个取代基也一定是等规立构排列的。

2. 1,2-二取代乙烯

1,2-二取代乙烯 $RCH=CHR'$（如 2-戊烯）聚合时，产生结构如 8-6 的聚合物，其中 R 为甲基，R′为乙基。

$$
\begin{array}{c}
\mathrm{H}\quad \mathrm{R'} \\
| \qquad | \\
\sim\sim\mathrm{C}-\mathrm{C}\sim\sim \\
| \qquad | \\
\mathrm{R}\quad \mathrm{H}
\end{array}
$$

8-6

结构 8-6 具有两个立构中心，它们在聚合物链中存在不同的组合，导致如图 8.2 所示的立构规整结构。两个立构中心均为等规立构时，形成双等规立构(diidotactic)结构。构型重复单元的两个立构中心具有相反的构型，即两个立构中心上的取代基处于相反位置，这种双等规立构称为**对双等规立构**(threodiisotactic)。在锯齿式中，两个取代基 R 和 R′在聚合物链平面同侧；而在 Fisher 投影式上，R 和 R′在聚合链的两侧。当构型重复单元的两个立构中心具有相同的构型时，它们处于重叠构象位置，此时的双等规立构称为**叠双等规立构**(erythrodiisotactic)。在锯齿式和 Fischer 投影式中，R 和 R′的排列刚好与对双等规立构相反。对双等规立构与叠双等规立构的区别也可用表示聚合物链上两个立构中心的 Newman 式来表示，如图 8.2 所示。

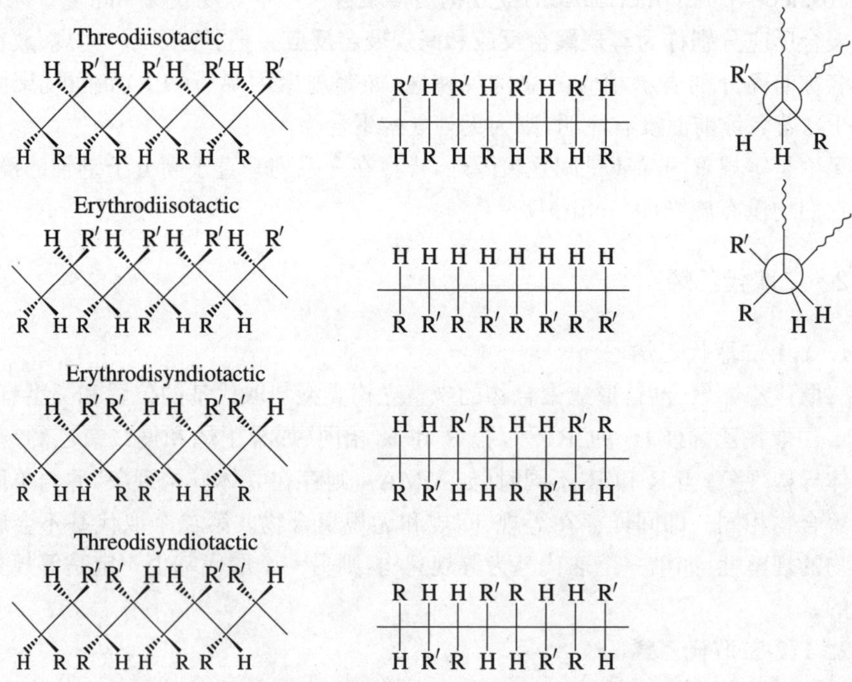

图 8.2　1,2-双取代乙烯聚合物的立构规整性

当构型重复单元中一个立构中心是以间规排列时，形成了双间规立构(disyndiotactic)结构。构型重复单元的两个立构中心的构型相反的双间规立构称为**对双间规立构**(threodisyndiotactic)，构型相同的双间规立构则称为**叠双间规立构**(erythrodidyndiotactic)。仔细分析这两种双间规立构结构，可以发现，除了端基存在差别之外，聚合物链的主体构型结构完全一样，实际上只有一种双间规立构聚合物。双规整立构聚合物的命名法沿用单规整立构聚合物命名法，如不同有规立构的聚(2-戊烯)分别命名为：对双等规(*tit*-)聚(2-戊烯)、叠双等规(*eit*-)聚(2-戊烯)和双间规(*st*-)聚(2-戊烯)等。

应该指出的是，这类二取代烯烃聚合物还可能出现其他立构规整结构，如一个取代基呈无规则排列，而另一个取代基为等规或间规排列，或两个取代基分别为等规和间规排列，然而到目前为止，尚未合成出这些结构。可能是聚合过程中，一个取代基产生规整排列的因素往往对另一个取代基也有同样的作用。

8.1.3 羰基聚合和开环聚合

其他类型单体，如羰基单体(醛或酮)和环单体的聚合，也可能生成立体规整的聚合物。图8.3和8.4分别为聚乙醛和聚环氧丙烷的等规和间规立构的结构。

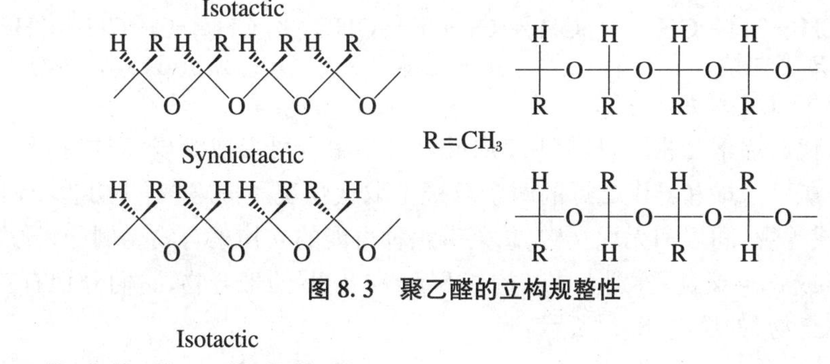

图8.3 聚乙醛的立构规整性

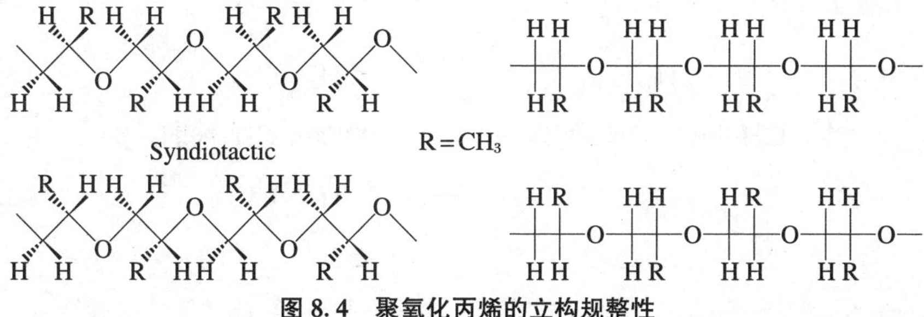

图8.4 聚氧化丙烯的立构规整性

聚乙醛(系统名称为聚(氧-甲基亚甲基))与单取代乙烯聚合物相似,其立构中心为非旋光性,无论是等规还是间规聚乙醛都没有光学活性。

在聚氧化丙烯(系统名称为聚(氧-1-甲基乙烯基))分子链中,立构中心两侧的高分子链段差别较大,一个链通过氧原子,另一个通过亚甲基与不对称碳原子相连,表现出一个手性中心特征。等规立构聚氧化丙烯具有光学活性;间规立构聚氧化丙烯有一个对称镜面,因而不具备光学活性。

逐步聚合反应不会生成新的立构中心,如聚酯化和聚酰胺化反应会形成酯键和酰胺键,不会产生手性中心。如果单体本身含有手性中心,它的聚合会生成立构规整聚合物,例如(R)或(S)构型的 α-氨基酸($H_2N—C^*HR—COOH$)聚合,生成的聚 α-氨基酸含有手性碳,具有光学活性,但这手性碳不是聚合反应生成的。

8.1.4 共轭二烯烃

1,3-二烯,如丁二烯、异戊二烯和氯丁二烯,进行聚合反应时,单体间有不同的连接方式,能生成不对称碳原子的立构中心,形成等规、间规和无规立构聚合物。除此以外,主链上若含有碳—碳双键,则会生成顺反异构聚合物。

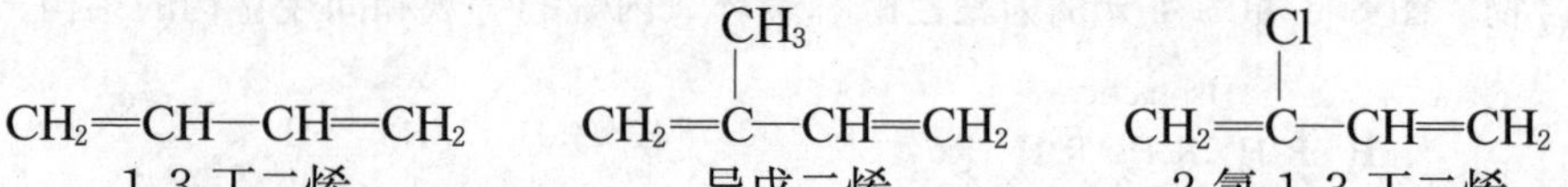

$$CH_2{=}CH{-}CH{=}CH_2 \qquad CH_2{=}C(CH_3){-}CH{=}CH_2 \qquad CH_2{=}C(Cl){-}CH{=}CH_2$$

1,3-丁二烯　　异戊二烯　　2-氯-1,3-丁二烯

1. 1,2-和3,4-聚合

与单取代乙烯聚合相同,1,3-丁二烯进行1,2-聚合可形成等规、间规和无规立构聚合物。氯丁二烯和异戊二烯的两个双键上取代情况不同,进行1,2-和3,4-聚合,分别生成等规、间规和无规立构,总共有六种可能的立构聚合物。例如,异戊二烯进行1,2-或3,4-聚合,分别生成结构如8-7a和8-7b的聚合物,它们分别有三种立体异构聚合物,如反应(8.1)所示。

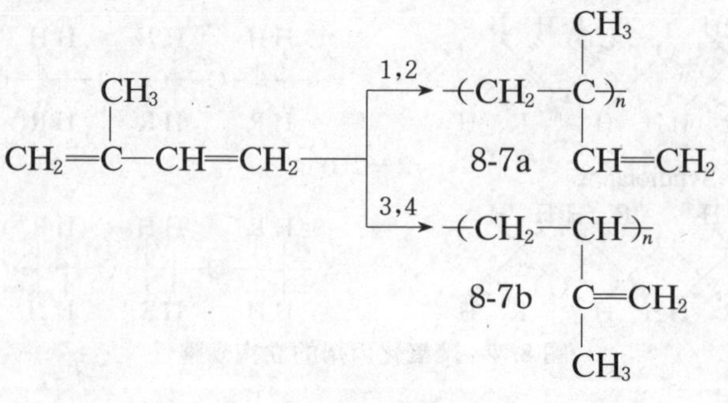

$$CH_2{=}C(CH_3){-}CH{=}CH_2 \xrightarrow{1,2} {+}CH_2{-}C(CH_3)(CH{=}CH_2){+}_n \quad \text{8-7a} \qquad (8.1a)$$

$$CH_2{=}C(CH_3){-}CH{=}CH_2 \xrightarrow{3,4} {+}CH_2{-}CH(C(CH_3){=}CH_2){+}_n \quad \text{8-7b} \qquad (8.1b)$$

2. 1,4-聚合

通常,共轭二烯烃的1,4-聚合生成了有实用价值的产物,例如异戊二烯的1,4-聚合,得到了主链含碳—碳双键的聚合物8-8a(反应(8.2))。

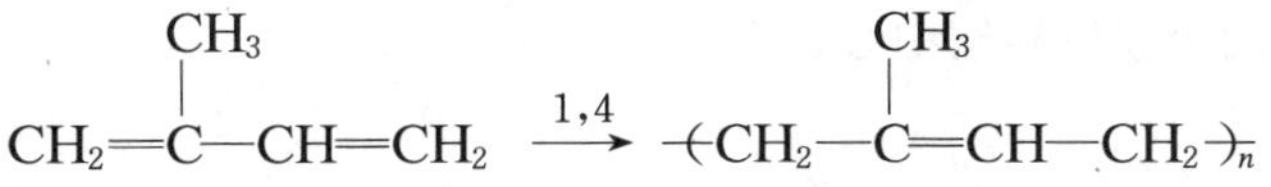

$$CH_2{=}C(CH_3){-}CH{=}CH_2 \xrightarrow{1,4} {-}\!\!\left(CH_2{-}C(CH_3){=}CH{-}CH_2\right)\!\!{-}_n \quad \text{8-8a} \tag{8.2}$$

两个聚合物链分别从双键的同一侧或两侧连接到双键上两个碳原子上,这就形成了顺式(8-8b)或反式结构(8-8c)的聚合物。

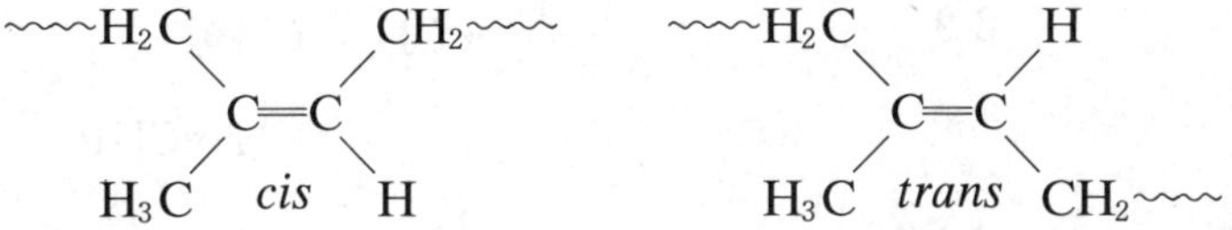

$$\begin{array}{cc} \sim\sim H_2C(H_3C)C{=}C(H)CH_2\sim\sim \ \ \textit{cis} & \sim\sim H_2C(H_3C)C{=}C(H)CH_2\sim\sim \ \ \textit{trans} \\ \text{8-8b} & \text{8-8c} \end{array}$$

如果聚合物链中所有双键都取相同的构型,则会形成两种立构规整聚合物,即全反式(transtactic)和全顺式(cistactic)规整立构。图8.5表示全顺式和全反式立构规整聚异戊二烯。

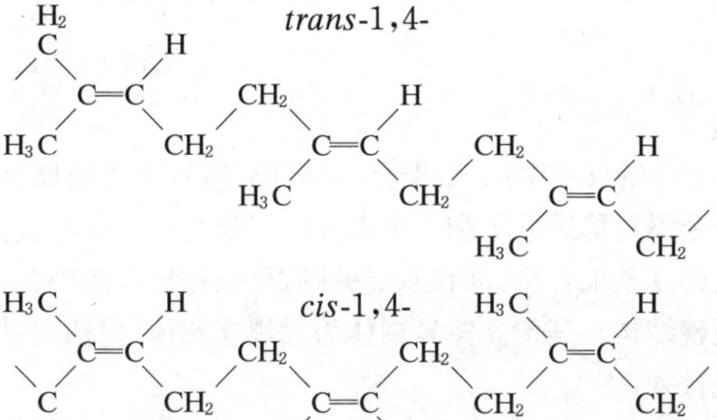

trans-1,4-

cis-1,4-

图8.5　聚异戊二烯的反式和顺式-1,4-立构规整结构

它们的命名如下:反(*trans*)-1,4-聚异戊二烯、反式聚(1-甲基-1-丁烯)或聚(反-1-甲基-1-丁烯)。顺式和反式构型单元无规地排列在聚合物链上时,称为无规立构聚合物。

8.1.5　1-取代和1,4-二取代的1,3-丁二烯

1. 1,2和3,4-聚合

1-取代1,3-丁二烯(8-9)的3,4-聚合产物的立体异构与单取代乙烯的相同(反

应(8.3b)),即可生成等规、间规和无规三种立构聚合物。而它的1,2-聚合(反应(8.3a))以及1,4-二取代1,3-丁二烯(8-10)的1,2-和3,4-聚合(反应(8.4))得到的可能立构聚合物,与1,2-双取代乙烯聚合所得的立构异构聚合物相同,即在重复构型单元中存在两个立体异构中心。

$$\underset{\text{8-9}}{\overset{\overset{\displaystyle R}{|}}{CH}=CH-CH=CH_2} \xrightarrow{1,2-} \left(\overset{\overset{\displaystyle R}{|}}{CH}-\underset{\underset{\displaystyle CH=CH_2}{|}}{CH}\right)_n \qquad (8.3a)$$

$$\xrightarrow{3,4-} \left(CH_2-\underset{\underset{\displaystyle CH=CHR}{|}}{CH}\right)_n \qquad (8.3b)$$

$$\underset{\text{8-10}}{\overset{\overset{\displaystyle R}{|}}{CH}=CH-CH=\overset{\overset{\displaystyle R'}{|}}{CH}} \xrightarrow{1,2-} \left(\overset{\overset{\displaystyle R}{|}}{CH}-\underset{\underset{\displaystyle CH=CHR'}{|}}{CH}\right)_n \qquad (8.4a)$$

$$\xrightarrow{3,4-} \left(\overset{\overset{\displaystyle R'}{|}}{CH}-\underset{\underset{\displaystyle CH=CHR}{|}}{CH}\right)_n \qquad (8.4b)$$

2. 1,4-聚合

1-取代1,3-丁二烯(8-9)的1,4-聚合(反应(8.5)),生成的聚合物中,每个重复结构单元含有一个不对称碳原子和一个碳—碳双键两种立体异构元素。两者相组合则产生4种立构规整聚合物,即在双键的顺、反两种异构体中各自还存在等规和间规两种立构规整结构。其他立体异构体为无规立构体,包括双键的顺反构型、取代基的各种无规排列。

$$CH_2=CH-CH=\overset{\overset{\displaystyle R}{|}}{CH} \longrightarrow \sim\sim CH_2-CH=CH-\underset{\underset{\displaystyle H}{|}}{\overset{\overset{\displaystyle R}{|}}{C^*}}\sim\sim \qquad (8.5)$$

图8.6显示1,3-戊二烯经1,4-聚合,生成的全反式-全等规立构(transisotactic)和全反式-全间规立构(transsyndiotactic)的聚合物结构式。在命名这类立体规整聚合物时,首先标明顺、反构型,因此全反式-全等规聚合物命名为反式等规1,4-聚(1,3-戊二烯)或反式等规聚(3-甲基-1-丁二烯)。在聚合物分子链中,不对称碳原子两侧分别与双键和亚甲基相连接,是一手性中心,其等规立构聚合物表现出光学活性,但间规立构聚合物无光学活性。

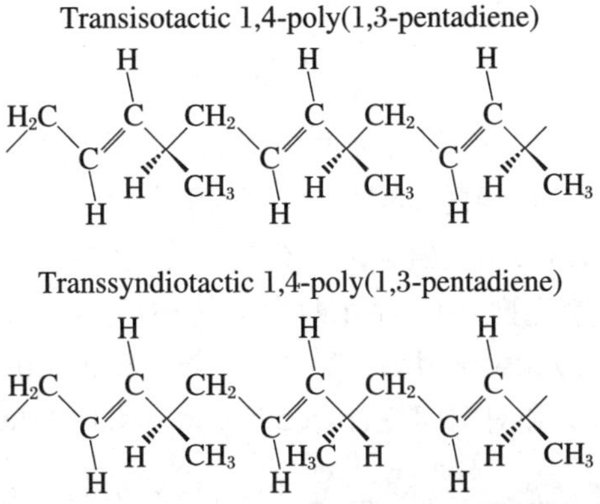

Transisotactic 1,4-poly(1,3-pentadiene)

Transsyndiotactic 1,4-poly(1,3-pentadiene)

图 8.6　1,4-聚(1,3-戊二烯)的两种立构规整结构

1,4-双取代 1,3-丁二烯(8-10)的 1,4 聚合生成具有结构 8-11 的聚合物(反应(8.6))。每一重复结构单元含有三个立体异构单元,一个双键,两个不对称碳原子。双键能形成顺、反异构;两个不对称碳原子能形成对、叠双等规和对、叠双间规聚合物。它们不同组合,可形成多种立构规整的聚合物。例如,聚合物 8-12 具有反式叠双等规结构。

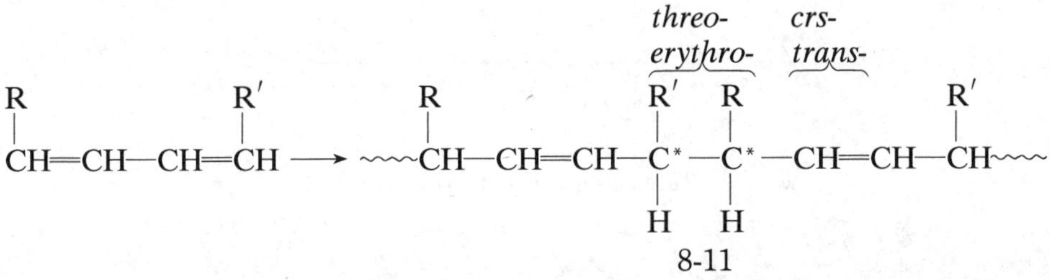

threo-　*erythro-*　*crs-*　*trans-*

$$\underset{\text{R}}{\text{CH}}{=}\text{CH}{-}\text{CH}{=}\underset{\text{R}'}{\text{CH}} \longrightarrow \sim\!\sim\underset{\text{R}}{\text{CH}}{-}\text{CH}{=}\text{CH}{-}\underset{\text{R}'}{\overset{\text{H}}{\text{C}^*}}{-}\underset{\text{R}}{\overset{\text{H}}{\text{C}^*}}{-}\text{CH}{=}\text{CH}{-}\underset{\text{R}'}{\text{CH}}\sim\!\sim \tag{8.6}$$

8-11

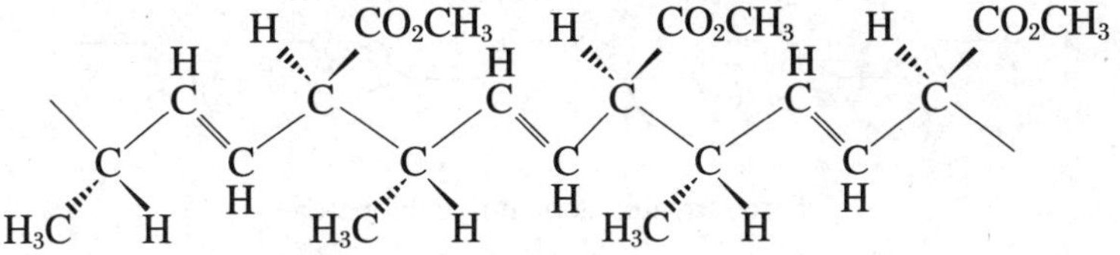

8-12

在反应(8.6)中,单体上的 $R{=}CH_3$,$R'{=}COOCH_3$ 时,它聚合有可能形成结构式为 8-12 的聚合物。很明显,所有双键以反式连接,两个立构中心有相同构型,所以是反式叠双等规聚合物。四个双等规聚合物,即顺式对双等规、顺式叠双等规、反式对双等规和反式叠双等规,存在手性中心,具有光活性。

8.1.6 其他聚合物

炔烃的聚合和环烯烃的开环易位聚合都能形成主链含双键的聚合物，形成的顺、反异构情况与共轭二烯烃的1,4-聚合情况相同。

环烯烃经双键聚合，形成主链含环结构的聚合物，如反应(8.7)所示，该聚合物存在立体异构现象。聚合物8-13存在两个立构中心，有四种立构规整结构，分别为叠双等规（erythrodiisotactic）、对双等规（threodiisotactic）、叠双间规（erythrodisyndiotactic）和对双间规（threodisyndiotactic），如图8.7所示。

$$\longrightarrow \quad (8.7)$$

8-13

在叠双等规聚合物中，主链上的戊环是以顺式构型相互连接起来的。在对双等规聚合物中，戊环以反式构型相连形成聚合物主链。对双等规聚合物具有光学活性，其余三个则没有。

Erythrodiisotactic polycyclopetene

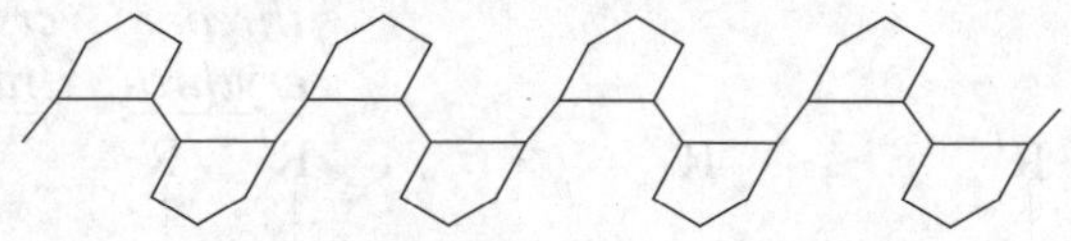

Threodiisotactic polycyclopetene

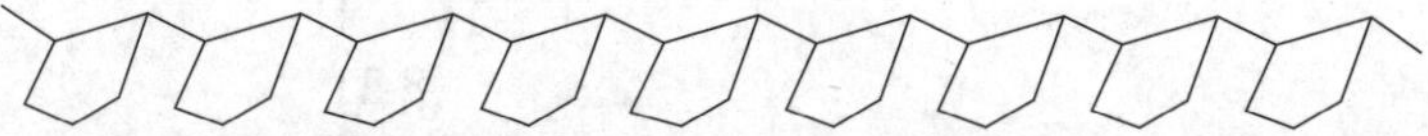

Erythrodisyndiotactic polycyclopetene

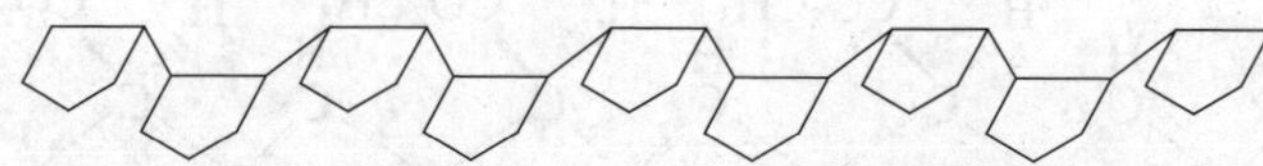

Threodisyndiotactic polycyclopetene

图8.7 聚环戊烯的四种立构规整结构

思考题

1. 什么是同分异构体？简述高分子同分异构体的形成方式。
2. 立体异构体是否为同分异构体？简述它与其他类型同分异构体的差别。
3. 从哪几方面来考虑聚合物是否具有立体规整性？
4. 立构规整性的表示方法有哪些？陈述小分子和高分子 Fischer 投影式的异同点。
5. 陈述单取代和双取代乙烯聚合形成可能的立构规整聚合物。
6. 当两个取代基 R 相同时，1,1-和 1,2-双取代乙烯能否形成立构规整聚合物？
7. 外消旋的环氧丙烷聚合，能否生成光活性的聚合物？
8. 异戊二烯聚合可以生成几种立构规整聚合物？
9. 画出聚(1-甲基-1,3-丁二烯)可能的立构规整结构。

8.2　立构规整聚合物的性质和立构规整性的表征

8.2.1　立构规整聚合物的性质

立构规整聚合物在结构、形态与性能上与无规聚合物有很大差别，并且不同立构规整性的聚合物，其性能也有差异。所以，研究聚合物的立体化学具有重要的科学和实用意义。

1. 等规、间规和无规聚丙烯

结构规整的聚合物易结晶。无规立构聚合物难以结晶，处于无定形态，是一种柔软的物质，力学强度低。相应的等规或间规聚合物具有有序的链结构，容易堆积成晶体。存在晶区的聚合物，具有高的力学强度、良好的抗溶剂和化学试剂侵蚀的能力。例如，聚丙烯，无规聚合物的外观为油状或蜡状，只能用于润滑油、黏合剂和密封，应用价值低；等规立构聚丙烯的熔融温度高、综合性能优异，广泛用作塑料和纤维，具有很高的商业价值。

相对于等规聚丙烯，间规立构聚丙烯较少引起人们的注意，其原因是能生成间规聚丙烯的聚合反应体系较少。另外，间规聚丙烯尽管很容易结晶，但它的 T_m 较等规聚丙烯大约低 20 ℃，在乙醚和烃类溶剂中有较高的溶解度。

2. 顺式和反式 1,4-聚(1,3-丁二烯)

1,3-二烯烃的 1,4-聚合，可生成顺、反异构聚合物，它们在性能上有明显的差别。反式异构高分子具有较高有序性，结晶能力较强，具有较高的 T_m 和 T_g 值，如表 8.1 所示。顺-1,4-聚异戊二烯结晶度很低，T_m 和 T_g 低，在很宽的温度范围内是一种性能优异的弹性体，可用作轮胎、橡胶带及其他许多弹性制品。反-1,4-聚异戊二烯具有较高的结晶能力，其 T_m 和 T_g 都较高，弹性较差，可作热塑性制品，具有很好的耐磨性，可用于制造高尔夫球和电缆的包皮等。1,4-聚异戊二烯的顺式和反式结构在自然界都存在，从巴西三叶树和其他植物中得到的三叶胶含有 98% 以上的顺式结构；中美洲和马来西亚盛产的古塔和巴拉塔胶则以反式异构体为主。

表 8.1 1,4-聚(1,3-二烯烃)的玻璃化转变温度和结晶熔融温度

聚 合 物	异构类型	T_g(℃)	T_m(℃)
1,4-聚丁二烯	全顺式	−95	6
	全反式	−83	145
1,4-聚异戊二烯	全顺式	−73	28
	全反式	−58	74

3. 纤维素和直链淀粉

纤维素和直链淀粉的结构如图 8.8 所示，它们都是葡萄糖的聚合物，葡萄糖单元均通过 1,4-位碳上的葡萄糖苷键连结起来，两者只是 C1 的构型不同。

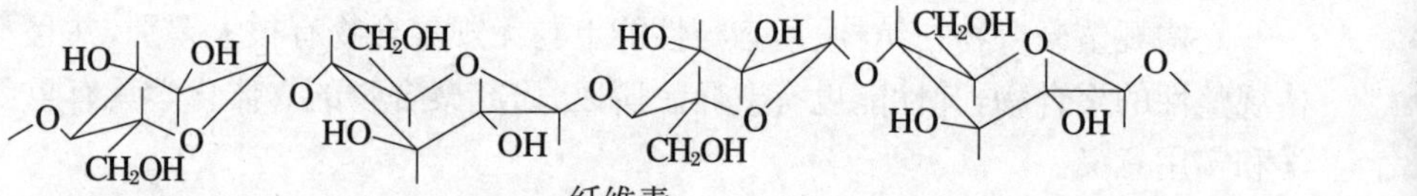

纤维素

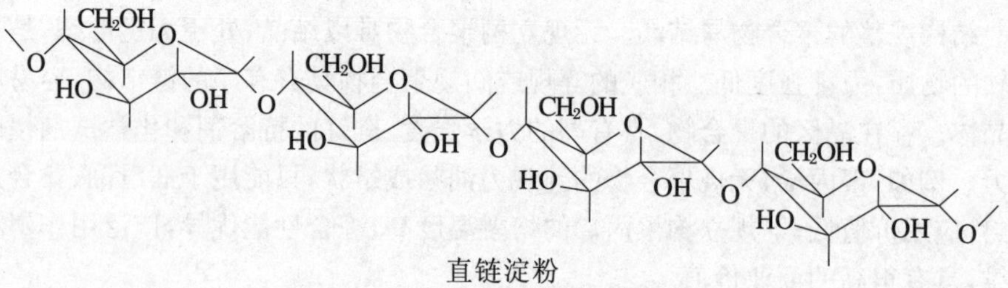

直链淀粉

图 8.8 纤维素和直链淀粉的结构

根据立构规整聚合物的命名法，纤维素是对双间规立构，而直链淀粉是叠双等规立构。在碳水化学中，认为纤维素是由 β-1,4-键连的 D-吡喃葡萄糖单元构成，而淀粉则是由 α-1,4-键连的 D-吡喃葡萄糖单元构成；纤维素的 1,4-键接是反式的，淀粉的 1,4-键接是顺式的。立体结构的不同导致纤维素以伸直链的构象存在，分子间堆砌紧密、相互之间有很强的作用力，有较高的结晶度，有很好的强度和力学性能，并且溶解度低，对水解作用稳定。而直链淀粉以无规线团存在，易水解，主要作为食物来源和动植物能量储存形式。在自然界中，淀粉和纤维素都具有非常重要的生物功能。可见聚合物的立构规整性对聚合物的性能有很大影响。

8.2.2 立构规整性的表征

最早表征聚合物的立构规整性是利用它们的溶解性差别，例如，等规聚丙烯不溶解于正庚烷，而无规聚丙烯则溶解。所以，等规立构指数的定义是聚合物样品中不溶解于正庚烷的质量分数。由于聚丙烯的溶解性除与立构规整性有关外，还与它的分子量和立构单元在分子链的分布有关，因此上述的表征方法存在一定的缺陷。

红外光谱可定量测定 1,3-二烯烃聚合物中，1,2-、3,4-，顺-1,4-及反-1,4-立构单元的含量，但测定等规和间规立构含量却十分困难。核磁共振是测定这两种立构含量的最有力工具。从高分辨 ^{1}H 和 ^{13}C-NMR 谱，可以获得聚合物链上的立体异构单元序列分布的详细信息，由此建立一种较为科学的立构规整性的表示方法。以下讨论的是单取代烯烃聚合物的等规和间规立构序列分布的表征方法，经过适当修正后，该方法也可表征 1,3-二烯的 1,4-聚合所形成聚合物的立构规整性。

立构规整度可用二单元组或三单元组来表征。对于二单元组，立构规整度定义为相邻的两个立构单元互为等规(8-14a)或间规立构(8-14b)的分数。等规和间规的二单元组分别用(m)和(r)表示，是内消旋(*meso*)和外消旋(*racemic*)二单元组的简写。结构式 8-14 的横线表示聚合物链段，点长竖线表示不对称碳原子的构型，短竖线表示相邻碳原子上的两个氢。

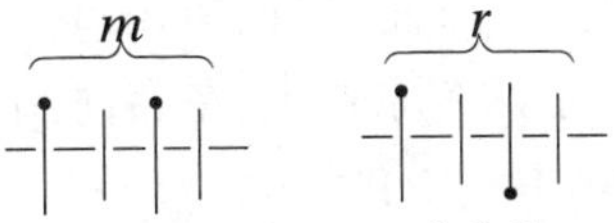

m 8-14a　　r 8-14b

对于由三个重复立构单元组成的三单元组，立构规整性存在等规、间规和无规三种类型，它们的结构式分别如 8-15a、8-15b 和 8-15c 所示，各自的含量分别记为(mm)、(rr)和(mr)。

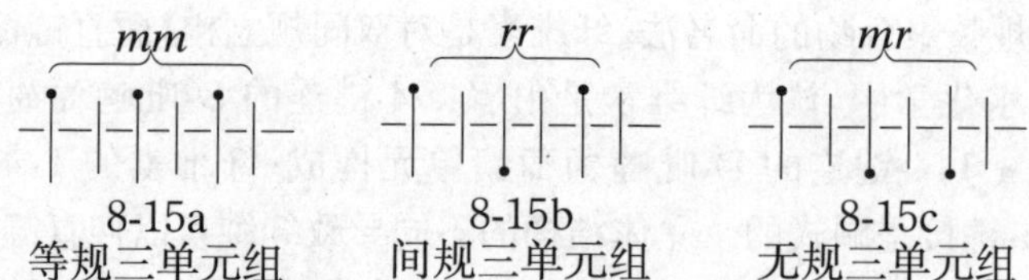

8-15a 等规三单元组　　8-15b 间规三单元组　　8-15c 无规三单元组

采用二单元组或三单元组表征立构规整度时，不同构型的单元组分数的总和应等于1，即

$$(m)+(r)=1 \tag{8.8}$$

$$(mm)+(mr)+(rr)=1 \tag{8.9}$$

根据(m)和(r)，或(mm)、(rr)和(mr)值，可以判断聚合物的立构规整性。对于无规立构聚合物，其二元单元组为$(m)=(r)=0.5$；三单元组为$(mm)=(rr)=0.25$，$(mr)=0.5$。等规聚合物的$(m)=(mm)=1$，间规聚合物则为$(r)=(rr)=1$。如果聚合物的$(m)\neq0.5$，$(r)\neq0.5$，或$(mm)\neq0.25$，$(rr)\neq0.25$时，则有不同程度的等规立构性，或间规立构性。当$(m)>0.5$和$(mm)>0.25$时，等规立构占优势；而当$(r)>0.5$和$(rr)>0.25$时，间规立构占优势。

结构式 8-16 是含有 9 个重复构型单元的聚合物链段，以它为例，分析聚合物的立构规整性。以二单元组分析，它有 8 个二单元组，其中，有 6 个等规和 2 个间规。因此，等规立构的含量$(m)=3/4$，间规立构为$(r)=1/4$。

8-16

如果用三单元组分析，则 8-16 有 7 个三单元组，包括 4 个等规、2 个无规和 1 个间规。相应的含量分别为$(mm)=4/7$，$(rm)=2/7$，$(rr)=1/7$。因为$(m)=0.75>0.5$；$(mm)=0.57>0.25$，所以聚合物链段 8-16 具有一定程度的等规立构。

二单元组和三单元组的立构规整度的表达式为式(8.8)和式(8.9)，它们之间存在(8.10)和(8.11)的关系式。

$$(m)=(mm)+0.5(mr) \tag{8.10}$$

$$(r)=(rr)+0.5(mr) \tag{8.11}$$

只有重复构型单元足够多时，上两关系式中，左、右两个数值才会相等。

无规立构聚合物(random tactic polymer)可以看成等规和间规二单元组，或等规和间规三单元组无序地分布于聚合物链上。如果等规和间规二单元组或三单元组有较长的序列长度，则称为立构嵌段聚合物(stereoblock polymer)。

高分辨^{13}C-NMR 可以测定有些聚合物的四单元组、五单元组，甚至更长链段的立构规整结构。四单元组的立构规整序列有等规(mmm)、间规(rrr)和杂规$(mmr$、mrm、rmr和$rrm)$三种序列。这三种结构的分数之和等于1，即$(mmm)+$

$(rrr)+(mmr)+(mrm)+(rmr)+(rrm)=1$。它们与三单元组立构规整度存在如下关系

$$(mm)=(mmm)+0.5(mmr) \tag{8.12a}$$

$$(rr)=(rrr)+0.5(mrr) \tag{8.12b}$$

$$(mr)=(mmr)+2(rmr)=(mrr)+2(mrm) \tag{8.12c}$$

思考题

1. 立构规整性如何影响聚合物的性能？并举例说明聚合物的立构规整性对它性能的影响。
2. 讨论用红外光谱表征共轭二烯烃聚合物的结构规整性的基本原理。
3. 讨论核磁共振^{1}H 和^{13}C-NMR 谱在聚合物立构规整性中的应用，并与红外光谱法进行比较。
4. 试述立构规整度的基本方法。
5. 比较二单元组和三单元组的优缺点。

8.3　烯烃聚合的立体化学

立构规整聚合物的形成与聚合反应的立体化学密切相关，即单体加成到增长链上时所遵循的立体化学原则。聚合反应的立体定向程度取决于单体分子以与增长链末端单元相同，还是相反构型进行加成反应的速率比。增长链活性中心是游离的，还是与引发剂配位，这又直接影响两种加成方式的相对速率。对于游离的增长活性基，包括自由基和阴、阳离子，这两种加成模式都有可能。这时，聚合温度决定着两种加成模式的相对速率，从而决定了聚合物的立构规整性。对于活性中心与引发剂配位时，其中某一加成方式有可能抑止或增强，配位作用规定了单体的加成方式，进而形成立构规整的聚合物。

8.3.1　自由基聚合反应

自由基聚合生成了增长链自由基，它可以绕着链末端的碳—碳键自由旋转，末端碳原子的三个成键轨道处于或几乎处于同一平面，没有特定的构型。只有当单体加到链末端自由基后，它的构型才能固定，如反应(8.13a)和反应(8.13b)所示。

$$\sim\!\!\sim CH_2-CH(R)-CH_2-\dot{C}HR + CH_2{=}CHR \xrightarrow{k_r} \sim\!\!\sim CH_2-CH(R)-CH_2-CH(R)-CH_2-\dot{C}HR \quad \text{(间规)} \tag{8.13a}$$

$$\sim\!\!\sim CH_2-CH(R)-CH_2-\dot{C}HR + CH_2{=}CHR \xrightarrow{k_m} \sim\!\!\sim CH_2-CH(R)-CH_2-CH(R)-CH_2-\dot{C}HR \quad \text{(等规)} \tag{8.13b}$$

形成间规立构和等规立构的速率常数分别为 k_r 和 k_m，两者的比值 (k_r/k_m) 决定立构规整的程度和类型。如果这个值等于零，生成的是等规立构聚合物；如果是无穷大，则生成间规聚合物；如果等于 1，得到的是完全无规立构的聚合物。若 k_r/k_m 在 1 和无穷大之间，得到的是部分无规和部分间规立构的聚合物；若 k_r/k_m 在 0 和 1 之间时，得到的是部分无规和部分等规立构聚合物。

k_r/k_m 值具有温度依赖性，所以立构规整度是温度的函数，低温有利于生成立构规整聚合物。间规高分子链上，取代基 R 的位阻或静电排斥作用小于等规聚合物。确切地说，在链增长反应的过渡态中，末端和它紧邻单元上的取代基 R，交替排列时斥力较小，比较容易形成间规立构聚合物。形成间规立构反应的活化能稍小于等规立构，所以，随聚合温度降低，聚合物中，间规立构含量增加。图 8.9 显示聚氯乙烯间规二单元组的分数 (r) 随温度的变化，(r) 由 120 ℃的 0.51 增加到 −78 ℃的 0.67。又如甲基丙烯酸甲酯，在 250 ℃聚合得到的聚合物，$(r)=0.64$；在 −78 ℃聚合得到的产物，$(r)=0.87$。

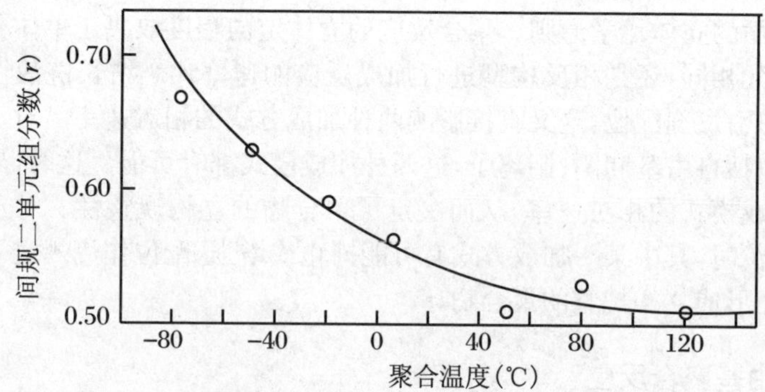

图 8.9 氯乙烯自由基聚合的间规立构度与温度的关系

自由基聚合一般在比较高的温度下进行，大部分聚合产物都是高度无规的，但不是一点没有间规结构。随聚合物不同，间规规整含量有很大差别。例如，相比氯乙烯，聚甲基丙烯酸甲酯的间规含量较高。在 60 ℃，氯乙烯的聚合产物是完全无规的；在 100 ℃聚合的甲基丙烯酸甲酯产物，$(r)=0.73$。因为甲基丙烯酸甲酯是 1,1-双取代烯烃，相邻单体单元的取代基之间有较大的排斥作用。

在诸如 MMA 和 VAc 单体的自由基聚合反应中，加入氟醇或 Lewis 酸，由于它能与单体配位，从而提高了生成聚合物的立构规整性。但是在绝大多数情况下，这种配位作用是很弱的，聚合物的立构规整性提高不多。例如，MMA 在 −78 ℃下聚合，当溶剂由甲苯更换为全氟叔丁醇，(rr)由 0.89 提高到 0.91。但对有些聚合物，其立体规整性提高较大。例如，丙烯酰胺在 0 ℃下聚合，生成聚合物的$(m)=0.46$；当在聚合体系中加入稀土 Lewis 酸，如三氟甲基磺酸镱时，聚合物的$(m)=0.80$。

8.3.2 离子型聚合和配位聚合

1. 配位效应和配位聚合

当离子型链式聚合反应在溶剂化能力很强的溶剂中进行时，增长链活性中心可以是被溶剂分离的离子对或自由离子，这时，立构控制与自由基聚合反应的情况类似，低温聚合有利于生成间规立构聚合物。若在溶剂化能力很差的溶剂中进行聚合反应，引发剂、增长链末端和单体之间有可能存在配位作用，聚合反应的立体化学与上述情况明显不同。通常情况下，配位作用成为聚合反应立体化学的决定性因素，链增长反应就可能以一种（等规或间规）规定方式进行。当 k_r/k_m 值趋于零，则发生等规立构聚合；该值趋于很大时，则发生间规聚合。表 8.2 列举了早期研究的几种立构规整聚合反应。用二单元组表示时，立构规整度可高达 90%～95%。

表 8.2 立构规整聚合

单 体	聚合反应条件	聚合物的结构
异丁基乙烯醚	BF_3-乙醚配位物，丙烷，−60～−80 ℃	等规立构
甲基丙烯酸甲酯	PhMgBr，甲苯，30 ℃或丁基锂，甲苯，−70 ～ 0 ℃	等规立构
甲基丙烯酸甲酯	丁基锂，THF，−78 ℃	间规立构
丙烯	$TiCl_4$，$(C_2H_5)_3Al$，庚烷，50 ℃	等规立构
丙烯	VCl_4，$Al(C_2H_5)_3$，苯甲醚，甲苯，−78 ℃	间规立构

Schildknecht 在 1947 年报道了用三氟化硼-乙醚配位物作引发剂，在 −80～−60 ℃下，使异丁基乙烯醚进行阳离子聚合反应。得到高度结晶的聚合物，X-射

线衍射研究表明，它是等规立构聚合物。

立构规整聚合始于20世纪50年代中期，德国的Ziegler和意大利的Natta研制出对α-烯烃聚合，具有立体定向能力的新型引发体系。由于他们在聚合反应理论和应用上的重大贡献，两人在1963年共同获得了诺贝尔化学奖。他们发现的引发剂为双组分引发体系，一个组分为Ⅰ～Ⅲ族金属的有机化合物或氢化物，另一组分为Ⅳ～Ⅷ族过渡金属的卤化物、或其他衍生物。聚合反应通常在烃类溶剂如庚烷中进行。Ⅰ～Ⅲ族金属组分包括三乙基铝、一氯二乙基铝和二乙基锌等，主要作用是活化或改性过渡金属组分；过渡金属化合物有三或四氯化钛、三氯化钒、三(乙酰丙酮)铬等，其作用是引发和控制聚合反应立体化学。这些是传统的Ziegler-Natta引发剂，真正起引发作用的活性种至今未分离出来，其结构也就无法确定。

20世纪80年代中期，茂金属引发剂的出现，引发了立构规整聚合的另一次研究热潮。其中，最简单的茂金属引发剂为二氯二(环戊二烯基)钛和二氯二(吲哚基)锆；有机配体上可以有取代基，和两个或多个配体以$—CH_2CH_2—$或其他桥键连接形成的复杂结构的茂金属引发剂。与Ziegler-Natta引发剂不同，茂金属引发剂可以分离出来，并进行提纯、分析和表征；它可溶解在聚合体系中，形成均相。茂金属引发剂也需要加入Ⅰ～Ⅲ族金属的有机化合物。

Ziegler-Natta和茂金属引发剂同属于配位引发剂(coordination initiator)，对聚合反应的立体化学具有控制能力。由配位引发剂引发的聚合反应称为配位聚合(coordination polymerization)，而配位聚合不一定是立构规整聚合。

2. 立构规整聚合的机理

(1) 配位引发剂的作用。配位引发剂有两种功能：一是提供引发聚合反应的活性中心；另一是除引发中心以外的引发剂部分具有很高的配位能力。它与增长链末端、进攻单体进行配位，使单体定位到增长链的末端，完成加成反应，形成立构规整聚合物。

为解释配位引发剂导致的等规立构定位作用，已形成了不同的聚合机理。图8.10是阴离子配位聚合生成等规聚合物的机理。增长链末端带有部分负电荷(若为阳离子聚合机理，则为正电荷)，引发剂片段G带有部分正电荷。G既同增长链末端又与进攻单体分子发生配位作用，使单体定位加成到聚合物链末端。G与增长链末端间配位键断裂的同时，链末端与进攻单体间形成新化学键，以及新的链末端与G间形成配位键。所以，链增长反应是单体插入G和增长链活性中心之间，形成四元环过渡态这一方式进行的。引发剂片段G起模板作用，使进攻单体按等规立构进行定位，迫使每一进攻单体从末端碳原子的同一侧进攻增长链，形成等规立构聚合物。这就是所谓**引发剂(催化剂)控制机理**。

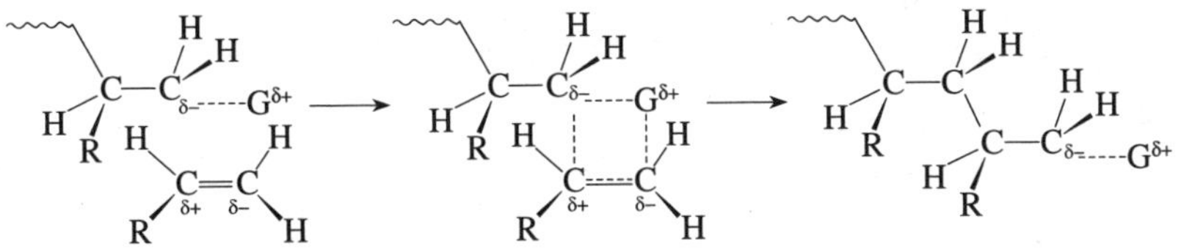

图 8.10　生成等规立构的立体定向反应机理

(2) 配位引发剂的手性。用于等规聚合的引发剂通常是两个对映体的外消旋混合物。其中一个对映体迫使单体都从末端碳原子的 sp^2 杂化平面的一侧进攻增长链，另一个对映体则迫使单体从另一侧进攻增长链，这样，都能形成等规聚合物，只是在链端存在差别。对于具有手性引发剂片段，生成相同的等规立构聚合物。对于环氧丙烷的开环聚合和 1,3-戊二烯的 1,4-聚合，生成的两种等规聚合物互为对映体。用于等规聚合的传统 Ziegler-Natta 引发剂为异相引发剂，手性来源于引发剂活性中心附近的手性晶格；茂金属引发剂的手性源于自身的分子结构，引发剂本身即为手性分子。

某些手性引发剂可以使单体交替地从末端碳原子的 sp^2 杂化平面的两侧进攻增长链，从而形成间规立构聚合物，这种间规聚合也属于引发剂控制机理。通常，只有某些均相催化剂，包括传统的 Ziegler-Natta 和茂金属引发剂才会进行间规聚合。

如果引发剂没有任何手性，活性中心可与进攻单体的任何一面配位。生成无规聚合物还是间规聚合物，这依赖于引发剂片段 G、聚合物链末端和单体之间的相互作用以及聚合温度。当链末端单元和进攻单体上取代基之间存在较强斥力时，则会进行间规立构聚合反应。与游离的增长活性中心相似，低温聚合，生成聚合物中间规立构增加。

(3)单体的极性。随单体不同，等规立构聚合所需引发剂不同。如果引发剂与单体有强的配位能力，则容易进行立构规整聚合。通常，引发剂与极性单体有较强的配位能力。它与非极性单体如乙烯、α-烯烃(丙烯和 1-丁烯)和其他烯烃的配位能力相对较差，需要使用立体定向能力很强的引发剂才能进行等规立构聚合。例如，传统的非均相 Ziegler-Natta 引发剂，可以最大程度地规定单体与增长链反应的进入方式。可溶性均相 Ziegler-Natta 引发剂只能形成无规或间规立构聚合物。极性单体如丙烯酸酯、甲基丙烯酸酯和乙烯基醚有很强的配位能力，等规立构聚合不要求使用非均相引发剂，只有使用可溶性引发剂才能得到间规聚合物。苯乙烯和 1,3-二烯处于极性单体和非极性单体之间，使用均相和非均相 Ziegler-Natta 引发剂都可使单体发生等规聚合。

对于茂金属引发剂，可以通过调整结构以获得所需要的配位能力，所以，不需要异相就可以进行立构规整聚合。

思考题

1. 立构规整结构聚合物是怎样形成的？
2. 为什么自由基聚合难以形成立构规整的聚合物？
3. 自由基聚合生成的聚合物中，间规结构常大于等规立构；低温有利于生成间规立构，这是为什么？
4. 在强、弱极性溶剂中进行离子型聚合反应，生成聚合物的立构规整性有什么差异？
5. 试述 Ziegler-Natta 引发剂与茂金属催化剂的异同点。
6. 讨论配位引发剂对立构规整聚合反应的贡献。
7. 什么是配位聚合？试述它与立构规整聚合的关系？
8. 立构规整聚合与配位引发剂和单体的结构有什么关系？

8.4 非极性烯烃的 Ziegler-Natta 聚合反应

自从 Ziegler-Natta 引发剂诞生以来，通过Ⅰ～Ⅲ族金属有机化合物和Ⅳ～Ⅷ族过渡金属化合物的不同组合，诞生了数百种用于烯烃聚合的引发剂，它们具有不同的活性和立构选择性。引发剂的活性指每克（或每摩尔）过渡金属（或金属化合物）所能形成的聚合物的公斤数。通常，提高引发剂活性会降低它的立构定向能力。通过改变 Ziegler-Natta 引发剂的某一组分，或添加一组分（通常为电子给体）希望得到的引发剂既具有高的活性，又有很高的立构选择性。因为对 Ziegler-Natta 引发剂的结构和立体定向的详细机理尚未完全弄清楚，所以，Ziegler-Natta 引发剂组分的选择至今仍是凭经验。

已有不同机理来解释 Ziegler-Natta 引发剂的立构定向聚合，它们在许多细节上存在差异，但难以得到实验证实。本节所讨论的 Ziegler-Natta 聚合反应机理，是大多数引发剂体系所共有的，且主要对象为钛-铝体系引发的等规聚合，其中

$(C_2H_5)_3Al$-$TiCl_4$ 和$(C_2H_5)_2AlCl$-$TiCl_3$ 体系应用最为广泛，是工业化生产的最重要的引发剂。

Ziegler 用于乙烯聚合的引发剂，最早是在烃类溶剂中，混合$(C_2H_5)_3Al$ 和 $TiCl_4$，原位形成的沉淀物。Natta 意识到该产物的主要组分为棕色的 β-$TiCl_3$，并设法先制备引发剂，再聚合。早期的引发剂立构选择度低，聚丙烯的等规指数只有20%～40%。当直接使用 α、β 或 γ 晶形的 $TiCl_3$ 时，引发剂的立构选择度大幅度提高，早期工业生产所使用的引发剂为 $TiCl_3$ 与$(C_2H_5)_3Al$-$TiCl_4$，或$(C_2H_5)_2AlCl$ 的组合，等规指数约为 90%。在混合前后对引发剂进行球磨、加热处理可提高引发剂的活性。尽管如此，它的活性仍然很低，聚合物必须经过提纯后才能使用，即要除去残留金属和无规聚合物。引发剂中，只有不到1%的 Ti 起引发作用，引发效率低。

20 世纪 70 年代后期，开发了第二代引发剂。即将 $TiCl_4$ 均匀分散在 $MgCl_2$ 载体上，引发活性组分的有效面积增加了近两个数量级，这样活性提高了，且仍保持高的立构选择性。通过加入电子给体可以进一步提高立构选择性。现在使用的超高活性引发体系的一个典型配方是将 $MgCl_2$ 和 $TiCl_4$ 球磨，然后添加$(C_2H_5)_3Al$ 和给电子组分(如邻苯二甲酸二烷基酯或烷氧基硅)。这样制得的引发剂活性高达 50～200 kg(聚合物)/g(引发剂)。若引发剂中 Ti 含量为 2%～4%，其活性可达到1 500～6 000 kg/g(Ti)。高活性可减少引发剂用量，降低成本，避免了从产物中分离引发剂。立构规整指数(*mmmm*)≥98%。

8.4.1 Ziegler-Natta 聚合反应机理

前一节已经说明了等规立构聚合机理，但仍有一些问题没有讨论清楚。例如，① 增长链活性中心为碳阴、阳离子，还是自由基？② 对于 RCH═CH_2 的聚合反应，活性中心，如碳阴离子是 CH_2，还是 CHR 的碳？③ 增长反应在过渡金属上，还是在Ⅰ～Ⅲ族的金属上？④ 双键的开环方向。这些问题清楚后，结合 Ziegler-Natta 引发剂，进一步讨论等规和间规立构聚合机理。

1. 增长活性中心的化学性质

Ziegler-Natta 引发剂常含有引发离子型聚合的组分，例如丁基锂可以使甲基丙烯酸甲酯进行阴离子聚合，$TiCl_4$ 可以使乙烯基醚进行阳离子聚合。另外，Ziegler-Natta 引发剂中，部分组分会发生一系列复杂的反应。例如，过渡金属化合物被Ⅰ～Ⅲ族金属化合物的烷基化和还原反应。$TiCl_4$ 和 AlR_3 能发生如(8.14)所示的反应。其中，由反应(8.14d)形成的自由基能引发某些烯类单体，如氯乙烯的自由基聚合反应。

$$TiCl_4 + AlR_3 \longrightarrow TiCl_3R + AlR_2Cl \quad (8.14a)$$

$$TlCl_4 + AlR_2Cl \longrightarrow TiCl_3R + AlRCl_2 \quad (8.14b)$$

$$TiCl_3R + AlR_3 \longrightarrow TiCl_2R_2 + AlRCl_2 \quad (8.14c)$$

$$TiCl_3R \longrightarrow TlCl_3 + R\cdot \quad (8.14d)$$

$$TiCl_3 + AlR_3 \longrightarrow TiCl_2R + AlR_2Cl \quad (8.14e)$$

$$2R\cdot \longrightarrow \text{偶合终止} + \text{歧化终止} \quad (8.14f)$$

Ziegler-Natta 立构定向聚合机理与图 8.10 相同。α-烯烃上的 R 是推电子基团,有取代基的碳带正电荷,无取代基的碳带负电荷。单体和过渡金属(d 轨道)形成如图所示的 π 配位络合物,然后单体插入到过渡金属—碳化学键。ESR、NMR 和 IR 的研究结果都证实了 π 配位过程。插入反应既有阴离子,又有阳离子的特性。聚合物末端的碳阴离子向双键的 α-碳进行亲核进攻;同时,阳离子 G 向双键进行亲电进攻。

α-烯烃的聚合速率按乙烯＞丙烯＞1-丁烯的顺序降低,与阴离子聚合反应相吻合。若单体以碳阳离子进行聚合反应,则活性顺序刚好相反。证明增长链为阴离子的另一个实验是,用^{3}H 标记的甲醇终止链增长,生成的聚合物具有放射性;而用^{14}C 标记的甲醇终止时,得到的聚合物没有放射性。由于增长链为阴离子,它进攻单体上带正电荷的碳,生成了比较稳定,无取代基的碳阴离子,如图 8.10 所示。

2. 单体的一级、二级插入与局域选择性

如图 8.10 所示,单体插入 C—金属键,是 1,2-加成,形成的新增长链末端为无取代基碳阴离子,并与反离子 G 形成配位键,这种单体插入方式称为一级插入反应(8.15a)。另一种方式是单体插入 C—金属键,是 2,1-加成,形成的新增长链末端为有取代基 R 的碳阴离子,并与反离子 G 相结合,这种插入方式称为二级插入,如反应(8.15b)所示。

$$\sim\!\!\sim\overset{|}{\underset{|}{C}}{}^{\delta^-}\cdots\cdots G^{\delta^+} + R\overset{2}{C}H{=}\overset{1}{C}H_2 \longrightarrow \sim\!\!\sim\overset{|}{\underset{|}{C}}-CHR-CH_2\cdots G \quad (8.15a)$$

$$\sim\!\!\sim\overset{|}{\underset{|}{C}}\cdots\cdots G + H_2\overset{1}{C}{=}\overset{2}{C}HR \longrightarrow \sim\!\!\sim\overset{|}{\underset{|}{C}}-CH_2-CHR\cdots G \quad (8.15b)$$

单体的插入方式影响聚合反应的局域选择性,即结构单元头-头连接和头-尾连接的比例。在含有不同量间规和无规的可溶性聚合物中,不规整排列,即头-头排列的仅为 0.1%～5%。对等规聚丙烯的^{13}C-NMR 谱分析说明,丙烯的等规聚合反应全部为一级插入反应,说明丙烯的等规立构聚合具有非常高的局域选择性。

丙烯的间规聚合反应,其局域选择性不如等规聚合。高间规聚丙烯含有百分之几的头-头结构。说明存在二级插入反应。很明显,可能是为防止立体位阻,反离子强迫单体进行二级插入反应。

3. 在碳—过渡金属键上的链增长反应

链增长反应是在碳—过渡金属键,还是在碳—Ⅰ～Ⅲ族金属键上进行的? 现在所有证据都说明,链增长反应发生在过渡金属—碳键上。其中最有力的实验事实是单独Ⅰ～Ⅲ族金属不能引发聚合,而单独的过渡金属则可以,只是活性和立构选择性不高。Ⅰ～Ⅲ族金属可以改善过渡金属组分的性能,提高引发剂的活性和立构选择性。

4. 等规链增长反应机理

对于 Ziegler-Natta 引发剂的活性种的结构众说不一,当 $TiCl_3$ 用 R_3Al 处理,形成的引发剂中,结构式 8-17 是被普遍接受的活性种,□代表八面体钛络合物未占据的空位。8-17 代表 $TiCl_3$ 晶体经烷基铝处理后,在它的晶体表面形成的单个 Ti 活性种。这个钛原子和相邻的钛原子共享四个氯原子,并有一个烷基配体和一个空轨道。分子力学计算认为,$TiCl_3$ 的二聚体(Ti_2Cl_6)是真正的活性种。也有人认为钛和铝双金属活性种。尽管活性种不同,描述立构选择性和活性的机理是相同的。所以,这里采用结构 8-17 讨论聚合机理。对于负载在 MgO 载体上的相应引发剂,也有 8-17 相似的活性种,它是 Ti-Mg-O 晶格的组成部分。

R　Cl
Cl—Ti—□
Cl　Cl

8-17

图 8.11 显示等规立构增长反应的可能机理。单体在钛的空轨道配位,形成四面体过渡态,然后插入到聚合物—过渡金属之间。由于聚合物链末端由原来的位置迁移到单体占据的位置,因此这种插入过程被称为迁移插入(migratory insertion)。这时高分子链整体未发生迁移,迁移的是链端活性基。在单体插入后,活性基又回到原来的配位位置,聚合链保持原来的构型,形成等规聚合物。要强调的是,在单体插入过程中,只是末端少数单元上几个原子的移动。每次单体插入,有两次链的迁移。该等规立构聚合机理又称为 Cossee-Arlman 机理。如果聚合链的活性基不迁回原来的位置,链增长反应交叉地在空配位和聚合物链配位上进行,则形成间同立构聚合物。

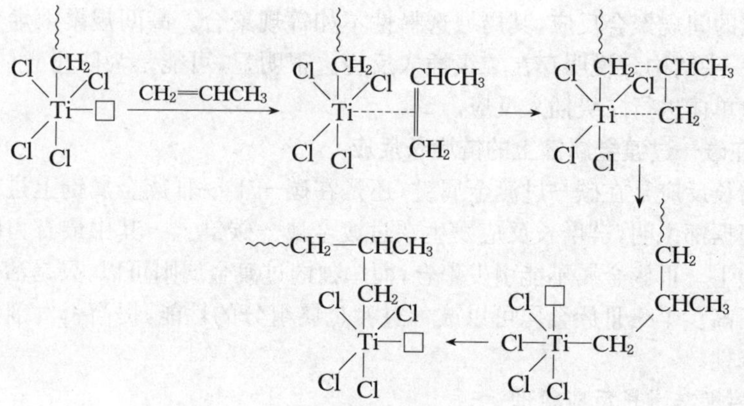

Cl CH$_2$ Cl Ti—□ Cl Cl $\xrightarrow{CH_2=CHCH_3}$ Cl CH$_2$ Cl Ti······CHCH$_3$ ‖ CH$_2$ Cl Cl → Cl CH$_2$—CHCH$_3$ Cl Ti······CH$_2$ Cl Cl

↓

~~~CH$_2$—CHCH$_3$ CH$_2$ Cl Cl Ti—□ Cl Cl ← Cl □ CH$_2$ CHCH$_3$ Cl—Ti—CH$_2$ Cl Cl

图 8.11　等规立构聚合的引发剂定位机理

引发剂中存在手性结构，是 α-烯烃进行等规立构聚合的原因。α-$TiCl_3$ 晶体中，钛原子和氯原子构成的晶片基元交替沿晶轴排列。图 8.12 所示的是晶体结构的局部。钛和氯原子分别用实心圆和空心圆表示，空配位用“□”表示。钛原子处于由氯原子构成的八面体晶格的中心，氯原子以六方致密堆积。在这种晶格中，维持电中性，每隔两个钛原子就有一个钛原子缺失，形成一个空配位。

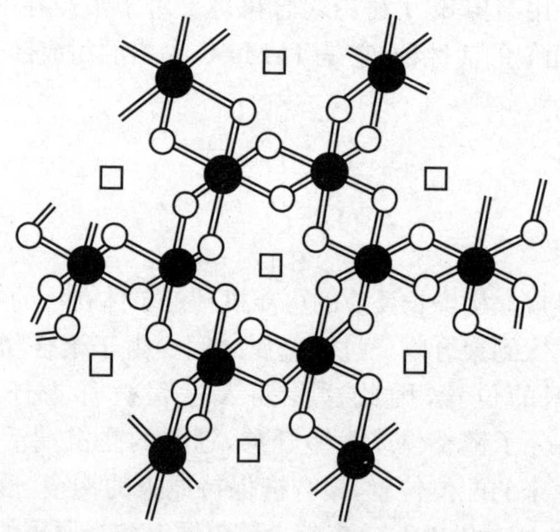

图 8.12　α-$TiCl_3$ 的晶体结构

实心圆和空心圆分别代表 Ti 和 Cl 原子，正方形代表八面体的空位

聚合反应发生在晶片基元的边缘上，而不是在晶片基面上，用显微镜可以直接观察聚合物在晶体边缘生长。由于电中性需要，晶体表面的一个钛原子仅与五个
~~~

而不是六个氯原子键合，其中四个氯原子与钛原子形成比较强的桥键；在钛与Ⅰ～Ⅲ族金属有机化合物反应时，第五个非桥键的氯原子被烷基取代。

由两个氯原子桥接的相邻金属原子具有相反的手性，如结构式8-18和8-19所示，它们互为对映异构体。正如前面所述，单体在空配位上配位，进而迁移插入到Ti—R键，形成的新键迁移回原来的位置，再生出空配位，这样就完成了一次增长反应。增长反应的等规立构推动力来自进攻单体上取代基和过渡金属配体间的空间位阻和静电作用。α-烯烃是平面结构，它有两个面，分别为“*si*”和“*re*”面。活性位点的手性决定了单体只能以两个对映面中的一个与过渡金属8-18配位；另一个对映面则与8-19配位，这就是等规立构聚合的引发剂定位控制机理。

```
Ti—Cl    □                □   Cl—Ti
   \   \  |               |  /   /
   Cl—Ti—Cl              Cl—Ti—Cl
       | \R |            | R/ |
       Cl—Ti             Ti—Cl
```

8-18　　　　8-19

5. 间规立构聚合反应机理

用均相Ziegler-Natta钒引发剂已经实现了丙烯、苯乙烯和某些1,3-丁二烯的间规立构聚合，且获得了高度间规立构的聚合物。使用Ti-Al非均相引发体系难以获得高间规立构聚合物，这与等规聚合反应不同。其中，由VCl_4和$(C_2H_5)_2AlCl$形成的引发剂，尤其在第三组分苯甲醚存在时，是丙烯间规聚合最为有效的引发剂之一。其他钒化合物，如乙酰丙酮钒和各种钒酸盐[$VO(OR)_x Cl_{3-x}$，$x=1、2、3$]可以代替VCl_4，但它们的立构定向能力有限。$(C_2H_5)_3AlCl$作为助引发剂时，只能与VCl_4配合使用。通常，降低温度，间规规整度增加。间规聚合一般在-40 ℃以下进行，往往是-78 ℃。引发剂必须在低温下制备和使用。在室温或更高温度，引发剂会发生分解，V(Ⅲ)会还原成V(Ⅱ)，并沉淀出，导致引发剂活性降低，且不能引发间规聚合。

Ziegler-Natta引发剂引发间规聚合的立构定向力与低温下进行的自由基和非配位的离子聚合相似，即增长链末端单元的取代基和新进入单体的取代基之间的相互排斥作用，属于增长链末端控制机理（polymer chain end control mechanism）。图8.13是间规聚合反应机理，单体插入方式为二级插入。而不是一级插入。与等规聚合机理相似，间规聚合也以八面体过渡金属配位物为基础，一个配体为烷基以进行链增长，还有一个供单体配位的空配位。

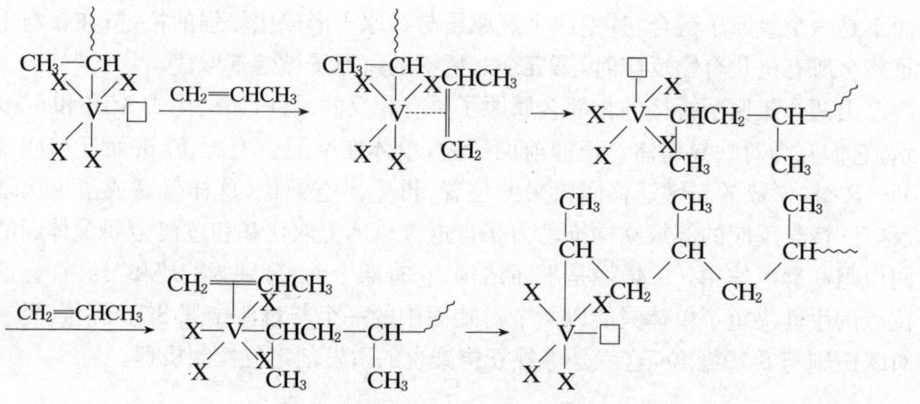

图 8.13 间规聚合链末端控制模型

催化活性基控制机理(catalyst site control mechanism)与增长链末端控制机理有很大差别。均相间规选择性引发剂允许单体的 *si* 和 *re* 面中,任何一面与之配位。增长链末端取代基与 V 配体间位阻不允许V—C键自由旋转。增长链末端单元和进攻单体上取代基间的排斥作用,强迫进攻单体以相反面与金属配位,从而形成间规立构聚合物。总之,在间规链增长中,立构控制是链末端取代基和新进入单体取代基之间的相互排斥作用。在等规链增长中,引发剂的手性中心迫使单体以相同面与过渡金属配位,进攻单体的取代基和引发剂上配体间相互作用控制了等规立构的生成。

6. 双键打开方向

α-烯烃的顺式和反式加成,分别指增长链进攻单体,和双键打开形成新键在烯烃平面的同一侧和两侧。对于单取代乙烯,这两种加成方式不会影响聚合物的立体结构;对于 1,2-双取代烯烃,不仅加成方式,而且单体的顺、反异构都会影响聚合物的立体结构。

在双等规聚合反应中,增长链活性中心反式加成到反式单体上,得到对双等规立构聚合物,如图 8.14 所示。首先,单体加成到聚合链末端,新生成末端单元的碳—碳键发生了旋转,以降低 1,2-取代基的相互作用。如此加成,形成双等规聚合物。增长链活性中心以顺式加成到顺式单体上,形成叠双等规聚合物。如果增长链活性中心反式加成到顺、反异构的两种单体上,形成聚合物的立体结构刚好与上述情况相反。例如,氘标记的丙烯进行等规聚合反应时发生顺式加成;顺式-和反式-氘代丙烯聚合,分别得到叠双等规聚合物和对双等规聚合物,证明了上述结果。

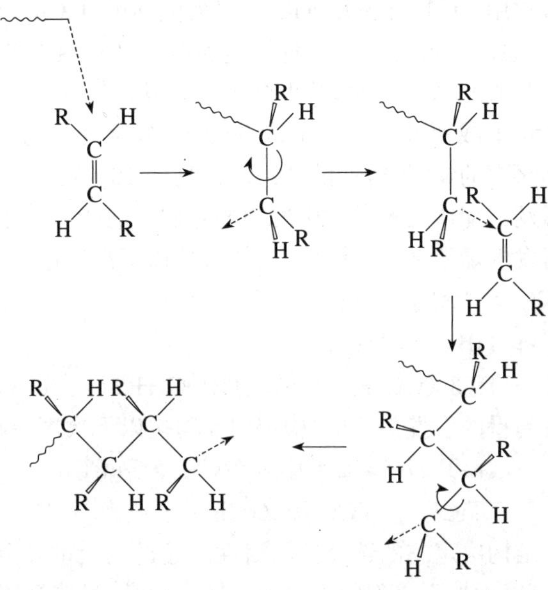

图 8.14　反式-1,2 二取代基烯烃的对双等规聚合

8.4.2　Ziegler-Natta 引发剂的组分

Ziegler-Natta 引发剂的立构定向能力和聚合活性随引发剂的组分和配比的改变有很大的不同，但影响规律随实验条件不同有很大差别，很难从机理上进行分析和解释。下面讨论的一般规律，只适用于 α-烯烃，不一定适用于其他单体，如 1,3-二烯；同时重点讨论引发剂组分对立构定向能力的影响。

1. 过渡金属组分

钛是研究得最多的过渡金属，作为引发剂活性中心的钛有 +4、+3 和 +2 等价态，多数研究结果表明三价钛具有最强的立构定向能力，但它的聚合活性不一定是最高的。由 α、γ 和 δ 晶相的 $TiCl_3$ 制得的引发剂比由 $TiCl_4$ 或 $TiCl_2$ 得到的引发剂有高得多的立构定向（等规立构）作用，$TiCl_2$ 作为引发剂是不活泼的，它可用球磨法活化，使之歧化成 $TiCl_3$ 和 Ti。氯化钛立构定向能力的顺序为

$$\alpha、\gamma、\delta\text{-}TiCl_3 > TiCl_2 > TiCl_4 \approx \beta\text{-}TiCl_3$$

β-$TiCl_3$ 的立构定向能力比 α、γ、δ-$TiCl_3$ 低得多，这是由它的晶体结构决定的。

活性种的价态不仅与过渡金属组分有关，而且与Ⅰ～Ⅲ族金属组分有关。例

如，配制引发剂时，常用 $TiCl_4$ 而不用 $TiCl_3$，因为液体的 $TiCl_4$ 与三乙基铝等一起使用时，大部分钛还原成三价态。Ⅰ～Ⅲ族金属组分和过渡金属的相对量会影响 Ti 的价态。当 Al/Ti 比例大于 3 时，几乎全部还原成二价钛，立构定向能力显著降低；最合适的比例为 1 或小于 1。对于以 $MgCl_2$ 作为负载物的引发剂，通常含 0.5%～2%(质量分数)的钛，最合适的 Al/Ti 比高达 10～100。

改变过渡金属及其配体的种类对引发剂的立构定向能力有很大的影响。钛化合物和三乙基铝引发丙烯聚合时，等规定向能力按以下次序递减：

$$\alpha\text{-}TiCl_3 > TiBr_3 > TiI_3$$

$$TiCl_4 \approx TiBr_4 \approx TiI_4$$

$$TiCl_4 > TiCl_2(OC_4H_9)_2 >> Ti(OC_4H_9)_4 \approx Ti(OH)_4$$

不同过渡金属制得的引发剂，其立构定向能力按以下次序递减：

$$\alpha\text{-}TiCl_3 > CrCl_3 > VCl_3 > FeCl_3$$

$$TiCl_4 \approx VCl_4 \approx ZrCl_4$$

引发剂的晶体结构决定它的选择性和活性。通过改变过渡金属、价态、配体以降低它的电负性，可以增加引发剂的立构选择性。通常，过渡金属组分的立构定向能力或聚合活性越高，与Ⅰ～Ⅲ族金属有机化合物反应生成引发剂时，其立构定向能力和活性的差别就越大。而这些变化对立构选择性差、活性低的过渡金属影响很小。

2. Ⅰ～Ⅲ族金属组分

对于 Ziegler-Natta 引发剂，Ⅰ～Ⅲ族金属组分不是绝对必需的，但它对引发剂的活性和立构定向能力有非常明显的影响。通常，只有Ⅰ～Ⅲ族金属与过渡金属化合物配合使用，才有高的聚合反应速率和高的立构规整度。使用Ⅰ族的 Li、Na 和 K，Ⅱ族的 Be、Mg、Zn 和 Cd，Ⅲ族的 Al 和 Ga 可以制得高活性的、用于乙烯或 α-烯烃聚合的引发剂。用Ⅰ～Ⅲ族的其他金属得到的 Ziegler-Natta 引发剂活性和立构定向能力则低得多。液态铝化合物容易制取和进行操作，是目前最常用的Ⅰ～Ⅲ族金属组分之一。镓也很活泼，但很贵。锌和镁的烷基化物是研究得最透彻的Ⅱ族金属组分；铍化合物由于毒性大，至今尚未深入研究。锂、钠和钾烷基化合物是研究得最多的Ⅰ族金属组分。总的说来，Ⅰ族化合物难溶于一般的烃类溶剂，因而不如Ⅱ和Ⅲ族金属那样令人感兴趣；锂的烷基化物虽然可溶，但在烃类溶剂中的缔合作用很强。

对于某一Ⅰ～Ⅲ族金属，一般引发剂的立构定向能力随有机基团的增大而降低。对于过渡金属钛，AlR_3 中的烷基被卤素(氟除外)取代，均能增加引发剂的立构定向能力，但活性降低，其影响的大小顺序为 I>Br>Cl。当卤素继续取代第二个烷基时，引发剂的活性进一步降低，引发剂的立构定向能力也有中等程度的下降。钒化合物与 AlR_3 组合，是等规聚丙烯引发剂，与 AlR_2Cl 组合则形成间规聚丙烯。实际上，可溶性钒盐只有与 AlR_2Cl 配合使用，才能得到高产率的间规聚丙烯。

3. 第三组分

制备 Ziegler-Natta 引发剂时，可加入多种不同的化合物作第三组分，以增强引发剂的立构定向能力和聚合活性。这些化合物为电子给体（路易斯碱），包括氧、水、无机和有机卤化物、醇、酚、醚、酯、膦、芳香族化合物、二硫化碳以及六甲基膦酰胺。第三组分对引发剂的立构定向能力和聚合活性的影响随组分的种类、引发剂的两个主组分的不同有很大的变化。一些第三组分可以增加引发剂的立构定向能力和聚合活性，而另一些的效果则相反。还有一些第三组分能增加引发剂的立构定向能力，但是降低引发剂的活性，或者反过来。还有一些组分会影响聚合物的分子量，同时还改变引发剂的活性或立构定向能力。将过渡金属组分以细小颗粒状态负载于 $MgCl_2$，可获得很高的聚合活性，又能保持高的立构定向能力。

8.4.3　Ziegler-Natta 聚合反应的动力学

1. 聚合反应的动力学行为

Ziegler-Natta 聚合反应动力学是复杂的，只有极少数均相动力学行为类似于非配位的离子型聚合反应。非均相聚合反应的动力学行为非常复杂，如图 8.15 所示。过渡金属组分的较大颗粒为较小晶体形成的聚集体时，聚合反应通常表现出图 8.15 曲线 1 所示的行为。增长链的机械压力使大颗粒分裂成小颗粒，使引发剂的表面积和活性种的数目增加，导致聚合速率随时间增大。当引发剂颗粒不再分裂成更小颗粒，聚合就达到稳态。球磨处理可减小引发剂初始颗粒的大小，缩短达到稳态聚合所需时间，如图 8.15 曲线 2 所示。影响初始阶段的因素还有两种金属组分反应生成活性种所需的时间、慢引发反应和杂质，使用前，引发剂的陈化可以缓和这些因素的影响。高活性、负载型的引发剂几乎没有初始阶段，或者该阶段

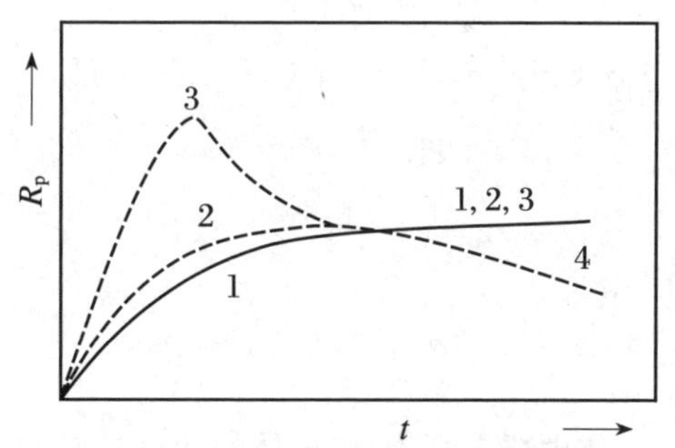

图 8.15　Ziegler-Natta 聚合反应中速率随时间变化的类型

的时间很短。

许多聚合反应,初始阶段表现出聚合速率快速增加到最大值,随后降低至稳态值,如曲线3所示。这说明聚合体系中存在活性不同的活性种。其中,某些活性种可能失活,通过引发剂的陈化处理可避免该现象。也有一些 Ziegler-Natta 引发体系,在初始阶段以后速率继续降低,如曲线4所示。可能的原因是活性中心的热失活或者过渡金属被Ⅰ～Ⅲ族金属组分过度还原。

链增长反应还存在扩散控制,即单体经过生成的聚合物,扩散到活性中心的过程成为决定速率的一步,提高搅拌速率可提高聚合速率,说明扩散控制的存在。

2. 终止反应

从活性位点而不是某个增长链考虑,Ziegler-Natta 聚合具有活性聚合的特征。增长链的活性寿命在数秒到数分钟范围,而活性位点的寿命可达数小时,甚至更长。一个活性位点可产生许多聚合物分子,说明链增长反应发生很多次断链反应,这包括以下4个过程。

(1) β-氢直接转移给过渡金属

$$\mathrm{Ti{-}CH_2{-}\underset{\displaystyle CH_3}{\underset{|}{CH}}{\sim\sim}} \xrightarrow{k_s} \mathrm{Ti{-}H + CH_2{=}\underset{\displaystyle CH_3}{\underset{|}{C}}{\sim\sim}} \tag{8.16}$$

式中,Ti 代表发生链增长反应的过渡金属活性位点。

(2) 向单体链转移

$$\mathrm{Ti{-}CH_2{-}\underset{\displaystyle CH_3}{\underset{|}{CH}}{\sim\sim} + CH_3CH{=}CH_2} \xrightarrow{k_{tr,M}} \mathrm{Ti{-}CH_2CH_2CH_3 + CH_2{=}\underset{\displaystyle CH_3}{\underset{|}{C}}{\sim\sim}}$$

或

$$\mathrm{Ti{-}CH{=}CHCH_3 + H_3C{-}\overset{\displaystyle H}{\underset{\displaystyle CH_3}{\underset{|}{C}}}{\sim\sim}} \tag{8.17}$$

在丙烯聚合中,向单体的两种链转移反应分别形成亚乙烯基和异丙基末端的聚丙烯;在乙烯的聚合中,只形成乙烯基末端的聚乙烯。

(3) 向Ⅰ～Ⅲ族金属烷基化合物链转移

$$\mathrm{Ti{-}CH_2{-}\underset{\displaystyle CH_3}{\underset{|}{CH}}{\sim\sim} + Al(C_2H_5)_3} \xrightarrow{k_{tr,M}} \mathrm{Ti{-}CH_2CH_3 + (C_2H_5)_2Al{-}\overset{H_2}{C}{-}\overset{\displaystyle H}{\underset{\displaystyle CH_3}{\underset{|}{C}}}{\sim\sim}} \tag{8.18}$$

铝—聚合物键水解形成异丙基末端。

(4) 向活泼氢化合物(如分子氢)链转移

$$\mathrm{Ti{-}CH_2{-}\underset{\displaystyle CH_3}{\underset{|}{CH}}{\sim\sim\sim} + H_2 \xrightarrow{k_{tr,H_2}} Ti{-}H + H_3C{-}\overset{\displaystyle H}{\overset{|}{\underset{\displaystyle CH_3}{\underset{|}{C}}}}{\sim\sim\sim}} \tag{8.19}$$

链断裂反应限制了聚合物的分子量。与链转移反应相同,它的发生伴随新增长链的生成。各种链断裂反应的重要性依赖于单体、引发剂各组分的类型和浓度、温度以及其他反应参数。在无 H_2 和其他活泼氢化合物时,β-氢转移占主导地位;H_2 是十分有效的链转移剂,用于乙烯和 α-烯烃聚合工业的分子量控制。向Ⅰ～Ⅲ族金属烷基化合物的链转移,随化合物不同存在明显差别。相对于二烷基锌,向三烷基铝链转移较小。向分子氢的链转移不仅影响聚合物的分子量,还影响聚合速率。通常,氢降低乙烯的聚合速率,提高丙烯的聚合速率。

3. 速率表达式

对引发剂和吸附不重要的 Ziegler-Natta 的聚合反应,聚合速率表达式如式(8.20)所示。

$$R_p = k_p[C^*][M] \tag{8.20}$$

式中,$[C^*]$为活性位点的浓度,单位为 $mol \cdot L^{-1}$。

在绝大多数 Ziegler-Natta 聚合反应中,吸附现象十分重要,需用非均相反应动力学处理。确切的动力学表达式,与每一聚合反应体中特定吸附现象有关。当仅发生单体被吸附到过渡金属活性位点上,可考虑使用 Langmuir-Hinschelwood 模型来处理。假设溶液中的Ⅰ～Ⅲ族金属组分,与单体在活性位点上发生竞争吸附,它们占据过渡金属位点的分数分别为 θ_A和 θ_M,由 Langmuir 等温线可给出

$$\theta_A = \frac{K_A[A]}{1 + K_A[A] + K_M[M]} \tag{8.21}$$

$$\theta_M = \frac{K_M[M]}{1 + K_A[A] + K_M[M]} \tag{8.22}$$

式中,[A]和[M]分别为溶液中Ⅰ～Ⅲ族金属组分和单体的浓度,K_A和 K_M为它们的吸附平衡常数。吸附在活性位点的单体的聚合速率 R_p为

$$R_p = k_p[C^*]\,\theta_M = \frac{k_p K_M[M][C^*]}{1 + K_A[A] + K_M[M]} \tag{8.23}$$

当Ⅰ～Ⅲ族金属组分不与单体竞争吸附时,$K_A[A] = 0$,则式(8.23)简化为式(8.24)。

$$R_p = \frac{k_p K_M[M][C^*]}{1 + K_M[M]} \tag{8.24}$$

聚合度由链增长速率除以所有链断裂(链转移)反应的总速率而得到,其表达式如式(8.25)所示。

$$\frac{1}{\overline{X}_n} = \frac{k_{tr,M}}{k_p} + \frac{k_S}{k_p K_M[M]} + \frac{k_{tr,A} K_A[A]}{k_p K_M[M]} + \frac{k_{tr,H_2}[H_2]}{k_p K_M[M]} \tag{8.25}$$

式(8.25)未考虑氢在活性位点上的吸附,若氢与单体和Ⅰ～Ⅲ族金属组分在活性位点发生竞争吸附,则应对 θ_A和 θ_M加以修正,并引入 θ_{H_2}。

4. 动力学参数值

要确定各个动力学参数,首先要测定活性位点的浓度[C*]。通常的方法是使用同位素标记的 CH_3O^3H、^{14}CO 或 $^{14}CO_2$ 猝灭活性位点,然后测定[C*]。其他还有数均分子量和聚合物产率相结合的方法;^{14}C-标记的Ⅰ～Ⅲ族金属有机化合物等。所有方法都有一定的局限性,例如用 CH_3O^3H 猝灭法测定出[C*]值偏高,其中一个原因是,反应(8.18)生成的聚合物链与甲醇反应。所以,要将不同转化率下测得的[C*]值,外推到零转化率。

文献所报道的活性位点的浓度范围为万分之几到百分之几十,说明不同的引发剂具有不同的聚合活性。另外一个原因是测定[C*]时存在较大的误差。同样,不同文献的 k_p和其他速率常数相差也很大。

表8.3列出了丙烯在己烷中(0.65 mol·L^{-1})聚合的各个动力学参数,引发剂为负载在 $MgCl_2$ 上的 $TiCl_4/Al(C_2H_5)_3$([Ti]=0.000 1 mol·L^{-1});苯甲酸乙酯和对-甲基苯甲酸甲酯分别作内和外路易斯碱,用猝灭法测定活性位点的总浓度,用ESR测定等规活性位点的浓度,等规和无规活性位点的量以总钛的百分数表示,分别为$(C^*)_I$和$(C^*)_A$,k_{pI}和 k_{pA}分别为二者的链增长速率常数。外加碱有利高度等规聚合,只有内碱而无外碱时,等规结构是无规的2.15倍,$(C^*)_I/(C^*)_A$值为0.25,k_{pI}/k_{pA}值为8.3;当内外碱都加时,无规活性位点的聚合活性降低,浓度下降,等规度增加25倍,等规指数由68.2%增加到96.0%。

表8.3的 $k_{tr,A}$、$k_{tr,M}$和 k_S是等规活性位点的值,它们比 k_{pI}的值低 10^4～10^6,这导致高的聚合物分子量。所以,要加 H_2 以降低聚合物的分子量。

表8.3 用 $MgCl_2/TiCl_4/Al(C_2H_5)_3$ 在50 ℃时引发丙烯聚合的动力学参数

动力学参数①	仅有内碱	内碱和外碱
$(C^*)_I$	6.0	2.3
$[C^*]_I$	6.0×10^{-6}	2.3×10^{-6}
$(C^*)_A$	24	2.4

续表

动力学参数①	仅有内碱	内碱和外碱
k_{pI}	138	133
k_{pA}	16.6	5.1
等规指数	68.2	96.0
$k_{tr,A}$②	4.0×10^{-4}	1.2×10^{-4}
$k_{tr,M}$②	9.1×10^{-3}	7.2×10^{-3}
k_k②	8.2×10^{-3}	9.7×10^{-3}

注：① 单位：(C^*)为%Ti，$[C^*]_I$为 $mol\cdot L^{-1}$，k_S为s^{-1}，所有其他速率常数为 $L\cdot mol^{-1}\cdot s^{-1}$；等规指数为样品不溶于回流正己烷中的百分数。

② 等规活性位点的值。

非均相 Ziegler-Natta 引发聚合，所生成聚合物的分子量分布与引发剂有很大关系。表8.3的聚合物的分子量分布稍大于3，绝大多数在5～30之间。等规定向度差的聚合反应，因存在多种活性中心，生成的聚合物分子量分布较宽。均相 Ziegler-Natta 上，活性位点的活性相差很小，所生成聚合物的分子量分布较非均相聚合窄。

大多数 Ziegler-Natta 聚合速率总活化能（E_R）在 20～70 $kJ\cdot mol^{-1}$范围内。聚合速率随温度的增加而增加，但聚合温度很少超过 70～100 ℃。因为在较高聚合温度下，引发剂的立构定向能力下降，引发剂稳定性减小，使聚合速率变小。

8.4.4 过渡金属氧化物引发剂

被负载的多种过渡金属氧化物能引发乙烯的聚合，氧化物有 CrO_3、MoO_3 和 V_2O_3，其中以 CrO_3 的聚合活性最高。载体为 SiO_2 和硅酸铝（混合的 Al_2O_3 和 SiO_2），有时用 TiO_2 来改善负载。CrO_3 引发剂被称为 Philips 引发剂，通常将 SiO_2 浸渍在 CrO_3 的溶液中，再在 500～800 ℃下加热。Cr 的负载量在 0.5%～5%之间。在加热过程中，载体表面的羟基和 CrO_3 反应，形成镉酸盐(8-20)和二镉酸盐(8-21)，如反应(8.26)所示

$$\text{—Si(OH)—O—Si(OH)—} \xrightarrow[-H_2O]{Cr_2O_3} \text{8-20: —Si—O—Si— bridged via O—Cr(=O)}_2\text{—O} + \text{8-21: —Si—O—Si— bridged via O—Cr(=O)}_2\text{—O—Cr(=O)}_2\text{—O} \quad (8.26)$$

8-20　　8-21

在 Philips 引发剂中,Cr(Ⅱ)和 Cr(Ⅲ)都被认为是活性氧化态。引发反应是乙烯与活性位点反应,生成 Cr—C 键。在还原性气氛(H_2、CO 或金属氢化物)下,对引发剂进行加热处理;或者用 AlR_3 或 $Al(OR)_3$ 处理。Philips 引发剂引发乙烯聚合,具有很高活性。工业上,1/4 到 1/3 的高密度聚乙烯和线形聚乙烯是用该引发剂生产的。但它没有用于丙烯和其他 α-烯烃的聚合,因为它没有立构选择性。

思考题

1. 陈述引发剂活性的定义。
2. 为什么说增长链活性中心是阴离子性质?
3. 什么是单体的一级和二级插入? 它与局域选择性有什么关系?
4. 试述等规立构聚合机理。
5. 使用异相引发剂时,为什么高分子链会在活性 Ti 上等规增长? 与引发剂的结构有什么关系?
6. 采用可溶性钒引发剂,引发丙烯聚合,可生成间规立构聚合物,为什么?
7. 什么是催化活性基控制机理? 什么是增长链末端控制机理? 它们有什么差别?
8. 试述双键打开方向对聚合物立体结构的影响。
9. Ziegler-Natta 引发剂有哪三个组分组成? 它们各起什么作用?
10. Ziegler-Natta 引发剂上,活性位点寿命很长,应生成非常高的分子量,而实际分子量有限,为什么?
11. 试述速率方程式(8.23)成立的条件。
12. 试述影响分子量和分子量分布的因素。
13. 什么是 Philips 引发剂? 它的活性基是什么?

8.5 茂金属引发非极性烯烃的聚合反应

8.5.1 茂金属引发剂的结构

茂金属是指具有结构通式为 $LL'MtX_2$ 的一类有机金属化合物,其中,Mt 通常为第四族过渡金属,如 Zr 和 Ti,Hf 较少见;X 通常为氯,也可以是甲基;L 和 L′为

η^5-环戊二烯基配体，包括 η^5-环戊二烯基(Cp)、吲哚(Ind)、四氢吲哚(H_4In)和芴(Flu)。

环戊二烯　吲哚　四氢吲哚　芴

最初，为了理解非均相等规聚合引发剂的作用机制，以模型化合物茂金属作引发剂，研究 α-烯烃的聚合。结果发现它比传统 Ziegler-Natta 引发剂更好，例如，每个过渡金属原子都有聚合活性，使反应活性增加百倍；适当选择配体和反应条件，可以控制聚合产物的立构规整性；与非均相 Ziegler-Natta 引发剂不同，茂金属引发剂的活性中心是单一的，因此它的引发聚合可同时控制分子量、局域选择和立构选择性。

最先研究的茂金属引发剂是钛和锆的二氯化物(Cp_2MtCl_2，Mt = Ti, Zr)，与传统 Ziegler-Natta 引发剂相似，也需要用路易斯酸作为助引发剂进行活化，有时也称它为活化剂(activator)。AlR_3 和 $AlRCl_2$ 作助引发剂时，对乙烯聚合是低活性，对 α-烯烃的聚合是无活性的。用甲基铝氧化物$[Al(CH_3)O]_n$(MAO)作为助引发剂时，可以提高它引发乙烯聚合的活性。MAO 与过渡金属反应时有两个功能，一是使过渡金属—Cl 键烷基化，另一是使第二个氯形成一个空配位和形成过渡金属阳离子，如反应(8.27)所示。

$$Cp_2TiCl_2 \xrightarrow{MAO} Cp_2Ti\begin{matrix} CH_3 \\ Cl \end{matrix} \xrightarrow{MAO} \underset{\textbf{8-22}}{Cp_2Ti^+\begin{matrix} CH_3 \\ \square \end{matrix}} \quad (ClMAO)^- \tag{8.27}$$

链增长反应的方式与 Ziegler-Natta 聚合相似。过渡金属有两个活性位点，如结构式 8-22 所示，分别为聚合物链(即 CH_3)和单体(即空配位)占据的位置。由于过渡金属与反阴离子($(ClMAO)^-$或$(MAOCl)^-$或两者的混合)的配位作用很弱，其聚合活性很高。如果该配位作用很强，则反应活性降低。结构式 8-22 中，过渡金属带正电荷，是因为 Ti 为 +4 价氧化态。

1. 茂金属的对称性

用 MAO 活化的 Cp_2MtCl_2 可使丙烯聚合，但是聚合反应没有立构选择性，聚合速率和聚合物分子量都不很高。只有当茂金属引发剂具有手性和刚性时，聚合反应才具有立构选择性、高聚合速率和高的分子量。用适当的取代基以桥连两个 η^5-环戊二烯配体，可使茂金属具备手性和刚性，如结构式 8-23 至 8-27 所示。这种由桥官能团相连的茂金属称为 ansa 茂金属。结构式中，配体为未取代和取代的

η^5-环戊二烯，如1-吲哚基、四氢吲哚基和9-芴基；R代表烷基和芳基；E代表桥官能团，如CH_2CH_2、CH_2、$Si(CH_3)_2$和$CH(CH_3)_2$等。过渡金属Mt有两个活性位点，一个连接增长链P，另一个为可与单体进行配位的空位(□)。

8-23　8-24　8-25　8-26　8-27

表8.4　茂金属引发剂的性质

茂金属	对称性	对称元素		配位位点①	聚合物结构②
		轴	平面		
8-23	C_{2v}	C_2	2	对映等同 NS, NS	无规 CEC
8-24	C_2	C_2	无	对映等同 E, E	等规 CSC
8-25	内消旋 C_s	无	1	非对映异构 NS, NS	无规 CEC
8-26	C_s	无	1	等同 E, E	间规 CSC
8-27	C_1	无	无	非对映异构 E, NS 或 E, E	不确定 CSC

注：① E为对映选择性的，NS为非对映选择；
② CEC为链末端控制，CSC为引发剂位点控制。

表8.4列出结构式8-23～8-27所示的茂金属引发剂的性质，同时也列出了它们的对称类型(C_{2v}，C_2，C_s和C_1)。例如，C_2轴对称是指当围绕C_2轴旋转180°形成与原来一样的结构。茂金属引发剂上两个活性中心之间有如下三种关系：相同结构(homotopic)、对映结构(enantiotopic)或非对映结构(diastereotopic)，这决定了生成聚合物的立构规整度和立构控制的类型。

茂金属的几何结构如8-28所示，两个η^5-环戊二烯基平面不相互平行，有一β夹角，通常在60°～75°范围内，确切值取决于配体和过渡金属类型。过渡金属为假四面体，α又称为咬合角(bite angle)，一般在115°～125°，δ略小于90°。

δ
β E
α Mt
Cl
Cl

8-28

2. C_{2v}-对称的茂金属

桥联和非桥联的 C_{2v}-对称茂引发剂，两个活性位点均为非手性，且有相同结构。它们引发的聚合反应是链端控制机理，形成无规聚合物。随温度和其他反应条件改变，有些引发剂引发的聚合反应，会生成等规或间规聚合物。

3. C_2-对称茂金属

桥连 C_2-对称 ansa 茂金属具有轴对称性，是手性的，它们两个活性位点都为手性。两个位点有相同构型，具有立构选择性，使单体以相同面进入链端，形成等规立构聚合物。在两类生成高立构规整聚合物的引发剂中，C_2 ansa 茂金属引发剂生成的聚合物，其立构规整性最高。C_2 ansa 桥连茂金属是对映异构体的外消旋混合物，如外消旋-二氯(二甲硅基)双吲哚基锆(8-29a 和 8-29b)。

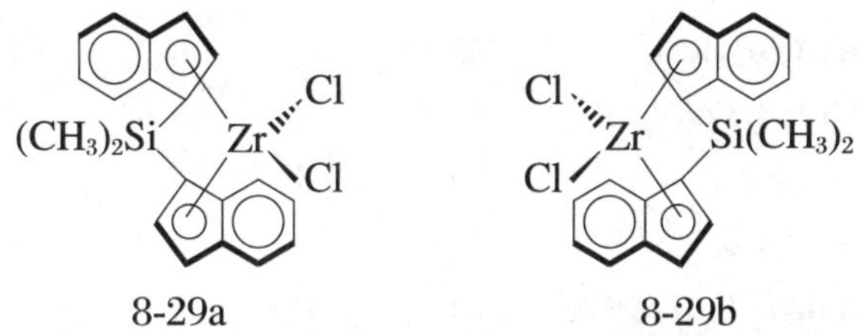

8-29a　　8-29b

外消旋化合物 8-29 是一对映异构体，是 C_2-对称的茂金属引发剂。每一对映体上两个配位点的手性分别为(R,R)和(S,S)。在合成该化合物时，得到的是一对外消旋化合物 8-29，和内消旋化合物 8-31 的混合物。后者可用结晶等物理方法分离出来，得到的内消旋化合物具有 C_s-对称性，其立构选择性与这一对映体十分不同。

与 Ziegler-Natta 立构规整聚合机理不同的是，茂金属引发剂是分子催化机理。位于活性中心的增长链要以一定的取向排列，以减小它与其中一个 η^5-配体的立体相互作用。形成的立体环境决定了单体以其中一面与过渡金属的空位配位。配位的单体插入高分子链末端，增长链发生迁移，它占据的位置变成空配位。由于两个配位点具有相同手性，单体在这两个位点上来回迁移插入，形成了等规聚合物。从以上机理可知，引发剂的结构对立构规整聚合有很大影响。

(1) 引发剂结构与聚合活性和立构选择性。C_2-对称 ansa 茂金属具有等规立构选择性，但它的选择性高低、活性和分子量随 η^5-配体、配体上取代基、过渡金属、桥官能团和反应条件的变化而变化。咬合角(α)和引发剂的刚性是两个重要结构因素，影响聚合反应和立构规整性。咬合角过大、刚性过低，增长链和单体不能很好被过渡金属定位，等规选择性降低；咬合角过小、刚性过强，增长链和单体不能与活性位点很好配位，也没有足够的移动性以完成迁移插入，也会使等规选择性降低。以下列出引发剂结构对聚合反应影响的一般规律。

① 锆的茂金属化合物(通常称“茂锆”)聚合活性最强，研究也最多，在>50 ℃时，可实现高立构选择性、高分子量和高聚合活性。与茂锆(zirconocenes)相比，铪的茂金属化合物活性稍低，但是聚合物的分子量较高。钛的茂金属化合物，其聚合活性和立构选择性都低于前两者。表 8.5 列出一些茂锆引发剂的性能。

表 8.5　外消旋-茂锆/MAO 引发的丙烯聚合

引　发　剂①	T(℃)	A②	($mmmm$)	M③ ($\times10^{-5}$)	PDI
$Me_2Si(3\text{-}Me\text{-}Cp)_2ZrCl_2$	30	16.3	0.93	0.17	2.3
$C_2H_4(3\text{-}Me\text{-}Cp)_2ZrCl_2$	40	5.8	0.92	0.20	2.3
$Me_2Si(2,3,5\text{-}Me_3\text{-}Cp)_2ZrCl_2$	50	207	0.96	1.8	1.9
$Me_2Si(2\text{-}Me\text{-}4\text{-}Ph\text{-}Ind)_2ZrCl_2$	70	755	0.95	7.3	—
$Me_2C(3\text{-}t\text{-}Bu\text{-}Ind)_2ZrCl_2$	50	125	0.95	0.89	—
$CH_2(3\text{-}t\text{-}Bu\text{-}Ind)_2ZrCl_2$	50	37	0.97	2.4	—
$Me_2Si(4\text{-}[1\text{-}naphthyl]\text{-}Ind)_2ZrCl_2$	50	875	0.99	9.2	—
$Me_2C(Ind)_2ZrCl_2$	50	66	0.81	0.11	—
$Me_2C(H_4Ind)_2ZrCl_2$	50	37	0.96	0.25	—

注：① Ind 为吲哚基，H_4Ind 为四氢吲哚基，naphthyl 为萘基；
② 1 mmol Zr 每秒生产聚丙烯的公斤数；
③ 重均分子量或黏均分子量。

② 在 Cp 配体(8-30)的 3-、4-位取代可大幅度提高引发剂的聚合活性、等规立构选择性和聚合物分子量；2-、5-位取代也有正效应，但是影响程度较低。H_4Ind 配体一般增加等规立构选择性，降低聚合活性，有时也导致聚合物分子量下降。

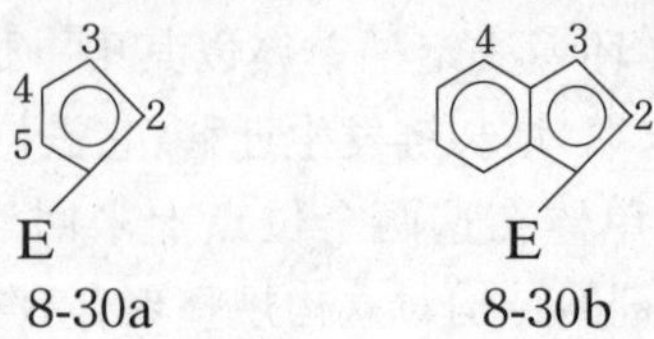

8-30a　　8-30b

③ 桥官能团对聚合反应的影响与配体密切相关。对于未取代的吲哚配体，等规立构选择性和聚合物分子量按以下顺序增加：$CH_2 < CH_2CH_2 < (CH_3)_2C < (CH_3)_2Si$；对 3-特丁基吲哚基配体，$CH_2$ 和$(CH_3)_2C$ 的等规立构选择性，高于 CH_2CH_2 和$(CH_3)_2Si$。当桥官能团大于两个原子，例如，$CH_2CH_2CH_2$，等规选择性和引发活性大为降低；当桥官能团体积过大或过长，例如，$(CH_3)_2SiOSi(CH_3)_2$ 和$(CH_3)_2SiCH_2CH_2Si(CH_3)_2$，形成的引发剂对丙烯聚合是没有活性的。

④ 聚合反应有很高的局域选择性，但对配体很敏感，非局域选择排列的比例一般在 0.3%～1.0%之间。

(2) 聚合反应条件与聚合反应。

① 聚合温度。提高聚合温度，聚合速率增加，但是等规立构选择性、局域选择性和聚合物分子量均降低。例如，使用 *rac*-$C_2H_4(Ind)_2ZrCl_2$/MAO 引发丙烯聚合，当聚合温度由 20 ℃升高到 70 ℃，(*mmmm*)由 0.92 下降到 0.83，黏均分子量由 56 000 下降到 19 600，局域不规整分数由 0.4%增加到 0.7%。提高反应温度会降低引发剂和增长链活性中心的刚性，增加单体不规则插入增长链的概率。如果引发剂的刚性越强，温度对聚合的影响程度越小。

② 降低单体浓度会降低等规立构选择性。例如，*rac*-$C_2H_4(Ind)_2ZrCl_2$/MAO 作丙烯聚合的引发剂，当单体浓度从 11 $mol \cdot L^{-1}$降低至 0.4 $mol \cdot L^{-1}$时，(*mmmm*)由 0.87 下降到 0.55。增长链末端的立体异构是一单分子过程，应该与单体浓度无关。但是单体浓度低时，增长速率下降，从而有较多时间发生立体异构，使聚合物等规规整度下降。当单体浓度很稀时，生成了无规聚合物，且分子量下降很大。对刚性高的的引发剂，单体浓度对立构选择性影响较小。如 *rac*-$Me_2Si(2\text{-}Me\text{-}4\text{-}C_6H_5\text{-}Ind)_2ZrCl_2$/MAO，当单体浓度从 1.5 $mol \cdot L^{-1}$降到 0.1 $mol \cdot L^{-1}$，(*m*)从 0.97 下降到 0.93。

③ 引发剂和共引发剂浓度对等规结构有影响。由 $Me_2Si(H_4Ind)_2ZrCl$/MAO 引发 1-己烯聚合反应时，随茂金属和助引发剂浓度的增加，引发剂的等规立构选择性降低。例如，在 50 ℃，[M] = 8.0 $mol \cdot L^{-1}$，[MAO] = 63 $mmol \cdot L^{-1}$时，茂锆浓度从 5.2 $\mu mol \cdot L^{-1}$增加到 104 $\mu mol \cdot L^{-1}$，(*mmmm*)由 0.97 下降到 0.76；维持引发剂浓度为 52 $\mu mol \cdot L^{-1}$，MAO 浓度从 4.0 增加到 62 $mmol \cdot L^{-1}$，(*mmmm*)由 0.92 下降到 0.84。引发剂和共引发剂浓度增加，即每一增长链可聚合的单体量减少，这为立体异构化提供了更多时间，使等规立构减少。

4. C_s-对称茂金属

C_s-对称的茂金属有两类，它们的结构式分别为 8-25 和 8-26。其典型的化合物分别如 8-31 和 8-32 所示。这两类茂金属都有一个对称镜面，8-31 的镜面为水平面;8-32 则为垂直面,它们都不是手性分子。但是它们的立构选择性却有显著差异,8-31 生成无规聚合物,8-32 形成间规立构聚合物,8-31 为内消旋化合物,称为内消旋 C_s茂金属(meso C_s metallocene)。8-32 不是内消旋化合物,简单称为 C_s茂金属(C_s metallocene)。

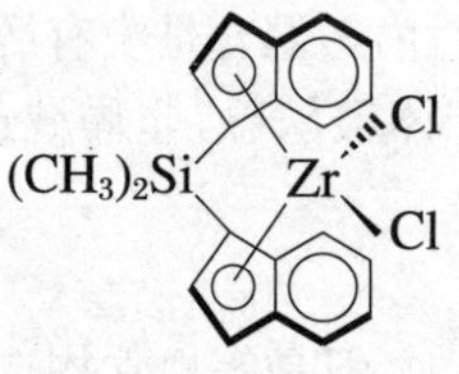

8-31 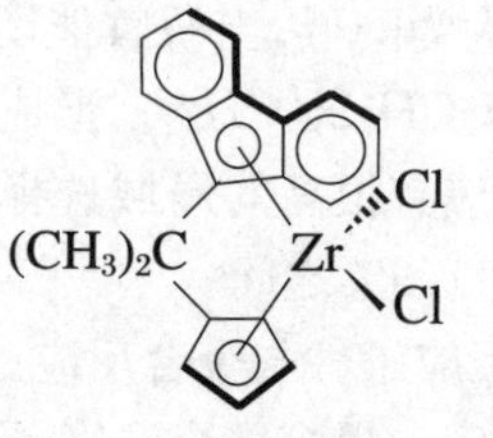　　8-32

内消旋 C_s茂金属的两个配位点为非对映异构,每一位点为非手性环境,生成高度无规聚合物,不过局域选择性却很高。而 C_s茂金属的两个配体是对称的,但不相同,两个位点具有手性。每个位点优先与单体的一个面配位,即一个位点与单体的 *re* 面,另一位点与 *si* 面配位,所以是催化剂活性基控制机理,形成间规立构聚合物,通常低温和高单体浓度生成高间规立构聚合物。例如,用 $Me_2C(Cp)(Flu)ZrCl_2$/MAO 引发丙烯聚合,当聚合温度从 0 ℃提高到 50 ℃,(*rrrr*)从 0.94 降到 0.88。

5. C_1-对称茂金属

C_1-对称茂金属有 8-27 所示的结构,它既无对称平面,也无对称轴。当 C_s 茂金属上的一个配体为非对称时,它就变成 C_1茂金属。8-33 和 8-34 是两个典型的 C_1茂金属。它们的两个配位点都是手性的,且为非对映异构,因此它们都具有对映选择性。

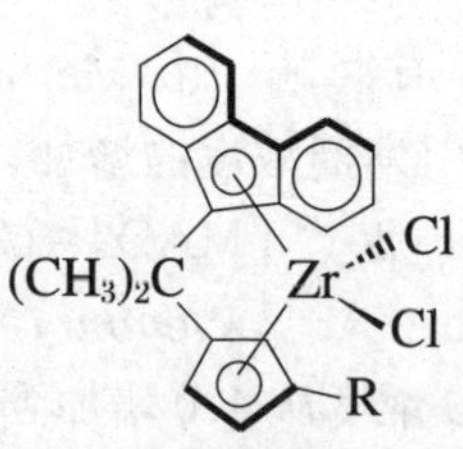

8-33 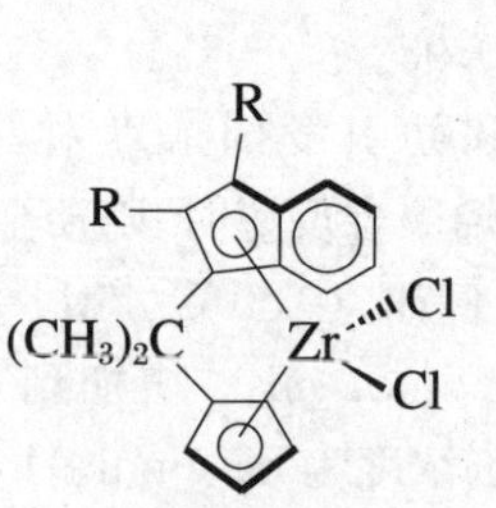　　8-34

随 η^5-配体、配体上取代基、过渡金属、桥官能团和反应条件的不同,C_1茂金属引发剂的对映选择性、活性和聚合物分子量有很大变化,显示出很宽的聚合反应行为,从半等规到中等间规,到中等等规,到高等规立构。聚合产物可以为无定形弹性体,或低结晶聚丙烯,到结晶的热塑性塑料。C_1茂金属上两个配位点有宽的立构选择性，被称为“双面”茂金属(dual-side)。

以 $Me_2C(3\text{-}R\text{-}Cp)(Flu)ZrCl_2$(8-33)体系为例，当 $R=CH_3$，在 −20 ℃聚合($[M]=1.8\ mol\cdot L^{-1}$)，生成聚合物的(*mmmm*)＝0.16，说明其中一个活性点有等规选择性，可能是有取代基 R，空间拥挤的位点，另一位点为无规选择性。提高聚合反应的等规立构性的一个方法，是增加 R 基团的体积，当 R 为异丙基时，(*mmmm*)＝0.64(60 ℃)；当 R 为特丁基，(*mmmm*)＝0.88(50 ℃)，或(*mmmm*)＝0.95(30 ℃)。用 $(CH_3)_2Si$ 代替桥官能团 $(CH_3)_2C$，可以提高茂金属引发剂的立构选择性。等规聚合反应的机理是：增长链配位在空间位阻小的活性点，单体配位在空间位阻大的活性点，也是增长反应的位点。由于位阻，增长链不稳定，它又迁移回到原来的活性点。如此反复，生成等规立构聚合物。提高温度，降低单体浓度可增加等规立构选择性，这与 C_2 茂金属的规律相反。

C_1 茂金属的局域选择性很高，不规则的含量低于0.5%。

8.5.2　助引发剂

1. 甲基铝氧化烷(methylaluminoxane，MAO)

三甲基铝(TMA)的“控制”水解可生成 MAO，它是含 8-35($n=5\sim20$)所示重复结构单元的线形、环状和体形结构的混合物，它们的相对含量和分子量取决于合成方法和条件。

$$\left[\begin{array}{c} CH_3 \\ | \\ Al-O \end{array}\right]_n$$

8-35

茂金属用 MAO 处理后活化，而 MAO 本身形成反离子，如 $(ClMAO)^-$ 和 $(CH_3MAO)^-$。未反应的 TMA 存在两种形式：游离的 TMA 和结合的 TMA。游离的 TMA 降低引发剂活性和聚合物分子量，且改变动力学行为，必须通过真空将其除去。真空难以除去结合的 TMA，它也许对 MAO 的作用十分重要。

通常，MAO 与茂金属的摩尔比为 $10^2\sim10^4:1$，MAO 用量大大过量，才能获得高聚合活性和稳定的动力学数据。在加茂金属之前，首先将 MAO 加入到聚合体系中，以清除体系中的杂质，保护茂金属。

MAO 在脂肪烃溶剂的溶解度很低，长期储存稳定性差，通常以甲苯溶液的形式使用，在长期储存过程中，特别是当容器经常打开与潮气和氧气接触时，会出现沉淀。如果沉淀不严重，则不影响它的使用。为改善 MAO 的储存稳定性和在烷烃中的溶解性，可将 TMA 和三异丁基铝进行控制水解，得到的产品称为 MMAO。

由于MAO结构尚未确定，对由MAO和茂金属反应生成的确切的活性中心还缺乏深入了解。通常认为，可能是单金属引发种8-22（反应(8.27)）和双金属活性种8-36和8-37。随着茂金属和MAO的浓度改变，实际活性种会有变化。

$$\left[Cp_2Zr\begin{matrix}CH_3\\ \\ CH_3\end{matrix}Zr(CH_3)Cp_2\right]^+[CH_3MAO]^- \qquad \left[Cp_2Zr\begin{matrix}CH_3\\ \\ CH_3\end{matrix}Al(CH_3)_2\right]^+[CH_3MAO]^-$$

8-36　　　　8-37

2. 含硼的助引发剂

为避免因活化茂金属而过量使用MAO，以及从聚合体系中分离茂金属与助引发剂的反应产物，以更清楚了解茂金属引发的聚合反应，考虑选择其他路易斯酸代替MAO。例如，有机硼烷（如三（五氟苯基）硼烷[$B(C_6F_5)_3$]）和有机硼酸盐（如四（五氟苯基）硼酸三苯甲基盐[$(C_6H_5)_3C^+B(C_6F_5)_4^-$]）分别与二甲基茂金属反应，生成活性很高的茂金属硼酸盐（反应(8.28)和（反应8.29）），用于烯烃的聚合。与MAO不同，只要等摩尔的硼助引发剂与茂金属反应，就能活化引发剂。在有些聚合反应体系，引发剂比助引发剂过量才能得到高的聚合活性；且当引发剂与助引发剂的摩尔比为2∶1时，聚合活性最高，说明实际活性种为双金属8-36。

$$Cp_2Zr(CH_3)_2 + B(C_6F_5)_3 \longrightarrow [Cp_2Zr(CH_3)]^+[(CH_3)B(C_6F_5)_3]^- \tag{8.28}$$

$$Cp_2Zr(CH_3)_2 + (C_6H_5)_3C^+\ B(C_6F_5)_4^- \longrightarrow [Cp_2Zr(CH_3)]^+[B(C_6F_5)_4]^- + (C_6H_5)_3CCH_3 \tag{8.29}$$

MAO或硼化合物能活化茂金属，是因为形成了体积大，且与茂金属阳离子配位能力弱的阴离子。正因为阴离子配位能力弱，才不会与单体和活性点的配位竞争。阴离子的配位能力按以下顺序增加：$[CH_3MAO]^- > [(CH_3)B(C_6F_5)_3]^- > [B(C_6F_5)_4]^-$。$[B(C_6F_5)_4]^-$的配位能力太强，形成的引发剂不能引发聚合。

8.5.3　茂金属引发聚合的动力学

1. 聚合速率

茂金属的引发反应涉及茂金属(Mt)与MAO形成活性引发种(I^*)（反应(8.30)）、进而I^*与单体加成，形成起始增长活性链(M^*)（反应(8.31)）。

$$Zr + MAO \xrightleftharpoons{K_1} I^* \tag{8.30}$$

$$I^* + M \xrightleftharpoons{K_2} M^* \tag{8.31}$$

接着，单体与M^*发生增长反应(8.32)

$$M^* + M \xrightarrow{k_p} M^* \tag{8.32}$$

如果反应(8.31)是快速和不可逆的，即$[I^*]=[M^*]$，则聚合速率R_p的表达式如(8.33a)所示。

$$R_p = K_1 k_p[Zr][MAO][M] \tag{8.33a}$$

如果反应(8.31)是慢速和可逆的，则聚合速率R_p为

$$R_p = K_1 K_2 k_p[Zr][MAO][M]^2 \tag{8.33b}$$

如果使用分离的茂金属硼酸盐，不涉及8-31的平衡反应，则聚合速率为

$$R_p = k_p[I^*][M] \tag{8.34a}$$

如果考虑反应(8.31)是平衡反应，则聚合速率为

$$R_p = K_2 k_p[I^*][M]^2 \tag{8.34b}$$

实际上，对于丙烯和1-烯烃的聚合反应，R_p对单体浓度的级数在1～2之间。可能是活性种和反离子存在紧对和松对，它们的聚合反应速率不一样所致。理由是溶剂对聚合反应速率有影响。例如，在二氯甲烷中的聚合反应速率高于在甲苯中的聚合速度。R_p对茂锆浓度的级数为1，符合式(8.33)。R_p与[MAO]的级数不清楚。但是，存在最低和最大[MAO]/[Zr]比值。低于最低值，观察不到聚合反应进行，它对应于MAO清除杂质所需要的量；大于最高值，聚合速率不发生变化，它对应于MAO使茂锆完全转化成茂锆阳离子所需的量。对于*rac*-$Me_2Si(H_4Ind)_2ZrCl_2$/MAO引发1-己烯聚合，[MAO]/[Zr]比的最高值和最低值分别为600和150。在这一范围内，R_p与[MAO]大致为二级反应。

茂金属引发聚合的活化能相似于Ziegler-Natta引发剂，在40～60 kJ・mol^{-1}范围内。

2. 聚合度

茂金属引发聚合反应的聚合度可用经典Ziegler-Natta聚合的表达式(8.25)表示。在无H_2和其他链转移剂时，聚合度受制于β-H转移的链终止反应，形成不同端基的聚合物。这包括β-H转移反应(8.35)。

$$\sim\sim CH(R)-CH_2-CH(R)-CH_2Zr \longrightarrow \sim\sim CH(R)-CH_2-C(R)(Zr)-CH_3 \xrightarrow{-ZrH} \sim\sim CH(R)-CH{=}C(R)-CH_3 \tag{8.35}$$

可见,1-烯烃聚合产物的端基为双取代的双键;乙烯聚合产物,其端基为亚乙烯基。当1-烯烃聚合,单体为二级插入,形成的增长链末端进行氢转移,生成聚合物的端基也为亚乙烯基,如反应(8.36)所示。

$$\sim\sim CH_2-\underset{\displaystyle R}{\underset{|}{C}}HZr \xrightarrow{-ZrH} \sim\sim\overset{\displaystyle H}{C}=CH-R \qquad (8.36)$$

对于丙烯和1-丁烯的聚合反应,也可能发生β-烷基转移,生成聚合物的末端为乙烯基(反应(8.37))。

$$\sim\sim\underset{\displaystyle R}{\underset{|}{C}}H-CH_2Zr \xrightarrow{-RZr} \sim\sim\overset{\displaystyle H}{C}=CH_2 \qquad (8.37)$$

由于链转移反应的活化能高于链增长反应,升高温度聚合物分子量迅速降低,端亚乙烯基量减少,端乙烯叉基量增加。

茂金属引发聚合反应的分子量分布指数在2～5之间,聚合温度高,分子量分布宽增加,但与经典Ziegler-Natta聚合相比,分子量分布较窄。

思考题

1. 试述茂金属引发剂的组成和它们的作用。
2. 描述茂金属的几何结构。
3. 茂金属的哪些结构影响了生成聚合物的立构规整性?
4. 本节讨论了哪几种茂金属?它们有什么区别?
5. 本节讨论了哪两种立构控制机理?对聚合物的立体规整性有什么影响。
6. 茂金属引发剂的引发机理与Ziegler-Natta引发剂有什么区别和相似性?
7. 以C_v-对称茂金属为例,讨论茂金属结构和反应条件对立构选择性的影响。
8. MAO具有什么样的结构?是怎样制备的?
9. 试述MAO的性质和作用。
10. 相比MAO助引发剂,硼助引发剂有什么特点或优点?
11. 茂金属引发聚合反应速率与Ziegler-Natta引发剂有什么差别?
12. 茂金属引发剂引发聚合,生成聚合物的分子量受哪些反应的影响?

8.6　单茂金属引发剂和过渡金属络合引发剂

除 Ziegler-Natta 和茂金属引发剂外，另一类立构选择性引发剂，称为后过渡金属引发剂，或络合引发剂。

8.6.1　桥联和非桥联单茂金属引发剂

1. 桥联单茂金属引发剂

ansa-环戊二烯-胺引发剂（cyclopentadienyl-amido initiator，CpA）是典型的桥联单茂金属引发剂，属于限定几何构型催化剂（constrained-geometry catalysts，CGC）。它是指桥联茂金属的两个环戊二烯中的一个被给电子配体取代，如结构式 8-38 所示。金属为Ⅳ族元素，常见的为 Zr 和 Ti。结构式中，X 为 Cl，或甲基；R 为大的烷基如特丁基，或芳基。

$(CH_3)_2Si$ — Zr(X)(X) — N — R

8-38

环戊二烯与胺配体间有一短的桥基团将它们连接起来。CpA 可以使乙烯均聚和共聚，且有很高活性，生成高分子量聚合物。相比茂金属引发剂，CpA 上，金属位点有一开放的环境，允许体积较大的单体，如 α-烯烃和降冰片烯接近。所以，它可以使乙烯与许多体积较大的单体，如苯乙烯、降冰片烯、从 1-己烯至 1-十八烯等共聚。还可以使原位生成的大分子单体聚合，生成长链支化聚合物。这是因为在较高温度（>100 ℃）下，CpA 的活性不会损失。这是茂金属和传统的 Ziegler-Natta 引发剂无法实现的。由于 CpA 上，金属位点的开放特性，引发剂的立构规整控制性较差。例如，使用 $Me_2Si(Flu)(N\text{-}t\text{-}Bu)ZrCl_2$ 引发剂，引发丙烯聚合，得到聚合物的等规立构最高含量为，(*mmmm*) = 0.77。

CpA 引发剂结构对聚合反应有很大影响。聚合活性、分子量和共聚物中 α-辛烯的量按以下顺序增加：$Me_4Cp > Cp > Ind$；大的咬合角 α，（桥基团 $(Me_2Si)_2 > Me_2Si$）可提高活性，增加聚合物中 α-辛烯的含量。钛的活性和分子量稍低于锆，

却可提高聚合物中 α-辛烯的含量。

2. 非桥联单茂金属引发剂

非桥联单茂金属引发剂是指带有一个环戊二烯基(或其衍生物)和给电子配体的过渡金属络合物,如结构式 8-39 所示。金属为ⅣB 族过渡金属,最常见的为 Zr 和 Ti。除了芳氧基外,给电子配体还可以是胺基、脒基、亚胺基和膦胺基等。其中,芳氧基是一重要给电子配体,它的单茂金属 $CpTi(OAr)Cl_2$,不仅对乙烯、苯乙烯、非共轭二烯的聚合显示高活性,而且对 α-烯烃、环烯烃等与乙烯的共聚有很高的共聚活性,同时还可以使传统认为不能聚合的单体,如环己烯、2-甲基-1-戊烯等参与乙烯共聚。

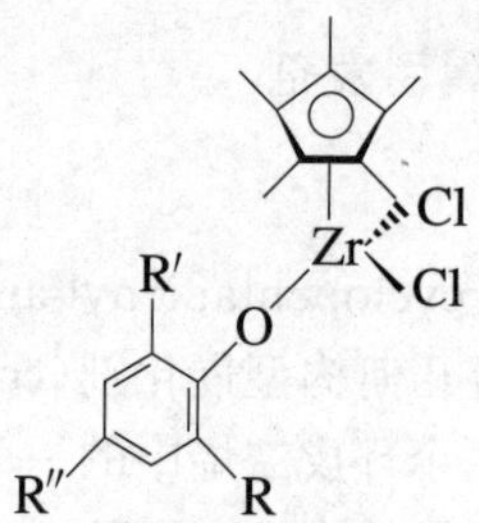

8-39

对比桥联单茂金属引发剂(8-38)和非桥联单茂金属引发剂,如 8-39 中,因没有桥基团,Ti—O 和 Ar—O 键是可以旋转的,这使引发剂具有高效性和广谱性。另外,芳基和环戊二烯上的取代基对聚合反应行为有重要影响。例如,用甲基铝氧烷作助引发剂,引发剂 $Cp'Ti(OAr)Cl_2$ 引发乙烯聚合反应时,苯环上的取代基对聚合活性有如下顺序:$2,6\text{-}i Pr_2 > 2,6\text{-}Me_2 > 2\text{-}t Bu\text{-}4,6\text{-}Me_2 > 2,4,6\text{-}Me_3 > 4\text{-}Me$。

因为 2,6-位上取代基的位阻较大时,可以阻止助引发剂 Al 与氧原子的反应,防止 Ti—O 键断裂,保护了活性中心。

8.6.2 过渡金属配合物引发剂

过渡金属配合物引发剂包括前、后过渡金属引发剂。它们是指不含有环戊二烯基团,配位原子为氧、氮、硫和碳;金属中心包括所有过渡金属元素和部分主族金属元素的有机金属配合物,且能催化烯烃聚合。ⅢB～ⅣB 族的过渡金属引发剂称为前过渡金属引发剂,而将ⅧB 族的过渡金属引发剂称为后过渡金属引发剂。

1. 后过渡金属配合物

由于过渡金属 Zr、Ti 和 Cr 的高亲氧性,它们不能用于极性单体聚合的引发剂。而后过渡金属,如 Ni 和 Pd 的亲氧性低,以它们为基础的引发剂,可以引发极性单体聚合。但是严重的 β-氢转移,使后过渡金属引发剂的活性低,只能形成二聚物和齐聚物。如果用大体积的α-二亚胺作配体，制成α-二亚胺后过渡金属配合物(α-diimine chelates of late transition metals)，单体的插入反应优于β-氢转移，从而形成高分子量聚合物。

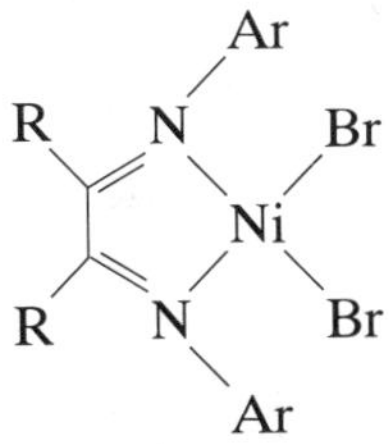

8-40

在MAO存在下，α-二亚胺-Ni或Pd络合物(8-40)引发乙烯聚合，生成分子量高达10^4～10^6的聚乙烯。钯引发剂引发聚合生成的聚乙烯，其分子量高于镍引发剂。与Pd和Ni不同，Pt引发剂无活性。

不同于茂金属和Ziegler-Natta引发剂，Pd和Ni引发剂生成的聚合物含有大量支链，且大部分为甲基。对Pd引发剂，每1 000个亚甲基有100个支链；Ni引发剂生成的支链少一些，每1 000个亚甲基，有5～50个支链。支链形成的机理如反应(8.38)所示。乙烯与金属的空位配位，再插入，形成如式8-41所示的络合物。β-氢转移到Ni空配位，增长链端形成$CH{=}CH_2$(式(8-42))。氢插入链末端乙烯基，形成一个甲基支链和恢复一个空配位，如结构式8-43所示。如果链端的4位，或更远的氢转移到金属空位上，则形成更长的支链。

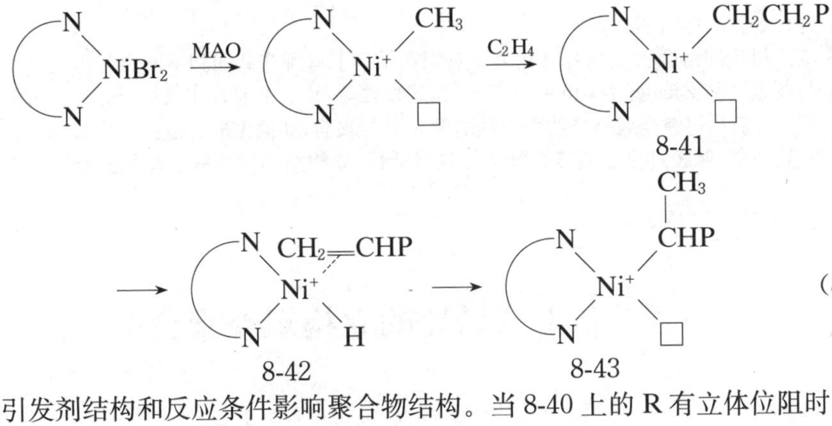

$$(N\frown N)NiBr_2 \xrightarrow{MAO} (N\frown N)Ni^+(CH_3)(\square) \xrightarrow{C_2H_4} (N\frown N)Ni^+(CH_2CH_2P)(\square)$$

8-41

$$\longrightarrow (N\frown N)Ni^+(H)(CH_2{=}CHP) \longrightarrow (N\frown N)Ni^+(CH(CH_3)P)(\square) \qquad (8.38)$$

8-42　　8-43

引发剂结构和反应条件影响聚合物结构。当8-40上的R有立体位阻时，或芳香基Ar的邻位有取代基时，聚合物分子量降低。减小乙烯压力，支化增加。升高温度增加支化，且分子量下降。室温引发丙烯聚合，生成无规聚丙烯；低温聚合是链末端控制机理，生成中等间规聚合物，(*rr*)最高为0.8。

2. 前过渡金属催化剂

水杨醛亚胺配合物(phenoxy-imine chelates)如结构式 8-44 所示。金属为 Ti 和 Zr 等第Ⅳ族元素;R^1通常为苯基或取代苯基。它(Ti 和 Zr)引发乙烯聚合时,有很高活性,得到分子量为 $M_v = 10^4 \sim 10^6$ 的聚乙烯。随 R^2 的位阻增大活性增加。

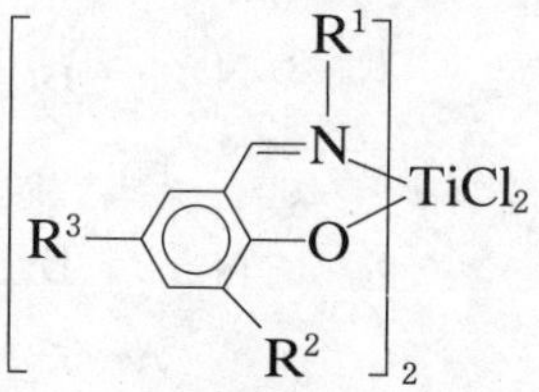

8-44

当温度从 0 ℃增加到 40 ℃,引发剂活性增加;继续提高温度,由于引发剂分解,活性降低。R^1 和苯环上有给电子基团,引发剂的稳定性增加;R^1 的邻位有大的烷基取代基,分子量增加,支化减少;邻位为 Cl 取代基,支化增加。相对于 Zr 引发剂,Ti 引发剂的活性低,生成的聚合物分子量高。

聚合反应的立构选择性依赖于过渡金属和引发剂结构。间规比等规更普遍;引发剂 8-44 一般为链端控制机理,生成高间规聚合物。例如,$R^2 = R^3$ = 特丁基时,聚丙烯的$(rr) = 0.92$。

思考题

1. 为什么称为络合引发剂?
2. 本节讨论的络合引发剂有哪几类?它们在结构上有哪些共同和不同点?
3. 与茂金属和 Ziegler-Natta 引发剂比较,环戊二烯-胺引发剂有什么特点?
4. 用二亚胺后过渡金属络合物引发剂引发 α-烯烃聚合,如何生成支链?为什么?
5. 试述酚氧-亚胺过渡金属络合物的结构对活性、立构选择性和分子量的影响。

8.7 1,3-二烯烃的立构规整聚合

8.7.1 自由基聚合

1,3-二烯烃的自由基聚合能生成多种立体异构的聚合物。表 8.6 列出了 1,3-

丁二烯、异戊二烯和2-氯丁二烯自由基聚合产物的结构。结果显示，1,4-聚合优先于1,2-和3,4-聚合，反式1,4-聚合优于顺式1,4-聚合。温度对聚合物结构影响的结果表明，反式1,4-聚合的活化能比顺式1,4-聚合的约低12 kJ·mol^{-1}。所以，随温度升高，反式含量降低，顺式含量增加。

表8.6　1,3-二烯的自由基聚合的立体化学

单　体	温度(℃)	聚合物结构(%)			
		cis-1,4	*trans*-1,4	1,2-	3,4-
1,3-丁二烯	−20	6	77	17	—
	20	22	58	20	—
	100	28	51	21	—
	233	43	39	18	—
异戊二烯	−20	1	90	5	4
	10	11	79	5	5
	100	23	66	5	6
	203	19	69	3	9
氯丁二烯	−40	1	97	1	1
	20	3	93	2	2
	90	8	85	3	4

1,3-二烯烃聚合时，自由基在末端单体单元的C2和C4间离域，因为C4的空间位阻比C2的小，所以1,4增长比1,2增长占优势，若C2有取代基，这优势更显著。例如，异戊二烯和氯丁二烯的自由基聚合，1,4聚合的含量明显高于1,3-丁二烯的自由基聚合(表8.6)。

$$\sim\sim\overset{1}{C}H_2-\overset{2}{C}H=\overset{3}{C}H-\overset{4}{C}H_2\cdot \longleftrightarrow \sim\sim CH_2-\dot{C}H-CH=CH_2 \tag{8.39}$$

反式1,4-聚合优先于顺式1,4-聚合，其原因是1,3-丁二烯主要以反式构型存在，当反式单体进攻反式占优势的增长链末端时，不需要改变构象；另一个原因是反式1,4-比顺式1,4-聚合物具有更高的稳定性。

8.7.2　阴离子聚合

1,3-二烯烃在阴离子聚合时，增长链活性中心可以是自由离子，也可以与反离子配位，导致生成聚合物的结构不同。表8.7列出了1,3-丁二烯和异戊二烯阴离子聚合，生成聚合物的结构。在极性溶剂如THF中聚合时，活性中心为自由阴离子或溶剂隔离的离子对，1,2-聚合的倾向优于1,4-聚合。异戊二烯聚合也存在相似的倾向，但是主要不是1,2-聚合，是3,4-聚合，因为3,4-聚合空间位阻小，电子云密度也低于1,2-双键。在非极性溶剂，如正戊烷或正己烷中聚合时，1,4-聚合倾向增加。当反离子为配位能力最大的锂离子时，尽管反式1,4-聚合物比顺式1,4-聚合物更稳定，但顺式1,4-聚合更易于发生，这种效应在异戊二烯聚合中更为显著。例如，在正己烷中，异戊二烯进行阴离子聚合，反离子为Li时，聚合物中顺式-聚合物1,4-聚合物结构的含量为93%。

表8.7　溶剂和反离子对1,3-二烯烃阴离子聚合的影响

单　体	反离子	溶剂	聚合物结构（%）			
			cis-1,4	*trans*-1,4	3,4-	1,2-
1,3-丁二烯（0℃）	Li	正戊烷	35	52		13
	Na	正戊烷	10	25		65
	K	正戊烷	15	40		45
	Rb	正戊烷	7	31		62
	Cs	正戊烷	6	35		59
	Li	THF	0	4		96
	Na	THF	0	9		91
	K	THF	0	18		82
	Rb	THF	0	25		75
异戊二烯（25℃）	Li	正己烷	93	0	7	0
	Na	正己烷	0	47	45	8
	Cs	无	4	51	37	8
	Li	THF	0	30	54	16
	Na	THF	0	38	49	13

至今还没有一个机理能解释1,3-二烯烃阴离子聚合的所有特点。丁二烯的NMR结果表明，存在如结构式8-45所示的，π和σ键的增长链。

$$\sim\sim CH_2-\overset{\delta^-}{CH}\underset{}{\overset{Li^+}{\cdots}}CH-\overset{\delta^+}{CH_2} \qquad \sim\sim CH_2-CH=CH-CH_2^- Li^+$$

8-45a　　　　8-45b

极性溶剂中，因阴离子和阳离子溶剂化，碳阴离子离域(8-45a)；在非极性溶剂中，当反离子与碳原子没有共价键合时，离域也能发生。当Li^+为反离子时，情况完全不同，烯丙基碳阴离子完全局域，形成如结构式8-45b所示的活性中心。因此，在非极性溶剂中，以Li^+为反离子时，1,4-聚合容易发生。顺式1,4-聚合比反式1,4-聚合占优势，这是由于顺式8-45b的反应活性比相应的反式高。1,3-丁二烯的1,2-聚合占优势表明8-45a上，C2比C4位更容易被单体进攻。

在 -20～50 ℃的温度范围内，1,3-二烯烃聚合物中，不同结构单元的相对含量对温度不敏感。表 8.8 列出了 1,3-二烯烃在非极性溶剂中，以 Li^+ 为反离子时，聚合反应的一些特征。无溶剂并且引发剂浓度很低时，顺式 1,4-聚合程度最高。因为增长反应仅发生在非络合的活性中心，而异构化可发生在络合和非络合的活性中心，随引发剂浓度增加，顺式 8-45b 异构化，生成稳定的反式 8-45b 的速率比增长反应速率增加得更快。增加烷基锂引发剂的浓度，相对非络合活性基，络合活性基浓度增加更多，有利于生成反式 1,4-结构。溶液聚合，生成顺式 1,4-聚合程度低于本体聚合。本体聚合的单体浓度高，聚合速率增加。但是，相对顺式 8-45b 的增长反应，随单体浓度增加，顺式 8-45b 异构化生成反式 8-45b 的速率较慢。

表 8.8　溶剂和引发剂浓度对异戊二烯的阴离子聚合的立体化学的影响(25 ℃)

溶剂	[RLi] ($mol \cdot L^{-1}$)	聚合物结构 (%)			
		cis-1,4	*trans*-1,4	1,2	3,4
无	8×10^{-6}	96	0	4	0
无	3×10^{-3}	77	18	5	0
正己烷	1×10^{-5}	86	11	3	0
正己烷	1×10^{-2}	70	25	5	0
苯	4×10^{-5}	70	24	6	0
苯	9×10^{-3}	69	25	6	0

经典的 Ziegler-Natta 引发剂和茂金属等引发剂体系用于 1,3-二烯烃的聚合，立构选择性强于烷基锂引发剂。表 8.9 列出了不同引发剂体系得到的聚 1,3-丁二烯和聚异戊二烯结构。结果表明，除等规 1,2-聚合物外，选择适当的引发剂，可以合成顺-1,4、反-1,4 和间规-1,2 聚合物中的任何一种。

表 8.9　1,3-二烯聚合反应的立体化学

单体	引发剂	聚合物结构
1,3-丁二烯	$TiCl_4/AlR_3$，Al/Ti=1.2(摩尔比)	50% *cis*-1,4，45% *trans*-1,4
	Al/Ti=0.5(摩尔比)	91% *trans*-1,4(摩尔比)
	TiI_4/AlR_3	95% *cis*-1,4
	VCl_3 或 VCl_4/AlR_3 或 AlR_2Cl	94%～98% *trans*-1,4
	$(\eta^3\text{-allylNiI})_2$	95% *trans*-1,4
	$(\eta^3\text{-allylNiCl})_2$	95% *cis*-1,4
	$Rh(NO_3)_3$	99% *trans*-1,4
	$Ni(octanoate)_2/AlR_3/HF$	97% *cis*-1,4
	$CoCl_2/AlR_2Cl$/吡啶	98% *cis*-1,4

续表

单体	引发剂	聚合物结构
	Co(acetylacetonate)$_3$/AlR_3/CS_2	99% *st*-1,2
	(η^3-cyclooctadienyl)Co(C_4H_6)/CS_2	99～100 *st*-1,2
	$CoCl_2$/MAO	98～99% *cis*-1,4
	Co(acetlacetonate)$_3$/MAO	94～97% *cis*-1,4
	Me_2C(Cp)$_2$Sm(η^3-allyl)$_2$Li	95% *trans*-1,4
异戊二烯	$TiCl_4$/AlR_3 或 AlH_3	96% *cis*-1,4
	VCl_3/AlR_3	97% *trans*-1,4
	Ti(OR)$_4$/AlR_3	60%～70% 3,4

8.7.3 阳离子聚合

1,3-二烯烃的阳离子聚合，其产物一般为低分子量的环状结构，没有什么实际应用价值。常用的阳离子引发剂以及 Ziegler-Natta 引发剂（通常是高比例的过渡金属/Ⅰ～Ⅲ族金属），在一定条件下都能引发此类反应，一般发生 1,4-聚合，且反式 1,4-聚合优于顺式 1,4-聚合。随着引发剂、单体和反应条件的不同，环化反应过程中，聚合产物的不饱和程度可以从约 80%变到近于 0。对 1,3-二烯烃阳离子聚合过程的环化机理，一般认为，环化反应可能是增长的碳阳离子进攻反式 1,4-双键，如式(8.40)所示。

(8.40)

经过类似的反应，如(8.41)所示，形成更多环的聚合物。

R^+

R

(8.41)

式中 R^+ 可以是引发剂活性中心，也可以是增长链末端的碳阳离子。

思考题

1. 1,3-二烯烃进行自由基聚合时，为什么容易进行 1,4-聚合？

2. 异戊二烯自由基聚合,生成的聚合物中,1,4-结构多于1,3-丁二烯聚合物,为什么?

3. 1,3-二烯烃在极性溶剂中进行阴离子聚合,1,2-聚合远优于1,4-聚合,为什么?

4. 试述反离子对1,3-二烯烃聚合的影响。

5. 为什么1,3-二烯烃阳离子聚合时,难以得到高分子量的聚合物?

6. 以1,3-丁二烯及异戊二烯为例,说明各自能生成多少种立构规整聚合物?如何合成它们?

8.8 其他单体的立构规整聚合

经典的Ziegler-Natta引发剂和茂金属引发剂可使许多单体聚合,如乙烯、α-烯烃(丙烯、1-丁烯、4-甲基-1-戊烯)、乙烯基环己烷和苯乙烯。使用某些茂金属引发剂引发异丁烯等1,1-二取代烯烃聚合,聚合按阳离子机理进行。

8.8.1 烃类单体

1. 1,2-二取代烯烃和环烯烃

因立体位阻,1,2-二取代烯烃一般不能聚合。只有少数特例如1-氘代丙烯和环烯烃能生成聚合物。某些1,2-双取代烯烃,如2-丁烯聚合时,它首先异构化成1-丁烯,然后聚合,生成聚(1-丁烯)。

由于环张力的存在,环烯烃易于发生聚合,引发剂可为传统的Ziegler-Natta或茂金属引发剂。环烯烃有两种可能的聚合方式,双键聚合或开环聚合(烯烃易位)反应,例如环丁烯进行的如下反应

$$\begin{array}{c} HC{=}CH \\ |\quad\ \ | \\ H_2C{-}CH_2 \end{array} \nearrow \left[\begin{array}{c} H\quad H \\ -C{-}C- \\ |\quad\ \ | \\ H_2C{-}CH_2 \end{array} \right]_n \tag{8.42}$$

$$\searrow \ \left(CH_2CH{=}CHCH_2 \right)_n \tag{8.43}$$

如反应(8.42)所示,双键聚合生成聚(1,2-亚环丁基),它有四种异构体。反应(8.43)所示的开环异位聚合,生成与1,3-丁二烯的1,4-聚合相同的产物,存在顺式和反式两种异构体。钒基Ziegler-Natta和茂金属引发剂几乎只使双键聚合。含钨、钛和钌的引发剂使单体发生开环聚合,得到相对量不同的顺、反式结构的聚合产物。

用某些含钛和钒的引发剂引发环戊烯聚合，形成的聚合物同时含有开环和双键聚合的两种结构单元。用含钼、钨以及Re、Nb和Tb引发剂只发生开环聚合，生成的聚合物中，顺式和反式结构单元的比例随催化剂的组分和浓度的变化而变化。使用不同的引发剂均不能使环己烯聚合，只有当环己烯基作为双环体系的一部分（如降冰片烯）才能发生聚合。环庚烯以及更大的环烯只发生开环聚合，因为较大的环能够调整双键而不出现大的张力，双键不会发生聚合。

2. 炔烃

使用四异丁氧基钛/三乙基铝（$Ti(i\text{-}BuO)_4/Al(C_2H_5)_3$）等 Ziegler-Natta 引发剂可使乙炔聚合，生成聚乙炔（反应(8.44)）。

$$CH \equiv CH \longrightarrow \left(CH = CH \right)_n \tag{8.44}$$

聚合物的顺式和反式结构单元的相对量与聚合温度有关。－18 ℃聚合，聚乙炔中，顺式结构单元含量为 90%；100 ℃聚合，反式结构单元含量超过 90%。聚乙炔经氧化剂如 I_2 或还原剂如 AsF_5 掺杂后，导电率有数个数量级的增加，在半导体材料、光电材料等领域获得应用。

3. 苯乙烯

苯乙烯与乙烯和 α-烯烃相比，具有微弱的极性。用传统非均相 Ziegler-Natta 引发剂进行立构选择聚合，可以得到超过 98%等规立构聚合物。间规度＞98%的聚苯乙烯，由可溶性钛引发剂（如 $CpTiCl_3$ 和 $CpTiCl_2$）和多种茂钛/MAO 引发剂获得。锆引发剂也可以使用，但是聚合活性较低。

在－40 ℃时甲苯中以正丁基锂作为引发剂，或者在－20 ℃时己烷中使用非均相 Alfin 引发剂（由烯丙基钠、异丙醇钠和氯化钠组成），可使苯乙烯发生部分等规聚合。部分间规聚苯乙烯也可用多种引发剂得到，如在－25 ℃时甲苯中以正丁基锂作为引发剂，或者 0 ℃时甲苯和－25 ℃时 THF 中用萘/Cs 作引发剂。苯乙烯的阳离子聚合很少有立构选择倾向，个别实例有 BF_3 和 $SnCl_4$ 引发 α-甲基苯乙烯的聚合有中等程度的间规选择性。

8.8.2 极性烯类单体的定向聚合

将单体、引发剂、溶剂及温度等搭配得当，甲基丙烯酸酯和乙烯基醚等极性单体也可以进行立构规整聚合。当链增长中心呈游离态，降低反应温度有利于生成间规产物，如同在自由基聚合反应和在溶剂化作用强的介质中进行的离子聚合一样。在溶剂化作用弱的介质中，增长链活性中心易与反离子形成紧对，离子聚合能形成等规结构聚合物。第 5 章所叙述的均相聚合条件下，许多极性单体也能发生有规立构聚合,但立构选择性远不及经典 Ziegler-Natta 和茂金属引发剂的聚合体系。

1. 甲基丙烯酸甲酯

对烷基锂引发丙烯酸酯和甲基丙烯酸酯的立构规整聚合已有研究,表 8.10 列出了反离子、溶剂和温度对甲基丙烯酸酯阴离子聚合,生成聚合物的立构规整性的影响。在极性溶剂(吡啶、THF)中,反离子与增长链活性中心被溶剂分子隔开,反离子对进攻单体插入增长链的立构没有影响,有利于间规链增长。间规程度随 Li、Na、K 的顺序递减,这与离子化程度的降低顺序相一致,最小的 Li^+ 离子最容易溶剂化,易与增长中心隔开,等规结构最少。随聚合温度降低,间规度增加,例如,以 Cs 为反离子,在 THF 溶剂中进行阴离子聚合,温度从 20 ℃下降到 −100 ℃,(*rr*)从 0.34 增加到 0.60。

表 8.10 反离子、溶剂和温度对甲基丙烯酸甲酯阴离子聚合立构化学的影响

溶剂	反离子	温度(℃)	三单元组		
			(*mm*)	(*mr*)	(*rr*)
甲苯	Li	0	0.72	0.17	0.11
吡啶	Li	0	0.08	0.32	0.60
甲苯	Li	−78	0.87	0.10	0.03
甲苯	Mg	−78	0.97	0.03	0
甲苯	Mg	−78	0.23	0.16	0.61
四氢呋喃	Li	−85	0.01	0.15	0.84
四氢呋喃	Li	−78	0.05	0.33	0.61
甲苯	Li	−78	0.78	0.16	0.06
甲苯*	Li	−78	0	0.10	0.90
甲苯	Na	0	0.57	0.31	0.12
吡啶	Na	0	0.12	0.46	0.42
甲苯	K	0	0.35	0.42	0.23
吡啶	K	0	0.14	0.53	0.33
四氢呋喃	Cs	20	0.10	0.56	0.34
四氢呋喃	Cs	−100	0	0.40	0.60

* 引发剂为 $t\text{-}C_4H_9Li + Al(C_2H_5)_3$

用非极性溶剂作介质时，聚合反应按照阴离子配位机制进行，反离子使单体等规地进入增长链。等规程度随反离子的配位能力而增加（Li>Na≫K, Cs)，较小的 Li 有较强的配位能力，因此具有较强的定向能力。增加反应温度，则降低等规度。

普遍认同的甲基丙烯酸甲酯等规聚合机理为：反离子与增长链末端单元配位，形成刚性的烯醇结构，与 Ziegler-Natta 增长链活性中心相似，强迫单体以一定方向加成到增长链末端，使聚合反应具有立构选择性。在特丁基锂引发甲苯溶液中的 MMA 聚合，生成等规立构聚合物（*mm*）= 0.78；在此体系中加入 Et_3Al，生成间规立构聚合物，(*rr*) = 0.90。表 8.11 中，在相同条件下，反离子均为 Mg，所得聚合物的立构却完全不同，一个为等规立构，(*mm*) = 0.97；另一为间规立构，(*rr*) = 0.61。其原因可能是实际引发剂不同，一个为 $t\text{-}C_4H_9MgBr$，另一为 $(t\text{-}C_4H_9)_2Mg$；是否将微量的乙醚完全除掉也是一个原因。

茂金属引发剂也能使丙烯酸酯和甲基丙烯酸酯进行立构规整聚合。其中，Ⅲ族过渡金属的茂化合物比Ⅳ族茂金属化合物具有较高的聚合活性，表 8.11 列出了茂金属引发 MMA 聚合的立构选择性。

表 8.11　甲基丙烯酸甲酯的茂金属引发聚合

引　发　剂	温度(℃)	聚合物	PDI
$SmH(Me_5Cp)_2ZrI_2$	0	(*rr*) = 0.95	1.1
$Cp_2YCli(THF)/MAO$	−60	(*rr*) = 0.90	—
rac-$C_2H_4(H_4Ind)_2ZrMe_2/Bu_3NHBPh_4$	0	(*mm*)>0.90	1.5
Cp_2ZrMe_2/Et_3NHBPh_4	0	(*rr*) = 0.80	1.2～1.4
rac-$C_2H_4(H_4Ind)_2ZrMe_2/Ph_3CB(C_6F_5)_4$	40	(*mm*) = 0.94	1.3
$Cp(Flu)ZrMe_2/Ph_3CB(C_6F_5)_4$	0	(*rr*) = 0.74	1.2
$Me_2CCp(Ind)ZrMe(THF)^+BPh_4^-$	−20	(*mm*) = 0.94	1.3
$Me_2CCp_2ZrMe(THF)^+BPh_4^-$	−45	(*rr*) = 0.89	1.3
$Me_2Si(Me_4Cp)(N\text{-}t\text{-}Bu)ZrL^+BAr_4^-$	−40	(*mm*) = 0.96	1.2

表 8.11 的结果显示，随引发剂不同，等规和间规立构选择性不同。其链增长反应机理如反应(8.45)所示。增长反应涉及两个茂金属原子，一个与增长链末端配位的茂金属（Zr^a）为中性烯醇式，另一与单体配位的茂金属（Zr^b）为阳离子烯醇

式。单体插入聚合物链末端，同时电子按结构式(8.45)上箭头所示的方向转移，生成新的增长链和有空配位的茂金属(8-47)，完成一次插入过程。中性和阳离子茂金属交替与单体配位和完成插入反应。单个Ⅳ族过渡金属没有足够电正性，难以同时与两个氧配位，所以为双金属机理。Ⅲ族过渡金属较大，有较高电正性，其茂金属引发剂有可能是单金属链增长机理。

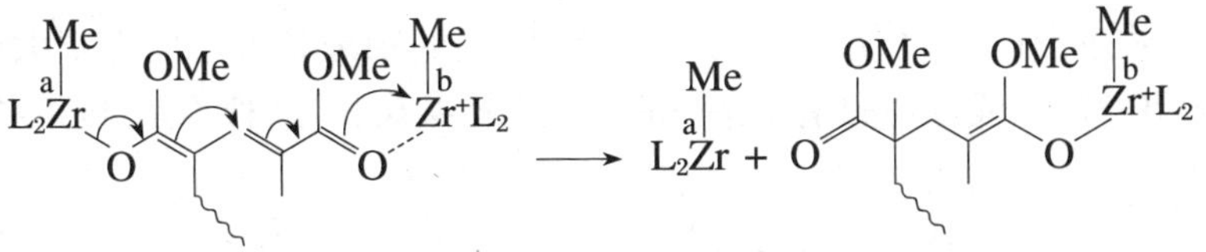

(8.45)

8-46　　8-47

2. 乙烯基醚

乙烯基醚等规聚合反应要求阳离子配位过程，类似于前面叙述的阴离子配位聚合，只是增长中心是碳阳离子，反离子为阴离子。各种均相或非均相引发剂均可生成等规度不同的聚合物，所说引发剂包括三氟化硼和其他路易斯酸，也包括用于 Ziegler-Natta 引发剂配方中的化合物。其中一些聚合反应有很高的等规选择性，如 $Al(C_2H_5)Cl_2$ 和 $Al(C_2H_5)_2Cl$ 在 -78 ℃、甲苯中引发异丁基乙烯基醚聚合，等规度达到 96%～97%；在温度和溶剂相同条件下，$AlBr_3$ 引发异丁基乙烯基醚聚合，生成产物大多是无规的。在与异丁基乙烯基醚高度等规聚合相同体系中聚合叔丁基乙烯基醚，却只得到中等等规度的聚合物。通常，溶剂、温度及其他条件对聚合的等规选择性有影响。

高间规度的聚乙烯基醚的例子很少，仅少数带有较大取代基的单体，如乙烯氧基三甲基硅烷和 α-甲基乙烯基甲基醚等，在极性溶剂和均相条件下，可得到间规聚合物。位阻较小的单体在极性溶剂中不能产生高间规度的聚合物，可能是由于增长链活性中心与烯醚类单体发生“溶剂化”作用。聚合反应一般使用的极性熔剂，如 THF，其极性不足以置换单体，以致不能使增长链活性中心高度溶剂化而相对自由，这是单体进行间规增长的条件。这一聚合反应机理普遍认为，溶剂化的碳阳离子与增长链末端前第三个结构单元，形成六元环活性增长链，如式(8.46)所示。

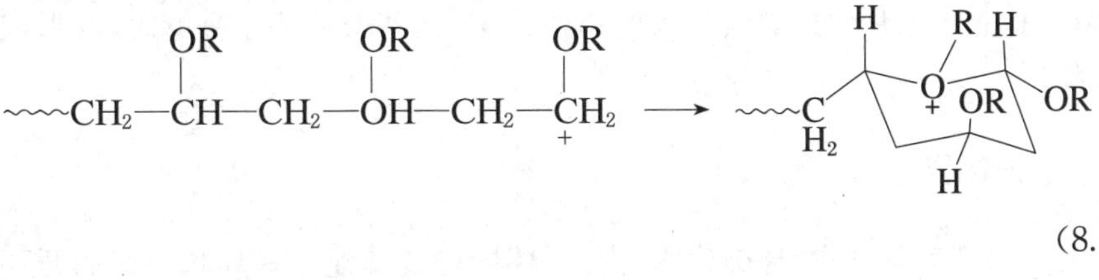

(8.46)

8.8.3 共聚反应

乙烯和 α-烯烃能进行无规共聚反应。共聚时，单体的反应活性为乙烯 > 丙烯 > 1-丁烯 >1-己烯。单体的竞聚率对引发剂体系的组成很敏感，表 8.12 列出了一些配位共聚的竞聚率。影响竞聚率的结构因素包括单体对引发位点的可接近程度、位阻效应和电子效应。共聚产物随引发剂的物理状态不同有很大的变化。使用均相引发剂一般得到的是非晶态的无规立构共聚物，这种乙烯/丙烯共聚物有良好的弹性。

表 8.12 Ziegler-Natta 共聚反应中的单体竞聚率

M_1	M_2	温度(℃)	引 发 剂	r_1	r_2
乙烯	丙烯	0	$Me_2Si(Ind)(Flu)ZrCl_2$	2.43	0.192
		—	$TiCl_3/Al(n\text{-}C_6H_{13})_3$	15.7	0.032
		26	$VOCl_3/Al(C_2H_5)_2Cl$	12.1	0.018
乙烯	1-丁烯	90	*rac*-$Me_2Si(H_4Ind)_2ZrCl_2$	83	0.0078
		20	$MgH_2/TiCl_4/Al(C_2H_5)_3$	55	0.02
乙烯	1-己烯	20	$MgH_2/TiCl_4/Al(C_2H_5)_3$	47	0.02
		60	*rac*-$Me_2Si(Ind)_2ZrCl_2$	11.1	0.021
		80	$(1,3\text{-}Me_2Cp)_2ZrCl_2$	75	0.058
		80	$(Me_5Cp)_2ZrCl_2$	1012	0.055
乙烯	降冰片烯	30	*rac*-$Me_2Si(Ind)_2ZrCl_2$	2.7	0.053
丙烯	1-丁烯	—	$VCl_4/Al(n\text{-}C_6H_{13})_3$	4.4	0.23
丙烯	苯乙烯	40	$TiCl_3/Al(C_2H_5)_3$	130	0.18

虽然 1,2-双取代的乙烯不能均聚，但可以用 Ziegler-Natta 引发剂使顺或反-2-丁烯与乙烯共聚，乙烯和 2-丁烯进行交替共聚以减少空间位阻。乙烯和环烯烃、特别是如降冰片烯这类体积大的单体共聚，在共聚单体量足够时，可形成交替共聚物。

8.8.4 开环聚合

虽然对环氧化合物、环硫化物、内酯、环烯烃及其他一些环状单体的开环聚合反应的立体化学进行过研究，但只是对环氧化合物研究较为深入。手性环状单体，如环氧丙烷能生成立构规整聚合物。当两种对映体中的一种单体聚合时，若如反应(8.47a)所示，始终断开1键，进行链增长反应，则形成等规聚合物。这种断键方式，是环氧和其他环状单体聚合时的普遍现象，虽不能说100%，至少高于90%。随键2开环（反应(8.47b)）增加，等规度下降。也有键2断开的引发剂，如用$Zn(C_2H_5)_2$或$Al(C_2H_5)_3$加水、$Zn(C_2H_5)_2$加甲醇引发环氧丙烷聚合，以及用$Al(O\text{-}i\text{-}C_3H_7)_3$引发环氧苯乙烯。断键选择性与引发剂组分及反应条件有关，如$Zn(C_2H_5)_2$和水引发体系，改变二者的相对含量，对开环方式的程度有很大影响。环氧化物的阳离子聚合比阴离子聚合的断键选择性和等规程度要低得多。

$$\text{环氧丙烷} \xrightarrow{1} \sim\!\sim CH_2\underset{}{\overset{CH_3}{\overset{|}{C}}}HO^-K^+ \qquad (8.47a)$$

$$\text{环氧丙烷} \xrightarrow{2} \sim\!\sim \overset{CH_3}{\overset{|}{C}}HCH_2O^-K^+ \qquad (8.47b)$$

外消旋环氧丙烷聚合，随引发剂不同，生成不同立构聚合物。KOH或碱金属氧化物引发的聚合反应，按反应(8.47a)断裂的选择性高达95%，但产物却是无规的，这是由于引发剂不能区分R和S的对映体，且这两种对映体的反应速率相同，并进行交叉链增长。当$Zn(OCH_3)_2$和$\alpha, \beta, \gamma, \delta$-四苯基卟啉氯化铝作引发剂时，反应完全以式(8.47a)方式进行开环，但得到聚合物的(m)分别为67%和68%，等规度只有中等。用$\alpha, \beta, \gamma, \delta$-四苯基卟啉/$AlCl_3$引发环氧丙烷的聚合反应，存在不对称选择性，但有严重的交叉增长反应。等规度随单体中R与S构型的比例而变化，最高为$(mm)=0.81$。

思考题

1. 试述引发剂对环丁烯烃聚合和生成聚合物的结构影响。

2. 试讨论烷基碱金属引发甲基丙烯酸甲酯聚合时，溶剂的极性、碱金属离子和温度对聚合物立构的影响。

3. 试述茂金属引发剂引发MMA进行立构规整聚合的机理。

4. 举例说明如何合成等规和间规聚乙烯基醚。

5. 光活性和消旋环氧丙烷聚合，能否生成立构规整聚合物？

8.9 工业应用

8.9.1 实施方法

工业上，实施乙烯、丙烯和其他 α-烯烃聚合的方法有溶液法、淤浆法和气相法。溶液法也曾用于乙烯的聚合，聚合温度为 140～150 ℃，压力达到 8 MPa，溶剂为环已烷。早期，效率较低的 Phillips 引发剂使用在较高温度下的溶液聚合。目前，溶液聚合局限于生产低分子量聚乙烯。随着不同高效率引发剂的开发，使低温淤浆聚合和气相聚合成为可能。相比溶液聚合，这两个方法消耗能量少，生产效率高。

经典的 Ziegler-Natta 引发剂和金属氧化物 Phillips 引发剂均可用于乙烯的淤浆聚合，但丙烯的聚合只能使用 Ziegler-Natta 引发剂，因为 Phillips 引发剂没有立构选择聚合能力。

自从 1968 年气相法用于乙烯聚合以来，该方法获得了迅速发展，现已扩展到乙烯共聚和丙烯聚合。与淤浆法比较，气相法最大优点是不使用溶剂，它是在流动床或搅拌床反应器中进行，温度为 70～105 ℃，压力 2～3 MPa。反应体系为充分搅拌的气相单体、引发剂和粉状聚合物的混合物，出料后，聚合物从单体中分离出来，单体循环使用。整个反应器的温度控制和温度均匀性是至关重要的，温度要维持在聚合物的软化点之下，以防止聚合物融合成一大块。聚合物凝聚会使温度无法控制，导致产物变质和反应器的损坏。引发剂通常为高活性的铬和钛基催化剂。对乙烯聚合，钛基引发剂生成聚合物的分子量分布较铬基引发剂窄。

8.9.2 乙烯及其共聚物的生产

1. 高密度聚乙烯(HDPE)

经典 Ziegler-Natta 和 Phillips 引发剂形成的聚乙烯与自由基聚合生成的聚乙烯在结构上存在差异，两者的支化程度分别为每 500 个结构单元含 0.5～3 和 15～30个甲基，分别称为线形聚乙烯和支化聚乙烯。线形聚乙烯的低支化度导致其具有高结晶度(70%～90%，而支化 PE 的结晶度为 40%～60%)、较高的密度(0.94～0.96 $g \cdot cm^{-3}$，而支化 PE 为 0.91～0.93 $g \cdot cm^{-3}$)和较高的结晶熔融温度(133～138 ℃,而支化 PE 为 105～115 ℃),因此它们又分别称为高密度聚乙烯和低密度聚乙烯(LDPE)。与 LDPE 相比,HDPE 有较高的拉伸强度、硬度、抗化学腐蚀性和上限使用温度,但是低温抗冲击强度、伸长率、渗透性和抗应力断裂能力下降。

大多数高密度聚乙烯的分子量在 50 000～250 000 之间,用途十分广泛,包括吹塑制品(如饮料瓶)、家庭用具和玩具,用量约为 40%;其次为注铸制品,用量约占 30%;剩余用量为挤出成型制品,如管、线和电缆。分子量低于数千的聚乙烯作为蜡的替代品,用于纸品涂层和抛光。

高分子量的聚乙烯会提高拉伸强度、伸长率、低温抗冲击性能和抗应力断裂,然而成本增加。高分子量高密度聚乙烯(250 000～1 500 000)用于矿山,气体、石油和输水用管,吹塑制品用于容器、大型储存箱,吹塑膜用作包装袋。超高分子量高密度聚乙烯(高于 1 500 000)有很高的抗磨损性和抗冲击强度,为热塑性塑料之最,用途包括低速轴承、雪橇变速器、滑板等领域。

2. 线形低密度聚乙烯(LLDPE)

乙烯和少量 α-烯烃(1-丁烯、1-己烯和 1-辛烯)进行配位共聚合,形成与自由基聚合产物相同的支化、低密度聚乙烯。这种线形低密度聚乙烯含有可控量的乙基、正丁基和正己基支链。在 1978 年以前,LLDPE 没有实现工业化生产。直到气相法技术发展到生产 LLDPE 的经济效益可以与高压自由基聚合技术竞争时,才得到迅速发展。LLDPE 的生产工艺无需添置新的高压聚合反应设备,可以使用与 HDPE 和聚丙烯相同的装置。

8.9.3　聚丙烯

在所有塑料中,聚丙烯的密度最小,为 0.90～0.91 $g \cdot cm^{-3}$;具有高的强度/质量比;结晶熔融温度高达 165～175 ℃,可使用温度高达 120 ℃;这两个温度皆高于高密度聚乙烯的相应值。丙烯聚合物的 20% 为共聚物,其中含 2%～5% 的乙烯,从而赋予透明性、韧性和柔性。聚丙烯模塑制品约占聚丙烯用量的 40%,用于制作一些耐用器件,如家居用具、家具和办公设备、电瓶盒、汽车内衬以及导气管,也可用作半硬性包装材料,如奶制品容器和药品用的瓶盖。挤出、吹塑和浇注成型的包装膜用于压敏胶、电器设备、玻璃纸的代用品以及包装带。吹塑成型的聚丙烯容器可用于高温场合。聚丙烯纤维制品约占聚丙烯用量的 15%,用于地毯、绳,特殊用途还包括鞋用和箱包用帆布、一次性注射针管等。

8.9.4 乙烯/丙烯共聚物

EPM 和 EPDM 分别为乙烯/丙烯和乙烯/丙烯/二烯烃的二元及三元共聚物，通常用作弹性体。EPDM 中含有约 4%(摩尔分数)的二烯烃，如 5-乙烯叉-2-降冰片烯，双环戊二烯和 1,4-己二烯、乙烯的含量在 40%～90%(摩尔分数)范围内。乙丙弹性体有很好的化学稳定性，特别是抗臭氧性；很高的性价比，在与填料和油共混后，仍能够保持原有的物理性能。

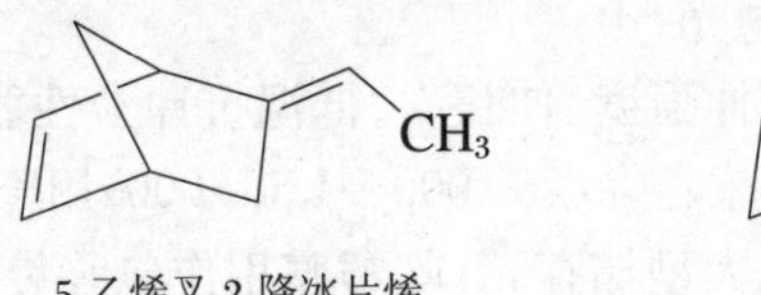

5-乙烯叉-2-降冰片烯

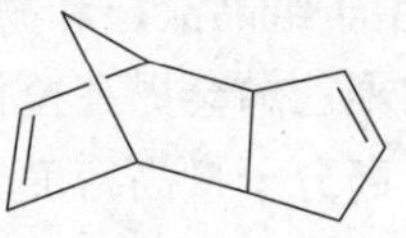
双环戊二烯

8.9.5 1,3-二烯烃的聚合物

二烯烃共聚物常用作弹性体，例如，苯乙烯/丁二烯共聚物称作丁苯橡胶，苯乙烯、丁二烯和少量不饱和羧酸形成的三元共聚物为羧酸化丁苯橡胶，丙烯腈/丁二烯称为丁腈橡胶、异丁烯/异戊二烯叫做丁基橡胶，以及苯乙烯和丁二烯或异戊二烯的嵌段共聚物。

顺-1,4-聚异戊二烯由烷基锂和 Ti/Al Ziegler-Natta 引发剂获得，反式1,4-聚异戊二烯由 V/Al Ziegler-Natta 引发剂制备，产量低。顺-1,4-聚丁二烯有较低的玻璃化转变温度，与天然橡胶相比，有较高的回弹性，但是耐磨性、拉伸强度较低，因此，顺-1,4-聚丁二烯与天然橡胶或丁苯橡胶混合使用，用于制作轮胎。相当一部分的顺-1,4-聚丁二烯用于合成 ABS 树脂。

聚氯丁二烯是由自由基乳液聚合生产的，高顺式聚氯丁二烯抗油性能仅次于腈基橡胶，它的强度仅次于 1,4-聚异戊二烯。但是高成本限制了聚氯丁二烯的使用。

8.9.6 其他的聚合物

与聚丙烯和高密度聚乙烯相比，聚(1-丁烯)和聚(4-甲基-1-戊烯)具有较高的熔融温度和使用温度。聚(1-丁烯)可用作冷、热水管和在高温进行物料传送的大口径管道；聚(4-甲基-1-戊烯)用于制作实验室、医院和厨房器具，如热水容器和微波用具，在汽车和电子等工业也有应用。间规聚苯乙烯是高度结晶的聚合物，熔点高达 270 ℃，有很好的强度，结晶速率高，用作工程塑料。等规聚苯乙烯具有优良性能，但是它的低结晶速率限制了它的使用。

思考题

1. 工业上，烯烃聚合有哪些方法？各方法有什么优缺点？
2. 试讨论高密度和线形低密度聚乙烯的结构和性能差别。
3. 试述聚丙烯的性质和用途。
4. 试述EPM和EPDM的结构和性质。

8.10　聚合物中的光学活性

光活性聚合物很少见。大部分间规聚合物是非手性的，因而无光学活性；大部分等规聚合物如聚丙烯和聚甲基丙烯酸甲酯，也是非光学活性的。这节讨论如何合成光学活性高聚物。

8.10.1　光活性单体

当对映异构单体中的一种进行等规聚合，生成的聚合物有光学活性，如(*S*)-3-甲基-1-戊烯聚合后，产生(*S*)-聚合物，等规度为100%的聚合物具有最高的旋光度。引入外消旋单体会降低聚合物的光学活性。

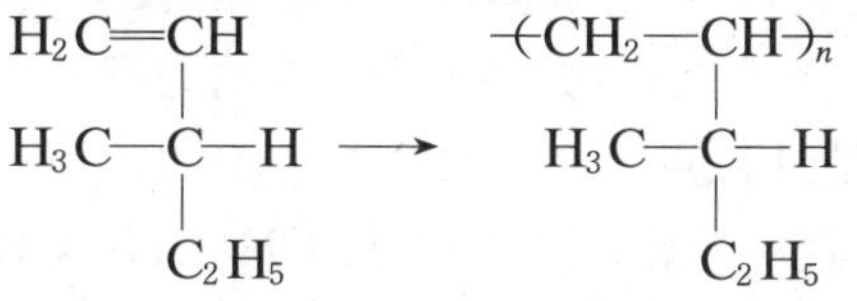

$$H_2C{=}CH{-}C(H)(CH_3)(C_2H_5) \longrightarrow {+}CH_2{-}CH(C(H)(CH_3)(C_2H_5)){+}_n$$

(*S*)-3-甲基-1-戊烯　　(*S*)-聚[3-甲基-1-戊烯]

8.10.2　手性构象

有些高分子通过手性构象而获得光学活性。由于引发剂由等量的两种对映体组成，因此等规聚合物如聚丙烯包含等摩尔的左、右螺旋构象，它们不具备光学活性。用非手性特丁基锂引发剂在己烷，58 ℃下聚合三氯乙醛，生成聚合物也是由等量的左、右螺旋构象构成。在等规聚合链增长反应中,较大的—CCl_3 基团迫使单体以内消旋的方式排列,形成螺旋构象。由于通过左或右螺旋进行链增长的机会均等,产物无光学活性。若用手性引发剂引发反应,得到的聚合物具有光学活性。例如,用(+)-或(-)-扁桃酸锂盐,或者(*R*)或(*S*)-2-乙基己酸锂引发剂引发三氯乙醛聚合,可生成某种螺旋构象占优势的产物。同样,在-78 ℃下,使用非手性正丁基锂和手性(+)-1-[2-四氢吡咯基甲基]四氢吡咯形成的光活性络合物引发甲基丙烯酸三苯甲酯的聚合,生成光活性聚合物。

8.10.3 对映体选择性聚合

随引发剂、单体和反应的条件不同,外消旋单体有两种等规聚合方式。一种为形成外消旋的对映体选择性聚合(racemate-forming enantiomer-differentiating polymerization),*R*-和 *S*-单体分别以相同的速率进行聚合反应,且两者不发生交叉增长,生成由全 *R*-和全 *S*-聚合物组成的外消旋混合物。这是引发剂控制立构机理,即手性 *R* 的活性中心只引发 *R*-单体聚合;手性 *S* 引发 *S*-单体聚合(反应(8.48))。当引发剂含有等量的 *R* 和 *S* 的活性位点,则生成的聚合物为外消旋混合物。若 *R* 和 *S* 活性位点的选择性较低,则有可能出现交叉增长,从而降低产物总的立构规整度。若用纯的对映体单体 *R* 或 *S* 进行等规聚合,则可以得到具有光活性的、全 *R* 或全 *S* 聚合物,其旋光方向通常与相应的单体相同。

$$S\text{-Monomer} \longrightarrow \sim\sim S—S—S—S—S—S—S—S\sim\sim \quad (8.48a)$$

$$R\text{-Monomer} \longrightarrow \sim\sim R—R—R—R—R—R—R—R\sim\sim \quad (8.48b)$$

另一种为不对称对映体选择性聚合反应(asymmetric enantiomer-selective polymerization),当某个对映体单体的聚合速率高于另一个对映体,生成的聚合物有旋光活性。极端情况是,一种对映体(如 *R* 单体)没有反应活性,则外消旋单体聚合可以生成光活性的全 *S*-聚合物,剩下未反应的为有光学活性的 *R*-单体。这种情况,只有当引发剂的活性位点只有一种手性才有可能发生。Ⅰ～Ⅲ金属的光活性化合物,如(*S*)-2-甲基-1-丁基锌[$(CH_3CH_2CH(CH_3)CH_2)_2Zn$]与过渡金属化合物,如 $TiCl_4$ 反应,可生成光活性的 Ziegler-Natta 引发剂。在 Ziegler-Natta 引发剂中加入一种手性电子给体,也可引发不对称对映体选择性聚合反应。乙烯基醚、丙烯酸酯和甲基丙烯酸酯都可能发生这种不对称选择性聚合。

不对称对映体选择性聚合需要具有一种手性的引发剂。通常的制备方法是,在引发剂中加入一个手性(*R* 或 *S*)组分,使活性位点只有一种手性(*R* 或 *S*)。这种引发剂能使与引发剂有相同绝对构型的单体进行增长反应,因为它们的官能团具有相似的空间效应和极性效应。不对称选择性聚合对单体和引发剂的手性位置非常敏感，当单体、引发剂的手性位置与反应键靠得最近时，最有可能发生不对称选择性聚合反应。如双键的 α 位上带手性的单体，如3-甲基-1-戊烯具有最大的不对称选择性，手性碳在 β 位上，如4-甲基-1-庚烯，不对称选择性急剧降低。当手性碳在 γ 位，如5-甲基-1-庚烯，不对称选择性基本消失。如果引发剂的手性碳在金属的 γ 位，而不是在 β 位上，一般不发生不对称选择性聚合。

如果聚合活性位点不是完全等规选择的，部分对映体单体会发生交叉增长，从而降低反应产物的等规度。

测定未反应单体旋光度(α)与反应程度(p)之间的关系，可获得等规聚合过程中的不对称选择聚合的程度。假定 R 和 S 对映体的反应速率分别如式(8.49)所示。

$$-\frac{d[R]}{dt} = k_r[C^*][R] \tag{8.49a}$$

$$-\frac{d[S]}{dt} = k_s[C^*][S] \tag{8.49b}$$

式中，k_r和 k_s分别为 R 和 S 对映体的聚合速率常数，$[C^*]$为活性位点的浓度，假定不对称选择性与加到增长链上的单体是 R 还是 S 无关。式(8.49a)与(8.49b)相除，再积分得式(8.50)。

$$\frac{[R]}{[R]_0} = \left(\frac{[S]}{[S]_0}\right)^r \tag{8.50}$$

其中，r 为 k_r和 k_s的比值，下标0表示起始浓度。变量 α、p 与浓度间的关系为

$$\alpha = \alpha_0\frac{[S]-[R]}{[S]+[R]} \tag{8.51}$$

$$p = 1 - \frac{[S]+[R]}{[S]_0+[R]_0} \tag{8.52}$$

其中 α_0为纯对映体的绝对值，合并以上3式得到式(8.53)。

$$(1-p)^{(r-1)} = \frac{(1-\alpha/\alpha_0)}{(1+\alpha/\alpha_0)^r}\frac{2^{(r-1)}[S]_0^r}{[R]_0([R]_0+[S]_0)^{(r-1)}} \tag{8.53}$$

当起始单体为外消旋混合物时，$[R]_0=[S]_0$，上式简化为式(8.54)。

$$(1-p)^{(r-1)} = \frac{(1-\alpha/\alpha_0)}{(1+\alpha/\alpha_0)^r} \tag{8.54}$$

8.10.4　不对称诱导

不对称对映体选择聚合的一个特殊实例是 $TiCl_4/Zn(i\text{-}C_4H_9)_2$ 引发剂引发光

活性的3-甲基-1-戊烯与外消旋的3,7-二甲基-1-辛烯的等规立构共聚,生成共聚物有光学活性。光活性3-甲基-1-戊烯的存在导致外消旋的3,7-二甲基-1-辛烯中,仅一种对映体进入增长链。这种一个单体的手性活性中心对第二种单体的定向作用,称为不对称诱导,这在自由基和离子共聚合也曾观察到,如光活性单体甲基丙烯酸 α-甲基苄基酯与马来酸酐的共聚物,当光活性的 α-甲基苄基被水解掉后,共聚物仍有光学活性。

思考题

1. 什么是对映体选择性聚合? 同为选择性聚合,为什么有时生成外消旋聚合物? 有时生成光活性聚合物?
2. 如何评估光活性引发剂的对映体选择性聚合的效率?
3. 怎样的单体结构较易生成光活性聚合物?
4. 何谓不对称诱导?

习　题

1. 用结构图表示下列每种单体可能产生的各有规立构聚合物,并用本章所述的命名方法对这些结构加以命名:

(1) $CH_2=CH-CH_3$;　(2) $CH_3-CH=CH-CH_3$;

(3) $CH_3-CH=CH-CH_2-CH_3$;　(4) $CH_2=CH-CH=CH_2$;

(5) $CH_3-CH=CH-CH=CH_2$;　(6) $CH_3-CH=C(Cl)-CH=CH_2$;

(7) $CH_3-CH=C(CH_3)-CH=CH_2$;　(8) $CH_3-CO-CCl_3$;

(9) $CH_3-\overset{O}{CH-CH}-CH_3$(环氧);　(10) 环己烯;

(11) 1-甲基环己烯;　(12) 环丁烯。

2. 比较高压聚乙烯与低压聚乙烯、等规聚丙烯与无规聚丙烯在聚合机理、生产工艺、产品结构、性能及用途上的异同。

3. 1,3-丁二烯进行自由基和离子型聚合时,它的1,2-、顺-1,4-和反-1,4-聚合的相对量是由什么反应条件决定的? 试举例说明。

4. 有人把Ziegler-Natta聚合看作是阴离子配位聚合,有什么根据? 存在哪些不足之处?

5. 配位催化聚合中的双金属活性中心和单金属活性中心机理的主要区别是什么?

6. 举例说明对映体选择聚合反应和不对称对映体选择聚合反应。

7. 在 Ziegler-Natta 催化聚合反应中，溶剂和反离子有什么影响？氢气为什么能调节聚乙烯和聚丙烯的分子量？

8. 非均相 Ziegler-Natta 引发剂和均相茂金属引发剂各自依靠何种不对称性来实现立构选择聚合的？

9. 茂金属引发剂由哪些组分构成？各组分代表性的化合物有哪些？用于进行立构选择聚合的茂金属引发剂应具备怎样的结构特征？

第 9 章　聚合物的化学反应

前面几章讨论了单体通过聚合反应合成聚合物的基本原理和方法；本章讨论通过不同化学反应改性已有的聚合物，以赋予其新的性质，这包括酯化、水解、氯化和交联反应。

9.1　聚合物官能团的反应性

高分子链上的官能团能进行与相应小分子同样的反应。但它与普通有机反应有差别，如高聚物上官能团的反应速率和最大转化率明显不同于相应的小分子同系物，这是由于它的反应活性受高分子骨架的影响，有它自身的规律。

9.1.1　产率

高分子反应的产率和转化率概念完全不同于小分子反应。例如，丙酸甲酯水解的转化率为 80%，是指 80% 的丙酸甲酯水解成丙酸；20% 未被水解，仍为丙酸甲酯。经分离提纯后，得到纯丙酸的量是理论值的百分数，称为产率。通常产率低于转化率。对于高分子反应则是另一概念。例如，聚丙烯酸甲酯水解的转化率为 80%，是指聚丙烯酸甲酯上，80% 的甲酯基水解，生成的聚合物含有 80% 丙烯酸结构单元和 20% 丙烯酸甲酯单元，如反应(9.1)所示。与小分子反应不同，并不能得到 80% 的纯聚丙烯酸和 20% 的聚丙烯酸甲酯。

$$\left[CH_2-\underset{\displaystyle COOCH_3}{\underset{|}{CH}} \right]_n \xrightarrow{\text{水解}} \left[CH_2-\underset{\displaystyle COOH}{\underset{|}{CH}} \right]_{0.8n} \left[CH_2-\underset{\displaystyle COOCH_3}{\underset{|}{CH}} \right]_{0.2n} \qquad (9.1)$$

9.1.2 基团的孤立效应

当高分子链上官能团相互反应,或与小分子反应时,由于反应是随机的,一定会在已反应的官能团之间残留单个官能团,它们不能再继续反应,所以存在着最大转化率。这一现象称为**孤立效应**。例如,聚乙烯醇的缩醛化反应,在已反应的羟基之间残留的未反应羟基,就难以再继续反应了,如反应(9.2)所示。对于这类反应,通过概率计算,羟基反应最大的转化率为86%。在锌粉存在下,聚氯乙烯的脱氯反应,实验测得的最大转化率与理论计算值非常相近。

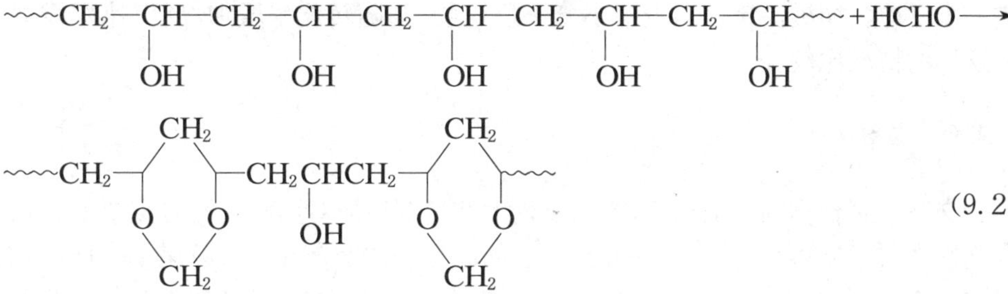

$$\sim\sim CH_2-\underset{OH}{\underset{|}{CH}}-CH_2-\underset{OH}{\underset{|}{CH}}-CH_2-\underset{OH}{\underset{|}{CH}}-CH_2-\underset{OH}{\underset{|}{CH}}-CH_2-\underset{OH}{\underset{|}{CH}}\sim\sim + HCHO \longrightarrow$$

$$\sim\sim CH_2-\overset{CH_2}{\underset{O\diagdown CH_2 \diagup O}{CH\qquad CH}}-CH_2\underset{OH}{\underset{|}{CH}}CH_2-\overset{CH_2}{\underset{O\diagdown CH_2 \diagup O}{CH\qquad CH}}\sim\sim \tag{9.2}$$

9.1.3 浓度

高分子反应中,浓度概念与小分子不同。高分子在溶液中以无规线团存在,功能基团在线团内的局部浓度(local concentration)较高,线团外则为零。例如,1%分子量为10^6的聚乙酸乙烯酯溶液,乙酰基团的整体浓度为0.11 mol·L^{-1},局部浓度高于0.55 mol·L^{-1}。高的功能团局部浓度,使它与小分子反应有较高的反应速率。整个反应速率是高是低,还取决于小分子反应物在高分子线团内的浓度。在反应物和聚合物的良溶剂中,则线团内和外的反应物浓度是相等的;如果官能团与小分子相互作用,小分子会富集在线团内,反应加速。

9.1.4 结晶性

结晶性和半结晶性聚合物的反应活性取决于反应温度和溶剂。在不破坏结晶的反应条件下,反应发生在无定形区。因为反应物很难扩散至晶区,导致晶区的官能团极难反应。例如,聚乙烯氯化、纤维素的乙酰化、聚酯的氨解等,都发生在无定形区。

有些反应先在聚合物结晶表面进行,然后反应物逐步向晶区渗透,只有经过相当长的时间后,才能使反应物渗透到整个晶区。相比无定形区,晶区官能团的反应程度仍然很低。

9.1.5 溶解性

当部分聚合物反应后，它的物理性质发生变化，使它从反应介质中沉淀出来，或形成黏度非常大的体系，从而影响进一步的反应。高分子反应对聚合物的溶解性影响是很复杂的。如聚乙烯的氯化反应，随着氯化反应进行，产物氯含量增加，溶解度也增加。当聚合物的氯含量增至30%后，再继续氯化反应，则产物的溶解度降低。直到氯化聚合物含氯量达50%～60%时，溶解度再度增加。溶解性变化影响高分子化学反应，如反应物析出，使小分子试剂不能扩散到聚合物内，限制了进一步反应。如沉淀聚合物吸附小分子反应物，则随转化率增加，反应速率增加，但这样的情况比较少。

9.1.6 交联

交联型聚合物的化学反应，交联点密度和溶解性质对反应活性有重要的影响。高交联度或不良溶剂将导致低的溶胀度，使小分子在聚合物中扩散速率降低，影响反应速率。例如，吡啶与卤代烃的 S_N2 反应，分别用2-戊酮、甲苯和正庚烷作溶剂，其反应速率比为7∶2∶1，因为溶剂极性有助于 S_N2 反应过渡态的电荷分离。交联的聚4-乙烯基吡啶与卤代烷，分别在上述三种溶剂中进行反应，其速率比为10∶10∶1。在甲苯中的反应速率有很大的提高，因为甲苯与2-戊酮一样，是聚乙烯基吡啶的良溶剂，它使交联的聚乙烯基吡啶充分溶胀，小分子反应试剂容易扩散入交联的聚合物网络。

9.1.7 空间位阻效应

当功能团紧靠高分子主链，或者存在立体位阻环境，或者反应物有很大的取代基，聚合物反应活性受立体位阻影响。例如，在丙烯酰胺与单体9-1的共聚物中，侧基上的对硝基酰苯胺基被 α-胰凝乳蛋白酶催化水解，当 $n<5$ 时，反应速率随 n 减小明显降低；因为 n 变小时，反应位置更接近高分子链，阻碍了 α-胰凝乳蛋白酶与反应官能团的接近。

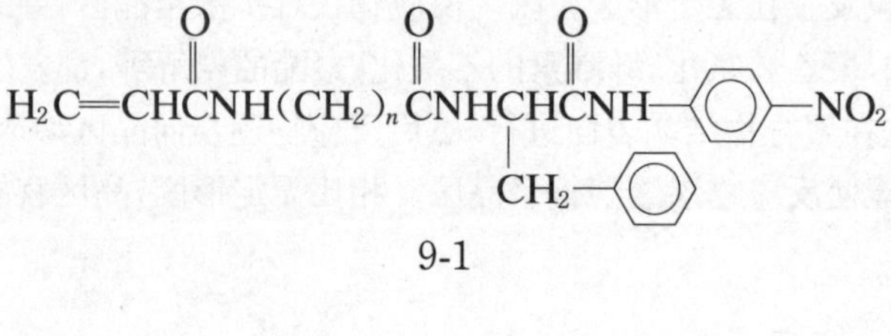

$$H_2C{=}CH\overset{O}{\overset{\|}{C}}NH(CH_2)_n\overset{O}{\overset{\|}{C}}NH\underset{CH_2-C_6H_5}{\underset{|}{C}H}\overset{O}{\overset{\|}{C}}NH-C_6H_4-NO_2$$

9-1

又如，高分子铑催化剂(9-2)催化环己烯加氢反应的速率比催化环十二烯快5倍；而小分子铑催化剂(9-3)对两种环烯烃的加氢具有相同的活性。

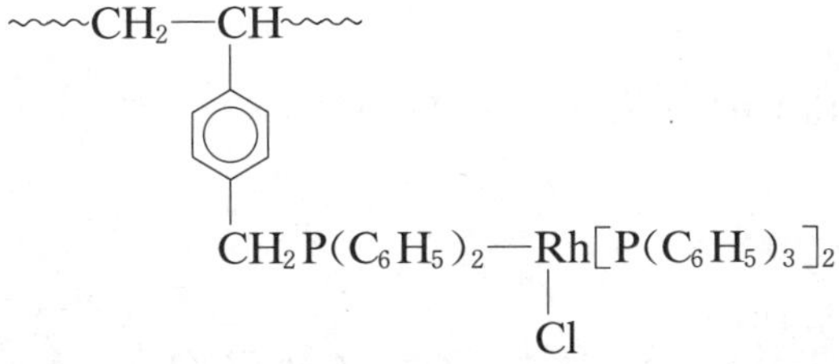

$$\sim\sim CH_2-CH\sim\sim\ (\text{—}C_6H_4\text{—})\ CH_2P(C_6H_5)_2-\underset{\displaystyle Cl}{\underset{|}{Rh}}[P(C_6H_5)_3]_2 \qquad (C_6H_5)_3P-\underset{\displaystyle Cl}{\underset{|}{Rh}}[P(C_6H_5)_3]_2$$

9-2 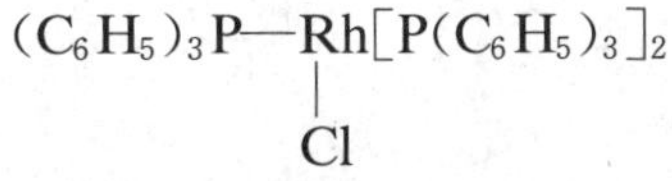　　　9-3

n-C_4H_9I 和 n-$C_{18}H_{37}I$ 分别与吡啶反应有相同的速率，但 n-C_4H_9I 和 n-$C_{18}H_{37}I$ 与聚4-乙烯基吡啶反应时，前者的反应速率是后者的4倍。

9.1.8 静电效应

当高分子反应涉及中性功能团转变为带电功能团时，反应活性随转化率增加而降低。例如，聚4-乙烯基吡啶的季铵化反应(9.3)，随转化率增大，高分子链上电荷密度增加，反应速率明显变慢。因为与已季铵化吡啶基团相邻的未反应的吡啶基团，其反应活性降低了3个数量级。这一现象在小分子反应中是观察不到的。

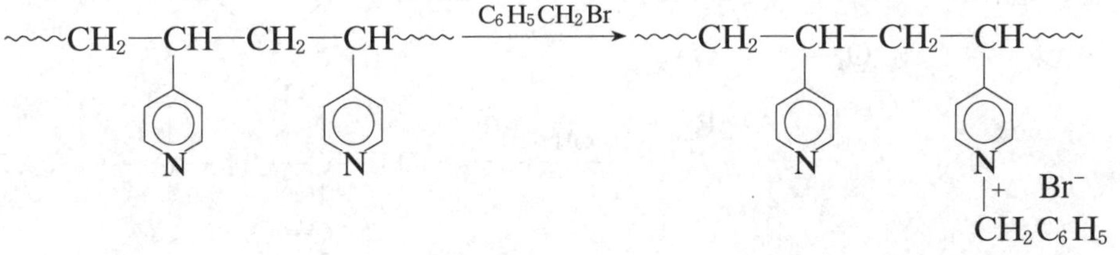

$$\sim\sim CH_2-\underset{C_5H_4N}{CH}-CH_2-\underset{C_5H_4N}{CH}\sim\sim \xrightarrow{C_6H_5CH_2Br} \sim\sim CH_2-\underset{C_5H_4N}{CH}-CH_2-\underset{C_5H_4N^+(CH_2C_6H_5)\ Br^-}{CH}\sim\sim \tag{9.3}$$

聚合物上的电荷会改变小分子反应物在聚合物中的浓度，从而影响反应活性。例如，聚甲基丙烯酸甲酯在较高浓度的KOH溶液中，进行皂化反应，反应速率随反应进行减小约一个数量级。因为部分水解形成的 COO^- 阴离子9-4排斥 OH^- 离子，随转化率增加，聚合物内的 OH^- 逐渐减少。

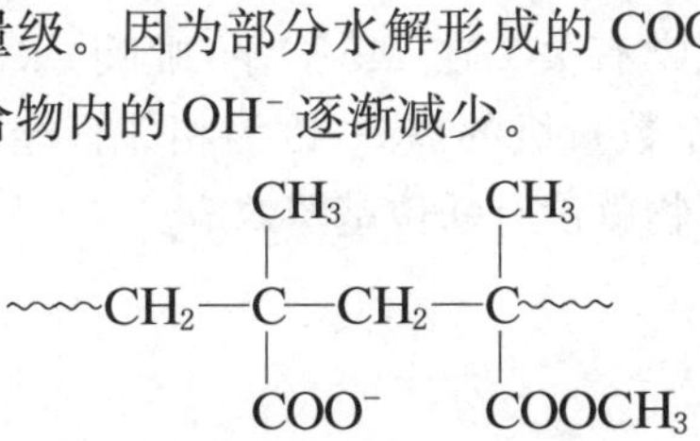

$$\sim\sim CH_2-\underset{COO^-}{\overset{CH_3}{C}}-CH_2-\underset{COOCH_3}{\overset{CH_3}{C}}\sim\sim$$

9-4

如果高分子反应生成的离子与反应物上电荷相反，则会加速反应的进行。例如，聚(4-乙烯基吡啶)与 α-溴乙酸阴离子反应(9.4)，季铵化生成的阳离子，能吸引和浓缩 α-溴乙酸阴离子，使反应加速。

$$\sim\sim CH_2-CH(C_5H_4N)\sim\sim + BrCH_2COOH \xrightarrow{-Br^-} \sim\sim CH_2-CH(C_5H_4N^+CH_2COO^-)\sim\sim \quad (9.4)$$

9.1.9 邻近基团效应

聚合物上官能团的反应活性受相邻官能团的影响。例如，在弱碱性或低浓度强碱溶液中，聚甲基丙烯酸甲酯和相关聚合物的皂化反应，出现自动加速现象。与先形成的羧酸根阴离子相邻的酯基，其水解并非直接与 OH^- 作用，而是与相邻 COO^- 的作用，其反应如反应(9.5)所示。

$$\sim\sim CH_2-C(CH_3)(COO^-)-CH_2-C(CH_3)(COOR)\sim\sim \xrightarrow{-RO^-} \sim\sim CH_2-C(CH_3)-CH_2-C(CH_3)\sim\sim\ (\text{环状酸酐 } O=C-O-CO) \xrightarrow{OH^-} \sim\sim CH_2-C(CH_3)(COO^-)-CH_2-C(CH_3)(COOH)\sim\sim \quad (9.5)$$

反应经历了一个形成环状酸酐的中间过程，通过所谓的邻位促进效应而使反应速率加快。**邻位官能团效应**(neighboring-group effect)不仅与官能团有关，而且与邻位官能团的立体化学有关。在 145 ℃下，吡啶-水溶液中，等规聚甲基丙烯酸甲酯反应速率有 1～2 个数量级的提高，因为相邻官能团有相同取向，有利于形成环状酸酐。而间规聚合物就没有邻位基团效应。

9.1.10 疏水相互作用

在水溶液中，聚合物与小分子反应物常发生疏水相互作用，使反应物在聚合物内的浓度增加，加速了反应的进行。例如，用小分子咪唑(9-6)和聚(4-乙烯基咪唑)(9-7)分别催化化合物9-5的水解。用咪唑催化时，化合物上 n 值改变，反应速率常数几乎为恒值；用聚乙烯基咪唑催化时，n 值从1增加到11，反应速率增加了30倍，比咪唑催化，反应速率增加了400倍。这是由于9-5上的取代基与咪唑基疏水相互作用，大大增加了反应物在聚合物内的浓度，从而提高了反应速率。

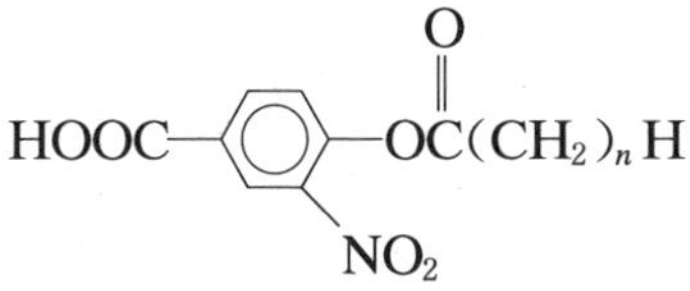

HOOC—C₆H₃(NO₂)—OC(=O)$(CH_2)_n$H　　9-5

HN—咪唑环—N　　9-6

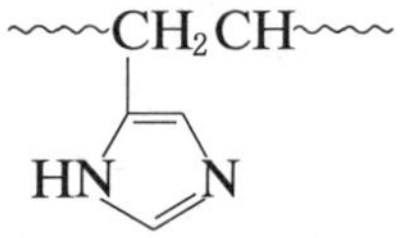

~~~~CH_2CH~~~~（侧基为咪唑环 HN—N）　　9-7

思考题

1. 有机反应中产率和转化率，与高分子反应中产率和转化率概念有什么不同？
2. 试讨论高分子骨架对反应活性的影响。
3. 高分子上官能团对反应活性有什么影响？

9.2　高聚物侧基的化学反应

有机化学反应主要是基团间的反应，如氢化、卤化、硝化、磺化、醚化、酯化、水解、醇解等。聚合物也有类似的基团反应。烯类单体聚合生成的聚合物往往带有侧官能团，如乙烯基、氯、苯基、羟基、羧基、酯基等，通过化学反应，可以转变成另一基团，形成新的聚合物衍生物。本节主要讨论这些基团的反应。

缩聚物往往无侧基，但在主链上有特征基团，如醚键、酯键、酰胺键等，可以进行水解、醇解、氨解等，这部分将在本章另一节中介绍。

9.2.1　纤维素的化学反应

纤维素是资源丰富的天然高分子化合物，主要来源于棉花和木材。除了棉花中的长纤维可以直接纺织成织物外，棉花短纤维和木材中纤维素必须经过适当的化学
~~~~

反应,才能形成有用的产物。天然纤维素的结构式如9-8所示。每个结构单元含有三个羟基,故纤维素有很强的氢键,结晶度也很高,天然纤维素加热直至分解也不熔融,难于加工。但是纤维素上有很多羟基,利用这些羟基的化学反应,如酯化、醚化等,破坏氢键,改变纤维素的性能,可使之成为具有多种优良特性的人造材料。

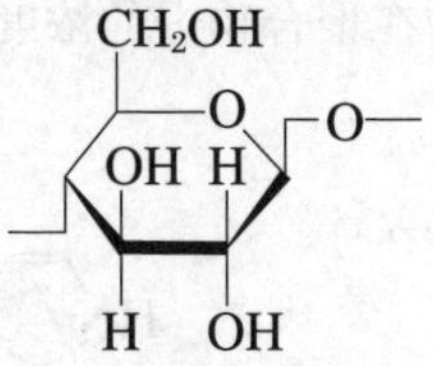

CH_2OH O —O— OH H H OH

9-8

1. 纤维素的溶解(黏胶纤维)

通过化学反应,纤维素转变成可溶性黄原酸衍生物,然后纺丝或成膜。其化学反应如反应(9.6)所示。

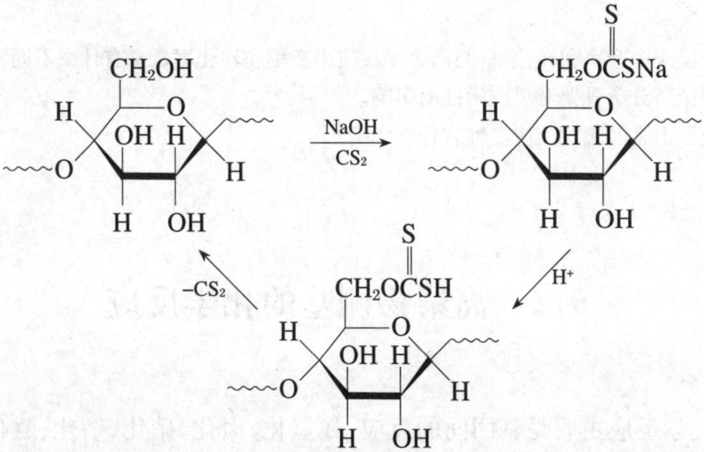

CH_2OH H O OH H ~~O H H OH $\xrightarrow[CS_2]{NaOH}$ $CH_2OC(=S)SNa$ H O OH H ~~O H H OH

$\xrightarrow{H^+}$ $CH_2OC(=S)SH$ H O OH H ~~O H H OH $\xrightarrow{-CS_2}$

(9.6)

2,3和6位上的羟基都有可能发生黄原酸化反应,实际生产中黄原酸化程度为每个重复单元大约0.5个黄原酸基团,这足以形成纤维素溶液。

2. 纤维素的酯化

纤维素的酯化产物有醋酸纤维,醋酸-丙酸纤维、醋酸-丁酸纤维和硝化纤维等。这些改性纤维均已工业化生产。酯化产物有两种:每个重复单元约有2.5或接近3个酯基。相比纤维素,酯化产物氢键和结晶度降低,具有很好的透明性、高韧性和强度,是热塑性材料,可以用挤出、注模和其他方法加工成制品。在酯化产物中,醋酸纤维的应用最为广泛,它是在强酸催化剂(如硫酸)存在下,在醋酸和醋酐混合液中进行乙酰化得到的,如反应(9.7)所示。

$$P{-}OH + CH_3COOH \xrightleftharpoons{H_2SO_4} P{-}O\overset{\overset{\large O}{\|}}{C}{-}CH_3 + H_2O \tag{9.7}$$

部分乙酰化纤维素是在适当条件下，对三醋酸纤维素控制水解得到的。对纤维素部分，酯化不能得到均匀酯化的产物。因为有的纤维素在反应混合物中不溶解，造成部分纤维素已全部乙酰化，而另一部分则完全没有反应，得到极不均匀的部分乙酰化纤维素。

醋酸纤维素可用作电影胶片、涂料、塑料制品。但用量最大的是用作人造纤维（又称人造丝）。

3. 纤维素的醚化

醚基纤维素是重要的材料，其中，甲基纤维素和羧甲基纤维素是在氢氧化钠作用下，纤维素与氯代烷（RCl）或 $ClCH_2COOH$ 反应制得的，如反应(9.8)所示。羟乙基纤维素是与环氧乙烷反应制得的。

$$P{-}OH + RCl \xrightleftharpoons{NaOH} P{-}OR + HCl \tag{9.8}$$

乙基纤维素具有耐化学试剂、耐寒、不易燃、对光与热较稳定以及能溶于廉价溶剂等优点，故可广泛地用作涂料、清漆、乳化剂、上浆剂、上光剂和黏合剂等。

9.2.2 聚乙酸乙烯酯的化学反应

聚乙酸乙烯酯除了用作塑料外，还可制备两种聚合物。一是聚乙烯醇，它是用甲醇醇解制得的（反应(9.9)）。

$$\sim\!\sim CH_2{-}\underset{\underset{\large OCOCH_3}{|}}{CH}\sim\!\sim \xrightarrow[OH^-]{CH_3OH} \sim\!\sim CH_2{-}\underset{\underset{\large OH}{|}}{CH}\sim\!\sim + CH_3COOCH_3 \tag{9.9}$$

酸和碱均可用作催化剂，但碱催化剂效率较高，且副反应少。反应生成糊状产物，蒸去低沸点生成物后，便得粉末状聚乙烯醇。

另一种聚合物为聚乙烯醇与醛进行缩合反应，制得聚乙烯醇缩醛（反应(9.10)）。

$$\sim\!\sim CH_2{-}\underset{\underset{\large OH}{|}}{CH}{-}CH_2{-}\underset{\underset{\large OH}{|}}{CH}\sim\!\sim \xrightarrow[-H_2O]{RCHO} \sim\!\sim CH_2{-}CH{<}\overset{CH_2}{}{>}CH\sim\!\sim \;(\text{两个 CH 各经 O 连于 } \underset{\underset{\large R}{|}}{CH}) \tag{9.10}$$

催化剂通常为酸。由于孤立基团效应,缩醛化程度不能完全。但缩醛化程度对产物的性能影响很大,作维尼纶时,反应程度一般控制在75%～85%。最常用的是缩甲醛(维尼纶)和缩丁醛(作黏合剂和涂料)。

9.2.3 聚烯烃的氯化及氯磺化

聚饱和烃和聚不饱和烃都可以进行氯化反应。

1. 天然橡胶的氯化

天然橡胶可以进行氢氯化和氯化反应。氢氯化是在10℃以下的一种亲电加成反应,服从Markownikoff规则,氯原子加在三级碳原子上,如反应(9.11)所示。少数阳离子中间产物9-9会发生环化反应。

$$\sim\sim CH_2-\underset{}{\overset{CH_3}{\overset{|}{C}}}=CH-CH_2\sim\sim \xrightarrow{H^+} \sim\sim CH_2-\overset{CH_3}{\overset{|}{C^+}}-CH_2-CH_2\sim\sim \quad \text{9-9}$$

$$\xrightarrow{Cl^-} \sim\sim CH_2-\underset{Cl}{\underset{|}{\overset{CH_3}{\overset{|}{C}}}}-CH_2-CH_2\sim\sim \qquad (9.11)$$

所得产物称为氢氯化橡胶,对水蒸气透过率低,可用作包装薄膜。

天然橡胶的氯化反应在60～90℃下,四氯化碳溶液中进行,生成含65%氯的氯化橡胶。反应过程比较复杂,包括氯在双键上的加成和烯丙基位置上的取代反应等。氯化橡胶具有高抗湿性和耐化学试剂的腐蚀。可用作抗化学和耐腐蚀涂料,织物的涂层等。

2. 饱和烃聚合物的氯化

聚乙烯、聚丙烯和聚氯乙烯以及其他饱和烃聚合物都可以进行氯化反应,均为自由基机理。热、光和所有自由基引发剂均可用于氯化反应,如反应(9.12)所示。

$$\sim\sim CH_2\sim\sim + Cl\cdot \longrightarrow \sim\sim \dot{C}H\sim\sim + HCl$$

$$\sim\sim \dot{C}H\sim\sim + Cl_2 \longrightarrow \sim\sim \underset{Cl}{\underset{|}{C}H}\sim\sim + Cl\cdot \qquad (9.12)$$

相比聚氯乙烯,氯化聚氯乙烯的 T_g 提高,从而提高了材料的上限使用温度。可用作冷、热水管,也可用作输送工业化学液体的管道。

聚乙烯在二氧化硫存在下氯化,生成了含氯和磺酰氯的弹性体,如反应(9.13)

所示。

$$\sim\sim CH_2 \sim\sim CH_2 \sim\sim \xrightarrow[-\ HCl]{Cl_2, SO_2} \sim\sim \underset{\substack{| \\ Cl}}{CH} \sim\sim \underset{\substack{| \\ SO_2Cl}}{CH} \sim\sim \tag{9.13}$$

商品化氯磺化聚乙烯中，每2～3个重复单元含一个氯原子，每70个重复单元有一个磺酰氯基团。由于这些基团的引入，破坏了聚乙烯的结晶，产品具有弹性。少数磺酰氯基团的存在，便于用金属氧化物硫化交联(反应(9.14))。

$$CHSO_2Cl \xrightarrow{PbO_2} CHSO_2—OPbO—SO_2CH \tag{9.14}$$

硫、过氧化物等也可用于硫化交联。氯磺化-硫化交联反应改进了材料的抗油、抗臭氧和耐热性能，可用于电缆绝缘，纤维表面涂层等。

9.2.4　芳环上取代反应

聚苯乙烯侧基苯环和苯相似，可以进行一系列的亲电取代反应。目前，应用广泛的阴、阳离子交换树脂和离子交换膜，主要是采用以二乙烯基苯交联的聚苯乙烯为树脂母体。其结构如9-10所示。

$$\sim\sim CH_2—CH(C_6H_5)—CH_2—CH(C_6H_4—)—CH_2—CH(C_6H_5)\sim\sim$$
$$\sim\sim CH_2—CH—CH_2\sim\sim$$

9-10

对树脂母体进行磺化(反应(9.15))或氯甲基化、胺化(反应(9.16))反应。

$$\sim\sim CH(C_6H_5)\sim\sim \xrightarrow{H_2SO_4} \sim\sim CH(C_6H_4SO_3H)\sim\sim \tag{9.15}$$

$$\sim\sim CH(C_6H_5)\sim\sim \xrightarrow[ZnCl_2]{ClCH_2OCH_3} \sim\sim CH(C_6H_4CH_2Cl)\sim\sim \xrightarrow{NR_3} \sim\sim CH(C_6H_4CH_2\overset{+}{N}R^3\ Cl^-)\sim\sim \tag{9.16}$$

树脂磺化后成为强酸型阳离子交换树脂；经氯甲基化和胺化后，生成强碱型阴离子交换树脂。树脂母体采用少量二乙烯基苯交联，以增加树脂母体的强度，同时防止溶解。

9.2.5 环化反应

聚双烯类例如天然橡胶，用强质子酸或者 Lewis 酸处理可发生环化反应。反应首先在一个双键上质子化，形成正碳离子，然后正碳离子进攻相邻的双键而成环，如反应(9.17)所示。

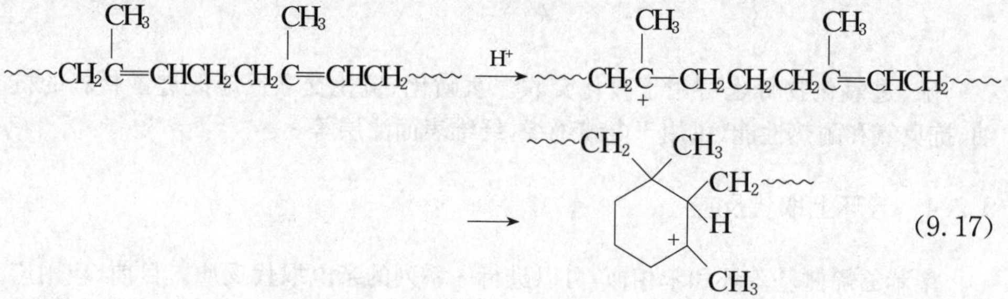

$$\sim\sim CH_2C(CH_3){=}CHCH_2CH_2C(CH_3){=}CHCH_2\sim\sim \xrightarrow{H^+} \sim\sim CH_2\overset{+}{C}(CH_3){-}CH_2CH_2CH_2C(CH_3){=}CHCH_2\sim\sim$$

$$\longrightarrow \text{(cyclohexyl cation bearing } \sim\sim CH_2,\ CH_3,\ CH_2\sim\sim,\ H,\ CH_3) \qquad (9.17)$$

如果环上阳离子继续进攻相邻单元的双键，会形成双环和多环结构。由于高分子反应的立体位阻和孤立效应，多环结构平均含有 2～4 个环。

有些聚合物加热时，通过侧基反应进行环化反应。例如，聚丙烯腈首先在 200～300 ℃，空气氛中热解，环化成梯形结构(反应(9.18))。

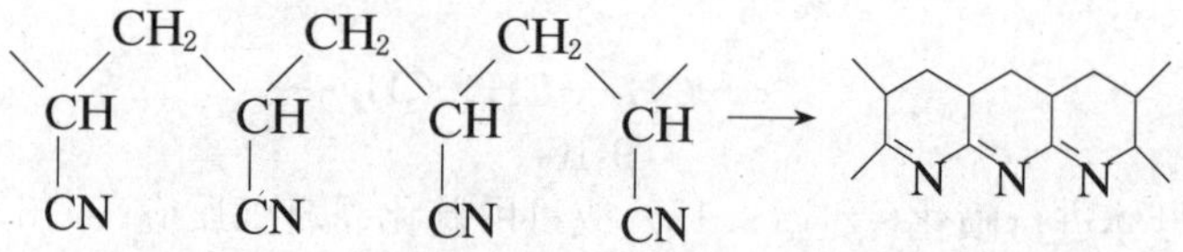

$$\sim CH_2{-}CH(CN){-}CH_2{-}CH(CN){-}CH_2{-}CH(CN){-}CH_2{-}CH(CN)\sim \longrightarrow \text{(ladder structure with N)} \qquad (9.18)$$

在 1 200～2 000 ℃，氮气氛下加热，进行芳环化反应，形成芳环结构(9-11)。其中还存在如 9-12 所示的结构。进一步在氮或氩气氛下，大于 2 500 ℃的高温处理，消除碳以外的所有元素，形成有石墨结构的碳纤维。这就是工业上制取高强度、高模量碳纤维的方法。

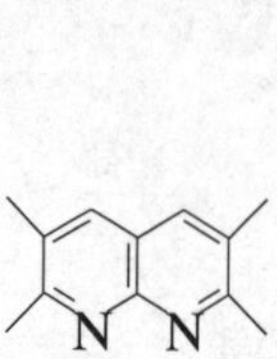

9-11 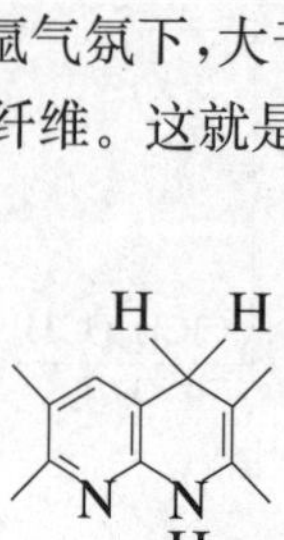　　　　9-12

思考题

1. 纤维素改性的目的是什么？
2. 可以利用哪些反应对纤维素改性？
3. 利用聚乙酸乙烯酯的哪些化学反应，可制备哪两种有用产物？
4. 聚二烯烃的氯化反应机理是什么？
5. 简述聚乙烯和聚丙烯的氯化和氯磺化反应机理，以及对产品性质的影响。
6. 利用苯环上哪些反应，可以使聚苯乙烯类化合物具有新的功能？
7. 试举两个高分子环化反应机理，并陈述它们的应用。

9.3　接枝共聚物和嵌段共聚物

利用聚合物上功能基团与小分子反应物的反应，可以改变聚合物的性质，或赋予聚合物新的功能。这一节要讨论利用聚合物上功能基团的反应性，在聚合物上接枝聚合物，形成接枝和嵌段共聚物。

9.3.1　接枝共聚物

接枝共聚物是指若干聚合物链连在同一聚合物主链上，形成如结构 9-13 所示的支化聚合物。

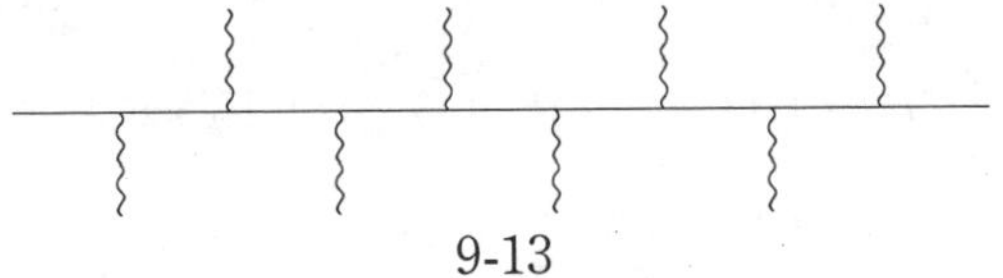

9-13

合成接枝共聚物有三种方法，下面分别讨论。

1. 大分子引发剂法(grafting from)

高分子主链上应有多个引发基团(或转移基团)，引发单体聚合，生成接枝共聚物，如反应(9.19)所示。表 9.1 列出了一些接枝反应的例子。

$$\sim\sim\underset{\displaystyle A}{|}\sim\sim\underset{\displaystyle A}{|}\sim\sim + M \longrightarrow \sim\sim\underset{\displaystyle AM_n}{|}\sim\sim\underset{\displaystyle AM_n}{|}\sim\sim \tag{9.19}$$

表 9.1　接枝共聚反应

接枝点和活性中心类型	接枝点特征	主链结构
自由基	烯丙基氢、叔碳氢	$\sim\sim CH_2-CH=CH-CH_2\sim\sim CH_2-C(R)(R)\sim\sim$
自由基	引发基团如氢过氧化物	$\sim\sim CH_2-C(CH_3)(OOH)\sim\sim$
自由基	氧化还原基团	$\sim\sim CH_2-CH(OH)\sim\sim + Ce^{4+}$
阳离子	PVC 的烯丙基氯或叔碳原子上氯原子	$\sim\sim CH(Cl)-CH=CH-C(R)(Cl)\sim\sim$
阴离子	金属化的聚丁二烯	$\sim\sim CH_2-CH=CH-CH_2\sim\sim$
阴离子	酯基	$\sim\sim CH_2-C(CH_3)(COOCH_3)\sim\sim$

(1) 链转移-共聚反应。聚丙烯酸甲酯溶解在含有过氧化苯甲酰的苯乙烯单体中，加热引发，在高分子链的叔碳上，通过链转移反应(9.20a)，生成了自由基9-14。

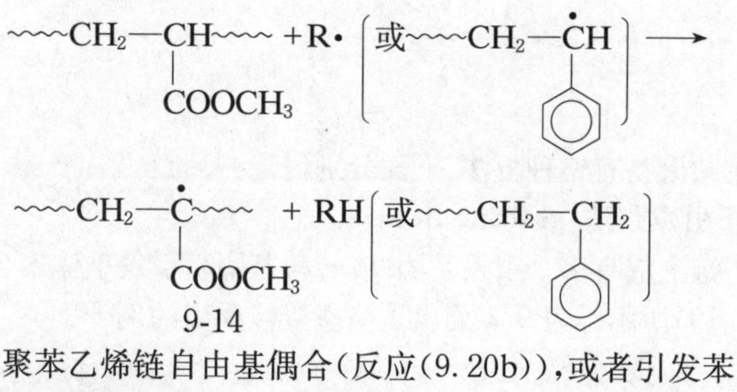

$$\sim\sim CH_2-CH(COOCH_3)\sim\sim + R\cdot \left(或 \sim\sim CH_2-\dot{C}H(C_6H_5)\right) \longrightarrow \sim\sim CH_2-\dot{C}(COOCH_3)\sim\sim\ (\textbf{9-14}) + RH \left(或 \sim\sim CH_2-CH_2(C_6H_5)\right) \tag{9.20a}$$

链自由基与聚苯乙烯链自由基偶合(反应(9.20b))，或者引发苯乙烯聚合(反应(9.20c))，生成接枝共聚物。

$$\sim\sim CH_2-\dot{C}(COOCH_3)\sim\sim \begin{cases} \xrightarrow{+\ \sim\sim CH_2-\dot{C}H(C_6H_5)} \sim\sim CH_2-C(COOCH_3)(CH(C_6H_5)-CH_2\sim\sim)\sim\sim & (9.20b) \\ \xrightarrow{+\ CH_2=CH(C_6H_5)} \sim\sim CH_2-C(COOCH_3)(CH_2-CH(C_6H_5)\sim\sim)\sim\sim & (9.20c) \end{cases}$$

引发剂生成的自由基与聚丙烯酸甲酯主链发生链转移反应，同时也引发苯乙烯聚合，生成聚苯乙烯自由基。很明显，聚苯乙烯链自由基不可能全部与聚丙烯酸甲酯链偶合，形成接枝共聚物，有一部分会形成均聚物。因此，提出了接枝效率的概念。**接枝效率**是指接枝在高分子主链上的单体占聚合单体的质量分数。计算公式如(9.21)所示。

$$\text{接枝效率}(\%) = \frac{\text{接枝在聚合物上的单体质量}}{\text{聚合的单体总质量}} = \frac{W_2 - W_0}{W_1 - W_0} \times 100\% \qquad (9.21)$$

式中，W_0、W_1和 W_2 分别为聚合物在接枝前、接枝后以及接枝后经抽提除去均聚物后的质量(g)。一般的接枝共聚合反应，接枝效率很难达到100%，但在实际接枝改性中，不一定要把均聚物分离出来。

使用该法合成接枝共聚物，有两个重要的产品：一是ABS树脂；另一个是高抗冲聚苯乙烯(HIPS)。工业生产的ABS树脂和抗冲聚苯乙烯，多以聚丁二烯及其共聚物溶于苯乙烯和丙烯腈单体中，或者溶在溶剂中，进行接枝共聚反应。其接枝反应机理与反应(9.20)相似。接枝反应的机理如反应(9.22)所示。初级自由基引发苯乙烯聚合，生成聚苯乙烯链自由基，它与高分子链发生链转移反应(9.22a)，链上形成自由基。它引发苯乙烯进行自由基聚合反应(反应(9.22b))，生成了接枝共聚物。

$$\sim\sim CH_2CH=CHCH_2\sim\sim + \sim\sim CH_2\dot{C}H(C_6H_5) \longrightarrow \sim\sim \dot{C}HCH=CHCH_2\sim\sim + \sim\sim CH_2CH_2(C_6H_5) \qquad (9.22a)$$

$$\sim\sim\dot{C}HCH{=}CHCH_2\sim\sim + n\ CH_2{=}CH(C_6H_5) \longrightarrow \sim\sim CHCH{=}CHCH_2\sim\sim\ \text{(支链: } {-}(CH_2CH(C_6H_5))_n{-}\text{)} \tag{9.22b}$$

除了链转移反应,使高分子链形成自由基外,初级自由基和聚苯乙烯链自由基也能进攻聚合物上的双键,进行自由基共聚反应,如反应(9.22c)所示。

$$\sim\sim CH_2CH{=}CHCH_2\sim\sim + \sim\sim CH_2\dot{C}H(C_6H_5) \longrightarrow \sim\sim CH\dot{C}H{-}CHCH_2\sim\sim\ \text{(支链: } {-}CH(C_6H_5){-}CH_2\sim\sim\text{)} \tag{9.22c}$$

(2) 辐射接枝。电离辐射聚合物与单体混合物,使聚合物链上产生自由基,从而引发单体聚合。例如,电离辐照聚乙烯与苯乙烯,聚乙烯链上产生自由基(反应(9.23a)),它引发苯乙烯进行如反应(9.23b)所示的接枝聚合反应。

$$\sim\sim CH_2CH_2\sim\sim \longrightarrow \sim\sim CH_2\dot{C}H\sim\sim + H\cdot \tag{9.23a}$$

$$\sim\sim CH_2\dot{C}H\sim\sim + CH_2{=}CH(C_6H_5) \longrightarrow \sim\sim CH_2CH\sim\sim\ \text{(支链: } {-}CH_2CH(C_6H_5)\sim\sim\text{)} \tag{9.23b}$$

通常辐射接枝共聚反应是在异相条件下进行的。将聚合物充分溶胀单体,然后辐照聚合,生成的产物包括接枝共聚物、未接枝聚合物和单体均聚物。它们的相对量取决于单体和聚合物的配合及引发过程。也有将聚合物浸泡在单体中,再电离辐照,进行接枝聚合反应。这时,是否在聚合物上均匀接枝,还是仅在聚合物表面接枝,决定于单体向聚合物内的扩散速率和接枝反应速率。对于慢扩散-接枝反应速率快的体系,接枝聚合是扩散控制。

(3) 氧化-还原接枝。聚合物作为还原剂或者氧化剂与小分子的氧化剂或还原剂反应,结果生成聚合物大分子自由基,引发单体进行接枝反应。例如,聚乙烯醇上有羟基,可作还原剂;四价铈离子作氧化剂;它们进行如反应(9.24a)所示的氧化还原反应,生成聚乙烯醇大分子自由基 9-15。它引发单体聚合,生成接枝共聚物(反应(9.24b))。

$$\sim\sim CH_2-\underset{\displaystyle OH}{\underset{|}{CH}}\sim\sim + Ce^{4+} \longrightarrow \sim\sim CH_2-\underset{\displaystyle OH}{\underset{|}{\dot{C}}}\sim\sim + Ce^{3+} + H^{+} \quad (9.24a)$$

9-15

$$\sim\sim CH_2-\underset{\displaystyle OH}{\underset{|}{\dot{C}}}\sim\sim + CH_2{=}\underset{\displaystyle CN}{\underset{|}{CH}} \longrightarrow \sim\sim CH_2-\underset{\displaystyle OH}{\underset{|}{\overset{\displaystyle \overset{\displaystyle CN}{|}}{\overset{CH_2CH\sim\sim}{\overset{|}{C}}}}}\sim\sim \quad (9.24b)$$

淀粉、纤维素等也有羟基，与聚乙烯醇相似，可以通过氧化-还原产生的链自由基，引发烯类单体聚合，生成接枝共聚物，以实现改性的目的。

(4) 活性自由基聚合。活性自由基聚合，包括NMP、ATRP和RAFT聚合，已广泛用于制备接枝共聚物。通常利用聚合物上的功能团，例如，羟基、酰氯和卤素等，与ATRP或RAFT试剂反应，制得高分子引发剂或链转移剂，引发烯类单体进行可控自由基聚合反应，生成接枝共聚物。例如，用2-溴异丁酰溴与聚丙烯酸羟乙酯反应，生成大分子ATRP引发剂9-16，如反应(9.25a)所示。

$$\sim\sim CH_2CH\sim\sim\ (\text{侧基 } O{=}C{-}OCH_2CH_2OH) \xrightarrow{BrC(CH_3)_2COBr} \sim\sim CH_2CH\sim\sim\ (\text{侧基 } O{=}C{-}OCH_2CH_2OC({=}O){-}CBr(CH_3)_2) \quad (9.25a)$$

9-16

以9-16作引发剂，引发苯乙烯进行ATRP反应，制得接枝共聚物(反应(9.25b))。

$$\sim\sim CH_2CH\sim\sim\ (\text{侧基 } O{=}C{-}OCH_2CH_2OC({=}O){-}CBr(CH_3)_2) + CH_2{=}CH{-}C_6H_5 \xrightarrow[bpy]{CuBr} \sim\sim CH_2CH\sim\sim\ (\text{侧基 } O{=}C{-}OCH_2CH_2OC({=}O){-}C(CH_3)_2{-}CH_2{-}CH(C_6H_5)\sim\sim) \quad (9.25b)$$

用相似的方法，也可以将 RAFT 试剂或氮-氧稳定自由基接到聚合物链上，采用同样的方法进行接枝共聚反应，生成接枝聚合物。与普通自由基聚合相比，可控自由基聚合可以控制支链的分子量和分布，支链还可以是嵌段共聚物。

(5) 阴离子接枝聚合反应。丁基锂在四甲基乙二胺存在下，能发生如(反应(9.26))所示，使双烯烃类聚合物生成大分子阴离子，引发苯乙烯、丙烯腈和环氧乙烷进行阴离子聚合反应，生成接枝共聚物。

$$\sim\sim CH_2-CH=CH-CH_2\sim\sim \xrightarrow[BuLi]{(CH_3)_2NCH_2CH_2N(CH_3)_2} \sim\sim \overset{Li^+}{\bar{C}H}-CH=CH-CH_2\sim\sim \tag{9.26a}$$

$$\sim\sim \overset{Li^+}{\bar{C}H}-CH=CH-CH_2\sim\sim \xrightarrow{CH_2=CH-C_6H_5} \sim\sim CH(-CH_2-CH(C_6H_5)\sim\sim)-CH=CH-CH_2\sim\sim \tag{9.26b}$$

由于碳阴离子有足够的稳定性，丁基锂引发聚丁二烯生成链碳阴离子的速率比较快，所以先使丁基锂与聚丁二烯作用生成聚丁二烯阴离子，然后再加入苯乙烯单体接枝，可避免生成苯乙烯均聚物，使接枝效率提高。

另一类阴离子接枝聚合反应是含羧基阴离子聚合物，如聚丙烯酸阴离子，按反应(9.27)引发丁内酯进行开环聚合反应，得到支链为聚酯的接枝共聚物。

$$\sim\sim CH_2-\underset{COO^-}{CH}\sim\sim + \text{(β-丙内酯)} \longrightarrow \sim\sim CH_2-\underset{COO(CH_2CH_2COO)_n\sim\sim}{CH}\sim\sim \tag{9.27}$$

(6) 阳离子接枝聚合反应。在聚合物主链上生成阳离子，然后引发苯乙烯、四氢呋喃等单体聚合，生成接枝共聚物。例如，含氯聚合物，包括聚氯乙烯和氯化聚乙烯等，与$(C_2H_5)_2AlCl$ 反应，生成大分子阳离子(反应(9.28))。

$$\sim\sim CH_2\underset{Cl}{CH}\sim\sim + (C_2H_5)AlCl \longrightarrow \sim\sim CH_2\overset{+}{C}H\sim\sim \quad (C_2H_5)_2AlCl_2^- \tag{9.28}$$

生成的大分子碳阳离子可以引发异丁烯、1,3-丁二烯和环醚等单体进行阳离子聚合，得到接枝共聚物。

2. 大分子反应法（grafting onto）

主链和接枝聚合物分别预先合成好，选择合适的反应，使两者偶合，形成接枝共聚物,如反应(9.29)所示。

$$\sim\sim\underset{A}{\underset{|}{C}}\sim\sim\underset{A}{\underset{|}{C}}\sim\sim + B\sim\sim \longrightarrow \sim\sim\underset{\underset{B\sim\sim}{A}}{\underset{|}{C}}\sim\sim\underset{\underset{B\sim\sim}{A}}{\underset{|}{C}}\sim\sim \tag{9.29}$$

选择适当的偶合反应,使两个大分子有效偶合很重要。例如,含氯聚合物,如聚氯乙烯与活性聚苯乙烯阴离子发生如反应(9.30)所示的取代反应,形成接枝共聚物。

$$\sim\sim CH_2-\underset{Cl}{\underset{|}{CH}}\sim\sim + \sim\sim CH_2-\underset{C_6H_5}{\underset{|}{\bar{C}H}} \longrightarrow \sim\sim CH_2-\underset{\underset{C_6H_5}{|}}{\underset{CHCH_2\sim\sim}{\underset{|}{CH}}}\sim\sim \tag{9.30}$$

除了阴离子的偶合反应外,利用羟基与氧阳离子的反应,可以将活性阳离子高分子链接到主链上。例如,活性聚四氢呋喃的氧阳离子与高分子主链上的羟基,进行的反应如(9.31)所示,生成接枝共聚物。

$$\sim\sim CH_2\underset{OH}{\underset{|}{CH}}\sim\sim + \bigcirc O^+ \!\!+\!\!\left[(CH_2)_4O\right]_n\sim\sim \longrightarrow \sim\sim CH_2\underset{O\left[(CH_2)_4O\right]_{(n+1)}\sim\sim}{\underset{|}{CH}}\sim\sim \tag{9.31}$$

利用高效的有机反应,如点击反应、酯化、醚化和 Michael 加成反应等,将支化链接到高分子主链上,形成接枝共聚物。例如,丙烯酸酯和丙烯酸的共聚物上含有—COOH,与一端带有羟基的聚苯乙烯进行如反应(9.32)的酯化反应,生成接枝共聚物。

$$\sim\sim CH_2-\underset{COOH}{\underset{|}{CH}}\sim\sim CH_2-\underset{COOR}{\underset{|}{CH}}\sim\sim + HOCH_2CH_2-\underset{C_6H_5}{\underset{|}{CH}}\sim\sim \longrightarrow$$

$$\sim\sim CH_2-\underset{COOCH_2CH_2-\underset{C_6H_5}{\underset{|}{CH}}\sim\sim}{\underset{|}{CH}}\sim\sim CH_2-\overset{COOR}{\overset{|}{CH}}\sim\sim \tag{9.32}$$

3. 大分子单体法(grafting through)

大分子单体法是指大分子单体与小分子单体共聚,制备接枝共聚物的方法,如反应(9.33)所示。该方法的优点是接枝密度可调,即可通过大分子单体与共聚单体的比例来调节;用活性聚合方法合成支链,其分子量和分布可以预先表征。对于分子量较大的大分子单体,由于侧基较大,均聚活性低。用该方法制备每个单体单元都有一个支链的梳型聚合物,是十分困难的。

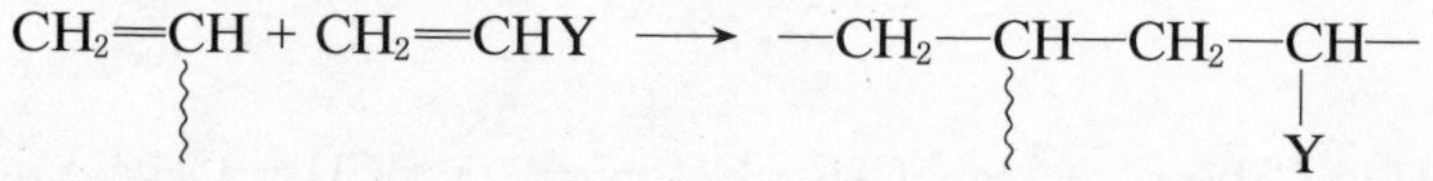

$$\underset{\wr\wr}{CH_2{=}CH} + CH_2{=}CHY \longrightarrow -CH_2-\underset{\wr\wr}{CH}-CH_2-\underset{Y}{CH}- \qquad (9.33)$$

本方法的第一步是要合成大分子单体。例如,在低温下,$CH_2{=}CHCO^+ ClO_4^-$ 引发 THF 进行阳离子聚合,制得大分子单体 9-17。然后与苯乙烯共聚,生成接枝共聚物(反应(9.34))。

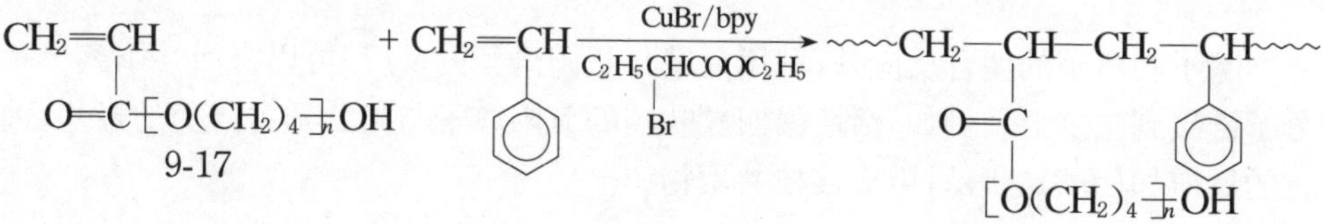

$$\underset{\text{9-17}}{\underset{O=C\left[O(CH_2)_4\right]_n OH}{CH_2{=}CH}} + \underset{C_6H_5}{CH_2{=}CH} \xrightarrow[C_2H_5\underset{Br}{CH}COOC_2H_5]{CuBr/bpy} \sim\sim CH_2-\underset{\underset{\left[O(CH_2)_4\right]_n OH}{O=C}}{CH}-CH_2-\underset{C_6H_5}{CH}\sim\sim \qquad (9.34)$$

也可以采用两步反应,先合成分子量为 3 000~10 000 g·mol^{-1}的聚合物,如 9-18。然后与丙烯酸环氧丙酯反应,生成大分子单体 9-19(反应(9.35a))。

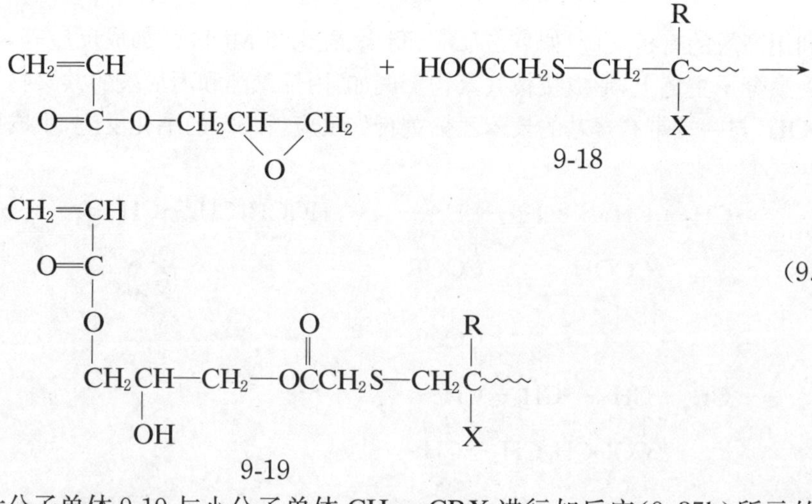

$$\underset{O=C-O-CH_2CH\underset{O}{-}CH_2}{CH_2{=}CH} + \underset{\text{9-18}}{HOOCCH_2S-CH_2-\overset{R}{\underset{X}{C}}\sim\sim} \longrightarrow$$

$$\underset{\text{9-19}}{CH_2{=}CH-\underset{\|}{C}(=O)-O-CH_2\underset{OH}{CH}-CH_2-O\overset{O}{\overset{\|}{C}}CH_2S-CH_2\overset{R}{\underset{X}{C}}\sim\sim} \qquad (9.35a)$$

大分子单体 9-19 与小分子单体 $CH_2{=}CRX$ 进行如反应(9.35b)所示的共聚合反应,生成接枝共聚物。

$$CH_2{=}CRX + CH_2{=}CH{-}C({=}O){-}O{-}CH_2CH(OH){-}CH_2{-}OC({=}O)CH_2S{-}CH_2C(R)(X)\sim\sim \xrightarrow{\text{引发剂}}$$

$$\sim\sim CH_2{-}CRX{-}CH_2{-}\underset{\substack{|\\ O=C\\ |\\ O\\ |\\ CH_2CH(OH){-}CH_2{-}OC(=O)CH_2S{-}CH_2C(R)(X)\sim\sim}}{CH}{-}CH_2{-}CRX\sim\sim \tag{9.35b}$$

除了聚烯类单体为主链外，也有以杂链高分子为主链的接枝共聚物。首先合成含1,3-氧氮杂环戊烷的大分子引发剂，引发苯乙烯进行NMP反应，生成大分子单体9-20。然后在CF_3SO_3H存在下，进行如反应(9.36)所示的开环聚合反应，生成以聚苯乙烯为支链，聚乙烯亚胺为主链的接枝共聚物。

$$tBuSi(CH_3)_2{-}OCH_2CH(C_6H_4(CH_2)_2\text{-oxazoline}){-}(CH_2{-}CH(C_6H_5))_n{-}O{-}N(\text{TEMP}) \xrightarrow{CF_3SO_3H} {-}[CH_2{-}N(C(=O)(CH_2)_2C_6H_4{-}CH(CH_2{-}OSi(CH_3)_2tBu){-}(CH_2CH(C_6H_5))_n{-}O{-}N(\text{TEMP})){-}CH_2]_n{-} \tag{9.36}$$

9-20

9.3.2 嵌段共聚物

嵌段共聚物分子链是由两种或两种以上不同单体单元各自形成的长链段组成。根据分子链上长链段数目和排列方式，嵌段共聚物可以分为AB两嵌段共聚物、ABA三嵌段共聚物、ABC三嵌段共聚物、$(AB)_n$多嵌段共聚物和$R(AB)_n$星形嵌段共聚物等。嵌段共聚物的合成有以下几种方法：① 单体顺序加料法；② 大分子引发剂法；③ 预聚物相互反应法；④ 预聚物-单体法。下面将分别介绍。

1. 单体顺序加料法

1956 年 Szwarc 发现了“活”性聚合反应，使嵌段共聚物合成技术发生了根本性的突破。在引发剂的作用下，单体 A 首先进行聚合，生成活性聚合链 A。当 A 全部反应完毕后，向反应体系中加入单体 B。由活性链 A 引发 B 单体聚合，然后终止，生成了 AB 两嵌段共聚物。若不终止，继续向体系中加入单体 C，可继续引发聚合，生成 ABC 三嵌段共聚物等等。使用单官能团引发剂，可以生成 AB 型嵌段共聚物；双官能团引发剂引发的聚合则生成 ABA 型三嵌段共聚物，使用更多功能度的引发剂则可生成星形嵌段共聚物。不过该方法只能用于活性聚合反应，包括活性阴离子、阳离子、活性自由基聚合和基团转移聚合。所得到聚合物的嵌段数有限，目前最高为 7 嵌段。因为每一次加单体都会引进杂质，终止活性基，使反应终止。随单体纯度，操作条件不同，所生成聚合物的嵌段数不同。

SBS 是一典型的三嵌段共聚物，S 代表聚苯乙烯链，B 代表聚丁二烯链，一般两端的聚苯乙烯链分子量为 1 万～1.5 万，中间聚丁二烯链的分子量为 5 万～10 万；中间链也可以是聚异戊二烯。SBS 是已经工业化生产的热塑性弹性体，用于代替室温下使用的各种橡胶制品，其最大优点是生产制品无需硫化，因为室温下，玻璃态的聚苯乙烯链段微区起了物理交联点的作用。

用顺序加料法生成 SBS 的反应，如反应(9.37)所示。BuLi 引发苯乙烯聚合，生成聚苯乙烯链阴离子；苯乙烯聚合完成后，加入丁二烯，生成聚丁二烯阴离子链。丁二烯消耗完后，再加入苯乙烯。聚合结束，终止聚合链，即形成了三嵌段共聚物。

$$\mathrm{BuLi} + \underset{\displaystyle\mathrm{C_6H_5}}{\mathrm{CH_2{=}CH}} \xrightarrow{\text{烃类溶剂}} \mathrm{Bu{+}CH_2{-}\underset{\displaystyle C_6H_5}{CH}{+}_n CH_2{-}\underset{\displaystyle C_6H_5}{\overset{-}{C}}HLi^+} \xrightarrow{m\mathrm{CH_2{=}CH{-}CH{=}CH_2}}$$

$$\mathrm{Bu{+}CH_2{-}\underset{\displaystyle C_6H_5}{CH}{+}_n{+}CH_2CH{=}CHCH_2{+}_{(m-1)}CH_2CH{=}CH\overset{-}{C}HLi^-} \xrightarrow[\text{2. 终止}(\mathrm{H^+})]{\text{1. } \mathrm{CH_2{=}CH{-}C_6H_5}}$$

$$\mathrm{Bu{+}CH_2{-}\underset{\displaystyle C_6H_5}{CH}{+}_n{+}CH_2CH{=}CHCH_2{+}_m{+}CH_2\underset{\displaystyle C_6H_5}{CH}{+}_{(n-1)}CH_2{-}\underset{\displaystyle C_6H_5}{CH_2}} \tag{9.37}$$

2. 大分子引发剂法

与大分子引发剂制备接枝共聚物不同，制备线形嵌段共聚物所用的大分子引发剂，只有一端或两端有引发基团。例如，制备聚环氧乙烷与聚苯乙烯嵌段共聚物时，可使用有引发基团的大分子引发剂 9-21，引发苯乙烯进行 NMP 可控自由基聚合反应，如反应(9.38)所示，得到两嵌段共聚物 PEO-*b*-PS。

$$CH_3O\!-\!(CH_2CH_2O)_n\!-\!CH_2\!-\!C_6H_4\!-\!CH(CH_3)\!-\!O\!-\!N(C(CH_3)_3)\!-\!CH(C_6H_5)\!-\!CH(CH_3)_2 \;(\text{9-21}) + CH_2\!=\!CH(C_6H_5) \longrightarrow$$

$$CH_3O\!-\!(CH_2CH_2O)_n\!-\!CH_2\!-\!C_6H_4\!-\!CH(CH_3)\!-\!(CH_2CH(C_6H_5))_m\!-\!O\!-\!N(C(CH_3)_3)\!-\!CH(C_6H_5)\!-\!CH(CH_3)_2 \quad (9.38)$$

如果采用两端有引发基团的大分子引发剂，则可制备 ABA 三嵌段共聚物。例如，使用聚苯乙烯引发剂 9-22，它引发 THF 进行阳离子开环聚合，可以得到三嵌段共聚物 PTHF-*b*-PS-*b*-PTHF，如反应(9.39)所示。

$$ClO_4^-\,{}^+CH(C_6H_5)CH_2\!-\!R\!-\!(CH_2CH(C_6H_5))_m\!-\!CH_2CH(C_6H_5)^+\,ClO_4^- \;(\text{9-22}) + \text{THF} \longrightarrow$$

$$HO\!-\![(CH_2)_4O]_n\!-\!CH(C_6H_5)CH_2\!-\!R\!-\!(CH_2CH(C_6H_5))_m\!-\!CH_2CH(C_6H_5)\!-\![O(CH_2)_4]_n\!-\!OH \quad (9.39)$$

3. 预聚物相互反应

预聚物相互反应可以用于合成两嵌段、三嵌段和多嵌段共聚物。这要求预聚物的一端或两端带有可反应的官能团。当合成 AB 嵌段共聚物时，两不同聚合物的一端分别带有可相互反应的 A 或 B 官能团，如反应(9.40a)所示，它们相互反应，可生成两嵌段共聚物。如果在一端带有反应性 A 官能团的聚合物溶液中，加入两端带 B 官能团的聚合物，它们将进行如(9.40b)所示的反应，生成 ABA 三嵌段共聚物。如果两嵌段聚合物链两端分别带有可反应性官能团 A 和 B，它们进行偶合反应可生成多嵌段共聚物$(AB)_n$，如反应(9.40c)所示。合成多嵌段共聚物的另一方法是反应(9.40d)，两不同聚合物两端都带 A 官能团或 B 官能团，它们反应，生成多嵌段共聚物。

A〰〰〰 + B━━━━ ⟶ 〰〰〰AB━━━━ (9.40a)

A〰〰〰 + B━━━B ⟶ 〰〰〰AB━━━BA〰〰〰 (9.40b)

$$A\sim\sim\sim\sim\text{▬▬}B \longrightarrow \text{-}(A\sim\sim\sim\sim\text{▬▬}B)_n \quad (9.40c)$$

$$A\sim\sim\sim\sim A + B\text{▬▬}B \longrightarrow \text{-}(A\sim\sim\sim\sim AB\text{▬▬}B)_n \quad (9.40d)$$

对于二嵌段共聚物的合成,一个例子是用 n-BuLi 引发异戊二烯聚合,生成聚异戊二烯阴离子 PI^-Li^+,与大大过量的$(CH_3)_2SiCl_2$ 反应,生成端氯的聚异戊二烯 PICl。它与聚苯乙烯阴离子发生如反应(9.41)所示的偶合反应,得到了两嵌段共聚物 PS-b-PI。

$$\sim\sim CH_2-CH=CH-CH_2Si(CH_3)_2-Cl + \sim\sim CH_2-\overset{-}{C}HLi^+(C_6H_5) \longrightarrow$$

$$\sim\sim CH_2-CH=CH-CH_2Si(CH_3)_2-CH(C_6H_5)-CH_2\sim\sim \quad (9.41)$$

利用阴离子与氧阳离子反应,打开 THF 环的反应,可以制备 ABA 三嵌段共聚物。例如,THF 的阳离子活性聚合,生成端基为氧阳离子的聚四氢呋喃(9-23)。两分子的 9-23 与聚苯乙烯双阴离子 $Na^{+-}PS^-Na^+$ 发生反应,生成三嵌段共聚物 PTHF-b-PS-b-PTHF,反应(9.42)所示。

$$R\text{-}[O(CH_2)_4]_{(a-1)}\text{-}O^+\bigcirc\ BF_4^- + Na^+\overset{-}{C}H(C_6H_5)CH_2\sim\sim CH_2\overset{-}{C}H(C_6H_5)Na^+ + BF_4^-\ \bigcirc{}^+O\text{-}[O(CH_2)_4]_{(a-1)}\text{-}R$$

9-23

$$\longrightarrow R\text{-}[O(CH_2)_4]_a\text{-}CH(C_6H_5)CH_2\sim\sim CH_2-CH(C_6H_5)\text{-}[O(CH_2)_4]_a\text{-}R + Na^+BF_4^- \quad (9.42)$$

反应(9.40d)是合成多嵌段共聚物的有效方法之一,例如,双羟基封端的聚砜与双二甲胺基封端的聚二甲基硅氧烷发生如反应(9.43)所示的缩聚反应,生成多嵌段共聚物。

$$HO-C_6H_4-C(CH_3)_2-C_6H_4\text{-}[O-C_6H_4-SO_2-C_6H_4-O-C_6H_4-C(CH_3)_2-C_6H_4]_a\text{-}OH$$

$$+ \ (CH_3)_2N-\underset{CH_3}{\overset{CH_3}{Si}}-[O-\underset{CH_3}{\overset{CH_3}{Si}}]_b N(CH_3)_2 \longrightarrow$$

$$HO[-C_6H_4-\underset{CH_3}{\overset{CH_3}{C}}-C_6H_4-[O-C_6H_4-\underset{O}{\overset{O}{S}}-C_6H_4-O-C_6H_4-\underset{CH_3}{\overset{CH_3}{C}}-C_6H_4]_a O[\underset{CH_3}{\overset{CH_3}{Si}}-O]_b \underset{CH_3}{\overset{CH_3}{Si}}]_n N(CH_3)_2 + HN(CH_3)_2 \qquad (9.43)$$

在得到的嵌段共聚物分子链上，两种预聚物链段交替排列。两种预聚物链端的官能团相同时，可以通过加入偶联剂，进行偶合反应，制备多嵌段共聚物。例如，双羟基封端的双酚A型聚碳酸酯与双羟基封端的聚环氧乙烷，用光气作为偶联剂，进行如反应(9.44)所示的酯化反应，制备了多嵌段共聚物。

$$HO[CH_2CH_2O]_a H + Cl\overset{O}{\overset{\|}{C}}Cl + HO[-C_6H_4-\underset{CH_3}{\overset{CH_3}{C}}-C_6H_4-O\overset{O}{\overset{\|}{C}}O]_b-C_6H_4-\underset{CH_3}{\overset{CH_3}{C}}-C_6H_4-OH \longrightarrow$$

$$[\overset{O}{\overset{\|}{C}}O[CH_2CH_2O]_a]_x[\overset{O}{\overset{\|}{C}}O[-C_6H_4-\underset{CH_3}{\overset{CH_3}{C}}-C_6H_4-O\overset{O}{\overset{\|}{C}}O]_b-C_6H_4-\underset{CH_3}{\overset{CH_3}{C}}-C_6H_4-O]_y + HCl \qquad (9.44)$$

偶联剂既能将不同的链段偶联在一起，也能偶联组成相同的链段，所以与反应(9.43)形成的嵌段共聚物不同，聚环氧乙烷和聚双酚A型碳酸酯两种链段无规则地排列在多嵌段共聚物主链上。

大分子上官能团之间反应存在着官能团浓度稀，反应速率慢的问题。当官能团浓度小到一定程度时，反应就很难进行。所以嵌段数主要决定于所选择反应的活性。例如，羟基和羧基的酯化反应，存在可逆平衡，嵌段数就不会太大。

3. 预聚物-单体法

此法主要应用于制备多嵌段共聚物，聚氨酯和聚酯/聚醚等高性能的高分子材料属多嵌段共聚物，是用预聚物-单体法合成的。聚氨酯的合成已经在第2章中讨论过，这里介绍聚酯/聚醚多嵌段共聚物的合成。

聚酯/聚醚多嵌段共聚物指其中一个链段为芳香族聚酯(硬链段)，另一个链段是脂肪族聚醚(软链段)，硬段和软段在聚合物分子链上交替排列。预聚物-单体法中，软段为预先合成的双羟基封端的聚醚，而硬段聚酯是在嵌段共聚合过程生成

的。其反应过程如下

(1) 酯交换反应

$$\mathrm{CH_3O\overset{O}{\overset{\|}{C}}{-}C_6H_4{-}\overset{O}{\overset{\|}{C}}OCH_3 + HO(CH_2)_4OH + HO{\left[CH_2CH_2CH_2CH_2O\right]}_{\mathit{a}}H}$$

$$\xrightarrow{200\ ^\circ\mathrm{C}} \mathrm{H{\left[O{-}G{-}O\overset{O}{\overset{\|}{C}}{-}C_6H_4{-}\overset{O}{\overset{\|}{C}}\right]}_{\mathit{b}}O{-}G{-}OH + CH_3OH}$$

$$\text{G代表}\ \mathrm{{-}CH_2CH_2CH_2CH_2{-}}\ \text{或}\ \mathrm{{\left[CH_2CH_2CH_2CH_2O\right]}_{(\mathit{a}-1)}CH_2CH_2CH_2CH_2{-}} \tag{9.45a}$$

(2) 缩聚反应

$$\mathrm{H{\left[O{-}G{-}O\overset{O}{\overset{\|}{C}}{-}C_6H_4{-}\overset{O}{\overset{\|}{C}}\right]}_{\mathit{b}}O{-}G{-}OH} \xrightarrow[\text{催化剂,减压}]{200\ ^\circ\mathrm{C}}$$

$$\mathrm{{\left[{\left(\overset{O}{\overset{\|}{C}}{-}C_6H_4{-}\overset{O}{\overset{\|}{C}}O{-}(CH_2)_4O\right)}_{\mathit{x}}\overset{O}{\overset{\|}{C}}{-}C_6H_4{-}\overset{O}{\overset{\|}{C}}O{\left[(CH_2)_4O\right]}_{\mathit{a}}\right]}_{\mathit{n}} + HO(CH_2)_4OH} \tag{9.45b}$$

聚酯/聚醚多嵌段共聚物是一类性能可调性很大的材料，除了改变硬链段或软段的化学组成外，在硬、软链段的化学组成不变时，只改变其相对含量也会使产物性能有很大的变化。例如硬段由少到多，产品的性能可由软橡胶到热塑性弹性体到硬塑料。

思考题

1. 合成接枝共聚物的三个方法和合成嵌段共聚物的四个方法有什么异同点？
2. 如何在高分子侧基上引入引发基团？
3. 什么是接枝率？怎样测试？
4. 在同一分子链上，有许多可控自由基聚合引发剂，如何防止同一主链上的支链，发生相互反应？
5. 设想三个用偶合法制备接枝共聚物的例子。
6. 归纳大分子单体的合成方法。
7. 相比偶合法，大分子单体法制备接枝共聚物有哪些的优点？
8. 试讨论单体顺序加料法制备嵌段共聚物的优点和局限性。

9. 设计用活性自由基聚合，制备嵌段共聚物的三个方法。

10. 如何采用大分子引发剂法制备ABC三嵌段共聚物？

11. 设计合成二个多嵌段共聚物的方法。

12. 采用预聚物-单体法，如何制备交替多嵌段共聚物？

9.4　聚合物的化学交联

聚合物经化学交联形成体型网状结构可提高材料的性能。例如橡胶交联后具有高弹性，而适应使用的要求。

聚合物形成体型交联结构有三种方式：① 交联反应与聚合反应同时并存。② 天然或合成线形高聚物与小分子交联剂（称硫化剂或固化剂）进行交联反应。如天然橡胶和各种合成橡胶的硫化。③ 预先合成的低聚物，在主链、侧基或端基含有各种可反应的官能团与小分子化合物反应生成体型网络结构。如热塑性酚醛树脂、不饱和聚酯树脂和环氧树脂等的固化过程。下面分别叙述。

9.4.1 醇酸树脂

醇酸树脂中，有一类含有不饱和脂肪酸如油酸(9-24)，亚油酸(9-25)等不饱和聚酯，可用作清漆，或其他表面涂料。在器件表面油漆后，要放在空气中风干，使表面涂层交联固化。

$$\underset{\text{9-24}}{CH_3(CH_2)_7CH{=}CH(CH_2)_7COOH} \qquad \underset{\text{9-25}}{CH_3(CH_2)_7CH{=}CHCH{=}CH(CH_2)_5COOH}$$

风干过程是氧化交联反应。仅有一个双键，如9-24和共轭双键，如9-25的不饱和聚酯，其交联反应机理是不一样的。含非共轭双键的不饱和聚酯其交联反应机理如反应(9.46)所示。

$$\sim\sim CH_2-CH{=}CH\sim\sim \xrightarrow{O_2} \sim\sim \underset{\displaystyle OOH}{\underset{|}{CH}}-CH{=}CH\sim\sim \qquad (9.46a)$$

首先含非共轭双键的不饱和聚酯，在烯丙基处氧化生成—OOH，经过反应(9.46b)至反应(9.46e)，它分解，在分子链上形成自由基。

$$\underset{\displaystyle OOH}{\underset{|}{\sim\sim\sim}} \longrightarrow \underset{\displaystyle O\cdot}{\underset{|}{\sim\sim\sim}} + HO\cdot \qquad (9.46b)$$

$$2\ \sim\!\underset{\text{OOH}}{\overset{|}{\sim}}\!\sim \longrightarrow \sim\!\underset{\text{O}\cdot}{\overset{|}{\sim}}\!\sim + \sim\!\underset{\text{OO}\cdot}{\overset{|}{\sim}}\!\sim + H_2O \tag{9.46c}$$

$$\sim\!\underset{\text{O}\cdot}{\overset{|}{\sim}}\!\sim + \sim\!\underset{\text{H}}{\overset{|}{\sim}}\!\sim \longrightarrow \sim\!\underset{\cdot}{\sim}\!\sim + \sim\!\underset{\text{OH}}{\overset{|}{\sim}}\!\sim \tag{9.46d}$$

$$HO\cdot + \sim\!\underset{\text{H}}{\overset{|}{\sim}}\!\sim \longrightarrow \sim\!\underset{\cdot}{\sim}\!\sim + H_2O \tag{9.46e}$$

这些不同链自由基之间相互偶合，发生如反应(9.46f)、反应(9.46g)、反应(9.46h)所示交联反应。

$$2\ \sim\!\underset{\cdot}{\sim}\!\sim \longrightarrow \sim\!\sim\!\sim\!|\!\sim\!\sim\!\sim \ (\text{两链直接交联}) \tag{9.46f}$$

$$\sim\!\underset{\text{O}\cdot}{\overset{|}{\sim}}\!\sim + \sim\!\underset{\cdot}{\sim}\!\sim \longrightarrow \sim\!\sim\!|\text{—O—}|\!\sim\!\sim \tag{9.46g}$$

$$2\ \sim\!\underset{\text{O}\cdot}{\overset{|}{\sim}}\!\sim \longrightarrow \sim\!\sim\!|\text{—O—O—}|\!\sim\!\sim \tag{9.46h}$$

含共轭双键的不饱和聚酯，其交联反应机理则不同，它经过环过氧化物，生成自由基，引发大分子链上的共轭双键进行1,4-聚合，而产生交联，如反应(9.47)所示。

$$\sim CH{=}CH{-}CH{=}CH\sim \longrightarrow \sim HC\overset{\overset{\text{H}}{|}}{C}{=}CH \ (\text{HC—O—O—CH 环过氧化物})\sim \longrightarrow \sim\underset{\underset{\text{OO}\cdot}{|}}{CH}{-}CH{=}CH{-}\underset{\cdot}{CH}\sim \tag{9.47}$$

9.4.2 1,3-二烯烃基弹性体

天然或大部分合成橡胶在硫化前是分子量很大的高分子，但其抗张强度低，容易氧化，只有在形成交联结构后(在橡胶工业中交联反应称为硫化)才具有高弹性、足够的强度和一定的耐热性。因为硫化使大分子链间发生交联反应，形成一定程度的网状结构。1,3-二烯橡胶的交联剂有硫磺、含硫化合物、有机过氧化物和金属氧化物等。

1. 硫磺硫化

橡胶的硫磺硫化虽有百余年的历史，研究工作也很多，由于其复杂性，以前曾被认为是自由基反应机理。后来，顺磁共振研究没有发现自由基，硫化反应也不被

自由基捕捉剂所干扰。而某些有机酸或碱却可以加速此反应，因此初步确定，硫化属于离子型连锁反应机理。聚双烯类橡胶的硫化反应包括在加热条件下，S_8生成极化硫或硫离子对；它们与聚合物分子反应，生成硫离子(9-26)。

$$S_8 \xrightarrow{\text{加热}} \overset{d^+}{S_m}\cdots\cdots\overset{d^-}{S_n} \quad 或 \quad S_m^+ + S_n^- \quad (n+m=8)$$

$$\xrightarrow{\sim\sim CH_2CH{=}CHCH_2\sim\sim} \sim\sim CH_2\underset{\diagdown\ \diagup \atop {}^+S_m}{CH{-}CH}CH_2\sim\sim + S_n^- \qquad (9.48a)$$

9-26

硫离子与从另一聚合物链夺取一个氢，生成烯丙基碳阳离子，如反应(9.48b)所示。

$$\sim\sim CH_2\underset{\diagdown\ \diagup \atop {}^+S_m}{CH{-}CH}CH_2\sim\sim \xrightarrow{\sim\sim CH_2CH{=}CHCH_2\sim\sim}$$

$$\sim\sim CH_2CH_2\underset{|\atop S_m}{CH}{-}CH_2\sim\sim + \sim\sim\overset{+}{C}HCH{=}CHCH_2\sim\sim \qquad (9.48b)$$

聚合物分子的阳离子与硫反应，生成的 S_m 阳离子(9-27)，它与另一大分子的双键发生如反应(9.48c)所示的交联反应，并再生成聚合物链阳离子。

$$\sim\sim\overset{+}{C}HCH{=}CHCH_2\sim\sim \xrightarrow{S_8} \sim\sim\underset{|\atop {}^+S_m}{CH}CH{=}CHCH_2\sim\sim \xrightarrow{\sim\sim CH_2CH{=}CHCH_2\sim\sim}$$

9-27

$$\begin{array}{c}\sim\sim CHCH{=}CHCH_2\sim\sim\\ |\\ S_m\\ |\\ \sim\sim CH_2CH{-}\overset{+}{C}HCH_2\sim\sim\end{array} \xrightarrow{\sim\sim CH_2CH{=}CHCH_2\sim\sim} \begin{array}{c}\sim\sim CHCH{=}CHCH_2\sim\sim\\ |\\ S_m\\ |\\ \sim\sim CH_2CH{-}CH_2CH_2\sim\sim\end{array}$$

$$+ \sim\sim\overset{+}{C}HCH{=}CHCH_2\sim\sim \qquad (9.48c)$$

单独使用硫磺硫化聚二烯烃时，硫化速率和硫的利用效率都较低。因为：① 形成了多个硫原子的交联链；② 形成了邻位交联链(9-28)；③ 大分子内形成了含硫的环状结构(9-29)等。

$$\begin{array}{c}\sim\sim CH_2CH{-}CHCH_2\sim\sim\\ |\qquad\ |\\ S_m\quad S_n\\ |\qquad\ |\\ \sim\sim CH_2CH{-}CHCH_2\sim\sim\end{array} \qquad\qquad \begin{array}{c}CH_2\\ \diagup\quad\diagdown\\ \sim\sim CH\qquad CH_2\\ |\qquad\quad |\\ S{-}{-}{-}CH{-}CH_2\sim\sim\end{array}$$

9-28　　　　9-29

工业上橡胶硫化常常加入硫化促进剂(accelerator),以增加硫化速率和硫的利用效率。常用的促进剂有两类,一类是含硫化合物,如 9-30 所示的结构。另一类为二烷基二硫代碳酰胺锌化合物(9-31)。

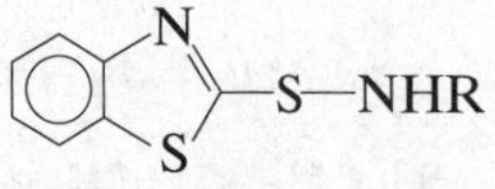

S—NHR　　$(R_2NCS)_2Zn$

9-30 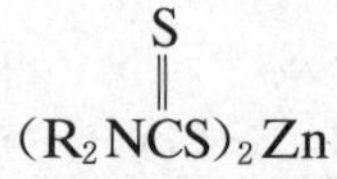　　9-31

实际上,仅加入促进剂,交联效率增加不多。还需加入活化剂(activator),才能使交联效率有大的增加。常用的活化剂有金属氧化物(如 ZnO)和脂肪酸(如硬脂酸)。当促进剂与金属氧化物和脂肪酸一起使用时,硫化在数分钟内即可完成;如果仅用促进剂,则要数小时才能完成。

硫化促进剂加速交联反应的机理如反应(9.49)所示。首先,9-30 裂解生成硫醇,接着氧化偶合,生成化合物 9-32。它与 S_8 反应,生成化合物 9-33(反应(9.49a))。

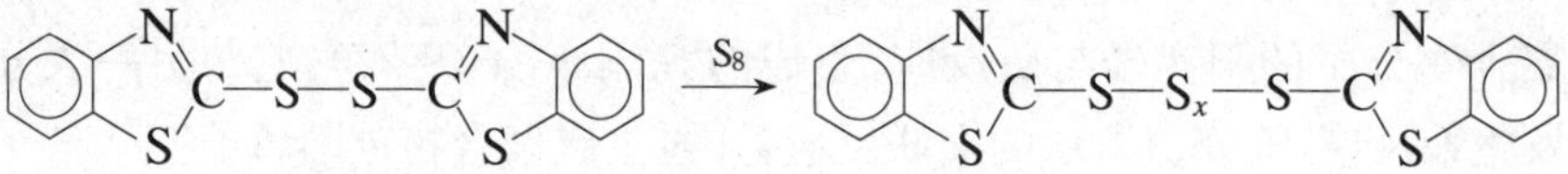

C—S—S—C $\xrightarrow{S_8}$ C—S—S_x—S—C

9-32　　9-33

(9.49a)

化合物 9-33 与聚二烯烃的烯丙基氢反应,如反应(9.49b)所示,生成中间产物 9-34。

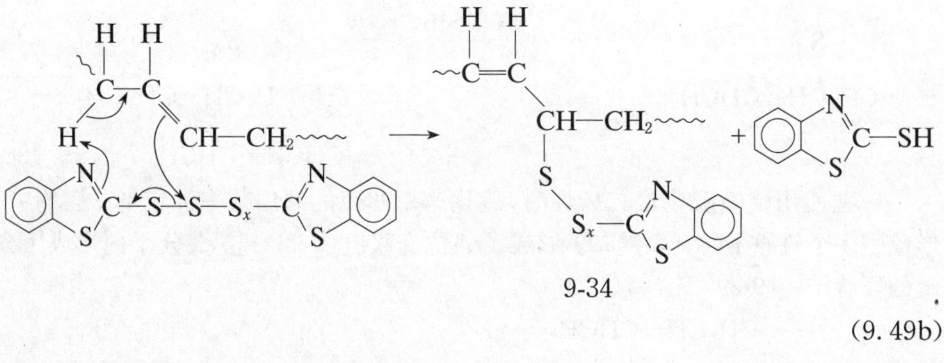

9-34

(9.49b)

当中间物与聚二烯烃链进行如(9.49c)所示的反应,发生的是分子间交联反应。

$$\text{(benzothiazolyl–S–S–}S_y\text{–CH(CH}_2\text{∼)–CH=CH∼ + ∼CH(H)–CH=CH–CH}_2\text{∼)} \longrightarrow \begin{array}{l}\sim CH{=}CH{-}CH{-}CH_2\sim \\ \qquad\qquad\quad | \\ \qquad\qquad\quad S \\ \qquad\qquad\quad | \\ \qquad\qquad\quad S_y \\ \qquad\qquad\quad | \\ \sim CH{=}CH{-}CH{-}CH_2\sim \end{array} + \text{(benzothiazolyl)–C–SH} \quad (9.49c)$$

促进剂 9-31 远比 9-30 活泼。因为分子(9-31)中含锌,所以通常不需要加活化剂。

2. 有机过氧化物硫化

有机过氧化物虽然能使含不饱和键的聚合物交联,但会使丁基橡胶的高分子断链,不宜用过氧化物硫化丁基橡胶。用过氧化物硫化聚二烯烃基橡胶,其反应如(9.50)所示,过氧化物分解生成自由基(反应(9.50a))。初级自由基与烯丙基氢发生转移,生成链自由基,如反应(9.50b)所示。

$$ROOR \longrightarrow 2RO\cdot \qquad (9.50a)$$

$$\sim CH_2CH{=}CHCH_2\sim \xrightarrow{RO\cdot} \sim CH_2CH{=}CH{-}\dot{C}H\sim + ROH \qquad (9.50b)$$

两个链自由基偶合,交联(9.50c)。

$$2\sim CH_2CH{=}CH{-}\dot{C}H\sim \longrightarrow \begin{array}{l}\sim CH_2CH{=}CH{-}CH\sim \\ \qquad\qquad\qquad\quad | \\ \sim CH_2CH{=}CH{-}CH\sim \end{array} \qquad (9.50c)$$

或者链自由基打开另一个分子链双键,进行如反应(9.50d)的交联反应。

$$\begin{array}{c}\sim CH_2CH{=}CH{-}\underset{\cdot}{C}H\sim \\ + \\ \sim CH_2CH{=}CH{-}CH_2\sim \end{array} \longrightarrow \begin{array}{l}\sim CH_2CH{=}CH{-}CH\sim \\ \qquad\qquad\qquad\quad | \\ \quad \sim CH_2\dot{C}H{-}CH{-}CH_2\sim \end{array}$$

$$\xrightarrow{\sim CH_2CH{=}CHCH_2\sim} \begin{array}{l}\sim CH_2CH{=}CH{-}CH\sim \\ \qquad\qquad\qquad\quad | \\ \sim CH_2CH_2{-}CH{-}CH_2\sim \end{array} + \sim CH_2CH{=}CH{-}\dot{C}H\sim \qquad (9.50d)$$

饱和聚烯烃如聚乙烯、乙丙橡胶等,因没有双键,不能用硫作交联剂。所以过氧化物交联十分重要,因为交联常可提高这类聚合物的物性。例如,交联聚乙烯会提高它的强度和使用温度。过氧化物交联包括初级自由基与氢的转移,生成聚合物链自由基，然后它们偶合交联，如反应(9.51)所示。

$$\sim\sim CH_2CH_2 \sim\sim + RO\cdot \longrightarrow ROH + \sim\sim CH_2\dot{C}H \sim\sim \tag{9.51a}$$

$$2 \sim\sim CH_2\dot{C}H \sim\sim \longrightarrow \begin{array}{c} \sim\sim CH_2CH \sim\sim \\ | \\ \sim\sim CH_2CH \sim\sim \end{array} \tag{9.51b}$$

通常作橡胶硫化剂的过氧化物有过氧化二苯甲酰、特-丁基过氧化物和异丙苯过氧化物等。

为了便于交联，或提高过氧化物交联效率，通常在聚合物中嵌入少量烯类单体。例如，聚硅氧烷在聚合时，加入少量乙烯基甲基硅醇，如反应(9.52)所示。

$$HO-\underset{CH_3}{\overset{CH=CH_2}{Si}}-OH + HO-\underset{CH_3}{\overset{CH_3}{Si}}-OH \longrightarrow \sim\sim O-\underset{CH_3}{\overset{CH=CH_2}{Si}}-O-\underset{CH_3}{\overset{CH_3}{Si}}-\sim\sim \tag{9.52}$$

一般，交联键的键能越大，硫化胶的耐热性越好，而硫化胶的机械性能主要取决于交联密度。过氧化物交联产生的是碳—碳键(346.9 kJ·mol^{-1})，而硫磺硫化的交联键是碳硫键(284.2 kJ·mol^{-1})，因此用过氧化物交联的橡胶具有更好的热稳定性。由于过氧化物价格比硫磺贵，所以工业上多用硫作硫化剂，只有那些硫不能硫化的体系，例如饱和聚烯烃等，采用过氧化物作硫化剂。

9.4.3 低聚物固化反应

广义地讲，低聚物是指分子量在10^4以下的聚合物。最常用的分子量范围则是10^3～10^4。低聚物通过固化反应才得到实际应用的例子是很多的。如环氧树脂黏合剂、酚醛树脂的模塑粉、铸塑料及涂料等。20世纪70年代遥爪聚丁二烯及其共聚物成功地应用于制作固体火箭推进剂后，“液体橡胶”的研究和应用得到了进一步的发展。液体橡胶指的是低分子量的橡胶，它经固化可制成各种橡胶制品。如火箭固体推进剂、环氧树脂的增韧剂、胶黏剂、密封剂和涂料等。

液体橡胶有遥爪液体橡胶和无官能团橡胶两类。遥爪橡胶为分子链两端有官能团的低聚物，例如两端有羟基的聚丁二烯低聚物(HTPB)和链端有羧基的丁腈低聚物(CTBN)；无官能团液体橡胶指分子链端无可反应官能团的低聚物，但链内有不饱和键，故可像固体橡胶一样硫化，或通过与双键反应，在链上引入官能团。

1. 遥爪型液体橡胶的固化

遥爪型液体橡胶是通过官能团反应来实现固化的，对不同官能团的聚合物，采用不同的固化剂。端羧基聚合物常用的固化剂是氮丙啶类化合物和环氧树脂，如反应(9.53)所示。

$$\sim\sim COOH + \left[\begin{array}{l} CH_3 \\ | \\ CH \\ | \quad \rangle N- \\ CH_2 \end{array}\right]_3 P{=}O \longrightarrow \sim\sim COO{-}\underset{}{\overset{CH_3}{\overset{|}{C}}}HCH_2NH{-}\underset{NHCH_2\underset{CH_3}{CH}O\overset{O}{C}\sim\sim}{\overset{|}{\underset{|}{P}}}(=O){-}NHCH_2\overset{CH_3}{CH}O\overset{O}{\overset{\|}{C}}\sim\sim$$

(9.53)

环氧树脂广泛用作 HTPB 和 CTBN 的固化剂，CTBN 的固化反应如式(9.54)所示。

$$2\sim\sim COOH + \underset{\;\;\diagdown O \diagup}{CH_2{-}CH}{-}R{-}\underset{\;\;\diagdown O \diagup}{CH{-}CH_2} \longrightarrow$$

$$\sim\sim COOCH_2{-}\overset{OH}{\overset{|}{CH}}{-}R{-}\overset{OH}{\overset{|}{CH}}{-}CH_2OOC\sim\sim \qquad (9.54)$$

所生成的羟基可以进一步和环氧基反应，产生交联。HTPB 和 CTBN 还可用硫、过氧化物、ZnO、金属皂、异氰酸酯的烯酮亚胺等固化。

端羟基液体橡胶 HTPB 等所用固化剂主要是多异氰酸酯。异氰酸酯与羟基反应，发生交联反应，如反应(9.55)所示。

$$R(NCO)_3 + HO\sim\sim PB\sim\sim OH \longrightarrow \sim\sim PB\sim\sim O\overset{O}{\overset{\|}{C}}HN{-}\overset{NH\overset{O}{\overset{\|}{C}}O\sim\sim PB\sim\sim}{\overset{|}{R}}{-}NH\underset{O}{\underset{\|}{C}}O\sim\sim PB\sim\sim$$

(9.55)

2. 无端基官能团液体橡胶的固化

无官能团液体聚丁二烯(LPB)在末端和链间都不存在除双键以外的官能团，是一种高度不饱和的黏稠液体聚合物，易于硫化；在涂成薄膜时，在金属氧化物存在下，无论高温，还是室温，均可在空气中氧化固化。浇注成型时，则加入过氧化物固化。

思考题

1. 举两个例子说明交联反应的重要性。
2. 根据什么原理,使醇酸树脂交联?
3. 不饱和醇酸树脂中,非共轭和共轭双烯的交联反应机理有什么差别?
4. 二烯烃基橡胶进行硫化反应的基本原理是什么?
5. 如何加速天然橡胶的硫化反应?说明其基本反应。
6. 相比硫磺的硫化,有机过氧化物的硫化有什么特点和优点?
7. 如何提高乙丙橡胶的交联反应效率?

9.5 聚合物降解

在各种外界因素作用下,聚合物分子量变小的过程称为降解。聚合物的性能常常与其分子量有关,降解使聚合物性能变坏,这一过程称为"老化"。研究聚合物降解的意义有:① 了解聚合物的老化过程,以采取措施,延长聚合物的使用寿命。② 研究聚合物结构。例如,天然橡胶的臭氧化研究,确定其单体单元为异戊二烯。③ 回收单体。例如,有机玻璃热降解,单体产率高达95%以上;杂链聚合物,例如聚酯水解,可以生成相应的二元醇和二元酸。④ 制备遥爪低聚物。例如,含有双键的高聚物与臭氧反应后,再经过还原,即能生成带端羟基的遥爪低聚物。⑤ 制备小分子产品,如纤维素和淀粉的水解都可得到葡萄糖。

降解反应一般是指高分子的主链发生断裂的化学过程,也包括侧基的消除反应。聚合物降解一般是多种因素共同作用的结果。但是,高分子链的组成及结构不同,对外界条件的敏感程度有差异,杂链聚合物容易在化学因素作用下进行化学降解。而碳链聚合物一般对化学试剂是稳定的,但容易受物理因素及氧的影响而发生降解反应。

9.5.1 聚合物的热降解

聚合物热降解包括主链的断链和侧基的消除反应。

1. 主链断链热降解

聚合物断链是热降解的主要形式。主链降解又分无规和链式降解两种。

(1) 无规降解。在高聚物主链中，结构相同的键，具有相同的键能，其断键的活化能也相同。在受热降解时，每个键断裂的概率相同，因而断裂的部位是无规的。例如聚乙烯的无规热降解反应(9.56)。

$$\sim\sim CH_2—CH_2—CH_2—CH_2\sim\sim \xrightarrow{\text{加热}} \sim\sim CH_2—CH_2\cdot + \cdot CH_2—CH_2\sim\sim$$
$$\longrightarrow \sim\sim CH{=}CH_2 + CH_3—CH_2\sim\sim \quad (9.56)$$

断链后的产物是稳定的，可以利用不同阶段的中间产物来研究聚合物的结构。降解反应是逐步进行的，对每个阶段的样品进行分子量测定，发现随着降解进行，分子量迅速降低，单体量增加，如图9.1所示。只有极端情况下，没有单体生成，如图9.1中，*AB* 线所描述的趋势。

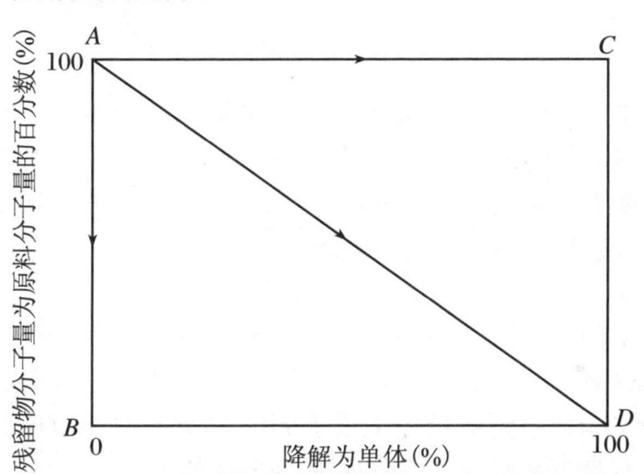

图 9.1 高聚物热降解的单体收率和分子量关系

很多聚合物如聚乙烯和聚丙烯等的降解反应是按无规降解机理进行的。

(2) 链式降解。聚合物链式降解反应又称解聚反应。在热的作用下，聚合物分子链断裂形成链自由基。然后按链式机理迅速脱除出单体而降解，如反应(9.57)所示。解聚反应可以看作是自由基链式增长反应的逆反应。聚甲基丙烯酸甲酯的热降解是典型的解聚反应。

$$\sim\sim CH_2—\underset{\underset{COOCH_3}{|}}{\overset{\overset{CH_3}{|}}{C}}—CH_2—\underset{\underset{COOCH_3}{|}}{\overset{\overset{CH_3}{|}}{C}}\cdot \longrightarrow \sim\sim CH_2—\underset{\underset{COOCH_3}{|}}{\overset{\overset{CH_3}{|}}{C}}\cdot + CH_2{=}\underset{\underset{COOCH_3}{|}}{\overset{\overset{CH_3}{|}}{C}} \quad (9.57)$$

链自由基的生成有两种可能。一种是由大分子链末端引起的，有部分聚甲基丙烯酸甲酯是歧化终止产物，因此分子链的一端带有烯丙基，与烯丙基相连的碳—碳键不稳定，容易断裂产生链自由基。链自由基一旦生成，解聚反应立即开始，直到高分子链完全降解。因此在解聚过程中，单体收率不断增加，而剩余物的分子量保持不变，如图 9.1 中的 *AC* 线所描述。

另一种情况是，在热的作用下，分子链无规断裂产生链自由基。解聚温度高于 270 ℃或者聚甲基丙烯酸甲酯的分子量很大(650 000 以上)，末端基较少时，链自由基主要由分子链中间无规断裂生成。其反应如反应(9.58)所示。

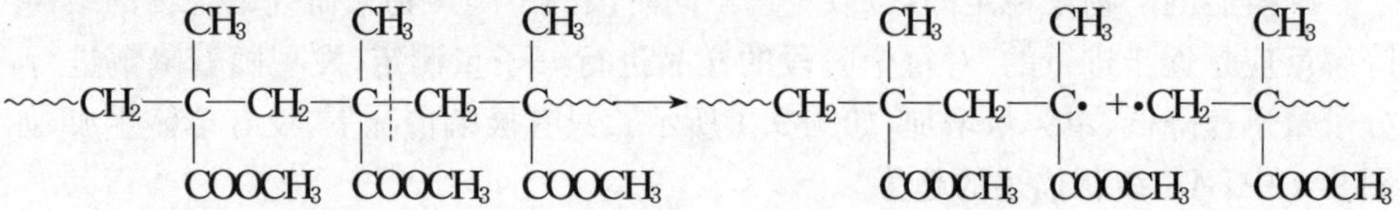

$$\sim\sim CH_2-\underset{COOCH_3}{\overset{CH_3}{\underset{|}{\overset{|}{C}}}}-CH_2-\underset{COOCH_3}{\overset{CH_3}{\underset{|}{\overset{|}{C}}}}-CH_2-\underset{COOCH_3}{\overset{CH_3}{\underset{|}{\overset{|}{C}}}}\sim\sim \longrightarrow \sim\sim CH_2-\underset{COOCH_3}{\overset{CH_3}{\underset{|}{\overset{|}{C}}}}-CH_2-\underset{\substack{COOCH_3\\ \text{9-35a}}}{\overset{CH_3}{\underset{|}{\overset{|}{C}}}}\cdot + \cdot CH_2-\underset{\substack{COOCH_3\\ \text{9-35b}}}{\overset{CH_3}{\underset{|}{\overset{|}{C}}}}\sim\sim \tag{9.58}$$

链自由基 9-35b 活性很大，易夺得氢原子而终止；链自由基 9-35a 则进行解聚，生成单体。因此，体系热降解过程既有单体不断生成，同时有低分子产物残留在体系中。其过程如图 9.1 中的 *AD* 线所描述。实际上这是无规降解与解聚反应同时发生的体系。聚苯乙烯的热解也属于此例。

2. 侧基消除反应

含有活泼侧基的聚合物，如聚氯乙烯、聚乙酸乙烯酯、聚乙烯醇和聚甲基丙烯酸特丁酯等，在热的作用下，发生侧基的消除反应，并引起主链结构的变化。

聚氯乙烯(PVC)的热降解反应生成了 HCl 和具有共轭双键的聚多烯烃。降解反应机理主要有自由基型和离子型两种，现分述如下：

(1) 自由基型机理。聚氯乙烯样品内有自由基或有可以形成自由基的物质时，高温下 PVC 热分解属于自由基型机理。R · 为树脂本身或引发剂等分解产生的自由基，它夺取大分子链上的氢，生成链自由基，如反应(9.59a)所示。

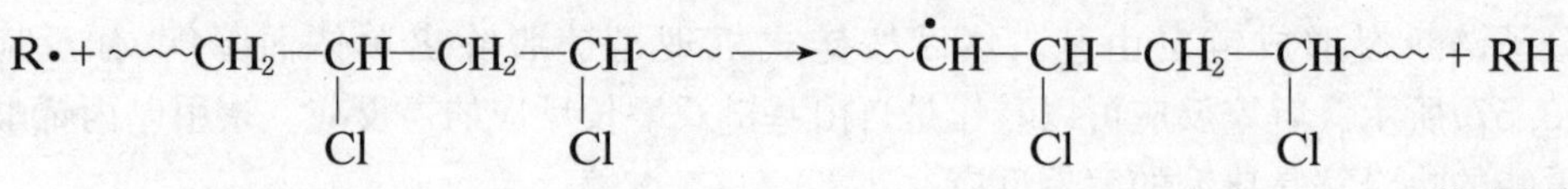

$$R\cdot + \sim\sim CH_2-\underset{Cl}{\underset{|}{CH}}-CH_2-\underset{Cl}{\underset{|}{CH}}\sim\sim \longrightarrow \sim\sim \dot{C}H-\underset{Cl}{\underset{|}{CH}}-CH_2-\underset{Cl}{\underset{|}{CH}}\sim\sim + RH \tag{9.59a}$$

链自由基形成双键和 Cl · 自由基(反应(9.59b))。

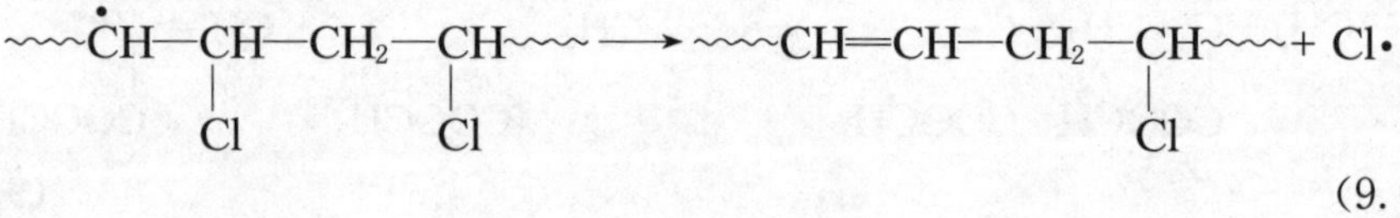

$$\sim\sim \dot{C}H-\underset{Cl}{\underset{|}{CH}}-CH_2-\underset{Cl}{\underset{|}{CH}}\sim\sim \longrightarrow \sim\sim CH=CH-CH_2-\underset{Cl}{\underset{|}{CH}}\sim\sim + Cl\cdot \tag{9.59b}$$

双键的 α 位置C—H键能低，易发生转移反应，生成链自由基，进一步形成共轭双键和自由基 Cl·，如反应(9.59c)和反应(9.59d)所示。

$$\sim\sim CH{=}CH{-}CH_2{-}\underset{\displaystyle Cl}{\underset{|}{CH}}\sim\sim + Cl\cdot \longrightarrow \sim\sim CH{=}CH\dot{C}H\underset{\displaystyle Cl}{\underset{|}{CH}}\sim\sim + HCl \tag{9.59c}$$

$$\sim\sim CH{=}CH\dot{C}H\underset{\displaystyle Cl}{\underset{|}{CH}}\sim\sim \longrightarrow \sim\sim CH{=}CH{-}CH{=}CH\sim\sim + Cl\cdot \tag{9.59d}$$

如此反复，高分子链形成了共轭双键。同时，也会有断链与交联等反应发生。

(2) 离子型机理。还有人认为 PVC 热分解为离子型，如同烷基氯化物。其氯原子极化作用，使氯原子带负电，这一过程称为"隐电离"作用。进一步失去 HCl，生成双键，如反应(9.60)所示。

$$\begin{array}{l}\sim\sim CH_2\\ \quad|\\ \quad\underset{\displaystyle Cl}{\underset{|}{CH}}{-}\underset{\displaystyle H}{\underset{|}{CH}}{-}\underset{\displaystyle Cl}{\underset{|}{CH}}{-}CH_2{-}\underset{\displaystyle Cl}{\underset{|}{CH}}\sim\sim \longrightarrow \end{array}\begin{array}{l}\sim\sim CH_2\\ \quad|\\ \delta^+\underset{\displaystyle \overset{\displaystyle Cl}{\delta^-}}{\underset{|}{CH}}{-}\overset{\delta^-}{\underset{\displaystyle \overset{\displaystyle H}{\delta^+}}{\underset{|}{CH}}}{-}\underset{\displaystyle Cl}{\underset{|}{CH}}{-}CH_2{-}\underset{\displaystyle Cl}{\underset{|}{CH}}\sim\sim \longrightarrow\end{array}$$

$$\sim\sim CH_2{-}\underset{Cl^-}{\overset{+}{CH}}{-}\overset{\delta^-}{\underset{\displaystyle \overset{\displaystyle H}{\delta^+}}{\underset{|}{CH}}}{-}\underset{\displaystyle Cl}{\underset{|}{CH}}{-}CH_2{-}\underset{\displaystyle Cl}{\underset{|}{\overset{\wr}{CH}}} \longrightarrow \begin{array}{l}\sim\sim CH_2\\ \quad|\\ \quad CH{=}CH{-}\underset{\displaystyle Cl}{\underset{|}{CH}}{-}CH_2{-}\underset{\displaystyle Cl}{\underset{|}{\overset{\wr}{CH}}} + HCl\end{array} \tag{9.60a}$$

PVC 脱除了氯化氢形成了双键，烯丙基上氯原子因电子云密度增大而活化，促进上述反应"链式"进行(反应(9.60b))。

$$\begin{array}{l}\sim\sim CH_2\\ \quad|\\ \quad CH{=}CH{-}\overset{\delta^+}{\underset{\displaystyle \overset{\displaystyle Cl}{\delta^-}}{\underset{|}{CH}}}{-}\overset{\delta^-}{\underset{\displaystyle \overset{\displaystyle H}{\delta^+}}{\underset{|}{CH}}}{-}\underset{\displaystyle Cl}{\underset{|}{CH}}\sim\sim \longrightarrow\end{array}\begin{array}{l}\sim\sim CH_2\\ \quad|\\ \quad CH{=}CH{-}CH{=}CH{-}\underset{\displaystyle Cl}{\underset{|}{CH}}\sim\sim + HCl\end{array} \tag{9.60b}$$

该反应生成的氯化氢有利于C—Cl 键的极化，对 PVC 离子型降解有催化作用。

3. 聚合物热稳定性

利用热降解反应可以表征各种聚合物的热稳定性，这就是所谓热重分析。

在一定升温速率下，聚合物的热失重对温度的曲线；也可以恒定在某一温度下将单位时间的失重率对时间作图。例如前一种方法可得到 T_h 是高聚物在真空中加热 30 min(有时是 40～45 min)后，质量损失一半所需要的温度，通常称为半寿命温度；后一种方法可测得的 K_{350} 是高聚物在 350 ℃下，单位时间失重率，某些聚合物的 T_h 和 K_{350} 列于表 9.2 中，T_h 愈高或者 K_{350} 愈小，高聚物的热稳定性就愈好。

表 9.2 的数据说明，主链上不同 C—C 键的热稳定性有如下次序：

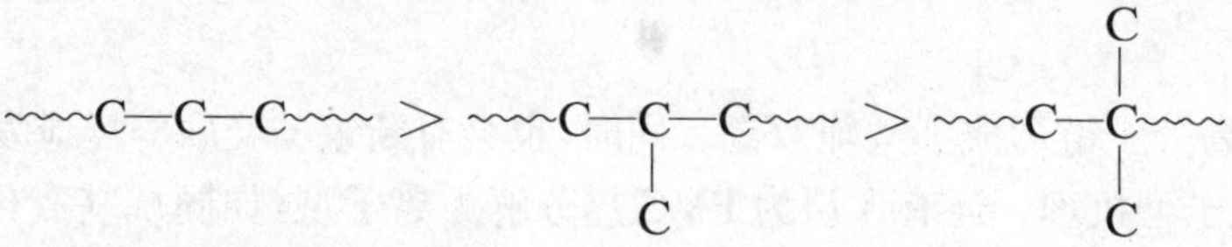

$$\sim\sim C-C-C\sim\sim \;>\; \sim\sim C-\underset{\substack{|\\ C}}{C}-C\sim\sim \;>\; \sim\sim C-\overset{\substack{C\\ |}}{\underset{\substack{|\\ C}}{C}}\sim\sim$$

不同取代基的热稳定性次序如下：

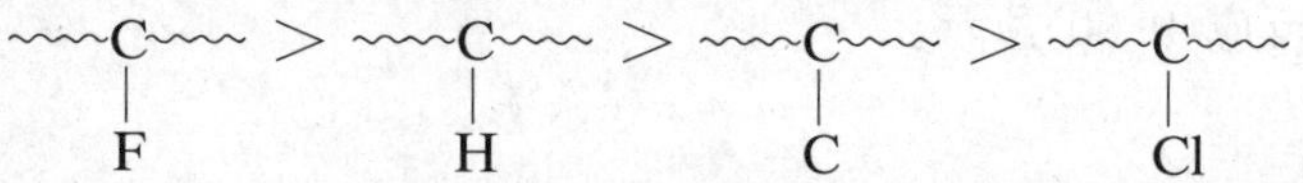

$$\sim\sim\underset{\substack{|\\ F}}{C}\sim\sim \;>\; \sim\sim\underset{\substack{|\\ H}}{C}\sim\sim \;>\; \sim\sim\underset{\substack{|\\ C}}{C}\sim\sim \;>\; \sim\sim\underset{\substack{|\\ Cl}}{C}\sim\sim$$

在热降解中，单体的收率与高聚物结构有很大关系。例如在 PMMA 链节中只比聚丙烯酸甲酯多了一个甲基，可是单体收率就提高了 90 多倍；聚 α-甲基苯乙烯的单体收率也比聚苯乙烯高得多。这表明凡是链节中含有季碳原子的高聚物就容易发生解聚反应，单体收率就高；而凡含有叔碳原子的高聚物就容易发生无规降解，因而单体收率就低。解聚反应一般都是自由基链式反应，当带有自由基的碳原子是季碳原子时，自由基链只可能发生解聚反应生成单体(反应(9.61))。

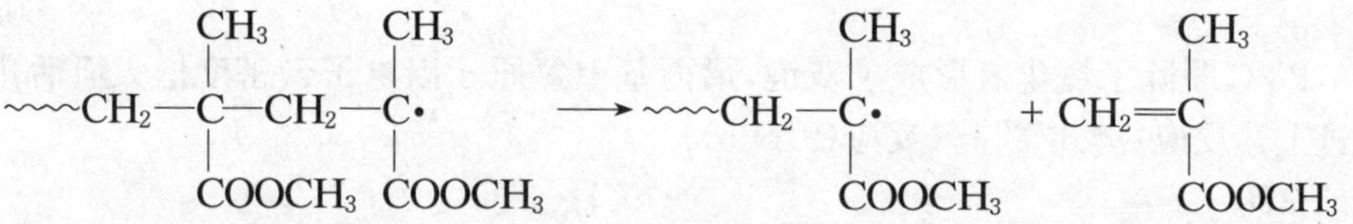

$$\sim\sim CH_2-\overset{\substack{CH_3\\ |}}{\underset{\substack{|\\ COOCH_3}}{C}}-CH_2-\overset{\substack{CH_3\\ |}}{\underset{\substack{|\\ COOCH_3}}{C}}\cdot \longrightarrow \sim\sim CH_2-\overset{\substack{CH_3\\ |}}{\underset{\substack{|\\ COOCH_3}}{C}}\cdot + CH_2=\overset{\substack{CH_3\\ |}}{\underset{\substack{|\\ COOCH_3}}{C}} \tag{9.61}$$

含有叔碳原子的聚合物分子链断裂后，由于叔氢原子向链自由基转移，因而不产生单体，而得到的是分子量较低的分子链(碎片)，如反应(9.62)所示。

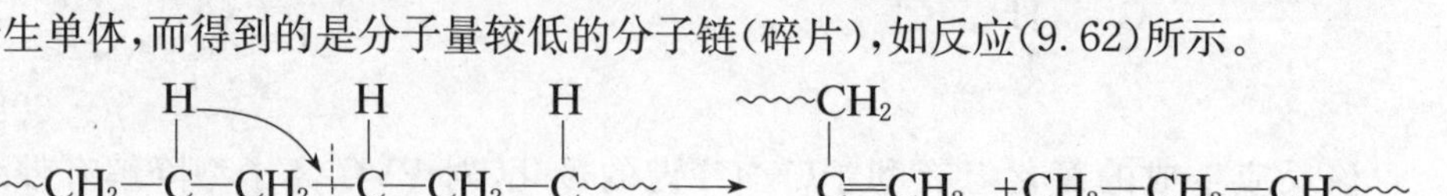

$$\sim\sim CH_2-\overset{\substack{H\\ |}}{\underset{\substack{|\\ COOCH_3}}{C}}-CH_2\,\vdots\,\overset{\substack{H\\ |}}{\underset{\substack{|\\ COOCH_3}}{C}}-CH_2-\overset{\substack{H\\ |}}{\underset{\substack{|\\ COOCH_3}}{C}}\sim\sim \longrightarrow \overset{\substack{\sim\sim CH_2\\ |}}{\underset{\substack{|\\ COOCH_3}}{C}}=CH_2 + \underset{\substack{|\\ COOCH_3}}{CH_2}-CH_2-\underset{\substack{|\\ COOCH_3}}{CH}\sim\sim \tag{9.62}$$

表 9.2 常见高聚物的热裂解数据

高聚物结构	T_h（℃）	K_{350}（%·min^{-1}）	活化能（kcal·mol^{-1}）	单体收率及热降解产物	热降解反应类型
$-[CF_2-CF_2]_n-$	509	0.000 02	81	单体>95%	
$-[CH_2-C(CH_3)(COOCH_3)]_n-$	327	5.2	52	单体>95%	解聚反应
$-[CH_2-C(CH_3)(C_6H_5)]_n-$	286	228	55	单体>95%	
$-[CH_2]_n-$	414	0.004	72	单体<0.1%，分子量较大碎片	
$-[CH_2-CH=CH-CH_2]_n-$	407	0.022	62	单体~2%,分子量较大碎片	
$-[CH_2-CH_2]_n-$（支化）	404	0.008	63	单体<0.03%,分子量较大碎	
$-[CH_2-CH(CH_3)]_n-$	387	0.069	58	单体<0.2%,分子量较大碎片	
$-[CH_2-CFCl]_m-$	380	0.044	57	单体~27%	
$-[CH_2-CH(C_6H_5)]_n-$	364	0.24	55	单体~65%,二、三、四聚体	无规降解反应
$-[CH_2-C(CH_3)_2]_n-$	348	2.7	49	单体~20%,二、三、四聚体	
$-[CH_2-CH(COOCH_3)]_n-$	328	10	34	单体0,分子量较大碎片	
$-[CH_2-CH(OCOCH_3)]_n-$	269	—	17	单体0,乙酸>95%	
$-[CH_2-CH(OH)]_n-$	268	—	—	单体0,析出水	侧基消除反应
$-[CH_2-CH(Cl)]_n-$	260	170	32	单体0,HCl>95%	

在无规降解中，氢原子向自由基转移的活性一般有如下次序：

$$
-\overset{\displaystyle H}{\underset{|}{\overset{|}{C}}}- > -\overset{\displaystyle H}{\underset{\displaystyle H}{\overset{|}{\underset{|}{C}}}}- > H-\overset{\displaystyle H}{\underset{\displaystyle H}{\overset{|}{\underset{|}{C}}}}-
$$

换言之，主链上的叔碳原子最容易形成自由基，仲碳原子次之，伯碳原子最难。大分子链一旦形成自由基，和自由基相隔的C—C或C—H键的键能就大为降低。因而可产生一系列的断裂反应。

$$
\sim\sim CH_2-\dot{C}H-CH_2 \overset{a}{\vdots} CH_2\sim\sim \qquad \sim\sim CH_2-\dot{C}H-\overset{\displaystyle H}{\overset{|\cdots b}{C}}H-CH_2\sim\sim
$$

9-36a 9-36b

例如，结构 9-36a 上 a 处的 C—C 键能由原来的 346.9 kJ · mol^{-1} 降低到 112.8 kJ · mol^{-1}；9-36b 上 b 处的 C—H 键能由 409.6 kJ · mol^{-1} 降低到 167.2 kJ · mol^{-1}。常见高聚物的热失重曲线如图 9.2 所示。

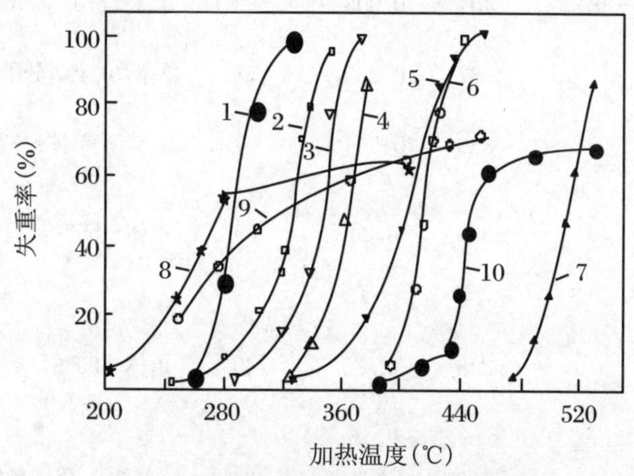

图 9.2 热塑性聚合物的恒温加热曲线

1：聚甲基苯乙烯；2：聚甲基丙烯酸甲酯；3：聚异丁烯；4：聚苯乙烯；5：聚丁二烯；6：聚乙烯；7：聚四氟乙烯；8：聚氯乙烯；9：聚丙烯腈；10：聚偏二氯乙烯

在图 9.2 中，高聚物的热失重曲线表明，当温度升到某一数值时，其主链迅速断裂、解聚或分解，形成挥发组分，使失重率急剧增加，如曲线 1～7 所示。这种情形是属于所介绍的第一、二类热降解反应。曲线 8～10 表示的是由侧基的消除反应所引起的热降解过程。其特点是一开始失重率就缓慢增加；当到达一定温度时，失重率经过一段剧增之后，曲线便出现平台，失重率不再变化。平台的出现，是消除反应形成的共轭双键或交联结构使其热稳定性提高的缘故。

9.5.2 聚合物的化学降解

聚合物化学降解研究聚合物对水、化学试剂，如醇、酸和碱等的稳定性，和在酶作用下的生物降解过程。其中水对聚合物的作用最为重要，因为聚合物在加工、贮藏和使用过程难免与潮湿空气接触。

通常烯烃类聚合物对水分比较稳定，浸在水溶液中不会引起分子链的降解，只对材料电性能有显著影响。杂链聚合物因含有C—O、C—N、C—S和Si—O等化学键，它们在水或化学试剂的作用下容易发生降解反应。尼龙和纤维素在室温和含水量不高的条件下，经过相当长时间后，水分对材料的物理性能有一定的影响；而温度较高和相对湿度较大时，会引起材料的水解降解。聚碳酸酯和聚酯对水也很敏感，通常在加工前要适当干燥。

利用化学降解，可使天然的或合成的杂链高聚物转变成低聚体或单体。例如，以酸作催化剂，纤维素和淀粉会发生如反应(9.63)所示的水解，生成葡萄糖，主要为无规方式断裂。

$$\left[C_6H_7O_2(OH)_3\right] \xrightarrow[H^+]{\text{水解}} C_6H_{12}O_6 \tag{9.63}$$

在过量的乙二醇存在下，涤纶树脂被醇解，生成对苯二甲酸乙二醇酯。固化了的酚醛树脂，可用苯酚分解为可熔可溶低聚物。这是利用化学降解，回收合成高聚物废料的两个例子。

某些聚羟基脂肪酸，如聚乳酸，聚羟基乙酸和聚 α-羟基丁酸等在人体内容易进行生物降解，生成单体。用它制成的外科缝合线，伤口愈合后，无需拆线，自行水解为羟基酸后被吸收，参与人体的新陈代谢。

9.5.3 聚合物的氧化降解

高聚物在氧作用下，主要发生降解反应，但也常伴随着交联反应。氧化降解往往又与其他物理因素如热、光、机械作用引起的降解交错进行，因此氧化降解作用是复杂的，也是高聚物性能变坏最重要的因素之一。

与化学降解相反，氧化降解是聚烯烃的特征之一。通常，碳链高聚物的氧化降解有两个步骤：第一步是在氧的气氛下，聚合物吸氧，生成过氧化物；第二步为生成的过氧化聚合物进一步反应。可见吸氧一步很重要，吸氧速率主要取决于聚合物的结构。按对氧稳定性的大小，碳链聚合物可分为以下三种：① 稳定型，如聚四氟乙烯、聚三氟氯乙烯等；② 较稳定型，如聚苯乙烯、聚甲基丙烯酸甲酯和聚硫橡胶等；③ 不稳定型，如天然橡胶、聚异丁烯、顺丁橡胶和丁苯橡胶等。

不饱和碳链高聚物主链上的双键和 α-碳原子上的氢容易吸氧，被氧化，故聚双烯很容易发生氧化降解和交联反应。例如，聚丁二烯容易发生如反应(9.64)所示的氧化降解反应。

$$\sim\sim CH_2-CH{=}CH-CH_2-CH_2\sim\sim \xrightarrow{[O_2]} \sim\sim CH_2-CH{=}CH-\underset{\displaystyle |\atop \displaystyle OOH}{CH}-CH_2\sim\sim$$

$$\xrightarrow{\text{过氧化键分解}} \sim\sim CH_2-CH{=}CH-\underset{\displaystyle |\atop \displaystyle O\cdot}{CH}-CH_2\sim\sim + \cdot OH$$

$$\sim\sim CH_2-CH{=}CH-\underset{\displaystyle |\atop \displaystyle O\cdot}{CH}\vdots CH_2\sim\sim \xrightarrow{\text{断裂}} \sim\sim CH_2-CH{=}CH-CHO + \cdot CH_2\sim\sim \tag{9.64a}$$

或者

$$\sim\sim CH_2-CH{=}CH-CH_2-CH_2\sim\sim \xrightarrow{[O_2]} \sim\sim CH_2-\underset{\displaystyle |\atop \displaystyle O}{CH}-\underset{\displaystyle |\atop \displaystyle O}{CH}-CH_2-CH_2\sim\sim \quad (O-O)$$

$$\longrightarrow \sim\sim CH_2-\underset{\displaystyle |\atop \displaystyle O\cdot}{CH}-\underset{\displaystyle |\atop \displaystyle O\cdot}{CH}-CH_2-CH_2\sim\sim \longrightarrow \sim\sim CH_2CHO + OCHCH_2CH_2\sim\sim$$

聚丁二烯也会发生如反应(9.65)所示的氧化交联反应。

$$\sim\sim CH_2-CH{=}CH-\underset{\displaystyle |\atop \displaystyle O\cdot}{CH}-CH_2\sim\sim + \sim\sim CH_2-CH{=}CH-CH_2-CH_2\sim\sim \longrightarrow$$

$$\begin{array}{c} \sim\sim CH_2-CH{=}CH-CH-CH_2\sim\sim \\ | \\ O \\ | \\ \sim\sim CH_2-CH-\dot{C}H-CH_2-CH_2\sim\sim \end{array} \tag{9.65a}$$

或者

$$\sim\sim CH_2-CH{=}CH-CH_2\sim\sim + \sim\sim CH_2-CH{=}CH-CH_2\sim\sim \xrightarrow{[O_2]}$$

$$\begin{array}{c} \sim\sim CH_2-CH-CH-CH_2\sim\sim \\ |\qquad | \\ O\qquad O \\ |\qquad | \\ \sim\sim CH_2-CH-CH-CH_2\sim\sim \end{array} \tag{9.65b}$$

臭氧对不饱和聚烯烃具有更强的氧化能力。高空中由于强电弧或射线的作用，有大量氧分子转变为游离的臭氧分子。臭氧极不稳定，易分解出氧原子，其氧化性比通常的氧强得多，能直接氧化各类不饱和橡胶，使之老化，如反应(9.66)所示。

$$\sim\sim CH_2-\overset{\overset{CH_3}{|}}{C}=CH-CH_2\sim\sim \xrightarrow{O_3} \sim\sim CH_2-\overset{CH_3}{C}\underset{O-O}{\overset{O}{\diagup\diagdown}}CH-CH_2\sim\sim$$

$$\longrightarrow \sim\sim CH_2-\overset{\overset{CH_3}{|}}{C}=O + HO-\overset{\overset{O}{\|}}{C}-CH_2\sim\sim \qquad (9.66)$$

由于氧的作用，不饱和聚烯的分子量明显下降，强度变差；或者氧化交联失去了原有的弹性，变成脆性物。一般说两者兼而有之，为延缓氧化过程，在橡胶加工中要加入抗氧化剂。

饱和碳链高聚物对氧的稳定性要好得多。若有其他物理因素如光、热等同时作用，其氧化作用也不可忽视。例如，在100 ℃下，聚苯乙烯长时间置于空气中氧化很少；但在紫外线作用下，能加速氧化反应。可以检测到表面有羰基和羟基，其氧化过程可能是，叔碳原子氧化生成氢过氧化物反应(9.67a)，氢过氧化物分解，生成的链自由基断裂，形成端羰基的大分子链和活性链(反应(9.67b))。

$$\sim\sim CH_2-\underset{\underset{C_6H_5}{|}}{\overset{\overset{H}{|}}{C}}-CH_2\sim\sim \xrightarrow[\text{紫外线}]{O_2} \sim\sim CH_2-\underset{\underset{C_6H_5}{|}}{\overset{\overset{OOH}{|}}{C}}-CH_2\sim\sim \qquad (9.67a)$$

$$\sim\sim CH_2-\underset{\underset{C_6H_5}{|}}{\overset{\overset{OOH}{|}}{C}}-CH_2\sim\sim \longrightarrow \sim\sim CH_2-\underset{\underset{C_6H_5}{|}}{\overset{\overset{O\cdot}{|}}{C}}-CH_2\sim\sim + HO\cdot$$

$$\longrightarrow \sim\sim CH_2-\underset{\underset{C_6H_5}{|}}{C}=O + \cdot CH_2\sim\sim \qquad (9.67b)$$

形成的氧自由基链，与聚苯乙烯链发生如(反应(9.68))所示的链转移反应，生成羟基和新的活性链。

$$\sim\sim CH_2-\underset{C_6H_5}{\overset{O\cdot}{C}}-CH_2\sim\sim + \sim\sim CH_2-\underset{C_6H_5}{\overset{H}{C}}-CH_2\sim\sim \longrightarrow$$

$$\sim\sim CH_2-\underset{C_6H_5}{\overset{OH}{C}}-CH_2\sim\sim + \sim\sim CH_2-\underset{C_6H_5}{\overset{\cdot}{C}}-CH_2\sim\sim \qquad (9.68)$$

9.5.4 聚合物的光降解

在阳光作用下,高聚物发生降解与交联反应。到达地面的阳光包括波长为300～400 nm 的近紫外光,和波长为 400 nm 以上的可见光。根据式(9.69)可以计算各波长光的能量,以及相应化学键的键能列于表 9.3 中。由表中数据可知,太阳光中近紫外光的光量子所具有的能量,足以打断大部分有机物的化学键。实际上,高聚物在太阳光的作用下发生降解的速率并不明显,有些还比较稳定。这是因为有些物质在吸收了足够的光能之后,不一定发生光化学反应,只是将这部分能量以热能、荧光或磷光的形式释放出来。到底何种高聚物在吸收光能后会发生光化学反应,这与分子的结构有关。实验表明,分子链中含有醛与酮的羰基、过氧化氢基或双键的高聚物最容易吸收紫外光的能量,并引起光化学反应。

$$E = N_0\nu = \frac{N_0 h_0}{\lambda} = \frac{120\,000}{\lambda}(\text{kJ}\cdot\text{mol}^{-1},\lambda \text{ 单位为 nm}) \qquad (9.69)$$

表 9.3 波长(λ)与能量(E)的关系

波长(nm)	750	600	500	400	350	300	250	200
能量($kJ\cdot mol^{-1}$)	159.7	199.4	239.1	299.7	342.8	399.6	480.7	597.7
相应的化学键		N—N O—O		C—N C—Cl		C—H C—O C—C		C—C C—O C—H
光谱区	可见光区			近紫外光区			远紫外光区	

聚饱和烃类在合成、热加工、长期存放和使用过程中,往往容易被氧化而带有醛与酮的羰基、过氧化氢基或双键。因此,大多数聚烃类材料实际上是不耐紫外光

的。表 9.4 列出了部分高聚物对紫外光最敏感的波长范围。

表 9.4　常见高聚物对光老化最敏感的波长

高聚物	最敏感波长(nm)	高聚物	最敏感波长(nm)
聚乙烯	300	不饱和聚酯	325
聚丙烯	310	聚碳酸酯	295
聚苯乙烯	318	聚乙烯醇缩醛	300～320
聚氯乙烯	310	有机玻璃	290～315
热塑性聚酯	290～320	氯乙烯/乙酸乙烯酯共聚物	322～364

思考题

1. 聚合物的降解是指高分子的哪两种反应？是什么原因造成的？
2. 什么是无规、链式热降解？降解后生成什么产物？
3. 讨论高分子侧基消除反应的机理。
4. 聚合物的热稳定性与它的结构有什么关系？影响单体收率的结构因素是什么？
5. 哪些聚合物易进行化学降解？举三个例子说明。
6. 什么样结构的聚合物易进行氧化降解？并说明氧化降解的机理。
7. 为什么像聚乙烯一类聚饱和烃不易氧化降解？为什么在光作用下，聚饱和烃易氧化降解？写出降解反应式。

9.6　高聚物的老化与防老化

高聚物的老化是多种因素共同作用的结果，而且不同的高聚物或不同的使用条件，对某种因素较为敏感。例如，聚氯乙烯的防老化主要是抑制脱 HCl 的裂解反应；对聚烯烃来说，主要减少光氧化作用；而对含炭黑的橡胶制品，防止热氧化老化更为重要；含杂原子的聚合物主要是提高其耐水、耐化学试剂性等等。总之，对高聚物的防老化必须考虑到高聚物本身的结构以及其使用条件，有针对性地采取防老化措施。

9.6.1 聚氯乙烯的防老化

聚氯乙烯(PVC)不耐老化,其制品一般用2～3年就要变硬发脆,以致开裂。在户外使用或经常受光照射则使用寿命更短,所以要采取防老化等措施。

1. 吸收 HCl

PVC 树脂分解出的 HCl 对树脂进一步降解有催化作用。所以,要添加稳定剂,以吸收 HCl。常用的稳定剂有,弱有机酸的碱金属或碱土金属盐类,金属氧化物,有机锡化合物、环氧化合物、胺类、金属醇盐和酚盐以及金属硫醇盐等,其吸收 HCl 的反应如反应(9.70)至反应(9.76)所示。

(1) 铅盐类

$$PbO + 2HCl \longrightarrow PbCl_2 + H_2O \tag{9.70}$$

(2) 有机酸碱金属或碱土金属盐

$$M(RCOO)_n + nHCl \longrightarrow MCl_n + nRCOOH \tag{9.71}$$

式中,M 代表金属,R 代表烷基。

(3) 有机锡化合物

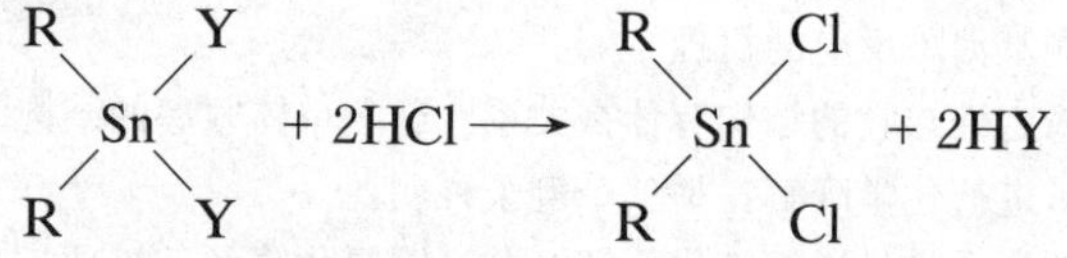

$$R_2SnY_2 + 2HCl \longrightarrow R_2SnCl_2 + 2HY \tag{9.72}$$

式中,R 代表甲基、丁基、辛基等烷基,Y 为含氧或含硫原子的基团,通常为阴离子,如月桂酸基,马来酸酐及硫醇类等。

(4) 环氧类

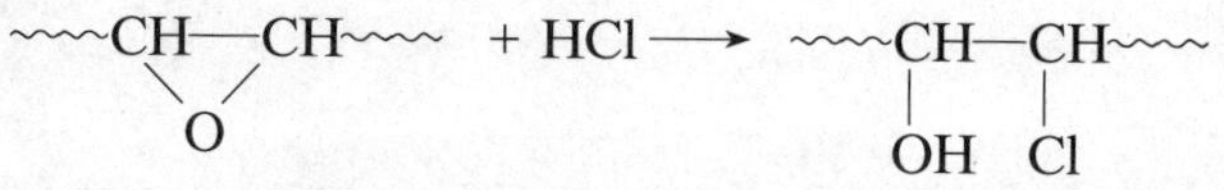

$$\sim\sim CH\underset{O}{\diagdown\!\diagup}CH \sim\sim + HCl \longrightarrow \sim\sim \underset{OH}{CH}-\underset{Cl}{CH} \sim\sim \tag{9.73}$$

(5) 胺类

$$RNH_2 + HCl \longrightarrow RNH_3Cl \tag{9.74}$$

(6) 醇盐类

$$ROM + HCl \longrightarrow ROH + MCl \tag{9.75}$$

(7) 硫醇盐类

$$RSM + HCl \longrightarrow RSH + MCl \tag{9.76}$$

2. 取代活泼氯原子

PVC 分子链上活泼氯原子的存在,降低了它的稳定性。加入某种稳定剂与活泼氯原子发生置换反应,使之起内稳定作用,使“拉链式”的脱 HCl 作用受阻。例如镉或锌的皂类，可以与 PVC 分子链上的叔氯原子(反应(9.77))或烯丙基氯原子(反应(9.78))起置换反应。

$$Cd(OOCR)_2 + \sim\sim CH_2-\underset{\displaystyle Cl}{\underset{|}{CH}}-CH_2\sim\sim \longrightarrow Cd(Cl)(OOCR) + \sim\sim CH_2-\underset{\displaystyle OOCR}{\underset{|}{CH}}-CH_2\sim\sim \tag{9.77}$$

$$Cd(OOCR)_2 + \sim\sim CH_2-\overset{\displaystyle Cl}{\overset{|}{CH}}-CH{=}CH\sim\sim \longrightarrow$$

$$Cd(Cl)(OOCR) + \underset{\text{9-37}}{\sim\sim CH_2-\overset{\displaystyle OOCR}{\overset{|}{CH}}-CH{=}CH\sim\sim} \tag{9.78}$$

镉或锌盐的两个 COO 基团均被 Cl 原子置换后，生成的 $CdCl_2$ 或 $ZnCl_2$ 能使 C—Cl 键活化，对脱 HCl 起催化作用。所以在 PVC 的加工中，常将镉皂与钡皂同时使用，因为生成的 9-37 与钡皂作用，重新生成镉皂。生成的 $BaCl_2$ 对 PVC 降解没有催化作用。同样道理，锌皂与钙皂的复合体系对 PVC 的稳定作用有“协同效应”。

3. 与 PVC 中不饱和部位的反应

稳定作用的另一个途径是使一种稳定基团与 PVC 分子链上不饱和双键起反应。例如，金属硫醇盐稳定剂与 HCl 起反应，生成硫醇，在自由基存在下，会与双键反应，生成硫醚基(反应(9.79))。金属硫醇盐稳定剂在消除高分子链上双键的同时，还能使已变色的 PVC 褪色。

$$RSH + \sim\sim CH{=}CH\sim\sim \longrightarrow \sim\sim CH_2-\overset{\displaystyle SR}{\overset{|}{CH}}\sim\sim \tag{9.79}$$

4. 光稳定剂

PVC 经紫外线照射，一般都会发生如反应(9.80)所示的均裂反应，生成双自由基。

$$\sim\sim CH_2-\underset{\displaystyle Cl}{\underset{|}{CH}}-CH_2-\underset{\displaystyle Cl}{\underset{|}{CH}}\sim\sim \longrightarrow \sim\sim CH_2-\underset{\displaystyle Cl}{\underset{|}{\dot{C}H}} + \dot{C}H_2-\underset{\displaystyle Cl}{\underset{|}{CH}}\sim\sim \tag{9.80}$$

在氧存在下，大分子自由基与氧形成过氧化物自由基。并进一步按自由基机理进行光氧化降解，生成羰基、羟基及醛基等。使聚合物形成支链和交联结构，因此要加入光稳定剂。

PVC的光稳定剂有三类，分别是：

(1) 紫外线吸收剂。作为PVC的紫外线吸收剂有水杨酸酯类、二苯酮类、苯并三唑、三嗪和取代丙烯腈等。这类物质能吸收紫外光，处于激发态的分子将能量转化为热，或将能量转移给其他分子，而自身回复到基态。例如，2-羟基苯基苯甲酮光照后，吸收能量激发到激发态，异构化，放出热量，回到基态(反应9.81))。

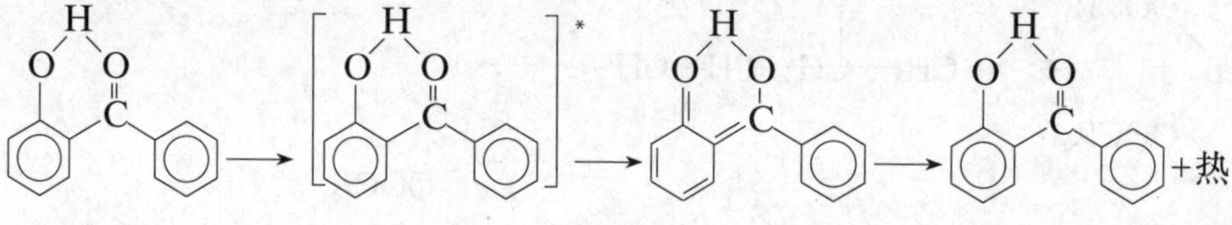

(9.81)

这类紫外光吸收剂与聚合物共混，分散在聚合物中。在长期存放或使用过程中会析出。因此发展了一种反应型紫外线吸收剂，其代表品种为2-羟基-3-甲基丙烯酰氧基丙氧基(苯二甲酮)(9-38)，简称UV_{356}。

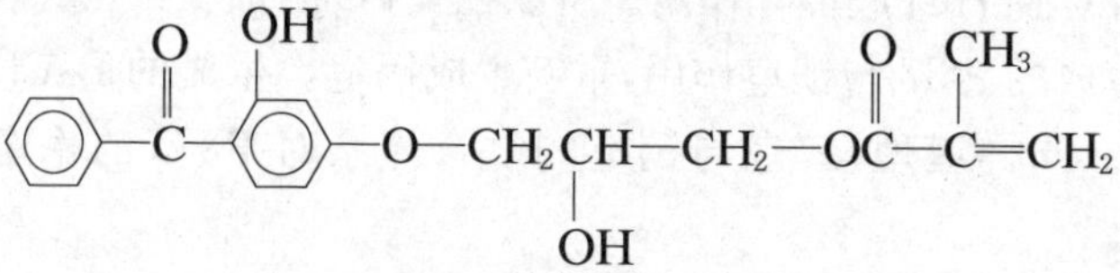

9-38

因为带有反应性基团，它们可以与单体共聚，或与高分子接枝。不会因挥发、迁移或溶剂抽提而丧失作用。目前，反应型紫外线吸收剂多属于二苯甲酮和苯并三唑结构，其反应性基团多系“丙烯酰基类型的双键”。

(2) 光屏蔽剂。光屏蔽剂主要是一些颜料，例如炭黑、氧化钛(钛白粉)、氧化锌(锌白)或锌钡白(硫化锌和硫酸钡的混合物)等。其主要作用是使辐射线在PVC制品表面被吸收或反射，阻碍辐射线向内部侵入，如同在光源和PVC制品间加一个屏障。光屏蔽剂主要用于不透明的PVC制品中。

(3) 猝灭剂。猝灭剂本身不是紫外线吸收剂，但能转移聚合物分子吸收紫外线后，所产生的激发态能，终止由于吸收紫外线而产生的自由基，即对PVC光解时形成的二次过程进行化学稳定。这类物质主要是二价镍的有机螯合物，例如肟类与二价镍的螯合物。其作用机理如反应(9.82)所示。在实际应用中常与紫外线吸收剂并用。

$$A^* + D \longrightarrow A + D^* \longrightarrow A + D \qquad (9.82)$$

5. 抗氧剂

PVC在氧或空气中引起的降解称为氧化降解。在氧存在下,因氧的催化作用,PVC的热或光降解会更加严重。氧对PVC的催化降解可是能按自由基机理进行的。为了提高PVC的稳定性,可在聚合或加工过程中加入微量的抗氧剂(0.05%～0.1%),其主要作用是捕获降解过程产生的自由基。凡是具有较大共轭体系的苯醌类多环芳香胺类化合物,只要它们能够给出氢原子自由基,而自身成为不活泼的自由基,均可作为抗氧剂使用。所以其机制为:① 抗氧剂给出的氢原子自由基与PVC大分子自由基偶合,形成不能再与氧反应的物质。② 抗氧剂分子中含有的N—H或O—H与活泼的自由基反应,使自由基终止反应(反应(9.83))。

$$ArOH + \sim\sim CH_2—\underset{\substack{|\\Cl}}{\dot{C}H} \longrightarrow \sim\sim CH_2—CH_2Cl + ArO\cdot \tag{9.83a}$$

$$ArNH_2 + \sim\sim CH_2—\underset{\substack{|\\Cl}}{\dot{C}H} \longrightarrow \sim\sim CH_2—CH_2Cl + ArNH\cdot \tag{9.83b}$$

式中Ar为芳基。

邻对位的烷基取代酚,若邻、对位取代基为给电子基时,能增加抗氧效果;如为吸电子基,则会降低抗氧效果。

9.6.2　烯烃类聚合物的防老化

聚二烯烃耐各种老化性能都比较差,特别是对光氧化与热氧化的稳定性最差。因为它们的分子链中存在着弱键,如叔碳上的氢原子(键能355.3kJ·mol^{-1})及双键α-碳上的氢原子(3～21.9 kJ·mol^{-1})。其键能比一般的C—H键键能(392.9 kJ·mol^{-1})低。所以,光、热或氧的作用首先使这两种弱键发生断裂。

在聚烯烃中,聚乙烯对热氧老化性能比较好,乙烯/丙烯共聚物次之,聚丙烯最差。如不加入抗氧剂,聚丙烯就不能进行热加工及在稍高温度下在户外使用,因为其分子链上每个结构单元都含有一个叔碳原子。

此外,聚烯烃耐老化性能随分子量增加而提高,随分子量分布变宽而降低。因为随分子量增高,结晶度相应提高,故吸氧速率降低。分子量分布宽,表明低分子量部分增多,端基数目也多,吸氧量增大。

聚二烯烃类橡胶,由于双键密度很大,多至每个结构单元含有一个双键。这样在室温下也会因氧化而变质,所以加工时一定要加入适当种类和用量的抗氧剂。橡胶硫化后耐热氧老化性能有所提高。但是,橡胶的防老化问题仍有待进一步解决。

实际上，橡胶的品种不同，随其结构的变化，氧化速率有很大的差别，天然橡胶（顺-1,4-聚异戊二烯）的氧化速率比丁基橡胶（异丁烯/异戊二烯共聚物）的氧化速率高60倍。

思考题

1. 什么是老化？在使用条件下，聚合物性能为什么会变差？

2. 在使用条件下，聚氯乙烯会发生哪些反应使其性能变差？可采取哪些措施，以延长使用寿命？

3. 为什么聚二烯烃容易老化？会发生什么反应？如何防止？

4. 聚烯烃耐老化性与它的结构和分子量有什么关系？

习 题

1. 聚合物的化学反应有哪些特征？与低分子化学反应有什么区别？

2. 写出合成下列聚合物的反应方程式：

(1) 醋酸纤维素；

(2) 硝基纤维素；

(3) 甲基纤维素；

(4) 聚乙烯醇缩甲醛。

3. 写出下列各反应方程式：

(1) 聚乙烯的氯化；

(2) 顺-1,4-聚丁二烯的氯化；

(3) 聚乙烯的氯磺化；

(4) 聚异戊二烯在 HBr 存在下的环化作用。

4. 分析比较下列聚合物的交联目的和交联剂，并写出每个交联反应方程式：

(1) 顺丁烯二酸酐与乙二醇合成的聚酯；

(2) 顺-1,4-异戊二烯聚合物；

(3) 聚二甲基硅氧烷；

(4) 聚乙烯；

(5) 氯磺化聚乙烯

(6) 环氧树脂；

(7) 线形酚醛树脂(酸催化)。

5. 写出强碱型聚苯乙烯离子交换树脂的合成和交换反应的化学方程式。

6. 解释下列现象：

(1) 纤维素直接乙酰化很难得到均一的二醋酸纤维素；

(2) 聚合物化学反应中，转化率低于100%时，聚合物反应的转化率含义与低分子反应的差别非常大。

7. 聚合物有哪些降解反应？热降解又有几种？进行“拉链式”热降解的聚合物链结构有什么特点？

8. 写出聚氯乙烯热降解过程反应方程式，说明此降解过程对制品性能有什么影响。

9. 写出合成下列聚合物的反应方程式：

(1) 聚(苯乙烯-g-甲基丙烯酸甲酯)；

(2) ABS树脂；

(3) 抗冲聚苯乙烯。

10. 写出聚丙烯在空气中氧化降解过程的反应。

11. 比较下列聚合物耐水性的顺序：

聚乙酸乙烯酯，纤维素，尼龙-66，聚甲醛和聚丙烯

12. 写出SBS三嵌段共聚物以“活”性阴离子法合成过程各步反应方程式。除此之外还可以用什么方法合成？试比较两种合成法的优缺点。

参 考 文 献

[1] Gnanou Y，Fontanille M. Organic and Physical Chemistry of Polymers[M]. New York：John Wiley & Sons，Inc.，2008.

[2] 韩哲文. 高分子科学教程[M]. 上海：华东理工大学出版社，2001.

[3] Odian G. Principles of Polymerization[M]. 4th ed. New York：John Wiley & Sons，Inc.，2004.

[4] Kricheldorf H R. Cyclic and Multicyclic Polymers by Three-dimensional Polycondensation [J]. Accounts Chem. Res.，2009：981～992.

[5] Flory P J. Principles of Polymer Chemistry [M]. New York：Cornell University Press，1953.

[6] Rogers M E，Long T E. Synthetic Methods in Step-growth Polymers[M]. New York：John Wiley & Sons，Inc.，2003.

[7] Galina H，Lechowicz J B，Walczak M. Kinetic Modeling of Hyperbranched Polymerization Involving an AB_2 Monomer Reacting with Substitution Effect [J]. Macromolecules，2002，35：3253 ～ 3260.

[8] Goodall G W，Hayes W. Advances in Cycloaddition Polymerizations[J]. Chem. Soc. Rev.，2006，35：280～312.

[9] Lechowicz J B，Galina H. Forced Gelation in an Off-stoichiometric Copolymerization of A2 and B3 Monomers[J]. Macromol. Symp.，2010：291～ 292，271～ 277.

[10] Agag T，Takeichi T. Novel Benzoxazine Monomers Containing p-Phenyl Propargyl Ether：Polymerization of Monomers and Properties of Polybenzoxazines [J]. Macromolecules，2001，34：7257～7263.

[11] Spindler R，Frhchet J M J. Synthesis and Characterization of Hyperbranched Polyurethanes Prepared from Blocked Isocyanate Monomers by Step-growth Polymerization[J]. Macromolecules，1993，26：4809～4813.

[12] Kong L Z，Sun M，Qiao H M，et al. Synthesis and Characterization of Hyperbranched Polystyrene via Click Reaction of AB2 Macromonomer[J]. J. Polym. Sci.，2010，48：

454～462.

[13] 周其凤，胡汉杰. 高分子化学[M]. 北京：化学工业出版社，2001.

[14] Munk P，Aminabhavi T M. Introduction to Macromolecular Science[M]. 2nd ed. New York：John Wiley & Sons，Inc.，2002.

[15] Pan C Y，Hong C Y. Synthesis and Characterization of Block Copolymers Prepared via Controlled Radical Polymerization Methods[M]// Developments in Block Copolymers. New York：John Wiley & Sons，Inc.，2004.

[16] Matyjaszewski K，Xia J. Atom Transfer Radical Polymerization[J]. Chem. Rev.，2001，101：2921～2990.

[17] Colombani D，Chaumont P. Addition-Fragmentation Processes in Free Radical Polymerization[J]. Prog. Polym. Sci.，1996，21：439～503.

[18] Olaj O F，Zoder M，Vana P. Chain Length Dependent Termination in Pulsed-Laser Polymerization：The Influence of Solvent on the Rate Coefficient of Bimolecular Termination in the Polymerization of Styrene[J]. Macromolecules，2001，34：441～446.

[19] Kamigaito M，Ando T，SawamotoM. Metal-catalyzed Living Radical Polymerization[J]. Chem. Rev.，2001，101：3689～3746.

[20] He X H，Liang H J，Pan C Y. Polymer[J]. J. Chem. Phys.，2003，44：6697～6706.

[21] Zetterlund P B，Kagawa Y，Okubo M. Controlled/Living Radical Polymerization in Dispersed Systems[J]. Chem. Rev.，2008，108：3747 ～3794.

[22] Sugimoto T. Underlying Mechanisms in Size Control of Uniform Nanoparticles[J]. J. Colloid & Inter. Sci.，2007，309：106 ～ 118.

[23] Ugelstad J，Mörk P C，AasenJ O. Kinetics of Emulsion Polymerization[J]. J. Polym. Sci.，1967，5：2281～2288.

[24] 李建宗，程时远，黄鹤. 反相乳液聚合研究进展[J]. 高分子通报，1993，2：71～76.

[25] Cunningham M F. Controlled/living Radical Polymerization in Aqueous Dispersed Systems[J]. Prog. Polym. Sci.，2008，33：365～398.

[26] 刘琼琼，倪沛红. 一种新型的活性聚合体系：氧阴离子聚合[J]. 化学通报，2003，66：w118-6.

[27] Sogah D Y，Hertler W R，Webster O W，et al. Group Transfer Polymerization-polymerization of Acrylic monomers[J]. Macromolecules，1987，20：1473 ～ 1488.

[29] Schildknecht C E. Advances in Ionic Polymerization of Vinyl-type Monomers[J]. Ind. Eng. Chem.，1958，50：107 ～ 114.

[29] Noels A F. Carbene Chemistry：Stereoregular Polymers from Diazo Compounds[J]. Angew. Chem. Int.，2007，46：1208 ～ 1210.

[30] Sun X，Luo Y，Wang R，et al. Programmed Synthesis of Copolymer with Controlled Chain Composition Distribution via Semibatch RAFT Copolymerization[J].

Macromolecules，2007，40：849～859.

[31] Zhang M，Carnahan E M，Karjala T W，et al. Theoretical Analysis of the Copolymer Composition Equation in Chain Shuttling Copolymerization[J]. Macromolecules，2009，42：8013～8016.

[32] Peebles L H. Sequence Length Distribution in Segmented Block Copolymers[J]. Macromolecules，1974，7：872～882.

[33] Iedema P D，Hoefsloot H C J. Role of Polyradicals in Predicting Chain Length Distribution and Gelation for Radical Polymerization with Transfer to Polymer[J]. Macromolecules，2004，37：10155～10164.

[34] 潘才元. 膨胀聚合反应及其应用[M]. 成都：四川教育出版社，1988.

[35] Chujo Y，Saegusa T. Ring-opening Polymerization[M]// Encyclopedia of Polymer Science and Engineering. 2nd ed. New York：John Wiley & Sons，Inc.，1988.

[36] Albertsson A C，Varma I K. Recent Developments in Ring Opening Polymerization of Lactones for Biomedical Applications[J]. Biomacromolecules，2003，4：1466～1486.

[37] 张治国，尹红. 环氧乙烷环氧丙烷开环聚合反应动力学研究[J]. 化学进展，2007，19：275～582.

[38] Pan C Y，Liu Y，Liu W. Cationic Polymerization of 1,3-Dioxepane in the Presence of 2,2-Bis(hydroxymethyl)butanol[J]. J. Polym. Sci.：Part A，1998，36：2899～2903.

[39] 钱长涛，戴立信. 金属有机化学的热点[J]. 化学进展，2001，13：156～158.

[40] 黄葆同，陈伟. 茂金属催化剂及其烯烃聚合物[M]. 北京：化学工业出版社，2000.

[41] Soga K，Shiono T. Ziegler-Natta Catalysts for Olefin Polymerization：Mechanistic Insights from Metallocene Systems[J]. Prog. Polym. Sci.，1997，22：1503～1546.

[42] Domskia G J，Rosea J M，Coatesa G W，et al. Living Alkene Polymerization：New Methods for the Precision Synthesis of Polyolefins[J]. Prog. Polym. Sci.，2007，32：30～92.

[43] Bhattacharyaa A，Misra B N. Grafting：A Versatile Means to Modify Polymers Techniques，Factors and Applications[J]. Prog. Polym. Sci.，2004，29：767～814.

[44] Moad C L，Winzor D J. Quantitative Characterization of Radiation Degradation in Polymers by Evaluation of Scission and Cross-linking Yields[J]. Prog. Polym. Sci.，1998，23：759～813.

[45] Pospíšil J，Ne? purek S. Photostabilization of Coatings. Mechanisms and performance[J]. Prog. Polym. Sci.，2000，25：1261～1335.